THEORETISCHE PHYSIK

DIERCK-EKKEHARD LIEBSCHER

THEORETISCHE PHYSIK

Eine Übersicht

Mit 91 Abbildungen

AKADEMIE-VERLAG · BERLIN
1973

Erschienen im Akademie-Verlag, 108 Berlin, Leipziger Straße 3–4

Lizenznummer: 202 · 100/442/73
Einband und Schutzumschlag: Karl Salzbrunn
Gesamtherstellung: VEB Druckerei „Thomas Müntzer", 582 Bad Langensalza
Bestellnummer: 761 562 7 (5919) · ES 18 B 1, 10 B 4
Printed in GDR
EVP 28,–

Vorwort

Das vorliegende Buch ist in der Absicht geschrieben worden, die theoretische Physik in einem Umfang darzustellen und zu erläutern, der den Möglichkeiten von Studenten angepaßt ist, die die theoretische Physik nicht als Hauptfachrichtung gewählt haben, sich aber einen zusammenhängenden Überblick über die Grundvorstellungen, die Standardmodelle und den physikalischen Leitgedanken ihrer mathematischen Methoden verschaffen wollen. Es soll ordnen und leiten bei der Arbeit mit Vorlesungen, Lehrbüchern und Enzyklopädien.

Dementsprechend sind nur die Gebiete aufgenommen worden, die die mikroskopischen Vorgänge selbst oder den Prozeß der Begründung makroskopischer Phänomene durch mikroskopische Modelle betreffen. Die Mechanik der Kontinua und die Quantentheorie der Festkörper, die den Hauptteil der unmittelbaren Bedürfnisse der technischen Anwendung decken, werden nur extrem kurz, nur bis zur Klärung des gedanklichen Aufbaus auf den Grundlagen der theoretischen Physik erläutert. Darstellungen dieser Gebiete liegen in großer Auswahl vor. Mehr Mühe wird auf die Einführung in die Vorstellungen der Elementarteilchenphysik und der Relativitätstheorie verwandt, die erkenntnistheoretisch von so entscheidender Bedeutung sind.

Vorausgesetzt wird die Bekanntschaft mit allgemein-physikalischen Grundlagen, wie sie in Einführungsvorlesungen in die Experimentalphysik bzw. in entsprechenden Büchern geboten werden (G. Heber und B. Kozik, Physik, [6]).

Es wird überall versucht, die Einsicht in die Zusammenhänge nicht vollständig von der Beherrschung des mathematischen Apparates abhängig zu machen. Andererseits werden die mathematischen Methoden so weit entwickelt, daß ihre Effektivität und Wirkungsweise in der theoretischen Physik übersehen werden kann.

In der Mechanik (klassische Mechanik, statistische Mechanik, Quantenmechanik) wird die Form der Bewegung und der Zusammenhang der Bewegung mit den Bewegungsursachen, den Kräften, dargestellt. Die Natur der Kräfte selbst ist zunächst ohne Belang, diese stellen hier nur formale Kopplungen zwischen den Systemen dar. In der relativistischen Physik erweisen sich Kräfte und Kraftfelder als selbständige Objekte, die in der kanonischen Quantenfeldtheorie sogar die Grundlage des mikroskopischen Weltbildes liefern. Davon ausgehend, ist die Gliederung des Stoffes vorgenommen worden. Im ersten Kapitel wird die klassische Mechanik der Massenpunktsysteme als Grundlage des mechanisch-materialistischen Weltbildes aufgebaut. Die statistischen Methoden werden auf der einfachsten Stufe, das heißt unmittelbar im Anschluß an die klassische Mechanik eingeführt. Dadurch soll der Aufwand verringert und das Verständnis für die Interpretation der Quantenmechanik vorbereitet werden. Die Darstellung der relativistischen Physik beginnt mit der Diskussion der speziell-relativistischen Kinematik und Dynamik und wird mit der Feldtheorie fortgeführt. Die Formulierung der relativistischen Quantenmechanik, die Übersicht über die Elementarteilchenphysik und die Einführung in das darauf aufbauende physikalische Weltbild stellen den Abschluß dar. Die Einführung in die Gravitationstheorie ist als Ergänzung gedacht.

Meinem verehrten Lehrer Professor Dr. H.-J. Treder danke ich für seine vielfältige Unterstützung, meinem Kollegen Dr. H.-H. v. Borzeszkowski für eingehende Diskussionen und kritische Hinweise.

Potsdam 1972 Dierck-Ekkehard Liebscher

Inhaltsverzeichnis

Kapitel I: Klassische Mechanik

Kapitel II: Statistik und Thermodynamik

Kapitel III: Quantenmechanik

Kapitel IV: Spezielle Relativitätstheorie: Mechanik

Kapitel V: Elektrodynamik und Feldtheorie

Kapitel VI: Relativistische Quantentheorie

Kapitel VII: Gravitationstheorie

Verzeichnis der benutzten Bezeichnungen

A	Operator, Matrix, speziell Erniedrigungsoperator (ab § 33),
A_i	elektromagnetisches Viererpotential,
δA	Arbeit,
$\mathbf{A}$	magnetisches Vektorpotential,
a	Eigenwert zu A, große Halbachse eines Kegelschnitts (Kap. I),
$\mathbf{a}$	allgemeiner Vektor,
B	Baryonenzahl (Kap. VI),
$\mathbf{B}$	magnetische Induktionsdichte (§ 56),
b	Beweglichkeit,
C	spezifische Wärme (Kap. II), Kapazität (Kap. V), Operator der Ladungskonjugation (Kap. VI),
c	Phasengeschwindigkeit, speziell Lichtgeschwindigkeit,
D	Federkonstante (Kap. I),
D	kovariantes Differential (Kap. VII),
D_r	eichinvariante Ableitung nach x_r,
$\mathbf{D}$	elektrische Verschiebungsdichte (§ 56),
E	Energie, Eikonal (§ 10), Elastizitätsmodul (§ 11),
$\mathbf{E}$	Feldstärke, speziell elektrische Feldstärke,
e	Ladungen,
$\mathbf{e}$	Basisvektoren,
F	Freie Energie,
F_{ik}	elektromagnetischer Feldstärketensor,
f	Gravitationskonstante,
$\mathbf{f}$	Figurenachse,
$\mathrm{d}\mathbf{f}$	Flächenelement im dreidimensionalen Raum,
G	freie Enthalpie, GREENsche Funktion,
g	Erdbeschleunigung, Entartungsgrad (§ 15),
g_{ik}	metrischer Tensor (Kap. VII),
H	HAMILTON-Funktion, HAMILTON-Operator, Enthalpie (Kap. II),
$\mathbf{H}$	magnetische Feldstärke,
h	PLANCKsche Konstante $\left(\hbar = \frac{h}{2\pi}\right)$, Enthalpie pro Teilchen (§ 23),
I	Wirkungsvariable, Stromstärke, Isospin (Kap. VI),
$\mathbf{J}$	Gesamtdrehimpuls (Kap. VI),
j	Drehimpulsquantenzahl,

$\boldsymbol{j}$	Stromdichte,
K^i	Viererkraft,
$\boldsymbol{K}$	Kraft,
k	BOLTZMANN-Konstante,
k^i	Viererkraftdichte, Viererwellenzahlvektor,
$\boldsymbol{k}$	Kraftdichte, Wellenzahlvektor,
L	LAGRANGE-Funktion, Induktivität (§ 53), Leptonenzahl (Kap. VI), LOSCHMIDT-Zahl,
$\boldsymbol{L}$	Drehimpuls,
l	Länge, Drehimpulsbetrag, Bahndrehimpulsquantenzahl,
M	Gesamtmasse,
M^{ik}	Polarisationsdichte-Tensor,
M^{ikl}	Drehimpulsdichte-Tensor,
$\boldsymbol{M}$	magnetische Polarisationsdichte,
m	Masse, Azimutalquantenzahl,
$\boldsymbol{m}$	Dipolmoment, speziell magnetisches Moment,
N	Anzahl, Teilchenzahl, Leistung,
$\boldsymbol{N}$	Drehmoment,
n	Brechungsindex, spezifische Anzahl, mittlere Besetzungszahl, Hauptquantenzahl,
$\boldsymbol{n}$	Einheitsvektor, Normalenvektor,
P	Wahrscheinlichkeit, Impulsoperator, Paritätsoperator, Permutationsoperator, Punkt,
$\boldsymbol{P}$	Gesamtimpuls, elektrische Polarisationsdichte (Kap. V),
p	generalisierter Impuls, Halbparameter eines Kegelschnitts (Kap. I), Druck (Kap. II), Wahrscheinlichkeit,
$\boldsymbol{p}$	Impuls, elektrisches Dipolmoment,
Q	Gesamtladung, generalisierte Kräfte (§ 5), Ortsoperatoren,
δQ	Wärmemenge,
q	Ladung, speziell elektrische Ladung, generalisierte Koordinaten, Ähnlichkeit (§ 25), spezielle Frequenz (ab § 59),
$\boldsymbol{q}$	Wärmestromdichte (§ 24),
R^i_{klm}	RIEMANNscher Krümmungstensor (Kap. VII),
Ry	RYDBERG-Konstante,
$\boldsymbol{R}$	Schwerpunktkoordinaten,
r	Abstand,
$\boldsymbol{r}$	Ortskoordinaten im cartesischen Bezugssystem,
S	Wirkungsfunktion, Entropie (Kap. II), Spinortransformation (§ 60), spinorielle Kausalfunktion (§ 62), Strangeness (Kap. VI),
$\boldsymbol{S}$	Spin, POYNTING-Vektor (Kap. V),
s	Entropie pro Teilchen (§ 23), Spinquantenzahl,
$\boldsymbol{s}$	Entropiestromdichte (§ 24),
T	kinetische Energie, Schwingungsdauer, KELVIN-Temperatur, Translationsoperator (§ 32),

T^{ik}	Energie-Impuls-Tensor,
t	Zeit,
U	potentielle Energie, unitärer Operator,
u	spektrale Energieverteilung (§ 18), Energiedichte (§ 24),
u^i	Vierergeschwindigkeit,
$\boldsymbol{u}$	Geschwindigkeit,
V	Volumen, elektrische Spannung, potentielle Energie (Kap. III),
$\boldsymbol{v}$	Geschwindigkeit,
W	zeitunabhängiger Teil der Wirkungsfunktion,
w	Winkelvariable (§ 8), Dichte der potentiellen Energie (§ 11),
$\boldsymbol{w}$	Energiestromdichte (§ 24),
X	Arbeitsparameter (Kap. II),
x	Konzentrationen (Kap. II),
Y	Hyperladung (Kap. VI),
Z	REYNOLDS-Zahl (§ 12), Zustandssumme, Zustandsintegral,
$\boldsymbol{Z}$	Zwangskraft,
α	Absorptionskoeffizient,
Γ^i_{kl}	Koeffizienten des affinen Zusammenhangs (§ 68),
γ	Dämpfungskonstante (Kap. I u. V), spezifische Wärme pro Teilchen (Kap. II), DIRAC-Matrizen (Kap. VI),
Δ	Differenz, LAPLACE-Operator, GREENsche Funktion (§ 59),
δ	infinitesimale Differenz,
δ_{ik}	KRONECKER-Symbol,
$\delta(t)$	DIRAC-Funktion,
ε	Exzentrizität eines Kegelschnitts, Deformationstensor (§ 11), Energie, Dielektrizitätskonstante (§ 56),
$\varepsilon_{i_1 \ldots i_n}$	LEVI-CIVITA-Symbol,
$\boldsymbol{\varepsilon}$	spezifische Feldstärke (§ 2),
η	Viskosität (§ 12), Wirkungsgrad (§ 23),
η_{ik}	MINKOWSKI-Tensor,
Θ	Trägheitstensor,
θ	Trägheitsmomente (Kap. I), Deklination, thermodynamische Temperaturskala,
$\theta(t)$	HEAVISIDE-Funktion,
Λ	Eichfunktionen,
λ	Kurvenparameter, Multiplikatoren, Wellenlänge, LAMÉ-Parameter (§ 11), Supraleitungskoeffizient (§ 56),
μ	Reibungskoeffizient (§ 5), reduzierte Masse (§ 5), POISSONsche Zahl (§ 11), chemisches Potential, Massendichte (Kap. VI u. V), magnetische Permeabilität (§ 56), magnetisches Moment (Anh. III),
ν	Frequenz, Reaktionszahlen (§ 21),
ξ	generalisierte Kraft (Kap. II),
$\boldsymbol{\xi}$	Verschiebungsfeld,

Π	Hertzscher Vektor (§ 55),
π	Impulsdichte (§ 47), eichinvarianter Impulsoperator (§ 61),
ϱ	Massendichte, Ladungsdichte, Wahrscheinlichkeitsdichte, Radialkoordinate in der Ebene,
Σ	Bezugssystem,
σ	Streuung einer Verteilung, Streuquerschnitt, Spannungstensor (§ 11), Stefan-Boltzmann-Konstante (§ 18), Pauli-Matrizen, Leitfähigkeit (§ 56),
$\mathrm{d}\sigma_i$	Oberflächenelement im Minkowski-Raum,
τ	Eigenzeit, Lebensdauer,
v	Volumen pro Teilchen,
v_n	Volumen der n-dimensionalen Einheitskugel,
Φ	Potential, Phasenvolumen,
Φ	Wellenfunktion, Hilbert-Vektor,
φ	Azimut, Teilspinor (§ 61),
χ	Suszeptibilität (§ 56), Teilspinor (§ 61),
Ψ	thermodynamisches Potential im großkanonischen Ensemble,
ψ	Wellenfunktion, Hiblert-Vektor, Spinor (Kap. VI),
ψ_a	Eigenvektor zu A zum Eigenwert a,
Ω	Raumwinkel,
ω	Phasenwinkel-Geschwindigkeit, Oberfläche im Phasenraum (Kap. II (Kap. II),
$\boldsymbol{\omega}$	Winkelgeschwindigkeit,
$\Box$	d'Alembert-Operator,
∇	Nabla-Operator.

Ab Kapitel VI und in den Paragraphen 6, 8, 10, 11 und 12 wird die Einsteinsche Summationskonvention benutzt: Über zwei in einem Produkt auftretende Indizes wird summiert, ohne daß Summenzeichen geschrieben werden müssen.

Die partielle Ableitung nach der i-ten Koordinate wird an diesen Stellen durch ein Komma und die Angabe des Index beschrieben:

$$\frac{\partial f}{\partial x^i} = f_{,i}\,.$$

I. Klassische Mechanik

§ 1. Der Ausgangspunkt der Dynamik

In der Mechanik werden die Grundlagen der experimentellen Begriffe wie Geschwindigkeit, Trägheit, Kraft, Energie usw. erklärt. Das geschieht anhand der Mechanik der Massenpunkte. Die Mechanik der Kontinua erscheint als abgeleitet, das Kontinuum wird als Grenzfall eines Kollektivs von Massenpunkten verstanden. Die Lage eines Massenpunktes zu einem bestimmten Zeitpunkt wird durch drei Koordinaten vollständig beschrieben. Sind die inneren Bewegungen eines makroskopischen Körpers nur schwach mit der Bahnbewegung gekoppelt, so ist der Massenpunkt eine brauchbare Approximation. Der Fehler wird dann im Rahmen einer Störungsrechnung behandelt. Die Güte der Approximation, experimentell festgestellt, ist ein Maß für die Schwäche der Kopplung der inneren Bewegung an die des Schwerpunktes.

Die Beschreibung der Lage eines Massenpunktes erfolgt in einem Koordinatensystem, dessen zweckmäßige Wahl durch die Dynamik selbst festgelegt wird. Die Koordinatenachsen werden durch die Bahnen dreier kräftefreier Massenpunkte gegeben, die vom Ursprung aus in drei senkrecht zueinander stehende Richtungen projiziert werden. Es entsteht ein cartesisches Koordinatensystem. Die Bahn jedes anderen kräftefreien Massenpunktes ist in diesem Koordinatensystem ebenfalls eine Gerade. Die Zeit wird dadurch festgelegt, daß ein kräftefreier Massenpunkt in gleicher Zeit immer die gleiche Strecke zurücklegt. Ein so festgelegtes Bezugssystem (Raumkoordinaten + Zeit) heißt Inertialsystem.

Für die Dynamik der Massenpunkte gelten die Newtonschen Axiome:

1. *In einem Inertialsystem bleibt der Impuls* $\boldsymbol{p}$ *eines freien Massenpunktes erhalten. Der Impuls ist das Produkt aus der Masse und dem Geschwindigkeitsvektor:*

$$\boldsymbol{p} = m\,\boldsymbol{v}\,. \tag{1.1}$$

Dieses Axiom enthält die Möglichkeit der Konstruktion eines Inertialsystems nach der obigen Vorschrift.

2. *Ändert sich der Impuls eines Massenpunktes in einem Inertialsystem, so ist eine physikalische Ursache, die Kraft* $\boldsymbol{K}$*, zu finden und zu erklären:*

$$\frac{\mathrm{d}\boldsymbol{p}}{\mathrm{d}t} = \boldsymbol{K}\,. \tag{1.2}$$

Das zweite Axiom enthält die Definition der Kraft. Ist die Kraft bekannt, stellt das zweite Axiom eine Bewegungsgleichung dar.

3. *Die Kraft, die ein Massenpunkt A auf einen anderen (B) ausübt, ist entgegengesetzt gleich der Kraft von B auf A:*

$$\boldsymbol{K}_{AB} = -\boldsymbol{K}_{BA}\,. \tag{1.3}$$

Das Konzept der Kraft in der Form (1.2) ist nicht zuletzt deshalb so fruchtbar, weil sich die aus verschiedenen Ursachen resultierenden Kräfte im allgemeinen komponentenweise addieren, d. h. sich gegenseitig nicht beeinflussen. Unter dieser Voraussetzung bedeutet das dritte Axiom nichts weiter als den Impulserhaltungssatz für Systeme von Massenpunkten, die keinen äußeren Kräften unterliegen:

$$\boldsymbol{P} = \sum_A \boldsymbol{p}_A \qquad \text{(Impulse addieren sich linear),}$$

$$\frac{\mathrm{d}\boldsymbol{P}}{\mathrm{d}t} = \sum_{A,B} \boldsymbol{K}_{AB} \qquad \text{(Zweites Newtonsches Axiom),}$$

$$\boldsymbol{K}_{AB} = -\boldsymbol{K}_{BA} \qquad \text{(DrittesAxiom).}$$

$$\sum_{A,B} \boldsymbol{K}_{AB} = 0 \text{ impliziert } \frac{\mathrm{d}\boldsymbol{P}}{\mathrm{d}t} = 0\,. \tag{1.4}$$

Zusammen mit der Definition des Schwerpunktes

$$\boldsymbol{R} = \frac{\sum_A m_A \boldsymbol{r}_A}{\sum_B m_B} \tag{1.5}$$

und der Konstanz der Massen der einzelnen Massenpunkte des Systems ergibt sich: Der Schwerpunkt eines Systems kann nicht durch innere Kräfte beschleunigt werden.

Die Ursache der Konstanz der Masse eines Massenpunktes wird in der Newtonschen Mechanik nicht untersucht. Geklärt wird der Sachverhalt erst durch die Quantenmechanik und die Relativitätstheorie. Die Herkunft der Kräfte ist in der Newtonschen Mechanik für die Formulierung der Dynamik ohne Belang. Die Formeln für die einzelnen Kräfte werden den experimentellen Gegebenheiten entnommen. Ein System von Massenpunkten kann von inneren und äußeren Kräften bewegt werden. Als Bewegungsgleichung ist anzusetzen

$$\frac{\mathrm{d}}{\mathrm{d}t}\left(m_A \dot{\boldsymbol{r}}_A\right) = \boldsymbol{K}_A^{(a)} + \sum_B \boldsymbol{K}_{BA}\left(+ \sum_{BC} \tilde{\boldsymbol{K}}_{BCA} + \cdots\right). \tag{1.6}$$

Die in der Klammer stehenden Terme bedeuten eine nichtlineare Addition der inneren Kräfte. Im folgenden wird die Addition der Kräfte als linear vorausgesetzt. Sind die äußeren Kräfte Null, dann bleibt der Gesamtimpuls des Systems und, die Konstanz der einzelnen Massen vorausgesetzt, der Schwerpunkt erhalten:

$$\left(\sum_A m_A\right)\boldsymbol{R} - \boldsymbol{P}\,t = \text{const.} \tag{1.7}$$

Unter zusätzlichen, aber in den wichtigsten Fällen erfüllten Voraussetzungen gelten noch weitere Erhaltungssätze. Sind die Kräfte zwischen zwei Massenpunkten parallel zur Verbindungslinie und fehlen äußere Kräfte, so bleibt der Drehimpuls $\boldsymbol{L}$ erhalten:

$$\boldsymbol{K}_{AB} = \varkappa_{AB} \cdot (\boldsymbol{r}_A - \boldsymbol{r}_B)\,, \quad (\varkappa_{AB} = \varkappa_{BA} \text{ wegen 3. Axiom}),$$

$$\boldsymbol{L} = \sum_A (\boldsymbol{r}_A \times \boldsymbol{p}_A)\,, \tag{1.8}$$

$$\frac{\mathrm{d}\boldsymbol{L}}{\mathrm{d}t} = \sum_{A,B} \big(\boldsymbol{r}_A \times (\boldsymbol{r}_B - \boldsymbol{r}_A)\big)\, \varkappa_{BA} = 0\,,$$

weil $\varkappa$ symmetrisch und das Kreuzprodukt antisymmetrisch in A und B ist.

Sind die Kräfte als Gradient eines Potentials U darstellbar, das nicht von der Zeit oder den Geschwindigkeitskomponenten abhängt, so bleibt die Gesamtenergie des Systems erhalten. Dazu wird das Potential der Kräfte als potentielle Energie erklärt. Als kinetische Energie wird der Ausdruck

$$T = \sum_A \frac{m_A}{2} \dot{\boldsymbol{r}}_A^2 \tag{1.9}$$

bezeichnet. Kräfte der Form

$$\boldsymbol{K} = -\operatorname{grad} U(\boldsymbol{r}) \tag{1.10}$$

heißen konservativ. Sind

$$\boldsymbol{K}_A^{(a)} = -\operatorname{grad}_{\boldsymbol{r}_A} U \quad \text{und} \quad \boldsymbol{K}_{BA} = -\operatorname{grad}_{\boldsymbol{r}_A} U_{BA}(\boldsymbol{r}_B\,, \boldsymbol{r}_A)$$

konservativ, so gilt für zeitunabhängige Massen

$$\frac{\mathrm{d}}{\mathrm{d}t}\left(\sum_A \frac{m_A}{2} \dot{\boldsymbol{r}}_A^2 + \sum_A U_A + \frac{1}{2} \sum_{A,B} U_{AB}\right) = 0\,,$$

$$E = T + U = \text{const}\,. \tag{1.11}$$

Alle diese Erhaltungssätze hängen damit zusammen, daß sich die inneren Kräfte nur am System der Massenpunkte selbst und nicht an einem absoluten Raum bzw. an einem speziellen Bezugssystem orientieren. Wenn man die Ableitbarkeit der Kraft aus einem Potential voraussetzt, dann ist der Energiesatz verknüpft mit der Zeitunabhängigkeit der Massen und der Kräfte, d. h. mit der Tatsache, daß die Bewegungsgleichungen keinen Zeitpunkt auf der Zeitskala auszeichnen. Der Drehimpulserhaltungssatz ist verknüpft mit der räumlichen Orientierung der Kräfte an den Massenpunkten des Systems. Sind die inneren Kräfte parallel zu den Verbindungslinien, dann werden keine Richtungen im Raum a priori ausgezeichnet. Der Impulssatz und der Schwerpunktsatz hängen — an dieser Stelle noch undurchsichtig — mit anderen Symmetrieeigenschaften des Raumes zusammen. Die Erhaltungsgrößen sind Konstanten der Bewegung. Sind die Bewegungsgleichungen Gleichungen für die Beschleunigungen, so werden zeitlich konstante Größen dann Konstanten der Bewegung genannt, wenn sie explizit nur von den Geschwindigkeiten (neben den Ortskoordinaten und der Zeit) abhängen.

Das Inertialsystem, existent durch die Newtonschen Axiome, ist nicht eindeutig bestimmt. Die Koordinaten eines Ereignisses (Raumkoordinaten und

Zeitpunkt) bezüglich zweier verschiedener Inertialsysteme Σ und Σ^* sind durch eine GALILEI-Transformation miteinander verknüpft. Diese Transformationen bilden eine Gruppe, die GALILEI-Gruppe, gegen die die NEWTONschen Axiome kovariant sind. Sie sind lineare Transformationen der Form

$$\begin{pmatrix} \boldsymbol{r}^* \\ t^* \end{pmatrix} = \begin{pmatrix} A, & -\boldsymbol{v} \\ 0, & 1 \end{pmatrix} \begin{pmatrix} \boldsymbol{r} \\ t \end{pmatrix} + \begin{pmatrix} \boldsymbol{r}_0 \\ t_0 \end{pmatrix}. \tag{1.12}$$

Die Matrix A ist orthogonal ($A\,A^T = 1$) und enthält die drei Parameter der dreidimensionalen räumlichen Drehung. $\boldsymbol{r}_0$ beschreibt die drei Parameter der zeitunabhängigen Verschiebung des räumlichen Koordinatenursprungs, t_0 beschreibt die Verschiebung des Zeitnullpunkts. Der Vektor $\boldsymbol{v}$ faßt die drei Parameter der gleichförmigen translatorischen Bewegung von Σ^* gegen Σ zusammen. $\boldsymbol{v}$ stellt die Relativgeschwindigkeit des Ursprungs der räumlichen Koordinaten von Σ^* gegen Σ dar. Mit der Unabhängigkeit der physikalischen Situation von den räumlichen Drehungen hängt der Drehimpulserhaltungssatz zusammen, mit den Verschiebungen des Koordinatenursprungs $\boldsymbol{r}_0$ der Impulserhaltungssatz, mit den Verschiebungen des Zeitnullpunkts der Energieerhaltungssatz, mit den speziellen GALILEI-Transformationen

$$\boldsymbol{r}^* = \boldsymbol{r} - \boldsymbol{v}\,t\,, \quad t^* = t \tag{1.13}$$

der Schwerpunktsatz. Den direkten Zugang zu diesen Aussagen liefern die NOETHERschen Theoreme, die an Variationsprinzipien geknüpft sind (§ 5).

Die Form der GALILEI-Transformationen kann aus den NEWTONschen Axiomen erschlossen werden. Gilt das erste NEWTONsche Axiom, so lautet das Integral der kräftefreien Bewegung $\boldsymbol{r} = \boldsymbol{r}_0 + \boldsymbol{v}_0\,t$. Es beschreibt eine Gerade in der formalen vierdimensionalen Raum-Zeit, deren Punkte physikalisch als Ereignisse zu interpretieren sind und durch die vier Koordinaten x_1, x_2, x_3 und t fixiert werden. Ein anderes Koordinatensystem $\big(\boldsymbol{r}^* = \boldsymbol{r}^*(\boldsymbol{r}, t),\ t^* = t^*(\boldsymbol{r}, t)\big)$ kann nur dann ein Inertialsystem sein, wenn die kräftefreie Bewegung wieder durch vierdimensionale Geraden dargestellt wird. Die Abbildung von Σ (Koordinaten $\boldsymbol{r}, t$) auf Σ^* (Koordinaten $\boldsymbol{r}^*, t^*$) muß daher linear sein:

$$\boldsymbol{r}^* = A\,\boldsymbol{r} + \boldsymbol{v}\,t + \boldsymbol{r}_0\,, \quad t^* = \boldsymbol{w}\,\boldsymbol{r} + a\,t + t_0\,. \tag{1.14}$$

Durch geeignete Festlegung des Maßstabs in Σ^* wird die Orthogonalität von A erreicht. Außerdem sind die Kräfte Vektoren und die Massen Konstanten, es muß also gelten

$$m\,\frac{\mathrm{d}^2\boldsymbol{r}^*}{\mathrm{d}t^{*2}} = A\,m\,\frac{\mathrm{d}^2\boldsymbol{r}}{\mathrm{d}t^2} \quad (\boldsymbol{K}^* = A\,\boldsymbol{K})\,. \tag{1.15}$$

Zieht man zusätzlich die Forminvarianz konservativer Kräfte heran ($A\,\boldsymbol{K} = -A\,\mathrm{grad}_{\boldsymbol{r}}\,U = \boldsymbol{K}^* = -\,\mathrm{grad}_{\boldsymbol{r}^*}\,U$) und beachtet die Kettenregel $\mathrm{grad}_{\boldsymbol{r}^*}\,U = (A^T)^{-1}\,\mathrm{grad}_{\boldsymbol{r}}\,U$, so findet man hieraus die Orthogonalität von A.

Aus (1.15) folgt unter Verwendung von (1.16) in der Form

$$\frac{\mathrm{d}\boldsymbol{r}^*}{\mathrm{d}\lambda} = A\,\frac{\mathrm{d}\boldsymbol{r}}{\mathrm{d}\lambda} + \boldsymbol{v}\,\frac{\mathrm{d}t}{\mathrm{d}\lambda}\,, \qquad \frac{\mathrm{d}t^*}{\mathrm{d}\lambda} = \boldsymbol{w}\,\frac{\mathrm{d}\boldsymbol{r}}{\mathrm{d}\lambda} + a\,\frac{\mathrm{d}t}{\mathrm{d}\lambda}$$

die Darstellung

$$\frac{d^2\boldsymbol{r}^*}{dt^{*2}} = \frac{dt}{dt^*}\frac{d}{dt}\left(\frac{A\,\dot{\boldsymbol{r}} + \boldsymbol{v}}{\boldsymbol{w}\,\dot{\boldsymbol{r}} + a}\right)$$

und daher

$$A\,\ddot{\boldsymbol{r}} = [\boldsymbol{w}\,\dot{\boldsymbol{r}} + a]^{-3}\,[(\boldsymbol{w}\,\dot{\boldsymbol{r}} + a)\,A\,\ddot{\boldsymbol{r}} - \boldsymbol{w}\,\ddot{\boldsymbol{r}}\,(A\,\dot{\boldsymbol{r}} + \boldsymbol{v})]$$

als Bedingung an die Koeffizienten der GALILEI-Transformationen. Diese Bedingung muß für beliebige Funktionen $\boldsymbol{r}(\lambda)$ gelten. $\boldsymbol{w}$ kann nicht von Null verschieden sein, sonst kann $\boldsymbol{w}\,\dot{\boldsymbol{r}} + a = 1$ eintreten, was auf $\boldsymbol{w} = 0$ führen würde. Daher muß $a^2 = 1$ sein. $a = -1$ beschreibt eine Zeitspiegelung, $a = 1$ für die eigentlichen GALILEI-Transformationen.

Das wichtigste Beispiel eines nichtinertialen Bezugssystems ist das starr rotierende Bezugssystem (im folgenden mit Σ^* bezeichnet). Der Ursprung von Σ^* liege fest im Ursprung von Σ, und die Drehachse gehe durch diesen Punkt. Mit $\boldsymbol{\omega}$ wird der (momentane) Vektor der Winkelgeschwindigkeit bezeichnet. Zum betrachteten Zeitpunkt sei außerdem die Orientierung von Σ^* mit der von Σ identisch. Ein in Σ^* ruhender Punkt $\boldsymbol{r}^*$ hat gegen Σ die Geschwindigkeit $\boldsymbol{\omega} \times \boldsymbol{r}^*$, daher setzt sich im allgemeinen die Geschwindigkeit gegen Σ aus zwei Anteilen zusammen:

$$\frac{d\boldsymbol{r}}{dt} = \frac{d\boldsymbol{r}^*}{dt} + \boldsymbol{\omega} \times \boldsymbol{r}^*\,. \tag{1.16}$$

Allgemein gilt für die zeitliche Ableitung eines Vektors, der einmal auf Σ und dann auf Σ^* bezogen wird:

$$\frac{d\boldsymbol{a}}{dt} = \frac{d\boldsymbol{a}^*}{dt} + \boldsymbol{\omega} \times \boldsymbol{a}\,. \tag{1.17}$$

Der Term $\boldsymbol{\omega} \times \boldsymbol{a}$ beschreibt die Zeitabhängigkeit der Koeffizienten der Transformation von Σ in Σ^*.

Die Beschleunigungen eines Massenpunktes verhalten sich nach der Formel

$$\frac{d^2\boldsymbol{r}}{dt} = \left(\frac{d}{dt} + \boldsymbol{\omega}\,\times\right)\left(\frac{d}{dt} + \boldsymbol{\omega}\,\times\right)\boldsymbol{r}^*\,.$$

Im rotierenden Bezugssystem Σ^* beobachtet man also an Stelle von $m\,\ddot{\boldsymbol{r}} = \boldsymbol{K}$ die Kraft

$$m\,\ddot{\boldsymbol{r}}^* = \boldsymbol{K}^* - 2\,m\,\boldsymbol{\omega} \times \frac{d\boldsymbol{r}^*}{dt} - m\boldsymbol{\omega} \times (\boldsymbol{\omega} \times \ddot{\boldsymbol{r}}^*) - m\dot{\boldsymbol{\omega}} \times \boldsymbol{r}^*\,. \tag{1.18}$$

Zur eigentlichen Kraft $\boldsymbol{K}^*$, die durch die Dynamik im Inertialsystem definiert ist, kommen Scheinkräfte (Trägheitskräfte) hinzu, die CORIOLIS-Kraft $\boldsymbol{K}_c = -2\,m\boldsymbol{\omega} \times \boldsymbol{r}^*$ und die Zentrifugalkraft $\boldsymbol{K}_z = -m\,\boldsymbol{\omega} \times (\boldsymbol{\omega} \times \boldsymbol{r}^*)$. Der letzte Term tritt nur bei ungleichförmiger Rotation auf. Die CORIOLIS-Kraft ist geschwindigkeitsabhängig, die Zentrifugalkraft ist konservativ:

$$\boldsymbol{K}_z = \operatorname{grad}\frac{1}{2}\,m\,(\boldsymbol{\omega} \times \boldsymbol{r}^*)^2\,. \tag{1.19}$$

§ 2. Kraftfelder

Die wichtigsten Kraftwirkungen auf Massenpunkte lassen sich in der Form

$$\boldsymbol{K}_A(\boldsymbol{r}_A) = q_A\, \boldsymbol{E}(\boldsymbol{r}_A) \tag{2.1}$$

darstellen. $\boldsymbol{E}(\boldsymbol{r})$ heißt Feldstärke und q_A ist die entsprechende Ladung des Massenpunktes A. (2.1) bedeutet, daß die Kräfte, die zwei verschiedene Massenpunkte am gleichen Ort erfahren, streng proportional sind, das Verhältnis der Kräfte ist dabei unabhängig vom Ort. Die Ladung q_A ist wie die Masse m_A eine innere Eigenschaft des Massenpunktes.

Das Gravitationsfeld und das elektrostatische Feld sind in der Form (2.1) darstellbar. Die Grundlage für die Theorie des Gravitationsfeldes in der klassischen Mechanik ist das Newtonsche Anziehungsgesetz:

$$\boldsymbol{K}_{AB} = -f \cdot \frac{\boldsymbol{r}_B - \boldsymbol{r}_A}{|\boldsymbol{r}_B - \boldsymbol{r}_A|} \cdot \frac{m_A\, m_B}{|\boldsymbol{r}_B - \boldsymbol{r}_A|^2}\,. \tag{2.2}$$

$f = 6.668\ 10^{-8}$ dyn cm^2 g^{-2} ist die Gravitationskonstante. Als Ladung des Massenpunktes B erweist sich die Masse m_B selbst. Die Feldstärke ergibt sich zu

$$\boldsymbol{E}(\boldsymbol{r}) = -f \frac{\boldsymbol{r} - \boldsymbol{r}_A}{|\boldsymbol{r} - \boldsymbol{r}_A|^3} \cdot m_A\,. \tag{2.3}$$

Die Gleichheit der schweren Masse eines Massenpunktes (d. h. der Ladung bezüglich des Gravitationsfeldes) und der trägen Masse (d. h. des Faktors in $\boldsymbol{p} = m\,\boldsymbol{v}$) ist universell und im Experiment bereits mit einer Genauigkeit von 10^{-12} nachgewiesen. Diese Gleichheit ist ein in der Newtonschen Mechanik nicht erklärter Tatbestand und wird als Äquivalenzprinzip zum Schlüssel der Formulierung einer relativistischen Präzisierung der Gravitationstheorie (Kapitel VII).

Das Gegenwirkungsprinzip bedingt, daß die Ladung nicht nur passiv auf das Feld reagieren kann, sondern auch selbst ein Feld erzeugen muß. Ist $\boldsymbol{K}_{AB} = q_B\, \boldsymbol{E}(\boldsymbol{r}_B, \boldsymbol{r}_A)$ und $\boldsymbol{K}_{BA} = q_A\, \boldsymbol{E}^*(\boldsymbol{r}_A, \boldsymbol{r}_B)$, so folgt aus dem dritten Newtonschen Axiom ($\boldsymbol{K}_{AB} = -\boldsymbol{K}_{BA}$), daß $\boldsymbol{K}_{AB} = q_A\, q_B\, \boldsymbol{\varepsilon}\,(\boldsymbol{r}_A, \boldsymbol{r}_B)$ ist und damit die Feldstärke $\boldsymbol{E}(\boldsymbol{r}, \boldsymbol{r}_A)$ proportional der Ladung q_A des felderzeugenden Teilchens ist. Bei linearer Überlagerung aller von den einzelnen geladenen Teilchen erzeugten Felder ergibt sich als Gesamtfeld

$$\boldsymbol{E}(\boldsymbol{r}) = \sum_A q_A\, \boldsymbol{\varepsilon}\,(\boldsymbol{r}, \boldsymbol{r}_A)\,. \tag{2.4}$$

Das Newtonsche Anziehungsgesetz ergibt sich aus den Keplerschen Gesetzen für die Planetenbewegung. Diese lauten:

Alle Planeten bewegen sich auf Ellipsen, in deren einem Brennpunkt die Sonne steht.

Der Leitstrahl, der von der Sonne zu den Planeten führt, überstreicht in gleichen Zeitintervallen gleiche Flächen.

Die Quadrate der Umlaufzeiten der Planeten verhalten sich untereinander wie die dritten Potenzen der großen Halbachsen.

Das zweite Gesetz ist identisch mit dem Drehimpulserhaltungssatz, bewirkt also

$$\boldsymbol{K}_{AB} = -\frac{\boldsymbol{r}_B - \boldsymbol{r}_A}{|\boldsymbol{r}_B - \boldsymbol{r}_A|} f\,(|\boldsymbol{r}_A - \boldsymbol{r}_B|)\,.$$

Die Funktion f bestimmt man aus dem dritten KEPLERschen Gesetz im Spezialfall der Kreisbahn: Bei festem Kraftzentrum $\boldsymbol{r}_A$ gilt

$$\boldsymbol{r} = \boldsymbol{r}_B - \boldsymbol{r}_A = (r \cos \omega\, t\,,\ r \sin \omega\, t,\, 0)$$

und

$$m\,\ddot{\boldsymbol{r}} = -\,m\,\omega^2\,\boldsymbol{r} = \boldsymbol{K} = -\,\frac{\boldsymbol{r}}{r}\,f(r)\,.$$

Andererseits ist $\omega^2 \sim \frac{1}{T^2} \sim r^{-3}$, daher gilt $f \sim r^{-2}$. Nnn muß natürlich gezeigt werden daß sich aus (2.3) tatsächlich die KEPLERschen Gesetze in ihrer Allgemeinheit ergeben (§ 5).

Das Gravitationsfeld ist konservativ, das Potential des Feldes ergibt sich aus der Definition $\boldsymbol{E} = -\operatorname{grad} \Phi$ zu

$$\Phi = -\,f \cdot \frac{m_A}{|\boldsymbol{r} - \boldsymbol{r}_A|}\,.$$

Bei linearer Addition der Felder erhält man für eine stetige Massenverteilung mit der Dichte $\varrho(\boldsymbol{r})$

$$\Phi(\boldsymbol{r}) = -\,f \cdot \int \mathrm{d}^3\boldsymbol{r}'\,\frac{\varrho(\boldsymbol{r}')}{|\boldsymbol{r} - \boldsymbol{r}'|}\,. \tag{2.5}$$

Das Gravitationspotential genügt somit der POISSONschen Gleichung

$$\Delta\Phi = 4\,\pi f \cdot \varrho(\boldsymbol{r})\,. \tag{2.6}$$

Wichtig ist, daß in dieser Formulierung die Kraft zwischen zwei Massenpunkten zu einem gegebenen Zeitpunkt nur von der Lage der Massenpunkte gerade zu diesem Zeitpunkt abhängt. Veränderungen an den Quellen des Gravitationsfeldes sind also ohne Verzögerung an allen Punkten des Raumes zu spüren. Nach der Potentialgleichung (2.6) breitet sich die Schwerewirkung mit unendlich großer Geschwindigkeit aus.

Als Wechselwirkung über makroskopische Entfernungen spielen nur Gravitationsfeld und elektromagnetisches Feld eine Rolle. Das elektromagnetische Feld hat kompliziertere Struktur. In der Darstellung des elektromagnetischen Feldes mit räumlichen Vektoren erscheinen zwei Felder, das elektrische Feld $\boldsymbol{E}$ und das magnetische Feld $\boldsymbol{H}$, dabei ist die Kraftwirkung auf ein Teilchen mit der elektrischen Ladung q gleich

$$\boldsymbol{K} = q\left(\boldsymbol{E} + \frac{\boldsymbol{v}}{c} \times \boldsymbol{H}\right). \tag{2.7}$$

(LORENTZ-Kraft).

Durch die Einführung von $c = 3 \cdot 10^{10}$ cm s^{-1}, der Ausbreitungsgeschwindigkeit elektromagnetischer Wellen im Vakuum, werden die Dimensionen beider Feldstärken als gleich fixiert und die Formel der speziell-relativistischen Feldtheorie angepaßt.

Entsprechend den zwei Feldern E und H werden zwei Typen von Bewegungen elektrisch geladener Teilchen beobachtet. Ein Typ ist analog der Bewegung im Gravitationsfeld, das entsprechende Feld ist das elektrische, der zweite Typ zeigt eine Geschwindigkeitsabhängigkeit der Beschleunigung, das entsprechende Feld ist das magnetische Feld.

Im konstanten elektrischen Feld ist die Bahnkurve äquivalent der Wurfparabel:

$$m\ddot{\boldsymbol{r}} = q\boldsymbol{E}\,, \quad \boldsymbol{r} = \boldsymbol{r}_0 + \boldsymbol{v}_0 t + \frac{q}{m}\boldsymbol{E}\frac{t^2}{2}\,.$$

Im konstanten magnetischen Feld registriert man

$$m\ddot{\boldsymbol{r}} = q\frac{\boldsymbol{v}}{c} \times \boldsymbol{H}\,,$$

$$\dot{\boldsymbol{v}} = -\frac{q}{mc}\boldsymbol{H} \times \boldsymbol{v}\,.$$

Das ist die Gleichung einer Spirale. Der Betrag der Geschwindigkeit v ist konstant, ebenso die Geschwindigkeitskomponente in der Richtung des magnetischen Feldes. Die Projektion der Bewegung auf die Ebene senkrecht zur Feldstärke ist aber ein Kreis.

$$\boldsymbol{H} = (0,\ 0,\ H)\,,$$

$$\boldsymbol{r} = \boldsymbol{r}_0 + (-r\cos\omega t\,,\ r\sin\omega t\,,\ v_3 t)\,.$$

Die Kreisfrequenz ω ergibt sich aus

$$\omega = \frac{q}{mc}H$$

und ist unabhängig von der Teilchengeschwindigkeit. Die Messung von ω kann zur Bestimmung der spezifischen Ladung $\frac{q}{m}$ der betrachteten Teilchen herangezogen werden.

Im Massenspektrographen wird die kombinierte Ablenkung eines Strahls geladener Teilchen zur Bestimmung der spezifischen Ladung bzw. der Masse bei bekannter Ladung herangezogen (Abb. 1).
Im elektrischen Feld ergibt sich

$$\Delta_E v \sim \frac{q}{m}\boldsymbol{E}\,\Delta t_E \sim \frac{q}{m}\boldsymbol{E}\frac{l_E}{v}\,.$$

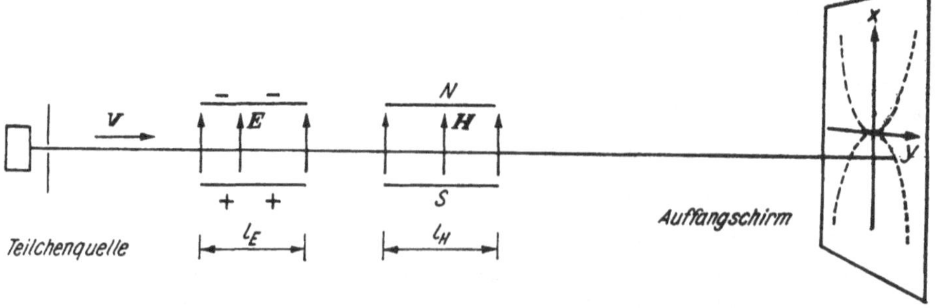

Abb. 1. Schematische Darstellung eines Massenspektrographen

Im magnetischen Feld entsteht die Geschwindigkeitskorrektur

$$\Delta_H \boldsymbol{v} \sim \frac{q}{m\,c}\,\boldsymbol{v} \times \boldsymbol{H}\,\Delta t_H \sim \frac{q}{m\,c}\,\boldsymbol{v} \times \boldsymbol{H}\,\frac{l_H}{v}.$$

Ist die elektrische Feldstärke $\boldsymbol{E}$ parallel der magnetischen ($\boldsymbol{H}$) und sind beide senkrecht zur Geschwindigkeit $\boldsymbol{v}$, so findet man

$$\boldsymbol{v} = (0,\ 0,\ v)\,,$$

$$\boldsymbol{v} + \Delta\boldsymbol{v} = v\left(\frac{q\,E}{m\,v^2}\,l_E\,,\ \frac{q\,H}{m\,c\,v}\,l_H,\ 1\right).$$

Die Ablenkung im elektrischen Feld sortiert nach der Teilchenenergie, die Ablenkung im magnetischen Feld nach dem Impuls $m\,v$. Auf einem Schirm senkrecht zur Anfangsgeschwindigkeit $\boldsymbol{v}$ wird für eine Teilchensorte mit festem $\frac{q}{m}$ eine Parabel sichtbar. Wird ihre Öffnung $c^2\,E\,l_E\,H^{-2}\,l_H^{-2}$ durch Anschluß an einen atomaren Standard bestimmt, dann erhält man relative Massenbestimmungen, die genauer sind als absolute Bestimmungen, zu denen die Geometrie der Versuchsanordnung und die Feldstärken einzeln genau vermessen werden müßten.

Man beobachtet keine magnetischen Ladungen, d. h. keine freien Teilchen, die im Magnetfeld eine Kraft der Form $\boldsymbol{K} = q_m\,\boldsymbol{H}(\boldsymbol{r})$ erfahren. Das Magnetfeld wirkt nur auf bewegte elektrische Ladungen, es wird auch nur von bewegten Ladungen erzeugt. Das elektrische Feld dagegen wird auch von ruhenden Ladungen erzeugt, es hat dann die gleiche Form wie das Gravitationsfeld: Die Kraft einerLadung q_A auf eine Ladung q_B lautet nach dem COULOMBschen Gesetz

$$\boldsymbol{K}_{A\,B} = \frac{\boldsymbol{r}_B - \boldsymbol{r}_A}{|\boldsymbol{r}_B - \boldsymbol{r}_A|^3}\,q_A\,q_B\,. \tag{2.8}$$

Als Feldstärke, die von q_A erzeugt wird, findet man mit $\boldsymbol{K}_{A\,B} = q_B\,\boldsymbol{E}(\boldsymbol{r}_B)$:

$$\boldsymbol{E}(\boldsymbol{r}) = \frac{\boldsymbol{r} - \boldsymbol{r}_A}{|\boldsymbol{r} - \boldsymbol{r}_A|^3}\,q_A\,.$$

Daher ist auch das stationäre elektrische Feld konservativ und genügt den Gleichungen

$$\boldsymbol{E}(\boldsymbol{r}) = -\operatorname{grad}\Phi\,, \qquad \Delta\Phi = -4\,\pi\,\varrho\,. \tag{2.9}$$

Hier ist ϱ die räumliche Dichte der elektrischen Ladung.

Eine Ladungsverteilung, die auf ein bestimmtes Gebiet beschränkt ist, erzeugt eine Feldstärke, die in großer Entfernung R von diesem Gebiet mindestens wie R^{-2} gegen Null geht. Dieses Verschwinden der von einem begrenzten System erzeugten Kraftfelder in weiter Entfernung ist ein allgemein beobachteter Tatbestand, der die Approximation eines isolierten, von äußeren Kräften freien Systems bzw. Massenpunktes erlaubt. Als Approximation eines isolierten Systems ist ein System verwendbar, das von anderen Systemen genügend weit entfernt ist, so weit, daß die von jenen erzeugten Kräfte klein gegen die inneren Kräfte des betrachteten Systems bzw. gegen die meßbaren Trägheitskräfte $m\,\ddot{\boldsymbol{r}}$ sind.

§ 3. Die Struktur von Massenpunktsystemen

Der Schwerpunkt (1.5) dient als Bezugspunkt für die Definition der inneren Größen eines Systems. Die Bewegung des Schwerpunktes selbst wird als äußere Bewegung des Systems betrachtet. Der Gesamtimpuls des Systems ergibt sich aus der Gesamtmasse und der Geschwindigkeit des Schwerpunkts.

$$\boldsymbol{P} = M \dot{\boldsymbol{R}} . \tag{3.1}$$

Die Änderung des Gesamtimpulses ist gleich der gesamten äußeren Kraft:

$$\frac{\mathrm{d}\boldsymbol{P}}{\mathrm{d}t} = \boldsymbol{K} = \sum_A \boldsymbol{K}_A . \tag{3.2}$$

Läßt sich die Summe der äußeren Kräfre darstellen als Feldstärke am Ort des Schwerpunkts multipliziert mit einer Ladung des Gesamtsystems, dann ist die Schwerpunktsbewegung der Bewegung eines Massenpunktes äquivalent.

Drehimpuls und kinetische Energie eines Systems von Massenpunkten werden durch Bezugnahme auf den Schwerpunkt in innere und äußere Anteile zerlegt. Die äußeren Anteile entsprechen dabei dem Drehimpuls und der kinetischen Energie des Schwerpunkts, wenn dort die Gesamtmasse konzentriert wäre. Bezeichnet man mit $\tilde{\boldsymbol{r}}_A$ die Koordinaten des Massenpunktes A bezüglich des Schwerpunkts ($\boldsymbol{r}_A = \boldsymbol{R} + \tilde{\boldsymbol{r}}_A$), so liefert die Definition des Schwerpunktes zunächst

$$\sum_A m_A \tilde{\boldsymbol{r}}_A = 0 . \tag{3.3}$$

Damit zerfällt der Drehimpuls in

$$\boldsymbol{L} = \sum_A m_A \boldsymbol{r}_A \times \dot{\boldsymbol{r}}_A = \sum_A m_A \boldsymbol{R} \times \dot{\boldsymbol{R}} + \sum_A m_A \tilde{\boldsymbol{r}}_A \times \dot{\tilde{\boldsymbol{r}}}_A . \tag{3.4}$$

$\tilde{\boldsymbol{L}} = \sum_A m_A \tilde{\boldsymbol{r}}_A \times \dot{\tilde{\boldsymbol{r}}}_A$ ist der innere Drehimpuls des Systems. $\tilde{\boldsymbol{L}}$ ist numerisch invariant gegen Verlagerungen des Koordinatenursprungs. $M \boldsymbol{R} \times \dot{\boldsymbol{R}}$ ist der äußere Drehimpuls des Systems. Die kinetische Energie zerfällt in

$$\begin{aligned} T &= \frac{1}{2} \sum_A m_A \dot{\boldsymbol{r}}_A^2 = \frac{1}{2} \sum_A m_A (\dot{\boldsymbol{R}}^2 + 2 \dot{\boldsymbol{R}} \dot{\tilde{\boldsymbol{r}}}_A + \dot{\tilde{\boldsymbol{r}}}_A^2) \\ &= \frac{1}{2} M \dot{\boldsymbol{R}}^2 + \frac{1}{2} \sum_A m_A \dot{\tilde{\boldsymbol{r}}}_A^2 . \end{aligned} \tag{3.4}$$

$\frac{1}{2} M \dot{\boldsymbol{R}}^2$ ist die äußere kinetische Energie des Systems, die kinetische Energie des als Massenpunkt betrachteten Schwerpunkts. $\tilde{T} = \frac{1}{2} \sum_A m_A \dot{\tilde{\boldsymbol{r}}}_A^2$ ist die innere kinetische Energie des Systems, die wiederum numerisch invariant gegen die gesamte Galilei-Gruppe ist.

An Hand der Bewegung des Schwerpunktes eines Systems in einem Feld kann diskutiert werden, inwieweit ein allgemeiner Körper als Massenpunkt angesehen werden kann. Die Relativkoordinaten $\tilde{\boldsymbol{r}}_A$ bestimmen die Ausdehnung des Systems. Sie sollen von vornherein so klein sein, daß die Entwicklung der Feldstärke

$$\boldsymbol{E}(\boldsymbol{r}_A) = \boldsymbol{E}(\boldsymbol{R}) + (\tilde{\boldsymbol{r}}_A \operatorname{grad}) \boldsymbol{E}(\boldsymbol{R}) + O_2 \tag{3.5}$$

nach dem Term erster Ordnung abgebrochen werden kann. Dann errechnet man für die Änderung des Gesamtimpulses

$$\begin{aligned} \frac{\mathrm{d}\boldsymbol{P}}{\mathrm{d}t} &= \sum_A q_A \boldsymbol{E}(\boldsymbol{r}_A) \\ &= \Big(\sum_A q_A\Big) \boldsymbol{E}(\boldsymbol{R}) + \Big(\Big(\sum_A q_A \tilde{\boldsymbol{r}}_A\Big) \operatorname{grad}\Big) \boldsymbol{E} + O_2 \,. \end{aligned}$$

$Q = \sum_A q_A$ ist die Gesamtladung des Systems,

$\boldsymbol{m} = \sum_A q_A \tilde{\boldsymbol{r}}_A$ heißt Dipolmoment der Ladungsverteilung.

$$\frac{\mathrm{d}\boldsymbol{P}}{\mathrm{d}t} = Q\,\boldsymbol{E}(\boldsymbol{R}) + (\boldsymbol{m} \operatorname{grad}) \boldsymbol{E}(\boldsymbol{R}) + O_2 \,. \tag{3.6}$$

Der Schwerpunkt eines Systems bewegt sich um so genauer als Massenpunkt, je kleiner die Momente der Ladungsverteilung und je geringer die Änderungen des Feldes in dem vom Massenpunktsystem eingenommenen Gebiet sind.

Die Änderung des Drehimpulses, das heißt, das Drehmoment, spaltet auf in

$$\begin{aligned} \frac{\mathrm{d}\boldsymbol{L}}{\mathrm{d}t} &= \sum_A \boldsymbol{r}_A \times q_A \boldsymbol{E}(\boldsymbol{r}_A) \\ &= \sum_A \boldsymbol{R} \times q_A \boldsymbol{E}(\boldsymbol{r}_A) + \sum_A \tilde{\boldsymbol{r}}_A \times q_A \boldsymbol{E}(\boldsymbol{R}) + O_2 \\ &= \boldsymbol{R} \times \boldsymbol{K} + \boldsymbol{m} \times \boldsymbol{E}(\boldsymbol{R}) + O_2 \,. \end{aligned}$$

Der zweite Term beschreibt die Änderung des inneren Drehimpulses:

$$\frac{\mathrm{d}\tilde{\boldsymbol{L}}}{\mathrm{d}t} = \boldsymbol{m} \times \boldsymbol{E} \,. \tag{3.7}$$

Der innere Drehimpuls wird durch das Dipolmoment an das Feld gekoppelt.

Das Dipolmoment einer Massenverteilung ist exakt Null, da die gravische Ladung gleich der trägen Masse ist. Im Gravitationsfeld ist die innere Bewegung also von vornherein nur über die höheren Momente der Massenverteilung mit der äußeren Bewegung gekoppelt.

Die stabile Lage des Dipolmoments ist parallel zum Feld. Frei bewegliche Dipole werden immer in Gebiete höherer Feldstärke hineingezogen, wenn das Feld konservativ ist ($\operatorname{rot} \boldsymbol{E} = 0$):

$$\boldsymbol{K} = (\boldsymbol{m} \operatorname{grad}) \boldsymbol{E} = \operatorname{grad} (\boldsymbol{m} \boldsymbol{E}) - \boldsymbol{m} \times \operatorname{rot} \boldsymbol{E}$$

wird unter Beachtung von $\boldsymbol{m} \cdot \boldsymbol{E} = m\,E$ in der Gleichgewichtslage des Dipols zu

$$\boldsymbol{K} = |\boldsymbol{m}| \operatorname{grad} |\boldsymbol{E}| .$$

Die Kraft hat also die Richtung des Anstiegs des Betrages der Feldstärke.

Freie magnetische Ladungen existieren nicht. Wohl aber werden magnetische Dipolmomente beobachtet, d. h. Systeme, an denen im Magnetfeld ein Drehmoment der Form

$$\boldsymbol{N} = \boldsymbol{m} \times \boldsymbol{H}$$

und Kräfte der Form

$$\boldsymbol{K} = (\boldsymbol{m} \operatorname{grad}) \boldsymbol{H}$$

gefunden werden. In einem System von Teilchen gleicher spezifischer elektrischer Ladung $\frac{q}{m}$ ist der Drehimpuls mit einem mittleren magnetischen Moment verknüpft. Vorausgesetzt ist dabei, daß die Teilchen des Systems gebunden sind, also etwa alle Schwerpunktsabstände $|\tilde{\boldsymbol{r}}_A|$ gleichmäßig beschränkt sind:

$$|\tilde{\boldsymbol{r}}_A| < C \text{ für alle } A, \text{ zu jeder Zeit } t.$$

Aus der Formel für die LORENTZ-Kraft (2.7) ergibt sich für die Änderung des inneren Drehimpulses

$$\begin{aligned}
\boldsymbol{N} &= \sum_A \tilde{\boldsymbol{r}}_A \times \frac{q_A}{c} (\dot{\boldsymbol{r}}_A \times \boldsymbol{H}) \\
&= \frac{q}{m\,c} \sum_A \tilde{\boldsymbol{r}}_A \times (m_A \dot{\tilde{\boldsymbol{r}}}_A \times \boldsymbol{H}) \\
&= \frac{q}{2\,m\,c} \sum_A m_A [\tilde{\boldsymbol{r}}_A \times (\dot{\tilde{\boldsymbol{r}}}_A \times \boldsymbol{H}) - \dot{\tilde{\boldsymbol{r}}}_A \times (\tilde{\boldsymbol{r}} \times \boldsymbol{H})] \\
&\quad + \frac{\mathrm{d}}{\mathrm{d}t} \left[\frac{q}{2\,m\,c} \sum_A m_A \tilde{\boldsymbol{r}}_A \times (\tilde{\boldsymbol{r}}_A \times \boldsymbol{H}) \right] .
\end{aligned}$$

Der letzte Term ist als zeitliche Ableitung eines gleichmäßig beschränkten Ausdrucks im Mittel gleich Null, daher findet man als mittleres Drehmoment

$$\boldsymbol{N} = \frac{q}{2\,m\,c} \sum_A m_A (\tilde{\boldsymbol{r}}_A \times \dot{\tilde{\boldsymbol{r}}}_A) \times \boldsymbol{H} = \frac{q}{2\,m\,c} \boldsymbol{L} \times \boldsymbol{H} . \tag{3.8}$$

Die Beziehung

$$\boldsymbol{m}_{\text{mag}} = \frac{q}{2\,m\,c} \boldsymbol{L} \tag{3.9}$$

wird als magnetomechanischer Parallelismus bezeichnet, $\frac{q}{2\,m\,c}$ ist das gyromagnetische Verhältnis.

Die Rotation eines geladenen Systems bewirkt ein magnetisches Moment. Andererseits verursacht ein äußeres Magnetfeld auch eine Rotation des Systems.

Die LORENTZ-Kraft

$$\boldsymbol{K}_A = \frac{q_A}{c}\boldsymbol{v}_A \times \boldsymbol{H}$$

hat ja die Form der CORIOLIS-Kraft $\boldsymbol{K} = -2\, m_A \boldsymbol{\omega} \times \boldsymbol{v}_A$. Die LORENTZ-Kraft wird in einem rotierenden Bezugssystem Σ^* durch die CORIOLIS-Kraft kompensiert, wenn sich Σ^* gegen das inertiale Ausgangssystem Σ mit $\boldsymbol{\omega} = -\frac{q}{2\,m\,c}\boldsymbol{H}$ dreht. Ist das Massenpunktsystem genügend klein und das Magnetfeld nicht zu stark, so daß die Zentrifugalkräfte in Σ^* vernachlässigt werden können, dann ist die Bewegung in Σ^* identisch mit der Bewegung in Σ, die in Σ für $\boldsymbol{H} = 0$ beobachtet würde. Das Magnetfeld bewirkt daher in Σ, daß der Bewegung ohne Magnetfeld eine Drehung mit der Winkelgeschwindigkeit

$$\boldsymbol{\omega} = -\frac{q}{2\,m\,c}\boldsymbol{H} \tag{3.10}$$

überlagert wird. Das ist der Inhalt des LARMOR-Theorems.

Die induzierte Winkelgeschwindigkeit bewirkt einen zusätzlichen Drehimpuls und dieser wirkt sich als induziertes magnetisches Moment des Systems aus. Wichtig ist das Vorzeichen von $\boldsymbol{\omega}$: Während feste magnetische Momente durch das Feld immer in Richtung des Feldstärkevektors gedreht werden (paramagnetische Polarisation), liegen die induzierten Momente immer in entgegengesetzter Richtung (diamagnetische Polarisation).

Im elektrischen Feld werden durch Ladungsverschiebungen analog elektrische Dipolmomente induziert, die aber hier die gleiche Ausrichtung zeigen wie feste elektrische Dipole (vgl. § 56).

Ein besonders einfaches gebundenes System von Massenpunkten ist der starre Körper, ein Gebilde, in dem durch die Lage des Schwerpunktes und die Orientierung im Raum die Lage jedes Teils des Systems bereits voll bestimmt ist. Die einzelnen Massenpunkte des Systems haben festen Abstand voneinander. Wird ein körperfestes Koordinatensystem gewählt, dann hat jeder Punkt des starren Körpers in diesem Bezugssystem eine feste Lage. Das körperfeste Bezugssystem ist allerdings kein Inertialsystem. Die Bewegung des starren Körpers setzt sich zusammen aus einer Bewegung des Schwerpunktes und einer Rotation um eine zeitlich veränderliche Drehachse.

Zunächst gilt allgemein, wenn der Körper eine starre Drehung mit der Winkelgeschwindigkeit $\boldsymbol{\omega}$ ausführt und der Koordinatenursprung auf der Drehachse liegend gewählt wird, die Formel

$$\boldsymbol{v}_A = \boldsymbol{\omega} \times \boldsymbol{r}_A\,.$$

Als Drehimpuls des Körpers ergibt sich

$$\boldsymbol{L} = \sum_A m_A\, \boldsymbol{r}_A \times (\boldsymbol{\omega} \times \boldsymbol{r}_A)\,. \tag{3.11}$$

Der Drehimpuls ist linear in der Winkelgeschwindigkeit, das heißt, es existiert ein Zusammenhang der Form

$$\boldsymbol{L} = \Theta\,(m_A, \boldsymbol{r}_A) \cdot \boldsymbol{\omega}\,. \tag{3.12}$$

(komponentenweise $L_i = \sum_{k=1}^{3} \Theta_{ik}\,\omega_k$)

Θ heißt Trägheitstensor. Aus (3.11) folgt

$$\boldsymbol{L} = \sum_A m_A \left(\boldsymbol{\omega} \cdot \boldsymbol{r}_A^2 - \boldsymbol{r}_A\,(\boldsymbol{r}_A \boldsymbol{\omega})\right)\,.$$

Daher ist der Trägheitstensor aus

$$\Theta = \sum_A m_A\,(\boldsymbol{r}_A^2 \cdot \mathbf{1} - \boldsymbol{r}_A \otimes \boldsymbol{r}_A)\,, \tag{3.13}$$

komponentenweise

$$\theta_{ik} = \sum_A m_A\,(\boldsymbol{r}_A^2\,\delta_{ik} - x_{Ai}\,x_{Ak})\,,$$

zu errechnen. Der Tensor Θ ist symmetrisch und reell, zudem auch positiv definit:

$$\frac{1}{2}\boldsymbol{\omega}\,\Theta\,\boldsymbol{\omega} = \frac{1}{2}\sum_{ik} \omega_i\,\theta_{ik}\,\omega_k = T \tag{3.14}$$

ist die kinetische Energie der Rotationsbewegung. Der Trägheitstensor besitzt positive reelle Eigenwerte (Hauptträgheitsmomente), die Eigenvektoren können orthonormiert gewählt werden (Hauptträgheitsachsen). Der Trägheitstensor ist in einem körperfesten Bezugssystem konstant. Die drei Hauptträgheitsachsen können zur Definition dieses Bezugssystems herangezogen werden. Drehimpuls und Winkelgeschwindigkeit sind parallel, wenn die Winkelgeschwindigkeit Eigenvektor des Trägheitstensors ist.

Im Vergleich mit der Bewegung des Massenpunktes zeigt die Drehbewegung des starren Körpers zwei Komplikationen: Statt $\boldsymbol{p} = m\,\boldsymbol{v}$ mit einer skalaren Masse m lautet der analoge Ausdruck $\boldsymbol{L} = \Theta\boldsymbol{\omega}$ mit dem Trägheitstensor Θ, zudem sind die Komponenten von Θ in einem Inertialsystem nicht wie m konstant, sondern von der Lage des Körpers abhängig. Allerdings ist Θ im körperfesten Bezugssystem konstant. Deshalb schreibt man die Bewegungsgleichung des freien starren Körpers $\left(\frac{\mathrm{d}\boldsymbol{L}}{\mathrm{d}t} = 0 \text{ im Inertialsystem}\right)$ vorteilhaft im körperfesten Bezugssystem:

$$\frac{\mathrm{d}\tilde{\boldsymbol{L}}}{\mathrm{d}t} + \boldsymbol{\omega} \times \tilde{\boldsymbol{L}} = \Theta\frac{\mathrm{d}\omega}{\mathrm{d}t} + \boldsymbol{\omega} \times \Theta\boldsymbol{\omega} = 0\,. \tag{3.15}$$

Dazu wird nur die Formel (1.17) benötigt.

Stationäre Rotation $\left(\frac{d\omega}{dt} = 0\right)$ ist nur für $\boldsymbol{\omega} \times \Theta\, \boldsymbol{\omega} = 0$, d. h. $\boldsymbol{\omega} \parallel \Theta\, \boldsymbol{\omega}$ möglich: $\boldsymbol{\omega}$ muß Eigenvektor von Θ sein. Die Rotation um eine der Hauptträgheitsachsen ist stationär. Stabil sind aber nur Drehungen um die Achsen mit dem größten bzw. kleinsten Trägheitsmoment, wie die weitere Analyse zeigt. Drehungen um die Achse des mittleren Hauptträgheitsmoments sind nicht stabil.

Ein wichtiger Spezialfall ist der symmetrische Kreisel. Hier sind zwei Hauptträgheitsmomente einander gleich (θ_0), die Achse des dritten Hauptträgheitsmoments (θ_f) ist die Figurenachse $\boldsymbol{f}$. Es ist dann die Darstellung

$$\boldsymbol{L} = \theta\, \boldsymbol{\omega} = (\theta_f - \theta_0)\, \boldsymbol{f}(\boldsymbol{f}\boldsymbol{\omega}) + \theta_0\, \boldsymbol{\omega} \tag{3.16}$$

bzw.

$$\boldsymbol{\omega} = \left(\frac{1}{\theta_f} - \frac{1}{\theta_0}\right) \boldsymbol{f}(\boldsymbol{f}\,\boldsymbol{L}) + \frac{1}{\theta_0}\boldsymbol{L} \quad (\boldsymbol{f}^2 = 1) \tag{3.17}$$

möglich. Die Figurenachse $\boldsymbol{f}$, die Winkelgeschwindigkeit $\boldsymbol{\omega}$ und der Drehimpuls $\boldsymbol{L}$ liegen immer in einer Ebene. Multipliziert man die Bewegungsgleichung (3.15) mit $\boldsymbol{f}$, so ergibt sich

$$\frac{d}{dt}\boldsymbol{f}\,\boldsymbol{L} = 0\,,$$

wegen der Zerlegung (3.16) ist also auch $\frac{d}{dt}\boldsymbol{f}\boldsymbol{\omega} = 0$. Durch Differentiation von (3.17) findet man im körperfesten Bezugssystem

$$\frac{d\boldsymbol{\omega}}{dt} = \frac{1}{\theta_0}\frac{d\boldsymbol{L}}{dt} = \frac{\boldsymbol{L}}{\theta_0} \times \boldsymbol{\omega}\,. \tag{3.18}$$

$\frac{d\boldsymbol{\omega}}{dt}$ ist aber im raumfesten und im körperfesten Bezugssystem identisch ((1.17)).

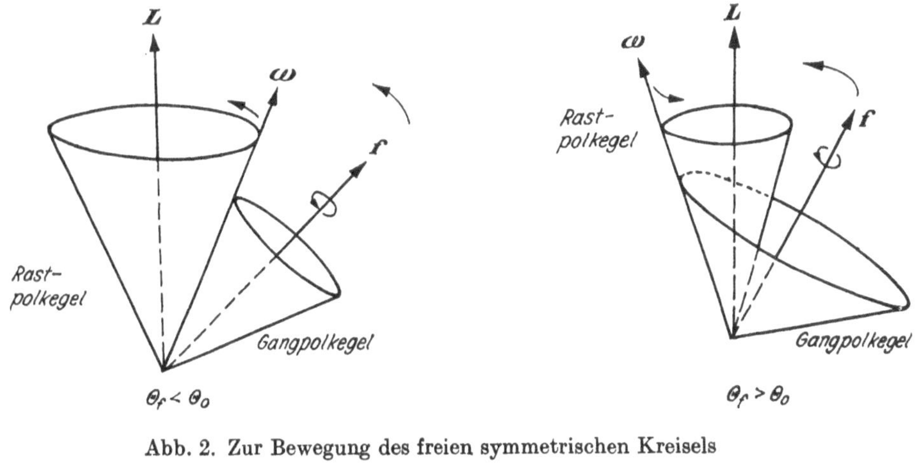

Abb. 2. Zur Bewegung des freien symmetrischen Kreisels

(3.18) bedeutet, daß die momentane Drehachse mit der Winkelgeschwindigkeit $\frac{L}{\theta_0}$ um die raumfeste Drehimpulsachse rotiert (Präzessionsbewegung).

Im raumfesten Bezugssystem rotiert $\boldsymbol{\omega}$ um $\boldsymbol{L}$ und bildet den raumfesten Rastpolkegel. Im körperfesten Bezugssystem rotiert $\boldsymbol{\omega}$ um die Figurenachse und bildet den körperfesten Gangpolkegel. Die Bewegung des Kreisels läßt sich im raumfesten Bezugssystem als Abrollen des Gangpolkegels auf dem Rastpolkegel darstellen, dabei stellt die Berührungslinie beider die momentane Drehachse $\boldsymbol{\omega}$ dar (Abb. 2).

§ 4. Stoß und Streuung

Ist die Wechselwirkung zwischen verschiedenen Körpern auf ein kleines Zeitintervall beschränkt, beeinflussen sich die Körper außerhalb dieses Zeitintervalls nur unwesentlich, so spricht man von einem Stoß.

Zwei Massenpunktsysteme mit verschiedenen Schwerpunktsgeschwindigkeiten seien zu genügend früher Zeit so weit voneinander entfernt, daß die Kräfte zwischen ihnen verschwinden, daß für jedes System einzeln die Erhaltungssätze von Energie, Impuls, Schwerpunktbewegung und Drehimpuls gelten. Zu der Zeit, wo die Systeme einander genügend nahe sind, bewirken die aufeinander ausgeübten Kräfte, daß sich diese Größen ändern. Sie bleiben nur für den Komplex aus beiden Massenpunktsystemen erhalten. Nach genügend langer Zeit, wenn sich die Massenpunktsysteme wieder weit voneinander entfernt haben, wenn für beide Systeme wieder einzeln die Erhaltungssätze gelten, erscheint die Wechselwirkung vorher als Austausch von Energie, Impuls, Drehimpuls usw. Die Zeitspanne, in der dieser Austausch vor sich geht, heißt Stoßzeit. Die Größenordnung dieser Stoßzeit kann durch den Quotienten aus dem Durchmesser der Systeme und der Relativgeschwindigkeit der Schwerpunkte abgeschätzt werden.

Bei allen atomaren Systemen (Molekeln, Atome, Elementarteilchen) sind die Stoßzeiten so klein, daß während dieser Zeit nicht beobachtet werden kann, abgesehen von anderen, mit der Quantenmechanik zusammenhängenden Komplikationen. Die Wechselwirkung solcher mikroskopischen Systeme wird durch die Analyse der Stoßergebnisse erforscht.

Stoßen zwei Massenpunkte elastisch zusammen, so sind die Summe der Impulse und die Summe der kinetischen Energien vor und nach dem Stoß identisch.

$$\boldsymbol{p}_1 + \boldsymbol{p}_2 = \boldsymbol{p}_1' + \boldsymbol{p}_2', \tag{4.1}$$

$$\frac{\boldsymbol{p}_1^2}{2\,m_1} + \frac{\boldsymbol{p}_2^2}{2\,m_2} = \frac{\boldsymbol{p}_1'^2}{2\,m_1} + \frac{\boldsymbol{p}_2'^2}{2\,m_2}.$$

Aus den sechs Anfangswerten $\boldsymbol{p}_1$ und $\boldsymbol{p}_2$ lassen sich nur 4 Komponenten der Impulse $\boldsymbol{p}_1'$ und $\boldsymbol{p}_2'$ bestimmen, da die Erhaltungssätze nur vier Gleichungen liefern. Die beiden anderen Komponenten hängen dann von der konkreten

Situation während des Stoßes, d. h. von der Form der Kraft zwischen beiden Massenpunkten und von den Anfangswerten der Lage $\boldsymbol{r}_1(t_0)$, $\boldsymbol{r}_2(t_0)$ ab.

Ein Massenpunkt wird physikalisch approximiert durch ein System, dessen Schwerpunktsbewegung genügend wenig mit der inneren Bewegung gekoppelt ist. Ein Stoß heißt elastisch, wenn die inneren Anteile der kinetischen Energie bzw. der kinetischen Energie und des Drehimpulses einzeln erhalten bleiben und der Austausch dieser Größen nur die äußeren Anteile betrifft. Beim unelastischen Stoß beteiligen sich die innere kinetische Energie und der innere Drehimpuls am Austausch, die Bilanz (4.1) der äußeren Größen muß geändert werden in

$$\frac{\boldsymbol{P}_1^2}{2\,M_1} + \frac{\boldsymbol{P}_2^2}{2\,M_2} = \frac{\boldsymbol{P}_1'^2}{2\,M_1} + \frac{\boldsymbol{P}_2'^2}{2\,M_2} + \Delta E_{\text{inn}}\,. \tag{4.2}$$

Thermodynamisch besteht eine Tendenz, äußere kinetische Energie in Energie der inneren Bewegung der Systeme umzuwandeln, ΔE_{inn} ist dann positiv, die kinetische Energie der äußeren Bewegung nimmt ab. Es werden aber auch Stöße beobachtet, bei denen die kinetische Energie der äußeren Bewegung auf Kosten der inneren Energie erhöht wird, ΔE_{inn} also negativ ist (Stöße zweiter Art).

Bei unelastischen Stößen können sich auch die Massenpunktsysteme selbst umgruppieren, neue oder andere Systeme bilden, die nach dem Stoß als selbständige Einheiten beobachtet werden. Massen und Ladungen lagern sich um. In der Newtonschen Mechanik steht der Erhaltungssatz für die gesamte träge Masse neben den Erhaltungssätzen von Energie, Impuls, Schwerpunkt und Drehimpuls. In der präzisierten Mechanik der schnellen Bewegungen (Relativitätstheorie) ist der Erhaltungssatz der trägen Masse identisch mit dem Erhaltungssatz der Energie. Als Charakteristikum der Körper tritt dann die sog. Ruhmasse auf, für die kein Erhaltungssatz gilt. Außerdem muß die Energie berücksichtigt werden, die von den Feldern, die die Wechselwirkung vermitteln, selbst getragen wird (Kapitel IV).

Die Wechselwirkung im Stoßprozeß wird durch Streuexperimente analysiert. Der einfachste Fall ist die Streuung an einem festen Kraftzentrum. Ausgangspunkt ist ein homogener Teilchenstrom, dessen Teilchen mit dem Kraftfeld stoßen. Beim elastischen Stoß wird jedes Teilchen in eine bestimmte Richtung abgelenkt (Abb. 3).

Die Bahn jedes Teilchens wird bestimmt durch den Anfangsort auf der Anfangsfläche (Koordinaten ϱ und α) und durch die Anfangsgeschwindigkeit v_0, die für alle Teilchen die gleiche Größe und die gleiche Richtung senkrecht zur Anfangsfläche hat. Nach dem Stoß mit dem Kraftzentrum fliegt jedes Teilchen in eine Richtung davon, die durch die Kugelkoordinaten θ und φ gekennzeichnet wird und von ϱ und α abhängt. Aus der speziellen Form des Kraftfeldes folgt die spezielle Form von $\theta(\varrho, \alpha)$ und $\varphi(\varrho, \alpha)$.

Der durch die Anfangsfläche tretende Teilchenstrom ist homogen, d. h., pro Zeiteinheit und Flächeneinheit werden überall die gleichen Teilchenzahlen ge-

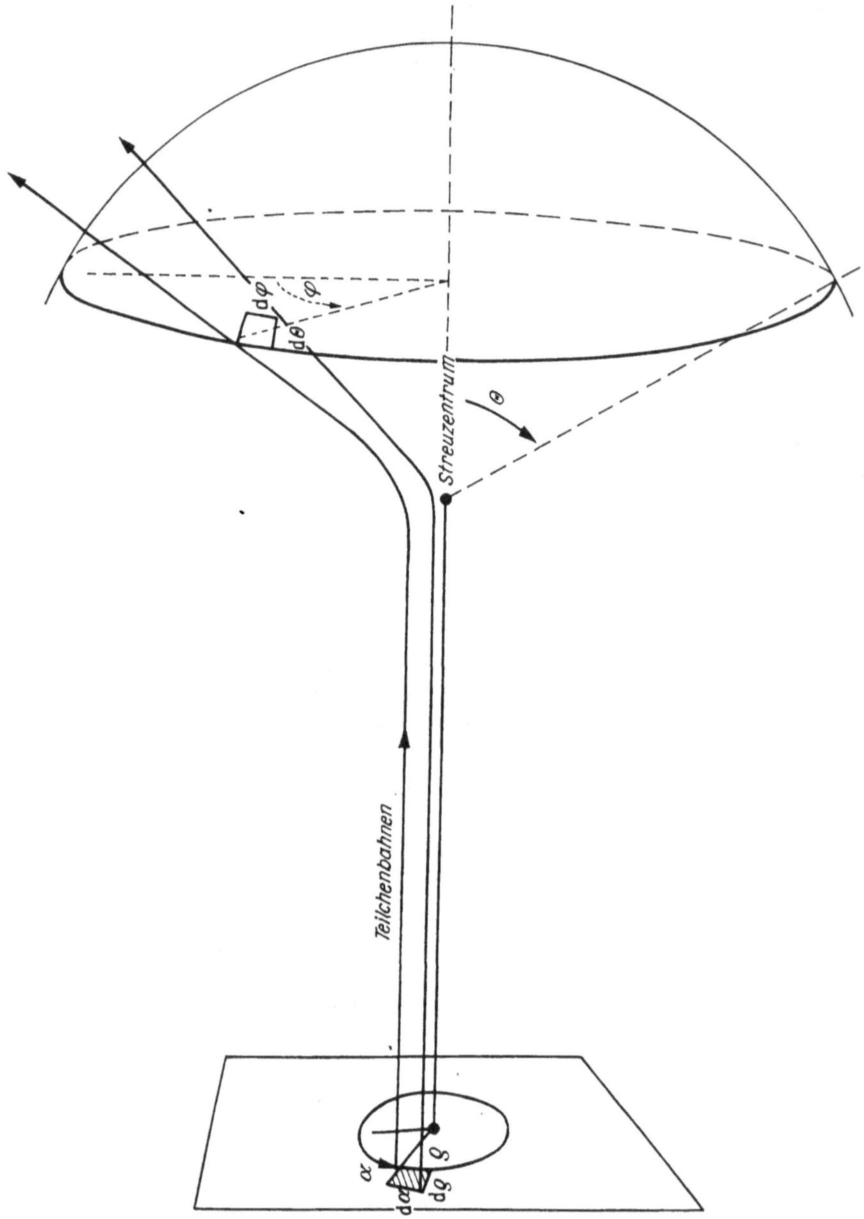

Abb. 3. Zur Definition des Streuquerschnitts

funden. Ein auf das Kraftzentrum gerichteter Zähler, der die Winkelposition θ und φ hat und dessen Öffnung einen Raumwinkel d Ω definiert, empfängt alle Teilchen, die durch ein bestimmtes Flächenstück der Anfangsfläche treten. Dieses Flächenstück ist durch den Zusammenhang von ϱ und α mit θ und φ bestimmt und hat die Größe

$$\sigma(\theta, \varphi) \sin \theta \, \mathrm{d}\theta \, \mathrm{d}\varphi = \varrho \left| \frac{\partial(\varrho, \alpha)}{\partial(\theta, \varphi)} \right| \mathrm{d}\theta \, \mathrm{d}\varphi \, .$$

$\sigma(\theta, \varphi)$ ist der differentielle Streuquerschnitt. Er beschreibt die Dichte des gestreuten Teilchenstromes in der durch θ und φ gekennzeichneten Richtung. Das Integral

$$\sigma_{\mathrm{tot}} = \int \sigma(\theta, \varphi) \sin \theta \, \mathrm{d}\theta \, \mathrm{d}\varphi \, , \tag{4.4}$$

der totale Streuquerschnitt, beschreibt die Intensität der gestreuten Teilchen überhaupt.

Ist das Potential kugelsymmetrisch, dann gilt für jedes Teilchen ein Drehimpulserhaltungssatz, der

$$\varphi = \alpha, \quad \varrho = \varrho(\theta)$$

liefert. Der differentielle Streuquerschnitt hängt dann nicht mehr vom Winkel φ ab.

$$\sigma(\theta) = \frac{\varrho}{\sin \theta} \left| \frac{\mathrm{d}\varrho}{\mathrm{d}\theta} \right| . \tag{4.5}$$

Die Voraussetzung des festen Kraftzentrums bedeutet, daß die gestreuten Teilchen zwar ihren Impuls, nicht aber ihre Energie ändern. Im Experiment werden die Kraftzentren jedoch durch Teilchen realisiert, die selbst beweglich sind. Sie approximieren ein festes Kraftzentrum, wenn sie sehr viel schwerer als die Teilchen des Stromes sind. Andernfalls kann man auch eine Winkelverteilung der gestoßenen Teilchen bestimmen. Bei unelastischen Stößen erhält man Streuquerschnitte für jeden Wert der umgewandelten Energie ΔE_{inn}. Bei Systemumlagerungen wird der Streuquerschnitt entsprechend für jede Form des Prozesses gesondert betrachtet. Das ist durchführbar, weil die Systemumlagerungen und die Werte für die unelastische Energieübertragung diskret und abzählbar sind. Dieser wichtige Tatbestand ist allerdings ein quantenmechanischer Effekt. Er hat zur Folge, daß die Streuung von Teilchen erst ab einer Mindestenergie, die von den Teilchenarten abhängt, überhaupt unelastisch sein kann. Unterhalb dieser Energieschwelle sind alle Stöße elastisch (vgl. Franck-Hertz-Versuch, § 26).

Experimentell wird die Homogenität des einfallenden Teilchenstroms statistisch gesichert, indem nicht die Streuung an einem Kraftzentrum bzw. Teilchen realisiert wird, sondern diese Teilchen als Kerne, Atome oder Molekeln eines Stoffes bereitgestellt werden. Die Bewegung dieser Teilchen ist dann nur thermisch und gegen die Teilchenbewegung im einfallenden Teilchenstrahl zu vernachlässigen. Die Verteilung der Zielpartikel ist statistisch homogen, dadurch wird die Verteilung der Stoßparameter ϱ und α, die ja die Anfangslage relativ zum gestoßenen Teilchen beschreiben, für jedes Teilchen aus dem Strahl statistisch homogen.

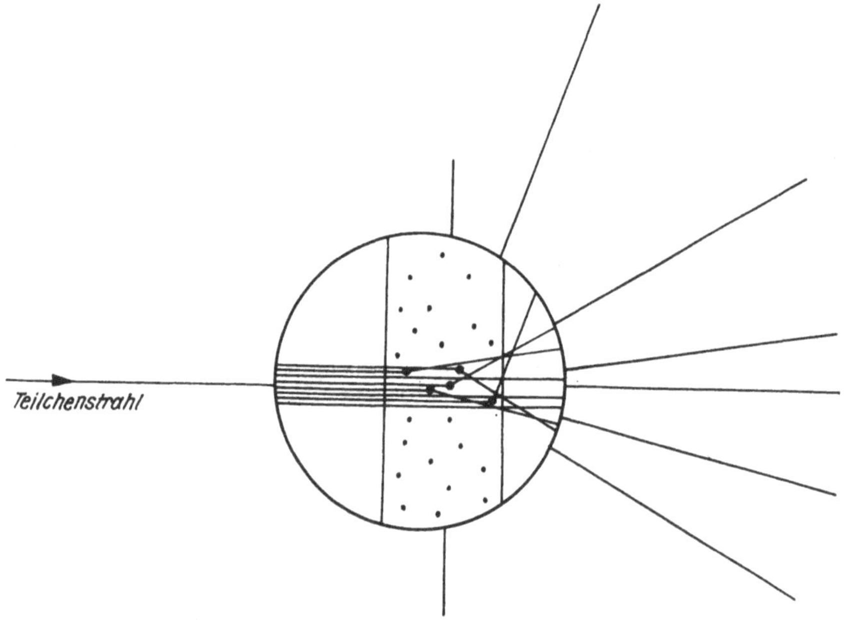

Abb. 4. Zur Entstehung der Intensitätsverteilung $\sigma(\theta\,\varphi)$ bei der Streuung eines Teilchenstrahls an statistisch verteilten Streuzentren

§ 5. Bewegungsbeschränkungen und allgemeine Koordinaten

Ist ein System von Massenpunkten Bewegungsbeschränkungen unterworfen, so können die Koordinaten $\boldsymbol{r}_1, \ldots, \boldsymbol{r}_N$ nicht mehr alle Werte unabhängig voneinander annehmen. Ein Beispiel ist der starre Körper, hier sind die Lagen aller Massenpunkte relativ zueinander fixiert, die Lage des starren Körpers wird durch sechs Parameter (Ort des Schwerpunkts und Orientierung im Raum) voll beschrieben, unabhängig von der Anzahl der zu diesem starren Körper gehörenden Massenpunkte.

Der einfachste Fall einer beschränkten Bewegung ist die Bewegung eines Massenpunktes auf einer vorgeschriebenen Fläche im Raum. Der Impuls ist immer ein Tangentialvektor der Fläche, von der Gleichung

$$\frac{\mathrm{d}\boldsymbol{p}}{\mathrm{d}t} - \boldsymbol{K} = 0$$

kann nur die Tangentialkomponente erfüllt sein. Anderserseits reicht die Tangentialkomponente dieser Gleichung aus, um die Bewegung auf der Fläche zu bestimmen. Die sich ergebende Größe

$$\boldsymbol{Z} = \frac{\mathrm{d}\boldsymbol{p}}{\mathrm{d}t} - \boldsymbol{K}$$

heißt Zwangskraft. Die Komponente der Kraft $\boldsymbol{K}$ in Richtung der Flächennormalen ist auf Grund der Bewegungsbeschränkung unwirksam. Die Bewegungsbeschränkung kann somit dargestellt werden durch eine Zwangskraft in Richtung der Flächennormalen, die gerade so groß ist, daß die Resultante aus äußerer Kraft und Zwangskraft in der Fläche liegt.

Bewegungsbeschränkungen heißen holonom, wenn sie durch ein Gleichungssystem der Form $f_i(\boldsymbol{r}_1, \ldots, \boldsymbol{r}_N, t) = 0$, $i = 1, \ldots, m$, beschrieben werden können. Die Bewegungsbeschränkung im starren Körper ist holonom. Ein Beispiel für eine anholonome Bewegungsbeschränkung ist eine Wand (z.B. $x < a$).

Der Grundgedanke bei der Behandlung von Bewegungsbeschränkungen ist ihre Ersetzung durch eine abstrakte Zwangskraft, die die Bewegung des Systems so modifiziert, daß die Beschränkung automatisch eingehalten wird. Die Zwangskräfte werden fixiert durch das D'ALEMBERTsche Prinzip: Zwangskräfte leisten keine Arbeit bei virtuellen Verrückungen $\delta\boldsymbol{r}_A$ der Massenpunkte des Systems. Eine virtuelle Verrückung ist gegeben durch die Bewegungsbeschränkungen bei festgehaltener Zeit t: Sind die $\boldsymbol{r}_A$ mit der Bewegungsbeschränkung zur Zeit t verträglich, dann sollen auch die $\boldsymbol{r}_A + \delta\boldsymbol{r}_A$ mit der Bewegungsbeschränkung zur Zeit t verträglich sein. Das D'ALEMBERTsche Prinzip lautet also

$$\sum_A (m_A \ddot{\boldsymbol{r}}_A - \boldsymbol{K}_A)\, \delta\boldsymbol{r}_A = 0\,. \tag{5.1}$$

Da die virtuellen Verrückungen im Falle holonomer Beschränkungen die Bedingungen

$$\delta\boldsymbol{r}_A \operatorname{grad}_{\boldsymbol{r}_A} f_i = 0\,, \qquad i = 1, \ldots, m \tag{5.2}$$

erfüllen müssen, kann (5.1) in die LAGRANGE-Gleichungen erster Art

$$m_A \ddot{\boldsymbol{r}}_A = \boldsymbol{K}_A + \sum_i \lambda_i \operatorname{grad}_{\boldsymbol{r}_A} f_i\,,$$

$$f_i = 0 \quad \text{für} \quad i = 1, \ldots, m\,, \tag{5.3}$$

überführt werden. Die LAGRANGE-Gleichungen erster Art bestimmen den zeitlichen Verlauf der $\boldsymbol{r}_A$ und der λ_i, d. h. die Zwangskräfte.

Im Falle zeitunabhängiger Bewegungsbeschränkungen ist das D'ALEMBERTsche Prinzip identisch mit der Erhaltung der Energie. Die Zwangskräfte leisten dann nicht nur bei virtuellen Verrückungen der $\boldsymbol{r}_A$ keine Arbeit, sondern auch bei den reellen Verschiebungen $\mathrm{d}\boldsymbol{r}_A = \dot{\boldsymbol{r}}_A\,\mathrm{d}t$ nicht. Sind die Bewegungsbeschränkungen zeitabhängig, dann können die Zwangskräfte bei den tatsächlichen Lageänderungen des Systems Arbeit leisten.

Ein Massenpunkt bewege sich auf einem rotierenden Stab ohne äußere Kräfte. Die Bewegungsbeschränkung lautet

$$y \cos \omega t - x \sin \omega t = 0\,,$$

die mögliche virtuelle Verschiebung hat die Form

$$\delta \boldsymbol{r} = \delta\lambda\,(\cos\omega t,\ \sin\omega t)\,.$$

Die Zwangskraft leistet bei dieser Verschiebung keine Arbeit, ist also proportional

$$\boldsymbol{Z} \sim (-\sin\omega t,\ \cos\omega t)\,.$$

Die tatsächliche Bewegung führt aber auf Verschiebungen

$$\mathrm{d}\boldsymbol{r} = \delta\boldsymbol{r} + \mathrm{d}t\,(-r\,\omega\sin\omega t,\ r\,\omega\cos\omega t)\,,$$

die Arbeit der Zwangskraft ist also von Null verschieden:

$$\boldsymbol{Z}\,\mathrm{d}\boldsymbol{r} \sim r\,\omega\,\mathrm{d}t\,.$$

Ist der Massenpunkt zum Anfangszeitpunkt auf dem Stab in Ruhe, wird er vom Drehzentrum weggeführt, die Zentrifugalkraft erscheint hier als Folge der Zwangskraft auf dem rotierenden Stab.

Die Einführung unabhängiger Koordinaten bei der Beschreibung des Massenpunktsystems ist gleichbedeutend mit der Darstellung der Bewegungsbeschränkungen in Parameterform:

$$\boldsymbol{r}_A = \boldsymbol{r}_A(q_1, \ldots, q_n, t)\,, \qquad A = 1, \ldots, N\,. \tag{5.4}$$

(5.4) ist die allgemeine Lösung der Beschränkungsgleichungen $f_i(\boldsymbol{r}_1, \ldots, \boldsymbol{r}_N, t) = 0$, $i = 1, \ldots, m$. Die Möglichkeiten virtueller Verrückungen werden durch Differentiale der Parameter q_i gegeben: $\delta\boldsymbol{r}_A = \frac{\partial \boldsymbol{r}_A}{\partial q_i}\delta q_i$. Damit können die LAGRANGE-Gleichungen zweiter Art aus dem D'ALEMBERTschen Prinzip abgeleitet werden.

Zwei Vorbemerkungen sind nötig. Die Geschwindigkeiten $\dot{\boldsymbol{r}}_A$ sind Funktionen der q_i, der Zeit t und der zeitlichen Ableitungen der q_i. Wegen

$$\dot{\boldsymbol{r}}_A(q_i, \dot{q}_i, t) = \sum_i \dot{q}_i \frac{\partial \boldsymbol{r}_A}{\partial q_i} + \frac{\partial \boldsymbol{r}_A}{\partial t}$$

gilt

$$\frac{\partial \dot{\boldsymbol{r}}_A}{\partial \dot{q}_i} = \frac{\partial \boldsymbol{r}_A}{\partial q_i}\,.$$

Weiterhin ergibt sich

$$\frac{\mathrm{d}}{\mathrm{d}t}\frac{\partial \boldsymbol{r}_A}{\partial q_i} = \sum_k \dot{q}_k \frac{\partial^2 \boldsymbol{r}_A}{\partial q_k\,\partial q_i} + \frac{\partial^2 \boldsymbol{r}_A}{\partial q_i\,\partial t} = \frac{\partial}{\partial q_i}\dot{\boldsymbol{r}}_A\,.$$

Damit folgt aus dem D'ALEMBERTschen Prinzip

$$\sum_A (m_A \ddot{\boldsymbol{r}}_A - \boldsymbol{K}_A)\frac{\partial \boldsymbol{r}_A}{\partial q_i} = 0\,, \qquad i = 1, \ldots, n\,.$$

Der Ausdruck

$$Q_i = \sum_A \boldsymbol{K}_A \frac{\partial \boldsymbol{r}_A}{\partial q_i}$$

heißt generalisierte Kraft. Sind die Kräfte $\boldsymbol{K}_A$ konservativ, $K_A = -\operatorname{grad}_{\boldsymbol{r}_A} U(\boldsymbol{r}_1, \ldots, \boldsymbol{r}_n, t)$, so gilt

$$Q_i = -\frac{\partial U}{\partial q_i}.$$

Der Term mit den Beschleunigungen wird umgeformt:

$$\sum_A m_A \ddot{\boldsymbol{r}}_A \frac{\partial \boldsymbol{r}_A}{\partial q_i} = \frac{\mathrm{d}}{\mathrm{d}t}\left(\sum_A m_A \dot{\boldsymbol{r}}_A \frac{\partial \boldsymbol{r}_A}{\partial q_i}\right) - \sum_A m_A \dot{\boldsymbol{r}}_A \frac{\mathrm{d}}{\mathrm{d}t}\frac{\partial \boldsymbol{r}_A}{\partial q_i}$$

$$= \frac{\mathrm{d}}{\mathrm{d}t}\left(\frac{\partial}{\partial \dot{q}_i}\sum_A \frac{m_A}{2}\dot{\boldsymbol{r}}_A^2\right) - \frac{\partial}{\partial q_i}\sum_A \frac{m_A}{2}\dot{\boldsymbol{r}}_A^2 .$$

$$\frac{\mathrm{d}}{\mathrm{d}t}\frac{\partial T}{\partial \dot{q}_i} - \frac{\partial T}{\partial q_i} = Q_i .$$

Für den Fall konservativer Kräfte kann das Ergebnis in der Form

$$\frac{\mathrm{d}}{\mathrm{d}t}\frac{\partial L}{\partial \dot{q}_i} - \frac{\partial L}{\partial q_i} = 0 \tag{5.5}$$

geschrieben werden. Die Funktion

$$L = T(q_i, \dot{q}_i, t) - U(q_i, t) \tag{5.6}$$

heißt LAGRANGE-Funktion des Massenpunktsystems, (5.5) sind die LAGRANGE-Gleichungen zweiter Art.

Die LAGRANGE-Gleichungen beschreiben ein Massenpunktsystem mit konservativen Kräften, das holonomen Bewegungsbeschränkungen unterworfen sein kann.

Ergänzungen

In einem statischen System verhindern die Bewegungsbeschränkungen jede Bewegung. Das Problem besteht hier in der Bestimmung der Zwangskräfte in den Objekten, die die Bewegungsbeschränkungen physikalisch realisieren, beispielsweise in der Belastung der Balken eines Fachwerks. Nun müssen in einem statischen System die Zwangskräfte, die an einem beliebigen Teil angreifen, die Gesamtkraft Null und das Gesamtdrehmoment Null ergeben. Daraus können alle Zwangskräfte bestimmt werden.

Bewegungsbeschränkungen können auch durch die Haftreibung realisiert werden. Durch die Haftreibung wird der Einsatz der Bewegung auf einer Fläche verzögert. Ein Punkt des Systems, der an die Bewegung auf dieser Fläche gebunden ist, verharrt in Ruhe bis die Tangentialkomponente der Kraft ein durch die Normalkomponente der Zwangskraft gegebenes Maß überschreitet. Die Zwangskraft auf einen ruhenden Punkt hat also auch eine Tangentialkomponente. Die Bedingung

$$Z_{\text{tangential}} < \mu_H Z_{\text{normal}} \tag{5.7}$$

definiert den Haftreibungskoeffizienten.

Die Gleitreibung verzögert die Bewegung auf einer Fläche. Die Reibungskraft liegt tangential zur Fläche und hat die der Geschwindigkeit des Punktes auf der Fläche entgegengesetzte Richtung. Ihre Größe wird von der Normalkomponente der Zwangskraft bestimmt.

$$Z_{\text{Gleitreibung}} = \mu_G Z_{\text{normal}} \tag{5.8}$$

definiert den Gleitreibungskoeffizienten. Die Gleitreibung ist einer Zwangskraft mit Tangentialkomponente äquivalent. Die Reibungen entstehen durch die Wechselwirkung des betrachteten Systems mit der Konstruktion der Bewegungsbeschränkung über die mikroskopische Struktur beider an der Berührungsstelle. In makroskopischen mechanischen Systemen kann man die makroskopische Bewegung selbständig betrachteten, die Reibung ist eine summarische Folge der mikroskopischen Bewegung der Systeme. Wird jedes Detail der Bewegung beachtet, treten keine Reibungskräfte auf, die Zwangskräfte sind senkrecht zu den Beschränkungsflächen (D'ALEMBERTsches Prinzip).

Der Figurenachse eines symmetrischen Kreisels werde durch geeignete Lagerung eine bestimmte Bewegung im Raume aufgezwungen. Dann üben die Lager auf den Kreisel ein Zwangsdrehmoment aus. Das D'ALEMBERTsche Prinzip bedeutet hier, daß die Komponente des Zwangsdrehmoments in Richtung der Figurenachse verschwindet, um die Figurenachse kann sich der Kreisel frei bewegen.

$$\boldsymbol{f}\,\frac{\mathrm{d}\boldsymbol{L}}{\mathrm{d}t} = 0\,. \tag{5.9}$$

Ist die Zwangsbewegung von $\boldsymbol{f}$ im raumfesten Bezugssystem eine Rotation mit der Winkelgeschwindigkeit $\boldsymbol{\Omega}$, so findet man

$$\frac{\mathrm{d}\boldsymbol{f}}{\mathrm{d}t} = \boldsymbol{\Omega} \times \boldsymbol{f} \quad \text{im raumfesten Bezugssystem,}$$

$$\boldsymbol{\omega} \times \boldsymbol{f} = \boldsymbol{\Omega} \times \boldsymbol{f} \text{ im körperfesten Bezugssystem,}$$

$$\frac{\mathrm{d}}{\mathrm{d}t}(\boldsymbol{f} \times \boldsymbol{L}) = \theta_0\,\frac{\mathrm{d}}{\mathrm{d}t}(\boldsymbol{f} \times \boldsymbol{\omega}) = \theta_0\,\frac{\mathrm{d}}{\mathrm{d}t}(\boldsymbol{f} \times \boldsymbol{\Omega})$$

$$= \theta_0\big((\boldsymbol{\Omega} \times \boldsymbol{f}) \times \boldsymbol{\Omega}\big) = (\boldsymbol{L} \times \boldsymbol{f}) \times \boldsymbol{\Omega}\,.$$

$$\boldsymbol{f} \times \frac{\mathrm{d}\boldsymbol{L}}{\mathrm{d}t} = (\boldsymbol{L} \times \boldsymbol{f}) \times \boldsymbol{\Omega} - (\boldsymbol{\Omega} \times \boldsymbol{f}) \times \boldsymbol{L} = \boldsymbol{f} \times (\boldsymbol{\Omega} \times \boldsymbol{L})\,,$$

also gilt für das Zwangsdrehmoment

$$\frac{\mathrm{d}\boldsymbol{L}}{\mathrm{d}t} = \boldsymbol{\Omega} \times \boldsymbol{L}\,. \tag{5.10}$$

Ein Anwendungsbeispiel dieser Formel ist der Kreiselkompaß. Die Figurenachse ist beschränkt auf die Tangentialfläche der Erdkugel. Ist auch ihre Abweichung α vom Meridian fixiert, dann übt der Kreisel wegen der Erdrotation $\boldsymbol{\Omega}$ das Drehmoment $\boldsymbol{N} = -\,\boldsymbol{\Omega} \times \boldsymbol{L}$ auf die Lager aus. Die Normalkomponente hat für die Poldistanz ϑ die Größe

$$N_{\perp} = -\,\Omega \sin\vartheta \cdot \theta_0\,\omega \sin\alpha\,. \tag{5.11}$$

Bei freier Beweglichkeit der Figurenachse in der Tangentialebene sind die Lagen mit $\alpha = 0$ und $\alpha = \pi$ stationär, dabei ist je nach Drehsinn eine stabil, die andere labil.

Als generalisierte Koordinaten für den starren Körper werden neben den Schwerpunktkoordinaten die EULERschen Winkel verwendet, die die Orientierung des starren Körpers beschreiben. Die LAGRANGE-Gleichungen für diese Koordinaten liefern dann die vollständige Bewegung des Körpers. Die EULERschen Winkel werden mit dem raumfesten und einem körperfesten Dreibein konstruiert (Abb. 5). Der Winkel zwischen den Achsen $\boldsymbol{e}_3^*$ und $\boldsymbol{e}_3$ bestimmt die Koordinaten θ. Die Schnittlinie der Ebene $(\boldsymbol{e}_1, \boldsymbol{e}_2)$ mit der Ebene $(\boldsymbol{e}_1^*, \boldsymbol{e}_2^*)$ heißt Knotenlinie. Der Winkel, den ihre Richtung $(\boldsymbol{e}_3 \times \boldsymbol{e}_3^*)$ mit $\boldsymbol{e}_1$ bildet, bestimmt die Koordinate φ. Der Winkel, den $\boldsymbol{e}_1^*$ mit $\boldsymbol{e}_3 \times \boldsymbol{e}_3^*$ bildet, liefert ψ. θ, φ und ψ bestimmen die Orientierung des Körpers.

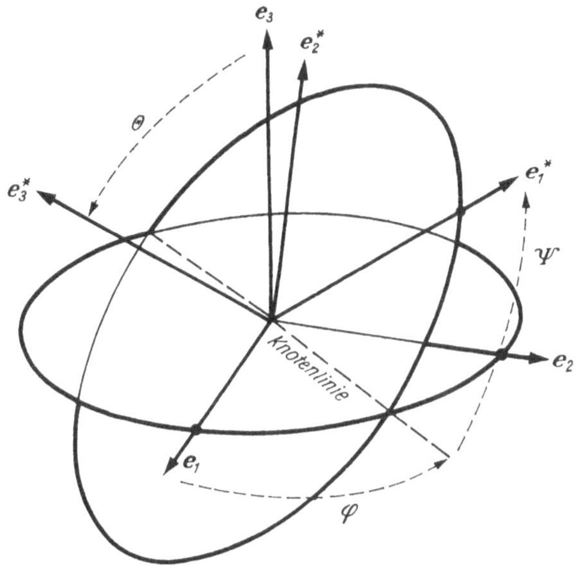

Abb. 5. Konstruktion der EULERschen Winkel

Die Winkelgeschwindigkeit lautet im raumfesten System

$$\boldsymbol{\omega} = \begin{pmatrix} \dot{\theta} \sin \varphi & + \dot{\psi} \sin \theta \sin \varphi \\ \dot{\theta} \sin \varphi & - \dot{\psi} \sin \theta \cos \varphi \\ & \dot{\varphi} + \dot{\psi} \cos \theta \end{pmatrix} \tag{5.12}$$

und im körperfesten

$$\boldsymbol{\omega} = \begin{pmatrix} \dot{\theta} \cos \psi + \dot{\varphi} \sin \theta \sin \psi & \\ - \dot{\theta} \sin \psi + \dot{\varphi} \sin \theta \sin \psi & \\ + \dot{\varphi} \cos \theta & + \dot{\psi} \end{pmatrix}. \tag{5.13}$$

Die LAGRANGE-Funktion für einen symmetrischen Kreisel, der in einem Punkt auf der Figurenachse festgehalten wird und der dem Einfluß der Schwerkraft unterliegt, lautet danach

$$L = \frac{\theta_f}{2} (\dot{\psi} + \dot{\varphi} \cos \theta)^2 + \frac{\theta_0 + M a^2}{2} (\dot{\theta}^2 + \dot{\varphi}^2 \sin^2 \theta) - M g a \cos \theta$$

(a ist der Abstand des Schwerpunkts vom Unterstützungspunkt, der Term proportional $M a^2$ beschreibt die kinetische Energie der Schwerpunktbewegung).

Ein Beispiel für die vorteilhafte Verwendung generalisierter Koordinaten ist das KEPLER-Problem. Zwei Massenpunkte bewegen sich unter gegenseitiger Anziehung durch die Gravitationswirkung. Die LAGRANGE-Funktion lautet zunächst

$$L = \frac{m_1}{2} \dot{\boldsymbol{r}}_1^2 + \frac{m_2}{2} \dot{\boldsymbol{r}}_2^2 + f \frac{m_1 m_2}{|\boldsymbol{r}_1 - \boldsymbol{r}_2|}. \tag{5.14}$$

Als erstes wird der Schwerpunkt separiert. Mit $\boldsymbol{r} = \boldsymbol{r}_1 - \boldsymbol{r}_2$ ergibt sich

$$L = \frac{M}{2} \dot{\boldsymbol{R}}^2 + \frac{\mu}{2} \dot{\boldsymbol{r}}^2 + \frac{k}{r}, \qquad \mu = \frac{m_1 m_2}{m_1 + m_2}, \qquad k = f m_1 m_2. \tag{5.15}$$

Als Inertialsystem kann das Ruhsystem des Schwerpunktes gewählt werden. Dann lautet der Energiesatz

$$\frac{\mu}{2}\dot{\boldsymbol{r}}^2 - \frac{k}{r} = E = \text{const} \tag{5.16}$$

und der Drehimpulssatz

$$\mu\,\boldsymbol{r} \times \dot{\boldsymbol{r}} = \boldsymbol{L} = \text{const.} \tag{5.17}$$

Der Gesamtimpuls ist im Ruhsystem des Schwerpunkts Null. Nach der Substitution von Polarkoordinaten lautet die LAGRANGE-Funktion

$$L = \frac{\mu}{2}(\dot{r}^2 + r^2\,\dot{\theta}^2 + r^2\sin^2\theta\,\dot{\varphi}^2) + \frac{k}{r}\,.$$

Die Gleichung (5.5) ergibt für θ und φ

$$\frac{\mathrm{d}}{\mathrm{d}t}(\mu\,r\,\dot{\theta}^2) = \mu\,r^2\sin\theta\cos\theta\cdot\varphi^2\,,$$

$$\frac{\mathrm{d}}{\mathrm{d}t}(\mu\,r^2\sin^2\theta\cdot\dot{\varphi}) = 0\,. \tag{5.18}$$

Da die Bewegung eben ist, kann das Polarkoordinatensystem so gewählt werden, daß konstant $\theta = \pi/2$ ist. Die Gleichung für φ stellt den Drehimpulserhaltungssatz in der Form

$$\mu\,r^2\,\dot{\varphi} = l = \text{const} \tag{5.19}$$

dar. Der Energiesatz reduziert sich auf

$$E = \frac{\mu}{2}\dot{r}^2 + \frac{l^2}{2\,\mu\,r^2} - \frac{k}{r} = \text{const}\,. \tag{5.20}$$

Der zweite Term ist das Potential der Zentrifugalkraft. Die Gleichung für r lautet

$$\mu\,\ddot{r} - \frac{l^2}{\mu\,r^3} + \frac{k}{r^2} = 0\,. \tag{5.21}$$

Mit der Substitution von φ für t ergibt sich die Gleichung für die Bahn $r(\varphi)$:

$$\frac{\mathrm{d}r}{\mathrm{d}t} = \frac{l}{\mu\,r^2}\frac{\mathrm{d}r}{\mathrm{d}\varphi}\,,$$

$$\frac{\mathrm{d}^2}{\mathrm{d}\varphi^2}\left(\frac{1}{r}\right) + \frac{1}{r} - \frac{\mu\,k}{l^2} = 0\,. \tag{5.22}$$

Die allgemeine Lösung ist

$$\frac{1}{r} = \frac{1}{p}\big(1 + \varepsilon\cos(\varphi - \varphi_0)\big)\,, \qquad p = \frac{l^2}{\mu\,k}\,, \tag{5.23}$$

die Bahnen sind Kegelschnitte mit dem Halbparameter p und der Exzentrizität ε, das Kraftzentrum liegt im Brennpunkt. Die Exzentrizität ε bestimmt die Gesamtenergie.

$$\frac{\mu\,k^2}{2\,l^2}(\varepsilon^2 - 1) = E\,. \tag{5.24}$$

Für $\varepsilon < 1$, d. h. negative Gesamtenergie, ergeben sich geschlossene Bahnen, das System ist gebunden. Bei positiver Gesamtenergie sind die Massenpunkte nicht aneinander gebunden, die Bewegung läßt sich als Stoß beschreiben. Verwendet man statt Halbparameter und Exzentrizität ε die große und die kleine Halbachse a und b, so findet man:

1. Die Gesamtenergie ist umgekehrt proportional der großen Halbachse.

$$E = -\frac{k}{2a} \qquad (\text{für } \varepsilon < 0)\,. \tag{5.25}$$

2. Die Umlaufzeit ist porportional $a^{-3/2}$.

$$T = \oint \mathrm{d}t = \oint \frac{\mu}{l} r^2 \,\mathrm{d}\varphi = \frac{\mu}{l} \pi a b$$
$$= \left(-\frac{\pi^2 k^2}{8 E^3}\mu\right)^{1/2} = \left(\frac{\pi^2 \mu}{k a^3}\right)^{1/2}. \tag{5.26}$$

3. Bei positiver Gesamtenergie ist der Abstand der Asymptote vom Kraftzentrum gleich

$$\varrho = a \tan \varphi\,, \tag{5.27}$$

2φ ist dabei der Öffnungswinkel der Asymptoten. Mit Punkt 2 ist auch das dritte KEPLERsche Gesetz aus dem NEWTONschen Anziehungsgesetz zweier Massen abgeleitet.

Aus (5.27) kann sofort der differentielle Streuquerschnitt eines Potentials $U \sim r^{-1}$ berechnet werden. Der Streuwinkel ist

$$\theta = \pi - 2\varphi$$

und der differentielle Streuquerschnitt lautet

$$\sigma(\theta) = \frac{\varrho}{\sin\theta}\left|\frac{\mathrm{d}\varrho}{\mathrm{d}\theta}\right| = \frac{a \cot\frac{\theta}{2}}{\sin\theta}\,\frac{a}{2\sin^2\frac{\theta}{2}} = \frac{a^2}{4}\left(\sin\frac{\theta}{2}\right)^{-4}. \tag{5.28}$$

Der totale Streuquerschnitt divergiert. Mit der experimentellen Prüfung von (5.28) kann das elektrische Feld der Ladungen in den Atomkernen nachgewiesen werden. Das ist wichtig bei der Diskussion des Tunneleffekts (§ 26).

§ 6. Variationsprinzip und Erhaltungssätze[1])

Die LAGRANGE-Gleichungen zweiter Art sind die notwendigen Bedingungen dafür, daß das Integral

$$S = \int_{t_0}^{t_1} L\left(q(t), \ldots, \dot{q}(t), \ldots, t\right) \mathrm{d}t \tag{6.1}$$

bei vorgegebenen Werten für t_0, t_1, $q_i(t_0)$ und $q_i(t_1)$ ein Extremum annimmt.

Die Frage, ob ein gegebenes Funktionensystem $q_i(t)$ diese Extremalbedingung erfüllt, wird durch die Ansalyse des Verhaltens einer Variation

$$\bar{q}_i(t) = q_i(t) + \delta q_i(t)$$

[1]) In diesem Paragraphen wird die Summationskonvention benutzt. Treten Indizes in einem Term doppelt auf, so wird in jedem Falle summiert.

mit der Eigenschaft

$$\delta q_i(t_0) = \delta q_i(t_1) = 0$$

entschieden. Erfüllt das Ausgangssystem $q_i(t)$ die Extremalbedingung, so muß die Änderung des Wertes von S für die Variation in der ersten Ordnung verschwinden. Wegen

$$\delta S = \int\limits_{t_0}^{t_1} \left(\frac{\partial L}{\partial q_i} \delta q_i + \frac{\partial L}{\partial \dot{q}_i} \delta \dot{q}_i \right) \mathrm{d}t$$

$$= \int\limits_{t_0}^{t_1} \left(\frac{\partial L}{\partial q_i} - \frac{\mathrm{d}}{\mathrm{d}t} \frac{\partial L}{\partial \dot{q}_i} \right) \delta q_i \, \mathrm{d}t + \left[\frac{\partial L}{\partial \dot{q}_i} \delta q_i \right]_{t_0}^{t_1}$$

gilt $\delta S = O_2$ aber nur, wenn das Funktionensystem $q_i(t)$ die Gleichungen (5.5)

$$\frac{\partial L}{\partial q_i} - \frac{\mathrm{d}}{\mathrm{d}t} \frac{\partial L}{\partial \dot{q}_i} = 0 \tag{6.2}$$

erfüllt. Diese Bedingungen ändern sich nicht, wenn die Lagrange-Funktion L in (6.1) ersetzt wird durch $L + \frac{\mathrm{d}}{\mathrm{d}t} F$, weil der Zusatz $\frac{\mathrm{d}}{\mathrm{d}t} F$ nur über die Differenz $F(t_1) - F(t_0)$ in die Wirkungsfunktion S eingeht, die Werte der Funktionen aber an den Stellen t_0 und t_1 bei der Variation nicht verändert werden.

Allgemein ist es vorteilhaft, die der Beobachtung direkt zugänglichen Bewegungsgleichungen auf ein Variationsprinzip zurückzuführen, d. h. sie in die Form der Lagrange-Gleichungen zweiter Art zu bringen. Abgesehen von der vereinheitlichten Betrachtungsweise liefert das Variationsprinzip einen direkten Zusammenhang zwischen den Erhaltungssätzen und der Forminvarianz des Wirkungsintegrals (6.1).

Zur Definition der Forminvarianz wird eine Transformation

$$q_i = q_i(\bar{q}, \ldots, \bar{t}), \qquad t = t(\bar{q}, \ldots, \bar{t}) \tag{6.3}$$

betrachtet. Werden diese Funktionen in dem Wirkungsintegral S substituiert, dann ergibt sich eine neue Lagrange-Funktion

$$\bar{L}(\bar{q}(\bar{t}), \ldots, \quad \dot{\bar{q}}(\bar{t}), \ldots, \bar{t}) .$$

Die neuen Bewegungsgleichungen gehen aus den alten ebenfalls durch diese Substitution hervor. Wenn es nun eine Funktion $F(q_i, \dot{q}_i, t)$ gibt, so daß die Transformation von $L + \frac{\mathrm{d}F}{\mathrm{d}t}$ als neue Lagrange-Funktion

$$\bar{L}(\bar{q}, \dot{\bar{q}}, \bar{t}) = L(\bar{q}, \dot{\bar{q}}, \bar{t}) \tag{6.4}$$

ergibt, dann heißt das Wirkungsintegral forminvariant gegen die Transformation (6.3).

Speziell interessieren die infinitesimalen Transformationen. Man nennt

$$\bar{q}_i(\bar{t}) = q_i(t) + \delta q_i(t) , \tag{6.5}$$

$$\bar{t} = t + \delta t(t)$$

eine infinitesimale Transformation, wenn in der Darstellung $\delta q_i(t) = \varepsilon \cdot \varkappa_i(t)$, $\delta t = \varepsilon \cdot \tau(t)$ die Funktionen $\varkappa_i(t)$ und $\tau(t)$ endlich sind, während ε eine infinitesimal kleine Größe ist, das heißt, wenn nur das Verhalten beim Grenzübergang $\varepsilon \to 0$ interessiert. Dieser Grenzübergang ist unausgesprochen immer im Hintergrund, wenn mit infinitesimalen Größen gerechnet wird. Zu L wird nun die totale zeitliche Ableitung einer passenden infinitesimalen Größe δF addiert, und nach der Substitution ergibt sich die neue LAGRANGE-Funktion in Abhängigkeit von q_i und t. Unter der reinen Formänderung der LAGRANGE-Funktion versteht man den Ausdruck

$$\delta^* L = \bar{L}(q_i, \dot{q}_i, t) - L(q_i, \dot{q}_i, t) . \tag{6.6}$$

Eine wesentliche Rolle spielen die Formänderungen der Koordinaten selbst, die LIE-Differentiale:

$$\delta^* q_i = \bar{q}_i(t) - q_i(t) = \delta q_i - \dot{q}_i \, \delta t . \tag{6.7}$$

Entscheidend ist die Eigenschaft

$$\frac{\mathrm{d}}{\mathrm{d}t} (\delta^* q_i) = \delta^* \left(\frac{\mathrm{d} q_i}{\mathrm{d}t}\right). \tag{6.8}$$

In dem aus der Substitution erhaltenen Wirkungsintegral

$$S = \int\limits_{\bar{t}_1}^{\bar{t}_2} \bar{L}\left(\bar{q}_i(\bar{t}),\ \dot{\bar{q}}_i(\bar{t}),\ \bar{t}\right) \mathrm{d}\bar{t} = \int\limits_{t_1}^{t_2} \left(L + \frac{\mathrm{d}\delta F}{\mathrm{d}t}\right) \mathrm{d}t \tag{6.9}$$

wird die Zeit rücksubstituiert,

$$S = \int\limits_{t_1}^{t_2} \left[\bar{L}(\bar{q}_i(t)\ ,\ \dot{\bar{q}}_i(t),\ t) + \frac{\mathrm{d}L}{\mathrm{d}t} \delta t\right] \left[1 + \frac{\mathrm{d}\delta t}{\mathrm{d}t}\right] \mathrm{d}t + O_2 ,$$

die reine Formänderung der LAGRANGE-Funktion abgespalten,

$$S = \int\limits_{t_1}^{t_2} \left[L(\bar{q}_i(t), \dot{\bar{q}}_i(t), t) + \delta^* L + \frac{\mathrm{d}}{\mathrm{d}t} (L \delta t)\right] \mathrm{d}t + O_2 ,$$

und nach den LIE-Differentialen entwickelt:

$$S = \int\limits_{t_1}^{t_2} \left[L + \frac{\partial L}{\partial q_i} \delta^* q_i + \frac{\partial L}{\partial \dot{q}_i} \delta^* \dot{q}_i + \delta^* L + \frac{\mathrm{d}}{\mathrm{d}t} (L \delta t)\right] \mathrm{d}t + O_2 . \tag{6.10}$$

Wird das Ergebnis mit (6.9) in einem beliebigen Integrationsintervall verglichen, so ergibt sich

$$\left(\frac{\partial L}{\partial q_i} - \frac{\mathrm{d}}{\mathrm{d}t} \frac{\partial L}{\partial \dot{q}_i}\right) \delta^* q_i + \delta^* L + \frac{\mathrm{d}}{\mathrm{d}t} \left(\frac{\partial L}{\partial \dot{q}_i} \delta^* q_i + L \, \delta t - \delta F\right) = O_2 . \tag{6.11}$$

Damit gilt für jede einparametrige infinitesimale Transformationsgruppe: Aus der Forminvarianz der LAGRANGE-Funktion ($\delta^* L = 0$) und den Bewegungsgleichungen (6.2) folgt die Zeitunabhängigkeit der ersten Ordnung von

$$\delta A = \frac{\partial L}{\partial \dot{q}_i} \delta^* q_i + L\,\delta t - \delta F\,. \tag{6.12}$$

(6.12) beschreibt den Erhaltungssatz für die Größe δA bzw. für den Koeffizienten dieser Größe vor dem Parameter ε der Transformation.

Standardbeispiel ist ein System von Massenpunkten, in welchem das Potential nur von den Abständen der Massenpunkte untereinander abhängt:

$$L = \sum_A \frac{m_A}{2} \dot{\boldsymbol{r}}_A^2 - U(|\boldsymbol{r}_1 - \boldsymbol{r}_2|\,,\, |\boldsymbol{r}_1 - \boldsymbol{r}_3|\,, \ldots)\,.$$

Diese LAGRANGE-Funktion ist forminvariant gegen Verschiebungen des räumlichen Ursprungs ($\delta\boldsymbol{r} = \text{const}$), des Zeitnullpunktes ($\delta t = \text{const}$) und gegen Drehungen des Raumes ($\delta\boldsymbol{r} = \delta\boldsymbol{\omega} \times \boldsymbol{r}$, $\delta\boldsymbol{\omega} = \text{const}$), ohne daß eine Funktion $F \neq 0$ in Betracht gezogen werden muß. Forminvarianz gilt aber auch für die infinitesimalen speziellen GALILEI-Transformationen

$$\delta\boldsymbol{r} = \delta\boldsymbol{v} \cdot t\,,$$

wenn

$$\delta F = \sum_A m_A \boldsymbol{r}_A \delta\boldsymbol{v}$$

gesetzt wird.

Bei einer infinitesimalen räumlichen Verschiebung erhält man für (6.12)

$$\delta A = (\sum_A m_A \dot{\boldsymbol{r}}_A)\, \delta\boldsymbol{r}\,,$$

also den Impulserhaltungssatz. Eine infinitesimale Änderung des Zeitnullpunktes ergibt für (6.12)

$$\delta A = (-\sum_A m_A \dot{\boldsymbol{r}}_A \cdot \dot{\boldsymbol{r}}_A + L)\, \delta t\,,$$

das ist der Erhaltungssatz für die Energie des Systems. Die infinitesimale Rotation liefert für (6.12)

$$\delta A = \sum_A m_A \dot{\boldsymbol{r}}_A (\delta\boldsymbol{\omega} \times \boldsymbol{r}_A) = \delta\boldsymbol{\omega} \sum_A m_A \boldsymbol{r}_A \times \dot{\boldsymbol{r}}_A$$

den Drehimpulserhaltungssatz. Schließlich lautet (6.12) für die speziellen GALILEI-Transformationen

$$\delta A = \sum_A m_A \dot{\boldsymbol{r}}_A t\, \delta\boldsymbol{v} - \sum_A m_A \boldsymbol{r}_A \delta\boldsymbol{v} = \delta\boldsymbol{v}\,(\boldsymbol{P}\,t - M\,\boldsymbol{R})\,.$$

Das ist der Schwerpunktsatz. Damit sind die in § 1 formulierten Zusammenhänge nachgewiesen.

Die Darstellung der Gleichungen in Zusammenhang mit einem Wirkungsintegral ist ein wichtiges heuristisches Prinzip in der Physik. Auch in der Theorie der Felder können Feldgleichungen als notwendige Bedingungen für das Extremum eines Integrals dargestellt werden. Dieses Wirkungsintegral wird in der Form

$$S = \int_B L\left(\varphi(x), \frac{\partial \varphi}{\partial x^i}, x^i\right) \mathrm{d}^4 x\,, \qquad x^i \mathrel{\hat{=}} (x, y, z, t) \tag{6.13}$$

definiert, die Nebenbedingungen für die Variation sind feste Bereichsgrenzen und feste Funktionswerte auf dieser Berandung. Alle Rechnungen laufen analog den vorangegangenen, nur daß hier vier Integrationsparameter statt dem einen zu berücksichtigen sind. Als Gleichungen für die Felder φ findet man

$$\frac{\partial L}{\partial \varphi} - \frac{\partial}{\partial x^i} \frac{\partial L}{\partial \frac{\partial \varphi}{\partial x^i}} = 0 . \tag{6.14}$$

Die Differentiation $\frac{\partial}{\partial x^i}$ schließt dabei die mittelbare Abhängigkeit über die Feldfunktionen ein. (6.14) ändert sich nicht, wenn zur LAGRANGE-Funktion eine vierdimensionale Divergenz addiert wird, L und $L + \frac{\partial F^i}{\partial x^i}$ ergeben identische Feldgleichungen. Eine infinitesimale Transformation lautet

$$\begin{aligned} \bar{\varphi}(\bar{x}) &= \varphi(x) + \delta\varphi(x) , \\ \bar{x}^i &= x^i + \delta x^i(x) , \\ \delta^*\varphi &= \delta\varphi - \frac{\partial \varphi}{\partial x^i} \delta x^i . \end{aligned} \tag{6.15}$$

Aus der Forminvarianz der LAGRANGE-Funktion gegen infinitesimale Transformation und der Gültigkeit der Gleichungen (6.14) folgt

$$\frac{\partial}{\partial x^i} \delta A^i = \frac{\partial}{\partial x^i} \left(\frac{\partial L}{\partial \frac{\partial \varphi}{\partial x^i}} \delta^*\varphi + L\, \delta x^i - \delta F^i \right) = 0 \tag{6.16}$$

in der ersten Ordnung (vgl. § 58). Durch Integration dieses Ausdrucks erhält man zeitunabhängige Größen, wenn die Felder im räumlich unendlichen genügend schnellverschwinden: Ist

$$\delta A^i = 0 \left(\frac{1}{R^3} \right),$$

dann folgt aus (6.16)

$$\frac{d\delta A}{dt} = \frac{d}{dt} \int \delta A^4 \, d^3\boldsymbol{r} = 0 . \tag{6.17}$$

Aus diesem Grund wird δA^4 als Dichte der Größe δA und ($\delta A^1, \delta A^2, \delta A^3$) als Stromdichte der Größe δA interpretiert. (6.16) stellt die Kontinuitätsgleichung für die Strömung von δA dar (§§ 12, 47).

§ 7. Kanonische Gleichungen

Die LAGRANGE-Gleichungen zweiter Art sind gewöhnliche Differentialgleichungen zweiter Ordnung in den Koordinaten q_i. Zur eindeutigen Integration ist die Vorgabe der Werte von q_i und der zeitlichen Ableitungen $\dot{q}_i$ zu einem gegebenen Anfangszeitpunkt notwendig und ausreichend. Die $2\,n$ Größen q_i und $\dot{q}_i$ charakterisieren somit den Zustand des mechanischen Systems.

Durch die Einführung verallgemeinerter Impulse wird eine Darstellung erreicht, die in diesen $2\,n$ Zustandsvariablen symmetrisch ist. Die Bewegungsgleichungen sind dann von erster Ordnung in der Zeit und haben die allgemeine Form

Änderung des Zustandes = Funktion des Zustands.

Diese Darstellung ist von entscheidender Bedeutung in der statistischen Mechanik und der Quantenmechanik.

Analog der Form des gewöhnlichen Impulses im LAGRANGE-Formalismus wird der Ausdruck

$$p_i = \frac{\partial L}{\partial \dot{q}_i} \tag{7.1}$$

als generalisierter und zu q_i kanonisch konjugierter Impuls bezeichnet. Da die LAGRANGE-Funktion über die kinetische Energie eine quadratische Funktion der Geschwindigkeiten ist, sind (7.1) lineare Gleichungen, die sich nach den $\dot{q}_i$ auflösen lassen: $\dot{q}_i = \dot{q}_i(q, p, t)$. Wird dieser Zusammenhang in (6.2) substituiert, dann erhalten die LAGRANGE-Gleichungen die Form $\dot{p}_i = \dot{p}_i(q, p, t)$. In allgemeiner Form ergeben sich diese Gleichungen über die HAMILTON-Funktion

$$H(q, p, t) = \sum_i p_i \dot{q}_i(q, p, t) - L\big(q, \dot{q}(q, p, t), t\big) . \tag{7.2}$$

Die so konstruierte HAMILTON-Funktion hat die Eigenschaft, daß die mittelbare Abhängigkeit von q, p und t über die Stelle $\dot{q}$ verschwindet:

$$\frac{\partial H}{\partial \dot{q}_i} = p_i - \frac{\partial L}{\partial \dot{q}_i} = 0 .$$

Deshalb folgen aus (7.2) die kanonischen Gleichungen

$$\begin{aligned} \frac{\partial H}{\partial q_i} &= -\frac{\partial L}{\partial q_i} = -\frac{\mathrm{d}p_i}{\mathrm{d}t}, \\ \frac{\partial H}{\partial p_i} &= \frac{\mathrm{d}q_i}{\mathrm{d}t}, \\ \frac{\partial H}{\partial t} &= -\frac{\partial L}{\partial t} = \frac{\mathrm{d}H}{\mathrm{d}t}. \end{aligned} \tag{7.3}$$

Für konservative Systeme, d. h. für $L = T - U$ und $\frac{\partial L}{\partial t} = 0$, ist die HAMILTON-Funktion eine Konstante der Bewegung. Außerdem gilt $\sum_i \dot{q}_i \frac{\partial T}{\partial \dot{q}_i} = 2\,T$, weil die kinetische Energie eine homogen quadratische Form der Geschwindigkeiten ist. Die HAMILTON-Funktion wird folglich durch die Gesamtenergie gegeben: $H = T + U$.

Der $2\,n$-dimensionale Raum mit den Koordinaten q und p heißt Phasenraum. Das mechanische System wird durch einen Punkt im Phasenraum dargestellt. Die zeitliche Entwicklung des Zustands wird durch eine Kurve im Phasenraum gegeben, die Integralkurve eines Richtungsfeldes ist, das durch die HAMILTON-Funktion definiert wird:

$$\frac{\mathrm{d}}{\mathrm{d}t}(q_i, \ldots, p_i, \ldots) = \left(\frac{\partial H}{\partial p_i}, \ldots, -\frac{\partial H}{\partial q_i}, \ldots\right). \tag{7.4}$$

Konstanten der Bewegung hängen nicht von den Phasenraumgeschwindigkeiten $\dot{q}_i$ und $\dot{p}_i$ ab.

Die totale zeitliche Ableitung einer allgemeinen Funktion der Koordinaten und Impulse lautet

$$\frac{\mathrm{d}F}{\mathrm{d}t} = \frac{\partial F}{\partial t} + \sum_i \left(\frac{\partial F}{\partial q_i}\frac{\partial H}{\partial p_i} - \frac{\partial F}{\partial p_i}\frac{\partial H}{\partial q_i}\right),$$

Der Ausdruck

$$[F, G] = \sum_i \left(\frac{\partial F}{\partial q_i}\frac{\partial G}{\partial p_i} - \frac{\partial F}{\partial p_i}\frac{\partial G}{\partial q_i}\right) \tag{7.5}$$

heißt POISSON-Klammer. Die Darstellung der Gesetze der Mechanik mit den POISSON-Klammern kann in der Quantenmechanik unmittelbar verwendet werden (vgl. § 28), weil die POISSON-Klammern die algebraischen Eigenschaften

$$\begin{gathered}[F, G] = -[G, F]\,, \\ [[F, G], H] + [[G, H], F] + [[H, F], G] = 0\end{gathered} \tag{7.6}$$

und die analytischen Eigenschaften

$$[q_i, F] = \frac{\partial F}{\partial p_i}\,, \qquad [p_i, F] = -\frac{\partial F}{\partial q_i} \tag{7.7}$$

haben. Speziell gilt

$$[q_i, q_k] = 0\,, \qquad [p_i, p_k] = 0 \qquad [q_i, p_k] = \delta_{ik}\,. \tag{7.8}$$

Die POISSON-Klammer zweier kanonischer Variabler verschwindet genau dann nicht, wenn diese Variablen kanonisch konjugiert sind. Die kanonischen Bewegungsgleichungen lauten in dieser Schreibweise

$$\frac{\mathrm{d}q_i}{\mathrm{d}t} = [q_i, H]\,, \qquad \frac{\mathrm{d}p_i}{\mathrm{d}t} = [p_i, H]\,. \tag{7.9}$$

Die POISSON-Klammer aus zwei Konstanten der Bewegung ist wieder eine Konstante: Aus $\frac{\mathrm{d}F}{\mathrm{d}t} = 0$ und $\frac{\mathrm{d}G}{\mathrm{d}t} = 0$ folgt $\frac{\mathrm{d}}{\mathrm{d}t}[F, G] = 0$, die Konstanten der Bewegung bilden eine Algebra. Für das Beispiel in § 6 erhält man für die Konstanten

$$H = \sum_A \frac{\boldsymbol{p}_A^2}{2m_A} + U\,, \qquad \boldsymbol{P} = \sum_A \boldsymbol{p}_A\,,$$

$$\boldsymbol{L} = \sum_A \boldsymbol{r}_A \times \boldsymbol{p}_A\,, \qquad \boldsymbol{R}_0 = \boldsymbol{R} - \frac{1}{M}\boldsymbol{P}\,t$$

die POISSON-Klammern

$$\begin{gathered}[H, \boldsymbol{P}] = 0\,, \quad [H, \boldsymbol{L}] = 0\,, \\ [H, \boldsymbol{R}_0] = -\frac{1}{M}\boldsymbol{P}\,, \\ [R_{0i}, P_k] = \delta_{ik}\,, \\ \left.\begin{aligned}[L_i, P_k] &= P_l \\ [L_i, R_{0k}] &= R_{0l}\end{aligned}\right\}\ \begin{aligned}&(i, k, l) \text{ ist eine zyklische} \\ &\text{Permutation von } (1, 2, 3).\end{aligned}\end{gathered} \tag{7.10}$$

Die kanonischen Gleichungen sind gleichwertig mit den LAGRANGE-Gleichungen, die Rücktransformation ist durchführbar. Ist die HAMILTON-Funktion gegeben, so lautet die LAGRANGE-Funktion

$$L(q, \dot{q}, t) = - H(q, p(q, \dot{q}, t), t) + \sum_i \dot{q}_i p_i(q, \dot{q}, t) ,$$

dabei ist für die Impulse p_i die Lösung der Gleichungen

$$\dot{q}_i = \frac{\mathrm{d}H}{\partial p_i}(q, p, t)$$

zu substituieren.

Transformationen der Koordinaten im Konfigurationsraum $Q_i = Q_i(q, t)$ implizieren bei skalarer LAGRANGE-Funktion, d. h.

$$\overline{L}(Q, \dot{Q}, t) = L(q, \dot{q}, t)$$

eine bestimmte Transformation der Impulse. Die LAGRANGE-Funktion muß aber nicht skalar sein, gleichzeitig mit einer Transformation der Lagekoordinaten kann eine Ersetzung von L durch $L - \frac{\mathrm{d}F}{\mathrm{d}t}$ vorgenommen werden. Dadurch entstehen zusätzliche Freiheiten für die Transformation der Impulse. Dementsprechend sind im Phasenraum allgemeinere Transformationen möglich als im Konfigurationsraum. Diese kanonischen Transformationen sind durch die Bedingung definiert, daß die Bewegungsgleichungen auch in den transformierten Phasenkoordinaten die Gestalt der kanonischen Bewegungsgleichungen haben. In Hinblick auf die Darstellung im LAGRANGE-Formalismus kann diese Bedingung in der Gestalt

$$\overline{H}(Q, P, t) - \sum_i P_i \dot{Q}_i = H(q, p, t) - \sum_i p_i \dot{q}_i + \frac{\mathrm{d}F}{\mathrm{d}t} \tag{7.11}$$

geschrieben werden. $H(Q, P, t)$ ist die neue HAMILTON-Funktion, die in den Bewegungsgleichungen für Q und P auftritt. Die freie Funktion F kann nun auf verschiedene Arten dargestellt werden. Bis auf einzelne Spezialfälle sind alle äquivalent. Besondere Bedeutung hat der Ansatz

$$F = F_1(q, P, t) - \sum_i Q_i P_i . \tag{7.12}$$

Die Bedingung (7.11) impliziert dann die Transformation

$$p_i = \frac{\partial F_1(q, P)}{\partial q_i}, \qquad Q_i = \frac{\partial F_1}{\partial P_i}, \qquad \overline{H} = H + \frac{\partial F_1}{\partial t} . \tag{7.13}$$

Die Funktion F_1 heißt Erzeugende der Transformation und ist bis auf die Festlegung, daß sie von den Variablen q und P abhängt und daß die Formeln (7.13) auflösbar sein müssen, beliebig wählbar. $F_1 = \sum_i q_i P_i$ führt auf die identische Transformation $q_i = Q_i$, $p_i = P_i$. Allgemein muß eine Erzeugende von n alten und n neuen Variablen abhängen, die jeweils nicht miteinander konjugiert sind.

F wird dann gebildet durch

$$F = F_0(q_{i_1}, \ldots, q_{i_m}, p_{i_{m+1}}, \ldots, p_{i_n}, Q_{k_1}, \ldots, _{k_l}, P_{k_{l+1}}, \ldots, P_{k_n}) + \sum_{r=m+1}^{n} q_{i_r} p_{i_r} - \sum_{r=l+1}^{n} Q_{k_r} P_{k_r} .$$

Die Transformationsformeln lauten

$$\frac{\partial F}{\partial q_{i_r}} = p_{i_r}, \quad r = 1, \ldots, m; \quad \frac{\partial F}{\partial P_{k_r}} = Q_{k_r}, \quad r = l+1, \ldots, n;$$

$$\frac{\partial F}{\partial p_{i_r}} = -q_{i_r}, \quad r = m+1, \ldots, n; \quad \frac{\partial F}{\partial Q_{k_r}} = -P_{k_r},$$

$$r = 1, \ldots, l .$$

Dadurch werden alle kanonischen Transformationen erfaßt.

Invariant gegen kanonische Transformationen sind außer der Form der kanonischen Gleichungen u. a. die Poisson-Klammern

$$[F, G]_{q,p} = [F, G]_{Q,P} ,$$

die Differentialform zweiter Stufe $\sum_i \mathrm{d}q_i \wedge \mathrm{d}p_i$ und somit das Integral $\sum_i \oint p_i \, \mathrm{d}q_i$ über eine feste geschlossene Kurve im Phasenraum, die Differentialform $\mathrm{d}\Phi = \mathrm{d}q_1 \wedge \cdots \wedge \mathrm{d}q_n \wedge \mathrm{d}p_1 \wedge \cdots \wedge \mathrm{d}p_n$ und somit das Phasenvolumen eines gegebenen Bereiches im Phasenraum

$$\Phi(B) = \int_B \mathrm{d}\Phi . \tag{7.14}$$

§ 8. Hamilton-Jacobi-Theorie[1]

Eine infinitesimale kanonische Transformation wird durch die Funktion

$$F_1(q, P) = \sum_i q_i P_i + \varepsilon \, h(q, P, t) \tag{8.1}$$

erzeugt. Die Transformationsformeln lauten in erster Näherung

$$p_i = P_i + \varepsilon \frac{\partial h}{\partial q_i}, \qquad Q_i = q_i + \varepsilon \frac{\partial h}{\partial p_i} . \tag{8.2}$$

Die Bewegung nach den kanonischen Bewegungsgleichungen kann als kanonische Transformation interpretiert werden: Die Phasenkoordinaten des Systems zur Zeit $t + \mathrm{d}t$ entstehen aus den Koordinaten zur Zeit t durch eine infinitesimale kanonische Transformation, die durch die Hamilton-Funktion selbst erzeugt wird

$$F_1 = \sum_i q_i P_i + \mathrm{d}t \, H(q, p, t) ,$$

$$\mathrm{d}q_i = \mathrm{d}t \frac{\partial H}{\partial p_i}, \qquad \mathrm{d}p_i = -\mathrm{d}t \frac{\partial H}{\partial q_i} .$$

[1]) In diesem Paragraphen wird die Summationskonvention verwendet.

Die Darstellung der Bewegung nach den kanonischen Gleichungen als kanonische Transformation ist der Ausgangspunkt der HAMILTON-JACOBI-Theorie. Gesucht wird eine Transformation der Gestalt

$$\left.\begin{aligned} Q_t &= q_{t+\tau}(q_t, p_t, t, \tau)\,, \\ P_t &= p_{t+\tau}(q_t, p_t, t, \tau)\,. \end{aligned}\right\} \tag{8.3}$$

Die Abhängigkeit von der Zeit ist hier als Index angedeutet. Das Problem der Lösung der Bewegungsgleichungen wird dadurch überführt in das Problem, die Erzeugende einer kanonischen Transformation zu finden. Diese Transformation liefert die Phasenkoordinaten zur Zeit $t + \tau$, wenn der Anfangszustand zur Zeit t gegeben ist. Die Umkehrtransformation ordnet dann dem Zustand des Systems zu einer beliebigen Zeit die Phasenkoordinaten des Anfangszustands zu fester Anfangszeit zu. Die gesuchte kanonische Transformation liefert also auch Koordinaten, in denen die Lösungen der Bewegungsgleichungen einfach durch die Konstantsetzung dieser Größen gegeben ist.

$$\left.\begin{aligned} q_0 &= q_t(q_{t+\tau}, p_{t+\tau}, t, \tau) \qquad \text{unabhängig von } \tau\,, \\ p_0 &= p_t(q_{t+\tau}, p_{t+\tau}, t, \tau) \qquad \text{unabhängig von } \tau\,. \end{aligned}\right\} \tag{8.4}$$

Da die Lösung der kanonischen Gleichungen die Konstanz der q_0 und p_0 bedeutet, kann die diesen Koordinaten entsprechende HAMILTON-Funktion nicht von q_0 und p_0 abhängen. Deshalb kann für eine Erzeugende der Form

$$S = S(q, p_0, t)\,,$$

zu der die Transformationsgleichungen $q_{0i} = \frac{\partial S}{\partial p_{0i}}$, $p_i = \frac{\partial S}{\partial q_i}$ gehören, die Gleichung

$$H_0 = H\left(q_i, \frac{\partial S}{\partial q_i}, t\right) + \frac{\partial S}{\partial t} = 0 \tag{8.5}$$

angesetzt werden. Das ist aber eine partielle Differentialgleichung erster Ordnung für die Erzeugende der gesuchten Transformation, die HAMILTON-JACOBI-Differentialgleichung.

Die Differentialgleichung für die Erzeugende S ist erster Ordnung in $n + 1$ Variablen, ihre allgemeine Lösung enthält daher $n + 1$ Konstanten. Eine davon ist additiv, weil nur partielle Ableitungen und nicht S selbst in die Differentialgleichung eingehen. Aus der allgemeinen Lösung

$$S = S(q_1, \ldots, q_n, \alpha_1, \ldots, \alpha_n, t) + \alpha_0 \tag{8.6}$$

gewinnt man durch den Ansatz

$$\beta_i = \frac{\partial S}{\partial \alpha_i}(q, \alpha, t) = \text{const}\,,$$

$$p_i = \frac{\partial S}{\partial q_i}(q, \alpha, t)\,, \tag{8.7}$$

der den Formeln der kanonischen Transformation entspricht, die durch S erzeugt wird, die allgemeine Lösung der kanonischen Bewegungsgleichungen, wenn nach q und p aufgelöst wird und die α und β als Integrationskonstante interpretiert werden. S erzeugt die kanonische Transformation zwischen den Ausgangskoordinaten im Phasenraum und den Integrationskonstanten der Bahnkurven im Phasenraum (Abb. 6).

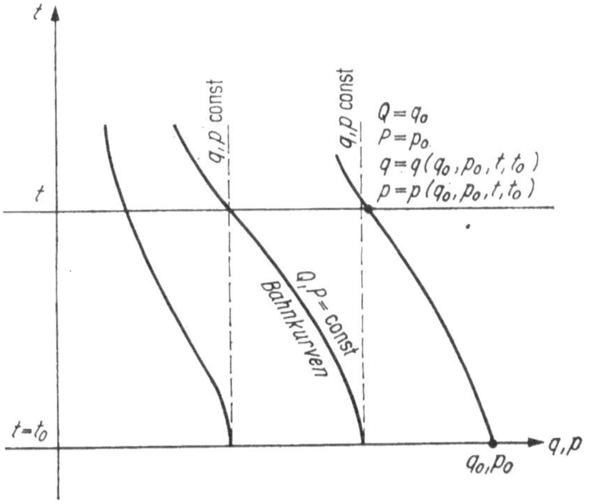

Abb. 6. Konstante Koordinaten im Phasenraum

Durch Differentiation von (8.7) kann direkt nachgerechnet werden, daß die Auflösung von (8.7) die Integrale der kanonischen Gleichungen liefert. Aus

$$0 = \frac{\mathrm{d}}{\mathrm{d}t} \frac{\partial S}{\partial \alpha_i} = \frac{\partial^2 S}{\partial t \, \partial \alpha_i} + \dot{q}_k \frac{\partial^2 S}{\partial q_k \, \partial \alpha_i}$$

folgt mit der HAMILTON-JACOBI-Gleichung

$$-\frac{\partial H}{\partial p_k} \frac{\partial^2 S}{\partial \alpha_i \, \partial q_k} + \dot{q}_k \frac{\partial^2 S}{\partial q_k \, \partial \alpha_i} = 0 \, .$$

Die Determinante von $\frac{\partial^2 S}{\partial \alpha_i \, \partial q_k}$ ist aber mindestens in einer endlichen Umgebung der Anfangsfläche $t = t_0$ von Null verschieden, da die Erzeugende der identischen Transformation

$$S_0 = \sum_i q_i \alpha_i$$

ist. Es folgt also zunächst

$$\dot{q}_k = \frac{\partial H}{\partial p_k} \, .$$

Die Differentiation der anderen Transformationsgleichung ergibt nun direkt

$$\frac{\mathrm{d}p_i}{\mathrm{d}t} = \frac{\partial^2 S}{\partial t \, \partial q_i} + \dot{q}_k \frac{\partial^2 S}{\partial q_k \, \partial q_i} = -\frac{\partial H}{\partial q_i} - \frac{\partial H}{\partial p_k} \frac{\partial^2 S}{\partial q_k \, \partial q_i} + \dot{q}_k \frac{\partial^2 S}{\partial q_k \, \partial q_i}$$
$$= -\frac{\partial H}{\partial q_i} \, .$$

Die Erzeugende S hängt direkt mit dem Wirkungsintegral (6.1) zusammen. Die vollständige Variation des Integrals bei festen t_0 und t_1 lautet

$$dS = \int_{t_0}^{t_1} \left(\frac{\partial L}{\partial q_i} - \frac{d}{dt} \frac{\partial L}{\partial \dot{q}_i} \right) \delta q_i \, dt + \left. \frac{\partial L}{\partial \dot{q}_i} \right|_{t_1} dq_{1\,i} - \left. \frac{\partial L}{\partial \dot{q}_i} \right|_{t_0} dq_{0\,i} \,. \tag{8.8}$$

Wird der Wert des Integrals (6.1), der bei Integration über eine Extremale entsteht, mit

$$S(q_{t_1}, q_{t_0}, t_1, t_0) \tag{8.9}$$

bezeichnet, so reduziert sich (8.8) zu

$$dS = \left. \frac{\partial L}{\partial \dot{q}_i} \right|_{t_1} dq_{1\,i} - \left. \frac{\partial L}{\partial \dot{q}_i} \right|_{t_0} dq_{0\,i} \,.$$

Es ergeben sich damit unmittelbar die Formeln einer kanonischen Transformation, die (8.7) entspricht:

$$\frac{\partial S}{\partial q_{t_1}} = p_{t_1} \,, \qquad \frac{\partial S}{\partial q_{t_0}} = - p_{t_0} \,. \tag{8.10}$$

Andererseits sieht man auch aus der Darstellung (7.11) der erzeugenden Funktion,

$$\overline{H} - \sum_i \dot{Q}_i P_i = - L + \frac{d}{dt} \Big(- \sum_i Q_i P_i + S(q, P, t) \Big) ,$$

daß mit $\overline{H} = 0$

$$\sum_i Q_i \dot{P}_i = - L + \frac{dS}{dt} \tag{8.11}$$

folgt. Auf einer Bahnkurve im Phasenraum sind auf Grund der Bewegungsgleichungen Q und P konstant. Längs der Bahnkurven gilt also

$$\frac{dS}{dt} = L \,. \tag{8.12}$$

Daraus wird ersichtlich, daß auch umgekehrt aus der Lösung der kanonischen Gleichungen die Lösung der Hamilton-Jacobi-Differentialgleichung konstruiert werden kann. Beide Probleme, die Lösung der Hamilton-Jacobi-Gleichung und die Lösung der kanonischen Bewegungsgleichungen, sind äquivalent. Aufgabe beider Probleme ist es, eine Kurvenschar im Phasenraum zu finden, die die allgemeine Bewegung des mechanischen Systems beschreibt. Im ersten Fall stellen diese Bahnkurven spezielle Koordinatenlinien dar, im zweiten Fall werden sie als Integral eines Geschwindigkeitsfeldes gewonnen.

Ist die Hamilton-Funktion des Systems explizit zeitunabhängig, dann ist die Lösung der Hamilton-Jacobi-Gleichung in der Form

$$S = W(q_1, \ldots, q_n, \alpha_1, \ldots, \alpha_n) - E(\alpha, \ldots, \alpha_n)\, t + \alpha_0 \tag{8.13}$$

darstellbar. Die Funktion W ist dann Lösung der separierten Gleichung

$$H\left(q_i, \frac{\partial W}{\partial q_i}\right) = E\,. \tag{8.14}$$

W selbst vermittelt eine kanonische Transformation in Koordinaten, die auf den Bahnkurven des Systems linear von der Zeit abhängen. Mit dem Ansatz $F_1 = W$ folgt als neue Hamilton-Funktion $\overline{H} = E(\alpha_1, \ldots, \alpha_n)$. Deshalb findet man

$$P_i = \alpha_i: \qquad \frac{\mathrm{d}P_i}{\mathrm{d}t} = 0\,.$$

$$Q_i = \frac{\partial W}{\partial \alpha_i}, \qquad \frac{\mathrm{d}Q_i}{\mathrm{d}t} = \frac{\partial E}{\partial \alpha_i} = \mathrm{const}\,.$$

Die Hamilton-Jacobi-Gleichung ist vollständig separabel, d. h., die Lösung ist in der Form

$$S(q_1, \ldots, q_n, t) = \sum_i S_i(q_i) - E\,t \tag{8.15}$$

darstellbar, wenn die Hamilton-Funktion von der Gestalt

$$H = \Big(\big((p_1^2 + U_1)\,\beta_2 + p_2^2 + U_2\big)\,\beta_3 + p_3^2 + U_3\Big)\,\beta_4 \ldots, \qquad \beta_i = \beta_i(q_i)\,,$$
$$U_i = U_i(q_i) \tag{8.16}$$

ist. Die separierten Teile der Hamilton-Jacobi-Gleichung,

$$\left(\frac{\partial S_i}{\partial q_i}\right)^2 + U_i(q_i) + \beta_i(q_i)\,\alpha_{i-1} = \alpha_i\,(i = 1, \ldots, n), \qquad \alpha_n = E \tag{8.17}$$

ergeben Lösungen der Form

$$S_i = S_i(q_j, \alpha_i, \alpha_{i-1})\,. \tag{8.18}$$

Im folgenden wird ein beschränktes System betrachtet, d. h. ein System, dessen Koordinaten entweder periodisch oder beschränkt sind. Im ersten Fall bezeichnet $q_i + r_i$ dasselbe wie q_i, im zweiten Fall kann q_i nur zwischen zwei Werten a_i und b_i variieren, der Differentialquotient $\frac{\partial S}{\partial q_i}$ ist dann über diesem Intervall zweideutig. Die Hamilton-Jacobi-Gleichung sei vollständig separabel. In jedem Falle kann man Integrale der Form

$$I_i = \oint \frac{\partial S}{\partial q_i}\,\mathrm{d}q_i = \oint p_i\,\mathrm{d}q_i \tag{8.19}$$

für jedes i bilden, entweder die Integration läuft über eine Periode einer zyklischen Koordinate oder zweimal über das Variationsintervall einer beschränkten Koordinate, wobei beide Vorzeichen von $\frac{\partial S}{\partial q_i}$ nacheinander eingesetzt werden. Die Größen I_i heißen Wirkungsvariable. Sie können in S für die α_i substituiert werden $\big(\alpha_i = \alpha_i(I_1, \ldots, I_n)\big)$. Es entsteht

$$S = W(q_1, \ldots, q_n, I_1, \ldots, I_n) - E(I_1, \ldots, I_n)\,t\,. \tag{8.20}$$

Die zu I konjugierten Variablen heißen Winkelvariable, sie sind alle periodisch mit der Periode 1. Ihre Geschwindigkeit ist deshalb als Frequenz der Bewegung des Systems interpretierbar.

Die Winkelvariablen werden definiert durch

$$w_i = \frac{\partial W}{\partial I_i}. \tag{8.21}$$

Bei einem Umlauf ändert sich w_i um

$$\Delta w_i = \oint \frac{\partial^2 W}{\partial I_i \, \partial q_k} \mathrm{d}q_k = \frac{\partial}{\partial I_i} \oint \frac{\partial S}{\partial q_k} \mathrm{d}q_k = 1 .$$

Die Frequenz der i-ten Winkelkoordinate ist

$$\nu_i = \frac{\mathrm{d}w_i}{\mathrm{d}t} = \frac{\partial E}{\partial I_i}. \tag{8.22}$$

Ein Beispiel für die Verwendung von Winkelkoordinaten ist die Störungsrechnung am ebenen KEPLER-Problem. Die HAMILTON-Funktion laute

$$H = \frac{1}{2m} p_r^2 + \frac{1}{2 m r^2} p_\varphi^2 - \frac{k}{r} + \frac{\varepsilon}{r^2}, \tag{8.23}$$

der letzte Term ist die Störung, der Rest ist die HAMILTON-Funktion des ungestörten KEPLER-Problems in der Ebene. Die Lösung der HAMILTON-JACOBI-Differentialgleichung lautet zunächst

$$S = \sqrt{-2 m E} \int \mathrm{d}r \left(-1 - \frac{k}{E r} + \frac{L^2 + 2 m \varepsilon}{2 m E r^2} \right)^{1/2} + L \varphi - E t . \tag{8.24}$$

φ variiert zwischen 0 und 2π, r ist beschränkt durch

$$r_{\substack{\max \\ \min}} = -\frac{k}{2E} \pm \left(\frac{k^2}{4 E^2} + \frac{L^2 + 2 m \varepsilon}{2 m E} \right)^{1/2} . \tag{8.25}$$

Die Wirkungsvariablen lauten

$$I_\varphi = 2 \pi L ,$$

$$I_r = 2 \sqrt{2 m E} \int_{r_{\min}}^{r_{\max}} \frac{\mathrm{d}r}{r} \sqrt{(r_{\max} - r)(r - r_{\min})}$$

$$= \pi \sqrt{-2 m E} \left(\sqrt{r_{\max}} - \sqrt{r_{\min}}\right)^2 .$$

Mit (8.25) ergibt sich

$$\frac{I_r}{2\pi} = \sqrt{-\frac{m k^2}{2 E}} - \sqrt{\left(\frac{I_\varphi}{2\pi}\right)^2 + 2 m \varepsilon} ,$$

und das Ergebnis, die transformierte HAMILTON-Funktion, ist

$$E(I_r, I_\varphi) = -2 m \pi^2 k^2 \left(I_r + \sqrt{I_\varphi^2 + 8 \pi^2 m \varepsilon}\right)^{-2} . \tag{8.26}$$

Ist die KEPLER-Bewegung ungestört ($\varepsilon = 0$), so ist E eine Funktion der Summe beider Wirkungsvariablen, beide Frequenzen sind gleich. r und φ nehmen nach gleichen Zeiten wieder die gleichen Werte an, die Bahnen sind geschlossen (KEPLER-Ellipsen). Ist ε eine kleine Störung, so kann E genähert werden durch

$$E = -2 \pi^2 m k^2 N^{-2} , \qquad N = I_r + I_\varphi + 4 \pi^2 m \varepsilon I_\varphi^{-1} ,$$

für die Frequenzen ergeben sich die Werte

$$\frac{\nu_r}{\nu_\varphi} = \frac{\dfrac{\partial E}{\partial I_r}}{\dfrac{\partial E}{\partial I_\varphi}} = \frac{1}{1 - 4\,\pi^2\, m\,\varepsilon\, I_\varphi^{-1}}\,.$$

Ist $\varepsilon > 0$, d. h., ist die Störung eine abstoßende Kraft, bleibt die Bewegung von φ zurück, von einem Perihel aus gerechnet wird das nächste Perihel ($r = r_{\min}$) erreicht, bevor $\varphi = 2\,\pi$ vollendet ist, das Perihel bewegt sich rückläufig. Ist $\varepsilon < 0$, d. h., ist die Störung eine anziehende Kraft, bleibt die Bewegung von r zurück, das nächste Perihel wird erst erreicht, wenn φ bereits größer als $2\,\pi$ ist, das Perihel rückt vor. Die Bewegung verläuft in beiden Fällen nicht mehr auf einer geschlossenen Bahn (Abb. 7).

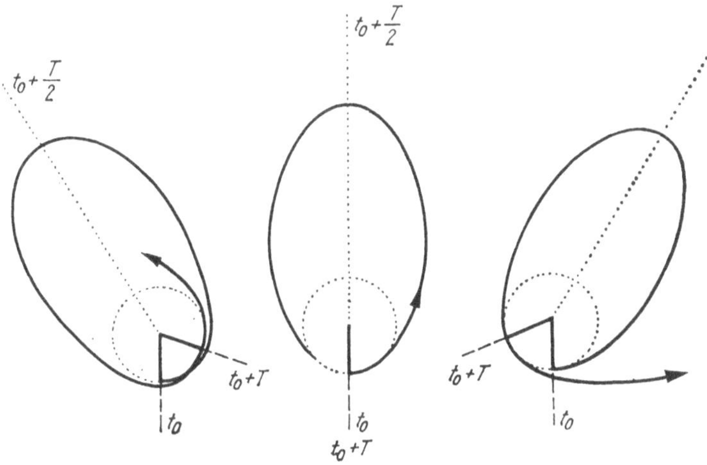

$\varepsilon < 0$ Zusätzliche Anziehung Perihel rückt vor — $\varepsilon = 0$ — $\varepsilon > 0$ Zusätzliche Abstoßung Perihel bleibt zurück

Abb. 7. Gestörte KEPLER-Ellipsen

§ 9. Schwingungen und Wellen

Ein System befindet sich im statischen Gleichgewicht, wenn die ersten Ableitungen des Potentials verschwinden. Ein Punkt q_0 im Konfigurationsraum ist ein Gleichgewichtspunkt, wenn sich das Potential in eine Reihe der Form

$$U = U(q_0) + \sum_{i,k} \frac{1}{2}\, b_{ik}\,(q_i - q_{0i})\,(q_k - q_{0k}) + O_3\,(q - q_0) \tag{9.1}$$

entwickeln läßt. Die Koeffizienten b_{ik} sind symmetrisch in i und k. Ist das Gleichgewicht stabil, dann muß b_{ik} eine positiv definite Matrix darstellen, die quadratische Form $\sum_{ik} b_{ik}\,\xi_i\,\xi_k$ ist dann immer positiv bis auf $\xi_i = 0$.

$q = 0$ sei ein stabiler Gleichgewichtspunkt des Systems. Dann lautet die LAGRANGE-Funktion in der Umgebung dieses Punktes

$$L = \frac{1}{2} \sum_{ik} (a_{ik} \dot{q}_i \dot{q}_k - b_{ik} q_i q_k) + O_3 . \tag{9.2}$$

Für genügend kleine Auslenkungen aus der Gleichgewichtslage ergeben sich die Bewegungsgleichungen

$$\frac{\mathrm{d}}{\mathrm{d}t} \sum_k a_{ik} \dot{q}_k + \sum b_{ik} q_k = 0 . \tag{9.3}$$

Weil a_{ik} und b_{ik} symmetrisch und positiv definit sind, gibt es eine Koordinatentransformation im Konfigurationsraum, die die Gleichungen (9.3) entkoppelt:

$$\tilde{q}_i = \sum_k c_{ik} q_k , \tag{9.4}$$

$$\ddot{\tilde{q}}_i + \omega_i^2 \tilde{q}_i = 0 .$$

Man gewinnt diese Transformation, wenn in der Gleichung (9.2)

$$A \ddot{\boldsymbol{q}} + B \boldsymbol{q} = 0$$

$\boldsymbol{q}$ durch $A^{-1/2} \overline{\boldsymbol{q}}$ ersetzt wird. Wurzel und Inverses lassen sich immer bilden, weil A eine positiv definite symmetrische Matrix ist. Die sich ergebende Gleichung

$$\ddot{\overline{\boldsymbol{q}}} + A^{-1/2} B A^{-1/2} \overline{\boldsymbol{q}} = 0$$

enthält nur noch eine symmetrische und positiv definite Matrix, das ist $A^{-1/2} B A^{-1/2}$. Zu dieser gibt es eine orthogonale Matrix D ($D^{-1} = D^T$), mit der die Matrix

$$D A^{-1/2} B A^{-1/2} D^T = \begin{pmatrix} \omega_1^2 & & & \\ & \omega_2^2 & & \\ & & \ddots & \\ & & & \cdot \end{pmatrix}$$

Diagonalform erhält. Die Substitution $\overline{\boldsymbol{q}} = D^T \tilde{\boldsymbol{q}}$, d. h. $C = D A^{-1/2}$, führt auf (9.4).

Die Gleichung

$$\ddot{x} + \omega_0^2 x = 0 \tag{9.5}$$

ist die Schwingungsgleichung. Die allgemeine Lösung lautet

$$x = \operatorname{Re} x_0 \exp i (\omega_0 t + \alpha) .$$

Ein mechanisches System mit dieser Bewegungsgleichung heißt harmonischer Oszillator. LAGRANGE-Funktion und HAMILTON-Funktion haben die Form

$$L = \frac{m}{2} \dot{x}^2 - \frac{D}{2} x^2 = \frac{m}{2} (\dot{x}^2 - \omega_0^2 x^2) , \quad H = \frac{p^2}{2m} + \frac{m \omega_0^2}{2} x^2 . \tag{9.6}$$

Das einfachste Modell eines harmonischen Oszillators ist der Massenpunkt, der mittels einer Feder eine Gleichgewichtslage erhält und der bei einer Auslenkung eine rücktreibende Kraft erfährt, die proportional dieser Auslenkung ist. Der harmonische Oszillator ist von grundlegender Bedeutung, weil er immer auftritt, wenn Systeme mit Gleichgewichtslagen und Wellenvorgänge betrachtet werden.

Wellenphänomene werden in der Punktmechanik durch miteinander harmonisch gekoppelte Massenpunkte modelliert. Dazu betrachtet man am einfachsten eine Reihe von Massenpunkten auf einer Geraden, wie sie etwa in der atomaren Struktur eines elastisch dehnbaren Drahtes vorhanden sind. Die Massenpunkte sind harmonisch gekoppelt, d. h., ein bestimmter Abstand definiert eine Gleichgewichtslage, Änderungen dieses Abstandes haben Kräfte zur Folge, die proportional den Änderungen sind (Abb. 8).

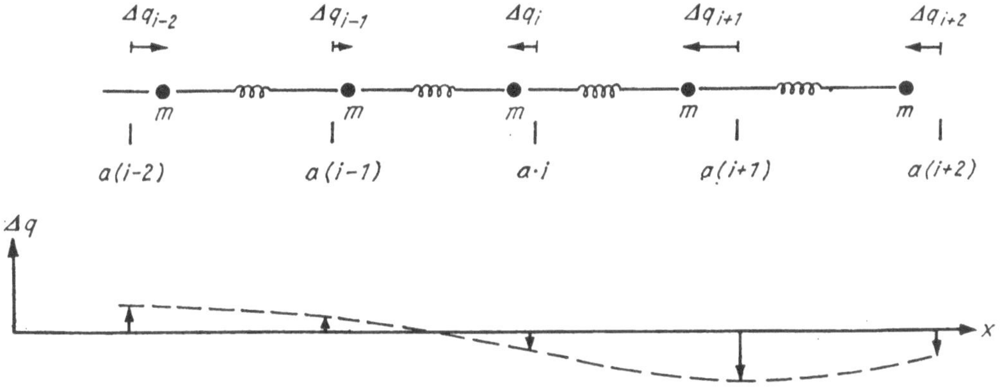

Abb. 8. Zur Darstellung von Wellen als örtlich variable Elongationen

Im Gleichgewicht hat die Kette von $n + 1$ Massenpunkten die Länge $l = n\,a$. Der Massenpunkt i befindet sich dann am Ort $q_i = i\,a$. Die Kraft auf den i-ten Massenpunkt bei Auslenkungen aus dem Gleichgewicht ist

$$K_i = d\,(q_{i+1} - q_i - a - (q_i - q_{i-1} - d)) \,. \tag{9.7}$$

Wird die Kette um Δl gedehnt, so ist die rücktreibende Federkraft $K = d\,\dfrac{\Delta l}{n}$, die Federkonstante der Gesamtkette ist daher $D = \dfrac{d}{n}$. Die Bewegungsgleichung für die Auslenkung des i-ten Massenpunktes aus der Ruhelage lautet

$$m\,\frac{\mathrm{d}^2 \Delta q_i}{\mathrm{d}t^2} = d \cdot (\Delta q_{i+1} - 2\,\Delta q_i + \Delta q_{i-1}) \,. \tag{9.8}$$

Stellen wir uns nun vor, daß die Massenpunkte auf der Geraden sehr dicht liegen und nummerieren wir sie durch ihre Ruhelage x, so ergibt sich für die Auslenkungen ξ_x die Gleichung

$$m\,\frac{\partial^2 \xi_x}{\partial t^2} = d \cdot (\xi_{x+a} - 2\,\xi_x + \xi_{x-a}) \,.$$

Im Grenzübergang a gegen 0 wird bei fester Gesamtmasse $M = m\,(n + 1)$, fester Federkonstante $D = \dfrac{d}{n}$ und fester Gesamtlänge $l = n\,a$ daraus die

Wellengleichung im eindimensionalen Raum:

$$\lim_{a\to 0}\left(\frac{\partial^2 \xi}{\partial t^2} - \frac{D\,l\,(l+a)}{M\,a^2}\,(\xi_{x+a} - 2\,\xi_x + \xi_{x-a})\right)$$

$$= \frac{\partial^2\xi}{\partial t^2} - \frac{D\,l^2}{M}\,\frac{\partial^2\xi}{\partial x^2} = 0\,. \tag{9.9}$$

Die Größe $c = \sqrt{\frac{D\,l^2}{M}}$ erweist sich als Phasengeschwindigkeit der durch diese Gleichung beschriebenen Wellen. Sind die Massen der Massenpunkte oder die Kopplung zwischen ihnen langsam im Raum veränderlich, dann entsteht eine ortsabhängige Funktion $c = c(x)$. Durch Bezugnahme auf eine Konstante c_0 wird der Brechungsindex

$$n(x) = \frac{c_0}{c(x)} \tag{9.10}$$

definiert. Die (9.9) entsprechende Wellengleichung im dreidimensionalen Raum lautet

$$\Delta\Phi - \frac{n^2(\boldsymbol{r})}{c^2}\,\frac{\partial^2\Phi}{\partial t^2} = 0\,. \tag{9.11}$$

Die einfachsten Lösungen der Wellengleichung mit $n = 1$ sind die ebenen Wellen:

$$\Phi = \Phi_0 \exp i\,(\boldsymbol{k}\,\boldsymbol{r} - \omega\,t)\,. \tag{9.12}$$

Die allgemeine Lösung der Wellengleichung kann als Überlagerung ebener Wellen dargestellt werden (FOURIER-Analyse). Entwickelt man eine Funktion $f(\boldsymbol{r}, t)$ über $\boldsymbol{r}$ nach FOURIER, so ist die Wellengleichung äquivalent den Schwingungsgleichungen für die Koeffizienten:

$$\Phi(\boldsymbol{r}, t) = \int \mathrm{d}^3\boldsymbol{k}\; A(\boldsymbol{k}, t) \exp i\,\boldsymbol{k}\,\boldsymbol{r}\,, \quad \frac{\partial^2 A}{\partial t^2} + c^2\,\boldsymbol{k}^2\,A = 0\,.$$

Über die FOURIER-Analyse werden die Lösungen der Wellengleichung als Komplex ungekoppelter harmonischer Oszillatoren dargestellt. Die FOURIER-Koeffizienten entsprechen also den Koordinaten $\tilde{q}_i$, die wegen (9.4) auch zu den Auslenkungen der miteinander verkoppelten Massenpunkte existieren müssen.

Die Gesamtenergie des ungedämpften harmonischen Oszillators (9.5) ist konstant, an der Lösung der Bewegungsgleichung erkennt man, daß kinetische und potentielle Energie im Mittel gleich sind. Bei der Analyse der Bewegungsgleichung soll nun die Dämpfung gleich mit berücksichtigt werden. Die Dämpfung bedeutet Abnahme der Gesamtenergie durch Reibungsverluste allgemeiner Art; ein bewährter Ansatz ist (mit $\overline{E} = m\,\overline{\dot{x}^2}$)

$$\frac{\mathrm{d}E}{\mathrm{d}t} = -\,\gamma\,\overline{E}\,, \qquad \frac{\mathrm{d}}{\mathrm{d}t}\left(\frac{m}{2}\,\dot{x}^2 + \frac{m}{2}\,\omega_0^2\,x^2\right) = -\,\gamma\,m\,\dot{x}^2\,,$$

$$m\,\ddot{x} + \gamma\,m\,\dot{x} + m\,\omega_0^2\,x = 0\,. \tag{9.13}$$

Der Ansatz entspricht einer ersten Näherung der Reibungskraft in ihrer Entwicklung nach der Geschwindigkeit. Lösungen von (9.13) haben die Gestalt

$$x = x_0 \exp i\,(\omega\, t + \alpha)\,,$$

eingesetzt in (9.13) ergibt sich

$$-\,\omega^2 + i\,\omega\,\gamma + \omega_0^2 = 0\,.$$

Man unterscheidet den Schwingfall,

$$\omega = i\,\frac{\gamma}{2} \pm \left(\omega_0^2 - \frac{\gamma^2}{4}\right)^{1/2}, \quad \omega_0 > \frac{\gamma}{2}\,,$$

$$x = x_0\, e^{-\frac{\gamma}{2}t} \cos\left(\sqrt{\omega_0^2 - \frac{\gamma^2}{4}}\; t + \alpha\right), \tag{9.14}$$

den Kriechfall,

$$\omega = i\left(\frac{\gamma}{2} \pm \sqrt{\frac{\gamma^2}{4} - \omega_0^2}\right), \quad \omega_0 < \frac{\gamma}{2}\,,$$

$$x = x_0\, e^{-\frac{\gamma}{2}t} \cosh\left(\sqrt{\frac{\gamma^2}{4} - \omega_0^2}\, t + \alpha\right), \tag{9.15}$$

und den aperiodischen Grenzfall,

$$\omega = i\,\frac{\gamma}{2}\,, \quad \omega_0 = \frac{\gamma}{2}\,,$$

$$x = e^{-\frac{\gamma}{2}t}\left(x_0 + t\, x_1\right). \tag{9.16}$$

Werden die Schwingungen durch eine zeitabhängige äußere Kraft erzwungen, so lautet die Bewegungsgleichung

$$m\,\ddot{x} + m\,\gamma\,\dot{x} + m\,\omega_0^2\, x = F(t)\,. \tag{9.17}$$

Die Lösung gewinnt man nach einem allgemeinen Schema für lineare inhomogene Gleichungen. Da (9.17) einen linearen Zusammenhang zwischen den Funktionen $x(t)$ und $F(t)$ herstellt, kann die Lösung in der Form

$$x(t) = \int_{-\infty}^{+\infty} G(t, t')\, F(t')\, \mathrm{d}t' + x_{\mathrm{hom}}(t) \tag{9.18}$$

geschrieben werden. Die Funktion $G(t, t')$ heißt GREENsche Funktion der Gleichung (9.17).

Man berechnet die GREENsche Funktion über die FOURIER-Analyse der Gleichung (9.17). Aus den Ansätzen

$$x(t) = \int_{-\infty}^{+\infty} \mathrm{d}\omega\, \tilde{x}(\omega)\, e^{-i\,\omega\, t}\,,$$

$$F(t) = \int_{-\infty}^{+\infty} \mathrm{d}\omega\, \tilde{F}(\omega)\, e^{-i\,\omega\, t}\,, \quad \tilde{F}(\omega) = \frac{1}{2\,\pi} \int_{-\infty}^{+\infty} \mathrm{d}t\, e^{i\,\omega\, t}\, F(t)$$

ergibt sich

$$\tilde{x}(\omega) = X(\omega)\,\tilde{F}(\omega) \tag{9.19}$$

$$X(\omega) = \frac{1}{m}\,\frac{1}{\omega_0^2 - \omega^2 - i\,\omega\,\gamma}\,.$$

Daraus wird abgeleitet:

$$\begin{aligned} x(t) &= \int \mathrm{d}\omega\, e^{-i\omega t}\, X(\omega)\,\tilde{F}(\omega) \\ &= \frac{1}{2\pi}\int \mathrm{d}\omega\,\mathrm{d}t'\, e^{-i\omega t}\, X(\omega)\, e^{i\omega t'}\, F(t') \\ &= \int \mathrm{d}t'\, G(t-t')\, F(t')\,. \end{aligned}$$

Die GREENsche Funktion lautet also

$$G(t) = \frac{1}{2\pi}\int \mathrm{d}\omega\, X(\omega)\, e^{-i\omega t}\,. \tag{9.20}$$

Das Integral wird über den Residuensatz in der komplexen ω-Ebene ausgewertet. Die Pole des Integranden liegen in der unteren Halbebene. Für $t > 0$ nuß die Integrationsweg über die untere Halbebene geschlossen werden, für $t < 0$ über die obere Halbebene. Daraus ergibt sich zunächst: $G(t - t')$ verschwindet für $t < t'$. Ist $F(t)$ erst ab $t = t_0$ von Null verschieden, so kann auch $x(t)$ vor $t = t_0$ nur Null sein, $G(t - t')$ beschreibt ein kausales Verhalten. Die Kausalität ist durch das Vorzeichen von γ bestimmt. Die Integration ergibt

$$G(t) = \theta(t)\,\frac{1}{m\,\omega}\, e^{-\frac{\gamma t}{2}} \sin\omega\, t\,, \qquad \omega = \sqrt{\omega_0^2 - \frac{\gamma^2}{4}} \tag{9.21}$$

für den Schwingfall,

$$G(t) = \theta(t)\,\frac{1}{m\,\omega}\, e^{-\frac{\gamma t}{2}} \sinh\omega\, t\,, \qquad \omega = \sqrt{\frac{\gamma^2}{4} - \omega_0^2} \tag{9.22}$$

für den Kriechfall und

$$G(t) = \theta(t)\,\frac{1}{m\,\omega}\, e^{-\frac{\gamma t}{2}}\, \omega\, t\,, \qquad \omega = \frac{\gamma}{2} \tag{9.23}$$

für den aperiodischen Grenzfall.[1])

Das Aufsuchen der GREENschen Funktion ist gleichbedeutend mit der Lösung der Bewegungsgleichung für eine spezielle Inhomogenität allgemeiner Struktur; dies ist äquivalent der Lösung für eine allgemeine Inhomogenität gewöhnlicher Struktur. Wird $G(t)$ in die Differentialgleichung eingesetzt, so ergibt sich eine Inhomogenität, die keine gewöhnliche Funktion ist, sondern eine allgemeinere Struktur hat (Distribution): Die δ-Funktion ist durch ein Integral definiert. Schreiben wir

$$\left[m\,\frac{\mathrm{d}^2}{\mathrm{d}t^2} + m\,\gamma\,\frac{\mathrm{d}}{\mathrm{d}t} + m\,\omega_0^2\right] G(t) = \delta(t)\,, \tag{9.24}$$

so ist die δ-Funktion definiert durch die Eigenschaft

$$\int \delta(t - t')\, f(t')\, \mathrm{d}t' = f(t)\,. \tag{9.25}$$

Die δ-Funktion kann allen linearen Operationen und allen stetigen Substitutionen unterworfen werden, das Quadrat der δ-Funktion aber kann nicht definiert werden. Aus (9.25) kann für eine Funktion $\varphi(x)$ mit nur einfachen Nullstellen x_s abgeleitet werden, daß

[1]) Die Einschaltfunktion $\theta(x)$ ist definiert durch $\theta(x) = 1$ für $x > 0$ und $\theta(x) = 0$ für $x < 0$.

$$\int \delta(\varphi(x)) f(x) \, dx = \sum_s \frac{f(x_s)}{|\varphi'(x_s)|} . \tag{9.26}$$

Die δ-Funktion ist bis auf den Punkt $x = 0$ überall Null. Sie kann aufgefaßt werden als Grenze einer Funktionenfolge

$$\delta(x) = \lim_{\sigma \to 0} \frac{1}{2\sqrt{\pi}\,\sigma} \exp - \frac{x^2}{2\,\sigma^2}$$

oder

$$\delta(x) = \lim_{a \to 0} \frac{1}{\pi} \frac{a}{a^2 + x^2}$$

oder

$$\delta(x) = \lim_{a \to 0} \frac{1}{2\,a}\, \theta(a - x)\, \theta(x + a) . \tag{9.27}$$

Ist die erzwingende Kraft eine harmonische Funktion $F(t) = \operatorname{Re} F \exp(-i\,\omega t)$, so ist die erzwungene Schwingung eine harmonische Funktion, das Verhältnis der Amplituden ist wegen (9.19)

$$\frac{x}{F} = \frac{1}{m} \frac{1}{\omega_0^2 - \omega^2 - i\,\omega\,\gamma} = X(\omega) ,$$

$$|X(\omega)|^2 = \frac{1}{m^2} \frac{1}{(\omega_0^2 - \omega^2)^2 + \omega^2\gamma^2} . \tag{9.28}$$

Es ergibt sich ein Maximum für den Schwingfall (Resonanz):

$$\omega_a = \sqrt{\omega_0^2 - \frac{\gamma^2}{4}} .$$

Das Frequenzintervall, in dem das Verhältnis noch größer als die Hälfte des Wertes (9.28) ist, hat die Breite

$$\Delta\omega \sim \gamma \tag{9.29}$$

(Breite der Resonanz). Die mittlere Leistung der äußeren Kraft ist

$$\overline{N} = \overline{\dot{x}\,F} = \overline{m\,\gamma\,\dot{x}^2} = \frac{\gamma}{2\,m} |F|^2 \frac{\omega^2}{(\omega_0^2 - \omega^2)^2 + \omega^2\gamma^2} = \alpha\,|F|^2 . \tag{9.30}$$

Der Absorptionskoeffizient

$$\alpha = \frac{\gamma}{2\,m} \frac{\omega^2}{(\omega_0^2 - \omega^2)^2 + \omega^2\gamma^2} \tag{9.31}$$

hat sein Maximum bei

$$\omega = \omega_0 . \tag{9.32}$$

Eine Schwingung kann sich selbst steuern, wenn die Kraft von den Größen des schwingenden Systems und nicht direkt von der Zeit abhängt (rückgekoppeltes System). Der einfachste Fall ist gegeben durch $F(t) = \beta\,\dot{x}$, Anregung findet dann für $\beta > \gamma$ statt. Eine Schwingung kann auch über eine Steuerung der Parameter angeregt werden. Das einfachste System wird durch

$$\ddot{x} + \omega_0^2 (1 + f(t))\, x = 0$$

beschrieben, es vollführt eine Schwingung mit der Frequenz ω_0, die durch $f(t)$ gestört ist. Der Energiesatz lautet

$$\frac{1}{2}\frac{\mathrm{d}}{\mathrm{d}t}(\dot{x}^2 + \omega_0^2 x^2) = -x\,\dot{x}\,\omega_0^2 f(t) .$$

Mit $x = x_0 \cos \omega_0 t$ ergibt sich

$$\frac{\mathrm{d}E}{\mathrm{d}t} = x_0^2\,\omega_0^3 \cos \omega_0 t \sin \omega_0 t\, f(t) = \frac{x_0^2\,\omega_0^3}{2} \sin 2\,\omega_0 t\, f(t) .$$

Die mittlere Energie des Systems wächst, die Schwingung wird angeregt, wenn $f(t)$ die Form $f_0 \sin 2\,\omega_0 t$ hat.

Die Lösungen (9.12) der Wellengleichung sind ebene Wellen, die Raumpunkte, an denen zur Zeit t die Phase angenommen wird, lassen sich zu Ebenen verbinden:

$$\boldsymbol{k}\,\boldsymbol{r} - \omega\,t = \alpha . \tag{9.33}$$

Diese Ebenen sind alle parallel und haben voneinander den Abstand

$$\lambda = \frac{2\pi}{|\boldsymbol{k}|} . \tag{9.34}$$

λ heißt Wellenlänge. An einem festen Raumpunkt wird die Frequenz ω bzw. $\nu = \frac{\omega}{2\pi}$ beobachtet. Der Wellenzahlvektor $\boldsymbol{k}$ kennzeichnet die Normale der Phasenflächen. Die Phasenflächen verändern über (9.33) ihre Lage im Raum, in der Zeit $\frac{2\pi}{\omega}$ rücken sich um λ in Normalenrichtung weiter. $\boldsymbol{u}_P = c\,\frac{\boldsymbol{k}}{|\boldsymbol{k}|}$ ist die Geschwindigkeit der Phasenflächen, die Phasengeschwindigkeit. Die Frequenz ω hängt vom Wellenzahlvektor ab, der funktionale Zusammenhang

$$\omega = \omega(\boldsymbol{k}) \tag{9.35}$$

heißt Dispersionsformel. Ist $\omega = c\,|\boldsymbol{k}|$, heißen die Wellen dispersionsfrei. Das ist der Fall für Lösungen von (9.11) bei $n = 1$. (9.35) ist entscheidend für die Bewegung von Wellengruppen.

Eine Wellengruppe ist eine Superposition ebener Wellen, die außerhalb eines beschränkten räumlichen Bereichs (der sich aber im Laufe der Zeit bewegt) eine vernachlässigbar kleine Amplitude hat. Ist die Wellengruppe zum Zeitpunkt $t = 0$ gegeben, so wird sie zu diesem Zeitpunkt nach Fourier zerlegt, die Zeitabhängigkeit wird darauf durch die Dispersionsformel geliefert.

$$\Phi(\boldsymbol{r}, 0) = \int \mathrm{d}^3\boldsymbol{k}\,\tilde{\Phi}(\boldsymbol{k}) \exp i\,\boldsymbol{k}\,\boldsymbol{r} ,$$

$$\Phi(\boldsymbol{r}, t) = \int \mathrm{d}^3\boldsymbol{k}\,\tilde{\Phi}(\boldsymbol{k}) \exp i\,\big(\boldsymbol{k}\,\boldsymbol{r} - \omega(\boldsymbol{k})\,t\big) . \tag{9.36}$$

Mit dieser Formel ist eine mittlere Geschwindigkeit der Wellengruppe definierbar, wenn die Fourier-Koeffizienten $\tilde{\Phi}(\boldsymbol{k})$ nur in einem Bereich des $\boldsymbol{k}$-Raums wesentlich von Null verschieden sind, in dem sich die Dispersionsformel durch

$$\omega(\boldsymbol{k}) = \omega(\boldsymbol{k}_0) + (\boldsymbol{k} - \boldsymbol{k}_0) \operatorname{grad}_{\boldsymbol{k}} \omega \tag{9.37}$$

hinreichend gut nähern läßt. Wird (9.37) in (9.36) eingesetzt, ergibt sich ein Ausdruck von der Form einer amplitudenmodulierten ebenen Welle:

$$\Phi = \exp i\,(\boldsymbol{k}_0\,\boldsymbol{r} - \omega(\boldsymbol{k}_0)\,t)$$
$$\times \int \mathrm{d}^3\boldsymbol{k}\,\tilde{\Phi}(\boldsymbol{k})\,[\exp i\,(\boldsymbol{k} - \boldsymbol{k}_0)\,(\boldsymbol{r} - t \operatorname{grad}_{\boldsymbol{k}} \omega) + 0\,((\boldsymbol{k} - \boldsymbol{k}_0)^2)]\,.$$

Die Modulation der Amplitude

$$f(\boldsymbol{r} - t \operatorname{grad}_{\boldsymbol{k}} \omega) = \int \mathrm{d}^3\boldsymbol{k}\,\tilde{\Phi}(\boldsymbol{k}) \exp i\,(\boldsymbol{k} - \boldsymbol{k}_0)\,(\boldsymbol{r} - t \operatorname{grad}_{\boldsymbol{k}} \omega)$$

hat feste Gestalt und bewegt sich mit der Gruppengeschwindigkeit

$$\boldsymbol{u}_G = \operatorname{grad}_{\boldsymbol{k}} \omega\,. \tag{9.38}$$

Die Gruppengeschwindigkeit ist die Geschwindigkeit, mit der Signale bzw. Energie durch die Wellen transportiert werden. Die Wellen heißen dispersionsfrei, wenn Phasen- und Gruppengeschwindigkeit gleich sind: $\boldsymbol{u}_P = \boldsymbol{u}_G$ ist identisch mit $\omega = c|\boldsymbol{k}|$. In diesem Fall ist die Form einer Wellengruppe exakt fest, und die Wellengruppen genügen der Gleichung (9.11) mit $n = 1$.

Bei der speziellen Galilei-Transformation (1.13) ändert sich die Dispersionsformel $\omega = \omega_0(\boldsymbol{k})$ zu $\omega = \omega_0(\boldsymbol{k}) - \boldsymbol{k}\,\boldsymbol{v}$. Zur Gruppengeschwindigkeit im Medium addiert sich die Relativgeschwindigkeit des neuen Inertialsystems zum Medium. Damit gilt die Wellengleichung der dispersionsfreien und isotropen Ausbreitung bestenfalls in einem Inertialsystem. Diese Nichtinvarianz der Bewegungsgesetze der Wellenausbreitung ist solange keine echte Ausnahme hinsichtlich der Galilei-Invarianz der mechanischen Bewegungen, wie die Wellen gebunden bleiben an ein Medium von Massenpunkten. Die in der Wellengleichung benutzten Koordinaten sind dann Relativkoordinaten zu den Bezugspunkten im Massenpunktsystem, nicht Koordinaten in einem allgemeinen Inertialsystem.

In einem gegebenen Volumen können die Oszillatoren, d. h. die Wellenzahlvektoren, die in der Fourier-Zerlegung auftreten, abgezählt werden (Debye-Spektrum). Eine Funktion $f(\boldsymbol{r}, t)$ kann in einem Quader mit den Seitenlängen a_1, a_2 und a_3 in eine Fourier-Reihe entwickelt werden:

$$f(\boldsymbol{r}, t) = \sum_{\boldsymbol{k}} \tilde{f}(\boldsymbol{k}, t)\,\mathrm{e}^{i\,\boldsymbol{k}\boldsymbol{r}}\,.$$

Die auftretenden Wellenzahlvektoren $\boldsymbol{k}$ haben die Form

$$\boldsymbol{k} = 2\pi\left(\frac{n_1}{a_1}, \frac{n_2}{a_2}, \frac{n_3}{a_3}\right), \quad n_1, n_2, n_3 \text{ ganz.} \tag{9.39}$$

Die damit definierten Punkte im dreidimensionalen $\boldsymbol{k}$-Raum repräsentieren jeder ein Volumen der Größe $\frac{8\pi^3}{a_1 a_2 a_3} = \frac{8\pi^3}{V}$. Innerhalb einer Kugel vom Radius $k = \frac{2\pi\nu}{c}$ liegen daher

$$N(\nu) = \frac{4\pi}{3}\left(\frac{2\pi\nu}{c}\right)^3 \frac{V}{8\pi^3} = V\,\frac{4\pi}{3}\,\frac{\nu^3}{c^3}$$

Punkte. Die Wellengleichung bestimmt, daß ν die zu dem Wellenzahlvektor $\boldsymbol{k}$ gehörende Frequenz ist. $N(\nu)$ ist die Anzahl der Oszillatoren, deren Frequenz kleiner als ν ist. Nach ν differenziert ergibt sich die spektrale Verteilung der Oszillatoren

$$n(\nu)\,d\nu = V\cdot\frac{4\pi\nu^2}{c^3}\,\mathrm{d}\nu\,. \tag{9.40}$$

Im Falle elastischer Wellen (§ 11) existieren zu jedem Wellenzahlvektor drei Oszillatoren, zwei transversale und ein longitudinaler. Über alle muß summiert werden. Dabei ist zu beachten, daß die Geschwindigkeiten der beiden Wellentypen verschieden sind.

$$n(\nu)\,\mathrm{d}\nu = V\cdot 4\pi\nu^2\left(\frac{2}{c_{\text{trans}}^3} + \frac{1}{c_{\text{long}}^3}\right)\mathrm{d}\nu\,. \tag{9.41}$$

Im Falle elektromagnetischer Wellen gibt es zu jedem $\boldsymbol{k}$ zwei transversale Polarisationen (§ 52).

$$n(\nu)\,\mathrm{d}\nu = V\cdot\frac{8\pi\nu^2}{c^3}\,\mathrm{d}\nu\,. \tag{9.42}$$

§ 10. Geometrische Optik[1])

Zur Lösung der Wellengleichung mit ortsabhängiger Phasengeschwindigkeit (9.11)

$$\left(\Delta - \frac{n^2(\boldsymbol{r})}{c^2}\frac{\partial^2}{\partial t^2}\right)\Phi = 0$$

wird analog den ebenen Wellen

$$\Phi = A(\boldsymbol{r})\,\exp\frac{2\pi i}{\lambda_0}\left(E(\boldsymbol{r}) - c\,t\right) \tag{10.1}$$

angesetzt. $A(\boldsymbol{r})$ ist die Amplitude, $E(\boldsymbol{r})$ heißt Eikonal. Die Flächen konstanter Phase werden durch $E(\boldsymbol{r}) - c\,t = a$ gegeben. Die Phasengeschwindigkeit ist

$$\boldsymbol{n}\,\frac{\mathrm{d}\boldsymbol{r}}{\mathrm{d}t}\bigg|_{E=ct} = \frac{c}{|\mathrm{grad}\,E|} = \tilde{c}\,, \tag{10.2}$$

die Wellenlänge

$$\lambda = \lambda_0\,\frac{\tilde{c}}{c}\,.$$

[1]) In diesem Paragraphen wird die Summationskonvention benutzt.

Die Wellengleichung stellt an den Ansatz (10.1) die Bedingung

$$\left[-\frac{4\pi^2}{\lambda_0^2}\left(\operatorname{grad}^2 E - n^2\right) + \frac{2\pi i}{\lambda_0}\operatorname{grad} E\cdot\operatorname{grad}\ln A + \Delta\ln A + \operatorname{grad}^2\ln A\right]\Phi = 0\,. \tag{10.3}$$

Im Grenzfall sehr kurzer Wellen (λ_0 gegen 0) ergibt sich zunächst eine Gleichung für $E(\boldsymbol{r})$, die Eikonalgleichung:

$$(\operatorname{grad} E)^2 = n^2\,. \tag{10.4}$$

Sie bestimmt eine Flächenschar im Raum, die das momentane Bild aller Phasenflächen ist. Jede Fläche konstanter Phase ist eine Lösung der Eikonalgleichung, bei der Bewegung in Normalenrichtung verformt sich die Phasenfläche so, daß sie zu jedem Zeitpunkt mit einer Fläche der Schar zusammenfällt. Ein gegebener Punkt auf einer Phasenfläche bewegt sich immer in Normalenrichtung, seine Bahnkurve ist eine orthogonale Trajektorie zu der Lösungsschar von (10.4), ein Strahl. Die Differentialgleichung für die Strahlen ist

$$\boldsymbol{n} = \frac{d\boldsymbol{r}}{ds} = \frac{\operatorname{grad} E}{n} \tag{10.5}$$

In der nächsten Ordnung in λ_0 ergibt sich aus (10.3), daß die Amplituden längs der Strahlen konstant sind.

Die Phasenflächennormale wird durch

$$\boldsymbol{n} = \frac{\operatorname{grad} E}{n}$$

gegeben, die Rotation des Vektors $n\,\boldsymbol{n}$ verschwindet. Das Wegintegral

$$\int\limits_A^B n\,\boldsymbol{n}\,d\boldsymbol{r}$$

hängt nur von den Endpunkten ab. Deshalb gilt

$$\underset{\substack{\text{längs}\\ \text{Strahl}}}{\int\limits_A^B n\,ds} = \underset{\substack{\text{beliebiger}\\ \text{Weg}}}{\int\limits_A^B n\,\boldsymbol{n}\,d\boldsymbol{r}} = \underset{\substack{\text{beliebiger}\\ \text{Weg}}}{\int\limits_A^B n\cos\alpha\,ds} \leqq \underset{\substack{\text{beliebiger}\\ \text{Weg}}}{\int\limits_A^B n\,ds}\,.$$

Es ergibt sich das FERMATsche Prinzip: Längs des Strahls von A nach B nimmt das Integral

$$\int\limits_A^B n\,ds \tag{10.6}$$

ein Minimum an. Die Strahlen genügen damit einem Variationsprinzip, das dem für die Bahnen mechanischer Massenpunkte analog ist.

Das Variationsprinzip (6.1) führt unter der Voraussetzung $\frac{\partial L}{\partial t} = 0$ auf feste Bahnkurven im Konfigurationsraum: $q_i = q_i(\lambda)$. Der zeitliche Ablauf wird durch den Energiesatz gegeben, $\frac{d\lambda}{dt}$ gewinnt man aus

$$\frac{1}{2} a_{ik} \frac{dq_i}{d\lambda} \frac{dq_k}{d\lambda} \left(\frac{d\lambda}{dt}\right)^2 + U = E \tag{10.7}$$

(λ allgemeiner Kurvenparameter).

Ein Variationsprinzip, das nur die Form der Bahnkurven bestimmt und (10.7) offen läßt, ist das Prinzip von MAUPERTUIS: Die Bahnkurve, die ein System der Energie E im Konfigurationsraum beschreibt, wenn es von einem Zustand q_0 ausgehend einen Zustand q_1 erreicht, gibt ein Minimum des Integrals

$$\int \sqrt{(E - U)\, a_{ik}\, dq_i\, dq_k}\,. \tag{10.8}$$

Die EULER-LAGRANGE-Gleichungen für dieses Integral gehen in die LAGRANGE-Gleichungen zweiter Art über, wenn in ihnen der spezielle Parameter t nach (10.7) eingeführt wird.

Die kinetische Energie

$$T = \frac{1}{2} a_{ik}\, \dot{q}_i\, \dot{q}_k$$

definiert im Konfigurationsraum eine Metrik,

$$ds^2 = a_{ik}\, dq_i\, dq_k\,. \tag{10.9}$$

Mit dieser Bogenlänge und der Formel

$$n = \sqrt{\frac{E - U}{E}} \tag{10.10}$$

wird die Identität der Prinzipien von FERMAT und MAUPERTUIS sichtbar. Für die Bewegung eines einzelnen Massenpunktes ist (10.9) die Metrik eines dreidimensionalen euklidischen Raumes.

Im Grenzfall sehr kurzer Wellen sind die Strahlen mit Bahnkurven von Massenpunkten identisch. Mittels der Gesetze von Brechung und Reflexion, die direkt aus dem FERMATschen Prinzip folgen, ist daher nicht zu entscheiden, ob ein Wellenphänomen oder ein Teilchenstrahl beobachtet wird. Die Frage Welle-Teilchen kann in dem hier betrachteten Fall durch die Messung des Zeitablaufs entschieden werden. Während die Phasen- und Gruppengeschwindigkeit sich umgekehrt proportional n ändern, $\tilde{c} = \frac{c}{n}$, ist die Geschwindigkeit der Teilchen proportional $\sqrt{E - U}$ und damit proportional n. Bei endlichen Wellenlängen λ_0 beobachtet man von vornherein Abweichungen, so ist in diesem Falle die Amplitude längs eines Strahls nicht mehr konstant (Beugung). Damit beschreibt die Wellengleichung eine allgemeinere Form der Bewegung, die in dem speziellen Grenzfall sehr kurzer Wellen eine mechanische Form annimmt.

Die Gleichung (8.14), die aus der Separation der HAMILTON-JACOBI-Gleichung bei explizit zeitunabhängiger HAMILTON-Funktion entsteht, ist formal eine Eikonalgleichung. Die Wirkungsfunktion S stellt eine Phase dar. Sucht man nun eine Gleichung, die für den Ansatz

$$\Phi = \Phi_0(q) \exp \frac{2\pi i}{h} S(q, t) \tag{10.11}$$

im Grenzfall sehr kleiner h die HAMILTON-JACOBI-Gleichung bzw. (8.14) liefert, so findet man

$$H\left(q_k, \frac{h}{2\pi i}\frac{\partial}{\partial q_k}, t\right)\Phi + \frac{h}{2\pi i}\frac{\partial}{\partial t}\Phi = 0\,. \tag{10.12}$$

Diese Gleichung, die SCHRÖDINGER-Gleichung, gehört zu den Grundlagen der Quantenmechanik. Die klassische Mechanik, d. h. der Grenzfall h gegen 0, ist tatsächlich nur ein Grenzfall. Die PLANCKsche Konstante h hat einen endlichen Wert. Dieser endliche Wert bedeutet, daß auch bei Teilchenstrahlen Beugung auftreten muß. Da für ein freies Teilchen $S = \boldsymbol{p}\,\boldsymbol{r} - E\,t$ gilt, muß ihm die Wellenlänge

$$\lambda = \frac{h}{|\boldsymbol{p}|} \tag{10.13}$$

zugeordnet werden (DE BROGLIE-Wellenlänge). Tatsächlich wird an Teilchenstrahlen eine Beugung beobachtet, die dieser Wellenlänge entspricht. Der Zahlenwert von h ist $6.625 \cdot 10^{-27}$ erg s.

Da die Wirkungsfunktion S Phase einer abstrakten Welle ist, muß sie eindeutig sein, d. h., die Änderung innerhalb einer Periode einer zyklischen Koordinate kann nur ein Vielfaches von h sein. Speziell in einem gebundenen System existieren Bedingungen äquivalent

$$I_i = \oint \frac{\partial S_i}{\partial q_i}\,\mathrm{d}q_i = \oint p_i\,\mathrm{d}q_i = n_i\,h \tag{10.14}$$

für alle i. Diese BOHRschen Quantenbedingungen gelten exakt nur für den Grenzfall h gegen 0. Wichtig ist, daß sie überhaupt existieren, sie bedeuten, daß nicht jede Bewegung in einem gebundenen System möglich ist. Speziell kann ein gebundenes System nur diskrete Energiewerte annehmen. Auch diese Aussage wird experimentell an mikroskopischen Systemen bestätigt. Die klassische Mechanik stellt sich im Ganzen als ein Grenzfall heraus, der für mikroskopische Systeme präzisiert werden muß, dabei verhält sich die präzisierte Mechanik zur klassischen Mechanik wie die Wellengleichung zur Eikonalgleichung (bzw. Strahlgleichung).

§ 11. Elastomechanik[1]

Es gibt keine ideal starren Körper. Die Massenpunkte werden nicht durch ideale Bewegungsbeschränkungen, sondern durch konkrete Kraftwirkungen auf Gleichgewichtslagen gehalten. Der Körper erscheint starr, wenn die innere Bewegung

[1]) In diesem Paragraphen wird die Summationskonvention und die Abkürzung $\frac{\partial f}{\partial x_i} = f_{,i}$ verwendet.

der Massenpunkte um ihre relativen Gleichgewichtslagen gegen die Gesamtbewegung des Körpers vernachlässigt werden kann. Im folgenden soll die Mechanik der inneren Bewegungen diskutiert werden.

Eine gleichmäßige Verrückung der Massenpunkte eines Körpers aus ihren relativen Gleichgewichtslagen erscheint makroskopisch als Gestaltänderung. Die Gestaltänderung ist elastisch, wenn beim Abschalten der Kraft die ursprünglichen Gleichgewichtslagen wieder eingenommen werden. Bleiben die Verformungen so klein, daß (9.1) für die entstehenden Kräfte hinreicht, so ergeben sich lineare Beziehungen zwischen der Verformung und den zugehörigen Kräften. Werden nach der Verformung neue Gleichgewichtslagen eingenommen, so bleibt ein Teil der Gestaltänderung bestehen, die Verformung ist plastisch. Flüssigkeiten und Gase sind ideal plastisch, es existieren gar keine Gleichgewichtslagen der Teilchen.

Die Verformung eines elastischen Körpers wird durch ein Verschiebungsfeld $\xi(\boldsymbol{r}, t)$ beschrieben, das eine Interpolation der Verschiebungen der einzelnen Massenpunkte darstellt. Die Verschiebungen selbst bleiben klein gegen die Abstände der Atome voneinander, d. h., die Folgerungen aus (9.1) sollen verwendbar sein. Zwei Punkte mit der relativen Lage $\boldsymbol{r}_2 - \boldsymbol{r}_1$ im Gleichgewicht haben während der Verformung die relative Lage $\boldsymbol{r}_2 - \boldsymbol{r}_1 + \xi(\boldsymbol{r}_2) - \xi(\boldsymbol{r}_1)$; ist $\boldsymbol{r}_2 - \boldsymbol{r}_1 = \boldsymbol{n}$ ein Einheitsvektor, so entsteht als relative Änderung

$$\Delta \boldsymbol{n} = (\boldsymbol{n} \operatorname{grad}) \, \xi \, . \tag{11.1}$$

Die relativen Längenänderungen werden durch

$$\boldsymbol{n} \, \Delta \boldsymbol{n} = n_i \, n_k \, \xi_{i,k} \tag{11.2}$$

und die Winkeländerungen durch

$$\Delta(\boldsymbol{n}_1 \boldsymbol{n}_2) = (n_{1i} \, n_{2k} + n_{2i} \, n_{1k}) \, \xi_{i,k} \tag{11.3}$$

gegeben. Nur der symmetrische Teil von $\xi_{i,k}$ beschreibt eine Verformung, der antisymmetrische Teil beschreibt eine Verdrehung: In der Umgebung von $\boldsymbol{r} = 0$ gilt

$$\begin{aligned} \bar{x}_i &= x_i + \xi_{0i} + \xi_{i,k} \, x_k \\ &= \left(\delta_{ik} + \frac{1}{2}\left(\xi_{i,k} - \xi_{k,i}\right)\right) \left(\delta_{kl} + \frac{1}{2}\left(\xi_{l,k} + \xi_{k,l}\right)\right) x_l + \xi_{0i} \, . \\ \bar{\boldsymbol{r}} &= \Omega \cdot D \cdot \boldsymbol{r} + \xi_0, \; \Omega \, \Omega^T = 1, \; D = D^T \, . \end{aligned}$$

Die Lageänderung setzt sich zusammen aus Translation ξ_0, Rotation Ω und Formänderung D. rot ξ beschreibt die lokale Verdrehung, div ξ die lokale Volumenänderung.

$$\varepsilon_{kl} = \frac{1}{2}\left(\xi_{k,l} + \xi_{l,k}\right) \tag{11.4}$$

heißt Deformationstensor. Er ist reell und symmetrisch, hat also reelle Eigenwerte (Hauptdehnungen) und orthogonale Eigenvektoren (Hauptdehnungsrichtungen).

Durch Interpolation und Mittelung der zwischen den Teilchen auftretenden Kräfte erhält man den Begriff der Spannung. Ein einfaches Modell ist ein ebenes Netz von Massenpunkten, die durch kraftübertragende Federn miteinander verbunden sind, die das Wechselwirkungspotential realisieren. Die Federn in der Richtung $\boldsymbol{e}_i$ übertragen die Kraft $\boldsymbol{K}_i$ (Abb. 9).

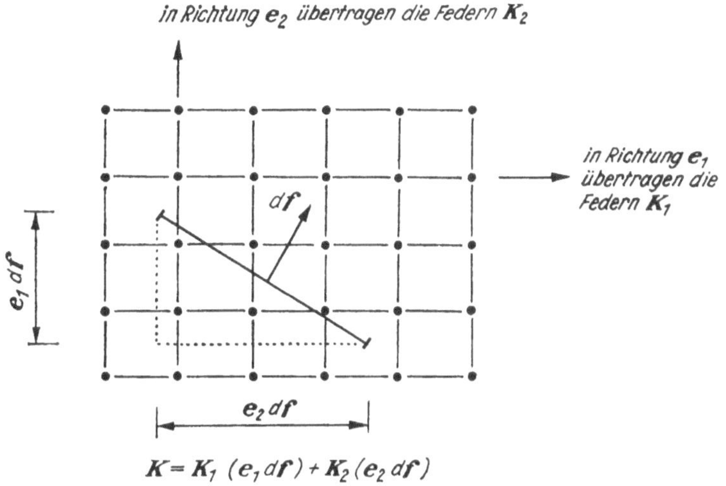

Abb. 9. Zur Definition des Spannungstensors

Die Kraft, die durch ein Flächenelement übertragen wird, ist proportional zur Zahl der geschnittenen Linien und der durch diese Linien übertragenen Kraft, also

$$\left.\begin{aligned} \boldsymbol{K} &= (\boldsymbol{e}_1\,\mathrm{d}\boldsymbol{f})\,\boldsymbol{K}_1 + (\boldsymbol{e}_2\,\mathrm{d}\boldsymbol{f})\,\boldsymbol{K}_2 + (\boldsymbol{e}_3\,\mathrm{d}\boldsymbol{f})\,\boldsymbol{K}_3 = \sigma\,\mathrm{d}\boldsymbol{f}\,, \\ \sigma &= \boldsymbol{K}_1 \otimes \boldsymbol{e}_1 + \boldsymbol{K}_2 \otimes \boldsymbol{e}_2 + \boldsymbol{K}_3 \otimes \boldsymbol{e}_3\,. \end{aligned}\right\} \tag{11.5}$$

σ heißt Spannungstensor. Er beschreibt die bei Verformung auftretenden inneren Kräfte. Spannungskräfte sind proportional der Oberfläche. In der inneren Dynamik sind weiterhin noch volumenproportionale Kräfte zu berücksichtigen, darunter die Trägheitskraftdichte $-\varrho\,\frac{\partial^2}{\partial t^2}$, die Schwerkraftdichte $-\varrho\,\mathrm{grad}\,\Phi$ und ähnliches.

Die Grundlage der inneren Bewegung ist das Kräftegleichgewicht für jedes Teilvolumen

$$\int \boldsymbol{k}\,\mathrm{d}V + \oint \sigma\,\mathrm{d}\boldsymbol{f} = 0 \quad \text{(Resultantensatz)} \tag{11.6}$$

$\boldsymbol{k}$ ist die Dichte der äußeren Kraft, $\boldsymbol{k}$ enthält den Term $-\varrho\,\frac{\partial^2}{\partial t^2}$. Das Gleichgewicht der Drehmomente liefert

$$\int \boldsymbol{r} \times \boldsymbol{k}\,\mathrm{d}V + \oint \boldsymbol{r} \times \sigma\,\mathrm{d}\boldsymbol{f} = 0 \quad \text{(Momentensatz)} \tag{11.7}$$

Diese Integrale verschwinden für beliebige Teilvolumina des elastischen Körpers, also verschwinden — nach Umformung der Oberflächenintegrale in Volumenintegrale — die Integranden. Der Resultantensatz wird damit umgeformt in

$$\int \mathrm{d}V\,(k_i + \sigma_{ik,k}) = 0\,,$$

$$k_i + \sigma_{ik,k} = 0\,. \tag{11.8}$$

Der Momentensatz ergibt mit

$$\int \mathrm{d}V\,[x_i\,k_k - x_k\,k_i + (x_i\,\sigma_{kl} - x_k\,\sigma_{il}),_l] = 0$$

$$\sigma^{ik} = \sigma_{ki}\,,$$

die Symmetrie des Spannungstensors. Der Spannungstensor hat somit reelle Eigenwerte (Hauptspannungen) und orthogonale Eigenvektoren (Hauptspannungsrichtungen). Die Spannungskraft auf einem Flächenstück ist genau dann senkrecht zur Fläche, wenn der Normalenvektor Hauptspannungsrichtung ist.

Die Grundgleichung der Elastomechanik (11.8) bestimmt die interpolierte innere Bewegung, wenn der Zusammenhang zwischen Spannung und Deformation bekannt ist. Dieser Zusammenhang ist Ausdruck der gegenseitigen Kräfte der Massenpunkte, er entspricht den aus (9.1) folgenden Kräften. Für genügend kleine Auslenkungen ist der Zusammenhang linear:

$$\sigma_{ik} = \lambda_{ikmn}\,\varepsilon_{mn}\,. \tag{11.9}$$

Die potentielle Energie der Verformung wird als Integral über die Verformungsarbeit berechnet:

$$\delta A = \int \mathrm{d}V\,\boldsymbol{k}\,\delta\xi + \oint\!\!\!\oint \delta\xi\,\sigma\,\mathrm{d}\boldsymbol{f}$$
$$= \int \mathrm{d}V\,(k_i\,\delta\xi_i + (\sigma_{ik}\,\delta\xi_i),_k)\,.$$

Die Änderung der Energiedichte ist

$$\left.\begin{aligned} \delta w &= \sigma_{ik}\,(\delta\xi_i),_k = \sigma_{ik}\,\delta(\xi_{i,k}) \\ \delta w &= \sigma_{ik}\,\delta\varepsilon_{ik} = \lambda_{ikmn}\,\varepsilon_{mn}\,\delta\varepsilon_{ik}\,. \end{aligned}\right\} \tag{11.10}$$

Da die potentielle Energie eine eindeutige Funktion des Verformungszustands ist — (9.1) —, muß sich (11.10) in der Form

$$\left.\begin{aligned} &\delta w = \mathrm{d}w(\varepsilon)\,, \\ &\frac{\partial}{\partial\varepsilon_{rs}}(\lambda_{ikmn}\,\varepsilon_{mn}) = \frac{\partial}{\partial\varepsilon_{ik}}(\lambda_{rsmn}\,\varepsilon_{mn}) \end{aligned}\right\} \tag{11.11}$$

darstellen lassen. Die Koeffizienten in (11.9) sind also symmetrisch in beiden Indexpaaren:

$$\lambda_{ikrs} = \lambda_{rsik}\,,\; w(\varepsilon) = \frac{1}{2}\lambda_{ikmn}\,\varepsilon_{ik}\,\varepsilon_{mn}\,. \tag{11.12}$$

Da außerdem wegen der Symmetrie von Spannungs- und Deformationstensor

$$\lambda_{ikmn} = \lambda_{kimn} = \lambda_{iknm} \tag{11.13}$$

gilt, enthält die Spannungs-Dehnungsbeziehung maximal 21 Materialkonstanten λ_{ikmn}.

Ein elastisches Medium heißt isotrop, wenn in ihm keine Richtungen ausgezeichnet sind. Dann können sich Hauptdehnungsrichtungen und Hauptspannungsrichtungen nur aneinander orientieren, müssen also übereinstimmen. Für die Hauptdehnungen und die Hauptspannungen ergeben sich identische Relationen:

$$\begin{aligned}
\sigma_1 &= C_1 \varepsilon_1 + C_2 \varepsilon_2 + C_2 \varepsilon_3 ,\\
\sigma_2 &= C_2 \varepsilon_1 + C_1 \varepsilon_2 + C_2 \varepsilon_3 ,\\
\sigma_3 &= C_2 \varepsilon_1 + C_2 \varepsilon_2 + C_1 \varepsilon_3 .
\end{aligned}$$

Ein isotropes Medium hat also nur zwei Materialkonstanten. Die Spannungs-Dehnungsbeziehung wird in der Form

$$\sigma = \frac{E}{1+\mu}\,\varepsilon + \frac{E}{1+\mu}\,\frac{\mu}{1-2\mu}\,\mathrm{Spur}\,\varepsilon \tag{11.14}$$

geschrieben.

Die Spur des Deformationstensors ist identisch mit der relativen Volumenänderung, die Größe

$$p = -\frac{1}{3}\,\mathrm{Spur}\,\sigma \tag{11.15}$$

ist der Druck im Medium. Die Kompressibilität des Mediums wird mit

$$-3\,\frac{\mathrm{Spur}\,\varepsilon}{\mathrm{Spur}\,\sigma} = \frac{1}{p}\,\frac{\Delta V}{V} = -3\,\frac{1-2\mu}{E} \tag{11.16}$$

gegeben. Der Scherungsmodul $\frac{E}{1+\mu}$ verknüpft die Nichtdiagonalelemente von ε und σ (Scherungen und Scherspannungen) miteinander.

Ein Draht werde in x-Richtung auseinandergezogen. Der Spannungstensor hat dann die Form

$$\sigma = \begin{pmatrix} \sigma_0, & 0, & 0 \\ 0, & 0, & 0 \\ 0, & 0, & 0 \end{pmatrix}.$$

Die Deformation des Drahtes wird durch

$$\varepsilon = \sigma_0 \begin{pmatrix} \frac{1}{E}, & 0, & 0 \\ 0, & -\frac{\mu}{E}, & 0 \\ 0, & 0, & -\frac{\mu}{E} \end{pmatrix}$$

gegeben. E ist der Koeffizient im Zusammenhang der Kraft mit der relativen Längenänderung (Elastizitätsmodul):

$$\Delta K = \Delta f \cdot \frac{\Delta l}{l} \cdot E .$$

Die POISSONsche Zahl μ gibt das Verhältnis von Querkontraktion zu Längendilatation an.

Im nichtstatischen Fall ohne äußere Kräfte entwickeln sich aus (11.8) Wellengleichungen:

$$-\varrho \frac{\partial^2 \xi_i}{\partial t^2} + \lambda_{iklm}\, \xi_{l,km} = 0$$

Im isotropen Fall entsteht

$$-\varrho \frac{\partial^2 \xi_i}{\partial t^2} + \frac{E}{1+\mu} \varepsilon_{ik,k} + \frac{E}{1+\mu} \frac{\mu}{1-2\mu} \varepsilon_{k,ki} = 0 ,$$

$$-\varrho \frac{\partial^2 \xi_i}{\partial t^2} + \lambda_2 (\xi_{i,kk} + \xi_{k,ik}) + \lambda_1 \xi_{k,ki} = 0 .$$

$$\lambda_2 = \frac{1}{2} \frac{E}{1+\mu}, \qquad \lambda_1 = \frac{E}{1+\mu} \frac{\mu}{1-2\mu}$$

heißen LAMÉ-Parameter. Das Ergebnis wird umgeformt in

$$-\varrho \frac{\partial^2 \xi}{\partial t^2} - \lambda_2 \operatorname{rot} \operatorname{rot} \xi + (\lambda_1 + 2\lambda_2) \operatorname{grad} (\operatorname{div} \xi) = 0 . \tag{11.17}$$

Sowohl die Rotation als auch die Divergenz des Verschiebungsfeldes, d. h. die lokale Verdrehung und die lokale Kompression, genügen einer Wellengleichung:

$$-\varrho \frac{\partial^2 \operatorname{rot} \xi}{\partial t^2} + \lambda_2 \Delta \operatorname{rot} \xi = 0 ,$$

$$-\varrho \frac{\partial^2 \operatorname{div} \xi}{\partial t^2} + (\lambda_1 + 2\lambda_2) \Delta \operatorname{div} \xi = 0 . \tag{11.18}$$

Die Phasengeschwindigkeit der Torsionswellen $\sqrt{\frac{\lambda_2}{\varrho}}$ ist geringer als die der Kompressionswellen $\sqrt{\frac{\lambda_1 + 2\lambda_2}{\varrho}}$. Eine ebene Welle

$$\xi = \xi_0 \exp i (\boldsymbol{k} \boldsymbol{r} - \omega t)$$

ist eine Kompressionswelle, wenn die Rotation verschwindet.

$$\operatorname{rot} \xi = i \boldsymbol{k} \times \xi = 0 .$$

Die Verschiebung ist in diesem Falle longitudinal, $\xi \| \boldsymbol{k}$. Für eine Torsionswelle gilt

$$\operatorname{div} \xi = i \boldsymbol{k} \xi = 0 ,$$

die Verschiebung ist transversal, $\xi \perp \boldsymbol{k}$.

§ 12. Hydromechanik[1])

In der Hydromechanik wird die Bewegung von Medien beschrieben, in denen die einzelnen Massenpunkte keine relativen Gleichgewichtslagen mehr besitzen. Die Teilchen bewegen sich frei unter gegenseitiger Wechselwirkung. Grundlage der Beschreibung ist das Geschwindigkeitsfeld $\boldsymbol{v}(\boldsymbol{r}, t)$ der Teilchen.

Im statischen Zustand gibt es keine Scherungskräfte und Scherungen, in diesem Fall bleiben von Deformation und Spannung nur die Kompression des Volumens und der Druck übrig. Der Kompressionszustand des Volumens wird durch die Dichte ϱ der Teilchen bzw. der Masse beschrieben. Die statische Spannung-Dehnungs-Beziehung erhält die Gestalt

$$p = p(\varrho) \tag{12.1}$$

und heißt Zustandsgleichung des Mediums.

Bei ungleichförmiger Bewegung entstehen Spannungen durch die innere Reibung der Flüssigkeit. Die Spannungen sind proportional der Deformationsgeschwindigkeit. Die Formel

$$\sigma_{ik} = -p\,\delta_{ik} + \eta\,(v_{i,k} + v_{k,i}) + (\eta' - 2\,\eta)\,\delta_{ik}\,v_{l,l} \tag{12.2}$$

kann als Entwicklung des Spannungstensors nach der Geschwindigkeit angesehen werden. η und η' sind Wirbelreibung und Kompressionsreibung. Bei Strömungen in den fast inkompressiblen Flüssigkeiten spielt die Kompressionsreibung eine untergeordnete Rolle.

Die Geometrie eines Geschwindigkeitsfeldes ist über den Rahmen der Hydromechanik hinaus von Bedeutung. Sie ist Grundlage jeder kontinuierlichen Formulierung der freien Bewegung. Die Strömung transportiert mit den einzelnen Teilchen Masse, Ladung, Impuls, Energie. Dabei bewegen sich Volumina, die durch gegebene Teilchen definiert werden, mit diesen Teilchen im Strömungsfeld. Ein solches Volumen heißt flüssiges Volumen. Alle Größen, die in der Punktmechanik dem einzelnen Teilchen zugeordnet werden, erscheinen in der kontinuierlichen Darstellung des Strömungsfeldes als Integrale über ein flüssiges Volumen. Analog der Masse eines Teilchens kann sich die Masse in einem flüssigen Volumen mit der Zeit nicht ändern:

$$\frac{\mathrm{d}}{\mathrm{d}t}\int \varrho\,\mathrm{d}V = \int \frac{\partial \varrho}{\partial t}\,\mathrm{d}V + \oint \varrho\,\boldsymbol{v}\,\mathrm{d}\boldsymbol{f} = 0\,. \tag{12.3}$$

Diese zeitliche Ableitung kann selbst als Volumenintegral dargestellt werden. Das Integrationsvolumen ist aber in der Flüssigkeit beliebig wählbar,

$$\int \left(\frac{\partial \varrho}{\partial t} + \operatorname{div}(\varrho\,\boldsymbol{v})\right)\mathrm{d}V = 0 \tag{12.4}$$

[1]) Die Summationskonvention und die Bezeichnung $\dfrac{\partial f}{\partial x_i} = f_{,i}$ sind zu beachten.

impliziert daher

$$\frac{\partial \varrho}{\partial t} + \operatorname{div}(\varrho\, \boldsymbol{v}) = 0\,. \tag{12.5}$$

Das ist die Kontinuitätsgleichung für die Massendichte. Sie ist das Äquivalent für die Massenerhaltung eines Teilchens der Punktmechanik. Der von einem flüssigen Volumen transportierte Impuls ist $\boldsymbol{P} = \int \varrho\, \boldsymbol{v}\, \mathrm{d}V$. Seine zeitliche Änderung ist

$$\begin{aligned} \frac{\mathrm{d}P^i}{\mathrm{d}t} &= \int \mathrm{d}V \frac{\partial}{\partial t}(\varrho\, v^i) + \oint \varrho\, v^i\, v^k\, \mathrm{d}f_k \\ &= \int \mathrm{d}V \left(\frac{\partial}{\partial t}(\varrho\, v^i) + \frac{\partial}{\partial x^k}(\varrho\, v^i\, v^k) \right). \end{aligned} \tag{12.6}$$

Setzt man $v^4 = 1$ und $x^4 = t$, so ergibt sich in formal vierdimensionaler Schreibweise

$$\frac{\mathrm{d}P^i}{\mathrm{d}t} = \int \mathrm{d}V \frac{\partial}{\partial x^k}(\varrho\, v^i\, v^k)\,, \tag{12.7}$$

wobei die Indices hier von 1 bis 4 laufen. Die Konstanz der vierten Komponente dieser Gleichung ist identisch mit der Kontinuitätsgleichung für die Massendichte. Die Form des Ausdrucks (12.7) wird in der Relativitätstheorie benötigt.

Mit der Kontinuitätsgleichung kann (12.6) umgeformt werden in

$$\frac{\mathrm{d}P^i}{\mathrm{d}t} = \int \mathrm{d}V \varrho \left(\frac{\partial v^i}{\partial t} + v^k \frac{\partial}{\partial x^k} v^i \right) \tag{12.8}$$

(Summation wieder von 1 bis 3). Die Dichte der Impulsänderung ist

$$\varrho \frac{\mathrm{d}v^i}{\mathrm{d}t} = \varrho \left(\frac{\partial v^i}{\partial t} + v^k \frac{\partial}{\partial x^k} v^i \right).$$

Der Operator

$$\frac{\mathrm{d}}{\mathrm{d}t} = \frac{\partial}{\partial t} + v^k \frac{\partial}{\partial x^k} \tag{12.9}$$

heißt substantielle Ableitung. Er beschreibt die zeitliche Änderung, die in der Umgebung eines festen Teilchens der Strömung beobachtet wird, während $\frac{\partial}{\partial t}$ die Änderung in der Umgebung eines raumfesten Punktes ist.

Die Integralkurven des Geschwindigkeitsfeldes zu einem festen Zeitpunkt heißen Stromlinien. In einer stationären Strömung $\left(\frac{\partial \boldsymbol{v}}{\partial t} = 0\right)$ sind die Stromlinien unbeweglich und fallen mit den Bahnkurven der Teilchen der Strömung zusammen.

Ein vollständiges Gleichungssystem zur Beschreibung aller Größen des Geschwindigkeitsfeldes wird durch

$$p = p(\varrho)\,, \quad \eta = \eta(\varrho)\,, \quad \eta' = \eta'(\varrho)\,,$$

$$\frac{\partial \varrho}{\partial t} + \operatorname{div}(\varrho\,\boldsymbol{v}) = 0\,,$$

$$\varrho\,\frac{\mathrm{d}\boldsymbol{v}}{\mathrm{d}t} = \boldsymbol{k} - \operatorname{grad} p - \eta \operatorname{rot}\operatorname{rot}\boldsymbol{v} + \eta' \operatorname{grad}(\operatorname{div}\boldsymbol{v}) \tag{12.10}$$

gegeben. $\boldsymbol{k}$ faßt die Dichten der gegebenen äußeren Kräfte zusammen. Für die Größen $\boldsymbol{v}$, ϱ, p, η, η' enthält (12.10) sieben Gleichungen.

Die Kompressibilität der Medien ist entscheidend im Bereich der Schallausbreitung. Dazu dient als Beispiel ein kräftefreies Medium, das nur wenig vom statischen Zustand ($\boldsymbol{v} = 0$) entfernt ist, so daß quadratische Terme in den Geschwindigkeiten vernachlässigt werden können. Dann ergibt die Divergenz der Gleichung (12.10) unter Vernachlässigung der Veränderlichkeit der Reibungskoeffizienten

$$\varrho\,\frac{\partial \operatorname{div}\boldsymbol{v}}{\partial t} = -\,\Delta p + \eta'\,\Delta \operatorname{div}\boldsymbol{v} + O_2(\boldsymbol{v})\,.$$

Die Kontinuitätsgleichung lautet

$$\frac{\partial \varrho}{\partial t} + \varrho \operatorname{div}\boldsymbol{v} = O_2(\boldsymbol{v}).$$

Dabei ist der Term $\boldsymbol{v}$ grad ϱ gestrichen worden, weil er von zweiter Ordnung in v ist. Wird die Gleichung noch einmal nach der Zeit differenziert, entsteht

$$\varrho\,\frac{\partial^2}{\partial t^2}\operatorname{div}\boldsymbol{v} = \frac{\mathrm{d}p}{\mathrm{d}\varrho}\,\varrho\,\Delta \operatorname{div}\boldsymbol{v} + \eta'\,\Delta\,\frac{\partial}{\partial t}\operatorname{div}\boldsymbol{v}\,. \tag{12.11}$$

Das ist eine Wellengleichung mit der Phasengeschwindigkeit $c = \sqrt{\frac{\mathrm{d}p}{\mathrm{d}\varrho}}$, die Wellenbewegung ist durch die Kompressionsreibung gedämpft. Torsionswellen gibt es in Flüssigkeiten und Gasen nicht, da es keine statischen Scherungskräfte gibt. Berechnet man die Gleichung für die Rotation, so findet man

$$\varrho\,\frac{\partial \operatorname{rot}\boldsymbol{v}}{\partial t} = -\,\eta \operatorname{rot}\operatorname{rot}(\operatorname{rot}\boldsymbol{v})\,. \tag{12.12}$$

Sind quadratische Terme in den Geschwindigkeiten vernachlässigbar, entsteht eine parabolische Differentialgleichung. Die Wirbelreibung bewirkt, daß sich die Wirbeldichte gleichmäßig verteilt. Der quadratische Term $\varrho\,(\boldsymbol{v}\operatorname{grad})\,\boldsymbol{v}$, der in (12.12) wie auch in (12.11) vernachlässigt wurde, führt dazu, daß der Zustand eines Strömungsfeldes bei großen Geschwindigkeiten instabil wird, es tritt dann Turbulenz auf.

In Strömungsproblemen, in denen Schallphänomene keine Rolle spielen, können die Medien als inkompressibel betrachtet werden. Es entstehen die

NAVIER-STOKESschen Gleichungen:

$$\operatorname{div} \boldsymbol{v} = 0\,, \qquad \varrho \frac{\mathrm{d}\boldsymbol{v}}{\mathrm{d}t} = \boldsymbol{k} - \operatorname{grad} p + \eta\, \Delta \boldsymbol{v}\,. \tag{12.13}$$

Die Zähigkeit des Mediums führt auf eine Kraft, die auf umströmte Hindernisse ausgeübt wird. Dieser Strömungswiderstand ist in der stabilen (laminaren) Strömung proportional der Geschwindigkeit. Die Stabilität einer Strömung hängt von den Termen $\varrho\,(\boldsymbol{v}\ \mathrm{grad})\,\boldsymbol{v}$ und $\eta\,\Delta\boldsymbol{v}$ ab, wobei der letztere die Strömung stabilisiert. Ist a eine charakteristische Länge in der Strömungsgeometrie und v eine charakteristische Geschwindigkeit, so gibt die REYNOLDS-Zahl $Z = \frac{\varrho\, v\, a}{\eta}$ ein Vergleichskriterium für die beiden Terme. Eine Strömung wird instabil (turbulent), wenn die REYNOLDS-Zahl groß wird. Hydrodynamisch ähnlichen Strömungsbildern entsprechen gleiche REYNOLDS-Zahlen. In einer turbulenten Strömung ist der Strömungswiderstand proportional dem Quadrat der Geschwindigkeit.

Obwohl die Zähigkeit lokal für die Stabilität der Strömung wichtig ist, kann sie hinsichtlich des Strömungsbildes in vielen Fällen vernachlässigt werden. Die Näherung $\eta = 0$ kennzeichnet eine ideale Flüssigkeit. Die Bewegungsgleichung reduziert sich auf

$$\varrho \frac{\mathrm{d}\boldsymbol{v}}{\mathrm{d}t} = \boldsymbol{k} - \operatorname{grad} p, \qquad \operatorname{div} \boldsymbol{v} = 0\,. \tag{12.14}$$

Für eine stationäre Strömung in einem idealen inkompressiblen Medium ergibt sich die BERNOULLIsche Relation, wenn die äußeren Kräfte konservativ sind:

$$\varrho\,(\boldsymbol{v}\ \mathrm{grad})\,\boldsymbol{v} = \varrho\left(\operatorname{grad} \frac{\boldsymbol{v}^2}{2} - \boldsymbol{v} \times \operatorname{rot} \boldsymbol{v}\right) = -\operatorname{grad} U - \operatorname{grad} p\,,$$

$$\operatorname{grad}\left(U + \varrho \frac{\boldsymbol{v}^2}{2} + p\right) = \varrho\, \boldsymbol{v} \times \operatorname{rot} \boldsymbol{v}\,. \tag{12.15}$$

Die Größe

$$E = U + \varrho \frac{\boldsymbol{v}^2}{2} + p$$

bezeichnet die Gesamtenergiedichte: Die Dichte der potentiellen Energie der äußeren Kräfte, die Dichte der kinetischen Energie der Strömung und die Dichte der elastischen Kompressionsenergie der Flüssigkeit, den Druck. E ist längs einer Stromlinie konstant, in einer rotationsfreien Strömung ist E generell eine Konstante.

In einer Potentialströmung ($\operatorname{rot} \boldsymbol{v} = 0$) sinkt der Druck, wenn die Geschwindigkeit der Strömung steigt. Daraus resultiert das hydrodynamische Paradoxon: Die Luft muß über die Tragfläche geblasen werden, damit das Flugzeug abhebt, nicht unter die Tragfläche.

II. Statistik und Thermodynamik

§ 13. Einleitung

Die Strömungsmechanik ist nur in der Lage, die geordnete Bewegung eines Systems vieler Teilchen zu beschreiben. Diese geordnete Bewegung ist einer chaotischen Bewegung der einzelnen Teilchen überlagert. Die Wechselwirkung der Strömung mit der chaotischen Bewegung wirkt sich in den Bewegungsgleichungen der Strömung als Zähigkeit oder innere Reibung aus. Auf gleichem Niveau steht der Austausch von kinetischer Energie der Schwerpunktsbewegung und der inneren Bewegung beim unelastischen Stoß zweier Massenpunktsysteme. Die Aufgabe der statistischen Mechanik ist es, die globalen Eigenschaften der chaotischen Bewegung mit statistischen Methoden zu erklären und auf die mikroskopischen Gesetzmäßigkeiten zurückzuführen.

Die mikroskopische Bewegung des gesamten Systems kann rechnerisch nicht verfolgt werden – in 1 g Luft befinden sich etwa 10^{22} Molekeln, der Zustand des Systems wäre erst nach Angabe von etwa 10^{23} Phasenkoordinaten bestimmt, dabei sind die Rotationen und inneren Schwingungen der Molekeln noch nicht eingerechnet. Andererseits ist auch die Messung der Größen eines solchen Systems zumindest technischen Schwierigkeiten unterworfen, da sich der mikroskopische Zustand sehr viel rascher ändert, als man überhaupt in der Lage ist, etwa die Energie des Systems zu messen. In der Physik der thermischen Bewegungen spielen deshalb nur bestimmte Funktionen der Phasenkoordinaten eine Rolle, die integrale Eigenschaften des Systems beschreiben, auch sind die Meßwerte als Mittelwerte über Zeiträume zu verstehen, die groß sind relativ zu den charakteristischen Zeiten des mikroskopischen Bewegungsablaufs. Eine solche charakteristische Zeit ist die stoßfreie Zeit einer Gasmolekel. Sie beträgt für Wasserstoff bei Zimmertemperatur und Atmosphärendruck nur etwa 10^{-10} sec.

Ein einfaches Beispiel für die Diskussion von langzeitlichen Mittelwerten ist der Virialsatz. Betrachtet wird ein System von Massenpunkten, deren Wechselwirkungspotential mit einer bestimmten Potenz von der Entfernung abhängt und deren Bewegung gebunden ist. Die Hamilton-Funktion lautet

$$H = T + U = \sum_A \frac{\boldsymbol{p}_A^2}{2\,m_A} + \frac{1}{2} \sum_{A,B} u_{AB} \cdot |\boldsymbol{r}_A - \boldsymbol{r}_B|^n \,. \tag{13.1}$$

Für $n = 2$ ist die elastische Anziehung, für $n = -1$ die Gravitation enthalten. Sind die Massenpunkte gebunden, so ist

$$\sum_A \boldsymbol{p}_A \cdot \boldsymbol{r}_A$$

in der Zeit gleichmäßig beschränkt, d. h., das zeitliche Mittel über die Ableitung dieser Größe nach der Zeit ist Null.

$$\overline{\sum_A \boldsymbol{p}_A \dot{\boldsymbol{r}}_A} + \overline{\sum_A \boldsymbol{r}_A \dot{\boldsymbol{p}}_A} = 0 . \tag{13.2}$$

Der erste Term in (13.2) gleicht 2 T, der zweite Term wird mit (13.1) in

$$\begin{aligned}\sum_A \boldsymbol{r}_A \dot{\boldsymbol{p}}_A &= - \sum_{A,B} \boldsymbol{r}_A (\boldsymbol{r}_A - \boldsymbol{r}_B)\, n\, |\boldsymbol{r}_A - \boldsymbol{r}_B|^{n-2}\, u_{AB} \\ &= - \frac{n}{2} \sum_{A,B} |\boldsymbol{r}_A - \boldsymbol{r}_B|^n\, u_{AB} \\ &= - n\, U\end{aligned}$$

umgeformt. Daraus ergibt sich der Virialsatz:

$$\overline{T} = \frac{n}{2} \overline{U} . \tag{13.3}$$

Die mittlere kinetische Energie eines gebundenen Systems ist proportional der mittleren potentiellen Energie. In harmonisch gebundenen Systemen ist $\overline{T} = \overline{U}$, in gravitativ gebundenen Systemen ist $\overline{T} = -\frac{1}{2}\overline{U}$.

Ein zweites Beispiel ist die Erklärung des Druckes aus der chaotischen Bewegung in einem System, dessen Teilchen nur miteinander stoßen und sich sonst nur unwesentlich beeinflussen (Gas). Die Teilchen sind im gegebenen Volumen räumlich homogen verteilt, die Geschwindigkeiten der Teilchen zeigen eine bestimmte Häufigkeitsverteilung, die nur von der Energie der Teilchen abhängen kann, wenn keine Richtungen durch äußere Kräfte ausgezeichnet werden. Gegeben sei ein Wandstück, dessen Normale in x-Richtung liegt. Durch den Stoß der Teilchen auf dieses Wandstück wird ständig Impuls in Normalenrichtung übertragen. Dadurch entsteht im zeitlichen Mittel eine Kraft auf das Wandstück.

Die Teilchen mit der Geschwindigkeitskomponente v_x, die in der Zeiteinheit Δt auf das Flächenstück ΔF stoßen und damit den Impuls 2 p_x übertragen, kommen unabhängig von den anderen Geschwindigkeitskomponenten immer aus einem Parallelepiped der Höhe $v_x \Delta t$, dessen konkrete Gestalt aber von den anderen Geschwindigkeitskomponenten abhängt. Das Volumen dieses Epipeds ist immer $v_x \Delta t \Delta F$. Unabhängig vom Ort sei $\varrho(v_x)\, dv_x$ der Anteil der Teilchen mit einer Geschwindigkeit in x-Richtung zwischen v_x und $v_x + dv_x$. dann ist der gesamte in der Zeit Δt auf die Fläche ΔF übertragene Impuls

$$\Delta P = \int N \frac{v_x \Delta t \Delta F}{V} 2 p_x \varrho(v_x)\, dv_x . \tag{13.4}$$

(N ist die Gesamtzahl der Teilchen, V das gesamte Volumen.)
Wegen der Symmetrie von ϱ ergibt sich für den Druck

$$p = \frac{\Delta P}{\Delta t\, \Delta F} = \frac{N}{V} \overline{p_x v_x} ,$$

zusammen mit der Äquivalenz aller Richtungen also

$$p = \frac{N}{V} \cdot \frac{1}{3} \overline{\boldsymbol{p} \cdot \boldsymbol{v}} . \tag{13.5}$$

Für ein klassisch-mechanisches Teilchen ist die kinetische Energie der Translationsbewegung

$$T = \frac{1}{2} \boldsymbol{v} \cdot \boldsymbol{p} ,$$

als Druck ergibt sich

$$p = \frac{N}{V} \cdot \frac{2}{3} T .$$

$N \cdot T$ ist aber die Energie des Gesamtsystems, somit entsteht

$$p \cdot V = \frac{2}{3} E_{\text{translat.}} . \tag{13.6}$$

Wärmestrahlung kann als Photonengas angesehen werden, dabei unterliegen die Photonen (Lichtquanten) der relativistischen Beziehung $E = \boldsymbol{v}\,\boldsymbol{p}$. Der Strahlungsdruck ist daher ein Drittel der Energiedichte der Strahlung:

$$p \cdot V = \frac{1}{3} E . \tag{13.7}$$

Grundlage der Physik der thermischen Bewegungen ist eine Statistik aller mikroskopischen Größen. Aus den Häufigkeitsverteilungen werden alle integralen Größen abgeleitet. Vom Standpunkt der Häufigkeitsbetrachtungen erscheint die Bewegung des Systems als stochastischer Prozeß, durch den sich bestimmte Gleichgewichtsverteilungen einstellen. In den folgenden beiden Paragraphen werden die hierfür wesentlichen statischen Gesetze zusammengestellt und ihre Wirkung anhand eines vereinfachten Modells verdeutlicht. Danach wird dann die statistische Methode auf den Phasenraum der klassischen Mechanik übertragen.

§ 14. Statistische Thermodynamik im Modell

Der Beitrag der Mechanik zur statistischen Behandlung von Systemen mit vielen Freiheitsgraden liegt in der Beschreibung der mikroskopischen Prozeßtypen und der mikroskopischen Struktur der Zustände des Systems. Um den Beitrag der Statistik herauszupräparieren, wird ein stark vereinfachtes System betrachtet, dessen Bewegung durch einen stochastischen Prozeß beschrieben wird. Die Methoden dieser Darstellung entsprechen dem allgemeinen Fall, auch wenn dort sehr viel mehr technische Schwierigkeiten zu überwinden sind und die Systeme wesentlich kompliziertere Struktur haben.

Das Modellsystem soll endlich viele Zustände haben, zum Zeitpunkt t befinde es sich mit der Wahrscheinlichkeit $p_i(t)$ im Zustand i ($i = 1, \ldots, n$). Das System verändere seinen Zustand derart, daß es mit bestimmten Wahrscheinlichkeiten $P_{ik}(\mathrm{d}t)$ nach Ablauf von $\mathrm{d}t$ den Zustand i erreicht, wenn es anfangs im

Zustand k war. Es gelte also

$$p_i\,(t + \mathrm{d}t) = \sum_k P_{ik}(\mathrm{d}t)\, p_k(t)\,, \quad P_{ik}(\mathrm{d}t) = \delta_{ik} + \mathrm{d}t \cdot R_{ik}\,. \tag{14.1}$$

Damit ist der stochastische Prozeß als homogener MARKOV-Prozeß festgelegt. Die Größen P_{ik} heißen Übergangswahrscheinlichkeiten. Die Unabhängigkeit der P_{ik} von der Zeit t und der Anfangsverteilung $p_i(t)$ sind die einschneidendsten Voraussetzungen.

Die Matrix der Übergangswahrscheinlichkeiten genügt wegen der Erhaltung der Gesamtwahrscheinlichkeit

$$\sum_i P_{ik} = 1\,. \tag{14.2}$$

Die Verkettung zweier Zeitspannen ergibt für zeitunabhängige Übergangsraten R_{ik} wegen

$$P\,(\mathrm{d}t_1 + \mathrm{d}t_2) = P(\mathrm{d}t_1)\, P(\mathrm{d}t_2)$$

das Integral

$$P(t) = \exp\,(t\, R)\,. \tag{14.3}$$

Im folgenden wird noch eine weitere Voraussetzung gebraucht. Die Bewegung des Systems soll so verlaufen, daß die Zustände nicht in statistisch isolierte Gruppen zerfallen. Zwischen zwei beliebigen Zuständen soll mindestens in einer Richtung eine Kette von Übergängen konstruiert werden können, deren Übergangswahrscheinlichkeiten alle positiv sind. Physikalisch ist diese Voraussetzung identisch mit der Ergodenhypothese, deren prinzipielle Bedeutung im nächsten Paragraphen diskutiert wird. Hier ist die Situation wesentlich einfacher; ist diese Voraussetzung nicht erfüllt, wird das System neu definiert, d. h., bei gegebenem Anfangszustand werden nur die Zustände gezählt, die nicht vom Anfangszustand statistisch isoliert sind. Ist die Voraussetzung erfüllt, dann existiert eindeutig eine stationäre Wahrscheinlichkeitsverteilung, [12], d. h. eine Verteilung mit

$$\sum_k P_{ik}\, p_k = p_i\,, \quad \sum_k R_{ik}\, p_k = 0\,. \tag{14.4}$$

An dieser Stelle kann der Einfachheit halber angenommen werden, daß die stationäre Verteilung durch $p_{i0} = \frac{1}{n}$ gegeben wird. In dem einfachen Modellsystem ist das keine wesentliche Einschränkung. Im nächsten Paragraphen wird die Begründung dieser Vereinfachung durch die Mechanik diskutiert: Der entscheidende Punkt ist dabei die mikroskopische Reversibilität der mechanischen Bewegung, die kanonischen Gleichungen ergeben identische Lösungskurven im Phasenraum, wenn t durch $-t$ und p_i durch $-p_i$ substituiert wird. Die beiden Richtungen des Übergangs zwischen zwei Zuständen werden durch die mikroskopische Bewegung nicht unterschieden. In dem Modellsystem kann dieser Sachverhalt durch die Symmetrie der Matrix der Übergangswahrscheinlichkeiten beschrieben werden, diese Symmetrie impliziert

$$\sum_k P_{ik} = 1 ,$$

was wegen (14,4) mit

$$p_{i0} = \frac{1}{n} \tag{14.5}$$

identisch ist.

Zusammen mit (14.2) ergibt die Voraussetzung (14.5), daß die Größe

$$S = \sum_i p_i \ln \frac{1}{p_i} \tag{14.6}$$

im Verlauf des stochastischen Prozesses nicht abnehmen kann. $f(x) = x \ln \frac{1}{x}$ ist eine konkave Funktion ($f'' \leqq 0$), für die die JENSENsche Ungleichung gilt:

$$\sum_k \lambda_k f(x_k) \leqq f(\sum_k \lambda_k x_k) \quad \text{für} \quad \sum_k \lambda_k = 1 .$$

Setzt man daher

$$f\left(p_i(t + \mathrm{d}t)\right) = f\left(\sum_k P_{ik}(\mathrm{d}t)\, p_k(t)\right)$$

ein, so ergibt sich wegen (14.5)

$$f\left(p_i(t + \mathrm{d}t)\right) \geqq \sum_k P_{ik}(\mathrm{d}t)\, f\left(p_k(t)\right) .$$

Nach der Summation über i liefert (14.2)

$$\sum_i f\left(p_i(t + \mathrm{d}t)\right) \geqq \sum_k f\left(p_k(t)\right) . \tag{14.7}$$

Diese Ungleichung enthält die vorangestellte Aussage über die Funktion S. Die Größe S heißt Entropie des Systems. Die Entropie ist unter den anderen über (14.7) konstruierbaren Funktionen, die im Laufe des stochastischen Prozesses nur zunehmen können, dadurch ausgezeichnet, daß sie für ungekoppelte bzw. sehr schwach gekoppelte Systeme additiv ist, die Entropie zweier ungekoppelter Teilsysteme ist gleich der Summe der Entropien dieser Teilsysteme.

Zwei Teilsysteme seien beschrieben durch Zustände i ($i = 1, \ldots, n$) und k ($k = 1, \ldots, m$). Die entsprechenden Wahrscheinlichkeitsverteilungen seien p_i bzw. q_k. Der Zustand des Gesamtsystems wird gekennzeichnet durch das Indexpaar (i, k), die Wahrscheinlichkeitsverteilung werde mit r_{ik} bezeichnet. Sind die Teilsysteme nicht miteinander gekoppelt, dann kann die Verteilung über die Zustände des einen Systems nicht vom konkreten Zustand des anderen abhängen, es muß gelten

$$r_{ik} = p_i q_k .$$

Setzt man dies in die Formel für die Gesamtentropie ein, so ergibt sich

$$S = \sum_{ik} r_{ik} \ln \frac{1}{r_{ik}} = \sum_{ik} p_i q_k \left(\ln \frac{1}{p_i} + \ln \frac{1}{q_k}\right) = \sum_i p_i \ln \frac{1}{p_i} + \sum_k q_k \ln \frac{1}{q_k} .$$

Im Fall gekoppelter Systeme ergibt sich

$$S \leqq S_1 + S_2 . \tag{14.8}$$

Erst durch diese Eigenschaft ist die Entropie (14.6) vor allen anderen analogen Größen ausgezeichnet [12]. Die Entropie ist also so konstruiert. daß die Entropie eines Systems immer kleiner gleich der Summe der Entropien der Teilsysteme ist, wobei Gleichheit im Falle der Entkopplung der Systeme eintritt.

Das absolute Maximum erreicht die Entropie für die Gleichverteilung aller Zustände: Die Bedingung „S maximal" unter der Nebenbedingung der Normierung impliziert

$$\frac{\partial}{\partial p_i}\left(\sum_k f(p_k) - \lambda \sum_k p_k\right) = f'(p_i) - \lambda = 0 ,$$

d. h., die Wahrscheinlichkeiten sind unabhängig von k. Da f konkav ist, liegt ein echtes Maximum vor. Der stationäre Zustand $\underset{0}{p_k} = \frac{1}{n}$ ist also auch statistisch stabil. Dieser Zustand stellt sich zudem als Grenzzustand nach sehr langer Zeit ein.

Eine Matrix R_{ik} mit $\sum_i R_{ik} = 0$ und $R_{ik} = R_{ki}$ hat außer dem Eigenwert Null nur negative Eigenwerte. Bei der Berechnung von (14.3) werden die Komponenten zu den negativen Eigenwerten im Laufe der Zeit immer mehr unterdrückt. Ist der Eigenwert Null einfach, d. h., gibt es nur einen stationären Zustand, dann bleibt übrig:

$$\lim_{t\to\infty} P_{ik}(t) = a_i\, a_k .$$

Es gilt $a_i \sim p_{0i}$, wegen der Normierung von a_k also

$$a_i = \frac{1}{\sqrt{n}} .$$

Es ergibt sich

$$\lim_{t\to\infty} P_{ik}(t) = \frac{1}{n}, \qquad \lim_{t\to\infty} p_i(t) = \frac{1}{n} .$$

Ein abgeschlossenes System entwickelt sich immer auf seinen stationären Zustand hin, hat es diesen Zustand erreicht, so ist die Entropie maximal, und die Verteilung ist stabil. Die Entropie hat dann den Wert

$$S = \ln n . \tag{14.9}$$

In jedem physikalisch konkreten System hängt die Anzahl der Zustände eines abgeschlossenen Systems von der konkreten Struktur, d. h. von der Anzahl der Teilchen im System und auch von der Gesamtenergie des Systems ab. Der Zusammenhang $n = n(E, N, X)$ (E ist die Energie des Systems, N die Anzahl der Teilchen im System, X symbolisiert die übrigen Strukturparameter) muß sich aus der Kenntnis der Mechanik des Systems ergeben. Zusammen mit (14.9) ergibt sich die Entropie als Funktion dieser Parameter:

$$S = S(E, N, X) = \ln n(E, N, X) .$$

Stehen zwei Systeme in Kontakt miteinander, so können Prozesse stattfinden, die zwischen diesen Systemen Größen übertragen, die für ein abgeschlossenes System erhalten bleiben müssen (Energie, Teilchenzahlen, Volumen). Bleibt bei dieser Wechselwirkung der Hauptteil der mikroskopischen Prozesse unbeeinflußt, dann entstehen in den einzelnen Systemen voneinander unabhängige Verteilungen, die Entropie des Gesamtsystems ist gleich der Summe der einzelnen Entropien. Ein Beispiel sind zwei Gasvolumina: Energieaustausch kann stattfinden durch den Stoß der Molekel auf eine beiden Systemen gemeinsame elastische Wand, der Hauptteil der Stöße aber findet innerhalb der Systeme statt und wird durch den Kontakt nicht beeinflußt. Ein solcher Kontakt definiert die thermodynamische Wechselwirkung. Für jedes Teilsystem existiert eine Beziehung

$$S_\alpha = S_\alpha (E_\alpha, N_\alpha, X_\alpha) , \tag{14.10}$$

die thermodynamische Wechselwirkung bewirkt nun die Veränderlichkeit der einzelnen E_α, N_α und X_α. Zwischen den einzelnen Teilsystemen ist demgemäß ein Prozeß zu berücksichtigen, der diese Größen transportiert und nur durch die Erhaltungssätze für das Gesamtsystem

$$\begin{aligned} \sum X_\alpha &= X = \text{const} , \\ \sum N_\alpha &= N = \text{const} , \\ \sum E_\alpha &= E = \text{const} \end{aligned} \tag{14.11}$$

eingeschränkt ist. Bei dieser Formulierung sind nur Strukturparameter X_α verwendbar, die additiv sind (Volumen und ähnliches). Dieser Prozeß erreicht ein Gleichgewicht, wenn

$$\begin{aligned} \frac{\partial S_1(E_1, N_1, X_1)}{\partial E_1} + \frac{\partial S_2 (E - E_1, N - N_1, X - X_1)}{\partial E_1} &= \frac{\partial S_1}{\partial E_1} - \frac{\partial S_2}{\partial E_2} = 0 , \\ \frac{\partial S_1(E_1, N_1, X_1)}{\partial N_1} + \frac{\partial S_2 (E - E_1, N - N_1, X - X_1)}{\partial N_1} &= \frac{\partial S_1}{\partial N_1} - \frac{\partial S_2}{\partial N_1} = 0 , \\ \frac{\partial S_1(E_1, N_1, X_1)}{\partial X_1} + \frac{\partial S_2 (E - E_1, N - N_1 X - X_1)}{\partial X_1} &= \frac{\partial S_1}{\partial X_1} - \frac{\partial S_2}{\partial X_2} = 0 . \end{aligned} \tag{14.12}$$

Die Ableitungen $\frac{1}{\theta} = \frac{\partial S}{\partial E}, \frac{\mu}{\theta} = \frac{\partial S}{\partial N}, \frac{\xi}{\theta} = \frac{\partial S}{\partial X}$ sind charakteristische Parameter der Teilsysteme; stehen die Teilsysteme in einem Kontakt miteinander, der den Austausch einer additiven Größe erlaubt, für die ein Erhaltungssatz gilt, dann sind im Gleichgewicht die partiellen Ableitungen der Teilentropien nach diesen Größen für alle Teilsysteme identisch. Können zwei Systeme über eine schwache

Wechselwirkung Energie austauschen, dann stellt sich im Gleichgewicht

$$\theta_1 = \theta_2\,, \qquad \text{d. h.} \qquad \frac{\partial S_1}{\partial E_1} = \frac{\partial S_2}{\partial E_2} \tag{14.13}$$

ein. Diese partiellen Ableitungen repräsentieren die phänomenologische Temperatur.

In einem abgeschlossenen System haben alle Zustände gleiche Wahrscheinlichkeit, es treten aber nur Zustände einer bestimmten Energie auf. Durch den Kontakt mit anderen Systemen kann sich die Energie ändern, Zustände i mit verschiedenen Energien E_i werden im Prozeß miteinander verbunden, die in einem abgeschlossenen System statistisch isoliert wären. Berücksichtigen wir also nun, daß der im Modellsystem stattfindende stochastische Prozeß Zustände mit verschiedenen Energien einschließt. Das System, durch dessen Anschluß die Energieänderungen möglich werden, sei so groß, daß der Anteil der Energie des Modellsystems an der Gesamtenergie vernachlässigt werden kann und der Differentialquotient $\frac{\partial S_0}{\partial E_0}$ für das große System festliegt. Einer Verteilung p_i im Modellsystem entsprechen eine Teilentropie und eine Teilenergie

$$S = \sum_i p_i \ln \frac{1}{p_i}\,, \qquad E = \sum_i p_i E_i\,.$$

Ändert sich E im Verlauf des stochastischen Prozesses, dann muß diese Änderung durch das große System ausgeglichen werden, dessen Entropie ändert sich daher um

$$\Delta S_0 = \frac{1}{\theta_0} \Delta E_0 = -\frac{1}{\theta_0} \Delta E \sim -\Delta \frac{E}{\theta_0}\,.$$

Das Maximum der Gesamtentropie wird durch das Maximum von

$$S - \frac{E}{\theta_0} = \sum_i p_i \ln \frac{1}{p_i} - \frac{1}{\theta_0} \sum_i p_i E_i \tag{14.14}$$

unter der Normierungsbedingung $\sum_i p_i = 1$ gegeben, es entsteht eine Exponentialverteilung

$$\frac{\partial}{\partial p_i}\left(\sum_k p_k \ln \frac{1}{p_k} - \frac{1}{\theta_0} \sum_k p_k E_k - \lambda \sum_k p_k\right) = \ln \frac{1}{p_k} - 1 - \frac{E_k}{\theta_0} - \lambda = 0\,,$$

$$p_k = \frac{1}{Z} \exp\left(-\frac{E_k}{\theta_0}\right). \tag{14.15}$$

Die Bedingung (14.14) ist auch als Maximum der Entropie des Modellsystems unter der Bedingung fester mittlerer Enerie E interpretierbar. Dann ist $\frac{1}{\theta_0}$ der Lagrange-Multiplikator der Nebenbedingung. Die Größe Z wird aus der Normierungsbedingung bestimmt:

$$Z = \sum_k \exp\left(-\frac{E_k}{\theta_0}\right). \tag{14.16}$$

Z heißt Zustandssumme. Aus der Kenntnis der Funktion $Z = Z(\theta, E_i)$ können alle anderen Größen des Modellsystems bestimmt werden:

$$p_i = -\frac{\partial}{\partial E_i}(\theta_0 \ln Z)\,, \quad S = \frac{\partial}{\partial \theta_0}(\theta_0 \ln Z)\,,$$

$$E = \theta_0^2 \frac{\partial}{\partial \theta_0} \ln Z = \theta_0 S - \theta_0 \ln Z\,. \tag{14.17}$$

Es ergibt sich

$$\frac{1}{\theta} = \left.\frac{\partial S}{\partial E}\right|_{E_i \text{ fest}} = \frac{1}{\theta_0}\,,$$

d. h., (14.13) ist realisiert. Die Kombination $F = E - \theta S$ heißt freie Energie. Bei gegebener Temperatur θ und festen Parametern N und X nimmt das System im Gleichgewicht ein Minimum der freien Energie an. Die freie Energie wird direkt aus der Zustandssumme berechnet:

$$F = -\theta \ln Z\,. \tag{14.18}$$

Wegen (14.17) heißt die freie Energie ein thermodynamisches Potential. Die Potentialeigenschaft hat F nur, wenn es als Funktion von θ und den N und X entsprechenden Parametern (hier E_i) gegeben ist. Die Entropie hat wegen (14.12) die Potentialeigenschaft, wenn sie als Funktion von E und den N und X entsprechenden Parametern gegeben ist.

Die Energie eines Systems mit der Gleichgewichtsverteilung (14.15) kann auf zweierlei Arten verändert werden. Einmal durch die Änderung des Parameters θ der Verteilung, aber auch durch die Änderung der Energiewerte E_i für die einzelnen Zustände. Letzteres entspricht mechanischer Arbeit am System. Befindet sich das System im Zustand i, ist die zu leistende Arbeit $\mathrm{d}E_i$. Die Beeinflussung der Energie des Systems durch den Parameter θ geschieht ohne äußere Arbeit am System, vielmehr müssen dazu die Eigenschaften des Wärmebades verändert werden, denn das Wärmebad bestimmt die mittlere Energie bei festen E_i.

Die äußere mechanische Arbeit wird gegeben durch die Differentialform

$$\delta A = \sum_i p_i \,\mathrm{d}E_i\,. \tag{14.19}$$

Mit der Wahrscheinlichkeit p_i muß $\mathrm{d}E_i$ aufgewendet werden. Die Form der p_i wird entsprechend (14.17) substituiert:

$$\delta A = \sum_i \frac{\partial F}{\partial E_i}\,\mathrm{d}E_i\,. \tag{14.20}$$

Insgesamt ergibt sich

$$\mathrm{d}F = \sum_i \frac{\partial F}{\partial E_i}\,\mathrm{d}E_i + \frac{\partial F}{\partial \theta}\,\mathrm{d}\theta = \delta A - S\,\mathrm{d}\theta\,. \tag{14.21}$$

Das Differential der Energie des Systems ist daher in der Form

$$\mathrm{d}E = \mathrm{d}\,(F + \theta\, S) = \theta\,\mathrm{d}S + \delta A \tag{14.22}$$

darstellbar. Hier steht: Die Energie des Systems wird geändert auf mechanischem Wege (δA) und über die Kopplung der mikroskopischen Prozesse zwischen System und Wärmebad. Die nicht makroskopisch mechanische Form des Energieaustausches ist der Wärmetransport, die Bezeichnung Wärmebad für das angekoppelte große System ist damit gerechtfertigt. Der statistische Ablauf der mikroskopischen Prozesse impliziert die Möglichkeit einer makroskopisch nichtmechanischen Energieübertragung, deren Eigenschaften Gegenstand der Thermodynamik sind. Andererseits bedeutet diese Erklärung der thermischen Phänomene ihren Anschluß an die klassische Mechanik.

Die übertragene Wärmemenge wird durch $\delta Q = \theta\,\mathrm{d}S$ gegeben. Die Wärmemenge ist nur infinitesimal definiert. Die Differentialform δQ ist nicht integrabel, man kann nicht von einem Wärmeinhalt eines Systems sprechen, nur von seinem Energieinhalt E. Von dieser Nichtintegrabilität der Wärmemenge hängt die Existenz periodisch arbeitender Wärmekraftmaschinen ab: Eine solche Maschine durchläuft einen Zyklus von Zuständen, und ist nach einem Umlauf die gesamte aufgenommene Wärme

$$\oint \delta Q$$

von Null verschieden, so ergibt sich die gesamte aufgenommene Arbeit über

$$\oint \delta Q + \oint \delta A = \oint \mathrm{d}E = 0\,. \tag{14.23}$$

Eine Maschine, die in einem Zyklus insgesamt Wärme aufnimmt, muß mechanische Arbeit leisten und umgekehrt. Es ist keine periodisch arbeitende Maschine möglich, die nichts an ihrer Umgebung verändert außer durch ihre Arbeit und die Arbeit leistet. Es ist immer ein Wärmelieferant nötig (1. Hauptsatz, §§ 20, 23).

Die Form der Exponentialverteilung ergibt sich auch für Systeme mit einem Kontinuum von Zuständen, weil die Entropie dann ebenfalls die Form (14.6) hat. So ist die Geschwindigkeit einer Molekel über die kinetische Energie nach der MAXWELLschen Formel

$$\varrho(\boldsymbol{v}) = \frac{1}{Z}\exp\left(-\frac{m\,\boldsymbol{v}^2}{2\,\theta}\right) \tag{14.24}$$

verteilt. Integriert man über die Winkel, ergibt sich die Verteilung des Geschwindigkeitsbetrages zu

$$\varrho(v) = A\; v^2 \exp\left(-\frac{m\,v^2}{2\,\theta}\right).$$

Das Maximum dieser Verteilung liegt bei $v \sim \sqrt{\frac{2\,\theta}{m}}$. Die mittlere Energie der Translationsbewegung ist $\frac{m}{2}\,\overline{v^2} = \frac{3}{2}\,\theta$. Durch Messung der mittleren Energie eines Systems ist θ als Funktion anderer Temperaturen meßbar. Mit der Zustandsgleichung der idealen Gase (13.6)

$$p \cdot V = N\,kT$$

ist die Gastemperatur T gegeben, θ hängt mit ihr über die Formel

$$\theta = kT \tag{14.25}$$

zusammen. Die BOLTZMANN-Konstante k hat den Wert

$$k = 1.38054 \cdot 10^{-16} \text{ erg/grad.}$$

Die mittlere kinetische Energie einer Molekel ist bei Zimmertemperatur etwa 10^{-14} erg, das entspricht bei Wasserstoff einer Geschwindigkeit von etwa 10^5 cm s^{-1}.

Aus der Verteilung der potentiellen Energie eines Teilchens im Schwerefeld ergibt sich die barometrische Höhenformel

$$\varrho(h) = \frac{1}{Z} \exp - \frac{m\,g\,h}{\theta} = \varrho(h_0) \exp\left(-\frac{m\,g}{\theta}(h - h_0)\right). \tag{14.26}$$

Die Aufenthaltsdichte ist proportional der Teilchendichte. Die Abnahme der Teilchendichte mit der Höhe ist um so größer, je schwerer die Teilchen sind. An kolloiden Teilchen kann diese Abnahme direkt sichtbar gemacht werden.

Für ein System mit den Energien $E_k = k \cdot \varepsilon$ ($k = 0, 1, \ldots$) folgen die Formeln

$$p_k = \frac{1}{Z}\left(\exp\left(-\frac{\varepsilon}{\theta}\right)\right)^k,$$

$$Z = \sum_{k=0}^{\infty}\left(\exp\left(-\frac{\varepsilon}{\theta}\right)\right)^k = \left(1 - \exp\left(-\frac{\varepsilon}{\theta}\right)\right)^{-1},$$

$$E = \frac{\varepsilon}{\exp\frac{\varepsilon}{\theta} - 1}. \tag{14.27}$$

Das letzte Ergebnis wird zur Interpretation der Beobachtungen an der Temperaturabhängigkeit der Energie harmonischer Oszillatoren benötigt.

Ein System, das durch thermische Kopplung an ein Wärmebad mehrere Energiewerte annehmen kann, über die sich dann eine Exponentialverteilung einstellt, heißt kanonisches Ensemble. Eine wichtige Verallgemeinerung entsteht, wenn nicht nur Energieaustasuch mit einem Reservoir in Betracht gezogen wird, sondern auch Teilchenaustausch. Den Zuständen des Modellsystems entsprechen im folgenden nicht nur bestimmte Energiewerte E_k, sondern auch bestimmte Teilchenzahlen $N_{A\,k}$ ($N_{A\,k}$ ist die Anzahl der Teilchen der Sorte A im Zustand k des Systems). Auf diese Weise können Diffusionsgleichgewichte und chemische Reaktionen beschieben werden.

Ein System, dessen Zuständen verschiedene N_A-Werte zugeordnet sind, zerfällt in statistisch isolierte Zustandsgruppen, wenn kein entsprechender Teilchenaustausch mit anderen Systemen stattfinden kann, bzw. wenn keine genügend allgemeinen chemischen Reaktionen möglich sind. Das Modellsystem sei in Kontakt mit einem sehr großen System, gegen dessen Energie und Teilcheninhalt das Modellsystem vernachlässigt werden kann. Analog (14.14) ist die Änderung der Entropie des Reservoirs bei der Abgabe der Energie ΔE und der Teilchenzahl ΔN an das Modellsystem

$$\Delta S_0 = -\frac{\partial S_0}{\partial E}\Delta E - \frac{\partial S_0}{\partial N}\Delta N\,.$$

Der Zustand des Reservoirs soll davon nur unwesentlich beeinflußt werden, d. h. $\frac{\partial S_0}{\partial E} = \frac{1}{\theta}$ und $\frac{\partial S_0}{\partial N} = -\frac{\mu}{\theta}$ sollen festgelegt sein. Dann wird das Maximum der Gesamtentropie gegeben durch das Maximum von

$$S - \frac{E}{\theta} + \frac{\mu N}{\theta}, \qquad \left(N = \sum_i p_i N_i\right) \tag{14.28}$$

oder das Minimum von

$$\Psi = E - \theta S - \mu N , \tag{14.29}$$

wobei diese Größen nur für das System ohne Reservoir berechnet werden. Das Reservoir sichert nur die Konstanz der Parameter θ und μ. Es entsteht wieder eine Exponentialverteilung

$$p_k = \frac{1}{Z} \exp\left(-\frac{1}{\theta}(E_k - \mu N_k)\right), \tag{14.30}$$

das Potential Ψ ist durch die Zustandssumme gegeben,

$$\begin{aligned} \Psi(\theta, \mu, E_k, N_k) &= -\theta \ln Z \\ &= -\theta \ln\left(\sum_k \exp\left(-\frac{1}{\theta}(E_k - \mu N_k)\right)\right), \end{aligned} \tag{14.31}$$

und bestimmt alle anderen Größen des Systems analog (14.17):

$$\begin{aligned} p_k &= \frac{\partial \Psi}{\partial E_k}, \qquad S = -\frac{\partial \Psi}{\partial \theta}, \qquad N = -\frac{\partial \Psi}{\partial \mu}, \\ E &= \Psi + \theta S + \mu N . \end{aligned} \tag{14.32}$$

Werden mehrere Teilchensorten A ausgetauscht, dann hat man N und μ mit A zu indizieren und über diesen Index zu summieren, wo das Produkt $\mu \cdot N$ auftritt.

Das so definierte System heißt großkanonisch. Äußere mechanische Arbeit kann am System wieder durch Variation der Energien E_k der einzelnen Zustände modelliert werden. Die Teilchenzahlen N_k dagegen gehören zur den Charakteristiken eines Zustands, Änderung von N_k bedeutet Übergang zu einem anderen Zustand. Die Folge N_k ist unveränderlich. Die mittlere äußere Arbeit bei einer Änderung $\mathrm{d}E_k$ ist

$$\delta A = \sum_k \frac{\partial \Psi}{\partial E_k} \mathrm{d}E_k . \tag{14.33}$$

Damit lautet das Differential von Ψ

$$\mathrm{d}\Psi = \delta A - S\,\mathrm{d}\theta - N\,\mathrm{d}\mu .$$

Mit der Formel (14.32) für die Energie des Systems ergibt sich schließlich

$$\mathrm{d}E = \theta\,\mathrm{d}S + \delta A + \mu\,\mathrm{d}N . \tag{14.34}$$

Die Energie des Systems kann erhöht werden durch Wärmezufuhr ($\delta Q = \theta\,\mathrm{d}S$), durch Arbeit am System ($\delta A_{\mathrm{mech}} = \sum_i p_i \, \mathrm{d}E_i$) und durch Teilchenzufuhr ($\delta A_{\mathrm{chem}} = \mu \, \mathrm{d}N$). Der Parameter μ bezeichnet den Energiezuwachs pro Teilchen, er heißt chemisches Potential. Der Anteil $\mu \, \mathrm{d}N$ an der Energiezufuhr stellt eine chemische Arbeit dar.

§ 15. Systeme aus gleichartigen Teilchen

Die einfachste und zugleich wichtigste Realisierung des großkanonischen Systems wird in einem allgemeinen System aus vielen gleichartigen Teilchen beobachtet, die alle nur schwach miteinander wechselwirken. Dann besitzt jedes Teilchen eine Reihe von Teilchenzuständen α mit der Energie ε_α, und der Zustand des Gesamtsystems ist durch eine bestimmte Anordnung der Teilchen in den Teilchenzuständen gekennzeichnet. Betrachten wir das Teilsystem, das aus allen Teilchen besteht, die sich im Teilchenzustand α befinden. Dieses Teilsystem hat die Energie $n \, \varepsilon_\alpha$ und die Teilchenzahl n, wenn es von n Teilchen besetzt ist, d. h., wenn n Teilchen in diesem Zustand sind. Das so definierte Teilsystem steht im Energie- und Teilchenzahlkontakt mit dem Rest des Systems, der ein Reservoir gegenüber dem Teilsystem darstellt. Die Zustände des Teilsystems werden mit n nummeriert. Die Verteilung ist großkanonisch.

$$p_n = \frac{1}{Z}\left[\exp\left(-\frac{\varepsilon_\alpha - \mu}{\theta}\right)\right]^n \tag{15.1}$$

ist die Wahrscheinlichkeit dafür, daß sich n Teilchen im Teilchenzustand α befinden. Im Gleichgewicht haben θ und μ für alle Teilchenzustände gleiche Werte. Die Zustandssumme soll für zwei Fälle berechnet werden. Im ersten Fall können sich beliebig viele Teilchen im gleichen Teilchenzustand befinden, die Zustandssumme ist eine unendliche Reihe:

$$Z = \left[1 - \exp\left(-\frac{\varepsilon_\alpha - \mu}{\theta}\right)\right]^{-1}. \tag{15.2}$$

Im zweiten Fall können nie zwei Teilchen im gleichen Teilchenzustand sein, jedes Teilchen füllt den Zustand, in dem es sich befindet, formal aus. Die Zustandssumme besteht dann nur aus zwei Summanden:

$$Z = 1 + \exp\left(-\frac{\varepsilon_\alpha - \mu}{\theta}\right). \tag{15.3}$$

Aus der Zustandssumme ergibt sich die mittlere Teilchenzahl im betrachteten Teilchenzustand, die mittlere Besetzungszahl des Zustands.

$$\bar{n}_\alpha = \sum_n n \, p_n \frac{1}{\exp \dfrac{\varepsilon_\alpha - \mu}{\theta} - 1}, \tag{15.4}$$

falls beliebig viele Teilchen den gleichen Zustand haben können,

$$\bar{n}_\alpha = \frac{1}{\exp\dfrac{\varepsilon_\alpha - \mu}{\theta} + 1}, \tag{15.5}$$

falls zwei Teilchen nicht den gleichen Zustand haben können. Als erste Teilchensorte, für die der zweite Fall eintritt, wurden die Elektronen identifiziert. Nur unter Annahme des PAULI-Prinzips — Elektronen können einen Zustand nur einfach besetzen — kann erklärt werden, weshalb in der Reihe der chemischen Elemente bestimmte Eigenschaften periodisch wiederkehren und keine monotone Veränderung mit der Kernladungszahl beobachtet wird (§ 39). Die Quantenmechanik begründet auch das Auftreten der zwei Fälle für die Besetzungsmöglichkeit eines Teilchenzustands. Teilchen mit der Eigenschaft, jeden Zustand nur einfach zu besetzen, heißen Fermionen, die anderen heißen Bosonen.

Zusammen mit der Kenntnis des Spektrums der Teilchenzustände liefern die Formeln (15.4) und (15.5) die Physik der Gleichgewichtszustände in einem Vielteilchensystem. Ist die Temperatur θ und die Gesamtteilchenzahl des Systems gegeben, dann hat man das chemische Potential über die Bedingung

$$N = \sum_\alpha \frac{1}{\exp\dfrac{\varepsilon_\alpha - \mu}{\theta} \pm 1}$$

zu berechnen.

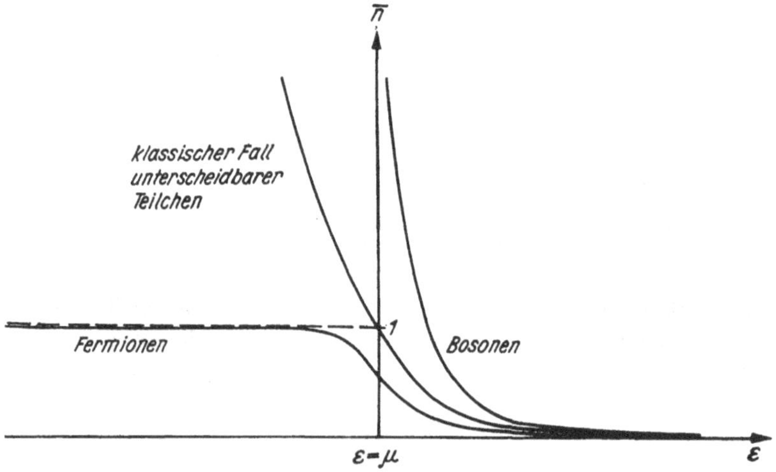

Abb. 10. Mittlere Besetzungszahlen eines Teilchenzustandes in Abhängigkeit von dessen Energiewert

Der qualitative Verlauf der Besetzungszahlen in Abhängigkeit von der Energie des Teilchenzustands ist in Abb. 10 dargestellt. Die Statistik des BOSE-Teilchens erfordert die Existenz eines Teilchenzustands niedrigster Energie, das chemische Potential liegt immer unter diesem Energiewert. Für sehr tiefe Temperaturen (θ gegen 0) wird die Besetzungswahrscheinlichkeit eines Zustands mit $\varepsilon_\alpha > \mu$ immer kleiner. In der Grenze sind alle diese Zustände unbesetzt. Bei Erhaltung der Teilchenzahl sammeln sich alle Teilchen im Zustand niedrigster Energie, das chemische Potential konvergiert dann gegen diesen Wert. In der Statistik der FERMI-Teilchen trennt der Wert des chemischen Potentials die Zustände hoher Besetzungszahl ($\varepsilon_\alpha < \mu$) von den Zuständen niedriger Besetzungszahl ($\varepsilon_\alpha > \mu$). μ heißt deshalb auch FERMI-Grenze. Für sehr tiefe Temperaturen sammeln sich alle Teilchen in den Teilchenzuständen unterhalb der FERMI-Grenze. In diesem Fall wird der Wert der Grenzenergie durch das Teilchenzustandsspektrum und die Gesamtteilchenzahl bestimmt: μ ist dann der Wert, für den gerade N Teilchenzustände mit einer Energie kleiner μ existieren.

$$N = \sum_{\substack{\alpha \\ \varepsilon_\alpha < \mu}} 1 . \tag{15.6}$$

Die Sprungfunktion

$$\lim n(\varepsilon, \mu, \theta) = \theta\,(\mu - \varepsilon)\ ^{1})$$

wird bei Temperaturen ungleich Null verwischt. Das Energieintervall, in dem n wesentlich von 0 bzw. 1 verschieden ist, hat die Breite

$$\Delta E \sim 2\,\theta . \tag{15.7}$$

In der Herleitung der Formeln (15.4) und (15.5) wird der Teilchenzustand α als thermodynamisches Teilsystem betrachtet. Untersucht man nun das einzelne Teilchen als Teilsystem, so findet man (15.4) und (15.5) nicht bestätigt. Das einzelne Teilchen ist ein kanonisches System, es steht im Energiekontakt zu allen anderen Teilchen. Die Wahrscheinlichkeit, daß sich das Teilchen im Zustand α befindet, ist

$$p_\alpha = \frac{1}{Z}\left(\exp - \frac{\varepsilon_\alpha}{\theta}\right). \tag{15.8}$$

Diese Verteilung gilt für jedes Teilchen, daher ist die mittlere Anzahl von Teilchen im Zustand α $\bar{n}_\alpha = N\,p_\alpha$, was sich in der Form

$$\bar{n}_\alpha = \frac{1}{\exp \dfrac{\varepsilon_\alpha - \mu}{\theta}} \tag{15.9}$$

darstellen läßt. Die Diskrepanz entsteht, weil die Voraussetzungen für (15.9) physikalisch anders sind als die Voraussetzungen für (15.4) und (15.5). Hier wird jedes einzelne Teilchen als individuelles wohldefiniertes System angesehen. Die Besetzungszahl n charakterisiert dann den Zustand des Teilsystems α, das in der Ableitung von (5.4) und (5.5) betrachtet wurde, nicht vollständig, Zustände von

[1]) $\theta(x) = \begin{cases} 0 & \text{für } x < 0 \\ 1 & \text{für } x > 0 . \end{cases}$

α mit gleichem können n sich dadurch unterscheiden, daß die Besetzungszahl n von verschiedenen Teilchen realisiert wird. (15.4) und (15.5) stellen aber Formeln für ein System dar, in dem es nicht darauf ankommt, welche Teilchen im System sind, sondern nur wie viele Teilchen im System sind. Im Gegensatz zu (15.9) werden die Teilchen also nicht unterschieden. Die Quantenmechanik klärt, wieso gleichartige Teilchen als prinzipiell ununterscheidbar angesehen werden müssen, wieso also die Besetzungszahlen (15.4) und (15.5) beobachtet werden und (15.9) nur als Grenzfall für sehr kleine Besetzungszahlen realisiert wird.

Für sehr kleine Besetzungszahlen muß $\exp \frac{\varepsilon_\alpha - \mu}{\theta}$ sehr viel größer als Eins sein, die drei Formeln sind dann nahezu gleich. Für solch niedrige Besetzungszahlen kommt auf sehr viele Teilchenzustände nur ein Teilchen, so daß die durch Teilchenpermutation entstehende Vielfachheit hier vernachlässigbar gegen die Unterschiede ist, die sich bei höheren Besetzungszahlen ergeben.

Sind die Teilchenzustände diskret und ist der Zustand niedrigster Energie eindeutig, dann sammeln sich bei niedrigen Temperaturen Bosonen nur in diesem Zustand. Das Gesamtsystem ist dann mit Sicherheit in einem bestimmten Zustand, die Entropie ist Null. Für $\theta \to 0$ hängt die Verteilung auch nicht davon ab, welche speziellen Werte ε_α die einzelnen Teilchenzustände haben, die Entropie ist für $\theta \to 0$ also auch unabhängig von den Arbeitsparametern ε_α. Dasselbe gilt für Fermionen. Am Punkt $\theta = 0$ sind alle Zustände α unterhalb der FERMI-Grenze besetzt, alle Zustände darüber unbesetzt, wegen der Ununterscheidbarkeit der Teilchen ist das Gesamtsystem wieder sicher in einem bestimmten Zustand, die Entropie wird Null.

In vielen Fällen ist es möglich, eine „thermodynamische Wahrscheinlichkeit" zu definieren und diese mit der Entropie in Zusammenhang zu bringen. Voraussetzung ist, daß immer mehrere Teilchenzustände die gleiche Energie haben, d. h., daß die Teilchenzustände hinsichtlich der Energie entartet sind. Bezeichnet man die Energiestufen mit E_i und die Anzahl der Teilchenzustände dieser Energie mit g_i, so können die Teilchenzustände mit dem Paar (i, γ) indiziert werden, wobei γ jeweils von 1 bis g_i läuft. Im Gleichgewicht sind die Teilchenzustände mit gleichem i alle gleich besetzt. Der Zustand des Gesamtsystems muß also nicht durch Angabe aller $n_{i\gamma}$ festgelegt werden, es genügt, nur die Zahlen

$$n_i = \sum_{\gamma=1}^{g_i} n_{i\gamma}$$

zu nennen. Der mit

$$n = \{n_1, n_2, \ldots\}$$

bezeichnete Systemzustand hat die Vielfachheit W_n, wenn es W_n Möglichkeiten der Verteilung der Teilchen gibt, die alle auf diese Zahlen n_i führen. Da im Gleichgewicht die Realisierungswahrscheinlichkeit aller dieser Mikrozustände des Systems gleich sind, ist die Wahrscheinlichkeit des Makrozustands n

$$p_n = W_n p_\alpha . \tag{15.10}$$

Hierbei bezeichnet α die Mikrozustände des Systems.

Die Entropie des Systems spaltet auf in die Anteile

$$S = \sum_{\alpha} p_\alpha \ln \frac{1}{p_\alpha} = \sum_{n,\alpha_n} \frac{p_n}{W_n} \ln \frac{W_n}{p_n} = \sum_n p_n \ln \frac{W_n}{p_n}$$

$$= \sum_n p_n \ln \frac{1}{p_n} + \sum_n p_n \ln W_n \,. \tag{15.11}$$

Ist die Entartung g_i der Teilchenzustände sehr groß, dann sind auch die W_n sehr groß und das Verhalten des zweiten Terms überwiegt bei weitem das des ersten, da $-p \ln p$ nicht größer als $\frac{1}{e}$ werden kann. Sobald also

$$W_n \gg 1$$

gilt, nimmt die Entropie ihr Maximum an, wenn $p_n = 1$ für das n gesetzt wird, welches das Maximum von W_n liefert. Der Gleichgewichtszustand wird durch die Zahlen n_i beschrieben, deren Vielfachheit W_n am größten ist. Das Maximum der Entropie reduziert sich zu

$$S = \ln W_n \,. \tag{15.12}$$

Der Entartungsgrad W_n heißt thermodynamische Wahrscheinlichkeit, obwohl die Bedingung $W_n \gg 1$ gerade die Wahrscheinlichkeiten eliminiert und das Aufsuchen des Entropiemaximums zu einem Problem der Kombinatorik macht.

Sind die Teilchen unterscheidbar, so hat jedes Teilchen der Energie E_i g_i Möglichkeiten der Besetzung eines speziellen Teilchenzustands. Der Makrozustand n erhält die Vielfachheit

$$W_n \sim \prod_i g_i^{n_i} \,,$$

die noch dadurch erhöht wird, daß bei der Vertauschung von Teilchen mit verschiedenen E_i neue Mikrozustände des Systems entstehen. Für unterscheidbare Teilchen ist

$$W_n = N! \prod_i \frac{g_i^{n_i}}{n_i!} \,. \tag{15.13}$$

Sind die Teilchen ununterscheidbar, so sind zur Berechnung der Vielfachheit von n die Möglichkeiten, n_i Teilchen auf g_i Zustände zu verteilen, einfach zu multiplizieren. Für den Fall der BOSE-Teilchen gibt es dafür keine Nebenbedingungen, die thermodynamische Wahrscheinlichkeit von n ist

$$W_n = \prod_i \binom{n_i + g_i - 1}{n_i} . \tag{15.14}$$

Bei Fermionen ist zu berücksichtigen, daß jeder Teilchenzustand nur einfach besetzt sein kann, für jedes Energieniveau ist die Zahl der Auswahlmöglichkeiten von n_i besetzten aus insgesamt g_i Zuständen zu bestimmen. Das Produkt ergibt W_n:

$$W_n = \prod_i \binom{n_i}{g_i} . \tag{15.15}$$

Die Variation von $\ln W_n$ nach den n_i unter der Nebenbedingung konstanter Gesamtenergie liefert unter Benutzung der STIRLINGschen Formel

$$n_i = \frac{g_i}{\exp \frac{E_i - \mu}{\theta} \begin{matrix} +0 \\ -1 \\ \\ +1 \end{matrix}}$$

$+0$	Teilchen unterscheidbar
-1	Teilchen ununterscheidbar, Zustände beliebig besetzbar
$+1$	Teilchen ununterscheidbar, Zustände einfach besetzbar.

§ 16. Statistik im Phasenraum

Der Zustand eines mechanischen Systems wird über die generalisierten Lage- und Impulskoordinaten als Punkt im Phasenraum dargestellt. Die Geschichte des Systems ist eine Kurve im Phasenraum, die Integral eines durch die HAMILTON-Funktion mittels der kanonischen Gleichungen dargestellten Geschwindigkeitsfeldes ist. Hat das System viele Freiheitsgrade, dann wird die Kopplung der einzelnen Bewegungsgleichungen immer komplizierter, die Bahnkurven im Phasenraum erhalten ein chaotisches Aussehen, und es wird unmöglich, Größen am System anders als in der Form zeitlicher Mittelwerte zu messen. Da die Berechnung eines zeitlichen Mittelwertes im allgemeinen Genaueres über die mikroskopische Bewegung benötigt, ist man gezwungen, die zeitlichen Mittelwerte von Größen $f(q_1, \ldots, q_n)$ auf anderem Wege zu berechnen. Hauptpunkt der Theorie ist deshalb die Aufstellung einer Wahrscheinlichkeitsverteilung im Phasenraum. Diese Verteilung soll so beschaffen sein, daß die statistischen Mittelwerte über diese Verteilung die zeitlichen Mittel am betrachteten System liefern. Dabei ist das Zeitmittel über ein Intervall zu nehmen, das groß gegen die charakteristischen Zeiten der mikroskopischen Bewegung des Systems ist. Die Wahrscheinlichkeitsverteilung komprimiert die Bewegung des Systems. Für die Wahrscheinlichkeitsverteilung muß gelten

$$\lim_{T\to\infty} \frac{1}{T} \int_0^T f(q_1(t), \ldots, p_n(t))\, \mathrm{d}t = \int f(q, p)\, \varrho(q, p)\, \mathrm{d}^n q\, \mathrm{d}^n p\,. \qquad (16.1)$$

Ein System, dessen mikroskopische Bewegung die Definition einer Verteilung $\varrho(q, p)$ mit der Eigenschaft (16.1) ermöglicht, heißt ergodisch. Die Wahrscheinlichkeitsverteilung hängt von der Struktur der mikroskopischen Bewegung, von den Eigenschaften der HAMILTON-Funktion des Systems ab. Werden bestimmte Parameter der HAMILTON-Funktion zeitabhängig, dann kann eine zeitabhängige Verteilung für den Fall definiert werden, in dem die Geschwindigkeit der Mikroprozesse sehr viel größer als die Geschwindigkeit der Änderung der Parameter ist. In der definierenden Gleichung (16.1) ist als obere Grenze der Zeitmittelung nicht Unendlich einzusetzen, sondern eine Zeit t_1, für die $t_1 - t_0$ in der Größenordnung zwischen den charakteristischen Zeiten der mikroskopischen Bewegung und denen der Parameteränderung liegt.

Es müssen zwei Fragen geklärt werden: Wie erhält man eine Verteilungsfunktion $\varrho(q, p)$ und unter welchen Voraussetzungen bewegt sich ein System ergodisch, d. h., unter welchen Voraussetzungen erhält man mit der Verteilung ϱ Aussagen, die in der Sprache der Messung interpretierbar und nachprüfbar sind.

Zunächst kann eine Verteilung ϱ durch die Häufigkeitsverteilung eines Punkteschwarms im Phasenraum genähert werden, entsprechend dem Grenzwertsatz (Anh. V). Diese Punkte respräsentieren virtuelle Systeme, die dem untersuchten System gleichen. Alle bewegen sich nach der gleichen HAMILTON-Funktion, sie stellen also das betrachtete System mit verschiedenen Anfangswerten dar. Dieser Punkteschwarm, der die hypothetische Verteilung ϱ approximiert, heißt GIBBSsches Ensemble. Die Verteilung wird also wie die Massendichte in der Hydrodynamik begründet. Die Zahl der Punkte in einem flüssigen Volumen bleibt erhalten, es gilt

$$\frac{\partial \varrho}{\partial t} + \operatorname{div} \varrho\, \boldsymbol{v} = 0\,.$$

Mit $\boldsymbol{v}$ ist das Geschwindigkeitsfeld $(\dot{q}, \ldots, \dot{p} \ldots) = \left(\frac{\partial H}{\partial p}, \ldots - \frac{\partial H}{\partial q}, \ldots\right)$ bezeichnet. Die kanonischen Bewegungsgleichungen liefern dazu

$$\operatorname{div} \boldsymbol{v} = 0\,.$$

Schließlich entsteht als Bewegungsgleichung für die Wahrscheinlichkeitsdichte ϱ die LIOUVILLE-Gleichung

$$\frac{\mathrm{d}\varrho}{\mathrm{d}t} = \frac{\partial \varrho}{\partial t} + \boldsymbol{v} \operatorname{grad} \varrho = 0\,,$$

$$\frac{\partial \varrho}{\partial t} + [\varrho, H] = 0\,. \tag{16.2}$$

Zur Ableitung dieser Bewegungsgleichung ist die „Atomisierung“ der Wahrscheinlichkeit durch das GIBBSsche Ensemble nötig, um an die Mechanik der Bewegung der Phasenpunkte anschließen zu können.

Ist von einem System bekannt, daß es sich nur in einem bestimmten Gebiet des Phasenraumes aufhalten kann, dann muß der Geschwindigkeitsvektor auf dem Rande des Gebietes tangential zur Oberfläche sein. Die Verteilung

$$\varrho = \begin{cases} \text{const im betrachteten Gebiet} \\ 0 \text{ sonst} \end{cases} \tag{16.3}$$

ist dann eine stationäre Lösung der LIOUVILLE-Gleichung, es gilt $\frac{\partial \varrho}{\partial t} = 0$.

Die Mechanik steuert zur Vorstellung von einer Wahrscheinlichkeitsverteilung die Bewegungsgleichung bei. Die Frage, wie eine Anfangsverteilung in einer bestimmten Situation aussieht, ist damit noch nicht beantwortet. Einen Hinweis gibt es allerdings: die stationäre Lösung (16.3) der LIOUVILLE-Gleichung. Getragen von den experimentellen Tatsachen, die für alle Systeme einen Ausgleich im Verlauf der Zeit und das Einstellen eines stationären Zustands zeigen, wird die a-priori-Hypothese aufgestellt:

Ist von einem abgeschlossenen System bekannt, daß es sich in einem bestimmten Gebiet des Phasenraums aufhalten muß, dann ist die Wahrscheinlichkeitsdichte in diesem Gebiet konstant, wenn die dargestellten zeitlichen Mittelwerte über genügend lange Zeiten erstreckt werden oder wenn genügend lange Zeit vor Beginn einer Messung gewartet wird. Damit ist die stationäre Lösung der LIOUVILLE-Gleichung als Ausgangspunkt weiterer Betrachtungen definiert. Die in der Formulierung gebrauchten genügend langen Zeiten beziehen sich immer auf die charakteristischen Zeiten der mikroskopischen Bewegung. In einem

Gas bei Zimmertemperatur und Atmosphärendruck müssen diese Zeiten groß gegen 10^{-8} sec sein, in einem Galaxienhaufen groß gegen 1 Million Jahre.

Die Bedingung (16.1) muß ebenfalls als Hypothese formuliert werden (Ergodenhypothese). Sie ist erfüllt, wenn die Bewegung des Systems so verläuft, daß es jedem Punkt im Phasenraum, wo die Dichte ϱ von Null verschieden ist, zu irgend einem Zeitpunkt genügend nahe kommt, so daß das System die gesamte Verteilung im Laufe seiner Bewegung durchmißt. Diese Form der Ergodenhypothese verlangt also, daß die Zustände des Systems, die in Betracht gezogen werden, nicht in voneinander isolierte Bereiche zerfallen. In diesem Fall gibt es aber nur eine stationäre Verteilung, die a-priori-Hypothese ist also auch erfüllt.

Die Entropie einer stetigen Verteilung wird durch das Integral

$$S = \int \varrho(q, p) \ln \frac{1}{\varrho(q, p)} \, \mathrm{d}^n q \, \mathrm{d}^n p \tag{16.4}$$

gegeben, integriert wird über das Phasenvolumen (Anh. V). Die a-priori-Verteilung (16.3) entspricht dem Maximum der Entropie im vorgegebenen Bereich des Phasenraums. Die Entwicklung einer allgemeinen Verteilung zur a-priori-Verteilung stellt eine Entwicklung mit wachsender Entropie dar. Die Entropie der a-priori-Verteilung ergibt sich aus dem Phasenvolumen Φ des Bereiches:

$$S = \ln \Phi \, . \tag{16.5}$$

Wird eine Bewegungsbeschränkung entfernt, so daß der Bewegung ein größeres Phasenvolumen zur Verfügung steht, so stellt sich eine neue Gleichverteilung ein, die Entropie nimmt zu, weil das Phasenvolumen zunimmt. Nun ist aber das hydrodynamisch flüssige Volumen, das ein Punkteschwarm im Phasenraum einnimmt, im Laufe der Bewegung konstant, da die Divergenz des Geschwindigkeitsfeldes verschwindet. Es entsteht ein scheinbarer Widerspruch zwischen mikroskopischer Reversibilität der Zeit (kanonische Bewegungsgleichungen, div $\boldsymbol{v} = 0$) und makroskopischer Irreversibilität (Phasenvolumen der Wahrscheinlichkeitsverteilung nimmt zu). Beides ist aber vereinbar, wegen der ergodischen Bewegung verteilt sich das hydrodynamisch konstante Ausgangsvolumen amöbenartig über das neue Phasenvolumen, so daß die Interpolation der Häufigkeitsverteilung der Punkte des Gibbsschen Ensembles eine Gleichverteilung in einem größeren Phasenvolumen ergeben kann. Es muß beachtet werden, daß mit der Entfernung der Bewegungsbeschränkung die alte Wahrscheinlichkeitsverteilung nicht mehr den langzeitlichen Mittelwert der Bewegung abbildet. Das Entfernen der Bewegungsbeschränkung zerstört die Gültigkeit von (16.1) für die alte Verteilung.

§ 17. Mikrokanonisches und kanonisches Ensemble

Um die a-priori-Hypothese anwenden zu können, muß bekannt sein, daß sich das System nur in einem bestimmten endlichen Gebiet des Phasenraumes aufhalten kann. Eine Möglichkeit zur Realisierung dieser Voraussetzung bietet der Energieerhaltungssatz. In einem abgeschlossenen System ist die Energie eine Konstante der Bewegung. Ist das System gebunden, so wird das System durch die Forderung

$$E < H(q, p) < E + \Delta E \tag{17.1}$$

in ein beschränktes Gebiet des Phasenraums gezwungen.

Leitbeispiel ist das ideale Gas. Es ist definiert als ein System von N gleichartigen Massenpunkten, dessen HAMILTON-Funktion

$$H = \sum_A \frac{\dot{\boldsymbol{r}}_A^2}{2\,m} \tag{17.2}$$

ist.

Die Wechselwirkung geschehe durch Stöße, die so wenig Zeit beanspruchen, daß H_w nicht berücksichtigt werden muß. Für die Ortskoordinaten gilt die Beschränkung $\boldsymbol{r} \in V$, alle Massenpunkte sollen sich in einem festen, zusammenhängenden Volumen V befinden. Der Bereich $H(q, p) < E$ ist bezüglich der Impulskoordinaten eine Kugel mit dem Radius $\sqrt{2mE}$, das Phasenvolumen dieses Bereichs ist daher

$$\Phi(E) = V^N \nu_{3N} (2\,m\,E)^{\frac{3N}{2}}\,.^{1)} \tag{17.3}$$

Für die Formulierung der a-priori-Verteilung wird das Volumen des Bereichs (17.1) benötigt. Es werden die Bezeichnungen

$$\Phi(E) = \int_{H<E} \mathrm{d}q\,\mathrm{d}p \tag{17.4}$$

und

$$\omega(E) = \frac{\partial\Phi}{\partial E} \tag{17.5}$$

vereinbart. Die a-priori-Verteilung lautet nun

$$\varrho(q, p) = \begin{cases} \dfrac{1}{\omega(E)\,\Delta E} & E < H < E + \Delta E \\ 0 & \text{sonst}\,. \end{cases} \tag{17.6}$$

Das so beschriebene GIBBSsche Ensemble heißt mikrokanonisch. Die Dicke der Energieschale ΔE ist physikalisch ohne Bedeutung, sie ermöglicht nur das Umgehen einer Neuformulierung bekannter Begriffe auf der $(2\,n - 1)$-dimensionalen Energie-Hyperfläche $H(q, p) = E$. ΔE ist eine beliebig klein ansetzbare Größe. Von physikalischer Bedeutung sind immer nur die Größen, die unabhängig von ΔE sind bzw. beim Grenzübergang ΔE gegen Null übrigbleiben.

Ein wesentlicher Punkt der statistischen Betrachtung ist der Nachweis der Wärme genannten Form der Energieübertragung, die nicht mit makroskopisch

[1] $\nu_n = \dfrac{(\pi)^{n/2}}{\frac{n}{2}\,\Gamma\left(\frac{n}{2}\right)}$ ist das Volumen der n-dimensionalen Einheitskugel.

mechanischer Arbeit verbunden ist. Sie ist aus der Diskussion im § 15 bekannt, sie soll aber jetzt am allgemeinen mechanischen System verifiziert werden, in dem noch nicht von der speziellen Form (14.6) der Entropie Gebrauch gemacht wurde. Dazu wird angenommen, daß die HAMILTON-Funktion außer von den Phasenkoordinaten noch von Parametern abhängt, deren Änderu ßudie äußere mechanische Arbeit am System darstellt. Durch langsame Änderung dieser Parameter kann die Energie des Systems verändert werden, ohne daß die mikroskopische Bewegung wesentlich gestört wird. Diese Parameter werden durch den Buchstaben X repräsentiert. Im Beispiel des idealen Gases ist das Volumen V ein solcher Parameter. Die mittlere äußere Arbeit, die am mikrokanonischen Ensemble geleistet wird, ist der Änderung des Phasenvolumens proportional. Diese Änderung kann zunächst in der Form

$$\mathrm{d}X \frac{\partial \Phi(E, X)}{\partial X} = \int\limits_{H + \frac{\partial H}{\partial x} \mathrm{d}X < E} \mathrm{d}\Phi - \int\limits_{H<E} \mathrm{d}\Phi$$

$$= \int\limits_{E<H<E - \frac{\partial H}{\partial x} \mathrm{d}X} \mathrm{d}\Phi$$

dargestellt werden. Die Integration über den Phasenraum wird zerlegt in eine Integration über H und eine Integration über die Energieflächen $H = \text{const.}$ Es ergibt sich

$$\mathrm{d}X \frac{\partial \Phi(E, X)}{\partial X} = -\,\mathrm{d}X \int \frac{\partial H}{\partial X}\, \mathrm{d}\omega_E \, .$$

Zusammen mit der Verteilung (17.6) reduziert sich dieser Ausdruck zu

$$\mathrm{d}X \frac{\partial \Phi}{\partial X} = -\,\mathrm{d}X \cdot \omega(E) \overline{\frac{\partial H}{\partial X}} \, . \tag{17.7}$$

Es entsteht ein Satz analog (14.16):

$$\mathrm{d}\Phi = \omega\, \mathrm{d}E - \omega\, \delta A\, , \quad \delta A = \mathrm{d}X \overline{\frac{\partial H}{\partial X}}\, , \quad \mathrm{d}E = \frac{\mathrm{d}\Phi}{\omega} + \delta A\, . \tag{17.8}$$

Diese Gleichung nimmt die Stelle von (14.16) im mikrokanonischen Ensemble ein. Man hat die Entropie als Funktion von Φ anzusetzen. Da Additivität verlangt werden muß, lautet die Zuordnung

$$\theta\, \mathrm{d}S \triangleq \frac{\mathrm{d}\Phi}{\omega}\, ,$$

$$\mathrm{d}S \triangleq \mathrm{d} \ln \Phi\, , \tag{17.9}$$

$$\frac{1}{\theta} = \frac{\partial S}{\partial E} = \frac{\partial \ln \Phi}{\partial E} = \frac{\omega}{\Phi}\, .$$

Andererseits ist

$$\frac{1}{\theta} = \frac{\partial}{\partial E} \int \varrho \ln \frac{1}{\varrho} \, \mathrm{d}\Phi = \frac{\partial \ln \omega}{\partial E} . \tag{17.10}$$

Eine Temperatur kann also nur dann sinnvoll definiert werden, wenn die beiden Größen

$$\frac{\partial \ln \Phi}{\partial E} \quad \text{und} \quad \frac{\partial \ln \omega}{\partial E}$$

nahezu gleich sind. Für das kanonische Ensemble existiert dieses Problem nicht, da dort die Temperatur durch das Reservoir definiert wird. In einem abgeschlossenen System muß die Temperatur durch das System selbst definiert sein. Nun ist die Fläche $H = E$ bezüglich der Impulskoordinaten ein Ellipsoid; ist n die Anzahl der Impulskoordinaten, so ist das Phasenvolumen zumindest proportional $E^{\frac{n}{2}}$, die Potenz kann durch die Abhängigkeit der Hamilton-Funktion von den Lagekoordinaten nur noch höher werden. Damit ist aber

$$1 - \frac{\dfrac{\partial \ln \omega}{\partial E}}{\dfrac{\partial \ln \Phi}{\partial E}} \leqq \frac{2}{n} .$$

Einem abgeschlossenen System kann eine Temperatur zugeschrieben werden, wenn es viele Freiheitsgrade besitzt.

Für das Beispiel des idealen Gases ist

$$\Phi(E) \sim E^{\frac{3N}{2}} , \quad \omega(E) \sim E^{\frac{3N}{2} - 1}$$

$$\frac{\partial \ln \Phi}{\partial E} = \frac{3N}{2} \frac{1}{E} , \quad \frac{\partial \ln \omega}{\partial E} = \left(\frac{3N}{2} - 1 \right) \frac{1}{E} .$$

Ersichtlich ist der relative Unterschied der beiden Größen proportional N^{-1} und wird vernachlässigbar, wenn das Gasvolumen genügend viele Teilchen enthält. Für alle praktischen Fälle ist N^{-1} unmeßbar klein.

Für das ideale Gas gelten die Relationen

$$\Phi = V^N \nu_{3N} (2 m E)^{\frac{3N}{2}} ,$$

$$S = N \ln V + \frac{3N}{2} \ln E + S_0(N) , \tag{17.11}$$

$$E = \frac{3N}{2} \theta , \tag{17.12}$$

$$- p \, \mathrm{d}V = \delta A = - \theta \frac{\partial S}{\partial V} \mathrm{d}V = - \frac{\theta N}{V} \mathrm{d}V . \tag{17.13}$$

Die Energie eines idealen Gases ist unabhängig vom Volumen und der Temperatur direkt proportional. Für den Druck kann die bereits aus (13.6) bekannte Beziehung bestätigt werden. Die Entropie allerdings nimmt für θ gegen Null im Gegensatz zu dem in § 15 diskutierten Verhalten keinen endlichen Grenzwert an, und sie bleibt auch für niedrige Temperaturen abhängig von dem äußeren Parameter Volumen,

$$\frac{\partial S}{\partial V} = \frac{N}{V}$$

ist unabhängig von der Temperatur. Das liegt am Spektrum der Zustände (q, p), das als kontinuierlich vorausgesetzt war.

Ein kanonisches Ensemble ist bestimmt durch die Temperatur, die durch den Anschluß an ein Wärmebad gesichert wird. Kanonisches Ensemble und Wärmebad bilden zusammen ein mikrokanonisches System. Die Wahrscheinlichkeitsverteilung im kanonischen Ensemble ergibt sich, wenn die mikrokanonische Verteilung über die Freiheitsgrade des Wärmebades integriert wird. Die HAMILTON-Funktion für das Gesamtsystem lautet

$$H_G(q, p, q_w, p_w) = H(q, p) + H_w(q_w, p_w) . \tag{17.14}$$

Als Wahrscheinlichkeitsdichte des kanonischen Teilsystems ist

$$\varrho(q, p) = \int\limits_{E < H_w + H < E + \Delta E} \frac{\mathrm{d}q_w \, \mathrm{d}p_w}{\omega_G(E) \, \Delta E} = \frac{\omega_w (E - H)}{\omega_G(E)} \tag{17.15}$$

anzusetzen. Sie hängt nur von der HAMILTON-Funktion des Teilsystems ab, so wie die Wahrscheinlichkeiten (14.15) nur über die Energiewerte E_k von k abhingen. Diesen Zusammenhang kann man genauer untersuchen, wenn als Wärmebad ein ideales Gas angesetzt wird, für das ω_w bekannt ist. Aus

$$\omega_w = C_1 \cdot E^{\frac{3N}{2} - 1}$$

folgt

$$\varrho = C_2 (E) \cdot \left(\frac{E - H}{E}\right)^{\frac{3N}{2} - 1}$$

Bei fester Temperatur hängt die Energie E von der Teilchenzahl im Reservoir ab: $E \sim \theta \cdot \frac{3\,N}{2}$. Das ideale Gas ist ein Wärmereservoir, wenn N sehr groß ist. Im Grenzfall ergibt sich

$$\varrho(q, p) = \frac{1}{Z} \lim_{N \to \infty} \left(1 - \frac{H}{\frac{3\,N}{2}\,\theta}\right)^{\frac{3N}{2} - 1} = \frac{1}{Z} \exp\left(-\frac{H}{\theta}\right) . \tag{17.16}$$

Damit ist das kanonische Verteilungsgesetz bestätigt. Die Normierungskonstante Z, das Zustandsintegral, liefert die Relationen (14.17):

$$F = -\theta \ln Z(\theta, X)\,,$$
$$\mathrm{d}X \frac{\partial F}{\partial X} = \mathrm{d}X \int \frac{\partial H}{\partial X} \varrho \, \mathrm{d}\Phi = \delta A\,, \tag{17.17}$$
$$\frac{\partial F}{\partial \theta} = -S\,, \quad E = F + \theta S\,.$$

Ist das kanonische Ensemble ein System mit vielen Freiheitsgraden, so werden die Unterschiede zur mikrokanonischen Verteilung immer kleiner. Berechnet man die Streuung der Energie eines idealen Gases als kanonisches System, so findet man mit

$$\omega(H) = A\, H^{\frac{3n}{2}-1}\,, \quad n \geqq N\,,$$
$$\varrho(H) = B \exp\left(-\frac{H}{\theta}\right)$$

die Formeln

$$1 = \int \varrho(H)\, \omega(H)\, \mathrm{d}H = AB\,\Gamma\left(\frac{3n}{2}\right) \theta^{\frac{3n}{2}}\,,$$
$$\overline{E} = \int H\, \varrho(H)\, \omega(H)\, \mathrm{d}H = AB\,\Gamma\left(\frac{3n}{2}+1\right) \theta^{\frac{3n}{2}+1}\,,$$
$$\overline{E^2} = \int H^2 \varrho(H)\, \omega(H)\, \mathrm{d}H = AB\,\Gamma\left(\frac{3n}{2}+2\right) \theta^{\frac{3n}{2}+2}\,,$$

aus denen neben

$$\overline{E} = \frac{3n}{2}\theta$$

auch

$$\overline{E^2} = \frac{3n}{2}\left(\frac{3n}{2}+1\right)\theta^2$$

und

$$\overline{E^2} - \overline{E}^2 = \frac{3n}{2}\theta^2$$

folgt. Die relative Streuung der Energie um den Mittelwert hat den Wert

$$\frac{\Delta E}{E} = \frac{\sqrt{\overline{E^2} - \overline{E}^2}}{\overline{E}} = \sqrt{\frac{2}{3n}} \leqq \sqrt{\frac{2}{3N}}\,. \tag{17.18}$$

Sie ist nur bei wenigen Freiheitsgraden von Bedeutung (Brownsche Bewegung).

§ 18. Der Gleichverteilungssatz von Boltzmann

Am Beispiel des idealen Gases ist zu sehen, daß die Energie bei fester Temperatur proportional der Teilchenzahl ist. Die Energie pro Teilchen ist eine Funktion der Temperatur und für alle Teilchen gleich. Auf jeden Freiheitsgrad entfällt $E = \frac{1}{2}\theta$ als mittlere Energie.

Allgemein gilt: Geht ein Freiheitsgrad in der n-ten Potenz in die Hamilton-Funktion ein, dann trägt er zur Energie des Systems im Mittel $\frac{1}{n}\theta$ bei, unabhängig von der Natur des Freiheitsgrades, wenn die Wahrscheinlichkeitsdichte nur von der Hamilton-Funktion abhängt.

Ist die Dichte allein von der Hamilton-Funktion abhängig, dann muß wegen der Normierbarkeit der Verteilung

$$\varrho(H)\,\omega(H) = o\left(\frac{1}{H}\right)$$

gelten. Deshalb kann immer eine Stammfunktion mit der Eigenschaft

$$\varrho(H) = -\frac{\mathrm{d}P(H)}{\mathrm{d}H}, \qquad P(H) = o\left(\frac{1}{\omega(H)}\right)$$

gefunden werden. Hat die Hamilton-Funktion die Form

$$H = H_0(q_1, \ldots, q_n, p_1, \ldots, p_{n-1}) + A(p_n)^k,$$

dann ist die Energie auf dem Freiheitsgrad p_n gleich

$$E_n = A \cdot (p_n)^k = \frac{1}{k}\, p_n \frac{\partial H}{\partial p_n}.$$

Der Mittelwert

$$\overline{p_n \frac{\partial H}{\partial p_n}} = \int p_n \frac{\partial H}{\partial p_n}\, \varrho(H)\, \mathrm{d}q_1 \ldots \mathrm{d}p_n$$

wird über eine partielle Integration umgeformt:

$$\overline{p_n \frac{\partial H}{\partial p_n}} = -\int p_n \frac{\partial}{\partial p_n} P(H)\, \mathrm{d}\Phi = -\int_{-\infty}^{+\infty} [p_n P(H)] + \int P(H)\, \mathrm{d}\Phi.$$

Der erste Term verschwindet wegen des Grenzverhaltens von P. Es ergibt sich für

$$P(H) = \frac{1}{H}\, o\left(\frac{1}{\omega(H)}\right)$$

$$\overline{E}_n = \frac{1}{k}\int P(H)\, \mathrm{d}\Phi. \tag{18.1}$$

Es bleibt nun noch die Größe $\int P(H)\,\mathrm{d}\Phi$ zu berechnen. Da der einzelne Freiheitsgrad als Teilsystem ein kanonisches Ensemble darstellt, genügt es, $P(H)$ für das kanonische Ensemble aufzuschreiben:

$$\varrho(H) = \frac{1}{Z}\exp\left(-\frac{H}{\theta}\right),$$

$$P(H) = \theta\,\varrho(H),$$

$$\int P(H)\,\mathrm{d}\Phi = \theta.$$

Damit lautet das Ergebnis:

$$\overline{E}_n = \frac{1}{k}\,\theta\,. \tag{18.2}$$

Zunächst liest man die Berechtigung ab, Wechselwirkungen mit extrem kurzen Reichweiten (großem k) bei den Rechnungen mit der HAMILTON-Funktion zu vernachlässigen. Andererseits läßt sich die Größenordnung des Fehlers, der dabei gemacht wird, abschätzen.

Die kinetische Energie ist eine homogen quadratische Form in den Impulsen. Ist n die Anzahl der Impulskoordinaten, so ist $\overline{E} = (n/2)\,\theta$ die mittlere kinetische Energie der inneren Bewegung. In einem idealen Gas aus starren Teilchen ist damit die Gesamtenergie gegeben.

In einem harmonischen Oszillator geht auch die Lagekoordinate quadratisch in die HAMILTON-Funktion ein, die mittlere Energie des Oszillators ist daher $\overline{E} = \theta$.

Der Gleichverteilungssatz enthält den Virialsatz für ergodische Systeme. Die Impulskoordinaten gehen mit der Potenz 2 in die HAMILTON-Funktion ein, die Lagekoordinaten mit der Potenz k, dann ist nach dem Gleichverteilungssatz $T = (n/2)\,\theta$ und $U = (n/k)\,\theta$. Wird die Temperatur eliminiert, ergibt sich der Virialsatz

$$2\,T = k\,U\,.$$

Die entscheidenden Konsequenzen des BOLTZMANNschen Gleichverteilungssatzes liegen in der Möglichkeit der Bestimmung der spezifischen Wärmen eines Systems. In einem Gas aus mehratomigen Molekeln tragen die Translationsfreiheitsgrade die Energie $\frac{3}{2}\,\theta$ pro Molekel, die Rotationsfreiheitsgrade $\frac{3}{2}\,\theta$ pro Molekel und jede innere Schwingung θ pro Molekel. Da bei einer zweiatomigen Molekel nur zwei Rotationsfreiheitsgrade bei punktartigen Atomen angesetzt werden können, hat man für ein Gas aus einatomigen Molekeln

$$E = \frac{3\,N}{2}\,\theta\,,$$

für ein Gas aus zweiatomigen Molekeln $E = \frac{5\,N}{2}\,\theta + N\,\theta$

und für ein Gas aus mehratomigen Molekeln

$$E = \frac{6\,N}{2}\,\theta + \begin{cases} N(\theta\,n), & \text{wenn keine inneren Rotationen erfolgen} \\ N\left(\theta\,(n-k) + \frac{\theta}{2}\,k\right), & \text{wenn } k \text{ innere Rotationen möglich sind}\,, \end{cases} \tag{18.3}$$

zu erwarten. Der Differentialquotient $\frac{\mathrm{d}E}{\mathrm{d}\theta}$ wird als spezifische Wärme gemessen. Bis jetzt sind nur Freiheitsgrade berücksichtigt worden, die vorhanden sind, wenn die Atome als Massenpunkte angesehen werden. Nun sind die Atome selbst aber auch Systeme von Teilchen, die noch wesentlich mehr innere Freiheitsgrade als die Molekeln hinsichtlich der relativen Lage der Atome besitzen. Diese Freiheitsgrade aber werden in den spezifischen Wärmen nicht beobachtet. Auch die molekularen Schwingungsfreiheitsgrade werden im allgemeinen nicht beobachtet, sie treten erst bei Temperaturen in Erscheinung, bei denen die Molekeln zu dissoziieren beginnen. Unterhalb dieser Temperaturen erscheinen die Molekeln als starr, die inneren Freiheitsgrade sind „eingefroren". Beim Wasserstoff beobachtet man sogar ein Einfrieren der Rotationsfreiheitsgrade. Die dem BOLTZMANNschen Gleichverteilungssatz zugrundeliegende klassische Mechanik ist als Mechanik der atomaren Systeme unzureichend.

Im festen Körper hat jedes Atom drei Schwingungsfreiheitsgrade, der BOLTZMANNsche Gleichverteilungssatz ergibt dann die DULONG-PETITsche Regel:

$$E = 3\,N\,\theta\,. \tag{18.4}$$

Die molare spezifische Wärme ist für alle festen Körper gleich. Daß diese Regel überhaupt in irgendeiner Weise eine Näherung des experimentellen Befundes ist, erscheint schon deshalb merkwürdig, weil wieder die inneren Freiheitsgrade des Atoms nicht berücksichtigt wurden und zumindest im Metall quasifreie Elektronen in gleicher Zahl vorhanden sind wie Atome. Des weiteren wird auch hier ein „Einfrieren" der Schwingungen beobachtet, die spezifische Wärme ist nicht konstant, sondern in der Nähe von $\theta = 0$ von der Ordnung θ^3. Beide Phänomene müssen durch eine präzisierte mikroskopische Mechanik geklärt werden.

Am deutlichsten ist das Verhalten der Oszillatoren im Spektrum der Wärmestrahlung, weil hier tatsächlich ungekoppelte Oszillatoren vorliegen, deren Zahl bekannt ist. Wegen der zwei Polarisationsmöglichkeiten der elektromagnetischen Strahlung, ist die Anzahl der Oszillatoren im Frequenzintervall (§ 9)

$$n(\nu)\,\mathrm{d}\nu = V\,\frac{8\,\pi\,\nu^2}{c^3}\,\mathrm{d}\nu\,.$$

Die spektrale Verteilung der Energiedichte ergibt nach dem BOLTZMANNschen Gleichverteilungssatz die Strahlungsformel von RAYLEIGH und JEANS

$$u(\nu)\,\mathrm{d}\nu = V\cdot\frac{8\,\pi\,\nu^2}{c^3}\,\theta\,\mathrm{d}\nu\,. \tag{18.5}$$

Dies kann schon deshalb nicht richtig sein, weil die Gesamtenergiedichte divergieren würde. Tatsächlich wird die PLANCKsche Strahlungsformel

$$u(\nu)\,\mathrm{d}\nu = V\,\frac{8\,\pi\,\nu^2}{c^3}\,\frac{h\,\nu}{\exp\dfrac{h\,\nu}{\theta} - 1}\,\mathrm{d}\nu\,. \tag{18.6}$$

beobachtet. h ist die bereits in § 10 diskutierte PLANCKsche Konstante. (18.6) stimmt mit (18.5) für den Fall überein, daß

$$h\,\nu \ll \theta\,.$$

Die in (18.6) beobachtete mittlere Energie des Oszillators ist nicht $\overline{E} = \theta$, sondern

$$\overline{E} = \frac{h\,\nu}{\exp\frac{h\,\nu}{\theta} - 1}\,. \tag{18.7}$$

Unterhalb der Temperatur $\theta_0 \sim h\,\nu$ nimmt der Oszillator fast keine Energie auf, er ist eingefroren, bei höheren Temperaturen erreicht seine spezifische Wärme den aus der klassischen Mechanik folgenden Wert (Abb. 11).

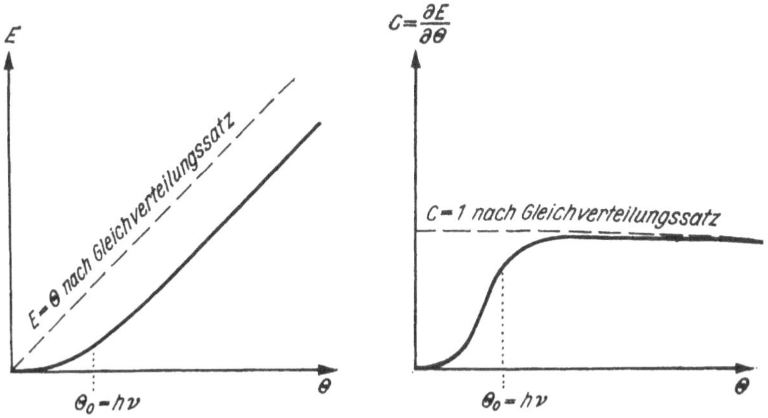

Abb. 11. Mittlere Energie und spezifische Wärme des harmonischen Oszillators

Die Plancksche Strahlungsformel liefert als Gesamtenergie der Strahlung

$$E = \int^{\infty} u(\nu)\,d\nu = \sigma\,\theta^4\,V\,, \qquad \sigma = \frac{8\,\pi^5}{15\,h^3\,c^3}\,. \tag{18.8}$$

Aus (13.7) ergibt sich für den Strahlungsdruck

$$p = \frac{1}{3}\,\sigma\,\theta^4\,. \tag{18.9}$$

Die Formel für die mittlere Energie des harmonischen Oszillators kann statistisch begründet werden, wenn der Oszillator nicht klassisch mit der HAMILTON-funktion $H = \frac{p^2}{2\,m} + \frac{m}{2}\,\omega^2\,q^2$ beschrieben wird, die ein kontinuierliches Spektrum von Zuständen erlaubt, sondern wenn ein diskretes Zustandsspektrum mit den Energiewerten

$$E_n = n\,h\,\nu \qquad \left(\nu = \frac{\omega}{2\,\pi}\right) \tag{18.10}$$

angesetzt wird. $\varepsilon = h\,\nu$ heißt Energiequant des Oszillators. Diese konkrete

Struktur ist in der Quantenmechanik enthalten. Die Energiequanten des harmonischen Oszillators stellen Pseudoteilchen dar; entsprechend den Vorstellungen aus § 15 kann ein Oszillator auch als Teilchenzustand interpretiert werden, in dem ein Quant die Energie $h\nu$ hat. Die Besetzungszahl der elektromagnetischen Feldoszillatoren ist nach (18.6)

$$n = \frac{1}{\exp\frac{h\nu}{\theta} - 1}. \tag{18.11}$$

Die mit dieser Formel beschriebenen Quanten sind Bose-Teilchen, das chemische Potential ist aber ständig Null. Die Teilchenzahl bleibt nicht erhalten, wenn nicht ein Oszillator mit $\nu = 0$ eingeführt wird, der alle überschüssigen Teilchen aufnimmt und in dem die Teilchen nichts zur Energie beitragen. Die Energiequanten verhalten sich auch noch in anderer Hinsicht als Teilchen, besonders die Lichtquanten. Sie besitzen einen Impuls, der den Lichtdruck erklärt, und verhalten sich bei Stößen wie andere Teilchen auch (§§ 26, 46).

Die spezifische Energie der festen Körper — θ^3-Gesetz bei tiefen Temperaturen — und die Starrheit der Molekeln können mit (18.7) erklärt werden. Die diskreten Energiewerte, die das Einfrieren der Oszillatoren verursachen, existieren auch für die Rotations- und Translationsfreiheitsgrade, nur sind hier die Energiestufen wesentlich kleiner, so daß ein Einfrieren erst bei Temperaturen stattfinden könnte, bei denen die gegenseitige Kopplung der Teilchen stark ins Gewicht fällt und nicht mehr von idealen Gasen gesprochen werden kann.

§ 19. Quasistatische und nichtquasistatische Arbeit

Arbeit wird an einem System von außen geleistet, wenn äußere Parameter in der Hamilton-Funktion geändert werden, allgemein, wenn die zu bestimmten Zuständen gehörenden Energien geändert werden. Die Änderungen der Energiewerte der einzelnen Zustände bedeutet, daß das System nach dieser Änderung nicht mehr im Gleichgewicht sein kann, wenn die Wahrscheinlichkeiten noch die alten Werte haben, denn mit den Energiewerten ändert sich die Gleichgewichtsverteilung.

Die Gleichgewichtsverteilung kann sich aber nur über den mikroskopischen stochastischen Prozeß ändern, der eine bestimmte Geschwindigkeit besitzt, die eine innere Größe des Systems darstellt. Wenn die Änderung der Energieparameter so langsam vor sich geht, daß das System Zeit hat, ständig den momentanen Gleichgewichtszustand einzunehmen, heißt der Prozeß der äußeren Arbeitsleistung quasistatisch. Bei einer ideal quasistatischen Zustandsänderung ist das System jederzeit im Gleichgewicht, die momentane Wahrscheinlichkeitsverteilung entspricht zu jedem Zeitpunkt dem Entropiemaximum über den momentanen Energiewerten. Für einen endlichen quasistatischen Prozeß erhält man

$$\Delta A_{\mathrm{qu}} = \int\limits_{E_{0i}}^{E_{0i}+\Delta E_i} \sum_k p_k(E_i)\,\mathrm{d}E_i\,. \tag{19.1}$$

Werden die Energieparameter so schnell geändert, daß die Verteilung in dieser Zeitspanne unverändert bleibt, gilt dagegen

$$\Delta A_{\mathrm{qu}} = \int\limits_{E_{0i}}^{E_{0i}+\Delta E_i} \sum_k p_k(E_{0i})\,\mathrm{d}E_i\,. \tag{19.2}$$

Die tatsächlichen Möglichkeiten liegen zwischen beiden Extremen.

Um eine bestimmte Änderung der Arbeitsparameter zu erreichen, ist bei quasistatischer Prozeßführung die geringste Arbeit nötig. Das ergibt sich allgemein aus dem Wachsen der Entropie bei selbständig ablaufenden Prozessen. Werden die Arbeitsparameter quasistatisch geändert, so daß das System ständig im Gleichgewicht ist, ergibt sich aus (14.22) und

$$\mathrm{d}E = \delta A\,,$$

daß die Entropie bei quasistatischen Prozessen mit thermisch abgeschlossenen Systemen nicht zunimmt. Aus einem durch (E_0, S_0, X_0) gegebenen Anfangszustand entwickelt sich der Endzustand (E_1, S_0, X_1). Die am System geleistete Arbeit ist $\delta A_{\mathrm{qu}} = \mathrm{d}E = \frac{\partial E}{\partial X}\,\mathrm{d}X$. Bei nichtquasistatischer Prozeßführung erhöht der im Innern ablaufende stochastische Prozeß die Entropie, weil das System bei nichtquasistatischer Prozeßführung aus dem Gleichgewicht gebracht wird. Aus dem Anfangszustand entwickelt sich ein Endzustand (E_2, S_2, X_1) mit $S_2 > S_0$. Die am System geleistete Arbeit ist

$$\delta A = \mathrm{d}E = \theta\,\mathrm{d}S + \frac{\partial E}{\partial X}\,\mathrm{d}X\,.$$

Es folgt für die Differenz

$$\delta A \geqq \delta A_{\mathrm{qu}}\,, \tag{19.3}$$

weil

$$\theta\,\mathrm{d}S = \delta A - \delta A_{\mathrm{qu}}$$

positiv sein muß.

(19.3) kann an einem System aus gleichartigen Teilchen genauer analysiert werden, wenn man beachtet, daß die Gleichgewichtswahrscheinlichkeit eines Teilchenzustands

$$p_k = \frac{1}{Z}\exp\left(-\frac{E_k}{\theta}\right)$$

monoton von der Energie des Zustands abhängt:

$$\frac{\partial p_k}{\partial E_k} < 0\,.$$

Arbeit wird am System geleistet, wenn die Parameter E_i geändert werden. Wird E_k

erhöht, dann ist die zu leistende Arbeit

$$\delta A = p_k \,\mathrm{d}E_k$$

bei quasistatischer Erhöhung am geringsten, wenn die Verringerung der Gleichgewichtsbesetzungszahl abgewartet wird. Im nichtquasistatischen Fall ist die Besetzungszahl höher, die zu leistende Arbeit größer. Wird ein E_k erniedrigt, so ist die geleistete Arbeit negativ. Sie ist am kleinsten, wenn ihr Betrag am größten ist. Das ist der Fall, wenn bei der Verringerung von E_i immer die Erhöhung der Besetzungszahlen abgewartet wird. Bei nichtquasistatischer Führung ist n_i kleiner, der Betrag der Arbeit auch. Damit ist (19.3) bestätigt.

Ein wichtiges Beispiel ist ein Volumen mit idealem Gas, das in Kontakt mit einem Wärmebehälter steht. Die Arbeit, die bei Volumenänderung zu leisten ist, lautet

$$\delta A = -\, p \,\mathrm{d}V = -\, \theta \frac{N}{V} \mathrm{d}V \,,$$

die Energie des Gases ist

$$E = N \gamma \, \theta \,, \quad \gamma = \mathrm{const} \,.$$

Im Gleichgewicht ist die Temperatur gegeben, die Energie also auch. Bei quasistatischer Volumenänderung wird die Energie des Gases sofort durch das Wärmereservoir ausgeglichen. Zusammen mit der Zustandsgleichung

$$p = \frac{E}{\gamma \, V}$$

ergibt sich folgendes Bild: Wird die Kompression des Gases nicht quasistatisch durchgeführt, dann wird die Arbeit nicht schnell genug an das Wärmereservoir abgegeben, die Energie und damit der Druck des Gases sind höher als im quasistatischen Fall, wo E konstant bleibt. Kompression gegen einen höheren Druck bedeutet aber erhöhte Arbeit. Läßt man das Gas expandieren, ist die zugeführte Arbeit negativ. Bei nichtquasistatischer Führung kann das Reservoir die Energie nicht schnell genug nachliefern, Energie und Druck des Gases fallen unter den Gleichgewichtswert, der Betrag der Arbeitsleistung sinkt. Auch hier ist (19.3) am konkreten Beispiel bestätigt. Die Geschwindigkeit des Wärmetransports zwischen Reservoir und Gasvolumen bestimmt die obere Grenze der Geschwindigkeit von Prozessen, die noch als quasistatisch angesehen werden können.

Die quasistatische Prozeßführung heißt auch reversible Prozeßführung. Für einen quasistatischen Prozeß

$$\theta(\lambda) \,, \quad X(\lambda) \,, \quad N(\lambda)$$

sind die Koeffizienten in den Bilanzgleichungen

$$\mathrm{d}F = -\, S \,\mathrm{d}\theta + \xi \,\mathrm{d}X + \mu \,\mathrm{d}N \,,$$

$$\delta A = \xi \,\mathrm{d}X$$

Funktionen des momentanten Zustands und hängen nicht von der Vorgeschichte, der Geschwindigkeit oder der Richtung des Prozesses ab, wie das notwendig beim nichtquasistatischen Prozeß der Fall ist, wo der stochastische Prozeß innerhalb des Systems nicht wesentlich schneller als die äußere Prozeßführung ist. Wird der Prozeß auf gleicher Linie zurückgeführt, d. h. setzt man für die

Funktionen $\theta(\lambda)$, $X(\lambda)$ und $N(\lambda)$

$$0 < \lambda \leqq 2\,, \quad f(2-\lambda) = f(\lambda)$$

an, so ist im quasistatischen Fall $\oint \delta A_{\text{qu}} = 0$. Im nichtquasistatischen Fall wird dagegen mit (19.3)

$$\oint \delta A \geqq 0\,,$$

die Prozeßführung ist also hinsichtlich der Bilanz der äußeren Arbeit irreversibel. Bei quasistatischen Veränderungen am System kann die Richtung umgekehrt werden, ohne daß sich an den Bilanzgleichungen mehr als das Vorzeichen ändert.

§ 20. Die Hauptsätze der Thermodynamik

Entscheidend für die phänomenologische Darstellbarkeit der Thermodynamik ist die Eigenschaft der Entropie, unabhängig von der speziellen mikroskopischen Struktur eines Systems den Prozeßablauf und den Wärmefluß zu beschreiben. Die mikroskopischen Eigenschaften eines Systems gehen nur in die spezielle Form der Abhängigkeit

$$S = S(E, N, X)$$

ein, nicht in die Form der Energiebilanz $\mathrm{d}E = \theta\, \mathrm{d}S + \delta A$, nicht in das Wachstumsgesetz der Entropie und nicht in die Ungleichung für die nichtquasistatische Prozeßführung (19.3).

Diese allgemeinen Eigenschaften thermodynamischer Systeme ermöglichten es, die grundlegenden Zusammenhänge zu entdecken, bevor die Statistik angewendet werden konnte, zu entdecken, daß die Wärme innere kinetische Energie darstellt und mechanischer Energie äquivalent ist, daß Flüssigkeiten, Gase und Festkörper aus mikroskopisch kleinen Teilchen aufgebaut sind, deren Wechselwirkung im wesentlichen ganz einfacher Natur ist.

Die Temperatur, die in der Statistik als Gleichgewichtsbedingung erscheint, ist phänomenologisch die elementarste thermodynamische Größe. Quantitativ wird sie mit einem Normalsystem (Thermometer) gemessen, die Messung beruht auf dem Ausgleich der Temperatur beim Kontakt von Systemen. Das Thermometer zeigt bei Temperaturänderung mechanische Veränderungen (Quecksilberthermometer, Bimetallstreifen), elektrische Veränderungen (Widerstandsthermometer, Thermoelement), optische Veränderungen (Strahlungsthermometer).

Der Kontakt, der einen Temperaturausgleich herbeiführt, heißt thermodynamische Wechselwirkung. Statistisch bedeutet er die Kopplung der Mikroprozesse ohne Nutzung der äußeren Parameter. Findet keine Energieübertragung bei vorhandener Wechselwirkung mehr statt, ist das thermodynamische Gleichgewicht erreicht.

Ein System befindet sich in einem bestimmten Zustand, wenn unter den gegebenen inneren Nebenbedingungen alle Teile des Systems untereinander im

Gleichgewicht sind, wenn es stationär in allen Teilsystemen ist. Die äußeren Parameter und die Temperatur bestimmen den Zustand. Zustandsfunktionen sind Funktionen dieser Parameter und hängen nur vom momentanen Zustand des Systems ab. Zustandsgleichungen stellen Zusammenhänge zwischen Zustandsfunktionen dar, speziell wird damit die Abhängigkeit des Druckes vom Zustand gemeint (Zustandsgleichung des idealen Gases $p\, V = N\, kT$).

Additive (extensive) Parameter, die sich für Systeme in schwacher Wechselwirkung addieren, spielen eine besondere Rolle. Ist die Entropie als Funktion additiver Parameter gegeben, so sind alle anderen Zustandsfunktionen berechenbar. Entropie, Energie, Volumen, Teilchenzahlen sind additive Parameter.

Phänomenologisch ist die Temperatur zunächst nur durch ihre Gleichgewichtseigenschaft festgelegt. Als Ausgangspunkt steht axiomatisch: Zwei Systeme befinden sich genau dann im Gleichgewicht, wenn ihre Temperaturen übereinstimmen. Das thermische Gleichgewicht fixiert eine Äquivalenzrelation, die durch eine Zustandsfunktion darstellbar ist. Die Temperaturskala ist nicht festgelegt, die monotone Funktion einer Temperatur ist wieder eine Temperatur. Die Kelvin-Skala entspricht der Gastemperatur

$$T = \frac{p\, V}{N\, k}$$

und der thermodynamischen Skala ($\theta = kT$).

Die Wärmemenge erscheint bei der Mischungsregel für den Temperaturausgleich. Bei infinitesimalen Temperaturdifferenzen ergibt sich die Mischungstemperatur nach der WICHMANNschen Regel

$$T = \frac{C_1\, T_1 + C_2\, T_2}{C_1 + C_2}\,. \tag{20.1}$$

Die Größen C heißen spezifische Wärmen und sind Zustandsfunktionen. (20.1) wird als Erhaltungssatz für die Wärmemenge interpretiert.

$$C_1\,(T_1 - T) + C_2\,(T_2 - T) = \Delta Q_1 + \Delta Q_2 = 0\,.$$

Die Wärmemenge ist nichtmechanisch eichbar (cal). Das mechanische Wärmeäquivalent ist eine Form des Energieerhaltungssatzes. Die Mischungsregel gilt wegen der Abhängigkeit der spezifischen Wärmen vom Zustand infinitesimal, die Wärmemenge ist nur als Differentialform δQ definierbar.

Das Wärmeäquivalent wird durch Vergleich der Temperaturerhöhung bei Arbeitsleistung einerseits und Wärmezufuhr andererseits gefunden. Die bei einer Temperaturerhöhung bei festen äußeren Parametern zuzuführende Wärmemenge wird dann durch die Arbeit gemessen, die aufgewendet werden muß, um das System durch Änderung der äußeren Parameter in einen Zustand zu bringen, der sich in einem abgeschlossenen irreversiblen Prozeß in den durch Wärmezufuhr erreichbaren Endzustand entwickelt. So kann ein Gas unter Arbeitsleistung komprimiert werden und danach ohne Arbeitsleistung durch Öffnung eines Ventils wieder expandieren. Die bei diesem Prozeß entstehende Erhöhung der Energie impliziert eine Temperaturerhöhung, die der äquivalenten Wärmezufuhr entspricht.

$$1\ \mathrm{kcal} = 4.17 \cdot 10^{10}\ \mathrm{erg} = 4.17 \cdot 10^{3}\ \mathrm{Ws}.$$

Die grundlegenden Zusammenhänge der Thermodynamik, die ohne Berücksichtigung mikroskopischer Strukturen formuliert werden können, werden in den Hauptsätzen der Thermodynamik zusammengefaßt.

Erster Hauptsatz der Tehrmodynamik:

Die Summe der linearen Differentialformen δQ und δA ist ein totales Differential, das der inneren Energie E. Die innere Energie ist eine Zustandsfunktion.

$$\mathrm{d}E = \delta Q + \delta A \,. \tag{20.2}$$

Die Differentialform δQ ist kein totales Differential, wohl aber existiert ein integrierender Divisor, und dieser Divisor ist eine Temperatur. Diese Temperatur heißt thermodynamische oder auch absolute Temperatur und entspricht der Kelvin-Skala. Das ist aus der Statistik bekannt (14.17), phänomenologisch muß es axiomatisch formuliert werden.

Zweiter Hauptsatz der Thermodynamik:

Es existiert eine Zustandsfunktion, die Entropie S, mit den Eigenschaften:

1. *Die Wärmezufuhr bei quasistatischen Veränderungen ist $\delta Q = \theta\, \mathrm{d}S$, dabei ist θ eine Temperatur.*
2. *Ein abgeschlossenes System ist im Gleichgewicht, wenn die Summe der Entropien aller Teilsysteme ihr Maximum annimmt.*
3. *Bei Prozessen zwischen den Teilsystemen eines abgeschlossenen Systems kann die Entropie nur zunehmen.*

Prozesse in einem System unter Wärmeabschluß ($\delta Q = 0$) heißen adiabatisch, das System heißt adiabatisch abgeschlossen. Bei einem quasistatischen adiabatischen Prozeß ändert sich die Entropie nicht (isentroper Prozeß). Allgemein kann die Entropie bei einem adiabatischen Prozeß höchstens zunehmen.

Für ein ideales Gas ist der Druck $p = \frac{N\theta}{V}$ und die äußere Arbeit im quasistatischen Fall $\delta A = -N\theta \frac{\mathrm{d}V}{V}$. Nach dem zweiten Hauptsatz muß für feste N

$$\mathrm{d}S = \frac{\mathrm{d}E}{\theta} + N \frac{\mathrm{d}V}{V}$$

ein totales Differential sein, d. h., $\frac{\mathrm{d}E}{\theta}$ muß ein totales Differential sein. Die innere Energie ist eine reine Funktion der Temperatur.

Ist die spezifische Wärme konstant,

$$E = N \gamma \theta \,,$$

dann ergibt sich die Entropie

$$S = N\gamma \ln \theta + N \ln V + S_0(N) \,, \tag{20.3}$$

wie es nach den statistischen Rechnungen sein muß.

Der Strahlungsdruck ist eine reine Funktion der Temperatur, es gilt

$$p = \frac{\sigma}{3} \theta^4 \,.$$

Da wieder

$$\mathrm{d}S = \frac{\mathrm{d}E}{\theta} + \frac{\sigma}{3} \theta^3 \,\mathrm{d}V$$

ein totales Differential sein muß, findet man

$$E = E_0(\theta) + \sigma\,\theta^4 \cdot V\,.$$

Es wird beobachtet

$$E = \sigma\,\theta^4 \cdot V\,.$$

Die Entropie der Strahlung ist

$$S = \frac{4}{3}\sigma\,\theta^3\,V\,. \tag{20.4}$$

Phänomenologisch ergibt sich folgende allgemeine Beschreibung eines thermodynamischen Systems: Ein System wird von außen charakterisiert durch eine Reihe von Arbeitsparametern X, die in der quasistatischen Arbeitsbilanz auftreten:

$$\delta A_{\text{qu}} = \sum_i \xi_i\,\mathrm{d}X_i\,. \tag{20.5}$$

Sie entsprechen statistisch variablen Parametern der Mikrozustände des Systems, die die Energiewerte bzw. die HAMILTON-Funktion festlegen. Eine zweite Gruppe von äußeren Parametern entsprechen den Teilchenzahlen. Sie können nicht durch die Änderung der Mikrostruktur variiert werden, sondern nur durch Veränderung der Wahrscheinlichkeitsverteilung der Mikrozustände. Diese Parameter werden mit N bezeichnet. Einziger innerer Parameter des Systems ist die Entropie S. Die in der Bilanzgleichung

$$\mathrm{d}E = \theta\,\mathrm{d}S + \sum_i \xi_i\,\mathrm{d}X_i + \sum_k \mu_k\,\mathrm{d}N_k \tag{20.6}$$

auftretenden Größen sind die Temperatur θ, die den Arbeitsparametern entsprechenden generalisierten Kräfte ξ und die chemischen Potentiale μ.

Sind die Größen X und N additive (extensive) Parameter, so gilt wegen der Additivität von E und S, daß $E(S, X, N)$ eine homogene Funktion ersten Grades ist, mit (20.6) ergibt sich daher

$$E = \theta\,S + \sum_i \xi_i\,X_i + \sum_k \mu_k\,N_k\,. \tag{20.7}$$

Für die Intensitätsgrößen θ, ξ und μ folgt die GIBBS-DUHEMsche Relation

$$S\,\mathrm{d}\theta + \sum_i X_i\,\mathrm{d}\xi_i + \sum_k N_k\,\mathrm{d}\mu_k = 0\,. \tag{20.8}$$

Durch die Funktion $E = E(S, X, N)$ wird die Thermodynamik der Gleichgewichtszustände des Systems vollständig beschrieben. Die Energie ist als Funktion von S, X und N ein thermodynamisches Potential, ebenso S als Funktion von E, X und N usw.

Aus (20.6) erhält man andere Potentiale durch Vertauschung der Rollen von θ und S, von ξ und X oder von μ und N. So gilt für die freie Energie $F = E - \theta\,S$ die Bilanzgleichung[1])

$$\mathrm{d}F = -\,S\,\mathrm{d}\theta + \xi\,\mathrm{d}X + \mu\,\mathrm{d}N\,. \tag{20.9}$$

[1]) Solange nicht direkte Unterscheidungen eine Indizierung unumgänglich machen, sind bei Produkten $\xi \cdot X$ oder $\mu \cdot N$ immer Summen über alle entsprechenden Terme gemeint.

F ist daher ein thermodynamisches Potential, wenn es als Funktion von θ, X und N bekannt ist. Die Enthalpie ist definiert durch $H = E - \xi X$. Für H lautet die Bilanzgleichung

$$dH = \theta \, dS - X \, d\xi + \mu \, dN \,. \tag{20.10}$$

Folglich ist die Enthalpie eine thermodynamisches Potential, wenn der Zusammenhang $H = H(S, \xi, N)$ feststeht. Die freie Enthalpie[1] $G = E - \theta S - \xi X$ besitzt die Bilanzgleichung

$$dG = - S \, d\theta - X \, d\xi + \mu \, dN \tag{20.11}$$

und ist in der Form $G = G(\theta, \xi, N)$ ein thermodynamisches Potential. In analoger Weise findet man andere Potentiale.

Direkt meßbar sind

1. die Temperatur θ, die äußeren Parameter X und N,
2. die generalisierten Kräfte ξ durch Messung der quasistatischen mechanischen Arbeit $\delta A = \xi \, dX$ und
3. die spezifischen Wärmen unter verschiedenen Nebenbedingungen über die Mischungsregel.

Das heißt, man erhält zunächst Zustandsgleichungen der Form

$$\xi = \xi(\theta, X, N) \tag{20.12}$$

und die spezifischen Wärmen bei konstanten äußeren Parametern X

$$C_X = \frac{\partial E(\theta, X, N)}{\partial \theta} \tag{20.13}$$

bzw. bei konstanten generalisierten Kräften

$$C_\xi = \frac{\partial H(\theta, \xi, N)}{\partial \theta} \,. \tag{20.14}$$

Der zweite Hauptsatz impliziert, daß

$$\frac{1}{\theta}(dE - \xi \, dX - \mu \, dN) \quad \text{und} \quad \frac{1}{\theta}(dH + X \, d\xi - \mu \, dN)$$

totale Differentiale sind. Daher folgen wegen

$$\frac{\partial}{\partial X}\left[\frac{1}{\theta}\frac{\partial E(\theta, X, N)}{\partial \theta}\right] = \frac{\partial}{\partial \theta}\left[\frac{1}{\theta}\left(\frac{\partial E(\theta, X, N)}{\partial X} - \xi\right)\right],$$

$$\frac{\partial}{\partial \xi}\left[\frac{1}{\theta}\frac{\partial H(\theta, \xi, N)}{\partial \theta}\right] = \frac{\partial}{\partial \theta}\left[\frac{1}{\theta}\left(\frac{\partial H(\theta, \xi, N)}{\partial \xi} - X\right)\right]$$

[1]) Aus der Definition der freien Enthalpie G und der Relation (20.7) ist zu sehen, daß das chemische Potential mit der freien Enthalpie pro Teilchen identisch ist ($G = \mu(\theta, \xi) \, N$).

die wichtigen Beziehungen

$$\frac{\partial E(\theta, X, N)}{\partial X} = \xi(\theta, X, N) - \theta \frac{\partial}{\partial \theta} \xi ,$$

$$\frac{\partial H(\theta, \xi, N)}{\partial \xi} = - X(\theta, \xi, N) - \theta \frac{\partial}{\partial \theta} X . \tag{20.15}$$

Damit sind die Differentialquotienten $\frac{\partial E(\theta, X, N)}{\partial X}$ bzw. $\frac{\partial H(\theta, \xi, N)}{\partial \xi}$ bekannt. Die Integration läßt die genaue Abhängigkeit von N noch offen, diese wird gegeben durch die Relation (20.7): Additive Größen müssen lineare homogene Funktionen in den additiven Größen sein. Danach wird die Entropie über den zweiten Hauptsatz berechnet, und die thermodynamischen Potentiale können zusammengestellt werden.

Beim idealen Gas ($X = V$, $\xi = -p$) gewinnt man aus $p\,V \sim T$ wegen der Homogenität $p\,V = N\,kT = N\,\theta$. Aus (20.15) folgt, daß die innere Energie nicht vom Volumen abhängen kann, damit ist $E = N\,f(\theta)$. Die Entropie ist

$$S = N \int \frac{\mathrm{d}\theta}{\theta} f(\theta) + N \ln \frac{V}{V_0} + C(N) .$$

Dabei muß $C(N)$ so beschaffen sein, daß der Ausdruck homogen wird, daher gilt schließlich

$$S = N \cdot y(\theta) + N \ln \frac{V}{N v_0} + s_0 N . \tag{20.16}$$

Die Umkehrfunktion von $y(\theta) = \int \frac{\mathrm{d}\theta}{\theta} f(\theta)$ sei $\theta = \tau(y)$, dann ergibt sich die Energie in der Form eines thermodynamischen Potentials:

$$E = N f\left[\tau\left(\frac{S}{N} - s_0 - \ln \frac{V}{N v_0}\right)\right].$$

Die Differenz der beiden spezifischen Wärmen (20.13) und (20.14) wird direkt durch die Zustandsgleichung (20.12) bestimmt. Sei $S = S(\theta, X, N)$ gegeben, dann ist mit $\delta Q = \theta\,\mathrm{d}S$

$$C = \theta \frac{\mathrm{d}S}{\mathrm{d}\theta} ,$$

also

$$C_X = \theta \frac{\partial S}{\partial \theta} , \qquad C_\xi = \theta \left(\frac{\partial S}{\partial \theta} + \frac{\partial S}{\partial X} \frac{\partial X(\theta, \xi, N)}{\partial \theta} \right).$$

Aus der Gleichung (20.9) folgt aber die Reziprozitätsrelation

$$\frac{\partial S(\theta, X, N)}{\partial X} = - \frac{\partial \xi(\theta, X, N)}{\partial \theta} ,$$

weil $\mathrm{d}F$ ein totales Differential ist. Man erhält deshalb

$$C_\xi - C_x = - \theta \frac{\partial \xi(\theta, X, N)}{\partial \theta} \frac{\partial X(\theta, \xi, N)}{\partial \theta} . \tag{20.17}$$

Es ergibt sich ein Zusammenhang zwischen kalorisch meßbaren Größen C_ξ und C_X einerseits und den mechanischen Größen ξ und X andererseits (Bestimmung des mechanischen Wärmeäquivalents nach R. MAYER). Im Fall des idealen Gases ist

$$C_p - C_V = + \theta \frac{N}{V} \frac{N}{p} = N .$$

§ 21. Allgemeines Gleichgewicht unter Nebenbedingungen

Ein abgeschlossenes System ist im Gleichgewicht, wenn die Summe der Entropien aller Teilsysteme unter den gegebenen inneren Bedingungen maximal ist. Stehen zwei Teilsysteme in thermischem Kontakt, müssen die Werte von θ übereinstimmen, stehen sie in Teilchenkontakt, müssen die Werte von μ übereinstimmen, stehen sie in einem X ausgleichenden Kontakt, müssen die Werte von ξ übereinstimmen. Ein System heißt einheitlich, wenn die Größen θ, μ und ξ überall im System gleich sind.

Ein System, das mit einem die Temperatur festlegenden Wärmebehälter in Kontakt steht, ist nicht abgeschlossen. Erst für die Summe aus beiden Systemen gilt die Bedingung, daß die Entropie maximal sein muß. Diese Bedingung läßt sich aber ohne die Zustandsgrößen des Reservoirs formulieren, wenn beachtet wird, daß eine Änderung der Entropie des Reservoirs nur durch Energiezufuhr aus dem betrachteten System entstehen kann. Die Konstanz der Temperatur bedingt, daß man die Entropie des Reservoirs in der Form $S_w = S_0 - \frac{E}{\theta}$ ansetzen kann. Es herrscht Gleichgewicht, wenn $S + S_w$, d. h. $S - \frac{E}{\theta}$ maximal sind. Es herrscht Gleichgewicht, wenn die Summen der freien Energien der Teilsysteme ein Minimum annehmen.

Temperatur θ gegeben: F nimmt ein Minimum an.

Hält das Reservoir nicht nur die Temperatur, sondern auch die Größen ξ konstant, dann wird das Gleichgewicht durch das Minimum der freien Enthalpie G beschrieben: Die Entropieänderung des Reservoirs ist

$$\Delta S_w = - \frac{1}{\theta} (\Delta E - \xi \, \Delta X) = - \Delta \frac{E - \xi X}{\theta} .$$

Die Entropie des Reservoirs kann in der Form $S_w = S_0 - \frac{1}{\theta} (E - \xi X)$ angesetzt werden. Das Maximum der Gesamtentropie ist dann identisch mit dem Minimum von $E - \theta S - \xi X = G$ des betrachteten Systems.

Ist von konjugierten Größen immer eine festgelegt, dann nimmt im Gleichgewicht gerade die Größe, die in Abhängigkeit von den festgelegten Parametern ein thermodynamisches Potential ist, ein Extremum an. In einem abgeschlossenen System sind E, X und N festgelegt. In diesen Parametern ist die Entropie ein thermodynamisches Potential, die Entropie nimmt ein Maximum an. Sind θ, V und N festgelegt, so nimmt F ein Minimum an, F ist in Abhängigkeit von θ, X und N ein Potential. Andererseits ist anzumerken, daß in der Statistik gerade das so bestimmte Potential mit der Zustandssumme berechnet wird (vgl. (14.9), (14.18), (14.31)).

Gegeben sei ein thermodynamisches System, das durch die Energie E, das Volumen V und die Teilchenzahlen $N_{\varkappa\pi}$ verschiedener chemischer Komponenten ($\varkappa = 1, \ldots, k$) gekennzeichnet ist. Das System muß nicht homogen sein, es kann in mehrere homogene Teilsysteme, die Phasen $\pi = 1, \ldots, p$, zerfallen. Diese Phasen stehen untereinander im Kontakt über alle Parameter, d. h. über E, V und die $N_{\varkappa\pi}$. In einer Phase hängt die Entropie homogen von Energie, Volumen und den Teilchenzahlen in der Phase ab. Es gibt nur eine gasförmige Phase, aber unter Umständen mehrere feste und flüssige Phasen. Nach (20.7) ist die freie Enthalpie der π-ten Phase

$$G_\pi = \sum_\varkappa \mu_{\varkappa\pi} N_{\varkappa\pi} ,$$

und die gesamte freie Enthalpie ist

$$G = \sum_{\varkappa\pi} \mu_{\varkappa\pi} N_{\varkappa\pi} , \quad \mathrm{d}G = - S\,\mathrm{d}\theta + V\,\mathrm{d}p + \sum_{\varkappa\pi} \mu_{\varkappa\pi}\,\mathrm{d}N_{\varkappa\pi} . \tag{21.1}$$

Das Gleichgewicht der Phasen wird von den Intensitätsgrößen θ, p und $\mu_{\varkappa\pi}$ gekennzeichnet. Zwischen diesen Größen bestehen Beziehungen, die aus den Gleichgewichtsbedingungen und der Homogenität der Phasen resultieren. Da G_π eine homogen lineare Funktion der $N_{\varkappa\pi}$ für jede Phase sein muß, können die $\mu_{\varkappa\pi}$ nur von den Konzentrationen $\dfrac{N_{\varkappa\pi}}{\sum_\varkappa N_{\varkappa\pi}}$ abhängen. Für jede Phase existieren also nicht k unabhängige Potentiale μ, sondern nur $k-1$. Zusammen mit den Gleichgewichtsbedingungen, die verlangen, daß die chemischen Potentiale nicht von der Phase abhängen (für jede Komponente $p-1$ Gleichungen), ergibt sich: Ein Gleichgewicht von k Komponenten in p Phasen (ohne chemische Umsetzungen) ist durch die Angabe von $f = k - p + 2$ Intensitätsgrößen charakterisiert (Gibbssche Phasenregel). Alle übrigen Intensitätsgrößen ergeben sich aus den Gleichgewichts- und Homogenitätsbedingungen. Das Gleichgewicht hat f Freiheitsgrade.

In einem einkomponentigen System können maximal 3 Phasen miteinander im Gleichgewicht stehen. Dieses Gleichgewicht hat dann definierte Werte von p und T, die als Eichnormale benutzt werden können (Tripelpunkt des Wassers). Stehen zwei Phasen miteinander im Gleichgewicht, dann ist der Druck eine bestimmte Funktion der Temperatur (Dampfdruckkurve).

Chemische Umsetzungen in einer Phase gegebener Temperatur und gegebenen Druckes führen auf ein Gleichgewicht zwischen den einzelnen Komponenten. Jedem Reaktionstyp entspricht ein Reaktionsparameter λ, der mit der Änderung der Teilchenzahlen bei der Reaktion nach

$$\mathrm{d}N_\varkappa = \nu_\varkappa\,\mathrm{d}\lambda$$

zusammenhängt. Die Zahlen $\nu_\varkappa$ werden durch die Reaktionsgleichung gegeben. Die freie Enthalpie nimmt ein Minimum gegen Variationen dieser Reaktionsparameter λ an.

In einer Mischung aus idealen Gasen finde eine Umsetzung nach der Formel $\mathrm{d}N_\varkappa = \nu_\varkappa\,\mathrm{d}\lambda$ statt. Die freie Enthalpie der Komponente $\varkappa$ ist nach (20.16) mit $V = \dfrac{N\theta}{p}$ und $p_\varkappa = \dfrac{N_\varkappa \theta}{V}$

$$\begin{aligned} G_\varkappa &= E_\varkappa + p_\varkappa V - \theta S_\varkappa \\ &= N_\varkappa (f_\varkappa(\theta) + \theta) - \theta N_\varkappa \left(y_\varkappa(\theta) + \ln \frac{V}{N_\varkappa v_{0\varkappa}} + s_{0\varkappa} \right) \\ &= N_\varkappa g_\varkappa(\theta, p) - \theta N_\varkappa \ln \frac{N}{N_\varkappa} . \end{aligned} \tag{21.2}$$

Bezeichnet man die Konzentrationen mit $x_\varkappa = \frac{N_\varkappa}{N}$, reduziert sich die Formel für die gesamte freie Enthalpie zu

$$G = \sum_\varkappa N_\varkappa\, g_\varkappa(\theta, p) - N\,\theta \sum_\varkappa x_\varkappa \ln \frac{1}{x_\varkappa}\,. \tag{21.3}$$

Der zweite Term ist die Mischungsentropie, die in § 25 genauer diskutiert wird. Die Gleichgewichtsbedingung lautet

$$\frac{\mathrm{d}G}{\mathrm{d}\lambda} = \sum_\varkappa \frac{\partial G}{\partial N_\varkappa}\,\nu_\varkappa = 0\,.$$

Das Ergebnis

$$\sum_\varkappa \left[\nu_\varkappa\, g_\varkappa(\theta, p) - \nu_\varkappa\, \theta \ln \frac{1}{x_\varkappa}\right] = 0$$

kann umgeformt werden in

$$\prod_\varkappa x_\varkappa^{\nu_\varkappa} = K\,(\theta, p)\,. \tag{21.4}$$

Das ist das Massenwirkungsgesetz. Die Funktion $K_G(p, \theta)$ kann aus der Form von $f(\theta)$ berechnet werden.

§ 22. Der NERNSTsche Wärmesatz (3. Hauptsatz)

Chemische Gleichgewichte bei konstanter Temperatur und konstantem Volumen müssen als Minima der freien Energie berechnet werden (VAN'T HOFF). Vorher wurden diese Gleichgewichte als Minimum der inneren Energie analog dem Minimum der potentiellen Energie im mechanischen Gleichgewicht gesucht (Prinzip von BERTHELOT). Die Ergebnisse unterscheiden sich immer erst bei genügend hohen Temperaturen. Die Differenz $E - F = \theta\, S$ ist von vornherein als $0(\theta)$ zu erwarten, das BERTHELOTsche Prinzip ist aber so gut, daß $\Delta E - \Delta F = \theta\, \Delta S$ mindestens von der Ordnung $0(\theta^2)$ ist. Δ kennzeichnet dabei eine Differenz der entsprechenden Funktionen für vorgegebene Differenzen der Arbeitsparameter X. Damit gilt $\Delta S = 0(\theta)$, die Entropie hängt in der Nähe von $\theta = 0$ nicht mehr von den äußeren Parametern ab. Es gilt die Entwicklung

$$S = S_0 + \theta\, S_1(X) + 0(\theta^2)\,. \tag{22.1}$$

Die Entropiekonstante ist unabhängig vom speziellen System auf Null festlegbar.

Der NERNSTsche Wärmesatz ist eine Bedingung, die ein System am absoluten Nullpunkt $\theta = 0$ erfüllen muß. Er ist äquivalent der Bedingung, daß der absolute Nullpunkt nicht in endlich vielen Schritten erreichbar ist.

Der Arbeitsparameter X eines Systems werde zwischen X_1 und X_2 geändert, in der Abkühlungsrichtung werde das System adiabatisch isoliert, in der umgekehrten Richtung an ein Wärmereservoir der erreichten Temperatur angeschlossen (Abb. 12). Das Wärmebad für die einzelnen Stufen kann prinzipiell auf die gleiche Weise hergestellt werden. Der

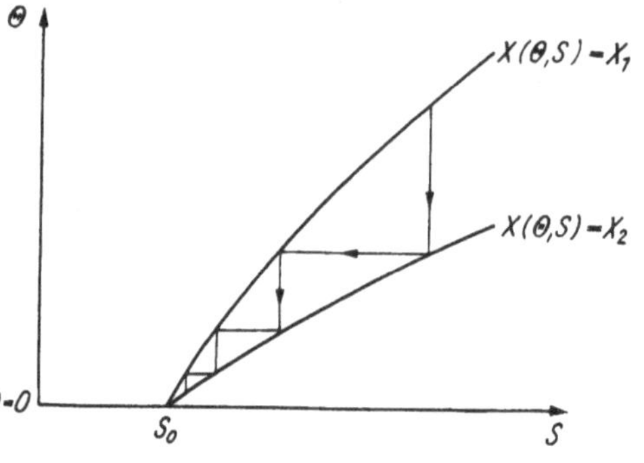

Abb. 12. Zur Unerreichbarkeit des absoluten Nullpunktes. Auf den senkrechten Linien wird das System adiabatisch abgekühlt, auf den waagerechten wird isotherm der Anfangswert des Arbeitsparameters wiederhergestellt

NERNSTsche Wärmesatz bedeutet, daß sich die Kurven $X(S, \theta) = X_1$ und $X(S, \theta) = X_2$ auf der Achse $\theta = 0$ schneiden. $\theta = 0$ ist aus keiner Adiabaten erreichbar.

Der NERNSTsche Wärmesatz ergibt sich statistisch, wenn die Zustände des Systems diskret sind und der Zustand niedrigster Energie einfach ist. Dann konvergiert die kanonische Verteilung für θ gegen Null und das System ist in der Grenze mit Sicherheit im Zustand niedrigster Energie, die Entropie ist Null und unabhängig von der Lage der Energieniveaus. Der NERNSTsche Wärmesatz ist nicht erfüllbar für Systeme mit einem kontinuierlichen Zustandsspektrum, wie es sich notwendig aus der klassischen Mechanik ergibt.

In einem System mit kontinuierlichem Zustandsspektrum beeinflussen die Arbeitsparameter die Dichte der Zustände auf der Energieskala. Das Zustandsintegral hat die Form

$$Z = \int \omega(E)\, e^{-\frac{E}{\theta}}\, dE .$$

Die Energie sei so normiert, daß das Zustandsspektrum bei $E = 0$ beginnt. Dann kann das Integral für große E abgebrochen werden. Im Grenzfall $\theta \to 0$ ist $\omega(E)$ nur in der Umgebung von $E = 0$ wesentlich. Die allgemeine Struktur ist

$$\omega(E) = A \cdot E^{\alpha}, \quad Z = A\, Z_0(\theta) .$$

Der Parameter A hat prinzipiell die Funktion eines Arbeitsparameters. Die Entropie hat die Form

$$S = \ln A + \ln Z_0 + \theta \frac{\partial \ln Z_0}{\partial \theta} .$$

Damit ist $\frac{\partial S}{\partial A}$ in der Nähe des absoluten Nullpunkts von θ unabhängig und erfüllt den dritten Hauptsatz nicht. Der dritte Hauptsatz ist ein wichtiges Argument gegen die Anwendung der klassischen Mechanik auf mikroskopische Prozesse.

§ 23. Wärmekraftmaschinen

Eine Wärmekraftmaschine ist ein System, das seinen Zustand periodisch derart ändert, daß die gesamte am System während einer Periode geleistete Arbeit von Null verschieden (und negativ) ist. Solche Maschinen existieren, weil die Differentialform δA kein totales Differential ist. Der erste Hauptsatz weist aus, daß eine Wärmekraftmaschine nur arbeiten kann, wenn ihr in Form von Wärme zugeführt wird, was sie an Arbeit leisten soll. Der zweite Hauptsatz schränkt ein, daß Wärme in einer Periode nicht nur zugeführt werden kann, Wärme muß wieder abgeführt werden, um die Periode zu schließen, andernfalls kann $\oint dS$ nicht Null werden. Die gesamte zugeführte Wärme kann nur positiv sein, wenn bei höherer Temperatur Wärme zugeführt und bei niedrigerer Temperatur die Wärme abgeführt wird. Eine Wärmekraftmaschine kann nur zwischen zwei Reservoiren verschiedener Temperatur arbeiten, dabei organisiert sie einen Wärmefluß vom wärmeren in das kältere Reservoir und zweigt aus diesem Wärmestrom einen Anteil als mechanische Arbeit ab.

Eine ideale Maschine ist die Carnot-Maschine. Der Kreisprozeß ist in Abb. 13 im θ–S-Diagramm dargestellt. Beginnend bei A wird das System isotherm nach B geführt, die Entropie erhöht sich; $\Delta Q_1 = \theta_1 \Delta S$ wird als Wärme aus dem Reservoir zugeführt. In B wird das System thermisch isoliert und durch Entzug mechanischer Arbeit auf die Temperatur θ_2 abgekühlt (C). Auf einem isothermen Prozeßstück nach D wird die Entropie wieder auf den Ausgangswert erniedrigt, d. h., es wird die Wärmemenge $-\Delta Q_2 = \theta_2 \Delta S$ an das kältere Reservoir abgegeben. Nach erneuter thermischer Isolation in D wird die Energie des Systems erhöht, bis es die Temperatur θ_1 und damit den Punkt A wieder erreicht hat. Dabei muß Arbeit am System geleistet werden. Bei quasistatischer Prozeßführung ergibt die Entropiebilanz

$$\frac{\Delta Q_1}{\theta_1} + \frac{\Delta Q_2}{\theta_2} = 0\,.$$

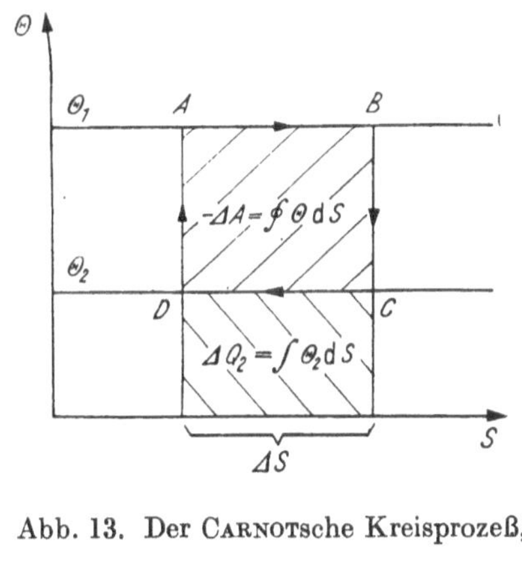

Abb. 13. Der Carnotsche Kreisprozeß, $\eta = \dfrac{\theta_1 - \theta_2}{\theta_1}$

Die Arbeitsbilanz liefert

$$-\Delta A = \Delta Q_1 + \Delta Q_2 = \Delta Q_1 \left(1 - \frac{\theta_2}{\theta_1}\right).$$

Der Wirkungsgrad der CARNOT-Maschine ist

$$\eta_c = 1 - \frac{\theta_2}{\theta_1}. \tag{23.1}$$

Im θ–S-Diagramm kann der Wirkungsgrad generell als Verhältnis der umschlossenen Fläche zur Gesamtfläche über der S-Achse abgelesen werden.

Arbeitet die CARNOT-Maschine nicht quasistatisch, so sind besonders die Prozeßabschnitte AB und CD betroffen, da Wärmeaustausch relativ langsam vor sich geht. Auf dem Abschnitt AB^* kommt die Wärmezufuhr aus dem Reservoir nicht nach, die Temperatur im System liegt unter der Temperatur des Reservoirs. Auf dem Abschnitt CD^* wird die Wärme nicht schnell genug abgeführt, die Temperatur liegt im System höher als im Reservoir. Der Wirkungsgrad ist kleiner als im reversiblen Fall (Abb. 14).

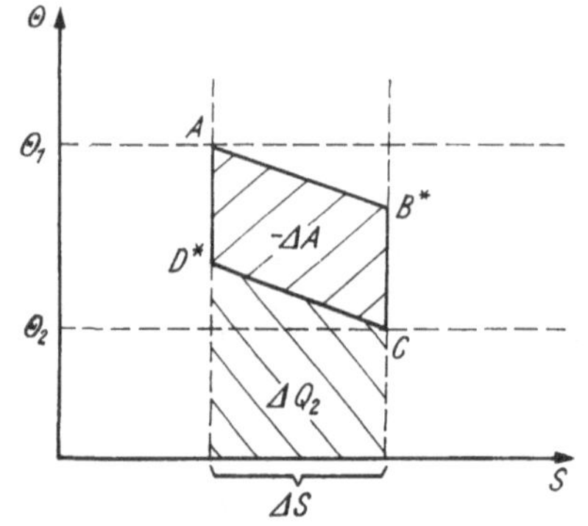

Abb. 14. Der CARNOT-Prozeß bei nicht quasistatischem Wärmefluß,

$$\eta < \frac{\theta_1 - \theta_2}{\theta_1}$$

Die reversible (quasistatische) CARNOT-Maschine kann in umgekehrter Richtung laufen. Dann wird die Arbeit ΔA zugeführt, um sie in Form von Wärme an das obere Reservoir abzugeben und einen Wärmefluß aus dem kälteren Reservoir in das wärmere zu bewerkstelligen. Die aus dem kälteren Reservoir abgepumpte Wärmemenge ist

$$\Delta Q_2 = \frac{\theta_2}{\theta_1 - \theta_2} \Delta A .$$

Die Konstruktion der CARNOT-Maschine auf der Grundlage der Zustandsgleichungen des idealen Gases (spezielle CARNOT-Maschine) ohne direkte Berücksichtigung der Hauptsätze erlaubt, die Hauptsätze in der Form zusammenfassen:

Es gibt keine periodisch arbeitende Maschine, die Arbeit leistet und dafür nur einen Wärmebehälter benötigt. Zusammen mit der speziellen CARNOT-Maschine kann aus einer Maschine, die unter Verletzung der Hauptsätze arbeitet, immer eine neue Maschine konstruiert werden, die diesem Satze zuwiderläuft. Der Wirkungsgrad der reversiblen CARNOT-Maschine ist der maximal erreichbare Wirkungsgrad einer Wärmekraftmaschine.

Der Wirkungsgrad der CARNOT-Maschine ist zwar optimal, allein um ihn zu erreichen, muß die CARNOT-Maschine so langsam laufen, daß die Leistung sehr gering wird. Die Geschwindigkeit eines quasistatischen CARNOT-Prozesses wird durch die Wärmeleitung zwischen Reservoir und Maschine bestimmt. Technisch umgeht man die Wärmeleitung in das arbeitende System auf zwei Wegen. Einmal wird die Wärme durch einen Teilchenstrom in die Maschine gebracht (Dampfmaschine), zum andern wird sie direkt im System durch Verbrennung erzeugt (OTTO-Motor). Dadurch kann der Prozeß wesentlich schneller geführt werden und die Leistung wird größer, ohne daß man sich allzuweit von der reversiblen Prozeßführung entfernt.

Läßt man die chemischen Umsetzungen bei der Zündung des OTTO-Motors beiseite und betrachtet sie nur als Lieferant innerer Energie für das Arbeitsgas, so besteht der OTTO-Zyklus im wesentlichen aus zwei Adiabaten und zwei Isochoren. Auf den beiden Adiabaten wird Arbeit geleistet (Verdichtung und Expansion), auf den beiden Isochoren nicht ($V = \text{const}$, $p\,\mathrm{d}V = 0$), dort findet einmal die Erwärmung durch Zündung des Gemisches statt, beim anderen Mal die Abkühlung einfach durch Austausch der Zylinderfüllung mit frischem Arbeitsgas (Abb. 15).

In der Näherung des idealen Arbeitsgases mit konstanter spezifischer Wärme $C = N\gamma$ findet man für den Wirkungsgrad:

$$\theta = \theta_0 \left(\frac{V_0}{V}\right)^{1/\gamma} \exp\frac{S}{N\gamma},$$

$$\int_{S_1}^{S_2} \mathrm{d}S = \theta_0 \left(\frac{V_0}{V}\right)^{1/\gamma} N\gamma \left(\exp\frac{S_2}{N\gamma} - \exp\frac{S_1}{N\gamma}\right),$$

$$\eta = -\frac{\Delta A}{\Delta Q} = \frac{\left(\frac{V_0}{V_2}\right)^{1/\gamma} - \left(\frac{V_0}{V_1}\right)^{1/\gamma}}{\left(\frac{V_0}{V_2}\right)^{1/\gamma}} = 1 - \left(\frac{V_2}{V_1}\right)^{1/\gamma}. \tag{23.2}$$

Das Verdichtungsverhältnis entscheidet über den Wirkungsgrad.

Der Kreisprozeß in der Dampfmaschine besteht aus zwei Adiabaten, auf denen der Teilcheninhalt des Systems konstant ist, und zwei Isobaren, auf denen sich alle extensiven Größen nach Maßgabe der Teilchenzahlen ändern. Die Entropie pro Teilchen ist also im arbeitenden System über den ganzen Prozeß konstant. Die geleistete Arbeit ist

$$\oint p\,\mathrm{d}V = \oint (\theta\,\mathrm{d}S + \mu\,\mathrm{d}N) = \oint (\theta\,s + \mu)\,\mathrm{d}N\,.$$

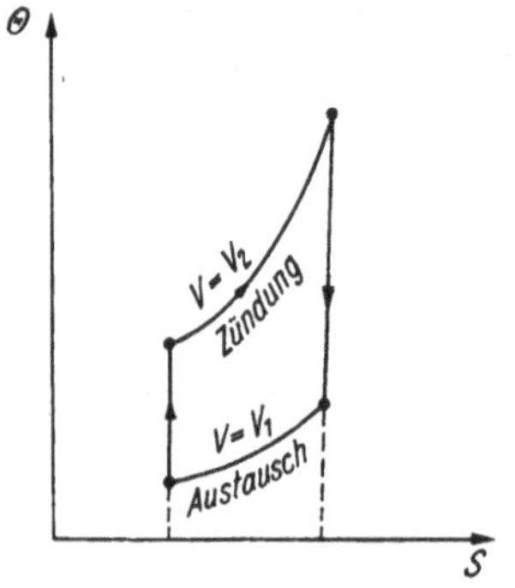

Abb. 15. Schema des Prozesses im Verbrennungsmotor

Mit (20.7) folgt

$$\mu + \theta s = \frac{E + p\,V}{N} = h\,, \qquad \oint p\,\mathrm{d}V = \oint h\,\mathrm{d}N\,.$$

h ist die Enthalpie pro Teilchen (Abb. 16).

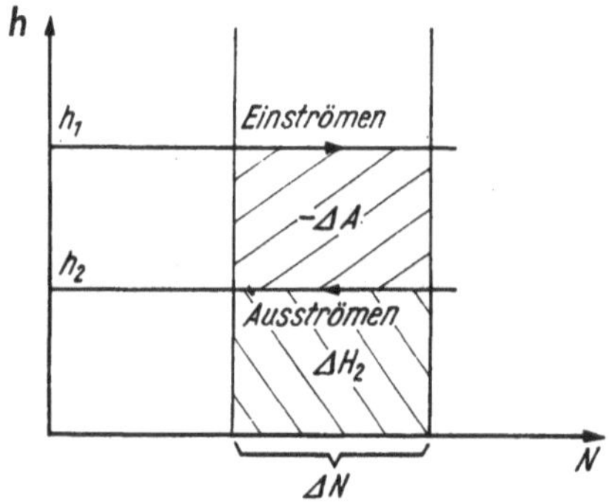

Abb. 16. Schema des Prozesses in der Dampfmaschine

Die dem Reservoir entnommene Energie ist außer der inneren Energie noch die Arbeit, die das Gas aus dem Reservoir beim Einströmen in den Zylinder leistet:

$$\Delta E + p\,\Delta V = \Delta H = h\,\Delta N\,.$$

Damit ist der Wirkungsgrad gleich

$$\eta = 1 - \frac{h_2}{h_1}\,. \qquad (23.3)$$

Die Dampfmaschine nutzt das Gefälle in der Enthalpie pro Teilchen zwischen Kessel und Außenluft. Bei idealen Gasen ist die molare Enthalpie proportional der Temperatur, und das Temperaturverhältnis längs der Adiabaten ist durch das Druckverhältnis bestimmt.

§ 24. Irreversible Prozesse

Die phänomenologische Theorie irreversibler Prozesse wird an die Thermodynamik der quasistatischen Prozesse über eine Strömungsmechanik angeschlossen. Es werden Stromdichten der extensiven Größen und ortsabhängige Intensitätsgrößen angesetzt. Kleine Volumina sollen Teilsysteme im inneren Gleichgewicht sein; der irreversible Prozeß beschränkt sich auf den Austausch zwischen diesen Teilsystemen. Lokal gelten somit die Zustandsgleichungen, die für Systeme im Gleichgewicht abgeleitet werden.

Die extensiven Größen werden zur Formulierung von Dichten und Stromdichten auf das Volumen bezogen. Wegen (20.7) ergibt sich der erste Hauptsatz in der Form

$$du = \theta\, ds + \mu\, dn\,. \tag{24.1}$$

Mit u ist die Dichte der inneren Energie bezeichnet. Der Energiestrom $\boldsymbol{w}$ zerfällt in den Wärmestrom $\boldsymbol{q}$, der den Entropiestrom $\mathbf{s} = \frac{\boldsymbol{q}}{\theta}$ definiert, und den Strom der chemischen Energie $\mu\, n\, \boldsymbol{v}$. In das chemische Potential können auch äußere Potentiale mit aufgenommen werden, wenn ihre nichtstatistische Beschaffenheit berücksichtigt wird.

$$\boldsymbol{w} = \theta\, \mathbf{s} + \mu\, n\, \boldsymbol{v}\,. \tag{24.2}$$

Für Teilchen- und Energiestrom gilt eine Kontinuitätsgleichung:

$$\frac{\partial n}{\partial t} + \operatorname{div} n\, \boldsymbol{v} = 0\,,$$

$$\frac{\partial u}{\partial t} + \operatorname{div} \boldsymbol{w} = 0\,. \tag{24.3}$$

Die Entropieerzeugungsrate pro Volumen lautet nun

$$\frac{\partial s}{\partial t} + \operatorname{div} \mathbf{s} = \frac{1}{\theta}\left(\frac{\partial u}{\partial t} - \mu \frac{\partial n}{\partial t}\right) + \operatorname{div} \frac{\boldsymbol{w} - \mu\, n\, \boldsymbol{v}}{\theta}\,,$$

$$\frac{\partial s}{\partial t} + \operatorname{div} \mathbf{s} = \boldsymbol{w} \operatorname{grad} \frac{1}{\theta} - n\, \boldsymbol{v} \operatorname{grad} \frac{\mu}{\theta}\,. \tag{24.4}$$

Die Entropieerzeugungsrate muß immer positiv sein (2. Hauptsatz), der Prozeß selbst läuft überhaupt nur in Zusammenhang mit dem Entropiewachstum ab. Die Koeffizienten der ersten Näherung für die Strömungen,

$$\boldsymbol{w} = L_{11} \operatorname{grad} \frac{1}{\theta} - L_{12} \operatorname{grad} \frac{\mu}{\theta}\,,$$

$$n\, \boldsymbol{v} = L_{21} \operatorname{grad} \frac{1}{\theta} - L_{22} \operatorname{grad} \frac{\mu}{\theta} \tag{24.5}$$

werden durch den mikroskopischen stochastischen Prozeß bestimmt. Sie genügen einer Symmetriebedingung, die der mikroskopischen Reversibilität der mikroskopischen Prozesse entspricht (ONSAGERsche Reziprozitätsrelation). Zusammen mit den Kontinuitätsgleichungen entsteht

$$\frac{\partial u}{\partial t} + \operatorname{div}\left(L_{11} \operatorname{grad} \frac{1}{\theta} - L_{12} \operatorname{grad} \frac{\mu}{\theta}\right) = 0\,,$$

$$\frac{\partial n}{\partial t} + \operatorname{div}\left(L_{21} \operatorname{grad} \frac{1}{\theta} - L_{22} \operatorname{grad} \frac{\mu}{\theta}\right) = 0\,. \tag{24.6}$$

Werden die Zustandsgleichungen $u(n, \theta)$, $\mu(n, \theta)$ eingesetzt, erhält man parabolische Gleichungen für Temperatur und Dichte, die die Diffusion und den Wärmetransport beschreiben. Im allgemeinen sind Wärme- und Teilchentransport miteinander verkoppelt ($L_{12} \neq 0$). Daraus ergeben sich elektromagnetische Effekte beim Wärmetransport durch Elektronen und thermische Effekte bei elektrischen Strömungen.

Ist der Teilchentransport unterbunden, so entsteht bei Wärmetransport durch einen metallischen Leiter an den Enden eine Spannungsdifferenz, so daß

$$L_{21} \operatorname{grad} \frac{1}{\theta} = L_{22} \operatorname{grad} \frac{\mu}{\theta}$$

wird (absolute Thermokraft).

§ 25. Mischungsentropie

Gegenstand der Betrachtung ist ein ideales Gas, das aus Teilchen verschiedener Sorten zusammengesetzt ist. Die Teilchensorten i seien mit N_i Teilchen enthalten. $x_i = \frac{N_i}{N}$ bezeichnet die relative Häufigkeit der Sorte i. Bei totaler Mischung lautet der Gesamtdruck

$$p = \frac{N\theta}{V}\,,$$

der Partialdruck der Komponente i ist entsprechend

$$p_i = \frac{N_i \theta}{V}\,.$$

Die Gesamtentropie ist (20.16)

$$S = \sum_i N_i \left(y_i(\theta) + \ln \frac{V}{N_i v_{0i}} + s_{0i}\right).$$

Im entmischten Zustand nimmt jede Komponente das Volumen

$$V_i = \frac{N_i \theta}{p}$$

ein, wenn überall der gleiche Druck p herrscht. Im entmischten Zustand lautet die Gesamtentropie

$$S = \sum_i N_i \left(y_i(\theta) + \ln \frac{V_i}{N_i v_{0i}} + s_{0i}\right).$$

Die Differenz ist die Entropie, die bei dem irreversiblen Vorgang selbständiger Mischung erzeugt wird, wenn die Trennwände entfernt werden. Die Mischungsentropie ist

$$\Delta S = \sum_i N_i \ln \frac{V}{V_i} = N \sum x_i \ln \frac{1}{x_i}\,. \tag{25.1}$$

Im Vergleich mit (14.6) kann die allgemeine Formel für die Entropie als Mischungsentropie der einzelnen Zustände interpretiert werden. So wie hier die Teilchen entsprechend den relativen Häufigkeiten gemischt sind, werden dort die Zustände entsprechend der Wahrscheinlichkeitsverteilung gemischt.

Merkwürdig ist, daß die Mischungsentropie nur davon abhängt, ob die Teilchensorten voneinander verschieden sind oder nicht. Sind die Teilchensorten nicht verschieden, so ist die Mischungsentropie natürlich Null, das Wegnehmen irgendwelcher Zwischenwände leitet keinen irreversiblen Prozeß ein. Betrachten wir zwei Gase, deren Teilchen aus deformierten Kugeln bestehen. Die zwei Sorten sollen sich genau durch die Exzentrizität der ellipsoidischen Teilchen unterscheiden. Die Mischungsentropie der beiden Gase hängt dann unstetig von der Differenz der Exzentrizitäten ab:

$$\Delta S = \begin{cases} N \sum x_i \ln \dfrac{1}{x_i} & \text{für } \varepsilon_2 - \varepsilon_1 \neq 0\,, \\ 0 & \text{für } \varepsilon_2 - \varepsilon_1 = 0\,. \end{cases}$$

Das ist zumindest merkwürdig, da im allgemeinen ein stetiger Zusammenhang zwischen miteinander verknüpften stetigen Größen besteht. Man spricht deshalb von einem Paradoxon; dem GIBBSschen Paradoxon. Experimentell ist jeder unstetige Zusammenhang schon deshalb eine Schwierigkeit, weil man alle Größen nur bis auf einen endlichen Meßfehler genau einstellen und messen kann, ein unstetiger Zusammenhang also scheinbar nicht reproduzierbare Meßergebnisse liefert. In der Mathematik spricht man auch von ungeeignet gestellten Problemen.

Physikalisch löst sich das Paradoxon in der Quantenmechanik: Ein Zustand kann nicht stetig durch einen von ihm verschiedenen Zustand approximiert werden. Verschiedene Zustände eines Systems (hier also die Teilchensorten) sind diskret. Die deformierten Kugeln sind für sehr kleine $|\varepsilon_1 - \varepsilon_2|$ nicht mehr verschieden im bisher benutzten Sinne.

Die Formel für die Entropie getrennter Komponenten ist klar, die Formel für die Partialdrucke setzt voraus, daß die Teilchen der verschiedenen Sorten untereinander nicht wechselwirken. Geprüft wird die Mischungsentropie durch Messung der Arbeit bei reversibler Mischung. Dazu benötigt man semipermeable Wände, die Teilchen genau einer Sorte reflektieren und alle anderen Sorten passieren lassen, ohne sie zu hemmen (Abb. 17). Die Wand A_i ist durchlässig nur für die Sorte i. Die Anfangsdrucke seien in allen Komponenten gleich (p), die Mischung geschehe isotherm. Dann ist die innere Energie in allen Komponenten konstant und die Gesamtenergie ebenfalls. Der Zuwachs der Entropie wird direkt als reduzierte Arbeit gemessen:

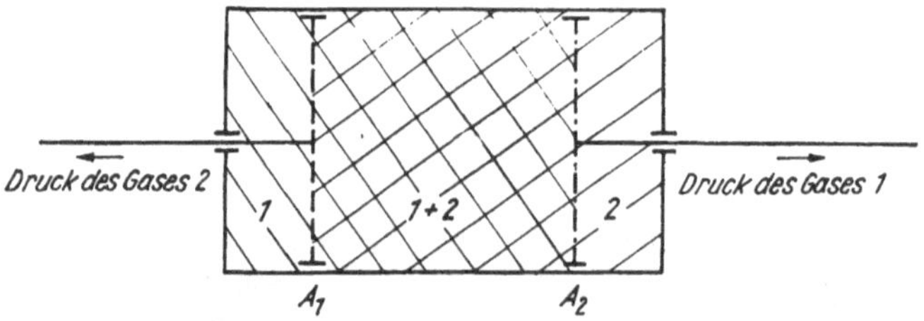

Abb. 17. Reversible Mischung zweier Gase

$$S = \sum_i \int \frac{\mathrm{d}E_i + p_i\,\mathrm{d}V_i}{\theta} = \sum_i \frac{1}{\theta} \int p_i\,\mathrm{d}V_i\,.$$

$$= \sum_i \int\limits_{\frac{N_i\theta}{p}}^{\frac{N\theta}{p}} N_i \frac{\mathrm{d}V}{V} = \sum_i N_i \ln \frac{N}{N_i}\,. \qquad (25.2)$$

Nach A. LANDÉ [18] kann man die Forderung nach Stetigkeit der Mischungsentropie bei Annäherung der Zustände dazu benutzen, grundlegende Vorstellungen der Quantenmechanik einzuführen. Zunächst ist klar: Solange die semipermeablen Wände bei der Mischung der Gase funktionieren, d. h. entscheiden können, zu welcher Molekelsorte ein Teilchen gehört, hat die Mischungsentropie den vollen Wert (25.1). Sind die Gase gleich, dann können die Teilchen nicht mehr unterschieden werden, es kann keine semipermeablen Wände geben, die Mischungsentropie verschwindet. Der Druck auf die semipermeablen Wände verschwindet, da die Teilchen hindurchfliegen, die Entropie bleibt daher bei Bewegung der Wände konstant. Damit sieht man, was geschehen muß, wenn die Gase zwar noch nicht identisch sind. aber schon sehr ähnlich: Es darf keine semipermeable Wand mehr geben, die die Teilchen vollständig unterscheiden kann. Dann wird nur ein Teil der Teilchen der Sorte i von der entsprechenden Wand reflektiert, erzeugt also Druck, der andere Teil fliegt hindurch. Der kleinere Druck bedeutet geringere Entropiezunahme bei der Mischung. Auf diese Weise ist Stetigkeit der Mischungsentropie erreichbar.

Bei der Mischung zweier Gase A und B stellen wir uns die semipermeablen Wände so vor, daß die eine Wand A passieren läßt (A-Filter), die andere Wand B (B-Filter). Bei der Mischung der Gase werden die beiden semipermeablen Kolben herausgezogen. Die Teilchen des Gases A drücken genau dann voll auf den B-Kolben, wenn A von B vollständig unterscheidbar ist. Das gleiche gilt umgekehrt für B. Ist A nicht vollunterscheidbar von B, dann erkennt das B-Filter einen Teil der A-Teilchen als B und läßt sie passieren. Es lastet dann nicht mehr der volle Druck der A-Teilchen auf dem B-Filter, die reversible Arbeit bei der Expansion und damit die Entropiezunahme bei der Mischung werden geringer. Je größer der Anteil

$$q(A, B)$$

der A-Teilchen ist, die für B erkannt werden, desto größer ist dieser die Mischungsentropie verringernde Effekt. Der Anteil $q(A, B)$ wird an einem idealen Filter gefunden, ein schlechteres Filter liefert höchstens einen größeren Anteil von A-Teilchen, die für B erkannt werden. Eine untere Grenze $q(A, B)$ für diesen Anteil muß es geben, wenn das GIBBSsche Paradoxon vermieden werden soll.

$q(A, B)$ beschreibt die Ähnlichkeit des Zustands der A-Teilchen mit dem der B-Teilchen. Das B-Filter funktioniert also entsprechend Abb. 18. Teilchen im Zustand A werden eingeteilt in B und $\bar{B}$. Diese Einteilung ist unabhängig von

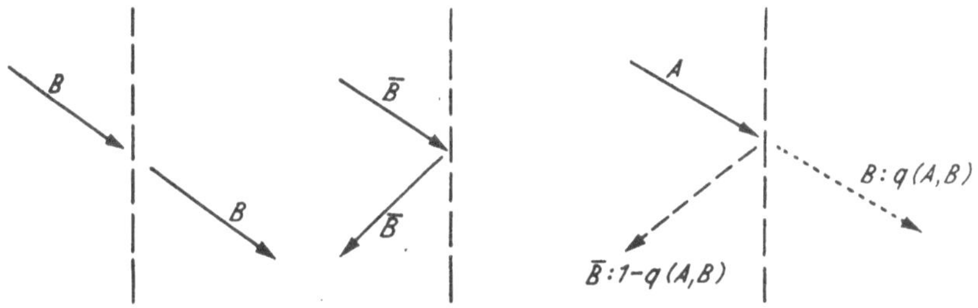

Abb. 18. Wirkungsweise eines idealen Filters

der Struktur des Filters, wenn dieses ideal ist, d. h. $q(A, B)$ realisiert. Das bedeutet aber, daß das Filter mit der Entscheidung B oder $\bar{B}$ den Zustand des ankommenden Teilchen tatsächlich ändert: Ein zweites Filter unmittelbar neben dem ersten kann das Aufspaltungsergebnis nicht ändern. Würde das erste Filter den A-Zustand nicht verändern, dann würde das zweite Filter noch einmal mit der Wahrscheinlichkeit q das Teilchen passieren lassen, der durch beide Filter gelangende Teil wäre dann $q^2 < q$ im Gegensatz zur Voraussetzung des idealen Filters (q Mindestanteil der passierenden Teilchen). Damit auch das doppelte Filter den Anteil q passieren läßt, muß der Zustand der Teilchen nach Passieren des ersten Filters bereits B sein, denn nur dieser Zustand kann das zweite Filter voll passieren.

Ein Filter ändert den Zustand eines Teilchens, ohne es zu zerteilen, deshalb kann die Zerlegung von A in B und $\bar{B}$ nur über einen Wahrscheinlichkeitsmechanismus erfolgen. $q(A, B)$ ist daher die Wahrscheinlichkeit dafür, daß der Zustand A an einem B-Filter in den Zustand B übergeht. Ein solcher nichttrivialer Wahrscheinlichkeitsmechanismus muß existieren, wenn das GIBBSsche Paradoxon aufgelöst werden soll.

Man kann auch zeigen, daß diese Wahrscheinlichkeit symmetrisch ist: $q(A, B) = q(B, A)$. N Teilchen werden gemischt, indem die trennende Wand erst durch ein A-Filter ersetzt und dann entfernt wird. Der Anfangszustand enthält N Teilchen A, N Teilchen B (Abb. 19). Bei Ersetzung der Wand durch ein A-Filter werden die B-Teilchen in A und $\bar{A}$ eingeteilt. Schließlich entstehen $N\left(1 + q(B, A)\right)$ Teilchen A, $N\left(1 - q(B, A)\right)$ Teilchen $\bar{A}$. Die Mischungsentropie dieser Verteilung ist die Mischungsentropie von A und B:

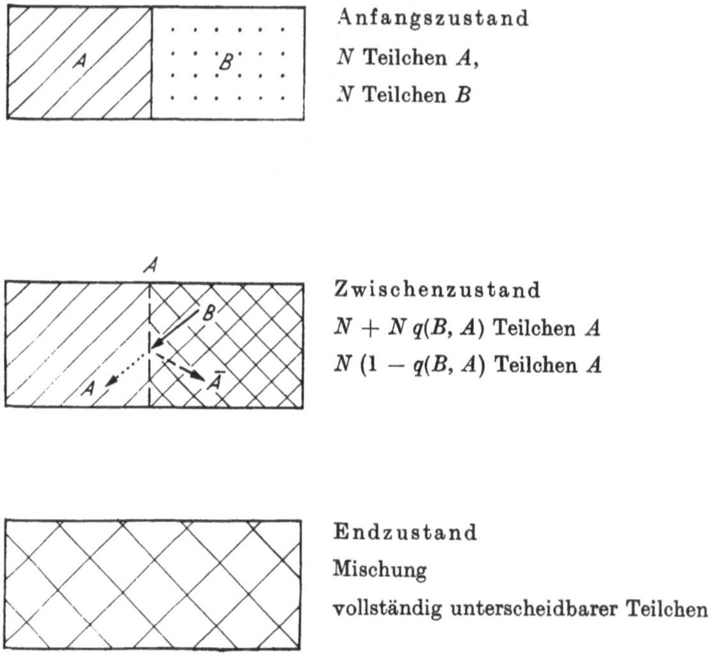

Abb. 19. Mischung zweier Gase aus nicht voll unterscheidbaren Teilchensorten über ein ideales Filter

$$S = 2\,N\,k\left(\frac{1+q}{2}\ln\frac{2}{1+q} + \frac{1-q}{2}\ln\frac{2}{1-q}\right), \qquad q = q(B, A)\,. \quad (25.3)$$

Da die Entropie als Zustandsfunktion unabhängig von der Vorgeschichte ist, muß sich dasselbe ergeben, wenn die Wand vor dem Entfernen durch ein B-Filter ersetzt wird; man erhält

$$N\,\big(1 + q(A, B)\big) \text{ Teilchen } B\,,$$
$$N\,\big(1 - q(A, B)\big) \text{ Teilchen } B\,.$$

Die Mischungsentropie ist wieder (25.3), nur ist jetzt $q = q(A, B)$. Beide Ergebnisse sind gleich, wenn $q(A, B) = q(B, A)$ ist. Für $q \to 1$ geht die Mischungsentropie stetig gegen 0 (explizite Lösung des Paradoxons), für $q = 0$ erhält man die volle Mischungsentropie.

Mit der Ähnlichkeitsfunktion kann man einen Katalog orthogonaler Zustände konstruieren, ganz analog dem Hilbert-Schmidtschen Orthogonalisierungsverfahren: Beginnend mit A_0 zerlegt man einen Zustand $A \neq A_0$ in A_0 und $\bar{A}_0$, den entstehenden Zustand $\bar{A}_0$ nennt man A_1, ein weiterer Zustand A ungleich A_0 und A_1 wird zunächst an A_0, darauf der $\bar{A}_0$-Anteil an A_1 zerlegt, der entstehende $\bar{A}_1$-Anteil wird A_2 usw.

Die Zustände lassen sich darstellen als Vektoren Φ eines HILBERT-Raums. Die Ähnlichkeit $q(A,B)$ gleicht dem Betragsquadrat der Skalarprodukte, das kann auch noch gezeigt werden. Damit sind die Zustände darstellbar durch normierte Vektoren des HILBERT-Raums. Ein Filter arbeitet also als Projektionsoperator mit anschließender Normierung des Zustands.

Eine physikalisch beobachtbare Größe (Observable) kann zur Unterscheidung von Zuständen dienen, wenn sich verschiedene Meßwerte ergeben. Zustände, die zu verschiedenen Meßwerten einer Observablen gehören, sind daher orthogonal. Aus der Menge der zu einer Observablen gehörenden, zueinander orthogonalen HILBERT-Vektoren sowie den dazugehörenden Meßwerten läßt sich ein hermitescher Operator bilden:

$$A\,\Phi = \sum \psi_a \cdot a(\psi_a, \Phi)\,. \tag{25.4}$$

Die mikroskopische Mechanik sollte also die physikalisch beobachtbaren Größen durch hermitesche Operatoren und die Zustände eines Systems durch (normierte) Vektoren eines HILBERT-Raums darstellen. Die Wahrscheinlichkeit, daß bei Messung einer bestimmten Observablen A der Meßwert a beobachtet wird, ist dann

$$P(a) = |(\Phi, \psi_a)|^2\,. \tag{25.5}$$

Mit dieser Wahrscheinlichkeit geht bei Messung von A der Zustand Φ in den Zustand ψ_a über.

III. Quantenmechanik

§ 26. Grundlegende Experimente

Die klassische Mechanik erscheint schon in der Statistik an verschiedenen Stellen als unzureichend, so in der Frage der Unterscheidbarkeit der Teilchen und dem Fehlen diskreter Energiestufen. Experimentell kritisch ist die Situation bei den spezifischen Wärmen, speziell beim Spektrum der Wärmestrahlung. Die Quantelung der Energie des harmonischen Oszillators war historisch der Beginn der Entwicklung der Quantentheorie. Diskrete Energieniveaus für gebundene Zustände — diese Arbeitshypothese, ihre Begründung und ihr Beweis lieferte den Anstoß zur Entwicklung einer präzisierten Mechanik. Der entscheidende Punkt dieser Mechanik ist die Wellennatur der Bewegungsgesetze der Teilchen, die Grundgröße ist die in diesen Gesetzen auftretende de Broglie-Wellenlänge.

$$\lambda = \frac{h}{p}. \tag{26.1}$$

(h Plancksche Konstante, $h = 6{,}625 \cdot 10^{-27}$ erg s,
p Impuls des Teilchens).

A) Experimentelle Hinweise und Beweise für die Energiequantelung

1. a) Die Plancksche Strahlungsformel

Die mittlere Energie eines Oszillators im Wärmebad ist nicht $E = kT$, wie nach der klassischen Mechanik (dem Boltzmannschen Gleichverteilungssatz) zu erwarten wäre, sondern ist gleich

$$E = \frac{h\nu}{\exp\frac{h\nu}{kT} - 1}. \tag{26.2}$$

Diese Formel läßt sich erklären, wenn man diskrete Energieniveaus für den einzelnen Oszillator annimmt:

$$E_i = i\,h\,\nu\,.$$

1. b) Photoeffekte

Die Realität der Energiestufen der Oszillatoren des elektromagnetischen Strahlungsfeldes kann direkt an der diskreten Energieaufnahme und -abgabe dieser

Oszillatoren erkannt werden. Dazu sei an dieser Stelle der äußere Photoeffekt angeführt.

Durch Bestrahlung mit Licht geeigneter Wellenlänge werden aus einer geeignet beschichteten Fläche Elektronen herausgeschlagen, die auf einer Anode gesammelt und von dort abgeleitet werden (Abb. 20). Die elektromagnetische

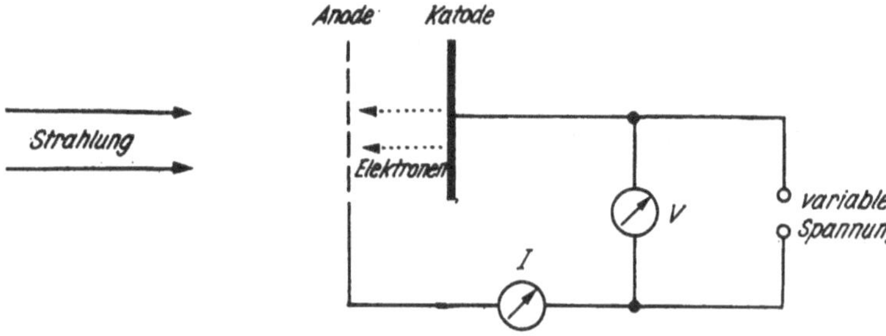

Abb. 20. Versuchsschema zum äußeren Photoeffekt

Strahlung liefert den Elektronen der Kathode soviel Energie, daß sie aus der Schicht heraustreten können. Die kinetische Energie, die die Elektronen dann besitzen, erlaubt ihnen sogar, eine gewisse Gegenspannung V_g zu überwinden und auf die Anode zu gelangen. Die Stromstärke nimmt natürlich mit wachsender Gegenspannung ab. Mit der Stromstärke wird die Anzahl der Teilchen mit $\frac{m}{2} v^2 > e_0 V_g$, d. h. das Energiespektrum der Teilchen, gemessen. Entscheidend ist nun, daß die maximal überwindbare Gegenspannung, die maximale kinetische Energie der Elektronen, nicht von der einfallenden Intensität der Strahlung, sondern allein von ihrer Frequenz abhängig ist. Damit muß man den Prozeß des Herausschlagens eines Elektrons so deuten: Der entsprechende Oszillator im elektromagnetischen Feld gibt die Energie $h\nu$ an das Metallelektron ab, davon wird dann die Austrittsarbeit des Elektrons aus der Oberfläche und die kinetische Energie bestritten:

$$e_0 \cdot V_{g\,\max} = E_{\text{kin}} = \frac{m}{2} v^2 = h\nu - A \tag{26.3}$$

(EINSTEINsche Erklärung des Photoeffekts). Die Formel (26.3) kann direkt nachgeprüft und zur Bestimmung von h verwendet werden (vgl. Anhang III).

Andere Formen des Photoeffektes (innerer Photoeffekt, Paarerzeugung) werden in § 40 und § 62 diskutiert.

1. c) COMPTON-Effekt

Ein freies Elektron bewegt sich nach der klassischen Mechanik und Elektrodynamik in einem elektromagnetischen Wechselfeld bestimmter Frequenz harmonisch mit derselben Frequenz, d. h., es führt eine erzwungene Schwingung aus. Dabei strahlt es selbst Energie ab, weil sein eigenes Feld mit der erzwungenen Bewegung wechselt. Dieses sekundäre Feld hat natürlich nach der klassischen Theorie ebenfalls die Frequenz der primär vorhandenen Strahlung. Es zeigt sich nun, daß die gestreute Strahlung eine andere Frequenz hat als die einfallende Strahlung. Das Schema der Streuung läßt sich erklären, wenn man für den Elementarprozeß annimmt, daß die Energiequanten auf den Oszillatoren des Strahlungsfeldes richtige Teilchen mit Impuls und Energie sind. Die Teilchen heißen Photonen, ihre Energie ist $E = h\,\nu$, ihr Impuls ist $p = \frac{h\,\nu}{c}$ (c ist die Lichtgeschwindigkeit im Vakuum). Der Elementarprozeß der Streuung von Licht an Elektronen ist dann der Stoß eines Photons gegen ein Elektron (Abb. 21). Die Formel für die Energie des Photons ist ein Quanteneffekt, die Formel für den Impuls ist Ausdruck der Relativitätstheorie (vgl. § 46).

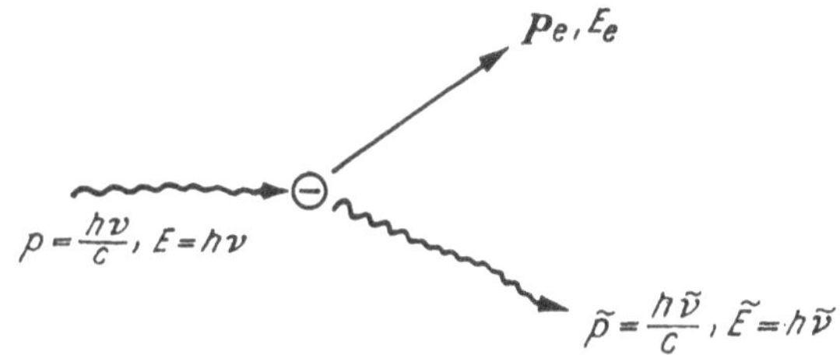

Abb. 21. Schema des COMPTON-Effektes

1. d) Die kurzwellige Grenze des Bremsspektrums

Bei der Erzeugung von RÖNTGEN-Strahlen durch Abbremsen schneller Elektronen auf der Antikathode der RÖNTGEN-Röhre entsteht eine Frequenzverteilung der RÖNTGEN-Strahlen, die ein bestimmtes Maximum der Frequenz nicht übersteigt. Diese kurzwellige Grenze des Bremsspektrums gehorcht der Formel

$$h\,\nu_{\max} = e_0\,V_{\text{Beschleunigung}} = E_{\text{kin}}\,. \tag{26.4}$$

Sie ist also dadurch erklärbar, daß die Erzeugung von RÖNTGEN-Strahlen Erzeugung von Quanten auf den entsprechenden Oszillatoren des elektromagnetischen Strahlungsfeldes ist. Auf Oszillatoren mit einer größeren Frequenz als $\nu_{\max}$ können keine Quanten erzeugt werden, weil deren Energie größer wäre als die zur Verfügung stehende kinetische Energie eines Elektrons, die sich aus der Größe der Beschleunigungsspannung der Röhre ergibt. Hier liegt der inverse Photoeffekt vor.

2. a) Spezifische Wärmen

Das Einfrieren der Energie eines Oszillators, das durch die PLANCKsche Formel (26.2) beschrieben wird, erklärt das Fehlen bzw. Einfrieren der Schwingungsfreiheitsgrade in den spezifischen Wärmen der Gase und Festkörper. Auch diese

Oszillatoren verhalten sich also wie die Oszillatoren des elektromagnetischen Feldes. Das Einfrieren der Rotationsfreiheitsgrade beim Wasserstoff zeigt aber, daß die Präzisierung der Mechanik nicht nur den Oszillator betreffen kann.

2. b) Der NERNSTsche Wärmesatz

Das Verschwinden der Entropie am absoluten Nullpunkt ist erklärbar, wenn es genau einen diskreten Zustand niedrigster Energie gibt, in dem sich das thermodynamische System am absoluten Nullpunkt mit Sicherheit befindet. BOSE-Teilchen kondensieren in den Einteilchenzustand niedrigster Energie. FERMI-Teilchen sammeln sich in den Zuständen unterhalb der Fermigrenze $E = \mu$. Wegen der Ununterscheidbarkeit gibt es nur einen solchen Zustand des Gesamtsystems, der dann mit Sicherheit angenommen wird. Damit müssen auch Translationsfreiheitsgrade in gebundenen Zuständen gequantelt sein.

3. a) Atomspektren

Die Frequenz der Strahlung, die ein Atom aussenden kann, ist nicht durch Eigenschwingungen einer stabilen Ladungsverteilung der Elektronen der Atomhülle erklärbar. Es ergeben sich Linienserien, die sich im Falle des Wasserstoffs durch die Formel

$$\nu = \frac{c}{h} Ry \cdot \left(\frac{1}{m^2} - \frac{1}{n^2}\right) \qquad (m, n \text{ ganz}) \tag{26.5}$$

wiedergeben lassen. Sie sind deutbar, wenn man für das Atom diskrete Energiezustände für die Elektronenhülle annimmt:

$$E_n = c \cdot Ry \cdot \left(\frac{1}{n^2}\right). \tag{26.6}$$

Abstrahlung bedeutet dann Übergang in einen energetisch tieferen Zustand und Abgabe der Energie an einen Oszillator mit Quanten passender Energie.

3. b) Der FRANCK-HERTZ-Versuch

Die zur Erklärung der Spektren benötigten Energieniveaus kann man durch die Untersuchung unelastischer Stöße von Elektronen an den entsprechenden Atomen nachweisen. Solange die kinetische Energie des stoßenden Elektrons die Differenz zum nächsthöheren Energieniveau des Atoms nicht erreicht hat, kann das Elektron mit dem Atom nur elastisch stoßen. Unelastische Stöße setzen sprunghaft ein, wenn die kinetische Energie der stoßenden Elektronen reicht, die nächsthöhere Energiestufe des gestoßenen Atoms durch Übertragung seiner gesamten kinetischen Energie anzuregen.

In einer mit dem Dampf der entsprechenden Atomart (historisch Hg) gefüllten Elektronenröhre werden die aus einer Kathode K austretenden Elektronen durch ein elektrisches Feld zur Anode hin beschleunigt. Auf dem Wege dorthin stoßen sie eventuell mit den Atomen des Füllgases zusammen. Die Anode ist durchbrochen, so daß ein Teil der Elektronen auf die dahinter gelegene Antianode treffen kann. Die Antianode erhält eine gewisse Gegenspannung V_1 zur Anode (Abb. 22). (Beim Abfahren der Gegenspannung V_1 erhält man als Strom-

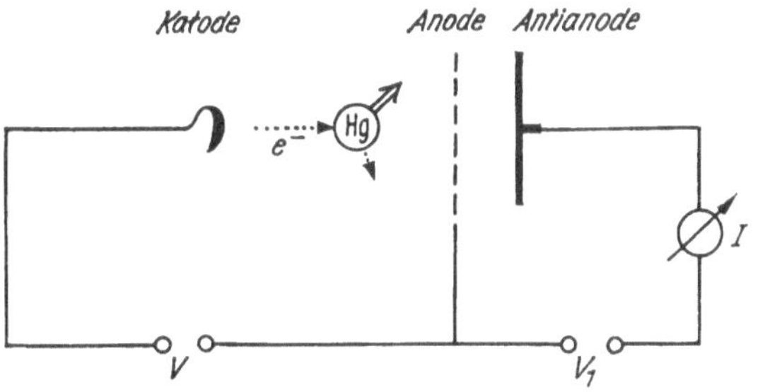

Abb. 22. Schema des FRANCK-HERTZ-Versuchs

stärke im Kreis der Antianode das Spektrum der kinetischen Energie der Elektronen im Gebiet der Anode.)

Beim Abfahren der Beschleunigungsspannung erhält man qualitativ einen Verlauf entsprechend Abb. 23. Übersteigt die Beschleunigungsspannung den

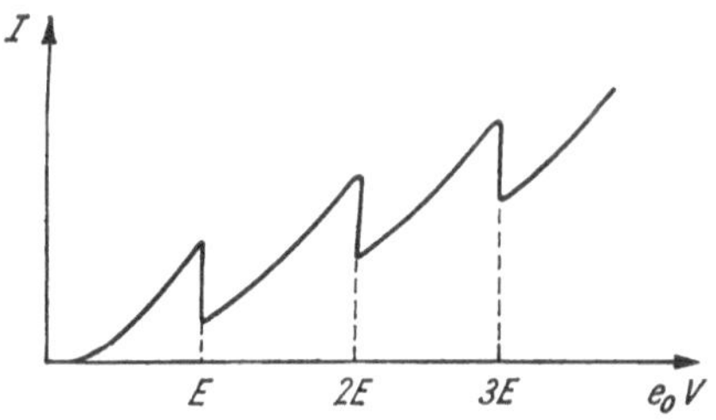

Abb. 23. Strom-Spannungs-Verlauf beim FRANCK-HERTZ-Versuch

Wert $\frac{E}{e_0}$, so finden unelastische Stöße statt, die stoßenden Elektronen verlieren soviel Energie, daß sie die Antianode nicht erreichen können, der Strom im Kreis der Antianode sinkt stark ab. Übersteigt die Spannung $2\frac{E}{e_0}$, so kann ein Elektron zweimal unelastisch stoßen usw.

B) Experimentelle Hinweise und Beweise für die Wellennatur der Bewegung der Teilchen

4. Das Bohrsche Atommodell

Auf Grund der klassischen Mechanik und Elektrodynamik ist ein Planetenmodell der Atomhülle instabil. Die aus den Spektren ermittelten Energieniveaus lassen sich in ihrer Grobstruktur durch bestimmte Bedingungen für stabile Bahnen erklären. Das Bohrsche Postulat an eine stabile Bahn lautet

$$\oint p_i \, \mathrm{d}q_i = n_i h \,. \qquad \text{Dabei sind die } n_i \text{ natürliche Zahlen, } h \text{ die Plancksche Konstante.} \qquad (26.7)$$

Für jedes kanonische Koordinatenpaar steht eine Bedingung. Man kann die Bedingungen als Postulate stehender Wellen auf den klassischen Bahnen, verstehen, die Wellenlänge ist dabei (26.1). In der expliziten Ausarbeitung der Quantenmechanik ergibt sich, daß die stationären Zustände räumliche Eigenschwingungen sind, (26.7) also nur eine bestimmte Näherung ist (vgl. §§ 10, 31).

5. Der Tunneleffekt

Nach der klassischen Mechanik kann ein Teilchen nicht in ein Gebiet eindringen, in dem die potentielle Energie größer als die Gesamtenergie ist, weil die kinetische Energie positiv definit ist. Ein solches Gebiet kann auch nicht durchdrungen werden.

Beim Alpha-Zerfall eines Atomkerns wird eine bestimmte kinetische Energie des ausgesandten Alpha-Teilchens gemessen. Das Potential, in dem die Kernteilchen gebunden sind, kann zumindest auf seiner äußeren Seite durch Streuversuche festgestellt werden (Abb. 24). Die kinetische Energie des Alpha-Teil-

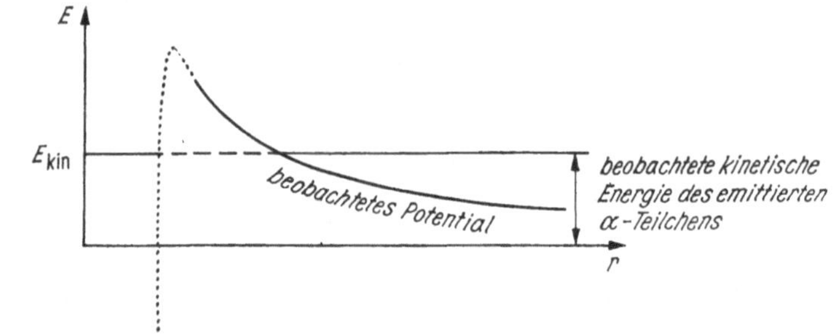

Abb. 24. Zum Tunneleffekt beim α-Zerfall

chens ist so niedrig, daß es nach den Gesetzen der klassischen Mechanik nicht in der Lage sein dürfte, den Atomkern überhaupt zu verlassen.

Die Wellennatur der Bewegung klärt auch diesen Tunneleffekt auf. Wie in der geometrischen Optik gezeigt wird, entspricht die Durchtunnelung eines Potentialwalls der Überbrückung einer dünnen Schicht mit kleinem Brechungsindex. Bei der Totalreflexion an dünnen Schichten wird tatsächlich eine entsprechende Durchlässigkeit beobachtet, die auch quantitativ berechenbar ist.

6. Die Beugung von Elektronenstrahlen an Kristallen

Der direkte Nachweis des Wellencharakters der Teilchenbewegung wird geführt, indem Interferenz und Beugung sichtbar gemacht werden. Schließlich ist die Interferenz das entscheidende Charakteristikum der Wellenbewegung.

Tatsächlich ist es möglich, durch Bestrahlung eines Kristalls mit Elektronen festen Impulses ein Beugungsbild zu erhalten, wie es bei Bestrahlung mit Röntgenstrahlen passender Wellenlänge (26.1) sichtbar wird. Dieses Beugungsbild entsteht auch, wenn die Elektronen einzeln am Kristall reflektiert werden, es ist also kein Kollektivphänomen wie die Wahrscheinlichkeiten in der klassischen Statistik. Das Elektron selbst wird zwar immer an einem ganz bestimmten Ort registriert, bei Wiederholung des Versuchs streut dieser Ort aber entsprechend dem Beugungsbild. Damit ist die Wellennatur der Bewegung samt der Formel (26.1) für die Wellenlänge bewiesen. Die Intensität (Aufenthaltswahrscheinlichkeit) ergibt sich als Amplitudenquadrat einer Wellenfunktion der Wellenlänge (26.1).

Das Versuchsergebnis läßt sich auch mit schwereren Teilchen als Elektronen verifizieren. Diese Versuche (mit Protonen) sind schwieriger, weil zur Erzielung einer meßbar großen Wellenlänge die Geschwindigkeit der Teilchen bei hoher Genauigkeit sehr klein gehalten werden muß.

§ 27. Die HEISENBERGsche Unschärferelation

Der Bewegung eines mikroskopischen Teilchens liegt gemäß Punkt B des vorigen Paragraphen eine Wellenbewegung zugrunde, das Amplitudenquadrat der Wellenfunktion muß eine Dichte der Aufenthaltswahrscheinlichkeit darstellen. Eine stehende Welle ist ein stationärer Zustand der Wahrscheinlichkeitsdichte. Deshalb werden von einem Elektron der Atomhülle in einem stationären Zustand keine elektromagnetischen Wechselfelder erzeugt, es muß keine Abstrahlung von Energie stattfinden.

Diskrete Energieniveaus sind mit einer Wellentheorie sehr schlicht erklärbar, die stehenden Wellen, genauer die stationären Zustände, die auf solchem Mechanismus beruhen, können kein Kontinuum bilden (§ 31).

Der Beugungsversuch kann als kombinierte Orts- und Impulsmessung interpretiert werden. Betrachten wir die Beugung an einem engen Spalt. Auf einem Schirm im Abstand a entsteht ein Beugungsbild. Durch den Ort des Auftreffens eines Elektrons wird die Impulskomponente in z-Richtung gemessen, die das Elektron nach Passieren des Spaltes besitzt. Der Spalt selbst mißt den Ort des Teilchens in dieser Ebene, d. h. es können nur Teilchen passieren, deren z-Koordinate in die Spaltöffnung fällt. Je enger nun der Spalt ist, desto mehr weitet sich das Beugungsbild auf dem Schirm auf: Je genauer die Ortsmessung beim Durchgang durch den Spalt ist, desto unsicherer ist der entsprechende Impuls nach dieser Ortsmessung. Es gilt

$$\Delta x \cdot \Delta p \geqq \frac{h}{2\pi}, \tag{27.1}$$

wobei Δx die mittlere Ungenauigkeit der Messung der Ortskoordinate und Δp die mittlere Ungenauigkeit der Messung der entsprechenden Impulskoordinate ist. h ist die PLANCKsche Konstante. Mit der Beziehung (26.1) läßt sich das verstehen. Transformiert man eine Funktion, die nur in einem gewissen Intervall der Länge Δx wesentlich von Null verschieden ist, nach FOURIER,

$$\tilde{f}(k) = \frac{1}{2\pi} \int_{-\infty}^{+\infty} f(x)\, e^{-ikx}\, dx, \tag{27.2}$$

so ist die FOURIER-Transformierte wenigstens in einem Intervall Δk wesentlich von Null verschieden, für das gilt

$$\Delta k \cdot \Delta x \geqq 1 .$$

Ein Beispiel dafür ist die GAUSSsche Glockenkurve

$$f(x) = \frac{1}{\sqrt{2\pi}\,\sigma} \exp - \frac{x^2}{2\sigma^2}, \quad \Delta x = \sigma,$$

$$\tilde{f}(k) = \frac{1}{\sqrt{2\pi}} \exp - \frac{k^2 \sigma^2}{2}, \quad \Delta k = \frac{1}{\sigma}.$$

Zusammen mit der Formel (26.1) für die Wellenlänge ergibt sich mit

$$k = \frac{2\pi}{\lambda}, \qquad p = \hbar k \qquad \left(\hbar = \frac{h}{2\pi}\right)$$

gerade die HEISENBERGsche Unschärferelation (27.1). Diese Relation gilt für alle Paare kanonisch konjugierter Variablen.

Die Unschärferelation bedeutet Nichtvertauschbarkeit der Reihenfolge entsprechender Messungen (Abb. 25). Es ist an einem System nicht gleichgültig, ob zuerst q und dann p gemessen wird oder umgekehrt, und das gerade wegen der HEISENBERGschen Unschärferelation.

Die Messung erscheint als Wechselwirkung des mikroskopischen Systems mit dem makroskopischen Meßgerät. Durch Beobachtung einer Koordinate wird die dazu kanonisch konjugierte Variable unsicher.

Das allgemeine Schema ergibt sich aus § 24: Zu jeder beobachtbaren Größe, die durch eine reelle Zahl ausgedrückt werden kann, gehört ein Katalog vollständig verschiedener (orthogonaler) Zustände, in denen sich bei Messung dieser Größe der jeweilige Meßwert streuungsfrei ergibt. Damit kann eine Observable auf einen hermiteschen Operator im HILBERT-Raum abgebildet werden. Meh-

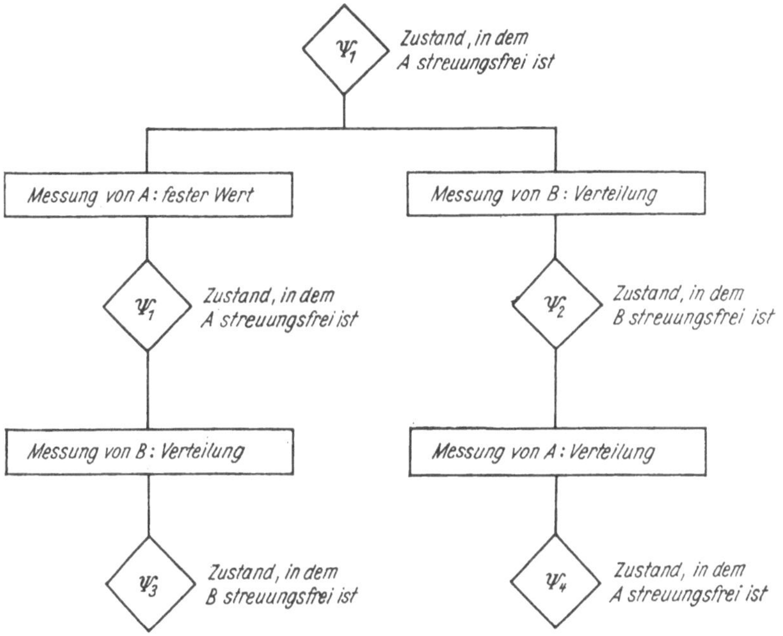

Abb. 25. Zur Nichtvertauschbarkeit von Messungen.
Die Reihenfolge der Messung von A und B ist nur dann umkehrbar, wenn im Zustand ψ_1 auch B streuungsfrei meßbar ist. Dann gilt $\psi_1 = \psi_2 = \psi_3 = \psi_4$. Andernfalls unterscheiden sich sowohl die Meßergebnisse als auch die Endzustände des Systems voneinander

rere Observable sind nur dann gemeinsam streuungsfrei meßbar, wenn sie einen gemeinsamen Katalog von Eigenzuständen besitzen. Die entsprechenden Operatoren sind dann vertauschbar.

Der Zustand eines Systems wird durch einen normierten Vektor gegeben. Das Betragsquadrat des Skalarproduktes dieses Zustandsvektors mit dem normierten Eigenvektor eines Operators ist nicht nur gleich der Wahrscheinlichkeit, daß bei der Messung dieses Operators der entsprechende Eigenwert vorgefunden wird, sondern vielmehr gleich der Wahrscheinlichkeit, daß der Ausgangszustand bei der Messung in diesen speziellen Eigenzustand des Operators übergeht: Bei einer Idealmessung muß jeder Meßwert unmittelbar nach der Messung reproduzierbar sein, das System muß also in den dem Meßwert entsprechenden Eigenzustand übergegangen sein. Die Messung eines Systems bedeutet eine Aufspaltung in einen Katalog vollständig verschiedener Zustände, diese Aufspaltung geht nach einem Wahrscheinlichkeitsschema vor sich.

Für nichtkommutierende Operatoren ergibt sich eine Unschärfebeziehung: Ist die eine Observable gemessen, dann befindet sich das System i. a. nicht mehr in einem Eigenzustand des anderen Operators; bei dessen Messung entsteht eine Wahrscheinlichkeitsverteilung der Meßergebnisse.

Die Darstellung des Zustands eines Systems durch einen Vektor ist ein Spezialfall, der in der Mechanik einzelner Teilchen zwar anwendbar ist, aber in der Quantenstatistik, der Mechanik vieler Teilchen, verallgemeinert werden muß.

Die Kommutatorrelation von Operatoren ist strukturgleich mit den POISSON-Klammern der klassischen Mechanik. Hier ist die Brücke zwischen der durch die Eigenart der Messung gegebenen Konstruktion des Operators als Modell einer Observablen und den klassischen Beziehungen zwischen den Observablen, insbesondere den Bewegungsgleichungen.

Vertauschbare Operatoren besitzen ein gemeinsames Eigenvektorsystem. Die Eigenvektoren eines solchen Systems können mit den Eigenwerten durchnummeriert werden, wenn ein zu diesem System gehörender vollständiger Satz von Operatoren in Betracht gezogen wird. (Ein Satz von Operatoren ist vollständig, wenn die Operatoren alle miteinander vertauschbar sind und jeder mit all diesen Operatoren vertauschbare Operator eine Funktion dieser Operatoren ist.)

Ein normierter Vektor ψ im HILBERT-Raum induziert nun eine Wahrscheinlichkeitsverteilung auf jedem Eigenvektorsystem:

$$P(a) = |(\psi_a, \psi)|^2 , \quad P(a) \geqq 0 , \quad \sum_{\psi_a} P(a) = 1 . \tag{27.3}$$

Der Erwartungswert eines hermiteschen Operators ist in diesem Falle

$$E(A) = \sum_{\psi_a} a\, P(a) = \sum_{\psi_a} (\psi, \psi_a)\, a\, (\psi_a, \psi) = (\psi, A\, \psi) . \tag{27.4}$$

Damit wird die Streuung definiert:

$$\begin{aligned} D^2 A &= E(A^2) - (E\, A)^2 = E\, [(A - E(A))^2] \\ &= (\psi, (A - E(A))^2\, \psi) \\ &= ||(A - E(A))\, \psi||^2 \end{aligned} \tag{27.5}$$

Für nicht kommutierende Operatoren erhält man eine Unschärferelation, die beiden Operatoren sind im allgemeinen nicht gleichzeitig streuungsfrei meßbar:

$$\begin{aligned} D^2 A \cdot D^2 B &= ||A_0\, \psi||^2\, ||B_0\, \psi||^2 \geqq |(A_0\, \psi, B_0\, \psi)|^2 = |(\psi, A_0\, B_0\, \psi)|^2 \\ &\geqq |\mathrm{Im}\, (\psi, A_0\, B_0\, \psi)|^2 = \left|\frac{1}{2} (\psi, [A_0, B_0]\, \psi)\right|^2 \\ &= \left|\frac{1}{2} (\psi, [A, B]\, \psi)\right|^2 \end{aligned}$$

$$\sqrt{D^2 A}\, \sqrt{D^2 B} \geqq \frac{1}{2} \left|(\psi, \frac{1}{i} [A, B]\, \psi)\right| . \qquad (A_0 = A - E(A)) \tag{27.6}$$

Damit ist der Zusammenhang zwischen der Nichtvertauschbarkeit von Messungen und der Unmöglichkeit streuungsfreier gleichzeitiger Meßbarkeit im Modell des HILBERT-Raums hergestellt.

Mit einem allgemeinen Ansatz für eine Wahrscheinlichkeitsverteilung im HILBERT-Raum kann geprüft werden, wie weit die Einschränkung geht, wenn die Verteilung durch einen Zustandsvektor dargestellt wird. Eine Erwartungswertfunktion muß linear sein, der Erwartungswert des Einheitsoperators soll Eins sein und der Erwartungswert eines positiv semidefiniten Operators soll nicht negativ werden können:

$$E(\lambda A + \mu B) = \lambda E(A) + \mu E(B) ,$$

$$E(1) = 1 ,$$

$$E(A^+ A) \geqq 0 .$$

Die Linearität erfordert die Darstellbarkeit der Erwartungswertfunktion in der Form

$$E(A) = \text{Spur}\,(W \cdot A) . \tag{27.7}$$

Der Operator W ist dabei unabhängig von A, und er kann immer auf seinen hermiteschen Anteil reduziert werden. Es interessiert nur der Erwartungswert hermitescher Operatoren. Ist A aber hermitesch, dann ist der antihermitesche Teil von W für (27.7) ohne Bedeutung.

Ein Projektionsoperator P_ψ, der durch

$$P_\psi \cdot \Phi = \psi\,(\psi, \Phi) \tag{27.8}$$

definiert ist, ist positiv semidefinit: Für beliebige Vektoren Φ ist immer

$$(\Phi, P_\psi\,\Phi) = (\Phi, \psi)\,(\psi, \Phi) = |(\psi, \Phi)|^2 \geqq 0 .$$

Der Erwartungswert eines solchen Operators darf nicht negativ werden, folglich ist für beliebige Einheitsvektoren ψ

$$\text{Spur}\,(P_\psi, W) = (\psi, W\,\psi) \geqq 0 ,$$

der Operator W ist also selbst positiv semidefinit. Die Bedingung $E(1) = 1$ bedeutet schließlich Spur $W = 1$.

Der hermitesche Operator W kann nach seinem Eigenvektorsystem zerlegt werden. Dann ist zu sehen, daß alle Eigenwerte reell und nicht negativ sind, und ihre Summe muß Eins ergeben. Die Eigenwerte können daher als Wahrscheinlichkeitsverteilung über den Eigenvektoren interpretiert werden. Ist der Dichteoperator W ein Projektionsoperator, $W = P_\psi$, so entsteht eine Erwartungswertfunktion in der Form

$$E(A) = \text{Spur}\,(P_\psi, A) = (\psi, A\,\psi) . \tag{27.9}$$

Interpretiert man den HILBERT-Vektor ψ als Kennzeichen des Zustands des Systems, dann beschreibt die allgemeine Erwartungswertfunktion (27.7) eine zusätzliche Verteilung über verschiedene Zustände des Systems.

§ 28. Axiome der Quantenmechanik

Die Quantenmechanik kann auf folgenden axiomatischen Festlegungen aufgebaut werden:

1. *Die physikalischen Observablen (Meßvorschrift mit Konstruktion der Anordnung und Zeit der Messung) eines Systems lassen sich eineindeutig auf die hermiteschen Operatoren eines* HILBERT-*Raums abbilden, so daß jeder Funktion der Observablen die entsprechende hermitesche Funktion der Operatoren entspricht.*

Der HAMILTON-Funktion entsprechend wird der HAMILTON-Operator als Funktion der Orts- und Impulsoperatoren aus der klassischen Mechanik übernommen.

2. *Es existiert eine Erwartungswertfunktion, die jedem hermiteschen Operator einen reellen Erwartungswert zuordnet, diese ist linear, normiert und nichtnegativ für positiv semidefinite Operatoren.*

Damit ist zunächst die Existenz des statistischen Dichteoperators W gefordert. Man spricht vom reinen Fall, wenn W ein Projektionsoperator ist. Die Erwartungswertfunktion wird dann durch einen HILBERT-Vektor, den Zustandsvektor des Systems, gegeben.
Dichtematrix und Zustandsvektor verhalten sich zueinander wie Wahrscheinlichkeitsverteilung und Punkt im Phasenraum. Der Zustandsvektor ist die maximale Festlegung eines Systems. Er entspricht einem Punkt auf der Einheitskugel des HILBERT-Raums. Der Dichteoperator ist eine Wahrscheinlichkeitsverteilung auf dieser Einheitskugel. In der klassischen Mechanik kann der Zustand des Systems – seine Bahnkurve im Phasenraum – durch Angabe der Orts- und Impulskoordinaten beschrieben werden. Das ist in der Quantenmechanik nicht mehr möglich, da kanonisch konjugierte Koordinaten nicht mehr gleichzeitig streuungsfrei meßbar sind.
Die statistischen Gesetzmäßigkeiten, die durch den Zustandsvektor ψ beschrieben werden, haben noch nichts mit der in der Thermodynamik betrachteten Statistik zu tun. Sie werden bereits am einzelnen Teilchen beobachtet. Erst die über den Zustandsvektor hinausgehende, durch den Dichteoperator definierte Verteilung über die Zustandsvektoren ist thermodynamischen Charakters.
In den konkreten Rechnungen dieses Kapitels wird immer nur der reine Fall betrachtet.

3. *Die* POISSON-*Klammern der klassischen Mechanik sind durch den Kommutator der entsprechenden Operatoren zu ersetzen.*

Dadurch wird der strukturelle Anschluß der Quantenmechanik an die klassische Mechanik erreicht. Alle Gleichungen der klassischen Mechanik können mit POISSON-Klammern formuliert werden, weil die Differentiation als POISSON-Klammer darstellbar ist. Außerdem wird gesichert, daß die klassische Mechanik als Grenzfall enthalten ist, wenn die im Zustandsvektor enthaltenen Streuungen der einzelnen Observablen unbedeutend werden.

Weil der Kommutator zweier hermitescher Operatoren antihermitesch ist, muß die Relation zwischen POISSON-Klammer und Kommutator noch mit der imaginären Einheit modifiziert werden. Außerdem muß eine Dimensionskonstante $\hbar$ eingeführt werden, weil in der POISSON-Klammer die Dimension des Produkts der Observablen durch die Differentiationen um die Dimension einer

Wirkung (Ort mal Impuls) verringert wird.

$$[A, B]_{\text{Poisson-Klammer}} := \frac{1}{i\hbar}[A, B]_{\text{Kommutator}} . \tag{28.1}$$

Speziell folgt aus dem 3. Axiom: Die den kanonischen Variablen entsprechenden Operatoren genügen den Vertauschungsregeln

$$[Q_i, Q_k] = [P_i, P_k] = 0 , \quad [Q_i, P_k] = i\hbar\,\delta_{ik} . \tag{28.2}$$

Die klassischen Bewegungsgleichungen für die Observablen gehen über in Bewegungsgleichungen für die Operatoren:

$$\frac{dA}{dt} = \frac{\partial A}{\partial t} + \frac{1}{i\hbar}[A, H] . \tag{28.3}$$

Ist der Operator eine Funktion von den kanonischen Operatoren und der Zeit, dann ist die partielle Ableitung des Operators nach der Zeit durch diese Funktion gegeben. Allgemein entspricht explizite Zeitabhängigkeit eines Operators einer expliziten Zeitabhängigkeit der Meßvorschrift selbst, man kann sich auf explizit zeitunabhängige Operatoren beschränken.

Da das Eigenvektorsystem eines hermiteschen Operators immer starr orthonormiert bleibt, bedeutet zeitliche Veränderung also außer einer Veränderung der Eigenwerte nur noch eine starre Drehung der Eigenvektorsysteme. Eine solche Drehung kann durch einen zeitabhängigen unitären Operator ausgedrückt werden:

$$A = U(t) \sum \psi_a \cdot a(t) \, (\psi_a, U^+(t)) .$$

Die zeitliche Ableitung eines Operators muß dann ganz allgemein lauten

$$\frac{dA}{dt} = \sum U(t)\, \psi_a \frac{\partial a}{\partial t} (\psi_a, U^+(t))$$

$$+ \frac{dU}{dt} U^+ A + A\, U \frac{dU^+}{dt}$$

$$= \sum U \psi_a \frac{\partial a}{\partial t} (\psi_a, U^+ + \left[A, U \frac{dU^+}{dt}\right].$$

Verglichen mit (33.2) ergibt sich: Änderung der Eigenwerte eines Operators bedeutet explizite zeitliche Abhängigkeit. Die Bewegung des Operators nach dem Hamilton-Operator bedeutet nur starre Drehung des Eigenvektorsystems über

$$U \frac{dU^+}{dt} = \frac{1}{i\hbar} H . \tag{28.4}$$

Der Kommutator vermag mit (28.2) auch die analytischen Eigenschaften der Poisson-Klammer nachzubilden. Ist

$$\frac{\partial H}{\partial P_i} \text{ definiert als } \frac{\partial H}{\partial p_i}(Q, P) \quad \text{(vgl. Axiom 1)},$$

so gilt wegen (28.2) $\frac{1}{i\hbar}[Q_i, H] = \frac{\partial H}{\partial P_i}$ usw.

Die kanonischen Bewegungsgleichungen gelten modifiziert für die Erwartungswerte:

$$E\,\frac{\mathrm{d}Q_i}{\mathrm{d}t} = E\,\frac{\partial H}{\partial P_i},$$

$$E\,\frac{\mathrm{d}P_i}{\mathrm{d}t} = -\,E\,\frac{\partial H}{\partial Q_i}. \tag{28.5}$$

(Der Zustandsvektor ist konstant.) (28.5) sind die EHRENFESTschen Theoreme und stellen direkt den Zusammenhang zwischen der klassischen Mechanik und den Messungen genügend großer Ungenauigkeit her.

Aus den Vertauschungsregeln (28.2) und der allgemeinen Unbestimmtheitsrelation (27.6) folgen direkt die HEISENBERGschen Unschärferelationen:

$$\Delta q_i\,\Delta p_k \geqq \frac{\hbar}{2}\,\delta_{ik}.$$

Fixierung von Q bedeutet also totale Unsicherheit im konjugierten Impuls und umgekehrt.

Die Vertauschungsrelation $[Q, P] = i\,\hbar$, das heißt Spur $[Q, P] \neq 0$, ist in einem gewöhnlichen HILBERT-Raum nicht realisierbar, da die Spur eines Produktes von Operatoren unabhängig von ihrer Reihenfolge ist. Diese Vertauschungsrelation bewirkt, daß die Eigenvektoren eines der beiden Operatoren nicht normierbar sind (§ 30).

§ 29. Die SCHRÖDINGER-Gleichung

Aus den Axiomen folgt eine Bewegungsgleichung für die Operatoren, während der das System beschreibende Zustandsvektor (bzw. die Dichtematrix) eine Konstante ist. Sind die Operatoren explizit zeitunabhängig, so bewegt sich nur das entsprechende Eigenvektorsystem. Das Eigenvektorsystem eines jeden Operators dreht sich starr. Auf Grund der Bewegungsgleichung

$$\frac{\mathrm{d}A}{\mathrm{d}t} = \frac{1}{i\,\hbar}\,[A, H] \tag{29.1}$$

ist die Drehung des Eigenvektorsystems

$$\psi_a(t) = U(t, t_0)\,\psi_a(t_0) \tag{29.2}$$

für alle Operatoren dieselbe:

$$U\,\frac{\mathrm{d}U^+}{\mathrm{d}t} = \frac{1}{i\,\hbar}\,H\,. \tag{29.3}$$

Ist der HAMILTON-Operator nicht explizit von der Zeit abhängig, so ist er ein konstanter Operator und (29.3) läßt sich direkt integrieren:

$$\frac{dU^+}{dt} = \frac{1}{i\hbar} U^+ H , \qquad U^+ = \exp \frac{H}{i\hbar}(t - t_0) . \tag{29.4}$$

Als meßbare Größen interessieren nur die Wahrscheinlichkeiten für bestimmte Meßwerte:

$$P(a) = E(P_{\psi_a}) = |(\psi_a^{(t)}, \psi)|^2 . \tag{29.5}$$

Die Zeitabhängigkeit der Eigenvektoren der Operatoren läßt sich auf den Zustandsvektor (bzw. die Dichtematrix) überwälzen, da sie nicht vom speziellen Operator abhängt:

$$|(\psi_a(t), \psi)|^2 = |(U\,\psi_{a0}, \psi)|^2 = |(\psi_{a0}, U^+\,\psi)|^2 . \tag{29.6}$$

Das ist der Übergang vom HEISENBERG-Bild zum SCHRÖDINGER-Bild.

Im HEISENBERG-Bild erhält man direkt aus den Axiomen zeitabhängige Operatoren und eine zeitunabhängige Erwartungswertfunktion (Zustandsvektor bzw. Dichteoperator). Nun wird die Zeitabhängigkeit von den Operatoren auf den Zustandsvektor geschoben. Im SCHRÖDINGER-Bild sind die explizit zeitunabhängigen Operatoren des HEISENBERG-Bildes konstant, die Zustandsvektoren aber drehen sich zeitabhängig. Dieser Übergang ist möglich, weil sich die Eigenvektorsysteme nicht nur starr in sich, sondern auch starr gegeneinander drehen. Da es nur auf Skalarprodukte zwischen Zustandsvektoren und Eigenvektoren von Observablen ankommt, ist es gleichgültig, ob sich bei festem Zustandsvektor das starre Bündel der Eigenvektoren dreht oder ob sich bei festgehaltenen Eigenvektorbündeln der Zustandsvektor in entgegengesetzter Richtung dreht. Für explizit zeitunabhängige Operatoren $\left(\frac{\partial A}{\partial t} = 0\right)$ ergibt sich

im HEISENBERG-Bild	im SCHRÖDINGER-Bild
$A(t) = A_H = U(t)\, A_0\, U^+(t)$,	$A(t) = A_S = A_0$,
$\psi(t) = \psi_H = \psi_0$,	$\psi(t) = \psi_S = U^+(t)\,\psi_0$,
$W(t) = W_H = W_0$,	$W(t) = W_S = U^+(t)\, W_0\, U(t)$,
$\frac{dA_H}{dt} = \left[\frac{dU}{dt} U^+, A_H\right]$,	
	$\frac{d\psi_S}{dt} = \frac{dU^+}{dt} U, \psi_S$, (29.7)
	$\frac{dW_S}{dt} = \left[\frac{dU^+}{dt} U, W\right]$,
$\frac{dU}{dt} U^+ = -\frac{1}{i\hbar} H$.	$\frac{dU^+}{dt} U = \frac{1}{i\hbar} U^+ H U = \frac{1}{i\hbar} H_S$.

Die Bewegungsgleichung für den Zustandsvektor im SCHRÖDINGER-Bild heißt SCHRÖDINGER-Gleichung.

$$H \psi = i \hbar \frac{d\psi}{dt} . \tag{29.8}$$

Sie ersetzt die Gleichungen des HEISENBERG-Bildes für die Operatoren.

Im HEISENBERG-Bild explizit zeitabhängige Operatoren bleiben auch im SCHRÖDINGER-Bild explizit zeitabhängig. Diese Zeitabhängigkeit muß immer durch die Problemstellung gegeben sein, da sie nicht aus den Bewegungsgleichungen folgen kann. Hängt die HAMILTON-Funktion explizit von der Zeit ab, so ist auch der HAMILTON-Operator explizit zeitabhängig, der Übergang zum SCHRÖDINGER-Bild ist immer noch durchführbar, nur kann die unitäre Drehung nicht mehr in der Form (29.4) formal integriert werden. Es gilt aber weiter der Zusammenhang

$$A_S = U^+ A_H U \tag{29.9}$$

zwischen den Operatoren.

Ein Zustand heißt stationär, wenn die Erwartungswerte explizit zeitunabhängiger Operatoren konstant bleiben. Im SCHRÖDINGER-Bild muß Spur$\left(A \frac{dW}{dt}\right)$ für alle hermiteschen Operatoren A verschwinden, damit muß $\frac{dW}{dt} = 0$ gelten. Die Erwartungswerte sind stationär, wenn der Dichteoperator zeitlich konstant, d. h. mit dem HAMILTON-Operator vertauschbar, ist. Im reinen Fall muß der Projektionsoperator P_ψ mit dem HAMILTON-Operator vertauschbar sein. Für jeden Vektor Φ gilt in diesem Fall

$$H \psi \cdot (\psi, \Phi) = \psi (\psi, H \Phi) .$$

Damit sind stationäre Zustände immer Eigenzustände des HAMILTON-Operators. Ein Eigenzustand des HAMILTON-Operators ist aber zunächst nur momentan stationär. Für die ständige Gültigkeit von $\frac{dW}{dt} = 0$ ist es erforderlich, daß W nicht nur mit H, sondern auch mit allen zeitlichen Ableitungen von H kommutiert. Übertragen auf den reinen Fall heißt das, daß ein stationärer Zustand durch einen — bis auf die Phase — zeitunabhängigen Eigenvektor von H beschrieben wird. Die Existenz stationärer Zustände ist eine Bedingung an den HAMILTON-Operator. Ist dieser explizit zeitunabhängig, dann sind alle Eigenzustände von H stationäre Zustände des Systems. Die Eigenwerte des HAMILTON-Operators stellen dann die Energie des Systems in diesem stationären Zustand dar:

$$H \psi = E \psi . \tag{29.10}$$

Aus der SCHRÖDINGER-Gleichung folgt

$$E \psi = i \hbar \frac{d\psi}{dt}, \qquad \psi(t) = \Phi \cdot \exp\left(-\frac{i E t}{\hbar}\right). \tag{29.11}$$

Komplementär zur Frage nach den stationären Zuständen ist die Frage nach den Konstanten der Bewegung, d. h. nach denjenigen Operatoren, deren Erwartungswerte unabhängig vom speziellen Zustand des Systems im Laufe der Zeit konstant bleiben. Die Bedingung ergibt sich aus den Bewegungsgleichungen im HEISENBERG-Bild, analog der klassischen Mechanik bilden die Konstanten der Bewegung eine Operatorenalgebra. Es gilt

$$\frac{\mathrm{d}A}{\mathrm{d}t} = \frac{\partial A}{\partial t} + \frac{1}{i\,\hbar}\,[A, H] = 0\,. \tag{29.12}$$

Der HAMILTON-Operator und mit ihm die Energie des Systems ist eine Konstante der Bewegung, wenn er nicht explizit von der Zeit abhängt. Definiert man $\frac{\hbar}{i}\frac{\partial}{\partial t}$ als Operator auf den Kurven im HILBERT-Raum $(\psi(t))$ dann ist die Bedingung (29.12) äquivalent mit

$$\left[A,\, H + \frac{\hbar}{i}\frac{\partial}{\partial t}\right] = 0\,, \tag{29.13}$$

und die SCHRÖDINGER-Gleichung hat die Form $\left(H + \frac{\hbar}{i}\frac{\partial}{\partial t}\right)\psi = 0$. Der hermitesche Operator A ist dem unitären $U = \exp i\,\varepsilon\,A$ äquivalent (ε ist ein freier reeller Parameter). Ist A eine Konstante der Bewegung, dann führt U Lösungen der SCHRÖDINGER-Gleichung wie der in Lösungen über, das System ist invariant gegen die Transformation U:

$$\left(H + \frac{\hbar}{i}\frac{\partial}{\partial t}\right) U\,\psi = U\left(H + \frac{\hbar}{i}\frac{\partial}{\partial t}\right)\psi = 0\,. \tag{29.14}$$

Die Operatoren U bilden eine einparametrige infinitesimale Gruppe, wenn $\varepsilon\,A$ für alle ε ein sinnvoller Operator ist, so daß auch in der Quantenmechanik der Zusammenhang zwischen Invarianzgruppen und Erhaltungssätzen besteht.

Konstanz des HAMILTON-Operators bedeutet Invarianz gegen Zeittranslationen: Mit

$$\left[H,\, H + \frac{\hbar}{i}\frac{\partial}{\partial t}\right] = 0$$

ist auch

$$\left[\frac{1}{i}\frac{\partial}{\partial t},\, H + \frac{\hbar}{i}\frac{\partial}{\partial t}\right] = 0\,,$$

und die Transformation der Lösungen hat die Form

$$U\,\psi(t) = \exp\left(i\,\varepsilon\,\frac{1}{i}\frac{\partial}{\partial t}\right)\psi(t) = \psi\,(t + \varepsilon)\,.$$

§ 30. Die Darstellung des HILBERT-Raumes

Für konkrete Rechnungen wird die Abbildung des abstrakten HILBERT-Raums auf einen konkreten Funktionenraum benötigt. Über die vollständige Basis eines Operators kann ein HILBERT-Raum isomorph auf Funktionen- oder Folgenräume abgebildet werden. Die Indizes des Folgenraums beziehungsweise die

Variablen des Funktionenraums sind die Eigenwerte der Operatoren, nach deren Basis entwickelt wird. Bestimmen die Eigenwerte die Basis nicht vollständig, sind sie mehrfach, dann gibt es weitere Operatoren, die mit dem ersten ein gemeinsames Eigenvektorsystem besitzen. Schließlich wird das Eigenvektorsystem durch einen vollständigen Satz von kommutierbaren Operatoren festgelegt. Ob ein Satz von Operatoren vollständig ist, hängt vom betrachteten System ab und kann a priori nicht fixiert werden.

Die Lage eines Massenpunktes wird vollständig durch die Angabe der Lagekoordinaten q_i beschrieben. Die entsprechenden Ortsoperatoren sollten ein vollständiges System bilden. Ihr gemeinsames Eigenvektorsystem ist durch die Gleichung

$$Q_i \, \psi_{q_1, \ldots, q_n} = q_i \, \psi_{q_1, \ldots, q_n} \tag{30.1}$$

definiert. Da das Eigenwertspektrum kontinuierlich ist, werden die Eigenvektoren mit der δ-Distribution orthonormiert:

$$(\psi_q, \psi_{q'}) = \delta\,(q - q') \,. \tag{30.2}$$

Die HILBERT-Vektoren ψ werden dargestellt durch die Funktionen

$$\psi(q) = (\psi_q, \psi) \,,$$

die Operatoren durch die Integralkerne

$$A(q, q') = (\psi_q, A\, \psi_{q'}) \,.$$

Es entsteht die Darstellung

$$(\psi_1, \psi_2) = \int \mathrm{d}^n\, q\, \psi_1^*(q)\, \psi_2(q) \,,$$

$$(\psi_1, A\, \psi_2) = \iint \mathrm{d}^n\, q\, \mathrm{d}^n\, q'\, \psi_1^*(q)\, A(q, q')\, \psi_2(q') \,. \tag{30.3}$$

Die wichtigste Frage ist nun die nach den konjugierten Impulsen. Zur Konstruktion dieser Operatoren stehen die Vertauschungsrelationen $[Q_i, P_k] = i\,\hbar\,\delta_{ik}$ zur Verfügung. Zunächst ergibt die Anwendung des Ortsoperators auf eine Funktion ψ:

$$(\psi_q, Q_i\, \psi) = q_i(\psi_q, \psi) = q_i\, \psi(q) \,. \tag{30.4}$$

Damit bietet sich als Lösung der Kommutatorrelation $P_k = \frac{\hbar}{i} \frac{\partial}{\partial q_k}$ an, da $\left[q_i, \frac{\hbar}{i} \frac{\partial}{\partial q_k}\right] = i\,\hbar\,\delta_{ik}$ gilt. Allgemein ist anzusetzen:

$$P_k = \frac{\hbar}{i} \frac{\partial}{\partial q_k} + \widetilde{P}_k \,.$$

Wegen der Linearität des Kommutators ergibt sich

$$[Q_i, \widetilde{P}_k] = 0 \,, \quad \widetilde{P}_k = f_k(q) \,.$$

Beachtet man noch die Vertauschungsrelationen der Impulse selbst, so reduziert sich der allgemeine Ansatz zu

$$f_k(q) = \frac{\partial}{\partial q_k} f(q) \,. \tag{30.5}$$

Die verbleibende Freiheit entspricht den verschiedenen Möglichkeiten der Definition der Impulskoordinaten, die bereits in der klassischen Mechanik durch die kanonischen Transformationen gegeben ist: Die durch $F_1 = \sum_i q_i P_i + f(q)$ erzeugte Transformation der Impulse läßt die Definition der Ortskoordinaten unberührt:

$$Q_i = q_i \,, \quad p_i = P_i + \frac{\partial f}{\partial q_i} \,.$$

Es wird die Vereinbarung getroffen, daß der gewöhnliche Impuls durch

$$P = \frac{\hbar}{i} \operatorname{grad} \tag{30.6}$$

gegeben wird. Im übrigen kann in jedem Falle der Realteil der Funktion f in die Phase der ψ-Funktion übernommen werden:

$$\left(\frac{\hbar}{i} \operatorname{grad} + \operatorname{grad} f\right) \psi = \frac{\hbar}{i} \operatorname{grad} \left(\psi \exp \frac{i}{\hbar} f\right) .$$

Der Imaginärteil wird durch die Hermitizitätsforderung an P bestimmt.

Die in § 28 Punkt 1 verbleibende Unbestimmtheit der Operatorfunktion — p und $q^{-1} p^{-1} q\, p^3 q\, p^{-1} q^{-1}$ sind klassisch gleich, aber als Operatorfunktionen verschieden — kann ebenfalls durch Vereinbarung eliminiert werden, etwa durch die Festlegung

$$H = \sum_{ik} P_i \, a_{ik}(Q) \, P_k + U(Q) \,. \tag{30.7}$$

Die dem abstrakten HILBERT-Vektor ψ entsprechende Funktion $\psi(q)$ liefert mit ihrem Betragsquadrat eine Wahrscheinlichkeitsdichte entsprechend (27.3). $\psi(q)$ heißt dementsprechend Wahrscheinlichkeitsamplitude.

$$|\psi(q)|^2 = |(\psi_q, \psi)|^2 = \varrho(q) \tag{30.8}$$

ist die Wahrscheinlichkeitsdichte über den Lagekoordinaten, wenn ψ den Zustand des Systems beschreibt. Für eine Funktion der Ortsoperatoren gilt

$$E\, F(Q) = \int \mathrm{d}^n q\, F(q) \, |(\psi_q, \psi)|^2 \,.$$

Die mit (30.8) gegebene Aufenthaltswahrscheinlichkeit entspricht nicht der in der thermodynamischen Statistik verwendeten Dichte im Phasenraum. (30.8) beschreibt nur eine Verteilung der Lagekoordinaten. Die Verteilung der Impulskoordinaten ergibt sich ebenfalls aus ψ mit einer entsprechenden Konstruktion.

Die Eigenvektoren der Ortsoperatoren selbst werden durch Distributionen dargestellt:

$$\psi_{q'}(q) = (\psi_q, \psi_{q'}) = \delta(q - q') .$$

Das resultiert aus der Orthogonalität der Eigenvektoren im kontinuierlichen Spektrum. Als Gegenstück sind die Eigenvektoren der Impulse nicht normierbar. Die Gleichung

$$P_k \psi = p_k \psi$$

ergibt in der Ortsdarstellung

$$\frac{\hbar}{i} \frac{\partial}{\partial q_k} \psi(q) = p_k \psi(q) ,$$

$$\psi_p(q) = \exp \frac{i}{\hbar} \sum_k q_k p_k . \tag{30.9}$$

Die zu festem Impuls gehörende Aufenthaltsdichte ist nicht normierbar, $|\psi|^2$ ist konstant. Das entspricht genau der HEISENBERGschen Unschärferelation, wenn der Impuls genau gegeben ist, kann über den Ort überhaupt nichts vorausgesagt werden. Werden die Eigenfunktionen des Ortes nach (30.9) entwickelt,

$$\psi_{q'}(q) = \int \mathrm{d}^n p \exp \frac{i}{\hbar} \sum_k p_k (q_k - q_k') = \int \mathrm{d}^n{}_p\, \alpha_{q'}(p)\, \psi_p(q) ,$$

so ist die Wahrscheinlichkeit $|\alpha(p)|^2$, einen Impuls p zu finden, wieder unabhängig von p. Ist der Ort fixiert, so ist der Impuls total unbestimmt.

§ 31. Die Bewegung eines Teilchens im Potential

Für einen Massenpunkt im dreidimensionalen Raum lauten die Ergebnisse der Darstellung: Die HILBERT-Vektoren $\psi(t)$ sind Funktionen $\psi(\boldsymbol{r}, t)$, Anwendung der Ortsoperatoren bedeutet Multiplikation mit den entsprechenden Koordinaten, Anwendung der Impulsoperatoren bedeutet Differentiation.

$$X_i \psi(\boldsymbol{r}, t) = x_i \psi(\boldsymbol{r}, t) ,$$

$$P_i \psi(\boldsymbol{r}, t) = \frac{\hbar}{i} \frac{\partial}{\partial x_i} \psi(\boldsymbol{r}, t) ,$$

$$\frac{1}{2m} P^2 \psi(\boldsymbol{r}, t) = -\frac{\hbar^2}{2m} \Delta \psi(\boldsymbol{r}, t) .$$

Die klassische HAMILTON-Funktion für ein Teilchen im Potential lautet

$$H = \frac{p^2}{2m} + V(\boldsymbol{r}) . \tag{31.1}$$

In der Ortsdarstellung ergibt sich für den HAMILTON-Operator

$$H = -\frac{\hbar^2}{2m} \Delta + V(\boldsymbol{r}) . \tag{31.2}$$

Die SCHRÖDINGER-Gleichung erhält die Form

$$-\frac{\hbar^2}{2m}\Delta\psi(\boldsymbol{r},t) + V(\boldsymbol{r})\,\psi(\boldsymbol{r},t) = i\hbar\frac{\partial}{\partial t}\psi(\boldsymbol{r},t)\,. \tag{31.3}$$

Das Betragsquadrat der Funktion $\psi(\boldsymbol{r}, t)$ bedeutet eine Dichte der Aufenthaltswahrscheinlighkeit im Raum (30.8):

$$\psi(\boldsymbol{r},t) = \big(\psi_{\boldsymbol{r}}, \psi(t)\big)\,,$$

$$E[F(\boldsymbol{r})] = \int \mathrm{d}^3\boldsymbol{r}\, F(\boldsymbol{r})\, \big|\big(\psi_{\boldsymbol{r}}, \psi(t)\big)\big|^2\,. \tag{31.4}$$

Die Bewegung nach der SCHRÖDINGER-Gleichung stellt eine Strömung von Wahrscheinlichkeitsdichte dar. Mit der Definition

$$\boldsymbol{j} = \frac{\hbar}{2\,im}(\psi^*\,\mathrm{grad}\,\psi - \psi\,\mathrm{grad}\,\psi^*) \tag{31.5}$$

für eine Wahrscheinlichkeitsstromdichte erhält man eine Kontinuitätsgleichung

$$\begin{aligned}\mathrm{div}\,\boldsymbol{j} &= \frac{\hbar}{2\,i\,m}(\psi^*\,\Delta\psi - \psi\,\Delta\psi^*)\\ &= \frac{\hbar}{2\,i\,m}\,\frac{2\,m}{i\,\hbar}\left(\psi^*\frac{\partial\psi}{\partial t} + \psi\frac{\partial\psi^*}{\partial t}\right)\\ &= -\frac{\partial\varrho}{\partial t}\,,\qquad \varrho = |\psi|^2 = \psi\,\psi^*\,.\end{aligned} \tag{31.6}$$

Die Gleichung für die stationären Zustände lautet

$$\left[-\frac{\hbar}{2\,m}\Delta + V(\boldsymbol{r})\right]\Phi(\boldsymbol{r}) = E\,\Phi(\boldsymbol{r})\,,$$

$$\psi(\boldsymbol{r},t) = \Phi(\boldsymbol{r})\exp -\frac{i\,E\,t}{\hbar}\,. \tag{31.7}$$

In einem stationären Zustand sind sowohl die Wahrscheinlichkeitsdichte als auch die Wahrscheinlichkeitsstromdichte von der Zeit unabhängig.

Die SCHRÖDINGER-Gleichung hat den Charakter einer Wellengleichung: Man kann die Zeit separieren (stationäre Zustände) und erhält

$$\left[\Delta + \frac{2\,m}{\hbar^2}\big(E - V(\boldsymbol{r})\big)\right]\Phi(\boldsymbol{r}) = 0\,. \tag{31.8}$$

Das ist gerade die separierte Wellengleichung:

Aus $\left(\Delta - \frac{n^2}{c^2}\frac{\partial^2}{\partial t^2}\right)\psi = 0$ und $\psi = \Phi(\boldsymbol{r})\exp\left(-\frac{2\,\pi\,i}{\lambda_0}c\,t\right)$ folgt

$$\left[\Delta + n^2\frac{4\,\pi^2}{\lambda_0^2}\right]\Phi(\boldsymbol{r}) = 0\,. \tag{31.9}$$

Als Zusammenhang ergibt sich die Beziehung von DE BROGLIE:

$$\lambda = \frac{\lambda_0}{n} = \sqrt{\frac{4\,\pi^2\,\hbar^2}{2\,m\,(E - V)}} = \frac{2\pi\,\hbar}{p}\,. \tag{31.10}$$

Damit ist die Übereinstimmung der Theorie mit einem entscheidenden experimentellen Tatbestand sichergestellt. Die in den Axiomen eingeführte Konstante $\hbar$ ist experimentell $\frac{h}{2\pi}$.

Vergleicht man die Koeffizienten in (31.8) und (31.9) unter Berücksichtigung der Entsprechung von $V = 0$ und $n = 1$, so erhält man wie in der geometrischen Optik

$$n^2 = \frac{E - V}{E}, \qquad \lambda_0 = \frac{h}{\sqrt{2\,m\,E}}. \tag{31.11}$$

Damit wird die Mechanik in der Quantentheorie so präzisiert, daß sie als Grenzfall im Sinne der geometrischen Optik erscheint. Der theoretische Grenzübergang $h \to 0$ entspricht ja dem Grenzfall sehr kurzer Wellenlänge (§ 10).

Die klassische Mechanik ist so gut, weil die Konstante h und damit die entsprechenden Wellenlängen so sehr klein sind, und die klassische Mechanik ist nicht exakt, weil diese Konstante von Null verschieden ist. Die klassische Mechanik wird also genau dann unbrauchbar, wenn Genauigkeiten in der Größenordnung der HEISENBERGschen Unschärferelation auftreten: Wellenlängen, die vergleichbar sind mit den geometrischen Abmessungen des Systems und seiner Bewegungsumstände. Der für die Gültigkeit der klassischen Mechanik erforderliche Grenzübergang $\lambda_0 \to 0$ ist wegen (31.10) unmöglich.

Analog dem Grenzübergang in der geometrischen Optik besteht zwischen der zeitabhängigen SCHRÖDINGER-Gleichung und der HAMILTON-JACOBI-Differentialgleichung der klassischen Mechanik ein direkter Zusammenhang: Aus der SCHRÖDINGER-Gleichung entsteht durch den Ansatz

$$\psi(\boldsymbol{r}, t) = A(\boldsymbol{r}, t) \exp \frac{i}{\hbar} S(\boldsymbol{r}, t) \tag{31.12}$$

die Gleichung

$$H(\boldsymbol{r}, \operatorname{grad} S, t) + \frac{\partial S}{\partial t} + O\left(\frac{1}{\hbar}\right) = 0 .$$

Im Grenzfall h gegen 0 ergibt sich die HAMILTON-JACOBI-Differentialgleichung (vgl. § 10):

$$H(\boldsymbol{r}, \operatorname{grad} S, t) + \frac{\partial S}{\partial t} = 0 . \tag{31.13}$$

In bestimmten Fällen kann man dieses Grenzverhalten zur näherungsweisen Lösung der SCHRÖDINGER-Gleichung verwenden. Die Lösung von (31.13) wird zur Konstruktion einer genäherten Wellenfunktion (31.12) genutzt. Das ist natürlich nur dann gut, wenn kürzere Wellenlängen auftreten, d. h. bei relativ hohen Energieeigenwerten E (31.11). So ergibt sich beispielsweise aus der Eindeutigkeit der Wellenfunktion das BOHRsche Postulat (26.7): S ist die Phase, also kann ein geschlossenes Integral über die partielle Ableitung nur ganze Vielfache von $2\pi\hbar$ ergeben:

$$\oint \frac{\partial S}{\partial x_i}\,\mathrm{d}x_i = n\,h\,.$$

Die partiellen Ableitungen sind aber die klassischen Impulse:

$$\oint p_i\,\mathrm{d}x_i = n\,h\,.$$

Das BOHRsche Postulat ist für kleine n nur eine qualitative Abschätzung. Somit ist auch die Stellung des BOHRschen Postulats (26.7) durch die Theorie geklärt.

Während die innere Bewegung eines Systems atomarer Abmessungen immer mit den Mitteln der Quantenmechanik beschrieben werden muß, bewegt sich der Schwerpunkt des Systems wie ein klassisches Teilchen, wenn der Gesamtimpuls genügend groß ist. Ein solches System wird durch innere Koordinaten q_k, p_k und die Schwerpunktskoordinaten $\boldsymbol{R}$ und $\boldsymbol{P}$ beschrieben. Bewegt sich das System frei, dann ist Schwerpunktbewegung und innere Bewegung entkoppelt, die SCHRÖDINGER-Gleichung

$$\left(-\frac{\hbar^2}{2M}\Delta_{\boldsymbol{R}} + H_{i\,0}\left(q, \frac{\hbar}{i}\frac{\partial}{\partial q}\right)\right)\psi(\boldsymbol{R}, q_1, \ldots, q_n, t) = i\,\hbar\,\frac{\partial\psi}{\partial t}$$

kann separiert werden:

$$\psi = \psi_i(q, t)\exp\frac{i}{\hbar}\left(\boldsymbol{P}\,\boldsymbol{R} - \frac{\boldsymbol{P}^2}{2M}\,t\right),$$

$$H_{i\,0}\,\psi_i = i\,\hbar\,\frac{\partial\psi_i}{\partial t}\,.$$

Die äußere Bewegung ist quasiklassisch:

$$\psi_a = \exp\frac{i}{\hbar}\left(\boldsymbol{P}\,\boldsymbol{R} - \frac{\boldsymbol{P}^2}{2M}\,t\right) = \exp\frac{i}{\hbar}\,S_a(\boldsymbol{R}, t)\,.$$

Die separierte Wellenfunktion beschreibt einen Teilchenstrom, dessen Teilchen den Impuls P und die Masse M haben. Da ψ_a durch die Wirkungsfunktion S_a allein gegeben ist, stellt der Teilchenstrom ein Kollektiv klassischer Teilchenstrahlen dar.

Bewegt sich das System im äußeren Feld, dann hat der HAMILTON-Operator die Struktur

$$H = -\frac{\hbar^2}{2M}\Delta_{\boldsymbol{R}} + H_i\left(q, \frac{\hbar}{i}\frac{\partial}{\partial q}\right) + \sum_\alpha A_\alpha f_\alpha(\boldsymbol{R}).$$

Die innere Bewegung wird korrigiert (H_i statt H_{i0}), und eine äußere Kraft tritt auf, die proportional inneren Größen des Systems (Ladung, Masse, Dipolmomente) ist. Diese inneren Größen A stehen an Stelle von Ladungen. Sie sind Operatoren, deren Eigenwerte den inneren Zustand des Systems beschreiben.

Sind die äußeren Kräfte klein gegen die inneren Kräfte im System, dann bewirkt die Korrektur der inneren Bewegung nur die Verschiebung der Quantenzahlen, nicht aber die Struktur des Spektrums der stationären Zustände (§ 36). Die äußere Bewegung des Systems kann separiert werden, wenn das System sich in einem Eigenzustand der A_α befindet.

$$A_\alpha\,\psi = a_\alpha\,\psi:$$

$$\left[-\frac{\hbar^2}{2M}\Delta_{\boldsymbol{R}} + \sum a_\alpha f_\alpha(\boldsymbol{R})\right]\psi_a = i\,\hbar\,\frac{\partial\psi_a}{\partial t},$$

$$A_\alpha\,\psi_i = a_\alpha\,\psi_i\,.$$

Ist die äußere Bewegung quasiklassisch, ergibt sich ein abgelenkter Teilchenstrahl. Ein einzelner Strahl entsteht, wenn sich die Teilchen in einem Eigenzusrand der Größen A_α befinden, die die Schwerpunktbewegung an das äußere Feld koppeln. Andernfalls kann der Zustand des Systems nach solchen Eigenzuständen zerlegt werden,

$$\psi = \sum c_A \psi_A ,$$

dabei symbolisieren die ψ_A Eigenzustände der A_α. Die Lösung der SCHRÖDINGER-Gleichung ergibt eine Superposition von Teilstrahlen, deren Ablenkung von den Quantenzahlen a abhängt. Nach der Ablenkung sind die Teilchen in den Teilstrahlen in Eigenzuständen der Operatoren A.

Das äußere Feld mißt die A durch die Ablenkung. Es entstehen diskrete Teilstrahlen, wenn die A diskrete Eigenwerte haben. Jedes einzelne Teilchen des Strahls bewegt sich nach der Messung auf einem der Teilstrahlen. Damit ist ein bestimmter Meßwert a festgestellt, und das Teilchen ist nach der Messung in dem zu diesen Werten gehörenden Eigenzustand. Die SCHRÖDINGER-Gleichung enthält und begründet die in § 25 und § 27 erläuterte Eigenschaft der Messungen an atomaren Systemen. Eine einfache Anwendung des hier dargelegten Schemas ist der Versuch von STERN und GERLACH (§ 34).

Die stationären Lösungen der SCHRÖDINGER-Gleichung eines Teilchens im Potential sind normierbar oder nicht normierbar, je nachdem wie groß der Wert der Energie im Verhältnis zum Potential im Unendlichen ist. Legen wir das Potential in der SCHRÖDINGER-Gleichung für stationäre Zustände so fest, daß $V = 0$ im Unendlichen ist, dann gilt:

Die Lösungen der Gleichung

$$\left[\Delta + \frac{2m}{\hbar^2}\left(E - V(\boldsymbol{r})\right)\right]\psi(\boldsymbol{r}) = 0 , \qquad V_{|\boldsymbol{r}| \to \infty} = 0 \tag{31.14}$$

sind für positive Energiewerte nicht normierbar, das Spektrum der positiven Energiewerte ist kontinuierlich. Für negative Eigenwerte E des Hamiltonoperators sind sie normierbar, das Spektrum ist diskret (Abb. 26).

Fall 1: $E < 0$

Im Unendlichen hat die Gleichung (31.14) den Charakter von $(\Delta - \mu^2)\,\psi \sim 0$, die Lösungen lauten näherungsweise

$$\psi \sim A\,\frac{e^{-\mu r}}{r} + B\,\frac{e^{+\mu r}}{r} .$$

Nach Wahl der Konstanten $B = 0$ ist die Lösung normierbar, das Integral über den ganzen Raum

$$\int d^3\boldsymbol{r}\, |\psi|^2$$

konvergiert. Die Gesamtaufenthaltswahrscheinlichkeit ist Eins, die Dichte der Aufenthaltswahrscheinlichkeit im Unendlichen Null. Die Lösung repräsentiert einen gebundenen Zustand analog der klassischen Mechanik. Ein entscheidender Unterschied dabei ist nur, daß ein Teilchen in der klassischen Mechanik umkehren muß, wenn E kleiner als V würde, hier ist die Aufenthaltswahrscheinlichkeit auch noch für E kleiner V von Null verschieden (s. § 32).

Fall 2: $E > 0$

Das Verhalten der Wellenfunktion im Unendlichen ist jetzt wegen $(\Delta + k^2)\,\psi \sim 0$ durch

$$\psi \sim \sum_{\boldsymbol{k}} A_{\boldsymbol{k}}\, e^{i\boldsymbol{k}\boldsymbol{r}}$$

gegeben, die Wellenfunktion ist also keinesfalls normierbar. Da die Welle $\psi_0 = e^{i\boldsymbol{k}\boldsymbol{r}}$ nach (31.5) einen Teilchenstrom der Größe $\boldsymbol{j} = \frac{\hbar\boldsymbol{k}}{m}$ liefert, interpretiert man eine nichtnormierbare Lösung als stationäre Teilchenströmung unabhängiger gleichartiger Teilchen. Das Standardbild dazu ist die Überlagerung einer einströmenden ebenen Welle und einer ausströmenden Kugelwelle:

$$\psi = e^{i\boldsymbol{k}\boldsymbol{r}} + f_{\boldsymbol{k}}(\theta, \varphi)\,\frac{e^{ikr}}{r}. \tag{31.15}$$

(θ und φ sind am Wellenzahlvektor orientierte Polarkoordinaten.) Die in Richtung $\boldsymbol{k}$ einströmenden Teilchen werden am Potential gestreut, und die Richtungsabhängigkeit der Streuintensität wird durch $f(\theta, \varphi)$ geliefert. $|f_{\boldsymbol{k}}(\theta, \varphi)|^2$ ist der differentielle Streuquerschnitt und ist experimentell im Prinzip zugänglich. Den mikroskopischen Potentialverlauf kann man an Hand eines Streuexperiments entwickeln (§§ 4, 38).

Das Eigenwertspektrum ist kontinuierlich, wenn die Eigenfunktionen nicht normierbar sind (Orthogonalitätsrelation mit δ-Distribution).

Ein freies Teilchen ($V = 0$) kann nicht Eigenlösungen der stationären SCHRÖDINGER-Gleichung entsprechen. Die stationären Eigenlösungen

$$\psi(\boldsymbol{r}, t) = e^{i\boldsymbol{k}\boldsymbol{r} - \frac{i}{\hbar}\frac{\hbar^2 \boldsymbol{k}^2}{2m}t}, \qquad E_{\boldsymbol{k}} = \frac{\hbar^2 \boldsymbol{k}^2}{2m} \tag{31.16}$$

sind nicht normierbar, die Gesamtaufenthaltswahrscheinlichkeit eines Teilchens muß aber 1 sein. Um die Bewegung eines freien Teilchens zu beschreiben, muß man eine zeitabhängige Lösung der SCHRÖDINGER-Gleichung verwenden, ein Wellenpaket. Man zerlegt die Wellenfunktion zu einem Anfangszeitpunkt $t = 0$ nach FOURIER, d. h. nach Eigenlösungen der stationären SCHRÖDINGER-Gleichung, deren Zeitverhalten der Eigenlösungen bekannt ist. Hauptpunkt an dieser Darstellung ist das Zerlaufen des Wellenpakets. Auf Grund der Unschärferelation bedeutet eine noch so geringe Fixierung des Ortes des Teilchens eine Mindestunsicherheit des Impulses, es ist also nie genau bekannt, wohin sich ein Teilchen bewegt. Deshalb läuft jedes Wellenpaket auseinander. Dieses Auseinanderlaufen geschieht um so schneller, je genauer das Teilchen zu Anfang fixiert wird.

Sei die Dichte anfangs durch eine Normalverteilung gegeben, etwa

$$\varrho = |\psi|^2 = \frac{1}{\sqrt{2\pi\sigma^2}^{\,3}} \exp\left(-\frac{\boldsymbol{r}^2}{2\sigma^2}\right),$$

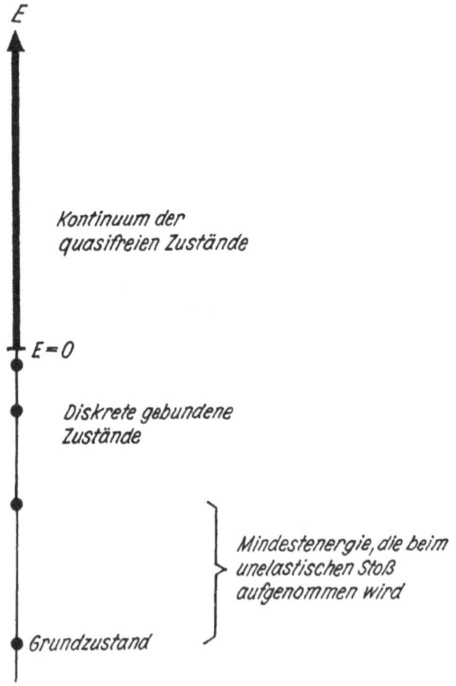

Abb. 26. Allgemeine Struktur des Energiespektrums eines gebundenen Systems

so kann als Wellenfunktion zur Zeit $t = 0$

$$\psi(\mathbf{r}, 0) = \frac{1}{(2\pi\sigma^2)^{3/4}} \exp - \frac{\mathbf{r}^2}{4\sigma^2}$$

angesetzt werden. Es ergibt sich

$$\psi(\mathbf{r}, t) = \int d^3\mathbf{k}\, e^{i\mathbf{k}\mathbf{r}} A(\mathbf{k})\, e^{-\frac{iE_{\mathbf{k}}t}{\hbar}}$$

mit

$$A(\mathbf{k}) = \frac{1}{(2\pi)^3} \int d^3\mathbf{r}\, e^{-i\mathbf{k}\mathbf{r}}\, \psi(\mathbf{r}, 0)$$

$$= \left(\frac{\sigma^2}{2\pi^3}\right)^{3/2} \exp - \mathbf{k}^2\sigma^2 .$$

Das Integral lautet

$$\psi(\mathbf{r}, t) = \frac{1}{(2\pi)^{3/4}} \left(\frac{\sigma}{\sigma^2 + \frac{i\hbar t}{2m}}\right)^{3/2} \exp - \frac{\mathbf{r}^2}{4\left(\sigma^2 + \frac{i\hbar t}{2m}\right)} .$$

Die Dichte hat die Form

$$\varrho(\mathbf{r}, t) = \frac{1}{\sqrt{2\pi\Sigma^2(t)}^{\,3}} \exp - \frac{\mathbf{r}^2}{2\Sigma^2(t)} ,$$

dabei ist

$$\Sigma^2(t) = \sigma^2 + \frac{1}{\sigma^2}\left(\frac{\hbar t}{2m}\right)^2 . \tag{31.17}$$

Die Ausdehnung des Wellenpakets nimmt also um so schneller zu, je genauer es lokalisiert wurde und je leichter das Teilchen ist.

Das Beispiel makroskopischer Körper zeigt bei

$$m = 1\,\text{g}, \quad \sigma^2 = 10^{-12}\,\text{cm}^2$$

eine Verdoppelung von σ^2 nach $t = \dfrac{2m\sigma^2}{\hbar} \sim 10^{15}$ s oder 10^{10} Tagen.

Für ein Elektron mit

$$m \sim 10^{-27}\,\text{g}, \quad \sigma^2 = 10^{-12}\,\text{cm} \quad \text{ergibt sich} \quad t = 10^{-12}\,\text{s}.$$

Für ein Teilchen im Potential können die Erhaltungssätze des Drehimpulses und des Impulses in Zusammenhang mit den aus der Mechanik bereits bekannten Invarianzgruppen dargestellt werden.

Der Erhaltungssatz des Impulses bedeutet Vertauschbarkeit von Impulsoperator und HAMILTON-Operator:

$$[\boldsymbol{p}, H] = 0 .$$

Damit ist auch die Exponentialfunktion mit dem HAMILTON-Operator vertauschbar:

$$\left[\exp\frac{i\boldsymbol{a}\boldsymbol{p}}{\hbar},\ H\right] = 0 .$$

$U = \exp\frac{i}{\hbar}\boldsymbol{a}\,\boldsymbol{p}$ ist ein unitärer Operator, der den Lösungsraum der SCHRÖDINGER-Gleichung in sich selbst überführt: Mit $\psi(\boldsymbol{r})$ ist auch

$$U\,\psi(\boldsymbol{r}) = \exp\left(\frac{i}{\hbar}\boldsymbol{a}\,\frac{\hbar}{i}\,\text{grad}\right)\cdot\psi(\boldsymbol{r}) = \psi\,(\boldsymbol{r} + \boldsymbol{a})$$

eine Lösung: Translationsinvarianz.

Im Falle des Drehimpulses

$$\boldsymbol{L} = \boldsymbol{r} \times \boldsymbol{p}$$

gilt bei Erhaltung $[\boldsymbol{L}, H] = 0$, Vertauschbarkeit.

$U = \exp\frac{i\,d\alpha\,\boldsymbol{n}}{\hbar}\boldsymbol{L}$ ist ebenfalls mit H vertauschbar ($\boldsymbol{n}$ ist der Einheitsvektor in Richtung der Drehachse, $d\alpha$ der Drehwinkel).

Mit $\psi(\boldsymbol{r})$ ist also auch

$$U\,\psi(\boldsymbol{r}) = \exp\left(\frac{i\,d\alpha}{\hbar}(\boldsymbol{n}\times\boldsymbol{r})\frac{\hbar}{i}\,\text{grad}\right)\psi(\boldsymbol{r}) = \psi\,(\boldsymbol{r} + d\alpha\,[\boldsymbol{n}\times\boldsymbol{r}])$$

eine Lösung: Das bedeutet Invarianz gegen Drehung um die Achse $\boldsymbol{n}$.

Nicht jede Symmetrieeigenschaft des HAMILTON-Operators muß einer infinitesimalen Invarianz-Gruppe entsprechen, der auch in der klassischen Mechanik nach den NOETHER-Theoremen ein Erhaltungssatz zugeordnet werden kann.

In der Quantenmechanik gibt es auch Erhaltungssätze, die kein klassisches Analogon besitzen. Das einfachste Beisoiel für einen solchen Erhaltungssatz ist die Erhaltung der Parität bei Invarianz des HAMILTON-Operators gegen Spiegelungen des Raums, d. h. gegen Ersetzungen der Form $\boldsymbol{r} = -\boldsymbol{r}$. Der Operator

$$H = -\frac{\hbar^2}{2m}\Delta + V(r)$$

ist invariant gegen diese Raumspiegelung.

Der Spiegelungsoperator wird definiert durch

$$P\,\psi(\boldsymbol{r}, t) = \psi(-\boldsymbol{r}, t)\,. \tag{31.18}$$

Ersichtlich ist für den oben angeführten HAMILTON-Operator

$$P\,H\,\psi = H\,P\,\psi\,,$$

d. h., P ist mit H vertauschbar und somit eine Konstante der Bewegung. Die Lösungen der SCHRÖDINGER-Gleichung können nach Eigenvektoren von P entwickelt werden, wobei der Eigenwert von P zeitunabhängig ist. Definiert man nämlich

$$\psi^{\pm} = \frac{1}{2}\left[\psi(\boldsymbol{r}, t) \pm \psi(-\boldsymbol{r}, t)\right],$$

so erhält man

$$\psi = \psi^+ + \psi^-$$

und

$$P\,\psi^+ = \psi^+\,, \qquad P\,\psi^- = -\psi^-\,.$$

Sowohl ψ^+ als auch ψ^- sind Lösungen der SCHRÖDINGER-Gleichung. Der Spiegelungsoperator P besitzt nur die Eigenwerte $+1$ (gerade Parität) und -1 (ungerade Parität), weil $P^2 = 1$ ist.

Die Parität von Eigenfunktionen des Drehimpulses (§ 39) hängt mit dem Eigenwert des Betrags des Bahndrehimpulses zusammen, für

$$\boldsymbol{L}^2\,\psi = \hbar^2\,l\,(l+1)\,\psi \quad \text{ist} \quad P\,\psi = (-1)^l\,\psi\,.$$

§ 32. Eindimensionale Beispiele stationärer Zustände

Es werden Lösungen der eindimensionalen SCHRÖDINGER-Gleichung diskutiert, an denen wesentliche Züge allgemeiner Fälle zu erkennen sind, d. h. Lösungen der Gleichung

$$\frac{\mathrm{d}^2\psi}{\mathrm{d}x^2} + \frac{2m}{\hbar^2}\left(E - V(x)\right)\psi = 0\,. \tag{32.1}$$

1. Der Tunneleffekt

Gegeben sei eine Potentialschwelle (Abb. 27). Dann wird in der klassischen Mechanik ein Teilchen reflektiert, wenn seine Gesamtenergie E kleiner als $V_{\max}$ ist, andernfalls wird es nicht reflektiert. Nach der Quantenmechanik ist beides nicht mehr richtig, ein gewisser Teil wird immer durchgelassen, auch wenn die

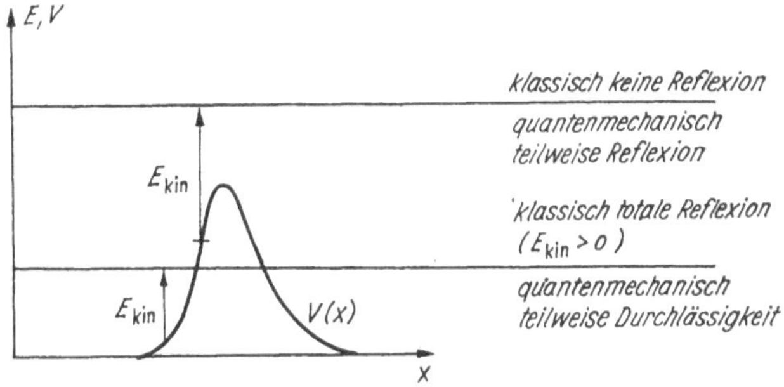

Abb. 27. Der Tunneleffekt. H und $\frac{P^2}{2m}$ sind nicht gleichzeitig meßbar. Die Unschärfe der kinetischen Energie in einem Eigenzustand von H bewirkt, daß immer ein Teil reflektiert und ein Teil durchgelassen wird ($E_{kin} > 0$ bzw. $E_{kin} < 0$)

Energie klein ist, und ein gewisser Teil wird immer reflektiert, auch wenn die Energie groß ist. Nur bei ganz bestimmten Energiewerten findet keine Reflexion statt.

Die Wellenfunktion ist stetig und stetig differenzierbar. Der Teilchenstrom falle von links ein, wir stellen also die Bedingungen im Unendlichen:

$$\psi = \begin{cases} e^{ikx} + B\, e^{-ikx}\,, & x \to -\infty\,, \\ C\, e^{ikx}\,, & x \to +\infty\,. \end{cases} \qquad \left(E = \frac{\hbar^2 k^2}{2\,m}\right) \tag{32.3}$$

Damit lautet die Stromdichte

$$j = \begin{cases} \frac{\hbar\, k}{m}(1 - |B|^2)\,, & x \to -\infty\,, \\ \frac{\hbar\, k}{m}\,|C|^2\,, & x \to +\infty\,. \end{cases}$$

B und C sind zu bestimmen, die Betragsquadrate stellen das Reflexionsvermögen bzw. die Durchlässigkeit der Potentialschwelle dar. Der einfallende Teilchenstrom ist normiert auf Stromstärke $\frac{\hbar\, k}{m}$.

Sofort ist zu sehen: C kann wegen des Eindeutigkeitssatzes für die Lösungen der Differentialgleichung (32.1) nicht verschwinden. Verschwinden ψ und ψ' an einem Punkt, dann ist ψ identisch Null und beschreibt keinen Teilchenstrom.

Es gibt also keine undurchlässige Potentialschwelle endlicher Höhe. Der Tunneleffekt wurde von der experimentellen Seite in § 26 diskutiert.

Berechnen wir die Durchlässigkeit einer speziellen Potentialschwelle:

$$V = \begin{cases} V_0 & \text{für} \quad 0 < x < a \\ 0 & \text{sonst.} \end{cases}$$

Mit den Bezeichnungen

$$k^2 = \frac{2\,m\,E}{\hbar^2}, \qquad n^2 = \frac{E - V_0}{E}$$

muß man für die Wellenfunktion ansetzen:

$$\psi = \begin{cases} e^{ikx} + B\,e^{-ikx}, & x < 0\,, \\ \alpha\,e^{iknx} + \beta\,e^{-iknx}, & 0 < x < a\,, \\ C\,e^{ikx}, & a < 0\,. \end{cases}$$

Stetigkeit und stetige Differenzierbarkeit an den Stellen $x = 0$ und $x = a$ liefern vier lineare Gleichungen für die Koeffizienten α, β, B und C.

$$C = \frac{4\,n\,e^{-ika}}{(n+1)^2\,e^{-ikna} - (n-1)^2\,e^{+ikna}},$$

$$B = \frac{2\,(n^2 - 1)\,i\sin k\,n\,a}{(n+1)^2\,e^{-ikna} - (n-1)^2\,e^{+ikna}}.$$

Das Reflexionsvermögen verschwindet für diskrete Werte von k:

$$B = 0: \quad k\,n\,a = N\,\pi\,, \qquad E_N = V_0 + \frac{N^2\,\pi^2\,\hbar^2}{2\,m\,a^2}.$$

Die Umformung $n\,k = \frac{i}{\hbar}\sqrt{2\,m\,(V_0 - E)}$ liefert für V_0 größer E die Durchlässigkeit

$$|C|^2 = \frac{\frac{V^0}{E} - 1}{1 + \frac{1}{4}\left(\frac{V_0}{E}\right)^2 \sinh^2 \frac{a}{\hbar}\sqrt{2\,m\,(V_0 - E)}}.$$

Für sehr kleine Energien ist das angenähert

$$|C|^2 \cong 4\,\frac{E}{V_0}\exp - \frac{2\,a}{\hbar}\sqrt{2\,m\,(V_0 - E)}\,.$$

Die Größe

$$\exp\left(-\frac{2\,a}{\hbar}\sqrt{2\,m\,(V_0 - E)}\right)$$

heißt Barrierenfaktor (Gamov-Faktor) und wird direkt erhalten, wenn man die quasiklassische Näherung (31.12) verwendet:

$$\frac{\partial S}{\partial t} = -E\,, \qquad \frac{\partial S}{\partial x} = \sqrt{2\,m\,(E - V(x))}\,,$$

$$\psi(x,t) \sim \exp\frac{i}{\hbar}\left(\int\sqrt{2\,m\,(E-V)}\,\mathrm{d}x - E\,t\right).$$

Der Phasenfaktor in (31.12) bedeutet nur dann eine Amplitudenänderung, wenn die Funktion S imaginär ist. Ist die Amplitude einer von einer Seite anlaufenden Welle 1, so ist sie nach Durchgang durch ein Gebiet mit $V > E$

$$|\psi| \sim \exp -\frac{1}{\hbar}\int\limits_{V>E}\mathrm{d}x\,\sqrt{2\,m\,(V-E)}\,. \tag{32.3}$$

Das Quadrat davon ist der Barrierenfaktor.

Der Barrierenfaktor liefert den Hauptteil der Abhängigkeit der Durchlässigkeit von der Energie der Teilchen.

2. Der Potentialtopf mit unendlich hohen Wänden

V sei unendlich für $x > a$ und $x < 0$. Dann verschwindet die Wellenfunktion in diesen Gebieten, ihre Ableitung kann aber an den Grenzen $x = 0$ und $x = a$ unstetig sein. Mit der Stetigkeit der Wellenfunktion erhält man

$$\psi = A\sin k\,x\,, \qquad E = \frac{\hbar^2 k^2}{2\,m}\,.$$

$\psi(a) = 0$ impliziert

$$k\,a = N\,\pi\,.$$

Daraus folgt

$$E = E_0\,N^2\,, \qquad E_0 = \frac{\hbar^2\,\pi^2}{2\,m\,a^2}\,. \tag{32.4}$$

Der niedrigste Zustand ist (mit $N = 1$) $E = E_0$. Im Grundzustand ist das Teilchen nicht in Ruhe, ganz im Gegensatz zur klassischen Mechanik. Das Teilchen kann wegen der Unschärferelation nicht in Ruhe sein. $E = 0$ würde bedeuten: Impuls gleich Null, also streuungsfrei, während der Ort durch Vorgabe der Grenzen eingeschränkt ist. $\Delta p = 0$ ist aber unvereinbar mit endlichen Δq. Diese Nullpunktsenergie ist besonders beim harmonischen Oszillator (§ 37) von Bedeutung.

Das Modell entspricht einem Teilchen im vorgegebenen Volumen. Die stationären Zustände stellen die Teilchenzustände des Systemtyps dar, der in § 15 diskutiert wurde. Das Volumen (im eindimensionalen Beispiel die Intervallänge a) geht direkt in die Energiewerte der Teilchenzustände ein, so daß das Schema der phänomenologischen Thermodynamik auch für das Volumen gerechtfertigt ist. Die Energiewerte der Teilchenzustände nehmen ab, wenn das Volumen zunimmt; die am System zu leistende Arbeit ist positiv, wenn das Volumen verringert wird, der Druck ist positiv.

Die Bedingung $\psi = 0$ für Punkte außerhalb eines bestimmten Volumens läßt sich nicht realisieren, weil dazu ein unendlich großes Potential erforderlich ist. Im Realfall hat das Potential überall einen endlichen Wert, und im betrachteten Volumen ist er nur besonders klein. Dementsprechend ist der wachsende Abstand der Energieniveaus eine spezielle Eigenschaft des Modells. Gewöhnlich wird der Abstand der Energieniveaus mit wachsender Energie immer geringer und schließt mit einem Kontinuum quasifreier Zustände ab (Beispiel 4).

3. Der harmonische Oszillator

Die HAMILTON-Funktion des eindimensionalen Oszillators,

$$H = \frac{p^2}{2m} + \frac{m}{2}\,\omega^2 q^2 ,$$

führt auf die SCHRÖDINGER-Gleichung

$$-\frac{\hbar^2}{2m}\psi'' + \frac{m}{2}\,\omega^2 q^2 \psi = E\,\psi . \qquad (32.5)$$

Mit der Substitution $\xi = q\sqrt{\frac{m\,\omega}{\hbar}}$ gewinnt man

$$\frac{d^2\psi}{d\xi^2} + \left(\frac{2E}{\hbar\,\omega} - \xi\right)\psi = 0 .$$

Der Ansatz $\psi = \Phi \exp\left(-\frac{\xi^2}{2}\right)$ spaltet das Verhalten der Lösung im Unendlichen ab. Die Differentialgleichung reduziert sich auf

$$\Phi'' - 2\,\xi\,\Phi' + \left(\frac{2E}{\hbar\,\omega} - 1\right)\Phi = 0 .$$

Sie muß Lösungen liefern, die im Unendlichen eine endliche Wellenfunktion erzeugen, damit bleiben als Lösungen nur die HERMITEschen Polynome. Diese existieren nur für

$$\frac{2E}{\hbar\,\omega} - 1 = 2\,n , \qquad E = \left(n + \frac{1}{2}\right)\hbar\,\omega . \qquad (32.6)$$

Die vollständigen Lösungen der stationären SCHRÖDINGER-Gleichung lauten

$$\psi_n(q) = C_n \cdot H_n\left(q\sqrt{\frac{m\,\omega}{\hbar}}\right)\cdot \exp\left(-\frac{q^2}{2}\,\frac{m\,\omega}{\hbar}\right). \qquad (32.7)$$

Dabei sind die H_n die HERMITEschen Polynome mit der erzeugenden Funktion

$$\sum_{n=0}^{\infty} \frac{t^n}{n!} H_n(x) = \exp\left(-t^2 + 2\,t\,x\right) .$$

Die Lösungen (32.7) sind orthogonal, aber noch nicht normiert, die Konstante ist durch die Normierung festzulegen.

Wie aus den Experimenten am Oszillator (PLANCKsche Formel, spezifische Wärmen, Photoeffekt, COMPTON-Effekt usw.) geschlossen wurde, ergeben sich äquidistante Energiestufen, die Distanz ist $\hbar\,\omega = h\,\nu$. Zusätzlich ergibt sich die Nullpunktsenergie $E_0 = \frac{\hbar\,\omega}{2}$. Sie kann vom Oszillator nicht abgegeben werden, so spielt sie bei allen Energietransporten keine Rolle (Strahlungsformel, spezifische Wärmen). Die im Grundzustand erfolgende Bewegung des Oszillators ist aber sehr wohl beobachtbar (Quantenelektrodynamik, Emissionslinienform, spontane Emission).

4. Der Potentialtopf endlicher Tiefe

Das Potential sei gegeben durch

$$V = \begin{cases} 0\,, & x < 0 \quad \text{und} \quad x > a\,, \\ V_0 = -\dfrac{\hbar^2\,\beta^2}{2\,m}\,, & 0 < x < a \end{cases}$$

Für positive Energien ergibt sich eine analoge Rechnung wie unter (32.3), für negative Energien ergeben sich nun aber gebundene Zustände. Dazu setzen wir an

$$\psi(x) = \begin{cases} f\,e^{\lambda x} & x < 0 \\ b\,e^{ikx} + c\,e^{-ikx} & 0 < x < a \\ d\,e^{-\lambda x} & a < x \end{cases} \qquad k^2 = \beta^2 - \lambda^2$$

und beachten die Bedingung der Stetigkeit und stetigen Differenzierbarkeit der Wellenfunktion an den Stellen $x = 0$ und $x = a$. Dadurch erhält man ein homogenes Gleichungssystem für die Koeffizienten b, c, d, f.

Es ergibt sich

$$\begin{aligned} b \quad + \quad c \quad - f &= 0\,, \\ i\,k\,b \quad - i\,k\,c \quad - \lambda\,f &= 0\,, \\ d\,e^{-\lambda a} - b\,e^{ika} - c\,e^{-ika} &= 0\,, \\ -\lambda\,d\,e^{-\lambda a} - i\,k\,b\,e^{ika} + i\,k\,c\,e^{-ika} &= 0\,. \end{aligned}$$

Nichttriviale Lösungen existieren nur für

$$\begin{vmatrix} 0, & 1, & 1, & -1, \\ 0, & 1, & -1, & -\dfrac{\lambda}{i\,k} \\ 1, & -e^{ika}, & -e^{-ika}, & 0 \\ -\dfrac{\lambda}{i\,k}, & -e^{ika}, & e^{-ika}, & 0 \end{vmatrix} = 0\,,$$

das heißt $2\,\frac{\lambda}{k}\cos k\,a + \left(\frac{\lambda^2}{k^2} - 1\right)\sin k\,a = 0$.

Mit der Umformung $k = \beta \sin \alpha$, $\lambda = \beta \cos \alpha$ ergibt sich

$$\sin (k a + 2 \alpha) = 0 .$$

Es ist dabei zu beachten, daß λ wegen des Grenzverhaltens von ψ positiv sein muß, also muß bei positivem β auch $|\alpha| \leqq \frac{\pi}{2}$ sein. Wegen der Periodizität kann man sich auf $0 \leqq \alpha \leqq \frac{\pi}{2}$ beschränken. Es folgt nämlich (Abb. 28)

$$n \pi - 2 \alpha = a \beta \cdot \sin \alpha . \tag{32.8}$$

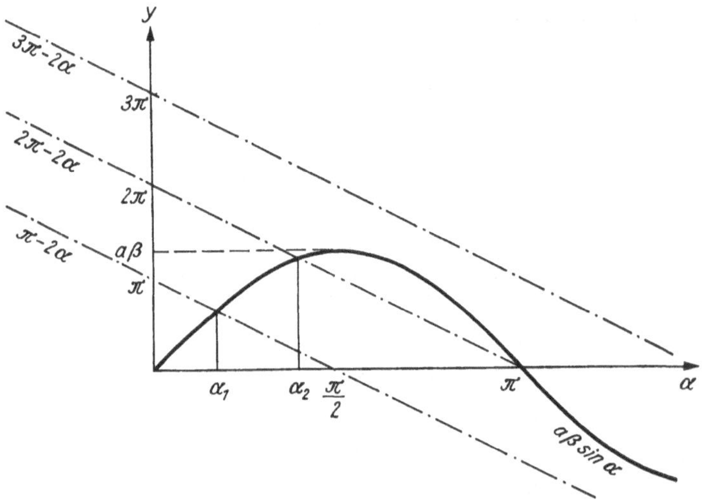

Abb. 28. Graphische Lösung des Eigenwertproblems (32.8). Die Gerade $y = 2 \pi - 2 \alpha$ schneidet $y = a \beta \sin \alpha$ in einem weiteren Punkt, der α_2 entspricht, $y = 3 \pi - 2 \alpha$ schneidet in einem Punkt, der α_1 entspricht, usf.

Ein Eigenwert existiert in diesem Beispiel immer, ansonsten ist die Zahl der stationären Zustände von der Größe von $a \beta$ abhängig; je größer dieses Produkt ist, desto mehr Eigenwerte gibt es. Dieses Produkt kann als „Volumen" des Potentialtopfes angesehen werden. Im dreidimensionalen Potentialtopf gibt es überhaupt nur dann stationäre Zustände, wenn genügend Platz ist, es muß gelten

$$V_0 R^2 \geqq \frac{\hbar^2 \pi^2}{8 m} .$$

In einem zu engen und zu flachen Topf existiert kein stationärer Zustand, weil die Heisenbergsche Unschärferelation die Genauigkeit der Ortsfixierung (Weite des Potentialtopfes) mit der Ungenauigkeit der kinetischen Energie in Verbindung bringt (Tiefe des Potentialtopfs).

Die Aufenthaltswahrscheinlichkeit außerhalb des Topfes ist ungleich Null, obwohl sie exponentiell abklingt: Dieses Verhalten ist analog dem Tunneleffekt.

In Gebieten mit E kleiner V nimmt die Amplitude der Wellenfunktion exponentiell ab. Die Zustände mit positiver Energie sind kontinuierlich. Das Spektrum der möglichen Energieaufnahmen in einem gebundenen Zustand besitzt einen kontinuierlichen Anteil, der den Übergängen in Zustände positiver Energie entspricht. Die Mindestenergie, die aufgenommen werden kann, besitzt einen endlichen Wert (Franck-Hertz-Versuch).

5. Der Spezialfall des Delta-Potentials

Setzt man im obigen Beispiel

$$V_0 = -\frac{\hbar^2}{2m}\beta\frac{1}{a},$$

so erhält man im Grenzübergang a gegen 0 formal den Ausdruck:

$$V = -\frac{\hbar^2}{2m}\beta\,\delta(x)\,.$$

Aus der Schrödinger-Gleichung folgt nun

$$\begin{aligned}\psi'(0+\varepsilon) - \psi'(0-\varepsilon) = [\psi'] &= \int_{-\varepsilon}^{+\varepsilon} \psi''\,\mathrm{d}x \\ &= -\int_{-\varepsilon}^{+\varepsilon}\left[\left[\frac{2mE}{\hbar^2}\right] + \beta\cdot\delta(x)\right]\psi\,\mathrm{d}x \\ &= -\beta\,\psi(0)\,.\end{aligned}$$

Die Stetigkeit der ersten Ableitung von ψ bei beschränktem Potential wird hier also zu einer Sprungbedingung. Die Wellenfunktion bleibt dabei stetig.

Die stationäre Lösung muß von der Form sein:

$$\psi = \begin{cases} a\,\mathrm{e}^{\lambda x}\,, & x < 0\,, \\ b\,\mathrm{e}^{-\lambda x}\,, & x > 0\,. \end{cases} \qquad \left(E = -\frac{\hbar^2\lambda^2}{2m}\right)$$

Mit der Sprungbedingung ergibt sich

$$a = b\,,$$

$$-\lambda b - \lambda a = -\beta a\,, \qquad \lambda = \frac{\beta}{2}\,.$$

Es gibt genau den einen Eigenwert

$$E = -\frac{\hbar^2\beta^2}{8m}\,. \tag{32.9}$$

Im analogen dreidimensionalen Fall gibt es keinen Eigenwert.

Der Tunneleffekt an einem solchen Potential ergibt sich aus dem Ansatz

$$\psi = \begin{cases} e^{ikx} + B\,e^{-ikx} & (x < 0)\,, \\ C\,e^{ikx} & (x > 0)\,. \end{cases}$$

Die Stetigkeit der ψ-Funktion und der Sprung der Ableitung bedingen

$$1 + B = C\,,$$
$$i\,k\,C - i\,k + i\,k\,B = -\,\beta\,C\,.$$

Die Lösung

$$B = -\,\frac{\beta}{\beta + 2\,i\,k}\,, \qquad C = \frac{2\,i\,k}{\beta + 2\,i\,k}$$

liefert eine Durchlässigkeit von

$$|C|^2 = \frac{4\,k^2}{\beta^2 + 4\,k^2} = \frac{E}{E + \dfrac{\hbar^2\,\beta^2}{8\,m}}\,.$$

Merkwürdig ist die Unabhängigkeit der Durchlässigkeit und des Reflexionsvermögens vom Vorzeichen von β.

(32.9) ergibt sich als Grenzfall aus (32.8): $a\,\beta^2$ muß festgehalten werden, wenn β gegen Unendlich geht. Somit konvergiert $a\,\beta$ gegen Null. Es bleibt nur der Eigenwert für $n = 1$. Der Ansatz $\alpha = \frac{\pi}{2} - \varepsilon$ reduziert die Bedingung (32.8) zu

$$a\,\beta\cos\varepsilon = 2\,\varepsilon\,.$$

Die Lösung lautet

$$\varepsilon = \frac{a\,\beta}{2}\,, \qquad \lambda = \beta\cos\alpha = \frac{a\,\beta^2}{2}\,.$$

6. Zwei Potentialtöpfe

An diesem Beispiel kann die Austauschwechselwirkung, die die chemische Bindung verursacht, qualitativ diskutiert werden. Zunächst das Modell: Das Potential sei die Summe zweier δ-Potentiale,

$$V(x) = -\,\frac{\hbar^2\,\beta}{2\,m}\,\big(\delta(x) + \delta\,(x - a)\big)\,.$$

Gebundene Zustände in diesem Potential müssen in der Form

$$\psi = \begin{cases} A\,e^{\lambda x} & (x < 0)\,, \\ B\,e^{\lambda x} + C\,e^{-\lambda x} & (0 < x < a)\,, \\ D\,e^{-\lambda x} & (a < x)\,, \end{cases}$$

$$\beta, \lambda > 0\,, \qquad E = -\,\frac{\hbar^2\,\lambda^2}{2\,m}$$

angesetzt werden. Die Stetigkeit der Wellenfunktion und die Sprungbedingungen für die Ableitung liefern vier homogene Gleichungen für die Koeffizienten:

$$\begin{aligned}
-A + B + C &= 0\,,\\
-B\,e^{\lambda a} - C\,e^{-\lambda a} + D\,e^{-\lambda a} &= 0\,,\\
-\lambda A + \lambda B - \lambda C &= -\beta A\,,\\
-\lambda B\,e^{\lambda a} + \lambda C\,e^{-\lambda a} - \lambda D\,e^{-\lambda a} &= -\beta D\,e^{-\lambda a}\,.
\end{aligned}$$

Die Determinante des Gleichungssystems muß verschwinden, das ergibt

$$\left[\left(\frac{\beta}{\lambda} - 1\right)^2 + 1\right][e^{2\lambda a} - 1] - 2\left[\frac{\beta}{\lambda} - 1\right][e^{2\lambda a} + 1] = 0\,.$$

Diese Bedingung hat zwei Lösungen

$$\frac{\beta}{\lambda} - 1 = \begin{cases} \tanh\dfrac{\lambda a}{2}\,, \\ \coth\dfrac{\lambda a}{2}\,. \end{cases}$$

Im ersten Fall ist die zugehörige Wellenfunktion symmetrisch um den Punkt $x = \frac{a}{2}$, im zweiten Fall ist sie antisymmetrisch.

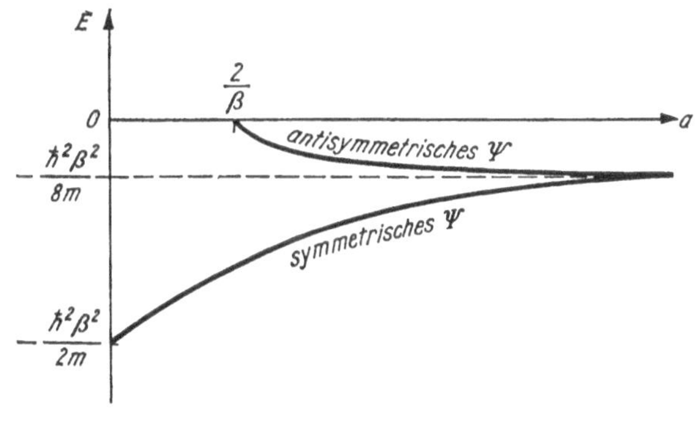

Abb. 29. Qualitativer Verlauf der Eigenwerte der Energie in Abhängigkeit vom Abstand der Potentialtöpfe

Es gibt nur dann einen Wert λ, der die Gleichung im zweiten Fall erfüllt, wenn $a\beta > 2$ ist.

Ist der zweite Potentialtopf sehr weit entfernt (a groß) so ergibt sich im Limes mit $\left(\frac{\beta}{\lambda} - 1 \xrightarrow[a\to\infty]{} 1\right)$ der Energiewert des einfachen (ungestörten) δ-Potentials

$$E_0 = -\frac{\hbar^2\beta^2}{8m}\,.$$

Durch die Störung spaltet das Niveau auf. Im ersten Fall gilt näherungsweise.

$$\frac{\beta}{\lambda} \sim 2\,(1 - e^{-\lambda a})\,, \quad \lambda \sim \frac{\beta}{2}\left(1 + \exp - \frac{a\,\beta}{2}\right),$$

im zweiten Fall (32.10)

$$\frac{\beta}{\lambda} \sim 2\,(1 + e^{-\lambda a})\,, \quad \lambda \sim \frac{\beta}{2}\left(1 - \exp - \frac{a\,\beta}{2}\right).$$

Klassisch hätte ein Teilchen im angesetzten Potential zwei Gleichgewichtslagen. In der Quantenmechanik wird generell für ein System mit dicht benachbarten Gleichgewichtslagen eine Aufspaltung des Grundzustandes in zwei relativ dicht liegende Energieniveaus beobachtet. Ein wichtiges Beispiel dafür ist die Ammoniakmolekel. Das Stickstoffatom hat beiderseits der durch die drei Wasserstoffatome definierten Ebene eine Gleichgewichtslage. Dieser Situation entsprechen zwei Energiewerte, die nur 10^{-6} eV auseinanderliegen. Das dem Übergang entsprechende Lichtquant hat eine Frequenz im Gigahertz-Bereich ($\sim$24 GHz). Diese Frequenz wurde als erste beim Bau einer Atomuhr als Grundlage verwendet.

Generell wird die Energie des gebundenen Teilchens bei symmetrischer Wellenfunktion kleiner, wenn die Potentialtöpfe dichter zusammenrücken. Daraus resultiert eine anziehende Kraft zwischen den Potentialtöpfen. Ein Elektron, dessen Wellenfunktion im Einflußbereich zweier Atomkerne wesentlich von Null verschieden ist, besitzt einen Zustand, dessen Energie abnimmt, wenn der Abstand der Atomkerne abnimmt. Dadurch wird die Energie des Gesamtsystems verringert, wenn die Atome den Abstand verkleinern. Das abstoßende elektrische Potential zwischen den Atomkernen bewirkt, daß es eine Gleichgewichtslage gibt, den Gleichgewichtsabstand der Bindungspartner.

Das Modell beschreibt am besten die Bindung im H_2^+-Ion. In der gewöhnlichen homöopolaren Bindung tragen gleich mehrere Elektronen zur Bindungskraft bei.

In der Elementarteilchentheorie kann die Wechselwirkung zwischen den Teilchen (hier modelliert durch die Potentialtöpfe) interpretiert werden als Austauschwechselwirkung, wobei die gebundenen, die Wechselwirkung vermittelnden Teilchen nur virtuell vorhanden sein müssen (§ 63).

7. Modell eines periodischen Potentials

Mit dem Ansatz

$$V = \sum_{n=-\infty}^{+\infty} \frac{\hbar^2\,\beta}{2\,m}\,\delta\,(x - n\,a)$$

können qualitative Eigenschaften des Zustandsspektrums von Elektronen im Festkörper diskutiert werden.

Die Invarianz gegen Translation um ein Vielfaches des Abstands a zwischen zwei Wänden ist das entscheidende Rechenhilfsmittel. Der Translationsoperator

$$T_a \psi(x) = \psi(x + a), \quad (T_a)^n = T_{na}$$

ist für dieses Potential mit dem HAMILTON-Operator vertauschbar, beide Operatoren haben also gemeinsame Eigenfunktionen. Nun werden zuerst die Eigenfunktionen des Translationsoperators gesucht und erst dann aus diesen die Eigenfunktionen des HAMILTON-Operators herausgesucht.

Die Eigenfunktionen von T_a sind:

$$T_a \psi = \psi(x + a) = \tau_a \psi(x).$$

Die Normierung der Wellenfunktion bleibt erhalten, also kann nur $|\tau_a| = 1$, $\tau_a = \exp i\alpha$ gelten. Wir setzen an:

$$\psi = \begin{cases} A\,e^{ikx} + B\,e^{-ikx} & 0 < x < a \\ \frac{1}{\tau_a}[A\,e^{ik(x+a)} + B\,e^{-ik(x+a)} & -a < x < 0. \end{cases}$$

Dieser Ansatz sichert, daß ψ Eigenfunktion von T_a ist. Sie ist auch Eigenfunktion von H zum Eigenwert $E = \frac{\hbar^2 k^2}{2m}$, wenn die Sprungbedingungen bei $x = 0$ erfüllt sind.

Stetigkeit bedeutet

$$\frac{1}{\tau_a}(A\,e^{ika} + B\,e^{-ika}) = A + B.$$

Der Sprung der ersten Ableitung ergibt die Bedingung

$$ik(A - B) - \frac{ik}{\tau_a}(A\,e^{ika} - B\,e^{-ika}) = \beta(A + B).$$

Die Lösbarkeitsbedingung ist das Verschwinden der Koeffizientendeterminante des Gleichungssystems für die Konstanten A und B:

$$-2\left(1 - \frac{e^{ika}}{\tau_a}\right)\left(1 - \frac{e^{-ika}}{\tau_a}\right) + \frac{\beta}{ik\tau_a}(e^{ika} - e^{-ika}) = 0,$$

$$\tau_a^2 + 1 - 2\tau_a \cos ka + \frac{\beta}{k}\tau_a \sin ka = 0.$$

Unter Beachtung von $\tau_a = e^{i\alpha}$ erhält man

$$\cos ka + \frac{\beta}{2k}\sin ka = -\cos\alpha.$$

Für einen Energiewert E bzw. für eine Wellenzahl k existiert auch für T_a ein Eigenwert, wenn die Bedingung

$$\left|\cos k\,a + \frac{2\,k}{\beta}\sin k\,a\right| \leqq 1 \tag{32.11}$$

erfüllt ist. Zu jedem k, das diese Bedingung erfüllt, gibt es eine gemeinsame Eigenfunktion von H und T_a. Das Energiespektrum im gegebenen periodischen Potential wird also nur durch die Bedingung (32.11) eingeschränkt. Damit erhält es eine Bandstruktur. Der Vergleich mit Abb. 30 zeigt, daß $k = \frac{N\,\pi}{a}$ immer obere Grenze eines erlaubten Bandes, d. h. die untere Grenze einer ,,verbotenen Zone'', ist. Die verbotenen Zonen werden mit wachsendem N immer schmaler.

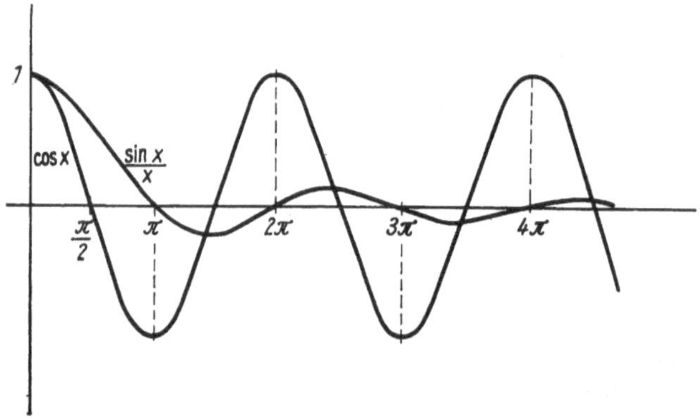

Abb. 30. Zur graphischen Lösung des Eigenwertproblems im periodischen Potential. Für $k\,a = N\,\pi$, $N > 0$ ist (32.11) erfüllt, für $k\,a = N\,\pi - \varepsilon$ ebenfalls, für $k\,a = N\,\pi + \varepsilon$ dagegen nicht, denn cos und sin haben dann gleiches Vorzeichen

Im festen Körper wird das periodische Potential durch die Gitterstruktur der Atomverteilung im Kristall gegeben. Die Elektronen finden aber kein echt periodisches Potential vor, wenn der Kristall endliche Abmessungen besitzt. Dann sind die Energieniveaus wegen der Bindung der Elektronen an den nur endlich ausgedehnten Kristall natürlich diskret, aber die Bandstruktur bleibt insofern erhalten, als die Energieniveaus in den erlaubten Bändern sehr dicht liegen und die verbotenen Zonen frei von Energieniveaus sind. Fremdatome und Störungen der Kristallstruktur führen dazu, daß an diesen Stellen auch Terme in den verbotenen Zonen auftreten können. Das hat ganz entscheidende Konsequenzen für die Eigenschaften des Festkörpers (§ 40). Diese sog. Störstellen liefern lokalisierte Energieterme, weil sie örtlich fixierte gebundene Zustände darstellen. Der Zustand im erlaubten Band ist ein quasifreier Zustand. Die Aufenthaltswahrscheinlichkeit ist in einem solchen Zustand periodisch.

Das Anheben eines Elektrons in ein höheres Band erfordert eine Mindestenergie, die aus der Breite der verbotenen Zone resultiert. Diese Mindestenergie wird beim inneren Photoeffekt beobachtet.

§ 33. Der harmonische Oszillator

Nach der analytischen Rechnung im vorigen Paragraphen soll nun eine besonders für den weiteren Ausbau der Theorie wichtige Eigenschaft des harmonischen Oszillators behandelt werden. Gleichzeitig wird die große Aussagekraft algebraischer Methoden in der Quantenmechanik unterstrichen.

Die Lösung der Bewegungsgleichung zum HAMILTON-Operator

$$H = \frac{P^2}{2m} + \frac{m\,\omega^2}{2} Q^2 , \tag{33.1}$$

dessen Eigenwerte bekannt sind $\left(E_n = \left(n + \frac{1}{2}\right) \hbar\,\omega\right)$, soll nun im HEISENBERG-Bild vorgenommen werden:

$$\frac{dQ}{dt} = \frac{P}{m} , \qquad \frac{dP}{dt} = -\,m\,\omega^2\,Q\,. \tag{33.2}$$

Die Lösung erhält man durch nochmalige Ableitung:

$$\frac{d^2Q}{dt^2} = -\,\omega^2\,Q\,, \qquad \text{also} \qquad Q = \sqrt{\frac{\hbar}{2\,m\,\omega}}\,(A\,e^{-i\omega t} + B\,e^{i\omega t})\,.$$

Q ist hermitesch, also gilt $A^+ = B$.

Mit der Gleichung $P = m\frac{dQ}{dt}$ erhält man schließlich

$$Q = \sqrt{\frac{\hbar}{2\,m\,\omega}}\,(A\,e^{-i\omega t} + A^+\,e^{i\omega t})\,,$$

$$P = i\,m\,\omega\sqrt{\frac{\hbar}{2\,m\,\omega}}\,(-\,A\,e^{-i\omega t} + A^+\,e^{i\omega t})\,. \tag{33.3}$$

Entscheidend sind nun die Vertauschungsrelationen für die Operatoren A und A^+. Sie ergeben sich aus den Vertauschungsrelationen für Ort und Impuls:

$$\begin{aligned} i\,\hbar &= [Q, P] \\ &= \frac{i\,\hbar}{2}[A\,e^{-i\omega t} + A^+\,e^{i\omega t}\,, \quad -\,A\,e^{-i\omega t} + A^+\,e^{i\omega t}]\,, \\ & [A, A^+] = 1\,. \end{aligned} \tag{33.4}$$

Geht man mit dem Ergebnis (38.3) in den HAMILTON-Operator ein und berücksichtigt (38.4), dann ergibt sich

$$\begin{aligned} H &= \frac{\hbar\,\omega}{4}(-\,A\,e^{-i\omega t} + A^+\,e^{i\omega t})^2 + \frac{\hbar\,\omega}{4}(A\,e^{-i\omega t} + A^+\,e^{i\omega t})^2 \\ &= \frac{\hbar\,\omega}{4}(4\,A^+A + 2\,[A, A^+]) = \hbar\,\omega\left(A^+A + \frac{1}{2}\right). \end{aligned} \tag{33.5}$$

$A^+ A$ muß also die Eigenwerte $n = 0, 1, \ldots$ haben, d. h., die Eigenwerte sind die Anzahl der Quanten auf dem Oszillator. $N = A^+ A$ heißt deshalb Teilchenzahloperator. Die Eigenvektoren von N sind mit denen von H identisch.

Aus der Kenntnis der Vertauschungsrelation von A und A^+ allein kann das Eigenwertspektrum von N erschlossen werden. Sei α Eigenwert von $A^+ A$. Dann besitzt

$$N \psi_\alpha = A^+ A \psi_\alpha = \alpha \psi_\alpha$$

eine Lösung. Die Anwendung von A liefert

$$\alpha A \psi_\alpha = A A^+ A \psi_\alpha = (A^+ A + 1) A \psi_\alpha ,$$

$$A^+ A (A \psi_\alpha) = (\alpha - 1) A \psi_\alpha .$$

$A \psi_\alpha$ ist also Eigenvektor zum Eigenwert $\alpha - 1$ oder gleich dem Nullvektor. A heißt deshalb Erniedrigungsoperator. Die Anwendung von A^+ liefert

$$\alpha A^+ \psi_\alpha = A^+ A^+ A \psi_\alpha = A^+ (A A^+ - 1) \psi_\alpha ,$$

$$A^+ A (A^+ \psi_\alpha) = (\alpha + 1) A^+ \psi_\alpha .$$

$A^+ \varphi_\alpha$ ist also Eigenvektor zum Eigenwert $\alpha + 1$ oder gleich dem Nullvektor. A^+ heißt deshalb Erhöhungsoperator zu N.

N ist ein positiv semidefiniter Operator:

$$(\psi, N \psi) = ||A \psi||^2 \geqq 0 .$$

N kann also nur positive Eigenwerte besitzen. Weiter kann $A^+ \psi_\alpha$ nie der Nullvektor sein, wenn $\psi \neq 0$ ist:

$$||A^+ \psi||^2 = (\psi, A A^+ \psi) = \big(\psi, (A^+ A + 1) \psi\big) = ||A \psi||^2 + ||\psi||^2 > 0 .$$

$A \psi_\alpha$ kann nur der Nullvektor sein, wenn

$$||A \psi_\alpha||^2 = (\psi_\alpha N \psi_\alpha) = \alpha ||\psi_\alpha||^2 = 0 , \quad \text{also} \quad \alpha = 0 \quad \text{ist.}$$

Da das Spektrum aber bei 0 abbrechen muß, sind die Eigenwerte von N gerade die nichtnegativen ganzen Zahlen.

Aus dem Grundzustand („Vakuum") ψ_0 können durch Anwendung des Erhöhungsoperators alle Eigenzustände gewonnen werden. Ist der Grundzustand nicht entartet (d. h. nicht mehrdimensional), dann sind es auch die anderen Zustände nicht. Es gilt

$$\psi_n = \frac{1}{\sqrt{n!}} (A^+)^n \psi_0 . \tag{33.6}$$

Die Normierungskonstante erhält man aus $||A^+ \psi_n||^2 = (n + 1) ||\psi_n||^2$. In der

Basisdarstellung der Eigenvektoren zu N lauten A und A^+

$$A = \begin{Bmatrix} 0 & \sqrt{1} & 0 & 0 & 0 \ldots \\ 0 & 0 & \sqrt{2} & 0 & 0 \ldots \\ 0 & 0 & 0 & \sqrt{3} & 0 \ldots \\ \vdots & \vdots & \vdots & \ddots & \end{Bmatrix} \qquad A^+ = \begin{Bmatrix} 0 & 0 & 0 & 0 \ldots \\ \sqrt{1} & 0 & 0 & 0 \ldots \\ 0 & \sqrt{2} & 0 & 0 \ldots \\ 0 & 0 & \sqrt{3} & 0 \,. \\ \vdots & \vdots & \vdots & \ddots \end{Bmatrix}$$

In der Ortsdarstellung sind die Operatoren A und A^+ der algebraische Ausdruck für die Rekursions- und Ableitungsformeln der HERMITEschen Polynome:

$$A = \sqrt{\frac{m\,\omega}{2\,\hbar}}\left(x + \frac{\hbar}{\omega\, m}\frac{\mathrm{d}}{\mathrm{d}x}\right);$$

$$\sqrt{\frac{m\,\omega}{\hbar}}\, x = \xi \to A = \frac{1}{\sqrt{2}}\left(\xi + \frac{\mathrm{d}}{\mathrm{d}\xi}\right), \qquad A^+ = \frac{1}{\sqrt{2}}\left(\xi - \frac{\mathrm{d}}{\mathrm{d}\xi}\right).$$

$$A\left(\mathrm{e}^{-\frac{\xi^2}{2}} H_n(\xi)\right) \sim \mathrm{e}^{-\frac{\xi^2}{2}} H_{n-1}(\xi) : \frac{\mathrm{d}H_n}{\mathrm{d}\xi} = 2\,n\,H_{n-1};$$

$$A^+\left(\mathrm{e}^{-\frac{\xi^2}{2}} H_n(\xi)\right) \sim \mathrm{e}^{-\frac{\xi^2}{2}} H_{n+1}(\xi) : \frac{\mathrm{d}H_n}{\mathrm{d}\xi} = 2\,\xi\,H_n - H_{n+1}\,.$$

Die besondere Bedeutung der algebraischen Darstellung des harmonischen Oszillators liegt in der Möglichkeit der Verallgemeinerung auf nichtmechanische Systeme. Ein Feld (Beispiel elektromagnetisches Feld), das einer Differentialgleichung genügt, die mit dem Wellenoperator gebildet wird, kann nach harmonischen Oszillatoren zerlegt werden. Das ist einfach eine FOURIER-Zerlegung der Feldvariablen, wie sie schon in der Theorie der Wärmestrahlung Verwendung findet. Die Gesamtenergie des Feldes ist dann — bis auf kleine Störungen durch Wechselwirkung mit anderen Feldern — die Summe der Energien der einzelnen Oszillatoren. Die Oszillatoren, direkt durch die FOURIER-Koeffizienten $a(\omega)$ beschrieben, werden dadurch quantisiert, daß die FOURIER-Koeffizienten zu Operatoren erklärt werden, die der Vertauschungsrelation (33.4) genügen. Das quantisierte Feld erscheint dann als Ensemble von Quanten auf den entsprechenden Feldoszillatoren. Die Nullpunktsenergie der Oszillatoren geht zwar nicht in den Energieaustausch der Oszillatoren ein, modifiziert aber die Eigenwerte der Energie über die Wechselwirkung der Felder untereinander (§§ 64, 68).

Die Wechselwirkung zwischen mechanischen Systemen (Atom) und Feldern (elektromagnetische Strahlung) erscheint in nullter Näherung als Austausch von Energie, so daß bei Veränderung des stationären Zustands des Atoms genau ein entsprechender Feldoszillator seinen Zustand verändert, die Gesamtenergie bleibt dabei erhalten.

Für die Quantisierung von Feldern ist noch eine zweite Gruppe von Vertauschungsrelationen von Bedeutung, die mechanisch aber nicht erklärt werden kann. An Stelle von

$$[A, A^+] = 1\,, \quad [A, A] = [A^+, A^+] = 0$$

soll jetzt

$$\{A, A^+\} = 1\,, \qquad \{A, A\} = \{A^+, A^+\} = 0 \tag{33.7}$$

betrachtet werden, dabei ist der Antikommutator definiert als

$$\{A, B\} = A\,B + B\,A\,.$$

Der Teilchenzahloperator $A^+ A$ hat jetzt nur die Eigenwerte 0 und 1. Ein nach (33.7) quantisierter Feldoszillator kann höchstens von einem Quant besetzt werden. Entsprechend § 15 sind die Quanten nach (33.7) FERMI-Teilchen, die Quanten nach (33.4) BOSE-Teilchen.

Ein Eigenvektor zu $A^+ A$ ist auch Eigenvektor zu $A\,A^+$:

$$A^+ A\,\psi_\alpha = \alpha\,\psi_\alpha\,, \quad A\,A^+\,\psi_\alpha = (1-\alpha)\,\psi_\alpha\,.$$

Die Anwendung von A auf den Eigenzustand ψ_α liefert

$$A^+ A\,A\,\psi_\alpha = (1-\alpha)\,A\,\psi_\alpha\,, \quad A\,A^+ A\,\psi_\alpha = \alpha\,A\,\psi_\alpha\,,$$

die Anwendung von A^+

$$A^+ A\,A^+\,\psi_\alpha = (1-\alpha)\,A\,\psi_\alpha\,, \quad A\,A^+ A^+\,\psi_\alpha = \alpha\,A^+\,\psi_\alpha\,.$$

Die Normrelationen sind

$$||A\,\psi_\alpha||^2 = \alpha\,||\psi_\alpha||^2\,, \quad ||A^+\,\psi_\alpha||^2 = (1-\alpha)\,||\psi_\alpha||^2\,.$$

Jetzt wird berücksichtigt, daß nach (33.7) $A^2 = A^{+2} = 0$ sein muß. Die Eigenwerte müssen der Bedingung $\alpha\,(1-\alpha) = 0$ genügen. Es gibt sowohl zu $A^+ A$ als auch zu $A\,A^+$ nur zwei Eigenwerte, 0 und 1. In der Basisdarstellung nach den zugehörigen Eigenvektoren lauten A und A^+

$$A = \begin{pmatrix} 0 & 0 \\ 1 & 0 \end{pmatrix}, \qquad A^+ = \begin{pmatrix} 0 & 1 \\ 0 & 0 \end{pmatrix}, \qquad \psi_0 = \begin{pmatrix} 1 \\ 0 \end{pmatrix}, \qquad \psi_1 = \begin{pmatrix} 0 \\ 1 \end{pmatrix}.$$

Es entstehen zwei Möglichkeiten der Interpretation, die zueinander dual sind: Ist der Teilchenzahloperator durch $N = A^+ A$ definiert, dann ist A^+ der Erhöhungsoperator und ψ_0 stellt das Vakuum dar. Der Teilchenzahloperator kann aber auch durch $N = A\,A^+$ definiert werden, dann ist ψ_1 das Vakuum und A der Erhöhungsoperator. Die Dualität zwischen Teilchen und Leerstelle, zwischen Teilchenerzeugung und Locherzeugung vermittelt die Möglichkeit eines Rollentauschs von Teilchen und Löchern (unbesetzten Oszillatoren, die nach (33.7) quantisiert sind). Darauf gründet sich die Erklärung des Verhaltens von Antiteilchen und der Beobachtungen am Festkörper (§§ 40 und 62).

§ 34. Drehimpuls

Die Theorie des Drehimpulses ist nicht nur für den Spezialfall kugelsymmetrischer Potentiale von Bedeutung. Entwicklungen nach den Eigenzuständen des Drehimpulses sind in der Streutheorie und damit auch in Theorien wichtig, die über den Rahmen der Quantenmechanik hinausgehen.

Das Vorgehen zur Bestimmung der Eigenwerte ist dem beim harmonischen Oszillator analog. Die Eigenwerte können aus den Vertauschungsregeln erschlossen werden, ohne daß die konkrete Form der Eigenvektoren bekannt sein muß. Der allgemeine Grund für diese Möglichkeit liegt in der Tatsache, daß die Vertauschungsrelationen die Drehimpulse zu einer LIE-Algebra machen, anders ausgedrückt, daß die Drehimpulsoperatoren zu einer Transformationsgruppe (Drehungen im Raum) gehören. Die Eigenwerte der Operatoren einer Algebra sind durch die Strukturkonstanten, durch die Vertauschungsrelationen bestimmt.

Die Vertauschungsrelationen der Drehimpulse gewinnt man aus den POISSON-Klammern (7.10):

$$[L_i, L_j] = \sum_k i\,\hbar\,\varepsilon_{ijk}\,L_k\,. \tag{34.1}$$

Für die z-Komponente L_3 sind die Operatoren

$$L^{\pm} = L_1 \pm i\,L_2\,. \tag{34.2}$$

Erhöhungs- bzw. Erniedrigungsoperatoren:

$$[L^{\pm}, L_3] = \mp\,\hbar\,L^{\pm}\,.$$

Untereinander erfüllen L^+ und L^- die Relationen

$$\begin{aligned} [L^+, L^-] &= 2\,\hbar\,L_3\,, \\ L^+ L^- &= L_1^2 + L_2^2 + \hbar\,L_3\,, \\ L^- L^+ &= L_1^2 + L_2^2 - \hbar\,L_3\,. \end{aligned} \tag{34.3}$$

Werden die Eigenwerte von L_3 mit $\hbar\,m$ bezeichnet, so folgt

$$L_3\,L^{\pm}\,\psi_m = (L^{\pm}\,L_3 \pm \hbar\,L^{\pm})\,\psi_m = \hbar\,(m \pm 1)\,L^{\pm}\,\psi_m\,.$$

$L^+\,\psi_m$ ist Eigenvektor zum Eigenwert $\hbar\,(m+1)$ oder der Nullvektor, $L^-\,\psi_m$ ist Eigenvektor zum Eigenwert $\hbar\,(m-1)$ oder der Nullvektor. Die Grenzen des Spektrums werden durch die Eigenwerte des Drehimpulsquadrats bestimmt, die in der Form

$$\boldsymbol{L}^2\,\psi_{jm} = \hbar^2\,j\,(j+1)\,\psi_{jm}$$

angesetzt werden. Zunächst entsteht

$$\begin{aligned} \|L^{\pm}\,\psi_{jm}\|^2 &= \left(\psi_{jm}, (\boldsymbol{L}^2 - L_3^2 \pm \hbar\,L_3)\,\psi_{jm}\right) \\ &= \hbar^2\left(j\,(j+1) - m^2 \mp m\right)\|\psi_{jm}\|^2\,. \end{aligned}$$

m kann also weder nach oben noch nach unten unbeschränkt wachsen, das Spektrum der m-Werte ist beiderseitig beschränkt durch

$$j\,(j+1) - m^2 \mp m \geqq 0\,.$$

Der Abbruch des Spektrum ist aber nur möglich, wenn das Maximum $\overline{m}$ und das Minimum $\underline{m}$ die Bedingungen

$$j\,(j+1) - \overline{m}^2 - \overline{m} = 0\,,$$
$$j\,(j+1) - \underline{m}^2 + \underline{m} = 0$$

erfüllen. Es ergibt sich $j = \overline{m}$ und $\underline{m} = -j$. Weil $\overline{m} - \underline{m}$ eine ganze Zahl sein muß, kann j nur die Werte $0, \frac{1}{2}, 1, \frac{3}{2}, 2, \ldots$ usf. annehmen. Das Ergebnis ist

$$\boldsymbol{L}^2\,\psi_{jm} = \hbar^2\,j\,(j+1)\,\psi_{jm}\,, \quad j \text{ halbzahlig oder ganz, nicht negativ,} \tag{34.4}$$
$$L_3\,\psi_{jm} = \hbar\,m\,\psi_{jm}\,, \qquad -j < m < j\,,\; m \text{ in ganzen Schritten.}$$

Die Entwicklung der Drehimpulse nach einer Basis mit festem j liefert eine Darstellung der Drehimpulsalgebra in Matrizen, die die Dimension $2j+1$ haben. Die einfachste nichttriviale Darstellung ergibt sich für $j = \frac{1}{2}$:

$$L_3\left(a\,\psi_{\frac{1}{2},+\frac{1}{2}} + b\,\psi_{\frac{1}{2},-\frac{1}{2}}\right) = \frac{\hbar}{2}\left(a\,\psi_{\frac{1}{2},+\frac{1}{2}} - b\,\psi_{\frac{1}{2},-\frac{1}{2}}\right)$$

impliziert

$$L_3 = \frac{\hbar}{2}\begin{Bmatrix}1, & 0\\ 0, & -1\end{Bmatrix}, \qquad \boldsymbol{L}^2 = \frac{3}{4}\,\hbar^2\begin{Bmatrix}1, & 0\\ 0, & 1\end{Bmatrix},$$
$$L^+ = \hbar\begin{Bmatrix}0, & 1\\ 0, & 0\end{Bmatrix}, \qquad L^- = \hbar\begin{Bmatrix}0, & 0\\ 1, & 0\end{Bmatrix},$$
$$L_1 = \frac{\hbar}{2}\begin{Bmatrix}0, & 1\\ 1, & 0\end{Bmatrix}, \qquad L_2 = \frac{\hbar}{2i}\begin{Bmatrix}0, & 1\\ -1, & 0\end{Bmatrix}.$$

Die drei Matrizen

$$\sigma_1 = \begin{Bmatrix}0, & 1\\ 1, & 0\end{Bmatrix}, \quad \sigma_2 = \begin{Bmatrix}0, & -i\\ i, & 0\end{Bmatrix}, \quad \sigma_3 = \begin{Bmatrix}1, & 0\\ 0, & -1\end{Bmatrix} \tag{34.5}$$

heißen PAULI-Matrizen. Sie erfüllen

$$[\sigma_i, \sigma_k] = 2\,\sigma_l\,, \qquad (i, k, l) \text{ zyklische Vertauschung von } (1, 2, 3),$$
$$L_i = \frac{\hbar}{2}\,\sigma_i\,.$$

In der Ortsdarstellung sind die Eigenvektoren Kugelfunktionen. Die Drehimpulsoperatoren lauten explizit

$$L_1 = \frac{\hbar}{i}\left(x_2\frac{\partial}{\partial x_2} - x_3\frac{\partial}{\partial x_2}\right), \quad L_2 = \frac{\hbar}{i}\left(x_3\frac{\partial}{\partial x_1} - x_1\frac{\partial}{\partial x_3}\right),$$
$$L_3 = \frac{\hbar}{i}\left(x_1\frac{\partial}{\partial x_2} - x_2\frac{\partial}{\partial x_1}\right).$$

Speziell gilt

$$L_3 = \frac{\hbar}{i} \frac{\partial}{\partial \varphi} . \tag{34.6}$$

Das Quadrat des Drehimpulses ist

$$\boldsymbol{L}^2 = -\hbar^2 \left[r^2 \Delta - r^2 \frac{\partial^2}{\partial r^2} - 2\, r \frac{\partial}{\partial r} \right] . \tag{34.7}$$

Damit spaltet die kinetische Energie eines Teilchens auf in

$$\frac{\boldsymbol{p}^2}{2\,m} = -\frac{\hbar^2}{2\,m} \left(\frac{\partial^2}{\partial r^2} + \frac{2}{r} \frac{\partial}{\partial r} \right) + \frac{\boldsymbol{L}^2}{2\,m\,r^2} . \tag{34.8}$$

Die Darstellung in Kugelkoordinaten

$$L_3 = \frac{\hbar}{i} \frac{\partial}{\partial \varphi} ,$$

$$\boldsymbol{L}^2 = -\hbar^2 \left(\frac{\partial^2}{\partial \theta^2} + \cot \theta \frac{\partial}{\partial \theta} + \frac{1}{\sin^2 \theta} \frac{\partial^2}{\partial \varphi^2} \right) \tag{34.9}$$

impliziert die Form der Eigenfunktionen:

$$\psi_{lm}(\theta, \varphi) = C_{lm}\, P_l^m (\cos \theta)\, \mathrm{e}^{i m \varphi} ,$$

$$P_l^m (x) = \frac{(-1)^m}{2^l\, l!} (1 - x^2)^{m/2} \left(\frac{\mathrm{d}}{\mathrm{d}x} \right)^{m+l} (x^2 - 1)^l \; . \tag{34.10}$$

Zu beachten ist: Aus der Eindeutigkeit der ψ-Funktion folgt die Ganzzahligkeit von m. Der mechanische Bahndrehimpuls realisiert nicht alle nach der Strukturrelation (34.1) möglichen Eigenwerte j und m, sondern nur die ganzzahligen ($j = l$). Die Komponenten des mechanischen Bahndrehimpulses kennen bei festem l immer nur eine ungerade Anzahl von Einstellungen.

Die halbzahligen Drehimpulseigenwerte werden trotzdem beobachtet. Die entsprechenden Drehimpulse können dann aber keine Bahndrehimpulse sein, sondern müssen andersartige Eigendrehimpulse der Teilchen sein (Spin). Halbzahlige Drehimpulse, speziell der Spin des Elektrons, wurden zum ersten Mal im Versuch von STERN und GERLACH gefunden.

Der Drehimpuls eines geladenen Teilchens kann über das erzeugte magnetische Moment gemessen werden. Die verschiedenen Einstellungen des Drehimpulses implizieren verschiedene Stellungen des magnetischen Moments.

Ein magnetischer Dipol steht im inhomogenen Magnetfeld unter der Wirkung einer Kraft, die durch (3.6) gegeben ist und von der Orientierung des Moments abhängt.

Ein Strahl von Silberatomen wird durch ein inhomogenes Magnetfeld gesandt, das eine Komponente des magnetischen Moments mißt. Je nach Größe dieser Komponente werden die Teilchen abgelenkt, die Ablenkung selbst kann auf einem Schirm kontrolliert werden. An Stelle einer Aufspaltung des Strahls in eine ungerade Anzahl von Teilstrahlen wird eine Aufspaltung in zwei Teilstrahlen beobachtet. Der gesamte Bahndrehimpuls des Silberatoms ist also Null, das Valenzelektron hat noch einen Eigendrehimpuls mit $j = 1/2$, der auf ein magnetisches Moment mit zwei Einstellmöglichkeiten führt. Die entsprechenden magnetischen Momente der übrigen Elektronen heben sich durch ihre relative Orientierung alle auf (die Anzahl der Rumpfelektronen ist gerade).

Allgemein ist die Besonderheit zu beobachten, daß der Betrag des Eigendrehimpulses eine Teilchen-Eigenschaft ist, die nicht von Zustand zu Zustand variieren kann. Nur die Komponente des Eigendrehimpulses in bestimmter Richtung ist Eigenschaft des speziellen Zustands. Zur Unterscheidung vom Bahndrehimpuls wird der Eigendrehimpuls mit S (Spin) bezeichnet.

$$[S_i, S_k] = i\hbar S_l\,, \qquad S^2 = S_1^2 + S_2^2 + S_3^2\,, \tag{34.11}$$

$$S^2 \psi_{s,s_3} = \hbar^2 s(s+1)\psi_{s,s_3}$$

$$S_3 \psi_{s,s_3} = \hbar s_3 \psi_{s,s_3}\,.$$

Für Elektronen gilt $s = \frac{1}{2}$, $s_3 = \pm\frac{1}{2}$. Jeder Elektronenzustand ist zunächst über die beiden Einstellungen des Spins entartet.

Der Spin ist eine wichtige Eigenschaft zur Klassifizierung der Elementarteilchen. Nukleonen haben den Spin $s = \frac{1}{2}$. Für zusammengesetzte Systeme addieren sich die Drehimpulse nach Regeln, die sich aus der Darstellungstheorie der Drehgruppe ergeben. Für ein System, das eine ungerade Anzahl von Teilchen mit halbzahligem Spin enthält, ist der Spin wieder halbzahlig. Andernfalls ist er ganzzahlig.

Der Proportionalitätsfaktor zwischen Spin und magnetischem Moment ist von Teilchen zu Teilchen verschieden. Auch neutrale Teilchen mit Spin zeigen ein magnetisches Moment (Neutron). Das Verhältnis zwischen magnetischem Moment und Spin ist für das Elektron ungefähr doppelt so groß wie in der Beziehung aus der klassischen Mechanik (3.9). Der Spin kann nicht durch die Vorstellung einer rotierenden Wolke homogener spezifischer Ladung interpretiert werden.

§ 35. Stationäre Zustände im kugelsymmetrischen Potential (Wasserstoffatom)

Der Hamilton-Operator lautet

$$H = \frac{\boldsymbol{p}^2}{2m} + U(r)$$

$$= -\frac{\hbar^2}{2m}\left(\frac{\partial^2}{\partial r^2} + \frac{2}{r}\frac{\partial}{\partial r}\right) + \frac{\boldsymbol{L}^2}{2mr^2} + U(r)\,. \tag{35.1}$$

Die Drehimpulsalgebra ist mit H vertauschbar. Damit bilden die Eigenvektoren von H zu gegebenem Energiewert E Teilräume, in denen die Eigenvektorgleichung für L^2 und L_z gleichzeitig lösbar ist; die Eigenvektoren von H zu festem E können also noch mit l und m durchnumeriert werden. Die Entwicklung einer Lösung der Schrödinger-Gleichung nach Eigenvektoren von

H, L^2 und L_z entspricht der Separation nach Kugelkoordinaten:

$$\psi(r, \theta, \varphi, t) = \Phi(r)\, P_l^m(\cos\theta)\, e^{im\varphi}\, e^{-\frac{iEt}{\hbar}} . \tag{35.2}$$

Die übrigbleibende Gleichung für den radialen Anteil bestimmt die Energieeigenwerte:

$$\boldsymbol{L}^2 \psi = \hbar^2 l(l+1)\psi , \qquad L_z \psi = \hbar m \psi ,$$

$$\left[-\frac{\hbar^2}{2m}\left(\frac{\partial^2}{\partial r^2} + \frac{2}{r}\frac{\partial}{\partial r}\right) + \frac{\hbar^2 l(l+1)}{2mr^2} + U(r) - E\right]\Phi(r) = 0 . \tag{35.3}$$

Damit sind die Eigenwerte der Energie in einem kugelsymmetrischen Potential im allgemeinen abhängig von l, d. h. vom Betrag des Drehimpulses, aber unabhängig von m, d. h. von der Orientierung des Drehimpulses. Die Energieeigenwerte sind bezüglich m entartet.

Im Spezialfall des Wasserstoffatoms ist das Potential

$$U = -\frac{e^2}{r},$$

e ist die Elementarladung (Ladung des Elektrons $-e$, Ladung des Protons $+e$). Die radiale Gleichung (35.3) wird unter Beachtung der Grenzbedingung (Aufenthaltswahrscheinlichkeit im Unendlichen Null, gebundener Zustand) und der Regularität (Wahrscheinlichkeitsdichte integrabel) gelöst. Mit

$$E = -\frac{\hbar^2\lambda^2}{2m}, \qquad \Phi(r) = r^l e^{-\lambda r} v(2\lambda r) \quad \text{und} \quad \xi = 2\lambda r$$

erhält man als radiale Gleichung für v:

$$\xi\frac{d^2v}{d\xi^2} + \frac{dv}{d\xi}(2(l+1) - \xi) + \left[\frac{me^2}{\hbar^2\lambda} - (l+1)\right]v = 0 . \tag{35.4}$$

Diese Differentialgleichung hat als reguläre Lösungen, die im Unendlichen schwächer als $\exp\frac{\xi}{2}$ gegen unendlich gehen, nur die LAGUERRE-Polynome. Diese Lösungen existieren nur, wenn der Koeffizient von v in (40.4) ganzzahlig ist. Damit muß auch $\frac{me^2}{\hbar^2\lambda} = n$ ganzzahlig sein. Weiterhin muß der Koeffizient von v größer oder gleich 0 sein, d. h., es gilt $n \geqq l + 1$ $(l \leqq n - 1)$. Die Energiestufen sind

$$E_n = -\frac{\hbar^2}{2m}\left(\frac{me^2}{\hbar^2 n}\right)^2 = -\frac{me^4}{2\hbar^2}\frac{1}{n^2} = -Ry\frac{1}{n^2} . \tag{35.5}$$

Die RYDBERG-Konstante Ry beträgt etwa 15 eV $\sim 22 \cdot 10^{-12}$ erg. Bis auf eine Konstante lautet der radiale Anteil der Wellenfunktion

$$\varphi(r) = r^l e^{-\lambda r} L_{n-l-1}^{(2l+1)}(2\lambda r) .$$

Die LAGUERRE-Polynome werden erzeugt durch

$$\sum_{k=0}^{\infty} \frac{t^k}{k!} L_k^{(p)}(x) = (1-t)^{-(p+1)} \exp \frac{t\,x}{1-t}\,.$$

Die Energieeigenwerte sind im speziellen Fall des COULOMB-Potentials nicht nur bezüglich m, sondern auch bezüglich l entartet.

Energiestufen $E_n = -Ry\,\frac{1}{n^2}$, $n = 1, 2, \ldots$ Hauptquantenzahl;

Drehimpulsquadrat $\hbar^2\, l\,(l+1)$, $l = 0, 1, \ldots, n-1$ Nebenquantenzahl;

z-Komponente $\hbar\, m$, $m = -l, \ldots, l-1, l$ Azimutalquantenzahl

Zu jedem n gibt es also zunächst $\sum_{l=0}^{n-1} (2\,l+1) = n\,(n-1) + n = n^2$ Eigenvektoren. Die Berücksichtigung des Elektronenspins verdoppelt noch einmal diese Zahl. Jeder Energiewert im ungestörten COULOMB-Potential ist also $2\,n^2$-fach entartet, wenn die Teilchen Elektronen sind.

Das Spektrum des Wasserstoffatoms ergibt sich aus dem Termschema,

$$h\,\nu_{m\to n} = Ry\left(\frac{1}{n^2} - \frac{1}{m^2}\right).$$

Nach dem Endzustand gruppieren sich Serien von Spektrallinien, die für große m immer dichter beisammenliegen. Jenseits des Wertes

$$h\,\nu = Ry\,\frac{1}{n^2}$$

schließt sich ein Kontinuum an, das von den Übergängen aus den quasifreien Zuständen herrührt. Für Wasserstoff liegt die Serie mit $n = 1$ im Ultravioletten, die mit $n = 2$ im sichtbaren Bereich (BALMER-Serie), die mit höherem n liegen alle im Infrarot-Bereich.

In Atomen mit mehreren Elektronen wird die Entartung über die Nebenquantenzahl l aufgehoben, weil das Potential des Kerns durch die Elektronenwolke abgeschirmt wird und das Gesamtpotential daher nicht mehr von der Form $U = -\frac{A}{r}$ ist. Des weiteren führt die magnetische Wechselwirkung zwischen dem Eigendrehimpuls der Elektronen und dem Bahndrehimpuls zu einer Feinstruktur der Linien und Terme, die Wechselwirkung mit dem magnetischen Moment des Kerns zur Hyperfeinstruktur.

Für die Übergänge gibt es Auswahlregeln: Übergänge mit $\Delta l = \pm 1$ dominieren in der Wahrscheinlichkeit ihres Auftretens, die anderen Übergänge sind dagegen sehr unwahrscheinlich (verbotene Übergänge). Zustände, die nur über einen solchen Prozeß Energie abgeben und in einen Zustand niederer Energie übergehen können, bestehen deshalb vergleichsweise lange (metastabile Zustände).

In einem Gas bei Atmosphärendruck zerfallen metastabile Zustände durch unelastischen Stoß mit anderen Teilchen, bevor es zur Emission eines Lichtquants kommen kann. Verbotene Linien werden deshalb nur unter extremen physikalischen Bedingungen, speziell im interstellaren Gas und in sehr dünnen Sternatmosphären, beobachtet. Im Festkörper verursachen metastabile Zustände die Lumineszenzerscheinungen. Angeregte Zustände langer Lebensdauer verwendet man auch in Quantenverstärkern (Laser, Maser).

§ 36. Schrödingersche Störungsrechnung

Sind die Eigenwerte des Hamilton-Operators entartet, dann existieren mit H vertauschbare Operatoren, die mit H ein gemeinsames Eigenvektorsystem besitzen und deren Eigenwerte die Basis eines Unterraums zu festem E durchnumerieren. Diesen Operatoren entsprechen unitäre Operatoren, die eine multiplikative Gruppe bilden, die Symmetriegruppe S des Hamilton-Operators. S enthält alle unitären Operatoren, die mit H vertauschbar sind. Untereinander müssen die Operatoren nicht vertauschbar sein. Die Elemente U von S lassen die Eigenunterräume des Hamilton-Operators invariant.

Mit der Basis jedes einzelnen Eigenunterraums erhält man eine Darstellung der Symmetriegruppe in Matrizen, deren Dimension gleich der Dimension des Eigenunterraums ist. $H\,\psi_i = E\,\psi_i$ habe n linear unabhängige Lösungen ψ_i, die orthonormiert sind: $(\psi_i, \psi_k) = \delta_{ik}$. Jede Lösung zum Eigenwert E ist dann in der Form $\psi = \sum_i c_i\,\psi_i$ darstellbar. Auf gleiche Weise wird S zerlegt:

$$U\,\psi = \sum_i b_i\,\psi_i \quad \text{mit} \quad b_i = \sum_k U_{ik}\,\psi_k\,.$$

Die Matrizen mit den Elementen U_{ik} stellen die Symmetriegruppe dar. Eine Drehung der Basis ψ_i transformiert diese Darstellung in eine äquivalente.

Ist die Darstellung der Symmetriegruppe im Eigenunterraum zu E irreduzibel, d. h. besitzt der Eigenunterraum keine echten Teilräume, die gegenüber der Symmetriegruppe invariant sind, dann heißt der Eigenwert natürlich entartet. Im allgemeinen zerfällt ein Eigenunterraum in mehrere invariante Teilräume. Die Entartung über diese Teilräume heißt dann zufällig, die Entartung innerhalb dieser Teilräume natürlich. Die natürliche Entartung resultiert aus der Symmetrieeigenschaft von H, wie die folgende Störungsrechnung nach Schrödinger unterstreicht.

Entsprechend der physikalischen Situation kann in vielen Fällen der Hamilton-Operator in einen Hauptanteil H_0 und eine relativ kleine Störung H_1 zerlegt werden. So ist ein äußeres elektromagnetisches Feld nur eine Störung des viel größeren Coulomb-Feldes des Atomkerns, wie diese Coulomb-Wechselwirkung überhaupt in der Atomhülle alle anderen Wechselwirkungen überwiegt. Die stationären Zustände des ungestörten Hamilton-Operators werden durch

$$H_0 \psi_{0i} = E_0 \psi_{0i} \tag{36.1}$$

beschrieben. Die Eigenwerte des vollen Hamilton-Operators $H = H_0 + H_1$ konvergieren bei Verkleinerung der Störung gegen E_0. Sind diese Energiewerte nicht entartet, dann errechnet man als erste Näherung mit

$$\psi = \psi_0 + \psi_1 , \quad (\psi_0, \psi_1) = O_2 , \quad E = E_0 + \varepsilon$$

und der Schrödinger-Gleichung

$$H_0 \psi_1 + H_1 \psi_0 - E_0 \psi_1 - \varepsilon \psi_0 = O_2,$$
$$\varepsilon = (\psi_0, H_1 \psi_0) . \tag{36.2}$$

Die Energiekorrekturen sind in erster Ordnung gleich den Erwartungswerten der Störung in den einzelnen Zuständen.

Sind die Eigenwerte von H_0 entartet,

$$H_0 \psi_{0i} = E_0 \psi_{0i}$$

(i ist Entartungsindex), dann werden durch den Grenzübergang der Lösungen von

$$H \psi_i = E_i \psi_i , \quad \lim_{H_1 \to 0} E_i = E_0 , \quad \lim_{H_1 \to 0} \psi_i = \tilde{\psi}_{0i}$$

bestimmte Eigenvektoren von H_0 ausgezeichnet. Nur wenn die Basis der Eigenunterräume von H_0 durch diese ausgezeichneten Vektoren gebildet wird, ist die Störung in den Eigenvektoren wirklich von erster Ordnung. Die Gleichung für die stationären Zustände

$$(H_0 + H_1) (\tilde{\psi}_{0i} + \psi_{1i}) = (E_0 + \varepsilon_i) (\tilde{\psi}_{0i} + \psi_{1i})$$

wird von links mit der angepaßten Basis multipliziert:

$$(\tilde{\psi}_{0j}, H_1 \tilde{\psi}_{0i}) = \delta_{ji} \varepsilon_i . \tag{36.3}$$

Die angepaßten Eigenvektoren von H sind also die, in denen H_1 Diagonalform hat. Dabei sind die Diagonalelemente von H_1 die Energiekorrekturen.

Für den Fall, daß H_1 mit der gesamten Symmetriegruppe von H_0 vertauschbar ist, daß also die Störung H_1 die Symmetrie nicht vermindert, bleibt die natür liche Entartung in den Eigenunterräumen erhalten. Nach dem Schurschen Lemma ist eine Matrix (hier $\tilde{\psi}_{0j} H_1 \tilde{\psi}_{0i} = H_{1ji}$), die mit allen Matrizen der irreduziblen Darstellung einer Gruppe vertauschbar ist, proportional der Einheitsmatrix. Zu festem E_0 müssen alle ε_i gleich sein, der Eigenwert des vollen Hamilton-Operators ist wieder entartet. Natürliche Entartung wird nur bei Zerstörung der Symmetrie aufgehoben. Zufällige Entartung kann dagegen schon ohne Brechung der Symmetrie aufgehoben werden.

Im Coulomb-Potential ist die Entartung über l zufällig, die Entartung über m natürlich, wenn als Symmetrie-Gruppe die Drehgruppe angesehen wird. Die Entartung über m ist im kugelsymmetrischen Potential immer vorhanden.

Ein äußeres elektromagnetisches Feld verursacht den STARK-Effekt. Sind die Energie-Werte auch bezüglich l — zufällig — entartet, so geht diese Entartung bereits in der ersten Ordnung der Störungsrechnung verloren. Im Wasserstoffatom wird ein linearer STARK-Effekt beobachtet. In allen anderen Atomen muß erst ein elektrisches Dipolmoment induziert werden, so daß dann der STARK-Effekt zweiter Ordnung in der Feldstärke ist.

Die Termverschiebung und -aufspaltung im Magnetfeld heißt ZEEMANN-Effekt. Die Zusatzenergie hängt von der Stellung des magnetischen Moments gegen das äußere Magnetfeld ab. Im „normalen" Fall ist die Zusatzenergie wegen des magnetomechanischen Parallelismus proportional $m = (\psi, L_H \psi)$:

$$\Delta E = \frac{q}{2\,m\,c} \cdot H \cdot (\psi, L_H \psi) .$$

H bezeichnet hier die magnetische Feldstärke, L_H die Komponente des Drehimpulses bez. H. Der anomale ZEEMAN-Effekt — der eigentliche Normalfall — zeigt noch die Ankopplung des Spins der Elektronen.

§ 37. DIRACsche Störungsrechnung

In der SCHRÖDINGERschen Störungsrechnung werden Störungen der stationären Zustände berechnet, die Störung ist zeitunabhängig. Ziel der Rechnung sind die Linienverschiebungen, d. h. die Verschiebungen der stationären Zustände.

Die genauere Form des Übergangs zwischen den stationären Zuständen ist Ziel der DIRACschen Störungsrechnung. Der Störoperator H_1 hat allgemeine Gestalt, es wird die zeitabhängige SCHRÖDINGER-Gleichung benutzt, und der Anfangszustand ist ein Eigenzustand des ungestörten HAMILTON-Operators. Dann hat nach einer gewissen Zeit der Zustand des Systems auch Komponenten bezüglich anderer stationärer Zustände des ungestörten HAMILTON-Operators.

Der Ansatz lautet

$$H = H_0 + H_1(t)\,, \quad H_0\,\psi_{0j\nu} = E_{0j}\,\psi_{0j\nu}\,,$$
$$\psi(t_0) = \psi_{0j\nu}\,, \qquad \frac{d\psi}{dt} = \frac{1}{i\,\hbar}\big(H_0 + H_1(t)\big)\,. \tag{37.1}$$

Die Größe $|(\psi_{0i\mu}, \psi(t)|^2$ ist die Wahrscheinlichkeit, daß nach Verstreichen der Zeitspanne $t - t_0$ der Zustand $i\,\mu$ gemessen wird, das System also in diesen Zustand übergegangen ist.

Die Rechnung führt über das Wechselwirkungsbild: Die Abhängigkeit durch H_0 verbleibt auf den Operatoren, die Zeitabhängigkeit durch H_1 liegt auf dem Zustand:

$$\psi(t) = \left(\exp - \frac{i}{\hbar} H_0\, t\right) \Phi(t)\,,$$
$$i\,\hbar \frac{d\Phi}{dt} = \left(\exp \frac{i}{\hbar} H_0\, t\right) H_1(t) \left(\exp - \frac{i}{\hbar} H_0\, t\right) \cdot \Phi(t)\,,$$
$$\Phi(0) = \psi_{0j\nu}\,.$$

Durch diesen Ansatz ist erreicht, daß die zeitliche Änderung der zu berechnenden Größe von erster Ordnung ist. Die Gleichung für Φ kann nun durch Iteration gelöst werden. Als erste Näherung ergibt sich

$$\Phi(t) = \Phi(0) - \frac{i}{\hbar} \int_0^t \left(\exp \frac{i}{\hbar} H_0 t\right) H_1(t) \left(\exp - \frac{i}{\hbar} H_0 t\right) \cdot \Phi(0) .$$

Die Übergangsgeschwindigkeit in andere Zustände wird durch

$$\frac{|(\psi_{0i\mu}, \psi(t))|^2}{t} = \frac{1}{t\,\hbar^2} \left| \int_0^t \exp \frac{i\,t\,(E_{0i} - E_{0j})}{\hbar} \cdot (\psi_{0i\mu}, H_1(t)\,\psi_{0j\nu})\,\mathrm{d}t \right|^2 \qquad (37.2)$$

gegeben, das Matrixelement $(\psi_{0i\mu}, H_1(t)\,\psi_{0j\nu})$ wird so zum Ziel aller entsprechenden Rechnungen.

Bei einer Störung, die im Integrationsintervall zeitunabhängig ist, ergibt sich

$$\frac{1}{t} P(i\;\mu(t) |\, j\;\nu(0)) = \frac{2\pi}{\hbar} \left|(\psi_{0i\mu}\, H_1\, \psi_{0j\nu})\right|^2 \Omega\,(\Delta E, t) .$$

Der Zusatz

$$\Omega\,(\Delta E, t) = \frac{t}{2\pi\hbar} \left(\frac{\sin \frac{\Delta E \cdot t}{2\hbar}}{\frac{\Delta E \cdot t}{2\hbar}} \right)^2$$

zum Matrixelement beschreibt den Energiesatz:

$$\lim_{t \to \infty} \Omega(\Delta E, t) = \delta(\Delta E) .$$

Die Funktion Ω ist nur im Intervall $\Delta E < \frac{h}{t}$ wesentlich von Null verschieden. Innerhalb der Zeit t gemessene Übergänge liegen in diesem Energieintervall. Die Energieunschärfe der Beobachtung hängt mit der Lebensdauer des Ausgangszustands über die Relation

$$\Delta E \cdot t \sim h \qquad (37.3)$$

zusammen. Das ist insofern keine eigentliche Unschärferelation, weil t nicht die Unschärfe einer Zeitmessung, sondern eine Lebensdauer ist. Die Energieniveaus sind um so schärfer definierbar, je stabiler die Zustände sind. Über die Unschärfe der Energie bestimmter Elementarteilchen (Resonanzen) kann ihre Lebensdauer bestimmt werden.

Mit $E = h\,\nu$ wird (37.3) zur rein klassischen Relation zwischen Bandbreite (Linienbreite) und Sendezeit (Kohärenzlänge). Auch (37.3) beruht auf dem Wellencharakter der Bewegungsgesetze.

Als Beispiel betrachten wir zwei Systeme A und B, die über ihre Lagekoordinaten miteinander schwach gekoppelt sind:

$$H_0 = H_A(q_A, p_A) + H_B(q_B, p_B), \quad H_1 = \varepsilon\, q_A\, q_B\,.$$

Die ungestörten Energiewerte sind

$$E_{0\,m\,n} = E_{A\,m} + E_{B\,n}\,.$$

Beim Übergang von (m, n) nach (m', n') muß die Energie erhalten bleiben:

$$E_{A\,m} + E_{B\,n} = E_{A\,m'} + E_{B\,n'}\,.$$

Das Matrixelement für die Übergangswahrscheinlichkeit lautet

$$(\psi_{m',n'}, H_1\,\psi_{m,n}) = \varepsilon\,(\psi_{A\,m'}, q_A\,\psi_{A\,m})\,(\psi_{B\,n'}, q_B\,\psi_{B\,n})\,.$$

Ist das System B ein harmonischer Oszillator, so ist

$$(\psi_{B\,n}, q_B\,\psi_{B\,n}) = \left(\psi_{B\,n'}, \sqrt{\frac{\hbar}{2\,m\,\omega}}\,(A + A^+)\,\psi_{B\,n}\right)$$

$$= \sqrt{\frac{\hbar}{2\,m\,\omega}}\,(\delta_{n',\,n-1}\sqrt{n} + \delta_{n',\,n+1}\sqrt{n+1})\,.$$

Die Abgabe eines Quants durch den Oszillator $(n' = n - 1)$ erfolgt mit einer Wahrscheinlichkeit proportional der ursprünglichen Anzahl der Quanten, die Aufnahme eines Quants dagegen proportional der erreichten Anzahl $n' = n + 1$. Das System A emittiert also seine Quanten sowohl spontan $(n = 0)$ als auch induziert $(n \neq 0)$. Der Grundzustand des Oszillators ist kein Ruhezustand; die Bewegung im Grundzustand ist die Ursache der „spontanen“ Emission durch das angekoppelte System.

§ 38. Streuung am Potential

Während die Zustände negativer Energie in einem Potential $V(\boldsymbol{r})$ — das Potential wird Null für $|\boldsymbol{r}|$ gegen Unendlich — das Verhalten von Teilchen beschreiben, die durch das Potential gebunden werden, beschreiben die Zustände mit positiver Energie den Einfluß des Potentials auf die Strömung quasifreier Teilchen, die aus dem Unendlichen kommen und sich wieder entfernen.

Das Problem wird spezialisiert durch die Nebenbedingung, daß aus dem Unendlichen Teilchen aus ganz bestimmter Richtung kommen sollen, genauer: die einlaufenden Teilchen sollen sich in einem Eigenzustand des Impulsoperators befinden.

Der Hamilton-Operator

$$H = -\frac{\hbar^2}{2\,m}\,\Delta + V(\boldsymbol{r}) \tag{38.1}$$

wird als Operator $H_0 = -\dfrac{\hbar^2}{2\,m}\,\Delta$ mit Störung interpretiert, die ungestörte Eigenfunktion soll entsprechend der Nebenbedingung $\psi_0 = \exp i\,\boldsymbol{k}\,\boldsymbol{r}$ sein. In der Zerlegung $\psi = \psi_0 + \psi_1$ soll ψ_1 im Unendlichen nur auslaufende Teilchen darstellen. Mit $E = \frac{\hbar^2 k^2}{2m}$ erhält man als Gleichung für ψ_1

$$(\Delta + k^2)\,\psi_1 = \frac{2\,m\,V(\boldsymbol{r})}{\hbar^2}\,(\psi_0 + \psi_1)\,. \tag{38.2}$$

Über die GREENsche Funktion des Differentialoperators

$$(\Delta + k^2)\,G_k\,(\boldsymbol{r} - \boldsymbol{r}') = \delta\,(\boldsymbol{r} - \boldsymbol{r}')$$

kann man (38.2) in eine Integralgleichung umformen:

$$\psi_1(\boldsymbol{r}) = \int d^3\boldsymbol{r}'\,\frac{2\,m\,V(\boldsymbol{r}')}{\hbar^2}\,G_k\,(\boldsymbol{r} - \boldsymbol{r}')\,\psi_0(\boldsymbol{r}') + \int d^3\boldsymbol{r}'\,\frac{2\,m\,V(\boldsymbol{r}')}{\hbar^2}\,G_k\,(\boldsymbol{r} - \boldsymbol{r}')\,\psi_1(\boldsymbol{r}')\,. \tag{38.3}$$

Da ψ_1 den am Potential gestreuten Teilchenstrom darstellt, beschreibt die Inhomogenität $\int d^3\boldsymbol{r}\;V\,G\,\psi_0$ der Integralgleichung das Resultat der einfachen Streuung, während der Rest dadurch zustande kommt, daß bereits gestreute Teilchen durch ihre endliche Verweilzeit in der Reichweite des Potentials erneut gestreut werden (Mehrfachstreuung). Die NEUMANNsche Reihe der Integralgleichung (38.3) zählt nach der Vielfachheit der Streuungen. Ist das Potential genügend schwach, so überwiegt die Einfachstreuung (erste Näherung):

$$\psi_1(\boldsymbol{r}) = \int d^3\boldsymbol{r}'\,\frac{2\,m\,V(\boldsymbol{r}')}{\hbar^2}\,G_k\,(\boldsymbol{r} - \boldsymbol{r}')\,e^{i\boldsymbol{k}\boldsymbol{r}'}\,.$$

Die GREENsche Funktion für $\Delta + k^2$ lautet aber

$$G_k(\boldsymbol{r} - \boldsymbol{r}') = -\frac{1}{4\pi}\,\frac{\exp i\,k\,|\boldsymbol{r} - \boldsymbol{r}'|}{|\boldsymbol{r} - \boldsymbol{r}'|}\,. \tag{38.4}$$

Dabei ist die Bedingung berücksichtigt, daß $\int d^3\boldsymbol{r}'\;G_k\,(\boldsymbol{r} - \boldsymbol{r}')\,\varphi(\boldsymbol{r})'$ im Unendlichen nur auslaufende Strömung beschreibt.

Für große Entfernungen (groß gegenüber der Reichweite des Potentials) gilt in erster Näherung

$$(\boldsymbol{r} - \boldsymbol{r}')^2 \cong r^2 - 2\,\boldsymbol{r}\,\boldsymbol{r}'\,,$$

$$|\boldsymbol{r} - \boldsymbol{r}'| \cong r\left(1 - \frac{\boldsymbol{r}}{r^2}\,\boldsymbol{r}'\right),$$

$$\psi_1(\boldsymbol{r}) \cong -\frac{m}{2\pi\hbar^2}\,\frac{e^{ikr}}{r}\int d^3\boldsymbol{r}'\;V(\boldsymbol{r}')\,\exp\left(i\,\boldsymbol{r}'\left[\boldsymbol{k} - k\,\frac{\boldsymbol{r}}{r}\right]\right). \tag{38.5}$$

Der Gesamtstrom hat die Form

$$\psi(\boldsymbol{r}) = e^{i\boldsymbol{k}\boldsymbol{r}} + f(\theta,\varphi)\,\frac{e^{ikr}}{r}\,,$$

der differentielle Streuquerschnitt eines Potentials wird

$$\sigma(\theta, \varphi) = |f|^2\,, \qquad f = -\frac{m}{2\pi\hbar^2}\,\widetilde{V}\left(\boldsymbol{k} - k\frac{\boldsymbol{r}}{r}\right). \tag{38.6}$$

$\widetilde{V}(\boldsymbol{k})$ist die FOURIER-Transformierte des Potentials.

$\frac{e^{ikr}}{r}$ ist eine auslaufende normierte Kugelwelle, normiert hinsichtlich der Intensität. f beschreibt die Winkelverteilung der Wellenfunktion, σ also die Winkelverteilung der Intensität. Aus der Messung des differentiellen Streuquerschnitts ergibt sich zunächst die FOURIER-Transformierte des Potentials und daraus dann das Potential selbst. Die Formel (38.6) steht in enger Beziehung auch zur DIRACschen Störungsrechnung. Die FOURIER-Transformierte des Potentials ist gerade das Matrixelement zwischen zwei Eigenzuständen des Impulses. Die Richtung, in der das auslaufende Teilchen beobachtet wird, ist $\boldsymbol{n} = \frac{\boldsymbol{r}}{r}$, damit ist der beobachtete Impuls nach der Streuung $\boldsymbol{p} = \hbar\, k\, \boldsymbol{n}$. Der Übergang vom ungestörten Zustand $\boldsymbol{p}$ in den Zustand $\boldsymbol{p}'$ wird durch das Matrixelement

$$(\psi_{\boldsymbol{p}'}, V\,\psi_{\boldsymbol{p}}) = \int d^3\boldsymbol{r}\; V(\boldsymbol{r})\, e^{-\frac{i}{\hbar}\boldsymbol{p}'\boldsymbol{r}}\, e^{\frac{i}{\hbar}\boldsymbol{p}\boldsymbol{r}}$$

bestimmt. Die Betragsbildung und die Umrechnung auf Kugelkoordinaten ergibt auch hier (38.6).

Im Unterschied zur Situation in der klassischen Mechanik ist der Teilchenstrom zu gegebenem Impuls automatisch homogen — das ist eine Folge der HEISENBERGschen Unschärferelation. In der klassischen Mechanik waren zur Definition des Streuquerschnitts besondere Überlegungen zur Homogenität des einfallenden Teilchenstroms nötig.

§ 39. Die Ununterscheidbarkeit der Teilchen

Die prinzipielle Unterscheidbarkeit gleichartiger Teilchen beruht in der klassischen Mechanik darauf, daß sich die Teilchenbahnen bei gegebenem Zustand zurückverfolgen lassen und die Teilchen durch ihre Zustände zu einem bestimmten Anfangszeitpunkt t_0 durchnummeriert werden. In der Quantenmechanik ist das nicht mehr möglich: Es gibt keine Teilchenbahn mehr auf Grund der HEISENBERGschen Unschärferelation.

Werden zwei gleichartige Teilchen zu einem Zeitpunkt t_0 durch Ortsmessung unterschieden, so wird der Impuls unbestimmt und zu einem späteren Zeitpunkt kann bei Messung eines Teilchens nicht mehr entschieden werden, welches es war: Die Unbestimmtheit des Impulses ist ja Unbestimmtheit der Bewegungsrichtung.

Dieses Verhalten der Teilchen spiegelt sich in einer Symmetrieeigenschaft der Wellenfunktion wieder. Sei

$$\psi(\boldsymbol{r}_\alpha, \boldsymbol{r}_\beta, \ldots, t) \tag{39.1}$$

die Wellenfunktion eines Systems aus mehreren Teilchen, das Betragsquadrat beschreibt die Wahrscheinlichkeitsdichte, daß sich das Teilchen 1 am Ort $\boldsymbol{r}_\alpha$, das Teilchen 2 am Ort $\boldsymbol{r}_\beta$ usw. aufhält. Wegen der Ununterscheidbarkeit der Teilchen muß mit

$$\psi(\boldsymbol{r}_\alpha, \boldsymbol{r}_\beta, \ldots, t) \text{ auch } \psi(\boldsymbol{r}_\beta, \boldsymbol{r}_\alpha, \ldots, t) = P_{12}\,\psi(\boldsymbol{r}_\alpha, \boldsymbol{r}_\beta, \ldots, t) \tag{39.2}$$

eine Lösung der SCHRÖDINGER-Gleichung sein, man muß also die Invarianz des Systems gegen Teilchenpermutation berücksichtigen.

Wir definieren einen Permutationsoperator durch

$$P_{ik}\,\psi(\cdots \underset{i}{\boldsymbol{r}_\alpha} \cdots \underset{k}{\boldsymbol{r}_\beta} \cdots) = \psi(\cdots \underset{i}{\boldsymbol{r}_\beta} \cdots \underset{k}{\boldsymbol{r}_\alpha} \cdots)\,. \tag{39.3}$$

Wäre ein hermitescher Operator nicht mit allen P_{ik} vertauschbar, so könnten durch Messung der entsprechenden Observablen Teilchen unterschieden werden; die P_{ik} müssen also mit allen hermiteschen Operatoren, insbesondere mit dem HAMILTON-Operator vertauschbar sein. Die Eigenzustände von H sind damit zerlegbar nach simultanen Eigenzuständen der Permutationsoperatoren.

Der Permutationsoperator ist ein unitärer Operator. Da $(P_{ik})^2 = 1$ ist, sind die Eigenwerte von P_{ik} $+1$ oder -1. Entscheidend ist, daß für eine bestimmte Teilchensorte entweder alle Permutationsoperatoren den Eigenwert $+1$ oder alle den Eigenwert -1 haben. Es sei $P_{ik}\,\psi = \alpha_{ik}\,\psi(\boldsymbol{r}_1, \ldots \boldsymbol{r}_n)$. Dann folgt

$$\begin{aligned}
&P_{12}\,\psi = \psi(\boldsymbol{r}_2, \boldsymbol{r}_1, \boldsymbol{r}_3)\,,\\
&P_{23}\,P_{12}\,\psi = \psi(\boldsymbol{r}_2, \boldsymbol{r}_3, \boldsymbol{r}_1)\,,\\
&P_{13}\,P_{23}\,P_{12}\,\psi = \psi(\boldsymbol{r}_1, \boldsymbol{r}_3, \boldsymbol{r}_2)\,,\\
&P_{23}\,P_{13}\,P_{23}\,P_{12}\,\psi = \psi(\boldsymbol{r}_1, \boldsymbol{r}_2, \boldsymbol{r}_3)\,.
\end{aligned}$$

Es ergibt sich

$$\alpha_{23}\,\alpha_{13}\,\alpha_{23}\,\alpha_{12} = 1 \;:\; \alpha_{12} = \alpha_{13}\,. \tag{39.4}$$

Das Vorzeichen des Eigenwerts, d. h. die Symmetrie der Wellenfunktion, ist abhängig von der Teilchensorte. Es gibt Teilchen mit total symmetrischer Wellenfunktion ($\alpha = +1$), das sind die aus dem Kapitel Statistik bereits bekannten Bosonen, und es gibt Teilchen mit total antisymmetrischer Wellenfunktion, das sind die Fermionen ($\alpha = -1$). Auch bei total antisymmetrischer Wellenfunktion ist das Amplitudenquadrat, d. h. die Dichte der Aufenthaltswahrscheinlichkeit, total symmetrisch (Prinzip der Ununterscheidbarkeit der Teilchen).

Das Betragsquadrat des Eigendrehimpulses (Spin) eines Teilchens ist ebenfalls nur von der Teilchensorte abhängig, nicht vom Zustand der Teilchen. In der Weiterentwicklung der Quantentheorie ergibt sich, daß Spin und Symmetrieeigenschaft der Wellenfunktion miteinander zusammenhängen:

Teilchen mit ganzzahligem Spin haben eine total symmetrische Wellenfunktion, Teilchen mit halbzahligem Spin haben eine total antisymmetrische Wellenfunktion.

Man erhält eine total symmetrische bzw. antisymmetrische Wellenfunktion bei ungekoppelten Teilchen durch Separationsansatz:

$$\psi(\boldsymbol{r}_1 \cdots \boldsymbol{r}_N) = \sum c_{n_1 \ldots n_N} \, \psi_{n_1}(\boldsymbol{r}_1) \cdots \psi_{n_N}(\boldsymbol{r}_N) \,. \tag{39.5}$$

$\psi_{n_1}(\boldsymbol{r}_1)$ bedeutet dabei, daß das Teilchen 1 im Einteilchenzustand n_1 ist usw. Sind die Teilchen Bosonen, so müssen die Koeffizienten $c_{n_1, \ldots, n_N}$ total symmetrisch sein, sind die Teilchen Fermionen, so sind diese Koeffizienten total antisymmetrisch.

Beim Ansatz (39.5) ist zwar vorausgesetzt, daß die Wechselwirkung zwischen den Teilchen fehlt bzw. sehr schwach ist, damit ist aber nur die Form des Hamilton-Operators gemeint. Durch die Forderung der Symmetrie bzw. Antisymmetrie der Wellenfunktion wird zusätzlich eine Wechselwirkung der Teilchen impliziert, die Austauschwechselwirkung, vgl. dazu (32.10). Diese Wechselwirkung ist besonders augenfällig und besonders wichtig bei den Fermionen. Ist die Wellenfunktion total antisymmetrisch, so können zwei Teilchen sich nicht im gleichen Einteilchenzustand befinden: Die Koeffizienten c in (39.5) verschwinden, wenn zwei n_i gleich sind. Das ist das Pauli-Prinzip. Zwei Fermionen können nicht im gleichen Einteilchenzustand sein. Somit ist das Auftreten von Besetzungszahlen der Form

$$n = \frac{1}{\exp \dfrac{E - \mu}{kT} + 1}$$

in der Statistik ununterscheidbarer Teilchen geklärt (§ 15).

Die durch die Ununterscheidbarkeitsforderung induzierte Wechselwirkung zwischen den Teilchen heißt Austauschwechselwirkung. Man kann direkt von Austauschkräften reden und Austauschenergien identifizieren. Die (homöopolare) chemische Bindung kommt durch diese Austauschkräfte zustande.

Das Pauli-Prinzip ist für das Zustandekommen des Periodischen Systems der chemischen Elemente entscheidende. Der Atomkern erzeugt immer ein Coulomb-Potential mit im Prinzip dem Wasserstoffatom analogen Zuständen für ein Teilchen. Durch die Abschirmung des Kernfeldes durch die übrigen Elektronen wird die l-Entartung aufgehoben. Würde das Pauli-Prinzip nicht wirken, so könnten sich alle Elektronen der Hülle im niedrigsten Energieniveau sammeln, zumindest bei tiefen Temperaturen, da die Anregungsenergie des ersten Niveaus in der Größenordnung einiger eV liegt, während die kinetische Anregung kT bei Zimmertemperatur etwa 0,03 eV beträgt. Dann würden sich die einzelnen Elemente nur quantitativ durch die Anzahl der Hüllenelektronen unterscheiden und es könnte keine Periodizität der Eigenschaften zustande kommen.

Durch das Wirken des Pauli-Prinzips werden nun aber tatsächlich die Energieniveaus im abgeschirmten Coulomb-Potential der Reihe nach aufgefüllt. Die Energieniveaus sind im Prinzip entartet, und der Übergang zu einer neuen Hauptquantenzahl n ist ein Einschnitt, der die Perioden markiert. Da die Elektronen auf den unteren Energieniveaus sehr fest gebunden sind und da zu ihrer Anregung gleich mehrere besetzte Energieniveaus übersprungen werden müssen, werden die chemischen Eigenschaften eines Atoms nur durch die äußeren Elektronen (Valenzelektronen) bestimmt. Damit ist die Zahl der Elektronen auf dem höchsten besetzten Energieniveau Hauptcharakteristik für die chemischen Eigenschaften. Diese Anzahl beginnt jedesmal wieder bei Null, wenn ein Niveau voll besetzt ist, dadurch entsteht eine Periodizität in den chemischen Eigenschaften. Niveaus mit gleichem n und verschiedenem l haben verschiedene Energie, und zwar ist die Energie des Niveaus mit größerem l größer, es ist schwächer gebunden, weil die Aufenthaltswahrscheinlichkeit in den Außenbezirken größer ist, wo das Potential von den restlichen Elektronen am stärksten abgeschirmt wird. So geschieht es, daß Niveaus mit neuem n besetzt werden, ohne daß die Niveaus mit $n-1$ voll besetzt sind (Abb. 31).

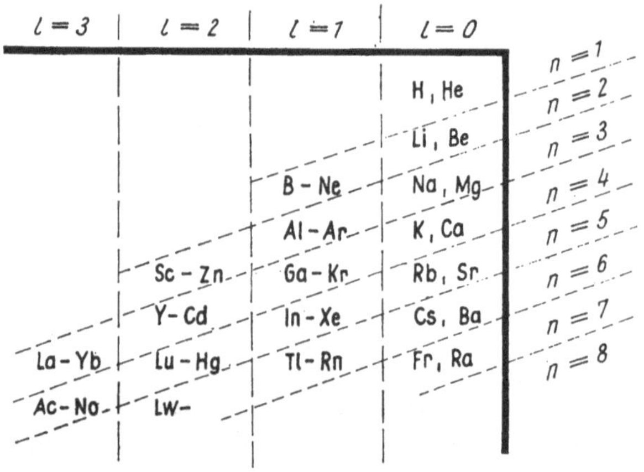

Abb. 31. Die Grobstruktur des Periodensystems der chemischen Elemente

Unter der Spalte $l = 0$ stehen die Alkali- und Erdalkalimetalle (bis auf H und He, die eine gewisse Sonderrolle spielen). In jeder Zeile beginnt mit diesen Elementen eine neue „Schale", d. h. ein neues n. Hier ist der größte Energiesprung, er bewirkt, daß sich die Valenzelektronen der Alkali- und Erdalkalimetalle sehr leicht lösen (Leichte Oxydierbarkeit), und daß die Elemente, die davor den Komplex mit $l = 1$ abschließen, ihre Elektronen sehr fest binden und damit chemisch inaktiv sind (Edelgase). Die Elemente mit fast abgeschlossenem Komplex $l = 1$ können sehr leicht zusätzliche Elektronen in diesem Komplex binden (leichte Reduzierbarkeit). Da dieser Einschnitt der bedeutendste Sprung im chemischen Verhalten der Elemente darstellt, zählen die Perioden immer von einem Alkalimetall bis zum nächsten Edelgas.

Die Elemente, deren Valenzelektronen im wesentlichen unter $l = 0$ und $l = 1$ fallen, bilden die sog. Hauptgruppen der Perioden. Die Elemente der Gruppe mit $l = 2$ bilden die sog. Nebengruppen, und sie sind chemisch schon recht ähnlich, weil sich die Struktur der Elektronenwolke mit $l = 0$ und 1 nur wenig ändert. Die Elemente, in denen $l = 3$ aufgefüllt wird, sind chemisch sehr schwierig zu trennen (Seltene Erden und Actiniden).

§ 40. Das Bändermodell des Festkörpers

In einem festen Körper sind auf Grund der mikrokristallinen Struktur die Zustände der Elektronen auf der Energieskala in Bändern angeordnet. In den verbotenen Zonen liegen im Idealfall keine stationären Zustände, in den erlaubten Bändern liegen sie dagegen sehr dicht. Die Elektronen selbst bilden ein thermodynamisches System. Jeder stationäre Zustand kann als großkanonisches Teilsystem angesehen werden, wobei das PAULI-Prinzip zu beachten ist. Die Lage der FERMI-Grenze relativ zur Bandstruktur bestimmt das elektrische Verhalten des Festkörpers.

Die Elektronen selbst können als klassische Teilchen angesehen werden, deren Energie und Beweglichkeit durch die Quantenmechanik gegeben wird. In einem äußeren Feld gewinnen die Elektronen eine bestimmte mittlere Geschwindigkeit, die die Beweglichkeit b definiert und die Leitfähigkeit σ des Festkörpers impliziert (§ 56):

$$\boldsymbol{j} = \sigma\left(\boldsymbol{E} + \frac{\boldsymbol{v}}{c} \times \boldsymbol{B}\right), \tag{40.1}$$

$$\sigma = \sum_A q_A^2\, n_A\, b_A\,.$$

Dabei wird über alle Ladungsträgertypen summiert.

Elektronen, die sich in Zuständen weit unterhalb der FERMI-Grenze befinden, sind unbeweglich. Ihr Zustand kann nur unter Zufuhr von vergleichsweise viel Energie geändert werden. Ein Elektron ist um so beweglicher, je mehr unbesetzte Zustände in energetischer Nähe zum Ausgangszustand vorhanden sind. Damit sind nur Elektronen in der Nähe der FERMI-Grenze und darüber beweglich. Die Besetzungszahl der Zustände (15.5)

$$\bar{n} = \frac{1}{\exp\dfrac{E-\mu}{kT} + 1}$$

zeigt, daß die Zone der thermisch beweglichen Elektronen auf der Energieskala durch

$$\mu - kT < E < \mu + kT \tag{40.2}$$

gegeben wird. Die Beweglichkeit selbst nimmt mit wachsender Temperatur ab. Die Breite der Beweglichkeitszone ist bei Zimmertemperatur etwa 0.06 eV, die Breite der verbotenen Zonen liegt in der Größenordnung von 1 eV.

Liegt die FERMI-Grenze in einem erlaubten Band, so gibt es bewegliche Elektronen, deren Anzahl sich nur wenig mit der Temperatur ändert. Die Leitfähigkeit ist hoch, sie nimmt mit der Temperatur ab, weil sich die Beweglichkeit der Ladungsträger verringert. Das ist das Verhalten der Elektronen im metallischen Leiter (Abb. 32). Liegt die FERMI-Grenze in der verbotenen Zone, so ist die Zahl der beweglichen Ladungsträger außerordentlich gering, der Festkörper ist ein Isolator (Abb. 33).

Das niedrigste Band, das noch Zustände oberhalb der FERMI-Grenze enthält, heißt Leitungsband, das Band darunter Valenzband. In den Abbildungen 32 bis 41 ist mit der horizontalen Ausdehnung angedeutet, daß die Elektronen in den Bandzuständen quasifrei sind; sie sind an kein bestimmtes Atom gebunden, ihre Aufenthaltswahrscheinlichkeit ist periodisch wie das Potential (§ 32). Im allgemeinen ist ein Kristall immer verunreinigt, sei es durch Fremdatome oder Fehler in der Kristallstruktur. Dadurch entstehen Energieniveaus auch außerhalb der erlaubten Bänder. Elektronen in diesen Zuständen sind aber nicht mehr frei, ihre Aufenthaltswahrscheinlichkeit konzentriert sich um die Störung. Diese Lokalisierung der Zustände wird in den Abbildungen durch kurze Striche am jeweiligen Ort symbolisiert. Durch diese Zustände in der verboten Zone wird das elektrische Verhalten erheblich beeinflußt.

Liegt die FERMI-Grenze so hoch, daß die Energie freier Elektronen im thermischen Bereich (40.2) liegt, wird Glühemission von Elektronen beobachtet. Die Elektronen werden durch thermische Wechselwirkung aus dem Festkörper hinausgestoßen (Abb. 34). Liegt die FERMI-Grenze nur wenige Elektronenvolt unterhalb $E = 0$, entsteht Photoemission (äußerer Photoeffekt); die Energiedifferenz ist die Austrittsarbeit, die von den Photonen des auffallenden Lichts geleistet wird (Abb. 35).

Beim inneren Photoeffekt werden die Elektronen eines Isolators aus dem Valenzband ins Leitungsband gehoben, wenn sie ein Lichtquant absorbieren. Dazu darf die verbotene Zone nicht zu breit sein (die Energie der Quanten des sichtbaren Lichts liegt zwischen 1,5 und 3 eV). Im Leitungsband haben die Elektronen eine bestimmte Lebensdauer, bevor sie unter Energieabgabe wieder in einen freien Zustand im Valenzband übergehen (Rekombination). Während ihres Aufenthalts im Leitungsband sind sie frei beweglich. Die elektrische Leitfähigkeit des Isolators nimmt bei Bestrahlung mit genügend hochfrequentem Licht ($h\nu > \Delta E$) stark zu (Abb. 36).

Können die Elektronen schon durch thermische Anregung aus dem Valenzband ins Leitungsband gelangen (Breite der verbotenen Zone kleiner als 1 eV), so nimmt die elektrische Leitfähigkeit mit der Temperatur zu (Heißleiter, Abb. 37).

Die im Valenzband entstehenden unbesetzten Zustände (Löcher) tragen zur Leitfähigkeit ebenfalls bei. In ihrer effektiven Bewegung verhalten sie sich dabei wie die eigentlichen Teilchen, nur daß sie die entgegengesetzte Ladung tragen. Vor der Rekombination können Löcher und Elektronen gebundene Zustände bilden analog dem Wasserstoffatom (Excitonen).

Zwei Grundsituationen veranschaulichen den Einfluß von Fremdatomen (Störstellen) im festen Körper. Einmal liegen besetzte lokalisierte Terme dicht unter dem Leitungsband, die FERMI-Grenze dazwischen. Dann gehen die Elektronen aus diesen Zuständen sehr leicht ins Leitungsband über, wo sie die Leitfähigkeit erhöhen. Diese Terme im Energieschema heißen Donatorterme. Antimon ist ein Donatormetall für die Elemente der Kohlenstoffgruppe. Die

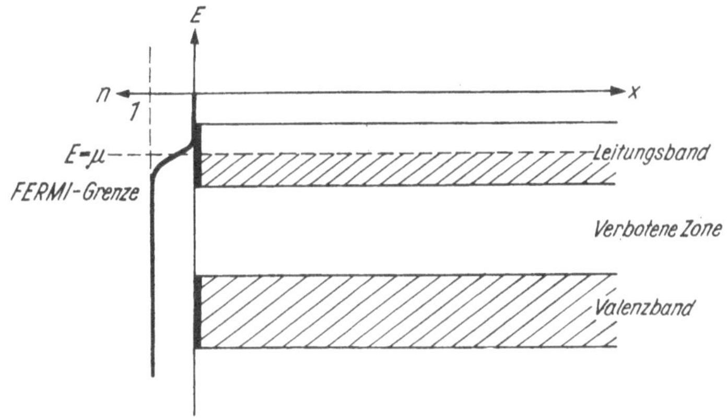

Abb. 32. Die Bänderstruktur eines Leiters. Der Energiebereich möglicher Beweglichkeit ($|E - \mu| < \theta$) liegt im Leitungsband

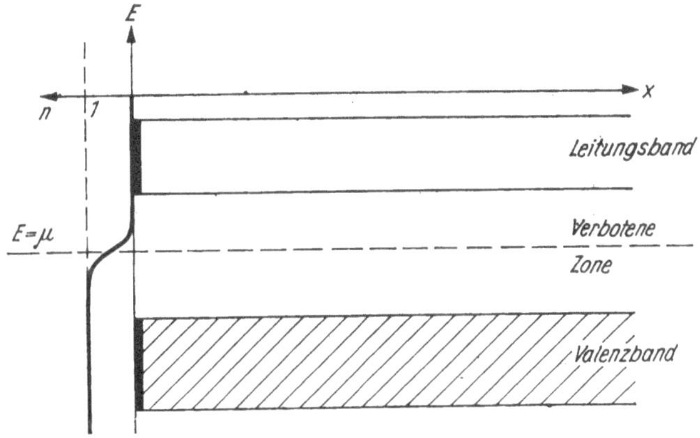

Abb. 33. Die Bänderstruktur eines Isolators. Der Energiebereich möglicher Beweglichkeit liegt in einer verbotenen Zone

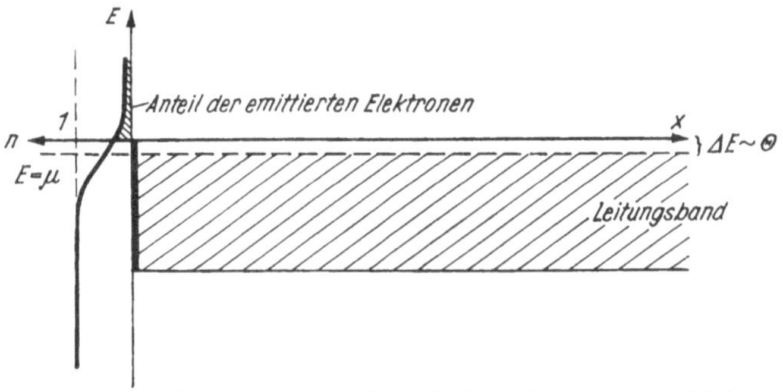

Abb. 34. Die Entstehung der thermischen Emission von Elektronen

Löcher tragen zur Leitfähigkeit nichts bei, da sie in den Donatortermen festliegen (n-Leitung, Abb. 38).

Zum andern können unbesetzte Terme dicht über dem Valenzband liegen, die FERMI-Grenze dazwischen. Dann gehen leicht Elektronen aus dem Valenzband in diese Akzeptorterme über. Die im Valenzband zurückbleibenden Löcher führen auf eine Leitfähigkeit (Löcherleitung, p-Leitung). Germanium erhält durch Dotierung mit Indium oder Aluminium Leitfähigkeit durch Löcher im Valenzband (Abb. 39). Gleichzeitige Dotierung mit Akzeptoren und Donatoren ändert nur wenig an der Leitfähigkeit, weil die Elektronen aus den Donatortermen nicht ins Leitfähigkeitsband, sondern in die Akzeptorterme übergehen und diese inaktivieren.

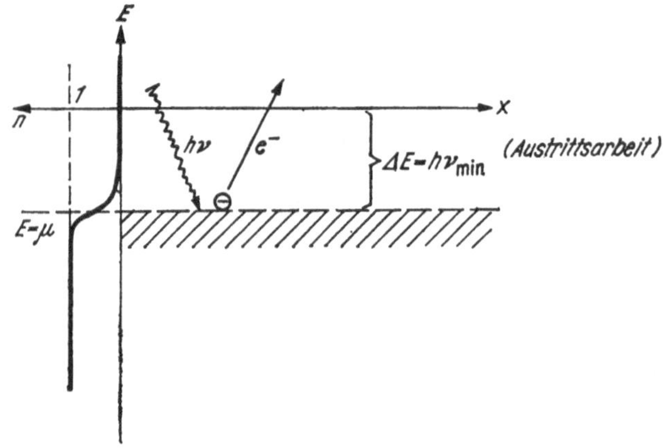

Abb. 35. Zum äußeren Photoeffekt

Eine Grenzschicht zwischen löcherleitendem und elektronenleitendem Gebiet stellt einen Gleichrichter dar. Der elektrische Widerstand der Grenzschicht hängt von der Richtung des Stromdurchgangs ab. Grundlage ist die Gleichheit der FERMI-Grenze, des chemischen Potentials der Elektronen, auf beiden Seiten. Zum Ausbalancieren des chemischen Potentials muß die Grenzschicht auf der n-Seite positiv aufgeladen sein. Fließt der Elektronenstrom in Richtung $n \to p$, so ist der Widerstand der Grenzschicht gering. Elektronenzufuhr zerstört die Grenzladung, und es fließen weitere Elektronen in die p-Schicht ab. Die Ladungsträgerkonzentration an der Grenzschicht ist hoch (Abb. 40). Im umgekehrten Fall werden dagegen die Ladungsträger von der Grenzschicht abgesaugt, was zu einer Verringerung der Leitfähigkeit führt (Sperrschicht). Erst bei hohen Spannungen kann dann ein Übergehen der Elektronen aus dem Innern des Valenzbandes auf der p-Seite in das Leitungsband auf der n-Seite analog dem Tunneleffekt vor sich gehen (Tunneldiode), wenn nicht die Sperrschicht durchbrochen wird. An einer Sperrschicht werden Elektronen im Leitungsband der p-Seite und Löcher im Valenzband der n-Seite (Minoritätsträger) vollständig

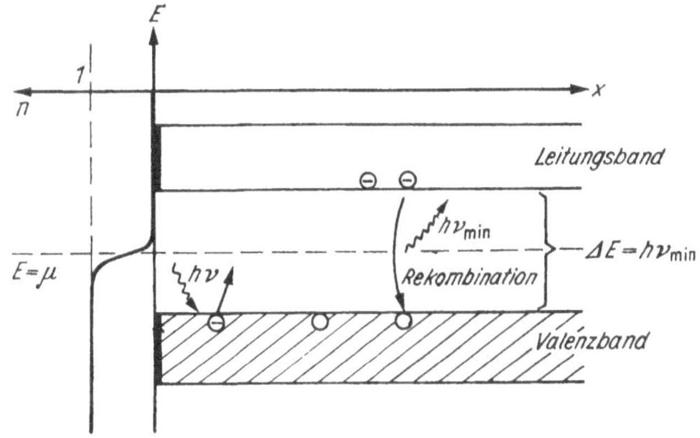

Abb. 36. Die Entstehung des inneren Photoeffekts. Die durch Absorption von Photonen auftretenden Löcher im Valenzband und Elektronen im Leitungsband stellen Störungen der Gleichgewichtsverteilung dar. Das Mittel der Zeit, nach der sie wieder rekombinieren, ist die Lebensdauer der Ladungsträger

auf die andere Seite abgesaugt (Abb. 41). Durch Injektion von Minoritätsträgern an einer Sperrschicht kann der Strom durch die Sperrschicht gesteuert werden. Da diese Ladungsträger an der Sperrschicht ein wesentlich höheres Spannungsgefälle durchlaufen können als bei der Injektion, ist mit dieser Steuerung eine Leistungsverstärkung verbunden (Transistor).

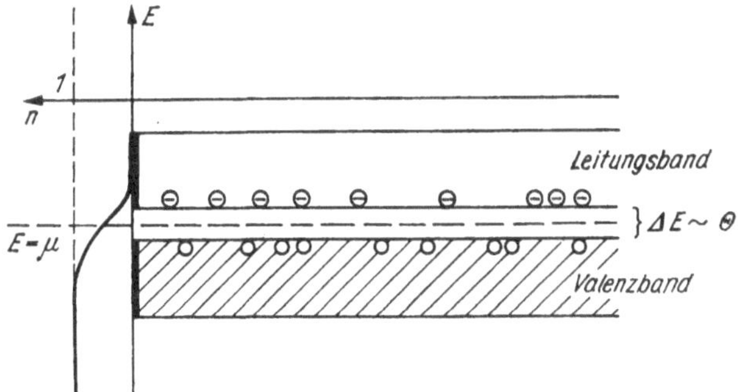

Abb. 37. Die Bänderstruktur eines Heißleiters. Die Verbreiterung des Energiebereichs möglicher Beweglichkeit mit wachsender Temperatur θ führt auf eine Vergrößerung der Leitfähigkeit

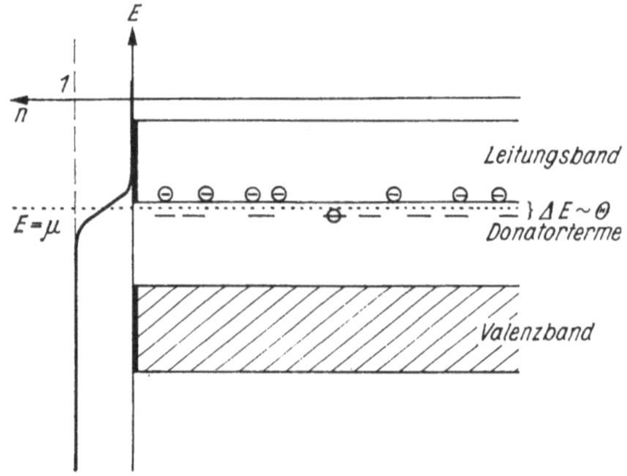

Abb. 38. Die Bänderstruktur eines donatordotierten Halbleiters

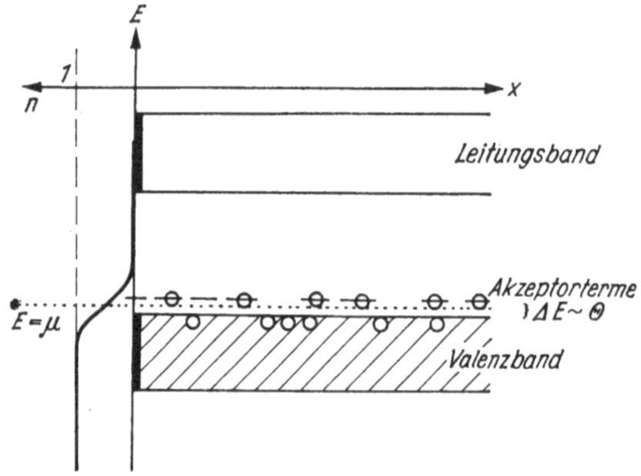

Abb. 39. Die Bänderstruktur eines akzeptordotierten Halbleiters

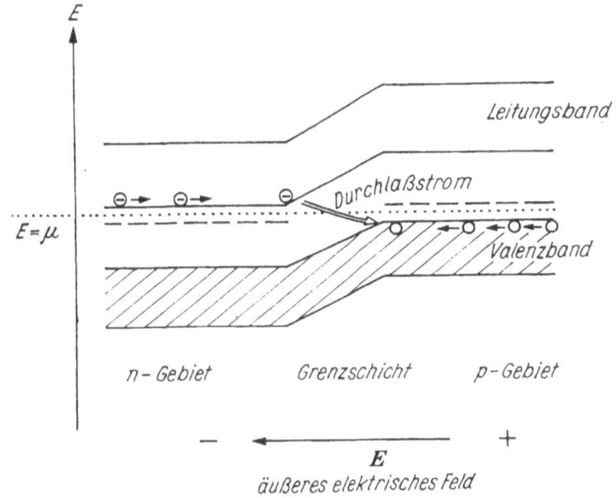

Abb. 40. Der n–p-Übergang bei Durchlaßpolung. Die Majoritätsträger (Elektronen im n-Gebiet, Löcher im p-Gebiet) werden in die Grenzschicht bewegt

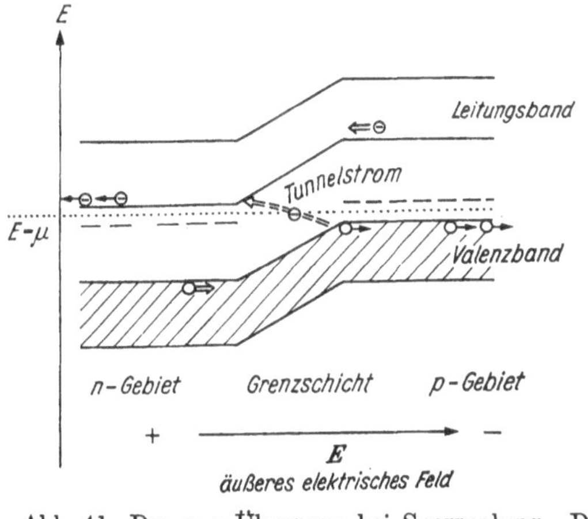

Abb. 41. Der n–p-Übergang bei Sperrpolung. Die Majoritätsträger werden von der Grenzschicht abgesaugt. Bei sehr dünner Grenzschicht kann ein Tunnelstrom auftreten (Erzeugung von Majoritätsträgern). Minoritätsträger (Löcher im n-Gebiet, Elektronen im p-Gebiet) werden auf die andere Seite der Grenzschicht beschleunigt

IV. Spezielle Relativitätstheorie: Mechanik[1])

§ 41. Das Relativitätsprinzip in der NEWTONschen Mechanik

Die NEWTONsche Mechanik gründet die Bewegung von Körpern und Medien auf die Bewegung von Systemen von Massenpunkten. Die Mechanik der Massenpunkte ist deshalb die Grundlage aller weitergehenden Modelle. Die Mechanik der Massenpunkte bezieht sich in den NEWTONschen Axiomen auf Inertialsysteme, das sind Bezugssysteme, in denen die NEWTONschen Axiome ihre definierte einfache Form haben. Die Inertialsysteme sind durch die NEWTONschen Axiome nur bis auf GALILEI-Transformationen festgelegt; man erreicht von einem Inertialsystem ein anderes, wenn man den Koordinatenursprung in Raum und Zeit um konstante Werte verschiebt,

$$\tilde{\boldsymbol{r}} = \boldsymbol{r} + \boldsymbol{r}_0\,, \quad \tilde{t} = t + t_0; \quad \boldsymbol{r}_0, t_0 \text{ fest,} \tag{41.1}$$

wenn man den Raum um einen festen Winkel dreht,

$$\tilde{\boldsymbol{r}} = A\,\boldsymbol{r}\,, \quad A\,A^T = 1\,, \quad A \text{ fest,} \quad \tilde{t} = t\,, \tag{41.2}$$

und wenn man zu einem gleichförmig bewegten Bezugssystem des Raums übergeht,

$$\tilde{\boldsymbol{r}} = \boldsymbol{r} - \boldsymbol{v}\,t, \quad \tilde{t} = t\,, \quad \boldsymbol{v} \text{ fest.} \tag{41.3}$$

(41.1) bedeutet Homogenität des Raums und der Zeit, die Gesetze der Mechanik zeichnen keine Lage aus und keinen Zeitpunkt. (41.2) bedeutet Isotropie des Raums, es ist keine Richtung im Raum durch die Form der Gesetze ausgezeichnet. Impuls, Geschwindigkeit und Kraft sind hinsichtlich (41.1, 2) echte Vektoren, außerdem gehen in die Bewegungsgleichungen nur Zeitdifferenzen ein.

Der letzte Punkt (41.3) ist entscheidend: An Hand der Bewegungsgleichungen kann nicht über den Bewegungszustand des Inertialsystems geurteilt werden, es gibt keine absolute Ruhe. Da immer nur Aussagen über die Bewegungsgleichungen gemessen werden können, ist die geradlinig gleichförmige Bewegung in Größe und Richtung nicht absolut, d. h. durch die Physik gegeben, sondern relativ, d. h. durch die Beschreibung, durch den Bezug auf ein spezielles Inertialsystem induziert. Geschwindigkeitsdifferenzen (etwa zwischen Teilchen und umgebendem Medium (Gas, Flüssigkeit)) und Beschleunigungen dagegen sind unabhängig vom beschreibenden Inertialsystem, d. h. absolut.

[1]) Ab diesem Kapitel wird ständig die EINSTEINsche Summationskonvention und die Bezeichnung $f_{,k}$ für $\dfrac{\partial f}{\partial x_k}$ benutzt.

Das (spezielle) Relativitätsprinzip in seiner schwächsten Fassung kann also folgendermaßen formuliert werden: Die Transformationsgruppe der Bezugssysteme, der gegenüber die Form der Bewegungsgesetze invariant ist, muß enthalten:

1. Verschiebungen des Koordinatenursprungs in Raum und Zeit,
2. Drehungen im Raum um konstante Beträge,
3. eine dreiparametrige Untergruppe, die den Übergang zu einem geradlinig gleichförmig bewegten Bezugssystem beschreibt.

Damit ist die Homogenität der Zeit, die Homogenität und Isotropie des Raums und die Relativität der Geschwindigkeit fixiert.

Über die genaue Transformationsgruppe sagt das Relativitätsprinzip so noch nichts aus. In der NEWTONschen Mechanik wird es realisiert durch die GALILEI-Gruppe

$$\begin{pmatrix} \tilde{\boldsymbol{r}} \\ \tilde{t} \end{pmatrix} = \begin{pmatrix} A & \boldsymbol{v} \\ 0 & 1 \end{pmatrix} \begin{pmatrix} \boldsymbol{r} \\ t \end{pmatrix} + \begin{pmatrix} \boldsymbol{r}_0 \\ t_0 \end{pmatrix}. \tag{41.4}$$

Die GALILEI-Gruppe legt zusätzlich fest, daß die Zeitdifferenzen absolute Größen sind. Die NEWTONschen Axiome, die über die Messung von $\mathrm{d}t$ in $\frac{\mathrm{d}\boldsymbol{p}}{\mathrm{d}t} = \boldsymbol{K}$ nichts weiter aussagen, sind eben nur dann vollständig, wenn darüber nicht ausgesagt werden muß, wenn sich für jeden Beobachter, d. h. in jedem Bezugssystem, dasselbe ergibt.

Die Invarianz der Bewegungsgesetze gegen die GALILEI-Gruppe gilt für die Form, nicht für den numerischen Inhalt, insbesondere kann durch die konkrete Konstellation der Kräfte und Massenpunkte Richtung, Ort, Zeitpunkt, Geschwindigkeit ausgezeichnet werden. Dann sind aber Richtung, Ort, Zeitpunkt, Geschwindigkeit ja auch auf diese materielle Konstellation bezogen, d. h., wir haben von vornherein relative Richtungen, relative Orte, relative Zeitpunkte und relative Geschwindigkeiten, deren Auszeichnung die GALILEI-Invarianz natürlich zuläßt.

Die Nichtinvarianz der Bewegungsgesetze (§ 9) der Wellenausbreitung ist solange kein Widerspruch zum Relativitätsprinzip, wie die Wellenbewegung an ein Medium von Massenpunkten gebunden bleibt. In diesem Fall ist klar, daß erst das Gesamtsystem Welle + Medium der GALILEI-Gruppe gegenüber invariant sein muß. Das Ruhsystem des Mediums ist für die sich darin bewegende Welle ein ausgezeichnetes Bezugssystem. Ist die Wellenbewegung in einem Bezugssystem homogen und isotrop (47.7), so ist dieses Bezugssystem i. a. das Ruhsystem des Mediums.

Eine Brechung der GALILEI-Invarianz durch die Wellenphänomene tritt erst dann auf, wenn ein universelles Wellenphänomen existiert, das sich in einem Bezugssystem isotrop ausbreitet und dieses Bezugssystem als absolutes Bezugssystem auszeichnet. Durch die Wechselwirkung mechanischer Systeme mit dieser Welle wären die Bewegungsgesetze in diesem einen Bezugssystem von spezieller Form und das Relativitätsprinzip aufgehoben.

Mechanische Medien sind nicht universell, aber das Licht ist ein universelles Wellenphänomen. Die von der NEWTONschen Mechanik ausgehende Frage nach der Natur des entsprechenden Mediums und seinem Bewegungszustand erforderte eine Reihe Experimente, deren Ergebnisse die Aufgabe der GALILEI-Gruppe und die Ersetzung durch eine andere Gruppe von Transformationen der Inertialsysteme erzwangen. Diese Ersetzung macht auch die Brechung des Relativitätsprinzips durch die Lichtwellen wieder rückgängig.

§ 42. Das Isotropiesystem der Lichtausbreitung

Die Erde bewegt sich relativ zum Planetensystem mit einer Geschwindigkeit von etwa $3 \cdot 10^6\ \mathrm{cm\,s^{-1}}$ auf einer Bahn um die Sonne. Die Geschwindigkeit ändert dabei ihre Richtung. Wenn es ein universelles Ruhsystem der Lichtausbreitung gibt, dann kann die Erde höchstens zu einem bestimmten Zeitpunkt des Jahres in diesem ruhen, im allgemeinen muß sie sich gegen das nach der NEWTONschen Mechanik existierende Isotropiesystem der Lichtausbreitung bewegen. Damit kann sich das Licht relativ zur Erde nicht isotrop ausbreiten.

Die Anisotropie der Lichtausbreitung und damit die Bewegung der Versuchsanordnung relativ zum Isotropiesystem des Lichts kann gemessen werden. Im Versuch von ISAAK u. a. rotieren ein Sender und ein Empfänger gemeinsam um eine Achse, beide sind auf einer Schiene befestigt (Abb. 42). Die Ge-

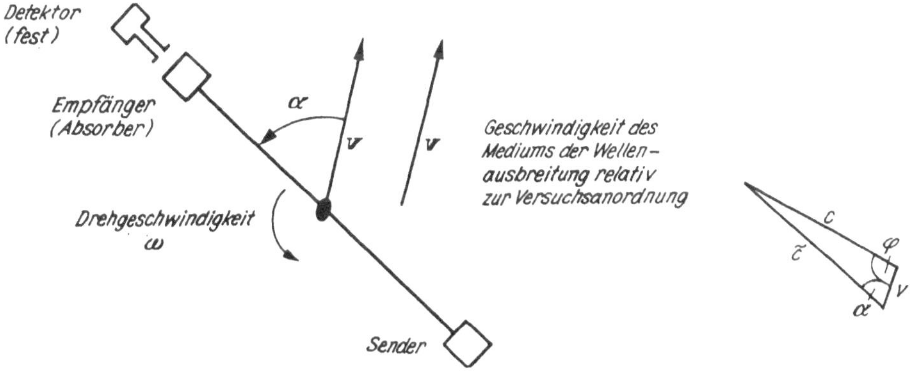

Abb. 42. Zur Bestimmung der Bewegung gegen das Bezugssystem isotroper Lichtausbreitung

schwindigkeit, mit der sich das Signal vom Sender zum Empfänger bewegt, hängt von der Stellung der Verbindungslinie zum Vektor der Relativgeschwindigkeit zwischen Medium und Versuchsanordnung ab. Sie ergibt sich zu

$$\tilde{c}^2 = c^2 + v^2 - 2\,c\,v\cos\varphi\,, \quad \sin\varphi = \frac{\tilde{c}}{c}\sin\alpha\,,$$

$$\tilde{c} = c\left(1 - \frac{v}{c}\cos\alpha + O_2\left(\frac{v}{c}\right)\right).$$

c ist die Geschwindigkeit im Ruhsystem der Wellenausbreitung. Die Zeit, die ein Signal von S nach E benötigt, ist

$$\Delta t = \frac{L}{c}\left(1 + \frac{v}{c}\cos\alpha + O_2\right).$$

Der Träger rotiert, diese Zeitspanne hängt über $\alpha = \alpha_0 + \omega t$ von der Zeit ab. Ein zur Zeit $t = 0$ gesendetes Signal kommt zur Zeit $\Delta t(0)$, ein zur Zeit $t = T_S$ gesendetes zur Zeit $T_S + \Delta t(0) + T_S \frac{\partial \Delta t}{\partial t}$ am Empfänger an. Eine Signalfolge mit der Zeitdistanz T erscheint am Empfänger im Moment der Winkelstellung α als Signalfolge mit der Zeitdistanz

$$T_E = T_S\left(1 + \frac{\partial \Delta t}{\partial t}\right) = T_S\left(1 - \frac{L}{c}\frac{v}{c}\,\omega\sin\alpha\right).$$

Die Signalfolge wird als Welle realisiert, der Zusammenhang der vom Empfänger beobachteten mit der gesendeten Frequenz ist in diesem Fall

$$\nu_E = \nu_S\left(1 + \frac{L}{c}\frac{v}{c}\,\omega\sin\alpha + O_2\left(\frac{v}{c}\right)\right).$$

Diese Frequenzverschiebung wird aber nicht beobachtet. Der Fehler der Messung ist so gering, daß noch eine Geschwindigkeit von 1 cm s^{-1} festgestellt werden müßte. Nach der Newtonschen Mechanik ist aber die Erdgeschwindigkeit $v = 3 \cdot 10^6$ cm s^{-1} einzusetzen.

Die Bewegung der Erde um die Sonne zerstört also nicht die Isotropie der Lichtgeschwindigkeit. Historisch (1881) ist diese Aussage mit einer anderen Technik erreicht worden, die nicht den im Versuch von Isaak erforderlichen außerordentlich genauen Frequenzvergleich benötigte (Michelson-Versuch). Im Michelson-Versuch wird die optische Länge

$$n = \frac{L}{\lambda} = \frac{L\nu}{c} \qquad \left(\nu = \frac{\omega}{2\pi}\right)$$

einer Strecke der Länge L in Abhängigkeit von der Richtung untersucht. Man kann n an Hand einer Interferenz prüfen (genauer die Variation von n) und damit eine Aussage über die Anisotropie von c gewinnen. Der Effekt der Erdbewegung nach der Newtonschen Theorie ist aber nur von der Ordnung $(v/c)^2$, so daß der negative Ausgang dieses Experiments noch eine Reihe anderer Deutungsmöglichkeiten offenließ.

Aus der Messung der Isotropie der Lichtgeschwindigkeit relativ zur Erdoberfläche muß man schließen: Entweder nimmt die Erde das fiktive Medium der Lichtausbreitung (dessen Ruhsystem das Bezugssystem isotroper Lichtausbreitung ist) mit, oder die Lichtausbreitung ist in jedem Bezugssystem isotrop.

Die Deutung des Versuchs durch die Mitnahme des Mediums führt auf prinzipielle Schwierigkeiten: Einmal ist der Mechanismus für eine (vollständige!) Mitnahme des Mediums durch die Erde und die Erdatmosphäre unverständlich, da dieses Medium keinerlei Auswirkung auf die mechanische Bewegung von

Massenpunkten, Körpern und mechanischen Medien hat. Zum anderen kann die Mitführung des Lichts in bewegten mechanischen Medien im Labor geprüft werden. (Mitführungsversuch nach FRESNEL). Die Geschwindigkeit eines Lichtstrahls in einem Medium, das sich mit der Geschwindigkeit v in der gleichen Richtung bewegt und den Brechungsindex n hat, ergibt sich zu

$$c = \frac{c_0}{n} + v\left(1 - \frac{1}{n^2}\right). \tag{42.1}$$

Durch ein Medium mit Brechungsindex nahe bei 1 (Luft) wird das Licht fast nicht mitgenommen. Die Versuche von MICHELSON und ISAAK verlangen aber bei der Deutung durch Mitführung des Ruhsystems der Lichtausbreitung

$$c = \frac{c_0}{n} + v\,.$$

Außerdem kann die Rotation der Erde optisch beobachtet werden (SAGNAC-Versuch). Die Rotation der Erde nimmt das hypothetische Medium der Lichtausbreitung überhaupt nicht mit, obwohl sie wesentlich langsamer ist als die Bahnbewegung.

Es bleibt nur die zweite Möglichkeit: Die Ausbreitung des Lichts ist in jedem Inertialsystem isotrop. Damit ist die Auszeichnung eines speziellen Inertialsystems wieder aufgehoben, das Relativitätsprinzip wieder voll gültig, aber die GALILEI-Gruppe kann nicht mehr die Transformationsgruppe zwischen den Inertialsystemen sein. Die tatsächliche Transformationsgruppe muß die Isotropie der Lichtausbreitung in jedem Inertialsystem ermöglichen.

Die Isotropie der Lichtausbreitung ist in der Form

$$\Delta\Phi - \frac{1}{c^2}\frac{\partial^2\Phi}{\partial t^2} = 0 \tag{42.2}$$

der Wellengleichung enthalten. Die Transformationsgruppe zwischen den Inertialsystemen, die die Isotropie der Lichtausbreitung berücksichtigt, wird als Invarianzgruppe des Wellenoperators

$$\Box = \Delta - \frac{1}{c^2}\frac{\partial^2}{\partial t^2} \tag{42.3}$$

gefunden. Die Invarianzgruppe des Wellenoperators berücksichtigt zusätzlich die Homogenität der Lichtausbreitung, d. h. die Unabhängigkeit der Lichtgeschwindigkeit vom Ort, und die Unabhängigkeit der Lichtgeschwindigkeit vom Inertialsystem, d. h., die Lichtgeschwindigkeit im Vakuum ist ständig gleich c. Diese beiden Forderungen sind im Prinzip keine Zusatzforderungen, sondern Vereinbarungen über Maßeinheiten. Ein wichtiger Unterschied ist nur zwischen der Invarianzgruppe von (42.2), der Wellengleichung, und von (42.3), dem Wellenoperator. In der ersteren sind noch konforme Transformationen enthalten. Diese werden durch die Existenz von natürlichen Zeitnormalen (Frequenzen der Atome) eliminiert.

§ 43. Die Lorentz-Gruppe

Die Auszeichnung der Lichtgeschwindigkeit als universelle Konstante ermöglicht die vierdimensionale Schreibweise physikalischer Beziehungen, wodurch deren einheitliche Darstellung erreicht wird. Die Zeitkoordinate, mit c multipliziert, ergibt eine Länge, diese Größe als Koordinate nennen wir x^4. Durch vier Koordinaten $x^1 (= x)$, $x^2 (= y)$, $x^3 (= z)$ und $x^4 (= ct)$ wird ein Ereignis festgelegt (bestimmter Zeitpunkt an bestimmtem Ort). Der Raum der Ereignisse ist also vierdimensional. Die Geschichte eines sich bewegenden Massenpunktes ist eine Kurve in der vierdimensionalen Raum-Zeit-Welt (Weltlinie).

Die Indizes werden von vornherein so nach oben und unten verteilt, wie sie auch in der Riemannschen Geometrie kontravariante und kovariante Größen unterscheiden. Dadurch wird die Diskussion des Gravitationsfeldes erleichtert. In der speziellen Relativitätstheorie geschieht in dieser Hinsicht nichts weiter, als daß die vierten Komponenten einer indizierten Größe ein Vorzeichen tragen, das sich nach der Stellung der Indizes richtet.

Wir definieren nun als erstes den Minkowski-Tensor, zunächst nur als Matrix

$$\eta^{ik} = \begin{pmatrix} 1 & 0 & 0 & 0 \\ 0 & 1 & 0 & 0 \\ 0 & 0 & 1 & 0 \\ 0 & 0 & 0 & -1 \end{pmatrix}. \tag{43.1}$$

Mit diesem Tensor schreiben wir den Wellenoperator einfach

$$\Box = \eta^{ik} \frac{\partial^2}{\partial x^i \, \partial x^k}. \tag{43.2}$$

Die Invarianzgruppe des Wellenoperators erhält man durch den Ansatz

$$\tilde{x}^i = \tilde{x}^i(x), \quad \tilde{\Box} = \Box .$$

Die Rechnung zeigt, daß die Transformation linear ist und die Koeffizienten einer verallgemeinerten Orthogonalitätsrelation genügen.

Zunächst folgt aus der Invarianz des Wellenoperators die Invarianz eines Linienelements im vierdimensionalen Raum der Ereignisse. Die zu η^{ik} inverse Matrix wird mit η_{ik} bezeichnet und ist numerisch mit η^{ik} identisch. Aus der Invarianz des Wellenoperators folgt

$$\eta^{ik} \left(\frac{\partial \tilde{x}^m}{\partial x^i} \frac{\partial}{\partial \tilde{x}^m} \right) \left(\frac{\partial \tilde{x}^n}{\partial x^k} \frac{\partial}{\partial \tilde{x}^n} \right) = \eta^{mn} \frac{\partial^2}{\partial \tilde{x}^m \, \partial \tilde{x}^n},$$

$$\eta^{ik} \frac{\partial \tilde{x}^m}{\partial x^i} \frac{\partial \tilde{x}^n}{\partial x^k} \frac{\partial^2}{\partial \tilde{x}^m \, \partial \tilde{x}^n} + \eta^{ik} \frac{\partial \tilde{x}^m}{\partial x^i \, \partial x^k} \frac{\partial}{\partial \tilde{x}^n} = \eta^{mn} \frac{\partial^2}{\partial \tilde{x}^m \, \partial \tilde{x}^n}.$$

Gleichheit kann nur bestehen, wenn der lineare Term proportional $\frac{\partial}{\partial \tilde{x}^n}$ verschwindet, zusätzlich muß

$$\eta^{ik} \frac{\partial \tilde{x}^m}{\partial x^i} \frac{\partial \tilde{x}^n}{\partial x^k} = \eta^{mn}$$

gelten. Multipliziert mit $\frac{\partial x^r}{\partial \tilde{x}^n} \eta_{rj} \eta_{sm} \frac{\partial \tilde{x}^s}{\partial x^l}$, so ergibt sich

$$\eta_{sm} \frac{\partial \tilde{x}^m}{\partial x^j} \frac{\partial \tilde{x}^s}{\partial x^l} = \eta_{jl} ,$$

$$ds^2 = \eta_{sm} \, d\tilde{x}^s \, d\tilde{x}^m = \eta_{jl} \, dx^j \, dx^l . \tag{43.3}$$

ds^2 ist das Linienelement eines pseudoeuklidischen Raums, des MINKOWSKI-Raums. Die Feststellung der Gültigkeit der LORENTZ-Gruppe bedeutet, daß die Raum-Zeit-Welt einen MINKOWSKI-Raum darstellt.

Die Linearität der LORENTZ-Transformationen wird nach Differentiation von (43.3) sichtbar. Man erhält

$$A_{jkl} = \eta_{sm} \left(\frac{\partial^2 \tilde{x}^m}{\partial x^j \partial x^k} \frac{\partial \tilde{x}^s}{\partial x^l} + \frac{\partial \tilde{x}^m}{\partial x^j} \frac{\partial^2 \tilde{x}^s}{\partial x^k \partial x^l} \right) = 0 .$$

Somit ist auch

$$A_{jkl} + A_{klj} - A_{ljk} = 2 \eta_{sm} \frac{\partial \tilde{x}^m}{\partial x^j} \frac{\partial \tilde{x}^s}{\partial x^k \partial x^l} = 0 .$$

η_{sm} und $\frac{\partial \tilde{x}^m}{\partial x^j}$ sind aber reguläre Matrizen, die zweiten Ableitungen müssen verschwinden.

Der Wellenoperator und mit ihm das Linienelement des MINKOWSKI-Raums sind invariant gegen die linearen Transformationen

$$\tilde{x}^i = a^i{}_k \, x^k + a^i ,$$

die der Bedingung

$$\eta^{ik} = a^i{}_m \, a^k{}_n \, \eta^{mn} \tag{43.4}$$

genügen. Diese Transformationen bilden eine Gruppe, die LORENTZ-Gruppe. Die Anzahl der Parameter dieser Gruppe gleicht der der GALILEI-Gruppe: Vier Parameter für die Inhomogenität, sechs Parameter im homogenen Teil $(a^m{}_i)$. Ersichtlich ist die Gruppe der räumlichen Drehungen enthalten. Eine wesentliche Änderung tritt gerade für den Teil der Gruppe ein, der für das Relativitätsprinzip verantwortlich ist. Dazu betrachtet man die speziellen LORENTZ-Transformationen.

Die Achsen des räumlichen Koordinatensystems werden so gewählt, daß die Relativgeschwindigkeit der Bezugssysteme Σ und $\tilde{\Sigma}$ in x-Richtung liegt. Die Transformation der GALILEI-Gruppe, die den Übergang von Σ zu $\tilde{\Sigma}$ beschreibt, lautet dann

$$\tilde{x} = x - v\,t , \quad \tilde{y} = y , \tag{43.5}$$

$$c\,\tilde{t} = c\,t , \quad \tilde{z} = z .$$

Das Analogon in der LORENTZ-Gruppe wird gleichermaßen homogen angesetzt. (43.4) liefert die Einschränkungen:

$$\tilde{x} = a^1{}_1\, x + a^1{}_4\, c\, t\,,$$

$$c\,\tilde{t} = a^4{}_1\, x + a^4{}_4\, c\, t\,.$$

$$\begin{aligned} a^1{}_1\, a^1{}_1 - a^1{}_4\, a^1{}_4 &= 1\,, \\ a^1{}_4\, a^4{}_1 - a^1{}_4\, a^4{}_4 &= 0\,, \\ a^4{}_1\, a^4{}_1 - a^4{}_4\, a^4{}_4 &= -1\,. \end{aligned}$$

Die Lösung der drei Bedingungen läßt einen Parameter frei:

$$a^1{}_1 = a^4{}_4 = \cosh\varphi\,, \quad a^1{}_4 = a^4{}_1 = \sinh\varphi\,.$$

Das Vorzeichen liegt fest, wenn Spiegelungen der Koordinaten ausgeschlossen werden. Die Bewegung des Ursprungs von $\tilde{\Sigma}$ gegen Σ wird durch die Gleichung

$$\tilde{x} = 0: \qquad x = -c\, t \tanh\varphi$$

bestimmt. Die Relativgeschwindigkeit ist

$$v = -c \tanh\varphi\,.$$

Die Formeln für die spezielle LORENTZ-Transformation lauten damit

$$\tilde{x} = \frac{x - v\, t}{\sqrt{1 - \frac{v^2}{c^2}}}\,, \quad c\,\tilde{t} = \frac{c\, t - \frac{v}{c}\, x}{\sqrt{1 - \frac{v^2}{c^2}}}\,. \tag{43.6}$$

Die speziellen LORENTZ-Transformationen sind analog den Drehungen im euklidischen Raum, nur treten hier die hyperbolischen Funktionen des „Drehwinkels" auf.

Die aus den homogenen Transformationen gebildete Untergruppe heißt homogene LORENTZ-Gruppe, die Untergruppe mit $\det a^i{}_k = +1$ heißt eigentliche LORENTZ-Gruppe. Die orthochrone LORENTZ-Gruppe ist durch die Bedingung $a^4_4 > 0$ gekennzeichnet. Die eigentliche orthochrone LORENTZ-Gruppe ist die Komponente der gesamten Gruppe, die das Einselement, die identische Transformation, enthält. Die Faktorgruppen sind die Translationen, die Raumspiegelungen und die Zeitspiegelung.

Bei einer Transformation in der x–ct-Ebene werden bei einer Pseudodrehung nicht die Winkel zwischen den Koordinatenachsen festgehalten, sondern die Winkelhalbierenden (Konstanz der Lichtgeschwindigkeit). Weiterhin sind die Kurven festen Abstands vom Ursprung nicht Kreise, sondern Hyperbeln, deren Asymptoten gerade die Winkelhalbierenden zwischen den Koordinatenachsen sind (Abb. 43). Der hyperbolische Tangens des Winkels der Pseudodrehung entspricht der Relativgeschwindigkeit der Bezugssysteme, deshalb kann die Relativgeschwindigkeit eines Inertialsystems zu einem andern die Lichtgeschwindigkeit c nicht übersteigen, wenn die Messung in einem der beiden Inertialsysteme durchgeführt wird. Relativgeschwindigkeiten addieren sich wie die hyperbolische Tangensfunktion (Additionstheorem der Geschwindigkeiten (§ 44)).

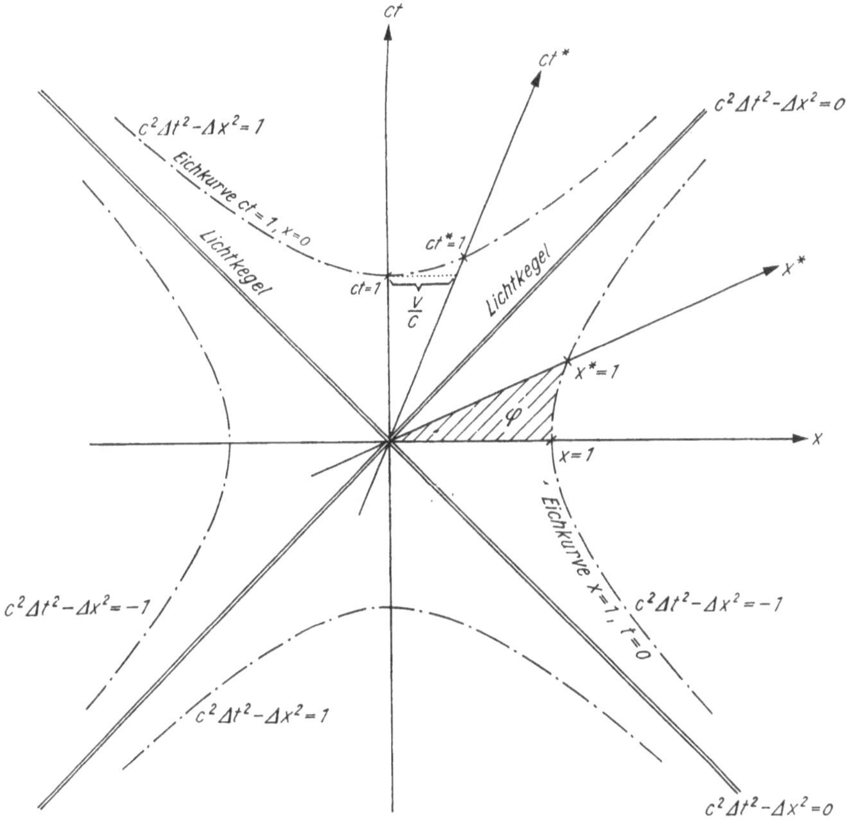

Abb. 43. Die spezielle LORENTZ-Transformation in der Ebene. Der Winkel zwischen den beiden Achsen eines Bezugssystems wird immer durch den Lichtkegel halbiert. Der Winkel der Pseudodrehung wird durch das Flächenstück gegeben, das von zwei entsprechenden Achsen und der Eichkurve berandet wird

So wie die LORENTZ-Gruppe als Invarianzgruppe des Wellenoperators bzw. der MINKOWSKI-Metrik definiert werden kann, ist die Metrik $ds^2 = c^2\,dt^2$ und der LAPLACE-Operator $\Delta = \frac{\partial^2}{\partial x^2} + \frac{\partial^2}{\partial y^2} + \frac{\partial^2}{\partial z^2}$ gegen die GALILEI-Gruppe invariant. Hier sind beide Größen voneinander unabhängig, weil die entsprechenden vierdimensionalen Tensoren singulär sind.

Der wichtigste Unterschied zwischen der GALILEI-Gruppe und der LORENTZ-Gruppe liegt darin, daß die Zeitkoordinate nach der LORENTZ-Gruppe nicht mehr absolut, d. h., nicht mehr invariant gegen die homogene Untergruppe der Transformationen ist. Die Zeitabstände zwischen zwei Ereignissen werden damit abhängig vom Bewegungszustand des Beobachters. Insbesondere ist die Gleichzeitigkeit zweier Ereignisse an verschiedenen Raumpunkten keine invariante, d. h. keine physikalische Aussage mehr. Die Nichtinvarianz der Zeitkoordinate ist die Grundlage aller kinematischen Besonderheiten, die in der speziellen Relativitätstheorie auftreten.

§ 44. Die Kinematik der speziellen Relativitätstheorie

Relativität der Gleichzeitigkeit

Auf einem Stab seien in der Mitte eine Lichtquelle und an den Enden zwei Empfänger angeordnet. Die Empfänger speichern bei Eintreffen eines Signals den Zeitpunkt. Ein Beobachter sei in Ruhe relativ zum Stab, ein anderer bewege sich in Richtung des Stabes. Beide Beobachter messen eine isotrope Lichtausbreitung mit der Geschwindigkeit c. Dann trifft ein von der Lichtquelle ausgesandtes Signal für den relativ zum Stab ruhenden Beobachter gleichzeitig an den Enden ein, da diese sich nicht bewegen und vom Sender gleichweit entfernt sind.

Der Beobachter, relativ zu dem sich der Stab in Längsrichtung bewegt, beobachtet aber keine Gleichzeitigkeit; das eine Ende des Stabes bewegt sich ja dem Signal entgegen, das andere Ende entfernt sich von der Signalquelle, das Signal hat in beiden Richtungen aber die gleiche Geschwindigkeit.

Gezeichnet ist dies im Bezugssystem des Beobachters, relativ zu dem sich der Stab bewegt (Abb. 44). Das Signal wird zur Zeit $c\,t = 0$ am Ort $x = 0$ ausgesandt, die Bewegung der Stabmitte wird durch die Linie Q, die der Enden durch E_1 und E_2 beschrieben. Im Bezugssystem $(x, c\,t)$ trifft das Signal bei E_1 später ein als bei E_2. Das Koordinatensystem des mitbewegten Beobachters wird ersichtlich durch Linien parallel der gestrichelten ($c\,\tilde{t}$-Achse) und der ausgezogenen ($\tilde{x}$-Achse, $\tilde{t}$ = const) gegeben.

Durch die Isotropie der Lichtgeschwindigkeit in jedem Bezugssystem kann die Gleichzeitigkeit keine absolute Feststellung bleiben. Der Uhrengang hängt vom Bezugssystem ab. Das Bezugssystem ist nun also als System von Maßstäben zu denken, verbunden mit einem System von Uhren, die relativ zueinander

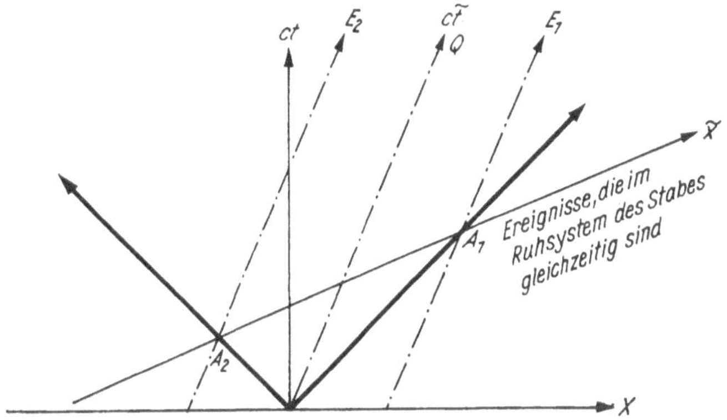

Abb. 44. Zur Relativität der Gleichzeitigkeit. Die Weltlinien der Punkte E_1, E_2 und Q des Stabes sind im Ruhsystem des Stabes Zeitachsen ($\tilde{x}$ = const). Die Verbindungslinie der beiden Ereignisse A_1 und A_2 (Eintreffen des Signals an den Empfängern E_1 bzw. E_2) ist eine räumliche Koordinatenachse ($c\,\tilde{t}$ = const)

ruhen. Die Uhren sind alle gleich. so daß sie insbesondere gleich schnell gehen. Ihre relative Synchronisierung wird in einem Bezugssystem dadurch erreicht, daß eine Uhr zum Zeitpunkt t_0 ein Signal aussendet, bei Ankunft des Signals an einer anderen Uhr, die den räumlichen Abstand s von der sendenden Uhr hat, wird diese Uhr auf den Zeitpunkt $t = t_0 + \frac{s}{c}$ eingestellt.

Die Synchronisierung der Uhren muß in jedem Bezugssystem, d. h. für jedes Uhrensystem, gesondert vorgenommen werden. Die Synchronisierung ergibt die Möglichkeit der Messung zeitlicher Abstände von Ereignissen. Diese zeitlichen Abstände hängen über die Synchronisierung vom Bewegungszustand des Beobachters ab. Unter Umständen kann sogar die zeitliche Reihenfolge zweier Ereignisse (genauer die Beurteilung der zeitlichen Reihenfolge) vom Bewegungszustand des Beobachters abhängen.

Im Prinzip sind das alles aus der euklidischen Geometrie bekannte Dinge, nur daß es sich dort immer um räumliche Koordinaten handelt: Bei Drehungen verändern sich die Koordinatenwerte und ihre Differenzen. Das Neue und physikalisch Merkwürdige ist nur, daß nun auch die Zeitkoordinate an diesen (Pseudo-) Drehungen teilnimmt und damit die aus der Newtonschen Mechanik gewonnene Vorstellung von der absoluten Zeit zusammenbricht.

Eigenzeit

Die Bewegung eines Massenpunktes wird durch eine Weltlinie der Form $x^i = x^i(\lambda)$ gegeben, die Wahl des Parameters ist dabei ohne Bedeutung. Wie im euklidischen Raum die Bogenlänge, so ist im Minkowski-Raum das entsprechende element

$$ds^2 = \eta_{ik}\, dx^i\, dx^k$$

als invariante Größe ausgezeichnet. Das Differential

$$d\tau = \sqrt{-\frac{ds^2}{c^2}} = dt\sqrt{1 - \frac{v^2}{c^2}} \tag{44.1}$$

beschreibt den Ablauf der Zeit in dem momentan mit dem Massenpunkt mitbewegten Inertialsystem. $d\tau$ ist das Eigenzeitelement.

$d\tau$ ist eine invariante Größe, weil ds^2 für zwei gegebene Ereignisse unabhängig vom Bezugssystem ist. In einem momentan mitbewegten Inertialsystem ist aber $dx^1 = dx^2 = dx^3 = 0$, das Eigenzeitelement ist mit dem Differential der Zeitkoordinate in diesem momentanen Ruhsystem identisch.

Während die Weltlinie in der NEWTONschen Mechanik durch t selbst invariant parametrisiert wird, muß in der speziellen Relativitätstheorie die Eigenzeit verwendet werden. τ beschreibt die Zeit, wie sie auf einer mitbewegten Uhr abläuft. In der NEWTONschen Näherung ist die Eigenzeit integrabel, $\tau = t$, dagegen ist nach (44.1) die Eigenzeit nicht integrabel, die Eigenzeitdifferenz zwischen zwei Ereignissen ist nicht unabhängig von der sie verbindenden Weltlinie:

$$\Delta\tau = \int\limits_A^B \sqrt{1 - \frac{1}{c^2}\dot{\mathfrak{r}}^2}\, dt \tag{44.2}$$

ist vom Integrationsweg abhängig.

Physikalisch repräsentieren zwei verschiedene Weltlinien zwischen zwei Ereignissen zwei Massenpunkte, die sich zum Ereignis B wieder treffen, nachdem sie zum Ereignis A (am gleichen Ort und zu gleicher Zeit) gestartet waren. Ist die Geschwindigkeit v auf den Weltlinien klein gegen die Lichtgeschwindigkeit, dann ist auch die Eigenzeitdifferenz am Punkt B sehr klein. Die von beiden Beobachtern gemessenen Eigenzeiten zwischen A und B sind nicht die gleichen — wie auch in der euklidischen Geometrie die Länge einer Kurve, die zwei Punkte verbindet, von dieser Kurve abhängt. Merkwürdig ist, daß die geradlinig gleichförmige Bewegung von A nach B die meiste Eigenzeit benötigt (Zwillingsparadoxon).

Zeitdilatation

Aus der Analogie der Perspektive im euklidischen und im pseudoeuklidischen Raum und der physikalischen Interpretation insbesondere der vierten Koordinate als Zeit ergeben sich nun zwei kinematische Besonderheiten, die Zeitdilatation und die Längenkontraktion.

Zwei inertial bewegte Beobachter erfahren bezüglich der Zeit in ihren inertialen Ruhsystemen, daß die Zeit des anderen langsamer abläuft als die eigene. Zeigt die Uhr des Beobachters 1, daß eine Zeiteinheit verstrichen ist, dann ist im Uhrensystem des Beobachters 2 schon mehr als eine Zeiteinheit verstrichen. Zeigt die Uhr des Beobachters 2 dagegen eine Zeiteinheit an, dann ist im Uhrensystem des Beobachters 1 ebenfalls mehr als eine Zeiteinheit vergangen. (Abb. 45)

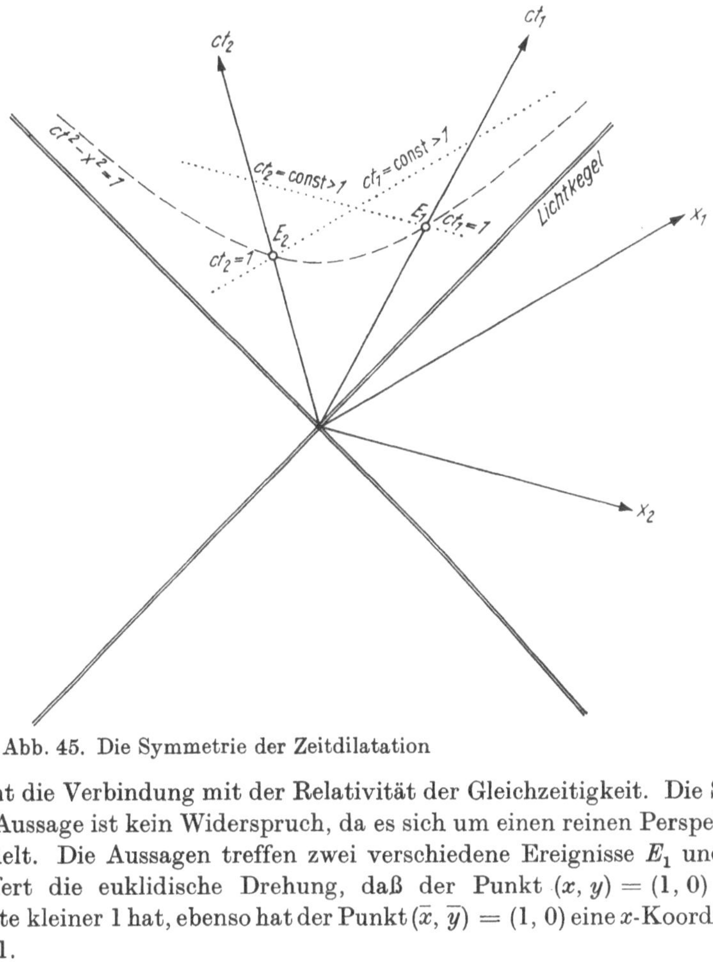

Abb. 45. Die Symmetrie der Zeitdilatation

Man erkennt die Verbindung mit der Relativität der Gleichzeitigkeit. Die Symmetrie der Aussage ist kein Widerspruch, da es sich um einen reinen Perspektiveffekt handelt. Die Aussagen treffen zwei verschiedene Ereignisse E_1 und E_2. Analog liefert die euklidische Drehung, daß der Punkt $(x, y) = (1, 0)$ eine $\bar{x}$-Koordinate kleiner 1 hat, ebenso hat der Punkt $(\bar{x}, \bar{y}) = (1, 0)$ eine x-Koordinate kleiner als 1.

Die Uhren bewegter Beobachter gehen scheinbar langsamer als das Uhrensystem des Inertialsystems, in dem sie sich bewegen. Aus der Formel (50.1) ist zu sehen:

$$d\tau = \frac{1}{c} \sqrt{\eta_{ik}\, dx^i\, dx^k} = dt \sqrt{1 - \frac{v^2}{c^2}} \leqq dt\,. \tag{44.3}$$

Längenkontraktion

Ein Stab erscheint in seinem Ruhsystem länger als in einem Inertialsystem, das sich in Längsrichtung des Stabes bewegt:

$$L = L_0 \sqrt{1 - \frac{v^2}{c^2}}\,; \tag{44.4}$$

(L ist die Länge im Zustand der Bewegung gegen das Inertialsystem, L_0 die Länge im Ruhsystem).

Die Weltlinien der Endpunkte begrenzen einen Streifen parallel zur Zeitachse im Ruhsystem des Stabes. Im bewegten Bezugssystem ($\bar{x}$, $c\,\bar{t}$) wird wegen der Relativität der Gleichzeitigkeit eine andere vierdimensionale Strecke gemessen (parallel der x-Achse), die kürzer ist als die Ruhlänge L_0 (Abb. 46). Auch dieser

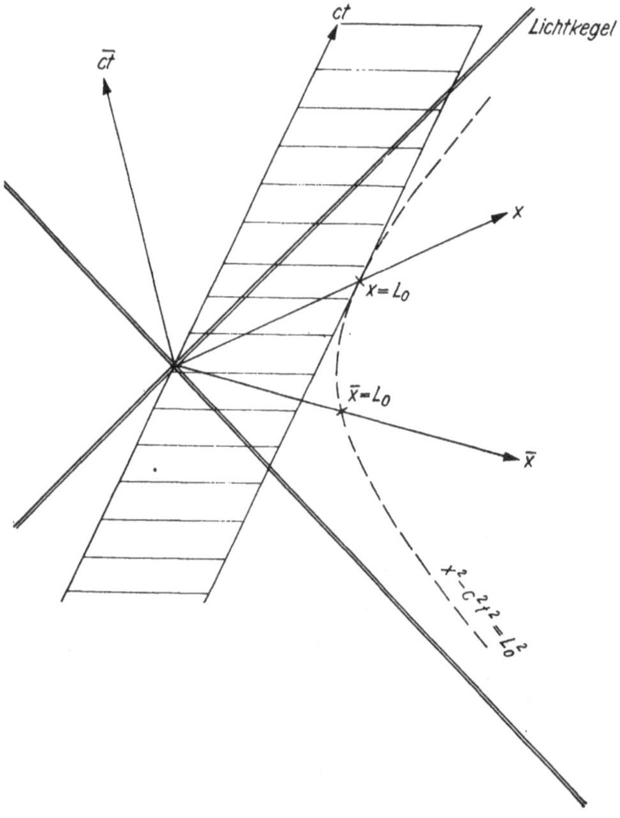

Abb. 46. Zur Längenkontraktion. Die schraffierte Fläche enthält die Weltlinien aller Punkte des Stabes. Im Ruhsystem (x, $c\,t$) hat der Stab die Länge L. Eine Begrenzungslinie ist die Zeitachse, die andere erweist sich dann als Tangente an die Hyperbel $x^2 - c^2 t^2 = L^2$. In jedem anderen Koordinatensystem Σ schneidet die schraffierte Fläche daher ein Intervall küruer als L_0 aus der $\bar{x}$-Achse heraus

Effekt ist symmetrisch: Ein in ($\bar{x}$, $c\,t$) ruhender Stab in $\bar{x}$-Richtung wird in (x, ct) verkürzt gesehen.

Die Längenkontraktion war historisch eine selbständige Hypothese zur Erklärung des negativen Ausgangs des MICHELSON-Versuchs unter Beibehaltung der NEWTONschen Mechanik. Die Längenkontraktion wurde durch die spezielle

Relativitätstheorie erklärt. Der Versuch von CHAMPENEY schließt eine Erklärung durch die Längenkontraktion aus.

Additionstheorem der Geschwindigkeiten

Die Gruppe der speziellen LORENTZ-Transformationen (43.6) bilden eine Gruppe von Pseudodrehungen in der Ebene. Das Produkt zweier solcher Transformationen ergibt

$$\begin{pmatrix} x_2 \\ c\,t_2 \end{pmatrix} = \begin{pmatrix} \cosh\varphi_1, & \sinh\varphi_1 \\ \sinh\varphi_1) & \cosh\varphi_1 \end{pmatrix} \begin{pmatrix} x_1 \\ ct_1 \end{pmatrix}$$

$$= \begin{pmatrix} \cosh\varphi_1, & \sinh\varphi_1 \\ \sinh\varphi_1, & \cosh\varphi_1 \end{pmatrix} \begin{pmatrix} \cosh\varphi_0, & \sinh\varphi_0 \\ \sinh\varphi_0, & \cosh\varphi_0 \end{pmatrix} \begin{pmatrix} x_0 \\ ct_0 \end{pmatrix}$$

$$= \begin{pmatrix} \cosh(\varphi_1+\varphi_0), & \sinh(\varphi_1+\varphi_0) \\ \sinh(\varphi_1+\varphi_0), & \cosh(\varphi_1+\varphi_0) \end{pmatrix} \begin{pmatrix} x_0 \\ ct_0 \end{pmatrix}. \tag{44.5}$$

Das Bezugssystem Σ_2 bewegt sich gegen Σ_1 mit der Relativgeschwindigkeit $v_1 = -c\tanh\varphi_1$, und Σ_1 bewegt sich gegen Σ_0 mit $v_0 = -c\tanh\varphi_0$. Das System Σ_2 bewegt sich nun gegen Σ_0 mit $v = -c\tanh(\varphi_0 + \varphi_1)$, also addieren sich die Relativgeschwindigkeiten wie die hyperbolischen Tangensfunktionen:

$$v = -c\tanh(\varphi_0+\varphi_1) = -c\,\frac{\tanh\varphi_0 + \tanh\varphi_1}{1 + \tanh\varphi_0\tanh\varphi_1} = \frac{v_1 + v_0}{1 + \dfrac{v_0 v_1}{c^2}}. \tag{44.6}$$

Das ist das EINSTEINsche Additionstheorem der Geschwindigkeiten. Die Relativgeschwindigkeiten sind keine Vektoren bezüglich der Gruppe der speziellen LORENTZ-Transformationen (d. h. bei Übergang zwischen relativ zueinander bewegten Bezugssystemen), weil in $\boldsymbol{v} = \dfrac{\mathrm{d}\boldsymbol{r}}{\mathrm{d}t}\,\mathrm{d}t$ kein Skalar ist. Deshalb gilt das vektorielle Additionsgesetz für die Relativgeschwindigkeiten nicht.

Aus der Zusammensetzung zweier orientierungsbewahrender LORENTZ-Transformationen findet man das Additionstheorem für nichtparallele Relativgeschwindigkeiten (44.13).

Das EINSTEINsche Additionstheorem der Geschwindigkeiten erklärt ohne Bezugnahme auf den inneren Mechanismus der Lichtausbreitung im Medium die Mitführung des Lichts in bewegten Medien nach FRESNEL (42.1):

$$c = \frac{\dfrac{c_0}{n} + v}{1 + \dfrac{1}{c_0^2}\cdot\dfrac{c_0}{n}\,v} = \frac{c_0}{n}\left(1 - \frac{v}{n\,c_0}\right) + v + c_0\,O\!\left(\frac{v^2}{c_0^2}\right). \tag{44.7}$$

Die Metrik des Geschwindigkeitsraums, die mit dem Additionstheorem vereinbar ist, führt auf den EINSTEIN-LOBATSCHEWSKI-Geschwindigkeitsraum.

Optische Effekte

Die Phase einer ebenen Welle, die Lösung der Wellengleichung ist, lautet

$$\Phi = \exp i\, k_l\, x^l\,, \quad \eta^{lm}\, k_l\, k_m = 0\,, \quad (k_1, k_2, k_3) = \boldsymbol{k}\,, \quad k_4 = -\frac{\omega}{c}\,. \tag{44.8}$$

Mit den Koordinaten x^i sei das Ruhsystem des Senders gekennzeichnet, mit $\tilde{x}^i$ das des Beobachters, dann ergibt sich für die Phase im Ruhsystem des Beobachters (spezielle LT):

$$\Phi = \exp i \left(\frac{k_1 - \frac{v\,\omega}{c^2}}{\sqrt{1 - \frac{v^2}{c^2}}}\, \tilde{x} + k_2\, \tilde{y} + k_3\, \tilde{z} - \frac{\frac{\omega}{c} - \frac{v}{c}\, k_1}{\sqrt{1 - \frac{v^2}{c^2}}}\, c\, \tilde{t}\,. \right)$$

$k^i = \eta^{il}\, k_l$ transformiert sich also bei homogenen LORENTZ-Transformationen wie die x^i.

Durch die Relativgeschwindigkeit ändert sich die scheinbare Richtung der Ausbreitung (Aberration):

$$\tilde{\boldsymbol{k}} = \boldsymbol{k} - \frac{\boldsymbol{v}}{c}\, |\boldsymbol{k}| + O\left(\frac{v^2}{c^2}\right). \tag{44.9}$$

Weiterhin erhält man durch die Relativgeschwindigkeit von Sender und Beobachter eine scheinbare Frequenzänderung (DOPPLER-Effekt):

$$\frac{\tilde{\omega}}{c} = \frac{\frac{\omega}{c} - \frac{v}{c}\, k_1}{\sqrt{1 - \frac{v^2}{c^2}}}\,.$$

Bewegt sich der Beobachter relativ zum Sender in Richtung der Wellenausbreitung ($v > 0$ bedeutet Entfernungsvergrößerung bei $k_1 > 0$), dann beobachtet man den Spezialfall des longitudinalen DOPPLER-Effekts:

$$k_3 = k_2 = 0\,, \quad k_1 = \frac{\omega}{c}\,, \quad \frac{\tilde{\omega}}{c} = \frac{\omega}{c} \sqrt{\frac{1 - \frac{v}{c}}{1 + \frac{v}{c}}}\,. \tag{44.10}$$

Bewegt sich der Beobachter senkrecht zur auffallenden Welle ($\boldsymbol{k}\,\boldsymbol{v} = 0$, $k_1 = 0$), dann beobachtet man den Spezialfall des transversalen DOPPLER-Effekts

$$\tilde{k}_1 = 0 \to k_1 = \frac{v\,\omega}{c^2}\,, \quad \frac{\tilde{\omega}}{c} = \frac{\omega}{c} \sqrt{1 - \frac{v^2}{c^2}}\,. \tag{44.11}$$

In einer Wellenkinematik mit der GALILEI-Gruppe (d. h. Wellen in einem echten Medium, wie Schallwellen usw.) erhält man für die Aberration

$$\tilde{\boldsymbol{k}} = \boldsymbol{k} - \frac{\boldsymbol{v}}{c} |\boldsymbol{k}|$$

und für den DOPPLER-Effekt die allgemeine Formel

$$\frac{\omega_B}{\omega_S} = \frac{1 - \frac{\boldsymbol{v}_B(t)\, \boldsymbol{n}}{c}}{1 - \frac{\boldsymbol{v}_S(t_0)\, \boldsymbol{n}}{c}}, \quad \boldsymbol{n} = \frac{\boldsymbol{r}_B(t) - \boldsymbol{r}_S(t_0)}{|\boldsymbol{r}_B - \boldsymbol{r}_S|}.$$

Hierbei ist $\boldsymbol{v}_S$ die Geschwindigkeit des Senders gegenüber dem Medium, $\boldsymbol{v}_B$ die Geschwindigkeit des Beobachters gegen das Medium. Der longitudinale DOPPLER-Effekt hängt (ab zweiter Ordnung) nicht nur von der Relativgeschwindigkeit $\boldsymbol{v}_B - \boldsymbol{v}_S$ ab, wie das in der speziellen Relativitätstheorie der Fall ist. Ein transversaler DOPPLER-Effekt fehlt ganz:

$$\boldsymbol{v}_B \perp \boldsymbol{n},\ \boldsymbol{v}_S \perp \boldsymbol{n} \to \omega_B = \omega_S .$$

Der transversale DOPPLER-Effekt spiegelt direkt die Zeitdilatation einer bewegten Uhr wieder. Betrachtet man den Sender als Signalgeber mit dem Zeitintervall $T_S = \frac{2\pi}{\omega_S}$, dann wird dieses Zeitintervall vom Beobachter als $T_B = \frac{2\pi}{\omega_B} = \frac{T_S}{\sqrt{1 - \frac{v^2}{c^2}}}$ gemessen. Das ist gerade die Aussage der Zeitdilatation.

Der transversale DOPPLER-Effekt kann an Kanalstrahlen beobachtet werden. Er ist eine wichtige Stütze der speziellen Relativitätstheorie.

Das Zwillingsparadoxon

Zwei Beobachter bewegen sich in der Raum–Zeit vom Ereignis des gemeinsamen Aufbruchs (Weltpunkt A) zum Ereignis der gemeinsamen Ankunft (Weltpunkt B) auf verschiedenen Weltlinien, d. h., sie sind relativ zueinander in Bewegung. Beobachter I bewege sich mit konstanter Geschwindigkeit von A nach B, Beobachter II nimmt einen Umweg über den Weltpunkt C (d. h., er hat anfangs eine andere Geschwindigkeit als I und korrigiert sie bei C so, daß er zum Zeitpunkt t_B wieder mit I zusammentrifft). Die Bewegung von II von A nach C und die von C nach B erfolgt ebenfalls mit jeweils konstanten Geschwindigkeiten.

Relativ zum Beobachter I ist II ständig in Bewegung. Auf Grund der Zeitdilatation geht deshalb die Uhr von II langsamer als die Uhr von I. Am Treffpunkt B muß ein Uhrenvergleich liefern, daß auf der Route AB direkt mehr Eigenzeit vergangen ist als auf der Route AB via C (Abb. 47).

Paradoxerweise scheint es nun möglich, auf Grund des Standpunktes von Beobachter II genau das Gegenteil festzustellen. Relativ zu II bewegt sich ja auch I ständig, so sollte also dessen Uhr gegenüber der von II am Treffpunkt nachgehen. Das Ergebnis einer Kontrolle am Treffpunkt muß aber eindeutig sein.

Auf den Standpunkt von II kann aber die Aussage der Zeitdilatation nicht ohne weiteres angewandt werden, schließlich bewegt sich II nicht geradlinig gleichförmig, sondern nur

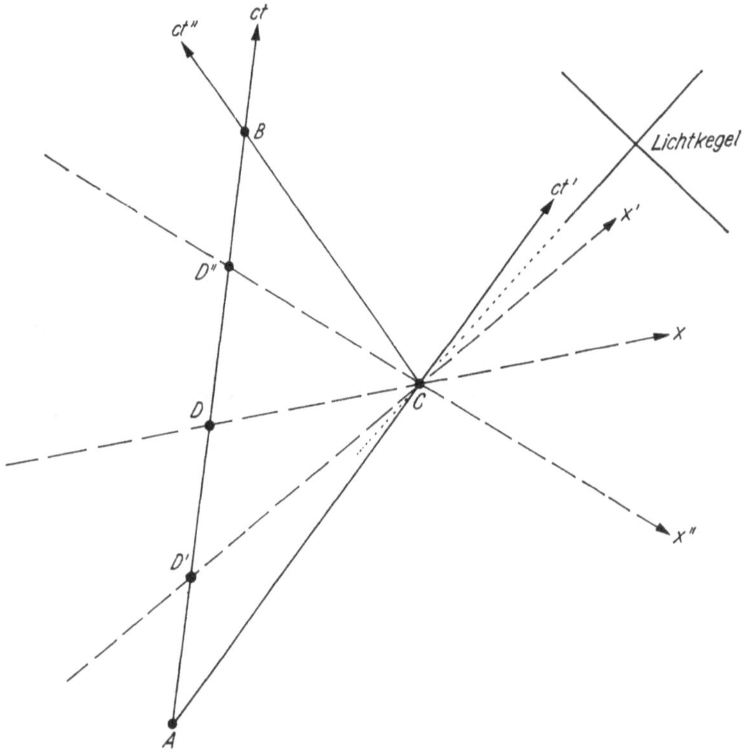

Abb. 47. Zum Zwillingsparadoxon. Die Koordinaten x und $c\,t$ gehören zum Ruhsystem des Beobachters I, x' und $c\,t'$ an dem von II auf der Strecke AC, x'' und $c\,t''$ entsprechend auf CB. Die Ereignisse auf der x-Achse, speziell D und C, sind gleichzeitig im System I, analog sind D'' und C gleichzeitig im System II'', dem Ruhsystem auf der Strecke CB, und D' und C gleichzeitig im System II'', dem Ruhsystem auf der Strecke CD'

stückweise geradlinig gleichförmig. Der Umkehrpunkt C repräsentiert eine Geschwindigkeitsänderung, also eine Beschleunigungsphase, in der der Beobachter B kein Inertialsystem mehr darstellt. Die Zeitdilatation besagt aber Verlangsamung der Uhr eines bewegten Körpers relativ zum Uhrensystem eines Inertialsystems. Inertial bewegt sich II nur auf den Weltlinienstücken AC und BC.

Die Zeitdilatation, die von II auf diesen Teilstücken festgestellt wird, betrifft jedoch nur die Teilstücke AD' und $D''B$ auf der Weltlinie von I. Die von II beobachtete Zeitdilatation liefert nur $AD' < AC$ und $D''B < CB$, also $ACB > AD' + D''B$. Das ist aber kein Widerspruch zur Feststellung von I, daß $AB > ACB$ ($AD > AC$ und $DB > CB$). Das Fehlen der Strecke $D'D''$ wird in der Aussage von II nicht beachtet, dadurch entsteht das Paradoxon.

Die Feststellung $AB > ABC$ ist ein speziell-relativistischer Effekt, unabhängig vom Gravitationsfeld oder der Realisierung der Beschleunigung von II am Punkt C. Im Gravitationsfeld gilt die spezielle Relativitätstheorie nur lokal, der Uhrengang wird sonst durch das Gravitationsfeld wesentlich beeinflußt (§ 67).

Ein Maßstabparadoxon

Analog dem Zwillingsparadoxon können eine Reihe scheinbar widersprüchlicher Aussagen formuliert werden, deren Lösungsgrundlage immer die Beachtung der Relativität der Gleichzeitigkeit ist (kinematische Paradoxa). Das folgende Beispiel nutzt zur Formulierung die Längenkontraktion.

Ein Stab bewegt sich in der Ebene längs einer zu ihm parallelen Reihe punktförmiger Hindernisse (Abb. 48). Der Abstand der Hindernisse in ihrem Ruhsystem ist gleich der Ruhlänge des Stabes. Nun erhält der Stab eine kleine Geschwindigkeitskomponente in Richtung auf die Hindernisreihe. Im Ruhsystem des Stabes erscheinen die Hindernisse zusammengedrängt, so daß ein Passieren unmöglich wird. Im Ruhsystem der Hindernisreihe dagegen erscheint der Stab verkürzt und kann passieren. Der Widerspruch liegt nicht darin, daß die Abstände wechselseitig verkürzt erscheinen, sondern in der Aussage über Passieren und Nichtpassieren der Hindernisreihe: Die Bestimmung der Seite, auf der sich der Stab befindet, muß ein vom Bezugssystem unabhängiges Ergebnis haben.

Die Lösung liegt in der Relativität der Parallelität zueinander bewegter Geraden. Sind Stab und Hindernisreihe parallel im Ruhsystem des Stabes, so sind sie es im Ruhsystem der Hindernisreihe nicht mehr, der Stab erscheint so verdreht, daß er auf die Hindernisse aufläuft, obwohl er verkürzt erscheint. Sind Stab und Hindernisreihe im Ruhsystem der Hindernisreihe parallel, so kann der Stab passieren, im Ruhsystem des Stabes erscheint zwar der Abstand der Hindernisse verringert, allein erscheint sie in einem Winkel zum Stab, der ein Passieren ermöglicht.

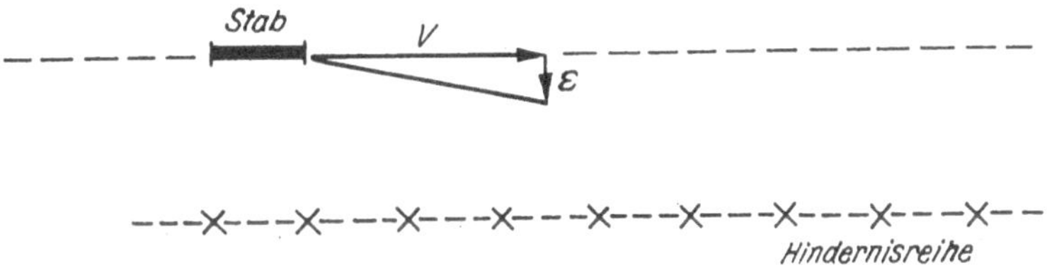

Abb. 48. Schema zum Maßstabparadoxon

Schon beim transversalen Doppler-Effekt ist zu beachten, daß gleiche Winkel in verschiedenen Bezugssystemen verschiedene physikalische Situationen beschreiben: Ist der Wellenzahlvektor senkrecht zur Relativgeschwindigkeit im Ruhsystem des Empfängers, ergibt sich $\tilde{\boldsymbol{k}}\,\boldsymbol{v} = 0$, $\dfrac{\tilde{\omega}}{c} = \dfrac{\omega}{c}\sqrt{1 - \dfrac{v^2}{c^2}}$, bei Orthogonalität im Ruhsystem des Senders dagegen ist

$$\frac{\tilde{\omega}}{c} = \frac{\omega}{c}\,\frac{1}{\sqrt{1 - \dfrac{v^2}{c^2}}}\,.$$

Die Geometrie des Geschwindigkeitsraums

In § 43 wurden die speziellen Lorentz-Transformationen eingeführt. Dabei wurde die Orientierung des Bezugssystems so gewählt, daß die Relativgeschwindigkeit $\boldsymbol{v}$ in Richtung der x-Achse lag. Ohne diese spezielle Drehung, d. h. bei allgemeiner Lage des Geschwindigkeitsvektors $\boldsymbol{v}$, erhält man für die spezielle LORENTZ-Transformation

$$\tilde{\boldsymbol{r}} = \boldsymbol{r} - \boldsymbol{v}\,t + \left(\frac{1}{\sqrt{1-\frac{v^2}{c^2}}} - 1\right)\frac{\boldsymbol{v}}{v}\left(\frac{\boldsymbol{v}}{v}\boldsymbol{r} - \frac{v}{c}\,c\,t\right), \tag{44.12}$$

$$c\,\tilde{t} = \frac{1}{\sqrt{1-\frac{v^2}{c^2}}}\left(c\,t - \frac{\boldsymbol{v}\,\boldsymbol{r}}{c}\right).$$

Man erhält diese Formel, wenn man (43.9) im Formalismus der dreidimensionalen Vektoren invariant gegen die räumliche Drehgruppe schreibt: x ist zu ersetzen durch $\frac{\boldsymbol{v}}{v}\left(\frac{\boldsymbol{v}}{v}\boldsymbol{r}\right)$ $(0, y, z)$ ist zu ersetzen durch $\boldsymbol{r} - \frac{\boldsymbol{v}}{v}\left(\frac{\boldsymbol{v}}{v}\boldsymbol{r}\right)$, v durch $\boldsymbol{v}$.

Durch Multiplikation zweier solcher Transformationen ergibt sich das allgemeine Additionstheorem der Geschwindigkeiten

$$|\boldsymbol{v}_1 \oplus \boldsymbol{v}_2|^2 = \frac{|\boldsymbol{v}_1 + \boldsymbol{v}_2|^2 - \frac{1}{c^2}[\boldsymbol{v}_1 \times \boldsymbol{v}_2]^2}{\left[1 + \frac{\boldsymbol{v}_1\boldsymbol{v}_2}{c^2}\right]^2} \tag{44.13}$$

Der Betrag der Relativgeschwindigkeit zwischen zwei mit $\boldsymbol{v}$ bzw. $\boldsymbol{v} + \mathrm{d}\boldsymbol{v}$ bewegten Körper ist also

$$\mathrm{d}^2 s = \frac{\mathrm{d}\boldsymbol{v}^2 - \left(\frac{\boldsymbol{v}}{c} \times \mathrm{d}\boldsymbol{v}\right)^2}{\left[1 - \frac{\boldsymbol{v}^2}{c^2}\right]^2}. \tag{44.14}$$

Damit ist in den Raum der Relativgeschwindigkeitsvektoren die Metrik des EINSTEIN-LOBATSCHEVSKIschen Geschwindigkeitsraums eingeführt. Die kürzesten Linien in diesem Raum sind Geraden, die Länge einer Geodäten zwischen den Geschwindigkeiten $\boldsymbol{v}_1$ und $\boldsymbol{v}_2$ ist

$$S = \operatorname{arth}\frac{|\boldsymbol{v}_1 - \boldsymbol{v}_2|}{c}, \; |\boldsymbol{v}_1 - \boldsymbol{v}_2| = c \tanh s\,. \tag{44.15}$$

Der Betrag einer Relativgeschwindigkeit entspricht also dem hyperbolischen Tangens eines Winkels, der die Größe der Pseudodrehung bei einer entsprechenden speziellen LORENTZ-Transformation liefert.

Durch die Metrik (44.14) wird der Geschwindigkeitsraum zu einem Raum konstanter negativer Krümmung. In Polarkoordinaten

$$v_1 = c \tanh \varrho \sin\theta \cos\varphi\,,$$
$$v_2 = c \tanh \varrho \sin\theta \sin\varphi\,,$$
$$v_3 = c \tanh \varrho \cos\theta$$

lautet die Metrik (50.16)

$$\mathrm{d}s^2 = c^2\,[\mathrm{d}\varrho^2 + \sinh^2\varrho\,(\mathrm{d}\theta^2 + \sin^2\theta\,\mathrm{d}\varphi^2)]\,. \tag{44.16}$$

Zum Vergleich seien die Metriken eines ebenen Raums (Krümmung Null) und eines Raums konstanter positiver Krümmung angegeben (vgl. § 70):

$$\mathrm{d}s^2 = c^2\,[\mathrm{d}\varrho^2 + \varrho^2\,(\mathrm{d}\theta^2 + \sin^2\theta\,\mathrm{d}\varphi^2)]\,,$$
$$\mathrm{d}s^2 = c^2\,[\mathrm{d}\varrho^2 + \sin^2\varrho\,(\mathrm{d}\theta^2 + \sin^2\theta\,\mathrm{d}\varphi^2)]\,.$$

§ 45. Geometrie im MINKOWSKI-Raum

Der MINKOWSKI-Raum ist ein pseudoeuklidischer Raum mit der Metrik

$$ds^2 = (dx^1)^2 + (dx^2)^2 + (dx^3)^2 - (dx^4)^2 \,. \tag{45.1}$$

Die Rolle der Kugel im euklidischen Raum wird hier von ein- und zweischaligen Hyperboloiden übernommen, deren Asymptotenkegel auf Grund seiner physikalischen Bedeutung Lichtkegel heißt:

$$(x^1 - x_0^1)^2 + (x^2 - x_0^2)^2 + (x^3 - x_0^3)^2 - (x^4 - x_0^4)^2 = 0 \tag{45.2}$$

stellt den Lichtkegel am Punkt $P_0 = (x_0^i)$ dar. Der Lichtkegel an einem Punkt wird erzeugt durch die Gesamtheit der möglichen Weltlinien von Lichtstrahlen, die durch diesen Raum-Zeit-Punkt gehen. Die Lichtkegel und die Hyperboloide mit diesem Asymptotenkegel sind invariant gegen die LORENTZ-Gruppe.

Der Lichtkegel eines Punktes P_0 teilt den MINKOWSKI-Raum der Ereignisse in drei Gebiete ein, in das Äußere des Lichtkegels

$$\eta_{ik}\,(x^i - x_0^i)\,(x^k - x_0^k) > 0 \tag{45.3}$$

und das Innere

$$\eta_{ik}\,(x^i - x_0^i)\,(x^k - x_0^k) < 0 \,, \tag{45.4}$$

sowie in den Mantel (51.2):

$$\eta_{ik}\,(x^i - x_0^i)\,(x^k - x_0^k) = 0 \,.$$

Das Innere des Lichtkegels zerfällt wiederum in zwei Teilbereiche ($\Delta x^4 > 0$ und $\Delta x^4 < 0$). Ereignisse P, die außerhalb des Lichtkegels zu P_0 liegen, heißen raumartig zu P_0 gelegen (51.3). Ereignisse P innerhalb des Lichtkegels heißen zeitartig zu P_0, die Ereignisse auf dem Lichtkegel lichtartig zu P_0.

Zu jedem zeitartig zu P_0 gelegenen Ereignis P gibt es ein Inertialsystem, in dem beide Ereignisse am gleichen Ort stattfinden.

Als Relativgeschwindigkeit ist $\boldsymbol{v} = \dfrac{\boldsymbol{r} - \boldsymbol{r}_0}{t - t_0}$ zu wählen:

Wegen (45.4) gilt $\dfrac{|\boldsymbol{r} - \boldsymbol{r}_0|}{|c\,t - c\,t_0|} = \dfrac{1}{c}\,|\boldsymbol{v}| < 1$. Die LORENTZ-Transformation (44.12) mit diesem $\boldsymbol{v}$ als Relativgeschwindigkeit ergibt $\tilde{\boldsymbol{r}} = \tilde{\boldsymbol{r}}_0$.

Zu jedem raumartig zu P_0 gelegenen Ereignis P gibt es ein Inertialsystem, in dem beide Ereignisse zur gleichen Zeit stattfinden.

Wegen (45.4) gilt $\left|\dfrac{\boldsymbol{r} - \boldsymbol{r}_0}{c\,t - c\,t_0}\right| > 1$, es gibt also ein $\boldsymbol{v}$ mit $|\boldsymbol{v}| < c$ und

$$\frac{\boldsymbol{v}}{c}\,\frac{\boldsymbol{r} - \boldsymbol{r}_0}{c\,t - c\,t_0} = 1 \,.$$

Mit diesem $\boldsymbol{v}$ ergibt die LORENTZ-Transformation (44.12) $c\,\tilde{t} = c\,\tilde{t}_0$.

Beide Ergebnisse kann man auch dadurch erhalten, daß man das Problem durch Drehung und Verschiebung des räumlichen Koordinatensystems auf die $x-c\,t$-Ebene reduziert. Dann sieht man an Hand § 43, daß man durch jedes zeitartig zum Ursprung gelegene Ereignis eine $c\,t$-Achse legen kann (dann haben beide Ereignisse gleiches x) und daß man durch jedes raumartig zum Ursprung gelegene Ereignis eine x-Achse legen kann (dann haben beide Ereignisse gleiches t).

Damit bilden alle raumartig zu P_0 gelegenen Ereignisse die physikalische Gegenwart des Ereignisses P_0, die zeitartig zu P_0 gelegenen Ereignisse bilden die Vergangenheit bzw. die Zukunft von P_0. Jedes raumartig zu P_0 gelegene Ereignis wird in einem bestimmten Inertialsystem als gleichzeitig mit P_0 registriert, jedes zeitartig zu P_0 gelegene Ereignis wird in einem bestimmten Inertialsystem am gleichen Ort registriert. Zu jedem raumartig zu P_0 gelegenen Ereignis P gibt es Inertialsysteme, in denen P später als P_0 registriert wird, und es gibt Inertialsysteme, in denen P früher als P_0 registriert wird. Die zeitliche Reihenfolge zweier raumartig zueinander gelegener Ereignisse ist also nicht LORENTZ-invariant, d. h., sie hat keine physikalische Bedeutung.

Ist die Trennung zweier kausal zusammenhängender Ereignisse in Ursache und Wirkung möglich, und muß dann die Ursache immer zeitlich vor der Wirkung eintreten, so kann P_0 nur die Ereignisse innerhalb und auf dem Lichtkegel mit $t > t_0$ beeinflussen und nur von Ereignissen innerhalb und auf dem Lichtkegel mit $t < t_0$ beeinflußt werden. Raumartig zueinander gelegene Ereignisse können sich dann nicht beeinflussen.

Die Tatsache, daß der Betrag der Relativgeschwindigkeit von Bezugssystemen in der LORENTZ-Gruppe c nicht überschreiten und erreichen kann, zeigt, daß sich ein makroskopischer Körper, der ja ein Bezugssystem repräsentieren kann, maximal mit einer (dreidimensionalen) Geschwindigkeit $|\boldsymbol{v}| < c$ bewegen kann. Makroskopisch ist hier in dem Sinne gemeint, daß der Körper Maßstäbe und Uhren im Prinzip mit sich führen kann. Damit ist ein Atom schon ein Körper, der sich mit maximal c bewegt. Nur ein elementares Teilchen könnte sich nach der LORENTZ-Transformation mit Überlichtgeschwindigkeit bewegen (Tachyonen). Durch das Kausalitätsprinzip (hier eindeutige Trennung und zeitliche Reihenfolge von Ursache und Wirkung) erst werden diese Teilchen ausgeschlossen. Ein makroskopischer Körper kann sich auch ohnedies nur mit Unterlichtgeschwindigkeit bewegen. Die Lichtgeschwindigkeit ist elementaren Teilchen vorbehalten (Photon, Neutrino).

Vektoren, Tensoren, äußere und innere Produkte sind in der pseudoeuklidischen Geometrie wie sonst auch definiert, nur daß das Skalarprodukt nicht mehr eine definite Norm für die Vektoren liefert. Die Komponenten p^i eines Vektors transformieren sich mit dem homogenen Teil der Transformationen der LORENTZ-Gruppe:

$$\bar{x}^i = a^i{}_k\, x^k + a^i \rightarrow \bar{p}^i = a^i{}_k\, p^k\,. \tag{45,5}$$

Die Kopplung der Transformationen von Koordinaten und Vektorkomponenten entsteht wie sonst auch durch Definition der Basis des Vektorraums parallel zu den Koordinatenachsen.

Linearformen von Vektoren werden durch Größen f_i gegeben, die sich wegen der Invarianz der Linearform kontragredient zu den Vektoren transformieren müssen:

$$f_i\, p^i = \bar{f}_k\, \bar{p}^k: \qquad a^i{}_k\, \bar{f}_i = f_k\,. \tag{45.6}$$

Durch die Größe $\eta_{ik}\, p^k$ definiert der Vektor p^k eine Linearform, die mit dem gleichen Kernbuchstaben bezeichnet wird: $p_i = \eta_{ik}\, p^k$. Damit ist ein skalares Produkt zwischen den Vektoren gegeben:

$$(p, q) = \eta_{ik}\, p^i\, q^k \ \ (= \eta^{ik}\, p_i\, q_k = p_i\, q^i = p^k\, q_k)\,. \tag{45.7}$$

Die Metrik η_{ik} bildet den Raum der (kontravarianten) Vektoren linear auf dem Raum der Linearformen (kovarianten Vektoren) ab. Im MINKOWSKI-Raum unterscheiden sich die Komponenten eines Vektors von denen der zugehörigen Linearform nur durch das Vorzeichen der vierten Komponente.

Analog den relativen Lagen von Ereignissen klassifiziert man die Vektoren des MINKOWSKI-Raums.

$$\begin{aligned} &\text{Raumartige Vektoren:} && \eta_{ik}\, p^i\, p^k > 0\,, \\ &\text{Zeitartige Vektoren:} && \eta_{ik}\, p^i\, p^k < 0\,, \\ &\text{Lichtartige Vektoren oder Nullvektoren:} && \eta_{ik}\, p^i\, p^k = 0\,. \end{aligned} \tag{45.8}$$

Ein Beispiel für einen lichtartigen Vektor ist der Viererwellenzahlvektor: $\Phi = \exp k_i\, x^i$ liefert mit $\Box\, \Phi = 0$

$$\eta^{ik}\, k_i\, k_k = 0\,. \tag{45.9}$$

Analog zu den relativen Lagen von Ereignissen gibt es zu jedem zeitartigen Vektor einer Intialsystem, in dem die ersten drei Komponenten verschwinden und nur die vierte Komponente ungleich Null ist, und zu jedem raumartigen Vektor gibt es ein Inertialsystem, in dem die vierte Komponente verschwindet.

Zwei Vektoren heißen orthogonal, wenn das Skalarprodukt verschwindet: $\eta_{ik}\, p^i\, q^k = 0$. Da das Skalarprodukt indefinit ist, können auch von Null verschiedene Vektoren auf sich selbst senkrecht stehen, das sind die lichtartigen Vektoren. Ein zeitartiger Vektor kann nur auf einem raumartigen Vektor senkrecht stehen:

$$\eta_{ik}\, p^i\, p^k < 0 \quad \text{und} \quad \eta_{ik}\, p^i\, q^k = 0 \quad \text{gibt} \quad \eta_{ik}\, q^i\, q^k > 0\,. \tag{45.10}$$

Dies beweist man in dem speziellen Bezugssystem, in dem die ersten drei Komponenten von p^i verschwinden. In diesem System gilt wegen der Orthogonalität $p^4\, q^4 = 0$. Damit ist $q^4 = 0$ und somit q^i raumartig. Da es sich um invariante Aussagen handelt, gelten sie in jedem Bezugssystem, wenn sie in einem speziellen gelten.

Eine Dreiecksungleichung und eine SCHWARZsche Ungleichung gilt allgemein nur noch für zeitartige Vektoren. Das Vorzeichen dieser Ungleichungen kehrt sich aber gerade um: Für zwei zeitartige Vektoren p und q gilt

$$\eta_{ik}\, p^i\, p^k \cdot \eta_{lm}\, q^l\, q^m < (\eta_{ik}\, p^i\, q^k)^2\,. \tag{45.11}$$

Das muß wieder nur in einem speziellen Bezugssystem bewiesen werden, um allgemein gültig zu sein, da es sich um invariante Ausdrücke handelt, die verglichen werden. In dem Bezugssystem, in dem die ersten drei Komponenten von p verschwinden gilt aber ersichtlich

$$[-(p^4)^2]\,[-(q^4)^2+\boldsymbol{q}^2] \leqq (p^4 q^4)^2\,.$$

Aus dieser SCHWARZschen Ungleichung für zeitartige Vektoren kann leicht die MINKOWSKI-Ungleichung (Dreiecksungleichung) hergeleitet werden. Für zwei zeitartige Vektoren mit positiven vierten Komponenten gilt

$$\sqrt{-\eta_{ik}(p^i+q^i)(p^k+q^k)} \geqq \sqrt{-\eta_{ik}\,p^i p^k} + \sqrt{-\eta_{ik}\,q^i q^k}\,. \tag{45.12}$$

Der Beweis läuft wie bekannt über die SCHWARZsche Ungleichung oder direkt über das spezielle Bezugssystem, denn ersichtlich ist

$$\sqrt{(p^4+q^4)^2-\boldsymbol{q}^2} \geqq \sqrt{(p^4)^2} + \sqrt{(q^4)^2-\boldsymbol{q}^2}\,.$$

Die MINKOWSKI-Ungleichung formuliert geometrisch die Aussage des Zwillingsparadoxons. An Hand dieser Ungleichung kann man zeigen, daß die zeitartige Gerade die (gemessen an der Eigenzeit) längste Verbindungslinie zwischen zwei zeitartig zueinander gelegenen Ereignissen darstellt.

Eine Weltlinie hat als Tangenten nur dann echte Vektoren, wenn sie invariant parametrisiert ist. Die Tangentialvektoren einer zeitartigen Weltlinie sind

$$u^i(\tau) = \frac{\mathrm{d}x^i(\tau)}{\mathrm{d}\tau}\,, \quad \tau \text{ Eigenzeit.} \tag{45.13a}$$

Der Vektor u^i heißt Vierergeschwindigkeit und ist die relativistische Erweiterung des Geschwindigkeitsbegriffes, die in die (invarianten) dynamischen Zusammenhänge eingeht. Der Zusammenhang mit der gewöhnlichen dreidimensionalen Geschwindigkeit ergibt sich aus (44.1):

$$u^i(\tau) = \frac{1}{\sqrt{1-\dfrac{v^2}{c^2}}}\,(v^1, v^2, v^3, c)\,. \tag{45.13b}$$

Die Vierergeschwindigkeit hat konstanten Betrag, sie ist ein zeitartiger Vektor:

$$\eta_{ik}\,u^i u^k = -c^2\,. \tag{45.14}$$

Makroskopische Körper besitzen immer eine zeitartige Vierergeschwindigkeit, ihre Weltlinien sind immer zeitartig, ihre dreidimensionale Geschwindigkeit ist immer kleiner als die Lichtgeschwindigkeit c. Tangentialvektoren an lichtartige Weltlinien können nur bis auf konstante Faktoren festgelegt werden.

Die Beschleunigung auf einer zeitartigen Weltlinie ist immer ein raumartiger Vierervektor: Da die Vierergeschwindigkeit konstanten Betrag hat, muß die Viererbeschleunigung immer auf der zeitartigen Vierergeschwindigkeit senkrecht stehen und damit raumartig sein.

Die Normale auf einer Hyperfläche $f(x^i) = \text{const}$ liefert die Klassifizierung der Fläche: Eine Fläche ist raumartig, wenn der Normalenvektor zeitartig ist. In diesem Fall sind alle Vektoren, die in der Fläche liegen, raumartig. Die Hyperfläche $f(x^i) = x^4 = \text{const}$ ist ein gewöhnlicher dreidimensionaler euklidischer Raum, die Normale auf dieser Fläche

$$\frac{\partial f}{\partial x^i} = f_{,i} = (0, 0, 0, 1)$$

ist zeitartig.

Eine Hyperfläche heißt Nullfläche, wenn die Normalen der Hyperfläche lichtartige Vektoren sind:

$$\eta^{ik}, f_{,i} f_{,k} = 0 \,.$$

Die den Normalen entsprechenden Richtungen $\eta^{ik} f_{,k}$ liegen in der Fläche, da Nullvektoren auf sich selbst senkrecht stehen. Damit zeichnen die Normalen einer Nullfläche ein Richtungsfeld in der Fläche aus. Sind die Normalen immer von Null verschieden und auf der Fläche differenzierbar, dann sind die Integralkurven durch das Richtungsfeld lichtartige Geraden:

$$0 = \frac{\partial}{\partial x^l} (\eta^{ik} f_{,i} f_{,k}) = 2 \eta^{ik} f_{,i} f_{,kl} = 2(f_{,l})_{,k} \eta^{ik} f_{,i} = 0 \,.$$

Diese Zusammenhänge findet man bei der Theorie der charakteristischen Flächen und der Bicharakteristiken der Wellengleichung wieder.

§ 46. Die Axiome der Mechanik in der speziellen Relativitätstheorie

Die NEWTONschen Axiome sind nicht invariant gegen die LORENTZ-Gruppe, sie bestimmen ja gerade die Eigenschaften der GALILEI-Gruppe. Das Relativitätsprinzip erzwingt ihre Neuformulierung. Die Maßstäbe und Uhren können ihr Verhalten nicht gleichzeitig nach der LORENTZ-Gruppe und der GALILEI-Gruppe richten. Entweder muß die LORENTZ-Gruppe auf die Mechanik übertragen werden oder die GALILEI-Gruppe auch für die nichtmechanischen Phänomene gelten. Wegen der Isotropie der Lichtausbreitung unabhängig vom Beobachter wird der zweite Fall ausgeschlossen. Demnach wird die Mechanik auch LORENTZ-invariant formuliert. Die sich ergebenden Änderungen können experimentell verifiziert werden.

1. Axiom der Mechanik

Für kräftefreie Teilchen gibt es eine Erhaltungsgröße, die proportional der Geschwindigkeit ist. Die Geschwindigkeit im dreidimensionalen Raum $\boldsymbol{v} = \frac{\mathrm{d}\boldsymbol{r}}{\mathrm{d}t}$ ist keine LORENTZ-kovariante Größe, sie muß nun ersetzt werden durch die

Vierergeschwindigkeit

$$u^k = \frac{dx^k}{d\tau} = \frac{1}{\sqrt{1 - \frac{v^2}{c^2}}} (v_1, v_2, v_3, c) \,. \tag{46.1}$$

Der Impuls muß ebenfalls ein Vierervektor sein:

$$p^k = m_0 \, u^k = \frac{m_0}{\sqrt{1 - \frac{v^2}{c^2}}} (v_1, v_2, v_3, c) \,. \tag{46.2}$$

m_0 ist ein Skalar, die invariante Masse. Zum Unterschied gegen eine andere Definition der Masse heißt sie Ruhmasse. In der dreidimensionalen Interpretation ist nämlich nach (46.2)

$$\boldsymbol{p} = \frac{m_0}{\sqrt{1 - \frac{v^2}{c^2}}} \boldsymbol{v} \,. \tag{46.3}$$

Verglichen mit der nichtrelativistischen Beziehung $\boldsymbol{p} = m \boldsymbol{v}$ ergibt sich als scheinbare träge Masse

$$m = \frac{m_0}{\sqrt{1 - \frac{v^2}{c^2}}} \,, \tag{46.4}$$

Diese scheinbare träge Masse ist keine LORENTZ-invariante Größe. Sie ist abhängig von der Relativgeschwindigkeit des Körpers zum Bezugssystem. Bei relativer Ruhe ($v = 0$) fällt sie mit der invarianten Ruhmasse m_0 zusammen.

Die scheinbare träge Masse bezieht ihre Bedeutung aus der direkten experimentellen Zugänglichkeit. Die „Massenveränderlichkeit" ist kein dynamischer Effekt, sondern eine Auswirkung der Zeitdilatation, die bei der Ersetzung der gewöhnlichen Geschwindigkeit durch die Vierergeschwindigkeit hereinkommt.

Aus dem Betrag der Vierergeschwindigkeit läßt sich sofort der Betrag des Impulses ablesen:

$$\eta_{ik} \, p^i \, p^k = m_0^2 \, \eta_{ik} \, u^i \, u^k = - \, m_0^2 \, c^2 \,. \tag{46.5}$$

Die vierte Komponente des Impulses muß interpretiert werden. Dazu betrachten wir die Energiebilanz bei Wirkung einer Kraft:

$$dE = \boldsymbol{v} \; dt \cdot \boldsymbol{K} = \boldsymbol{v} \; d\boldsymbol{p} = \boldsymbol{v} \; d \frac{m_0 \boldsymbol{v}}{\sqrt{1 - \frac{v^2}{c^2}}} = m_0 c^2 \, d \frac{1}{\sqrt{1 - \frac{v^2}{c^2}}} = c \, dp^4.$$

Die Konstanz von m_0 als charakterisierender Eigenschaft des Körpers ist dabei vorausgesetzt.

$$dE = d(m \, c^2) \,, \quad E_{\text{kin}} = m \, c^2 - m_0 \, c^2 \,, \quad p^4 = \frac{1}{c} (E_{\text{kin}} + m_0 \, c^2) \,. \tag{46.6}$$

Man erhält dieses Ergebnis bei kleinen Geschwindigkeiten auch durch die TAYLOR-Entwicklung von $m\,c^2$:

$$c\,p^4 = m\,c^2 = \frac{m_0\,c^2}{\sqrt{1-\frac{v^2}{c^2}}} = m_0\,c^2\left(1+\frac{1}{2}\frac{v^2}{c^2}+O\left(\frac{v^4}{c^2}\right)\right).$$

Der Grenzfall der NEWTONschen Mechanik entsteht für Geschwindigkeiten v, die sehr viel kleiner als c sind. Es ergibt sich dann

$$E = E_0 + \frac{m_0}{2}\,v^2\,,$$

$$u^k = (v_1, v_2, v_3, c)\,,$$

$$p^k = \left(m_0\,\boldsymbol{v}, \frac{1}{c}\left(m_0\,c^2 + \frac{1}{2}\,m_0\,v^2\right)\right).$$

Einige Größenordnungen von Geschwindigkeiten als Beispiele:

Schall in Luft:	0,3	km/s
Erde im Sonnensystem	30	km/s
Sonne in Galaxis	300	km/s
Licht	300 000	km/s

Aber: Ein Elektron ($m = 9 \cdot 10^{-28}$ g) hat die Ruhenergie $m_0\,c^2 = 0{,}8 \cdot 10^{-6}$ erg, das sind $0{,}5 \cdot 10^6$ eV. Nach einer Beschleunigung mit 500 kV hat das Elektron also eine kinetische Energie, die gleich der Ruhenergie ist. Das deutet an, daß in der Physik der Elementarteilchen die spezielle Relativitätstheorie eine entscheidende Rolle spielt.

Die Bewegung des Lichts, d. h. die Wellengleichung, war Ausgangspunkt für die Betrachtung der LORENTZ-Invarianz und der LORENTZ-Transformationen. Aus der Quantenmechanik ist aber bekannt, daß der Energieaustausch mit Licht auf mikroskopischer Basis als Absorption bzw. Emission von Lichtquanten (Photonen) erscheint. Diese Teilchen müssen sich mit Lichtgeschwindigkeit bewegen. Ihre Weltlinie kann nicht mit der Eigenzeit parametrisiert werden, da das Eigenzeitelement verschwindet: $\mathrm{d}s^2 = \mathrm{d}t^2\,(v^2 - c^2)$. Damit existiert nur eine verallgemeinerte Vierergeschwindigkeit, wenn man einen anderen invarianten Parameter auf der Weltlinie einführt. Die Diskussion des Viererimpulses zeigt, wie man vorgehen muß: Die drei räumlichen Komponenten des Viererimpulses liefern die Richtung der räumlichen Bewegung, $\boldsymbol{p} \sim \boldsymbol{v}$, andererseits ist $p^k \sim \mathrm{d}x^k$ (52.2). Bei Bewegung mit Lichtgeschwindigkeit muß also gelten:

$$\eta_{ik}\,p^i\,p^k = 0\,,\quad p^4 = |\boldsymbol{p}|,\quad \boldsymbol{v} = \frac{\boldsymbol{p}}{|\boldsymbol{p}|}\cdot c\,. \tag{46.7}$$

Der Parameter auf der Weltlinie kann über den Impuls invariant gewählt werden, etwa durch die Forderung $p^k = \dfrac{\mathrm{d}x^k}{\mathrm{d}\lambda}$.

Die Ruhmasse verschwindet gemäß (46.5). Ein Teilchen, das sich mit Lichtgeschwindigkeit bewegt, hat keine Ruhmasse; ein Teilchen mit Ruhmasse kann sich nicht mit Lichtgeschwindigkeit bewegen. Alle möglichen Impulsvektoren sind zeitartig oder lichtartig. Ein raumartiger Impulsvektor würde einer Bewegung mit Überlichtgeschwindigkeit entsprechen.

Analog zu (46.6) ist die vierte Komponente des lichtartigen Impulsvektors die kinetische Energie des Teilchens. Zusammen mit der Energie muß ein Photon also auch Impuls transportieren, dabei muß $E = c|\boldsymbol{p}|$ sein. Dieser Impuls des Photons,

$$|\boldsymbol{p}| = \frac{h\nu}{c}, \tag{46.8}$$

wird experimentell beim COMPTON-Effekt (§ 26) und als Strahlungsdruck beobachtet.

2. Axiom der Mechanik

Ändert sich der Impuls eines Systems, so ist die Ursache eine Kraft. Die nichtrelativistische Formel $\frac{\mathrm{d}\boldsymbol{p}}{\mathrm{d}t} = \boldsymbol{K}$ wird formal übertragen und die Bedeutung der Komponenten der Viererkraft anschließend in der dreidimensionalen Betrachtungsweise geklärt.

$$\frac{\mathrm{d}p^i}{\mathrm{d}\tau} = K^i\,. \tag{46.9}$$

Im Anschluß an die nichtrelativistische Formel (1.2) sieht man zunächst

$$(K^1, K^2, K^3) = \frac{1}{\sqrt{1-\frac{v^2}{c^2}}}\boldsymbol{K}\,. \tag{46.10}$$

Die Bedeutung der vierten Komponente der Kraft erhält man aus der Differentiation der Norm des Impulsvektors:

$$\frac{1}{2}\frac{\mathrm{d}}{\mathrm{d}\tau}m_0^2c^2 = m_0c^2\frac{\mathrm{d}m_0}{\mathrm{d}\tau} = -\eta_{ik}\,p^i K^k = c\,m\,K^4 - \frac{m\,\boldsymbol{v}\,\boldsymbol{K}}{\sqrt{1-\frac{v^2}{c^2}}}\,.$$

Es gilt also

$$K^i = \frac{1}{\sqrt{1-\frac{v^2}{c^2}}}\left(\boldsymbol{K}, \frac{\boldsymbol{v}}{c}\boldsymbol{K} + \left(1-\frac{v^2}{c^2}\right)c\,\frac{\mathrm{d}m_0}{\mathrm{d}\tau}\right). \tag{46.11}$$

$\boldsymbol{K}$ ist hierin definiert durch (1.2).

Die Ruhmasse bleibt konstant, wenn die Viererkraft senkrecht auf dem Viererimpuls steht. Dann ist die vierte Komponente der Kraft die Leistung. Im momentanen Ruhsystem des Teilchens gilt in diesem Falle

$$\boldsymbol{v} = 0\,,\quad \boldsymbol{p} = 0\,,\quad \frac{\mathrm{d}p^k}{\mathrm{d}\tau} = (\boldsymbol{K}, 0)\,. \tag{46.12}$$

Die Beantwortung der Frage, inwieweit die Ruhmasse konstant bleibt, wird auf die Diskussion des 3. Axioms verschoben.

3. Axiom der Mechanik

Der Gesamtimpuls eines Systems ändert sich nicht, wenn nur innere Kräfte wirken. In dieser Form kann das 3. NEWTONsche Axiom in die spezielle Relativitätstheorie übernommen werden. Eine direkte Aussage über die Kräfte (actio = reactio) wird wegen der Ralativität der Gleichzeitigkeit sehr kompliziert. Bei Wechselwirkungen innerhalb eines Systems von Teilchen bleibt der Gesamtviererimpuls erhalten.

$$\sum_A p_A^i = \sum_A m_{0\,A}\, u_A^i = \text{const}\,. \tag{46.13}$$

Die wichtigste Folgerung ist, daß entgegen der NEWTONschen Formulierung nun auch ein Energieerhaltungssatz in den Axiomen festgelegt ist: die vierte Komponente des Impulses stellt eine Energie dar. Zunächst konnte man nur sehen, daß diese Energie die relativistisch korrigierte kinetische Energie plus einer Integrationskonstanten, der Ruhenergie, ist. Die Ruhenergie und damit die Ruhmasse müssen bei Stößen nicht unbedingt erhalten bleiben, nur die Summe mit der kinetischen Energie muß im ganzen erhalten bleiben. Die Ruhenergie ist nicht nur eine Integrationskonstante, sondern sie kann sich mit äußerer kinetischer Energie umsetzen.

Der elastische Stoß wird in der NEWTONschen Mechanik durch die Erhaltung der Masse, der kinetischen Energie und des Impulses geregelt. Das relativistische Analogon erhält man, wenn die Ruhmassen und der Gesamtviererimpuls erhalten bleiben. Der unelastische Stoß ändert in der NEWTONschen Mechanik die gesamte kinetische Energie des Systems. Ein unelastischer Stoß muß daher in der relativistischen Mechanik mit einer Änderung der Ruhmassen der einzelnen Teile des Systems verbunden sein. In der NEWTONschen Mechanik wird beim unelastischen Stoß die kinetische Energie der Stoßpartner zum Teil in Wärmeenergie, d. h. in innere Energie der Stoßpartner, verwandelt. Die Ruhenergie enthält also die Energie, die nicht äußere kinetische Energie ist. Die restlose Umwandlung der Ruhenergie in kinetische Energie bei bestimmten Elementarteilchenprozessen zeigt, daß

$$E = m\, c^2 \tag{46.14}$$

die Gesamtenergie eines Systems ist.

Die Ruhmasse elementarer Teilchen hat ein diskretes Spektrum, so daß Änderungen in der Ruhmasse auf mikroskopischer Ebene immer Umwandlungen von Teilchen ineinander sind. Der Erhaltungssatz (46.13) stellt an diese Umwandlungen einige Bedingungen, andere kommen durch Auswahlregeln hinzu (vgl. §§ 64—66).

Beim ideal unelastischen Stoß (Abb. 49, Prozeß I) bilden die beiden Stoßpartner einen neuen Körper. Die gesamte kinetische Energie der relativen Be-

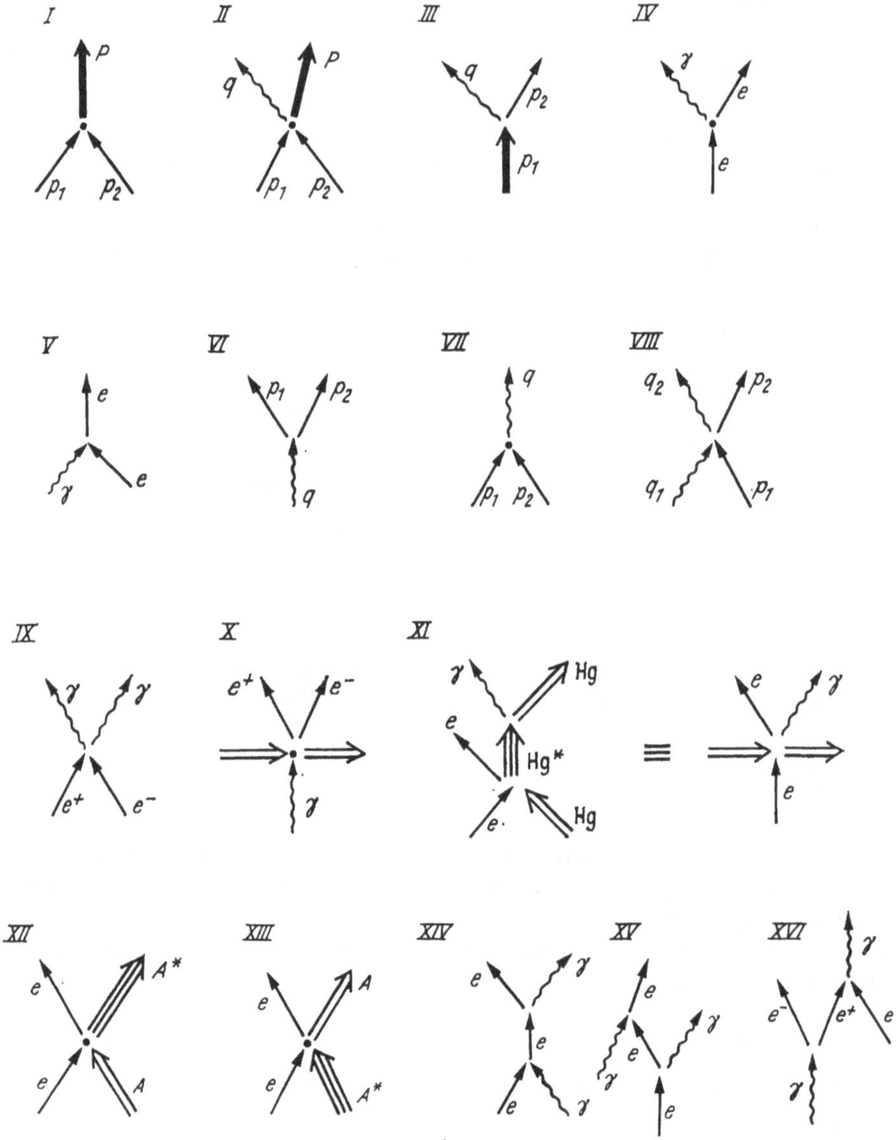

Abb. 49. Stoßprozesse in der speziellen Relativitätstheorie. Die Buchstaben p und q bezeichnen Impulse, q speziell Impulse von Teilchen ohne Ruhmasse (Wellenlinie). Andere Buchstaben bezeichnen Teilchenarten (vgl. Anhang II), der Stern bezeichnet Anregungszustände der inneren Bewegung. Weitere Erläuterung im Text

wegung vor dem Stoß wird in innere Energie umgewandelt. In der speziellen Relativitätstheorie bedeutet das eine Zunahme der Ruhmasse. Im Ruhsystem des Schwerpunkts ergibt sich

$$P^i = (0, M\,c)\,,\; p_1^i = \left(\boldsymbol{p}, \sqrt{m_1^2 c^2 + \boldsymbol{p}^2}\right),$$

$$p_2^i = \left(-\,\boldsymbol{p}\,, \sqrt{m_2^2\,c^2 + \boldsymbol{p}^2}\right),$$

$$M\,c = \sqrt{m_1^2\,c^2 + \boldsymbol{p}_1^2} + \sqrt{m_2^2\,c^2 + \boldsymbol{p}_2^2} > (m_1 + m_2)\,c\,. \tag{46.15}$$

In der nichtrelativistischen Näherung ($\boldsymbol{p}^2 \ll m^2\,c^2$) erhält man

$$M\,c^2 = m_1\,c^2 + m_2\,c^2 + \frac{\boldsymbol{p}_1^2}{2\,m_1} + \frac{\boldsymbol{p}_2^2}{2\,m_2}. \tag{46.16}$$

Die innere Energie des Gesamtsystems nach dem Stoß trägt also zur Ruhmasse M des Gesamtsystems entsprechend $m = \frac{E}{c^2}$ bei.

Selbstverständlich kann in dem eben beschriebenen Fall auch das Umgekehrte stattfinden, das System mit der Ruhmasse M kann in die beiden Teilsysteme mit den Ruhmassen $m_1 + m_2 < M$ zerfallen, der Ruhmassenüberschuß setzt sich in kinetische Energie der gebildeten Teilsysteme um. Ein System ist in diesem Sinne instabil, wenn es derart in Teilsysteme zerlegt werden kann, daß die Summe der Ruhmassen der Teilsysteme kleiner ist als die Ruhmasse des Gesamtsystems (Spontaner Zerfall von Atomkernen und Elementarteilchen). Zerfällt ein System in zwei Teile, so hängen die kinetischen Energien der Teilsysteme im Ruhsystem des Schwerpunkts nur von den Massenverhältnissen ab. Beim Alpha-Zerfall der Atomkerne wird das bestätigt. Beim Beta-Zerfall fehlt die Fixierung der Energie der Zerfallselektronen. Daraus kann geschlossen werden, daß der Beta-Zerfall ein Dreiteilchenzerfall ist (Neutrino, § 66).

Ein stabiles System hat immer eine Ruhmasse, die kleiner als die Summe der Ruhmassen irgendwelcher Teilsysteme (Massendefekt) ist. Als Beispiel werde der Kern des Atoms ${}^{12}_{6}C$ analysiert:

$$\begin{aligned} &p : 1{,}6725 \cdot 10^{-24}\,\text{g}, \quad 6\,n + 6\,p\text{: } 20{,}0841 \cdot 10^{-24}\,\text{g},\\ &n : 1{,}6748 \cdot 10^{-24}\,\text{g}, \quad {}^{12}_{6}\text{C: } 19{,}925 \cdot 10^{-24}\,\text{g},\\ &\Delta M = 0{,}16 \cdot 10^{-24}\,\text{g pro Atomkern},\\ &\qquad = 0{,}1\,\text{g pro Mol (12 g C)},\\ &\qquad = 2{,}5\;10^{6}\,\text{kWh pro Mol.} \end{aligned}$$

Bei den Bindungsenergien der Atomkerne nimmt der Massendefekt meßbare Werte an. So ist der gesamte Massendefekt des Kohlenstoffkerns größer als die Ruhmasse von 160 Elektronen.

In einem Prozeß I können sich keine stabilen Systeme bilden. Massendefekt kann nur dadurch entstehen, daß noch ein zweites Reaktionsprodukt entsteht, das die Bindungsenergie abführt, beispielsweise ein Photon (Prozeß II):

Der Impuls q ist ein Nullvektor für das Photon. Im Ruhsystem des Schwerpunkts errechnet man

$$p_1 = \left(\boldsymbol{p}, \sqrt{m_1^2 c^2 + \boldsymbol{p}^2}\right),$$

$$p_2 = \left(-\boldsymbol{p}, \sqrt{m_2^2 c^2 + \boldsymbol{p}^2}\right),$$

$$q = (\boldsymbol{q}, |\boldsymbol{q}|),$$

$$P = \left(-\boldsymbol{q}, \sqrt{M^2 c^2 + \boldsymbol{q}^2}\right).$$

Bei genügend großem $|\boldsymbol{q}|$ entsteht ein gebundenes System mit $M < m_1 + m_2$:

$$\sqrt{M^2 c^2 + |\boldsymbol{q}|^2} = \sqrt{m_1^2 c^2 + \boldsymbol{p}^2} + \sqrt{m_2^2 c^2 + \boldsymbol{p}^2} - |\boldsymbol{q}|. \tag{46.17}$$

Das gebundene System kann nur durch Zufuhr der Energie $E > (m_1 + m_2 - M)\, c^2$ wieder in seine Bestandteile zerlegt werden.

Die Abstrahlung elektromagnetischer Energie durch ein System in einem angeregten Zustand hat folgende Impulsbilanz (Beispiel III):

$$P_1 = (0, m_1 c),$$

$$q = (\boldsymbol{q}, |\boldsymbol{q}|),$$

$$p_2 = \left(-\boldsymbol{q}, \sqrt{m_2^2 c^2 + \boldsymbol{q}^2}\right), \qquad \sqrt{m_2^2 c^2 + \boldsymbol{q}^2} = |\boldsymbol{q}| + m_1 c.$$

Ein System (Atom) hat im angeregten Zustand also eine größere Ruhmasse als im Grundzustand. Für kleine Strahlungsenergien ist die Differenz gleich der Strahlungsenergie. Der Gewichtsunterschied ist bei dem Zerfall des Σ^0-Teilchen direkt sichtbar (§ 64):

$$\Sigma^0 \rightarrow \Lambda^0 + \gamma.$$

Ein einzelnes Elektron kann keine Energie abstrahlen, da die Ruhmasse des Elektrons festliegt und sich nicht ändern kann. Die Prozesse IV und V sind bei Erhaltung der Ruhmasse nicht möglich. Der Prozeß VI existiert ebenfalls nicht: die Summe zweier zeitartiger Vektoren ist immer wieder zeitartig (wenn die vierte Komponente gleiches Vorzeichen hat), der Gesamtimpuls vor dem Zerfall des Photons ist aber lichtartig. Aus demselben Grunde ist der Prozeß VII unmöglich. Das Elektron kann immer nur mit zwei Photonen gleichzeitig wechselwirken. Die Prozesse VIII und IX existieren. VIII beschreibt die Streuung von Licht an freien Elektronen. Die Bilanz des Viererimpulses liefert den COMPTON-Effekt:

$$q_1 = \left(\frac{h\nu}{c}, 0, 0, \frac{h\nu}{c}\right),$$

$$p_1 = (0, 0, 0, m c),$$

$$q_2 = \left(\frac{h\nu'}{c}\cos\alpha, \frac{h\nu'}{c}\sin\alpha, 0, \frac{h\nu'}{c}\right),$$

d. h. Ablenkung um den Winkel α und Energieänderung des Photons. Daraus folgt

$$p_2 = \left(\frac{h\nu}{c} - \frac{h\nu'}{c}\cos\alpha\,, \quad -\frac{h\nu'}{c}\sin\alpha, 0, p_2^4\right).$$

Aus $\eta_{ik}\, p_2^i\, p_2^k = m^2 c^2$ und $p_1^4 + q_1^4 = p_2^4 + q_2^4$ ergibt sich

$$\frac{h\nu'}{c} = \frac{h\nu}{c}\left[1 + \frac{h\nu}{m c^2}(1 - \cos\alpha)\right]^{-1}. \tag{46.18}$$

Wegen der Beziehung $\frac{c}{\nu} = \lambda$ heißt $\frac{h}{m c}$ COMPTON-Wellenlänge des Elektrons (bzw. des Teilchens der Ruhmasse m).

Im Ruhsystem des Elektrons wird die Frequenz des Photons immer verringert. In einem Bezugssystem, das gegen das Elektron bewegt ist, kann auch eine Frequenzerhöhung beobachtet werden (inverser COMPTON-Effekt). Die Frequenzerhöhung des Lichts bei Streuung an bewegten Elektronen spielt in der Physik des interstellaren und intergalaktischen Mediums eine große Rolle.

Der Prozeß IX wird bei Paaren aus Teilchen und Antiteilchen (Beispiel Elektron-Positron) beobachtet. Bewegen sich Elektron und Positron vor dem Vernichtungsstoß mit sehr kleinen Geschwindigkeiten, dann ist nach (46.13) die Wellenlänge der Vernichtungsstrahlung

$$2\, mc^2 = 2\, h\nu\,, \quad \frac{c}{\nu} = \frac{h}{m c} = 2{,}41 \cdot 10^{-10}\,\mathrm{cm}\,.$$

Sie ist experimentell verifiziert worden.

Der umgekehrte Prozeß, die Paarerzeugung, wird nicht in dieser einfachen Weise beobachtet, da die Wechselwirkung der Photonen untereinander sehr schwach ist. Man beobachtet dafür eine korrigierte Variante des Prozesses VI.

Im Feld eines Atoms, das Impuls abführen kann, wird der Prozeß VI in der Variante X ermöglicht und auch beobachtet. Ist das Atom schwer im Vergleich zu den übrigen Reaktionspartnern, so muß das Atom gar nicht viel Impuls aufnehmen, um die Reaktion zu ermöglichen. Analog wird auch die Reaktion IV beobachtet, wenn ein Atom dabei angestoßen wird. Der Prozeß XI wird als Anregungsleuchten im Plasma (Entladungsröhren) beobachtet (vgl. FRANCK-HERTZ-Versuch).

Schließlich sei noch der „Stoß zweiter Art" erwähnt, der bei metastabilen Zuständen in einem quantenmechanischen System eine Rolle spielt. Ein Atom kann durch Stoß angeregt werden (XII), wie schon aus XI ersichtlich ist. Es kann aber auch seine Anregungsenergie durch Stoß verlieren (XIII). Dabei geht die Anregungsenergie auf den Stoßpartner über. Dieser Prozeß ist von Bedeutung, wenn die spontane Emission gemäß III durch Auswahlregeln sehr unwahrscheinlich wird oder total verboten ist. Dann gibt das angeregte Atom seine Energie über solche Stöße ab (§ 35).

Entsprechend den quantenmechanischen Vorstellungen, die in § 37 entwickelt wurden, kann ein Prozeß mit mehreren Teilchen unter Umständen aufgelöst werden in mehrere Prozesse einfacherer Art, wobei diese Prozesse nur insgesamt

(46.13) erfüllen müssen, im einzelnen aber diese Bedingung verletzen können. Allerdings müssen diese Teilprozesse dann in einem genügend kleinen Zeitintervall $\left(\Delta t \sim \frac{h}{\Delta E}\right)$ und Raumgebiet $\left(\Delta x \sim \frac{h}{\Delta p}\right)$ stattfinden. So wird die Streuung von Licht an Elektronen als Summe von Prozessen der Typen XIV, XV und XVI berechnet.

Die vierte Komponente des Viererimpulses wurde in (46.6) zu $c\,p^4 = m_0\,c^2 + E_{\text{kin}} = c\,m^2$ bestimmt. (In den Stoßprozessen sind die Ruhmassen immer ohne den Index 0 geschrieben. Ab jetzt wird die Ruhmasse wieder durch den Index 0 von der trägen Masse unterschieden.) Dabei war $m_0 c^2$ zunächst eine Integrationskonstante. Die Deutung des Erhaltungssatzes $\sum_A p_A^4 = \text{const}$ als Energieerhaltungssatz erfordert, daß diese Integrationskonstante eine Energie darstellt, die sich bei unelastischen Stößen ändern muß, wo die kinetische Energie nicht erhalten bleibt. Die Energie $c\,p^4$ soll auf Grund der Axiome erhalten bleiben. Tatsächlich wird die totale Umwandlung der Ruhenergie $m_0\,c^2$ in kinetische Energie beobachtet. Andererseits muß $c\,p^4$ ebenso wie u^4 immer größer als Null sein (zumindest im gewöhnlichen mechanischen Fall, in der Theorie der Antiteilchen werden auch andere Vorstellungen genutzt), wenn die Eigenzeit τ monoton mit t abläuft und der Vierer- wie der dreidimensionale Impuls die Richtung der entsprechenden Geschwindigkeit hat. Damit ist $c\,p^4$ die gesamte Energie eines Systems:

$$p^i = \left(\boldsymbol{p}, \frac{E}{c}\right). \tag{46.19}$$

In der Ruhenergie ist also alle Energie enthalten, die nicht die Form äußerer kinetischer Energie hat.

Jede Form der Energie eines Körpers geht in die träge Masse in gleicher Weise ein. Die Formel

$$E = m\,c^2 \quad \text{bzw.} \quad m = \frac{E}{c^2} \tag{46.20}$$

bedeutet, daß jede Energie träge Masse besitzt. Die gesamte träge Masse eines abgeschlossenen Systems bleibt mit der Gesamtenergie erhalten.

Die Umwandlung von Ruhenergie in kinetische Energie wird oft als Umwandlung von Masse in Energie bezeichnet. Es ist aber nur die der Ruhenergie entsprechende Ruhmasse, die umgesetzt wird. Weiterhin ist zu beachten, daß es die Summe der Ruhmassen der Teilsysteme ist, die sich ändert; die Ruhmasse des Systems als Ganzes kann sich wegen $P = \sum p_A = \text{const}$ nicht ändern, schließlich ist die Ruhmasse des Gesamtsystems durch $-M^2\,c^2 = \eta_{ik}\,P^i\,P^k$ gegeben.

§ 47. Der Energie-Impuls-Tensor

Das dritte Axiom in der Formulierung (46.13) ist nur in der Stoßnäherung benutzbar, d. h. nur dann, wenn bei der Messung der Impulse der Teilsysteme vor und nach dem Stoß die Wechselwirkung vernachlässigbar ist.

Während der Wechselwirkung werden die Impulse durch Kraftfelder zwischen den Teilsystemen ausgetauscht. Der Impuls, der einem Teilsystem verlorengeht, kann aber nicht gleichzeitig an einem anderen wieder auftauchen, weil es kein „gleichzeitig" gibt. (46.13) kann während der Wechselwirkung nicht gelten, wenn nur die Impulse der Teilsysteme summiert werden. Den Kraftfeldern, die die Wechselwirkung vermitteln, muß auch Impuls zugeschrieben werden. Kraftfelder stellen aber ein Kontinuum dar — solange sie nicht in der quantentheoretischen Behandlung als Ensemble von Quanten auf den Feldoszillatoren behandelt werden. Um die kontinuierlichen Größen der Feldtheorie an die Vorstellungen der Punktmechanik anschließen zu können, um also herauszufinden, welche Größen in der Feldtheorie Energie und Impuls entsprechen, muß die Punktmechanik zunächst als Kontinuumstheorie formuliert werden. Das geschieht analog der Hydromechanik. Für jede Erhaltungsgröße wird Dichte und Stromdichte definiert, und aus den Erhaltungssätzen werden Kontinuitätsgleichungen.

Die allgemeine differentielle Form eines Erhaltungssatzes ergibt sich aus der relativistisch kovarianten Formulierung des Volumenintegrals. Das dreidimensionale Volumenelement $\mathrm{d}V$ ist die vierte Komponente des gerichteten Flächenelements einer Hyperfläche $t = \text{const}$ im MINKOWSKI-Raum. Dieses Flächenelement hat in allgemeinen Bezugssystemen vier Komponenten $\mathrm{d}\sigma_i$. Die Größe $Q = \int \varrho \, \mathrm{d}V$ ist invariant, wenn sie in der Form $Q = \int j^i \, \mathrm{d}\sigma_i$ darstellbar ist, d. h., wenn ϱ die vierte Komponente eines Vierervektors ist. $Q = \int j^i \, \mathrm{d}\sigma_i$ ist nunmehr unabhängig von der speziellen Hyperfläche σ, wenn die Viererdivergenz verschwindet:

$$j^i_{,i} = 0 .$$

Da es im folgenden nur auf den Anschluß der Feldtheorie an eine kontinuierlich formulierte Mechanik geht, beschränken wir uns auf den Fall einer laminaren Strömung von Teilchen, die sich gegenseitig nicht beeinflussen (Staub). Die Strömung ist durch ein stetiges Feld von Vierergeschwindigkeiten gegeben (Abb. 50).

In einem gegebenen Inertialsystem ist dann ein dreidimensionales Geschwindigkeitsfeld $\boldsymbol{v}$ gegeben. Zu jeder Impulskomponente wird, bezogen auf das Volumen im Inertialsystem, eine Impulsdichte π^i und eine Impulsstromdichte $\pi^i \boldsymbol{v}$ definiert. Der Erhaltungssatz lautet für solch eine Konstruktion

$$\frac{\partial \pi^i}{\partial t} + \operatorname{div} \pi^i \boldsymbol{v} = 0 .$$

Mit der Definition $v^4 = c$ und $x^4 = c\,t$ kann das in der Form

$$\frac{\partial}{\partial x^k} (\pi^i v^k) = 0$$

geschrieben werden.

Die Größe $T^{ik} = \pi^i v^k$ ist ein Tensor gegenüber LORENTZ-Transformationen. Das ist zu sehen, wenn die Impulsdichte als Dichte der Ruhmasse multipliziert mit der Vierergeschwindigkeit geschrieben wird. Die Dichte der Ruhmasse im globalen Inertialsystem der Strö-

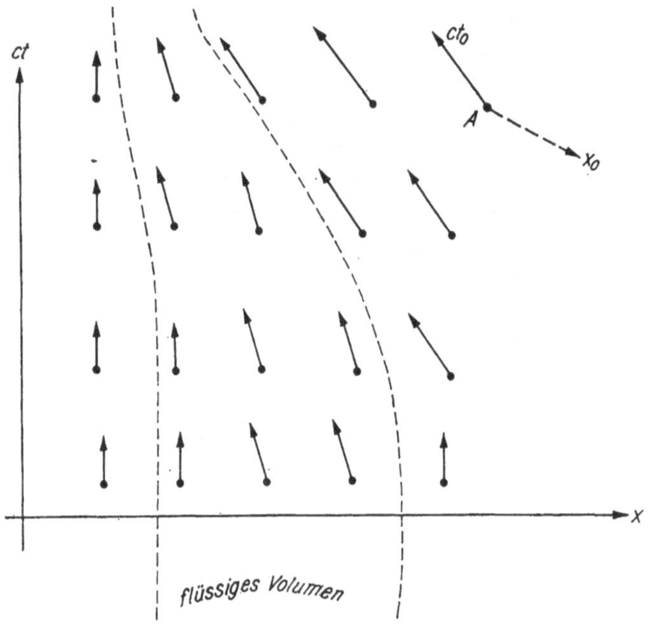

Abb. 50. Relativistisches Strömungsfeld. Die Länge eines Vierergeschwindigkeit repräsentierenden Pfeils ist durch seine Richtung bestimmt, da die Norm des Vierergeschwindigkeitsvektors konstant gleich c^2 ist (45.14). $(x_0, c\,t_0)$ kennzeichnet das lokale Ruhsystem am Ereignis A

mung muß als Funktion der Ruhmassendichte im lokalen Ruhsystem der Strömung geschrieben werden. An jedem Punkt der Raum-Zeit gibt es ein lokales Ruhsystem, das sich gegen das globale Inertialsystem mit der Geschwindigkeit $\boldsymbol{v}$ bewegt. Dementsprechend hat ein Volumenelement $\mathrm{d}V_0$ des lokalen Ruhsystems des globalen Inertialsystems die scheinbare Größe

$$\mathrm{d}V = \sqrt{1 - \frac{v^2}{c^2}}\,\mathrm{d}V_0 .$$

Die Ruhmassendichte im lokalen Ruhsystem ergibt sich deshalb aus der Dichte der Ruhmasse im globalen Inertialsystem über

$$\mu_0 = \sqrt{1 - \frac{v^2}{c^2}}\,\mu \to \pi^i = \mu\,u^i = \mu_0\,u^i \frac{1}{\sqrt{1 - \frac{v^2}{c^2}}} .$$

μ_0 ist durch Bezugnahme auf das lokale Ruhsystem invariant konstruiert.

$$\pi^i\,v^k = T^{ik} = \mu_0\,u^i\,u^k \tag{47.1}$$

ist ein LORENTZ-Tensor, der Erhaltungssatz lautet

$$(\mu_0\,u^i\,u^k)_{,k} = T^{ik}{}_{,k} = 0 . \tag{47.2}$$

In einer Gleichung der Form

$$(\mu_0\,u^i\,u^k\,)_{,k} = k^i \tag{47.3}$$

bedeutet k_i eine Kraftdichte, denn integriert über ein dreidimensionales flüssiges Volumen ergibt sich als Änderung des in diesem Volumen enthaltenen Viererimpulses

$$\frac{dp^i}{dt} = \frac{d}{dt} \int\limits_{V_{fl}} \mu \, \mu^i \, dV = \int k^i \, dV .$$

T^{ik} ist der Energie-Impuls-Tensor der Strömung. T^{44} ist die Energiedichte, $c\,T^{4\nu}$ die Energiestromdichte, $\frac{1}{c}\,T^{\mu 4}$ die Impulsdichte und $T^{\mu\nu}$ die Impulsstromdichte in dreidimensionaler Interpretation ($\mu, \nu = 1, 2, 3$). Kann die Kraftdichte eines Feldes auf eine Strömung in der Form

$$k^i = -\,T_F{}^{ik}{}_{,k}$$

geschrieben werden, so daß die Bewegungsgleichung (47.3) die Form

$$(\mu_0 \, u^i \, u^k + T_F{}^{ik})_{,k} = 0 \tag{47.4}$$

annimmt, dann ist $T_F{}^{ik}$ als Energie-Impuls-Tensor des Feldes zu interpretieren, und (47.4) ist das vollständige Äquivalent des dritten NEWTONschen Axioms.

§ 48. Die LAGRANGE-Formulierung der speziell-relativistischen Mechanik

Für den einzelnen freien Massenpunkt erhält man in der NEWTONschen Mechanik als LAGRANGE-Funktion die kinetische Energie T:

$$L = \frac{m}{2} v^2 . \tag{48.1}$$

In der speziellen Relativitätstheorie braucht man ein LORENTZ-invariantes Wirkungsintegral. Man findet es mit dem Ansatz $S = \alpha \int ds$ über die nichtrelativistische Näherung (48.1):

$$L = \alpha \frac{ds}{dt} = \alpha^* \sqrt{1 - \frac{v^2}{c^2}}$$

$$\sim \alpha^* - \frac{1}{2} \alpha^* \frac{v^2}{c^2} .$$

Es folgt $\alpha^* = -\,m_0 c^2$.

Für ein System freier Massenpunkte lautet damit die LAGRANGE-Funktion

$$L = \sum_A \left(-\, m_{0A} \, c \sqrt{-\, \eta_{ik} \frac{dx_A^i}{dt} \frac{dx_A^k}{dt}} \right). \tag{48.2}$$

Ersichtlich ist das Wirkungsintegral invariant gegen die volle LORENTZ-Gruppe, t wird dabei als invarianter Parameter betrachtet bzw. durch einen invarianten

Parameter λ ersetzt. Der kanonische Impuls ist

$$p_{Ai} = \frac{\partial L}{\partial \dot{x}_A^i} = -m_{0A}\, c \frac{-\eta_{ik} \frac{\mathrm{d}x_A^k}{\mathrm{d}t}}{\sqrt{-\eta_{ik} \frac{\mathrm{d}x_A^i}{\mathrm{d}t} \frac{\mathrm{d}x_A^k}{\mathrm{d}t}}} = \eta_{ik}\, m_{0A} \frac{\mathrm{d}x_A^i}{\mathrm{d}\tau_A}. \tag{48.3}$$

Die Invarianz gegenüber Translationen liefert mit den NOETHER-Theoremen (§ 6) den Erhaltungssatz für den gesamten Viererimpuls:

$$\delta x_A^i = \delta a^i \,(\mathrm{const})\,, \quad \delta\lambda = 0\,,$$

$$\sum_A \frac{\partial L}{\partial \dot{x}_A^i} \delta a^i = \delta a^i \sum_A p_{Ai} = \mathrm{const}\,. \tag{48.4}$$

Die Zusammenfassung von räumlichen und zeitlichen Translationen in der vierdimensionalen Formulierung liefert die vierdimensionale Zusammenfassung von Energie und Impuls.

Die Invarianz gegenüber den homogenen LORENTZ-Transformationen ergibt die Erhaltungssätze

$$\delta x_A^i = \omega_k^i\, x_A^k \quad (\omega_{ik} = -\,\omega_{ki})\,,$$

$$\sum_A p_{Ai}\, \omega_k^i\, x_A^k = \mathrm{const}\,,$$

also

$$\omega_{ik} \sum_A (p_A^i\, x_A^k - x_A^i\, p_A^k) = \mathrm{const}\,. \tag{48.5}$$

Das ist der Erhaltungssatz des vierdimensionalen Drehimpulstensors. Der Drehimpulstensor $L^{ik} = \sum_A (x_A^i\, p_A^k - x_A^k\, p_A^i)$ ist nicht mehr wie im dreidimensionalen Fall durch einen Vektor darstellbar. Der Drehimpulserhaltungssatz (48.5) faßt den Erhaltungssatz des dreidimensionalen Drehimpulses mit dem Schwerpunktsatz zusammen. Die Komponente $L^{i4} = \mathrm{const}$ lautet in dreidimensionaler Schreibweise

$$\sum_A \left(c\, t\, \boldsymbol{p}_A - \boldsymbol{r}_A \frac{E_A}{c}\right) = \mathrm{const}\,,$$

$$\sum_A \frac{E_A}{c^2} \cdot \boldsymbol{r}_A - t \sum_A \boldsymbol{p}_A = \mathrm{const}\,. \tag{48.6}$$

Der Schwerpunkt eines Systems ist also als Schwerpunkt der scheinbaren trägen Massen definiert. Da die „vierte Komponente" der homogenen Transformationen von den speziellen LORENTZ-Transformationen gestellt werden und diese den speziellen GALILEI-Transformationen entsprechen, entsteht also in der Zuordnung zwischen Erhaltungssätzen und Invarianzgruppen eine völlige Analogie zur NEWTONschen Mechanik.

Eine einfache Erweiterung des Wirkungsintegrals für ein System freier Teilchen durch eine äußere Kraft erhält man durch den Ausdruck

$$S = \int \sum_A \left(- m_{0A}\, c \sqrt{\eta_{ik} \frac{\mathrm{d}x_A^i}{\mathrm{d}\lambda} \frac{\mathrm{d}x_A^k}{\mathrm{d}\lambda}} + \frac{e_A}{c} A_i(x_A) \frac{\mathrm{d}x_A^i}{\mathrm{d}\lambda} \right) \mathrm{d}\lambda \,. \tag{48.7}$$

Die Bewegungsgleichung für die Massenpunkte lautet nun

$$\frac{\mathrm{d}}{\mathrm{d}\lambda}\left(p_{Ai} + \frac{e_A}{c} A_i\right) - \frac{e_A}{c} A_{k,i} \frac{\mathrm{d}x_A^k}{\mathrm{d}\lambda} = 0 \,,$$

$$\frac{\mathrm{d}p_{Ai}}{\mathrm{d}\tau} = \frac{e_A}{c} F_{ik} \frac{\mathrm{d}x_A^k}{\mathrm{d}\lambda}\,, \qquad F_{ik} = \frac{\partial A_k}{\partial x^i} - \frac{\partial A_i}{\partial x^k}. \tag{48.8}$$

Ersichtlich ändert sich die Bewegungsgleichung nicht, wenn der Vektor A_i durch $A_i + \frac{\partial \lambda}{\partial x^i}$ ersetzt wird, da F_{ik} die antisymmetrische Kombination der Ableitungen des Viererpotentials A_i ist. Im Wirkungsintegral (48.7) führt diese Ersetzung auf die Addition eines totalen Differentials, was ohne Bedeutung für die Extremalen bleibt. Die Invarianz gegen diese Ersetzung heißt Eichinvarianz.

Die Bewegungsgleichung (48.8) hat die Form von (2.7), wenn man F_{i4} durch E_i und F_{ik} durch H_l ($i\,k\,l$ zyklische Vertauschung von 1 2 3) ersetzt. Daß man jedes elektromagnetische Feld in dieser Form schreiben kann und durch dieses Viererpotential darstellen kann, erfordert natürlich, daß für die Feldstärken F_{ik} die Feldgleichung

$$F_{ik,l} + F_{kl,i} + F_{li,k} = 0$$

gilt.

Im Falle des Wirkungsintegrals (48.7) hat der kanonische Impuls die Form

$$\begin{aligned} c p_{Ai} &= \frac{\partial L}{\partial \dot{x}_A^i} = m_{0A}\, \eta_{ik} \frac{\mathrm{d}x_A^k}{\mathrm{d}\tau_A} + \frac{e_A}{c} A_i(x_A) \\ &= p_{Ai} + \frac{e_A}{c} A_i \,. \end{aligned} \tag{48.9}$$

Der kanonische Impuls muß also noch durch das Viererpotential korrigiert werden, um den gewöhnlichen Impuls zu geben. Das ist in der relativistischen Quantenmechanik von Bedeutung.

V. Elektrodynamik und Feldtheorie

§ 49. Das elektromagnetische Feld

Das elektromagnetische Feld wird als Kraftwirkung auf Teilchen beobachtet und gemessen, wobei den Teilchen selbst eine elektrische Ladung zugeschrieben werden muß. Das elektrische Feld beschleunigt geladene Teilchen direkt, das magnetische Feld wirkt nur auf sich bewegende Teilchen, die Kraft des Magnetfeldes ist proportional der Geschwindigkeit der Teilchen. Die Bewegungsgleichung für ein Teilchen im elektromagnetischen Feld lautet

$$\frac{\mathrm{d}\boldsymbol{p}}{\mathrm{d}t} = q\left(\boldsymbol{E} + \frac{\boldsymbol{v}}{c} \times \boldsymbol{H}\right). \tag{49.1}$$

Ersichtlich hängen die Maßeinheiten für die Feldstärken von der Maßeinheit für die Ladung ab (§ 50). Die Arbeit, die das elektromagnetische Feld leistet, wird durch

$$\frac{\mathrm{d}E}{\mathrm{d}t} = \boldsymbol{v}\,\frac{\mathrm{d}\boldsymbol{p}}{\mathrm{d}t} = q\,\boldsymbol{v}\,\boldsymbol{E} \tag{49.2}$$

gegeben (s. a. § 2).

Die Bewegungsgleichungen (49.1) und (49.2) lassen sich unter Berücksichtigung von (46.19) vierdimensional zusammenfassen:

$$\frac{\mathrm{d}p^i}{\mathrm{d}\tau} = \frac{q}{c}\,F^i_k\,u^k \qquad \text{mit} \qquad F^i_k = \begin{pmatrix} 0, & H_3, & -H_2, & E_1 \\ -H_3, & 0, & H_1, & E_2 \\ H_2, & -H_1, & 0, & E_3 \\ E_1, & E_2, & E_3, & 0 \end{pmatrix}. \tag{49.3}$$

Die Gleichung ist also genau dann Lorentz-kovariant, wenn $F^i{}_k$ ein Tensor im Minkowski-Raum ist. $F_{ik} = \eta_{il}\,F^l_k$ ist antisymmetrisch. Bei speziellen Lorentz-Transformationen erhält man für die der Relativgeschwindigkeit parallelen Komponenten von $\boldsymbol{E}$ und $\boldsymbol{H}$ keine Änderung, die senkrechten Komponenten ändern sich gemäß

$$\widetilde{\boldsymbol{E}}_\perp = \frac{1}{\sqrt{1-\frac{v^2}{c^2}}}\left(\boldsymbol{E}_\perp + \frac{\boldsymbol{v}}{c} \times \boldsymbol{H}\right), \qquad \widetilde{\boldsymbol{E}}_\parallel = \boldsymbol{E}_\parallel\,,$$

$$\widetilde{\boldsymbol{H}}_\perp = \frac{1}{\sqrt{1-\frac{v^2}{c^2}}}\left(\boldsymbol{H}_\perp - \frac{\boldsymbol{v}}{c} \times \boldsymbol{E}\right), \qquad \widetilde{\boldsymbol{H}}_\parallel = \boldsymbol{H}_\parallel\,. \tag{49.4}$$

Bei der Transformation von Vierervektoren erhält man dagegen eine Änderung der zur Relativgeschwindigkeit parallelen Komponenten. Invariant gegenüber LORENTZ-Transformationen sind die Koeffizienten der charakteristischen Gleichung von F:

$$|F^i_k - \lambda\, \delta^i_k| = \lambda^4 - \lambda^2 (\boldsymbol{E}^2 - \boldsymbol{H}^2) - (\boldsymbol{E}\,\boldsymbol{H})^2 .$$

Die Größen

$$(\boldsymbol{E}\,\boldsymbol{H})^2 = -\det F^i_k \quad \text{und} \quad \boldsymbol{E}^2 - \boldsymbol{H}^2 = -\frac{1}{2} F_{ik} F^{ik} \tag{49.5}$$

heißen Invarianten des elektromagnetischen Feldstärketensors.

Die Transformationsformeln (49.4) bedeuten, daß ein Beobachter, der sich durch ein rein elektrisches Feld bewegt, auch ein Magnetfeld bemerkt, andererseits ein Beobachter, der sich durch ein rein magnetisches Feld bewegt, eine elektrische Feldstärke ungleich Null mißt. Die Transformationsformel für die elektrische Feldstärke wird im Prinzip durch die Form der LORENTZ-Kraft selbst bestätigt. Im Ruhsystem eines Körpers kann nur die elektrische Feldstärke wirksam werden, andererseits ist die Kraft im relativ bewegten Bezugssystem durch (49.1) gegeben. Bei der Transformation aus dem Ruhsystem in das allgemeine Bezugssystem wird aus $\tilde{\boldsymbol{E}}$ der Ausdruck $\boldsymbol{E} + \frac{\boldsymbol{v}}{c} \times \boldsymbol{H}$. Die Transformationsformel für die elektrische Feldstärke wird außerdem bestätigt durch den WIENschen Versuch: Kanalstrahlen (ein Strahl von Atomen in abgeregten Zuständen) werden durch ein Magnetfeld gesandt. Dabei beobachtet man einen STARK-Effekt (§ 36). Die durch das Magnetfeld bewegten Atome werden in ihrer inneren Struktur durch das elektrische Feld beeinflußt, das nach Transformation in das mitbewegte Bezugssystem erscheint. Die Transformationsformel für die magnetische Feldstärke wird sichtbar in der Spin-Bahn-Wechselwirkung (61. 13): Ein Teilchen mit magnetischem Moment wird bei Bewegung durch ein elektrisches Feld von dem im mitbewegten Bezugssystem beobachteten magnetischen Feld beeinflußt, die Wechselwirkungsenergie des magnetischen Moments mit dem elektrischen Feld ist proportional

$$H_w \sim \boldsymbol{m} \left(\frac{\boldsymbol{p}}{m\,c} \times \boldsymbol{E}\right) \tag{49.6}$$

($\boldsymbol{m}$ magn. Moment, $\boldsymbol{p}$ Impuls, m Masse.)

Unter der Berücksichtigung der Feldgleichung $\boldsymbol{H} = \operatorname{rot} \boldsymbol{A}$ (50.3) kann ein magnetisches Feld in der (nichtrelativistischen) LAGRANGE-Funktion für ein System von geladenen Teilchen durch

$$L = \sum_A \left[\frac{m_A \boldsymbol{v}_A^2}{2} + \frac{q_A}{c} \boldsymbol{v}_A\, \boldsymbol{A}(\boldsymbol{r}_A) - V(\boldsymbol{r}_A)\right] \tag{49.7}$$

berücksichtigt werden. Der kanonische Impuls ist dann

$$\boldsymbol{p}_A = m_A \boldsymbol{v}_A + \frac{q_A}{c} \boldsymbol{A}(\boldsymbol{r}_A) \tag{49.8}$$

(vgl. 48.9). Die HAMILTON-Funktion des Systems ergibt sich zu

$$\begin{aligned} H &= \sum_A \boldsymbol{p}_A \boldsymbol{v}_A - L \\ &= \sum_A \left[\frac{1}{2\,m_A}\left(\boldsymbol{p}_A - \frac{q_A}{c} \boldsymbol{A}(\boldsymbol{r}_A)\right)^2 + V(\boldsymbol{r}_A)\right]. \end{aligned} \tag{49.9}$$

Für ein homogenes Magnetfeld H ist das Vektorpotential $\boldsymbol{A} = \frac{1}{2}\boldsymbol{H} \times \boldsymbol{r}$, also

$$\boldsymbol{p} = m\left(\boldsymbol{v} + \frac{1}{2\,m\,c}\boldsymbol{H} \times \boldsymbol{r}\right).$$

In einem mit $\boldsymbol{\omega} = -\frac{q}{2\,m\,c}\boldsymbol{H}$ rotierenden Bezugssystem wird in erster Näherung die Bewegung ohne Magnetfeld beobachtet (LARMOR-Theorem, vgl. § 3).

Das relativistische Wirkungsintegral für geladene Massenpunkte wird durch (48.7) gegeben, A_i ist dabei das Viererpotential (§ 50).

§ 50. Die MAXWELLschen Gleichungen

Ausgangspunkt ist das COULOMBsche Gesetz für zwei Punktladungen:

$$\boldsymbol{K} = \frac{q\,Q}{r^2}\frac{\boldsymbol{r}}{r}, \qquad \boldsymbol{E}_Q = \frac{Q}{r^2}\frac{\boldsymbol{r}}{r}. \tag{50.1}$$

Durch das Weglassen eines Maßstabfaktors zu 1 ist die Maßeinheit der elektrischen Ladung an das mechanische Maßsystem angeschlossen. In cgs-Einheiten beträgt die Ladung eines Elektrons $-4{,}8 \cdot 10^{-10}$. Nach (50.1) ist das von einer ruhenden Punktladung erzeugte elektrische Feld mit $\boldsymbol{E} = \frac{Q}{r^2}\frac{\boldsymbol{r}}{r}$ festgelegt. Damit ist $\operatorname{div}\boldsymbol{E} = 0$ bis auf den Quellpunkt. $\oiint \boldsymbol{E}\,\mathrm{d}\boldsymbol{f} = 4\,\pi\,Q$ ist unabhängig von der Fläche, wenn diese nur den Quellpunkt enthält, und proportional der Ladung, die das Feld erzeugt. Mit der Beobachtung, daß sich die Felder verschiedener Ladungen einfachen addieren, ohne sich gegenseitig zu beeinflussen, erhält man allgemein

$$\oiint \boldsymbol{E}\,\mathrm{d}\boldsymbol{f} = 4\,\pi\,Q = 4\,\pi \int \varrho\,\mathrm{d}V\,,$$

$$\operatorname{div}\boldsymbol{E} = 4\,\pi\,\varrho\,. \tag{50.2}$$

Hierdurch ist die Ladungsdichte ϱ eingeführt. Die gegenseitige Nichtbeeinflussung der Felder, ihre Superponierbarkeit, drückt sich mathematisch in der Linearität der Feldgleichungen aus.

Ein magnetisches Analogon der elektrischen Ladung fehlt, es gilt allgemein

$$\operatorname{div}\boldsymbol{H} = 0\,. \tag{50.3}$$

Die elektrische Ladung bleibt erhalten. Bewegen sich die Ladungsträger, so entsteht eine elektrische Stromdichte $\boldsymbol{j} = \varrho\,\boldsymbol{v}$, für die eine Kontinuitätsgleichung gilt:

$$\operatorname{div}\boldsymbol{j} + \frac{\partial\varrho}{\partial t} = j^k_{,k} = 0\,, \qquad j^k = (\boldsymbol{j}, c\,\varrho)\,. \tag{50.4}$$

j^k ist ein Vierervektor. Die im äußeren Bezugssystem beobachtete Ladungsdichte ϱ hängt mit der Ladungsdichte im lokalen Ruhsystem der Strömung analog der Ruhmassendichte über

$$\varrho = \frac{\varrho_0}{\sqrt{1 - \frac{v^2}{c^2}}}, \qquad j^k = \varrho_0\, u^k \tag{50.5}$$

zusammen.

Die Gleichung div $\boldsymbol{H} = 0$ ist die vierte Komponente der relativistisch invarianten Gleichung für den Feldstärketensor (49.3):

$$F_{ik,l} + F_{kl,i} + F_{li,k} = 0\,. \tag{50.6}$$

Die restlichen drei Komponenten dieser Gleichung ergeben in der dreidimensionalen Schreibweise

$$\operatorname{rot} \boldsymbol{E} = -\frac{1}{c}\frac{\partial \boldsymbol{H}}{\partial t}\,. \tag{50.7}$$

Das ist die differentielle Form des Induktionsgesetzes.

Die Gleichung div $\boldsymbol{E} = 4\pi\varrho$ ist die vierte Komponente der relativistisch invarianten Gleichung

$$F^{ik}{}_{,k} = \frac{4\pi}{c} j^i\,. \tag{50.8}$$

Die restlichen drei Komponenten dieser Gleichung ergeben in der dreidimensionalen Schreibweise

$$\operatorname{rot} \boldsymbol{H} = \frac{1}{c}\frac{\partial \boldsymbol{E}}{\partial t} + \frac{4\pi}{c}\boldsymbol{j}\,. \tag{50.9}$$

Diese Gleichungen bestimmen die Erzeugung des magnetischen Feldes.

In Integralform lauten die MAXWELLschen Gleichungen (50.2), (50.3), (50.7) und (50.9)

$$\oiint \boldsymbol{E}\, \mathrm{d}\boldsymbol{f} = 4\pi Q\,. \tag{50.10}$$

Die Ladungsdichte ist die Quelldichte der elektrischen Kraftlinien (Kraftlinie = Integralkurve des durch $\boldsymbol{E}$ gegebenen Richtungsfeldes).

$$\oiint \boldsymbol{H}\, \mathrm{d}\boldsymbol{f} = 0\,. \tag{50.11}$$

Die magnetischen Kraftlinien sind geschlossene Kurven.

$$\oint \boldsymbol{H}\, \mathrm{d}\boldsymbol{r} = \frac{1}{c}\iint \frac{\partial \boldsymbol{E}}{\partial t}\mathrm{d}\boldsymbol{f} + \frac{4\pi}{c} I\,. \tag{50.12}$$

Die Stromstärke bestimmt das Umlaufintegral der magnetischen Feldstärke.

Schließlich liefert

$$\oint \boldsymbol{E}\, \mathrm{d}\boldsymbol{r} = -\frac{1}{c}\frac{\mathrm{d}}{\mathrm{d}t}\iint \boldsymbol{H}\, \mathrm{d}\boldsymbol{f} \tag{50.13}$$

das Induktionsgesetz für eine festliegende Leiterschleife. Auf der linken Seite steht die Spannung, die sich bei Änderung des magnetischen Flusses ergibt. Die

Formel ergibt sich aber auch für eine bewegte Leiterschleife, wenn man beachtet, daß die gemessene Spannung das Integral über die elektrische Feldstärke im momentanen Ruhsystem jedes Leiterschleifenstückes ist. Im Inertialsystem ist die LORENTZ-Kraft mit zu berücksichtigen, die auf die Elektronen im Leiter durch die erzwungene Bewegung im Magnetfeld ausgeübt wird:

$$V = \oint \left(\boldsymbol{E} + \frac{\boldsymbol{v}}{c} \times \boldsymbol{H} \right) \mathrm{d}\boldsymbol{r} = -\frac{1}{c} \frac{\mathrm{d}}{\mathrm{d}t} \iint \boldsymbol{H} \, \mathrm{d}\boldsymbol{f} . \tag{50.14}$$

Das totale zeitliche Differential auf der rechten Seite wird nach den Regeln für Integrale über flüssige Gebilde errechnet (IV.16). Es gilt

$$-\frac{1}{c} \frac{\mathrm{d}}{\mathrm{d}t} \iint \boldsymbol{H} \, \mathrm{d}\boldsymbol{f} = -\frac{1}{c} \iint \left[\frac{\partial \boldsymbol{H}}{\partial t} + \boldsymbol{v} \operatorname{div} \boldsymbol{H} - \operatorname{rot}(\boldsymbol{v} \times \boldsymbol{H}) \right] \mathrm{d}\boldsymbol{f}$$
$$= \oint \left(\boldsymbol{E} + \frac{\boldsymbol{v}}{c} \times \boldsymbol{H} \right) \mathrm{d}\boldsymbol{r} .$$

Aus der Antisymmetrie des Feldstärketensors folgt, daß die Feldgleichung (50.8) nur lösbar ist, wenn für die Stromdichte die Kontinuitätsgleichung gilt, die Ladung eines Systems also eine Erhaltungsgröße ist. Die Kontinuitätsgleichung ist die einzige Bedingung, die von den Feldgleichungen an die Quellen des Feldes gestellt wird, insbesondere ist ohne (49.3) jede beliebige Bewegung der Ladungsträger möglich. Das Kraftgesetz (49.3) muß zusätzlich aufgestellt werden. — Dieses Verhalten ist typisch für lineare Feldtheorien, in denen die von verschiedenen Quellen erzeugten Felder sich einfach addieren und nicht miteinander wechselwirken.

Beispiele

Stehen sich zwei geladene ebene Platten genügend dicht gegenüber, so ist das elektrische Feld im Zwischenraum nahezu homogen und im übrigen vernachlässigbar klein. Die Anwendung von (50.10) ergibt bei Integration über eine Fläche, die gerade eine Platte einschließt (Abb. 51):

$$\oint \boldsymbol{E} \, \mathrm{d}\boldsymbol{f} = E \cdot F = 4\pi Q .$$

Die Feldstärke im Innern ist also

$$E = \frac{4\pi}{F} Q . \tag{50.15}$$

Die Spannung ist das Wegintegral der Feldstärke; es ergibt sich

$$V = \frac{4\pi d}{F} Q = \frac{1}{C} Q .$$

Die Ladung auf den Platten ist proportional der Spannung, der Faktor C ist die Kapazität.

In einer genügend langen Spule (Abb. 52) ist das Magnetfeld im Innern nahezu homogen, im Außenraum aber vernachlässigbar klein. Mit (50.12) ergibt sich für die magnetische Feldstärke im Innern

$$\oint \boldsymbol{H} \, \mathrm{d}\boldsymbol{r} = H \cdot l = \frac{4\pi}{C} N I , \qquad H = \frac{4\pi N}{c l} I . \tag{50.16}$$

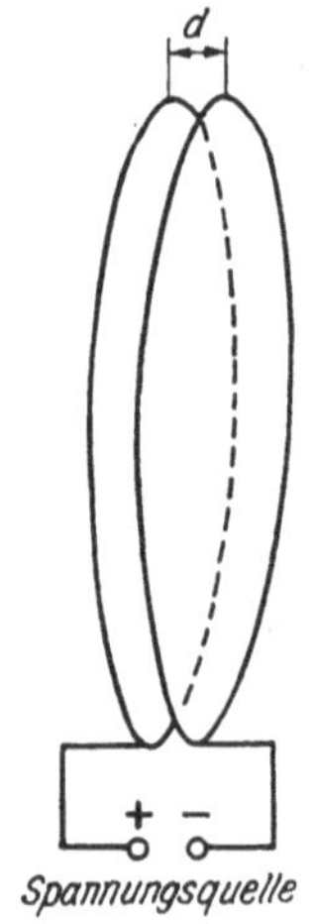

Abb. 51. Plattenkondensator

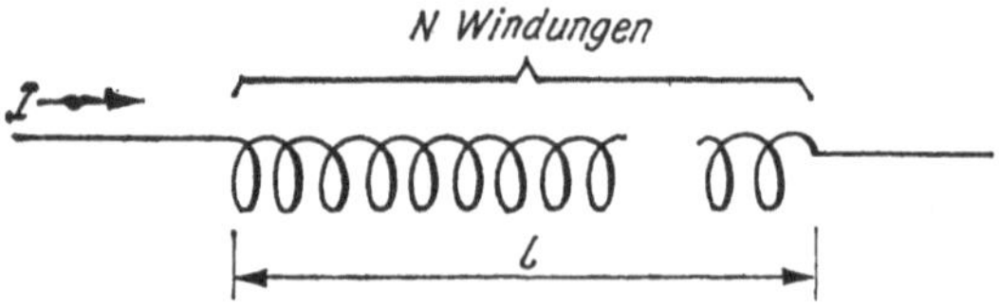

Abb. 52. Spule

Der magnetische Fluß durch eine Windung ist $\iint \boldsymbol{H}\,\mathrm{d}\boldsymbol{f} = \frac{4\pi N F}{c\,l} I$. Ändert sich die Stromstärke im Laufe der Zeit, so erzeugt der sich nun ändernde magnetische Fluß eine Spannung in der Spule (Selbstinduktion):

$$\oint_{N\,\mathrm{Wind.}} \boldsymbol{E}\,\mathrm{d}\boldsymbol{r} = -\frac{1}{c} N \frac{\mathrm{d}}{\mathrm{d}t} \frac{4\pi N F}{c\,l} I\,,$$

$$V = -\frac{4\pi N^2 F}{l\,c^2} \frac{\mathrm{d}I}{\mathrm{d}t} = -L \frac{\mathrm{d}I}{\mathrm{d}t}\,. \tag{50.17}$$

Die induzierte Spannung ist proportional der Änderung des Stromes, der Proportionalitätsfaktor L heißt Induktivität der Spule. Während also eine Kapazität den Strom integriert, wird der Strom durch eine Induktivität differenziert.

§ 51. Der Energie-Impuls-Tensor des elektromagnetischen Feldes

Die Lorentz-Kraft kann als Integral über eine Kraftdichte geschrieben werden. Dazu muß die Kraftdichte als

$$(\pi_0\, u^i\, u^k)_{,k} = k_i = \frac{1}{c} \varrho_0\, F^{ik}\, u_k \tag{51.1}$$

angesetzt werden. Mit der Zerlegung

$$(\mu_0 u^i u^k)_{,k} = (\mu_0 u^k)_{,k} u^i + \mu_0 \frac{du^i}{d\tau} \tag{51.2}$$

und der Konstanz von $\eta_{ik} u^i u^k$ erhält man nach Multiplikation von (51.1) mit u^i zunächst die Kontinuitätsgleichung für die Dichte des Ruhmassenstroms;

$$(\mu_0 u^k)_{,k} = 0 \tag{51.3}$$

und dann die Beziehung

$$\mu_0 \frac{du^i}{d\tau} = \frac{1}{c} \varrho_0 F^{ik} u_k . \tag{51.4}$$

Die LORENTZ-Kraftdichte läßt sich direkt als Viererdivergenz eines symmetrischen Tensors darstellen. Für

$$T^{ik} = \frac{1}{4\pi}\left(F^{il} F^k{}_l - \frac{1}{4}\eta^{ik} F^{ml} F_{ml}\right) \tag{51.5}$$

gilt

$$\frac{1}{c} \varrho_0 F^{ik} u_k = -T^{ik}{}_{,k} . \tag{51.6}$$

Das folgt aus den Feldgleichungen:

$$T^{ik}{}_{,k} = \frac{1}{4\pi}\left(F^{il} F^k{}_{l,k} + \eta^{ij} F^{kl}\left(F_{jl,k} - \frac{1}{2} F_{kl,j}\right)\right) = \frac{1}{4\pi} F^{il}\left(-\frac{4\pi}{c} j_l\right)$$

$$+ \frac{1}{4\pi} F^{kl}\left(-\frac{1}{2} F_{jk,l} - \frac{1}{2} F_{lj,k} - \frac{1}{2} F_{kl,j}\right)\eta^{ij} = -\frac{1}{c} F^{il} j_l .$$

Nun kann die Bewegungsgleichung (51.1) für das Kontinuum von Ladungsträgern direkt in der Form (47.4)

$$\left(\mu_0 u^i u^k + \frac{1}{4\pi}\left(F^{il} F^k{}_l - \frac{1}{4}\eta^{ik} F^{ml} F_{ml}\right)\right)_{,k} = 0 \tag{51.7}$$

geschrieben werden. Damit ist T^{ik} nach (51.5) der Tensor der Energie und des Impulses des elektromagnetischen Feldes. Insbesondere ist

$$T^{44} = \frac{1}{8\pi}(\boldsymbol{E}^2 + \boldsymbol{H}^2) \tag{51.8}$$

die Energiedichte des Feldes,

$$c\,(T^{41}, T^{42}, T^{43}) = \frac{c}{4\pi} \boldsymbol{E} \times \boldsymbol{H} = \boldsymbol{S} \tag{51.9}$$

die Energiestromdichte,

$$\frac{1}{c}(T^{14}, T^{24}, T^{34}) = \frac{1}{4\pi c} \boldsymbol{E} \times \boldsymbol{H} \tag{51.10}$$

die Impulsdichte,

$$T^{\mu\nu} = \frac{1}{4\pi}\left[\delta^{\mu\nu}\left(\frac{\boldsymbol{E}^2}{2} + \frac{\boldsymbol{H}^2}{2}\right) - E^\mu E^\nu - H^\mu H^\nu\right], \qquad \mu, \nu = 1, 2, 3, \tag{51.11}$$

die Impulsstromdichte (Spannungstensor). Der dreidimensionale Vektor $\boldsymbol{S} = \frac{c}{4\pi}\boldsymbol{E} \times \boldsymbol{H}$ heißt POYNTING-Vektor. Seine Berechnung ist in allen Fragen der Energieabstrahlung eines Systems notwendig.

Durch die Gleichung (47.4) ist der Energie-Impuls-Tensor nicht eindeutig festgelegt. Die Wahl von (51.6) ist in gewissem Grade willkürlich, wenn man nicht zusätzliche Forderungen (z.B. Symmetrie) stellt. Die Symmetrie des Tensors bewirkt die Proportionalität von Impulsdichte und Energiestromdichte. Nach den NOETHERschen Theoremen ergibt sich zunächst ein anderer Tensor (kanonischer Energie-Impuls-Tensor), dessen fehlende Symmetrie mit dem Eigendrehimpuls (Spin) des Feldes zusammenhängt (§ 58).

Die Kontinuitätsgleichungen für Energie- und Impulsstromdichte können natürlich auch direkt aus den dreidimensionalen Formulierungen der Feldgleichungen abgeleitet werden.

Die Spur des Energie-Impuls-Tensors verschwindet. Die durch die Feldquanten dargestellten Teilchen bewegen sich aus diesem Grunde mit Lichtgeschwindigkeit, ihre Ruhmasse verschwindet ((vgl. 47.1)).

§ 52. Viererpotential und Wellengleichung

Von den beiden Gruppen der MAXWELLschen Gleichungen ((50.6), (50.8))

$$F_{ik,l} + F_{kl,i} + F_{li,k} = 0$$

und

$$F^{ik}{}_{,k} = \frac{4\pi}{c} j^i$$

ist die erste ganz allgemein integrierbar, die Lösung der ersten Gruppe lautet

$$F_{ik} = \frac{\partial}{\partial x^i} A_k - \frac{\partial}{\partial x^k} A_i = A_{k,i} - A_{i,k}\,. \tag{52.1}$$

Das ist eine unmittelbare Folge der durch (50.6) geforderten vierdimensionalen Rotationsfreiheit des Feldstärketensors. Der Feldstärketensor definiert eine äußere Differentialform zweiter Stufe, deren äußeres Differential wegen (50.6) verschwindet:

$$F_{ik}\, \mathrm{d}x^i \wedge \mathrm{d}x^k = f\,, \qquad \mathrm{d} \wedge f = 0\,.$$

Unter Berücksichtigung der euklidischen Topologie des MINKOWSKI-Raumes folgt daraus

$$f = \mathrm{d} \wedge a\,,$$

wobei a eine Differentialform erster Stufe ist, die den Vektor A_i festlegt.

Der Vierervektor A_i heißt Viererpotential, die ersten drei Komponenten stellen das Vektorpotential des magnetischen Feldes dar:

$$(A_1, A_2, A_3) = \boldsymbol{A}\,, \qquad \boldsymbol{H} = \operatorname{rot} \boldsymbol{A}\,. \tag{52.2}$$

Die vierte Komponente ist das elektrische Potential

$$A_4 = -\,\Phi\,, \qquad \boldsymbol{E} = -\frac{1}{c}\frac{\partial \boldsymbol{A}}{\partial t} - \operatorname{grad} \Phi\,. \tag{52.3}$$

Das Viererpotential ist nur bis auf einen Gradienten durch (52.1) festgelegt, die Ersetzung von A_i durch $A_i + \frac{\partial \Lambda}{\partial x^i}$ heißt Eichtransformation (vgl. § 48). Der Feldstärketensor und damit alle meßbaren Größen sind eichinvariant. Wie in § 58 zu sehen ist, hängt die Eichinvarianz mit der Ladungserhaltung zusammen.

Setzt man die Lösung (52.1) von (50.6) in die zweite Gruppe (50.8) der Maxwellschen Gleichungen ein, so ergibt sich zunächst

$$\frac{4\pi}{c} j^i = \eta^{i\,l}\,\eta^{k\,m}\,(A_{m,l\,k} - A_{l,m\,k}) = -\,\Box A^i + \eta^{i\,l}\,A^k_{,k\,l}\,.$$

Wählt man die Eichung so, daß $A^i{}_{,i} = \operatorname{div} \boldsymbol{A} + \frac{1}{c}\frac{\partial \Phi}{\partial t} = 0$ wird, dann erhält man für das geeichte Viererpotential eine Wellengleichung:

$$\Box A^i = \frac{4\pi}{c} j^i\,. \tag{52.4}$$

Die Vereinbarung der speziellen Eichung

$$A^k{}_{,k} = \operatorname{div} \boldsymbol{A} + \frac{\partial \Phi}{c\,\partial t} = 0 \tag{52.5}$$

heißt Lorentz-Konvention. Die Lorentz-Konvention für die Lösung der Wellengleichung (52.5) erfordert wieder die Kontinuitätsgleichung für die Viererstromdichte. Die Lorentz-Konvention ist realisierbar durch die Lösung der Gleichung für Λ

$$\overline{A^k}{}_{,k} = A^k{}_{,k} + \Box \Lambda = 0 \tag{52.6}$$

und Ersetzung von A_i durch $\overline{A}_i$. Die Lösung Λ dieser Gleichung ist zunächst nur bis auf eine Lösung der homogenen Wellengleichung bestimmt. Ist nun auch die Wellengleichung (52.4) homogen, so kann man diese Freiheit benutzen, eine Komponente von A_i durch weitere Eichung zum Verschwinden zu bringen. Das freie elektromagnetische Feld ($j^k = 0$) hat also nur zwei unabhängige Komponenten.

In Anbetracht der Zerlegbarkeit der Lösungen der homogenen Wellengleichung nach Fourier betrachten wir dazu ebene Wellengruppen

$$\boldsymbol{A} = \boldsymbol{A}\,(\boldsymbol{q}\,(\boldsymbol{r} - \boldsymbol{q}\,c\,t))\,. \qquad \boldsymbol{q}\,c \text{ Gruppengeschwindigkeit}\,, \tag{52.7}$$

$$\Phi = \Phi\,(\boldsymbol{q}\,(\boldsymbol{r} - \boldsymbol{q}\,c\,t))\,.$$

$\boldsymbol{q}$ muß ein Einheitsvektor sein, damit die Wellengleichung erfüllt ist. Die zweite Eichung nutzen wir, um $\Phi = 0$ zu erreichen. Dreidimensional skalare Wellen können somit nicht beobachtbar sein. Die LORENTZ-Konvention führt auf

$$\operatorname{div} \boldsymbol{A} = \boldsymbol{q}\, \boldsymbol{A}' = 0\,.$$

Die Änderung von A und damit die Feldstärken stehen senkrecht auf dem Ausbreitungsvektor $\boldsymbol{q}$, die elektromagnetischen Wellen sind also transversal. Für die Feldstärken ergeben sich die Formeln

$$\boldsymbol{E} = -\frac{1}{c}\frac{\partial \boldsymbol{A}}{\partial t} = \boldsymbol{A}'\,, \qquad (52.8)$$

$$\boldsymbol{H} = \operatorname{rot} \boldsymbol{A} = \boldsymbol{q} \times \boldsymbol{A}'\,.$$

$\boldsymbol{q}$, $\boldsymbol{E}$, $\boldsymbol{H}$ bilden ein rechtshändiges Dreibein. Beide Invarianten des Feldstärketensors (49.5) verschwinden:

$$\boldsymbol{E}^2 - \boldsymbol{H}^2 = 0\,, \qquad \boldsymbol{E}\boldsymbol{H} = 0\,.$$

Die Energiedichte in der Wellengruppe ist gleich

$$W = \frac{1}{8\pi}(\boldsymbol{E}^2 + \boldsymbol{H}^2) = \frac{1}{4\pi}\boldsymbol{A}'^2\,.$$

Die Energiestromdichte, der POYNTING-Vektor, ergibt sich zu

$$\boldsymbol{S} = \frac{c}{4\pi}\boldsymbol{E} \times \boldsymbol{H} = c\,\boldsymbol{q}\frac{1}{4\pi}\boldsymbol{A}'^2 = c\,\boldsymbol{q}\,W\,. \qquad (52.9)$$

Alle Energie strömt mit Lichtgeschwindigkeit.

§ 53. Das stationäre Feld

Das stationäre Feld ist durch das Verschwinden aller zeitlichen Ableitungen gekennzeichnet. Die Feldgleichungen reduzieren sich auf

$$\operatorname{rot} \boldsymbol{E} = 0\,, \qquad \operatorname{div} \boldsymbol{E} = 4\pi\varrho \qquad (53.1)$$

im elektrostatischen Fall, auf

$$\operatorname{div} \boldsymbol{H} = 0\,, \qquad \operatorname{rot} \boldsymbol{H} = \frac{4\pi}{c}\boldsymbol{j} \qquad (53.2)$$

für die Magnetostatik. Die LORENTZ-Kraft liefert Nebenbedingungen, schließlich dürfen keine Beschleunigungen auftreten $\left(\varrho\left(\boldsymbol{E} + \frac{\boldsymbol{v}}{c} \times \boldsymbol{H}\right) = 0\right)$.

Beide Fälle führen auf Probleme der Potentialtheorie: (53.1) bedeutet

$$\boldsymbol{E} = -\operatorname{grad} \Phi\,, \qquad \Delta\Phi = -4\pi\varrho\,. \qquad (53.3)$$

Aus (53.2) folgt

$$\boldsymbol{H} = \operatorname{rot} \boldsymbol{A}\,, \qquad \Delta \boldsymbol{A} = -\frac{4\pi}{c}\boldsymbol{j}\,. \tag{53.4}$$

Das Potential Φ ist die elektrische Spannung, $\boldsymbol{A}$ ist das Vektorpotential des magnetischen Feldes.

In der Elektrostatik liefert die LORENTZ-Kraft die Bedingung, daß das elektrische Feld auf leitenden Flächen nur senkrecht stehen kann, andernfalls würden die Ladungsträger in der Fläche beschleunigt. Leitende Flächen sind in der Elektrostatik also Äquipotentialflächen. Standardbeispiel für Probleme aus der Elektrostatik ist die Bestimmung des Potentialverlaufs im Raum, wenn bestimmte Leiterflächen, d. h. Äquipotentialflächen gegeben sind (Abb. 53).

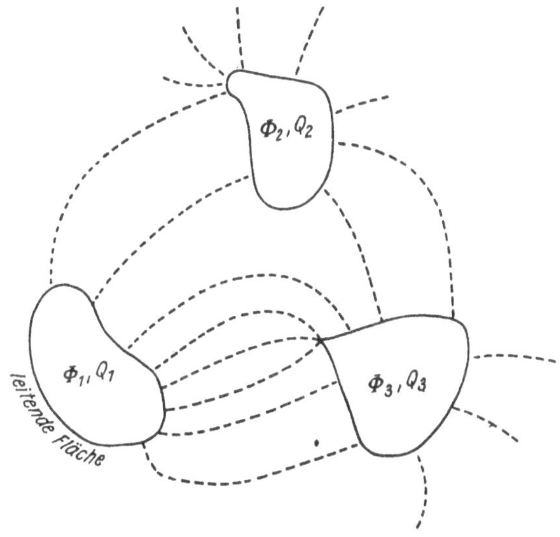

Abb. 53. Zum Grundproblem der Elektrostatik. Die Kraftlinien (Integralkurven des Feldes) stehen senkrecht auf leitenden Flächen. Die Gesamtladungen auf den einzelnen leitenden Flächen bestimmen den Potentialverlauf

Die leitenden Flächen seien F_i. Wegen der Linearität der Feldgleichungen können Lösungen superponiert werden, die Inhomogenitäten addieren sich dabei. Die Äquipotentialfläche wird gekennzeichnet durch den Gradienten des Potentials, integriert über die Fläche ergibt er die Ladung (50.2). Man geht von den Lösungen der Potentialgleichung aus, die auf jeweils einer Fläche das Potential $\Phi = 1$ liefern, auf allen anderen Flächen und in Unendlichen dagegen verschwinden. Diese Potentiale bezeichnen wir mit Φ_i.

$$\Phi_i(F_k) = \delta_{ik}\,.$$

Der gegebene Wert der Potentiale auf der Fläche F_i sei V_i; die Lösung der Potentialgleichung ist dann

$$\Phi = \sum_k V_k\,\Phi_k\,. \tag{53.5}$$

Die Ladung auf der Fläche F_i ergibt sich zu

$$Q_i = -\frac{1}{4\pi}\sum_k V_k \oiint \operatorname{grad} \Phi_k \, d\boldsymbol{f}_i = \sum_k C_{ik} V_k . \tag{53.6}$$

Die Koeffizienten C_{ik} heißen wechselseitige Kapazitäten,

$$C_{ik} = C_{ki} \tag{53.7}$$

prüft man am GREENschen Satz, nachdem man für C_{ik}

$$C_{ik} = -\frac{1}{4\pi}\sum_i \oiint \Phi_i \operatorname{grad} \Phi_k \, d\boldsymbol{f}_i$$

eingesetz hat.

Das Standardproblem der Magnetostatik betrachtet Ströme, die durch vorgegebene Leiterkreise geleitet werden (Abb. 54). Diese geschlossenen Kurven sind orientiert, die Stromstärken I nehmen also auch negative Werte an. Aus dem Integral von (58.11) wird

$$\boldsymbol{A} = \frac{1}{c}\int \frac{\boldsymbol{j}(\boldsymbol{r}_0)}{|\boldsymbol{r} - \boldsymbol{r}_0|} \, d^3\boldsymbol{r}_0 = \sum_k \frac{I_k}{c} \oint \frac{d\boldsymbol{r}_k}{|\boldsymbol{r} - \boldsymbol{r}_k|} .$$

Die magnetische Feldstärke erhält man durch Bildung der Rotation

$$\boldsymbol{H} = \sum_k \frac{I_k}{c} \oint_{C_k} \frac{d\boldsymbol{r}_k \times (\boldsymbol{r} - \boldsymbol{r}_k)}{|\boldsymbol{r} - \boldsymbol{r}_k|^3} . \tag{53.8}$$

(BIOT-SAVARTsches Gesetz).

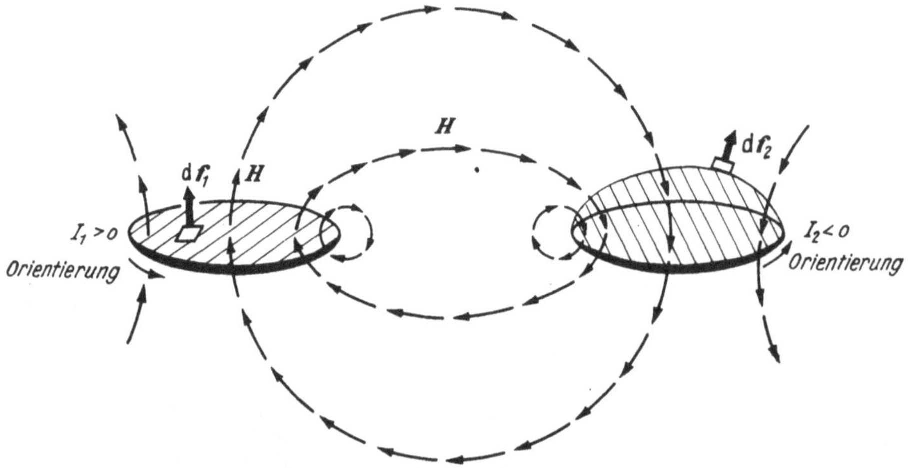

Abb. 54. Zum Grundproblem der Magnetostatik.
Der Fluß durch eine Leiterschleife kann über eine beliebige, von der Schleife berandete Fläche berechnet werden, da div $\boldsymbol{H} = 0$ ist

Der magnetische Fluß durch den k-ten Leiterkreis ergibt sich zu

$$\Phi_k = \iint_k \boldsymbol{H} \, d\boldsymbol{f}_k = \oint_k \boldsymbol{A} \, d\boldsymbol{r}_k = \sum_l \frac{I_l}{c} \oint_{C_k}\oint_{C_l} \frac{d\boldsymbol{r}_k \, d\boldsymbol{r}_l}{|\boldsymbol{r}_k - \boldsymbol{r}_l|} .$$

Die Größen

$$L_{ik} = \frac{1}{c^2} \oint\oint \frac{d\boldsymbol{r}_i \, d\boldsymbol{r}_k}{|\boldsymbol{r}_k - \boldsymbol{r}_i|} \tag{53.9}$$

sind die Gegeninduktivitäten des Systems. Bei genügend langsam veränderlichen Strömen ist die elektrische Spannung, die im Leiterkreis k durch den sich ändernden magnetischen Fluß induziert wird, gleich

$$-V_i = \sum_k L_{ik} \frac{dI_k}{dt}. \tag{53.10}$$

Die statischen Rechnungen sind auch noch im quasistatischen Fall anwendbar, wenn die geometrischen Abmessungen im Verhältnis zu den charakteristischen Zeiten der Änderungen klein gegen die Lichtgeschwindigkeit sind, wenn also die Elemente genügend konzentriert sind. Das ist bei einer Elektronenröhre bis zu Frequenzen von etwa 1000 MHz möglich.

Die Ortsabhängigkeit der Potentiale in der Ebene kann durch die Strömung von Ladungsträgern nachgebildet werden. Ist die Leitfähigkeit der als Beispiel für die Elektrostatik betrachteten leitenden Flächen groß gegen die Leitfähigkeit eines dazwischen vorhandenen Mediums, dann sind die Stromlinien bei Anlegen der vorzugebenden Spannungen proportional der elektrischen Feldstärke im Vakuumproblem, und der Potentialverlauf kann durch Strommeßgeräte ermittelt werden (Elektrolytischer Trog, vgl. § 56).

Das elektrische Feld eines statischen Dipols (vgl. § 3) gewinnt man am einfachsten durch den Grenzübergang

$$\Phi = \lim_{\substack{\boldsymbol{r}_0 \to 0 \\ e\,\boldsymbol{r}_0 = \boldsymbol{p} = \text{const}}} \left[\frac{e}{\left|\boldsymbol{r} - \frac{\boldsymbol{r}_0}{2}\right|} - \frac{e}{\left|\boldsymbol{r} + \frac{\boldsymbol{r}_0}{2}\right|} \right].$$

Es ergibt sich für das Potential des elektrischen Dipols

$$\Phi = \frac{\boldsymbol{p}\,\boldsymbol{n}}{r^2} = -\operatorname{div} \frac{\boldsymbol{p}}{r} \quad \left(\boldsymbol{n} = \frac{\boldsymbol{r}}{r}\right) \tag{53.11}$$

und für die elektrische Feldstärke

$$\boldsymbol{E} = -\frac{\boldsymbol{p}}{r^3} + \frac{3\,\boldsymbol{n}(\boldsymbol{p}\,\boldsymbol{n})}{r^3}. \tag{53.12}$$

Analog muß das Magnetfeld eines statischen magnetischen Dipols lauten:

$$\boldsymbol{H} = -\frac{\boldsymbol{m}}{r^3} + 3\frac{\boldsymbol{n}\,(\boldsymbol{m}\,\boldsymbol{n})}{r^3}. \tag{53.13}$$

Das Vektorpotential hierzu ist

$$\boldsymbol{A} = \frac{\boldsymbol{m} \times \boldsymbol{n}}{r^2} = \operatorname{rot} \frac{\boldsymbol{m}}{r}. \tag{53.14}$$

Man kann sehen, daß ein magnetischer Dipol, der ein Feld (53.13) erzeugt, entsprechend (3.9) mit dem mechanischen Drehimpuls zusammenhängt. Be-

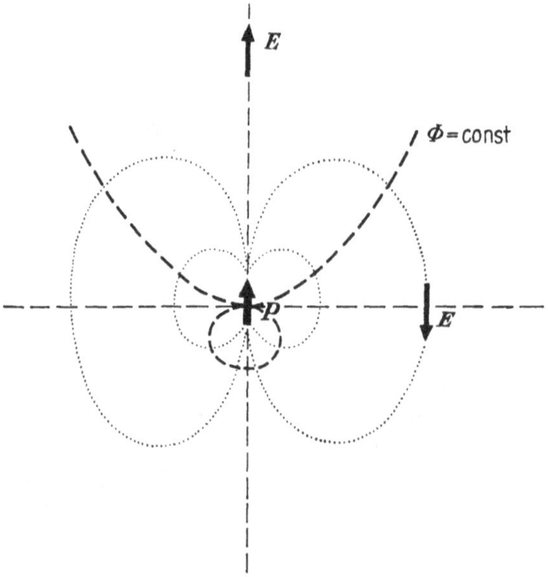

Abb. 55. Das Feld eines Dipols. Feldlinien sind punktiert, Äquipotentialflächen gestrichelt gezeichnet

trachten wir dazu einen genügend kleinen Stromring. Bezeichnen wir den Radius mit ϱ und die Stromstärke mit I, so ist der Drehimpuls der Ladungsträger

$$\boldsymbol{L} = \boldsymbol{\nu}\, m\, \varrho^2\, \omega = \boldsymbol{\nu}\, \varrho^2 \frac{2\pi I}{e} m\,.$$

Hierbei ist $\boldsymbol{\nu}$ die Normale der Kreisfläche, die durch den Umlaufsinn von I orientiert ist. Das magnetische Feld berechnen wir nach (53.8). Weil die Stromdichte im Kreisring konzentriert ist, erhält man

$$\boldsymbol{A} = \frac{1}{c}\int \mathrm{d}^3\boldsymbol{r}_0 \frac{\boldsymbol{j}(\boldsymbol{r}_0)}{|\boldsymbol{r}-\boldsymbol{r}_0|} = \frac{I}{c}\oint\limits_{\text{Ring}} \frac{\mathrm{d}\boldsymbol{r}_0}{|\boldsymbol{r}-\boldsymbol{r}_0|}\,.$$

Für $|\boldsymbol{r}| \gg |\boldsymbol{r}_0|$ folgt

$$\begin{aligned}\boldsymbol{A} &\sim \frac{I}{c\,r}\oint \mathrm{d}\boldsymbol{r}_0 \left(1 + \frac{\boldsymbol{n}\,\boldsymbol{r}_0}{r}\right)\\ &= \frac{I}{c\,r^2}\oint \mathrm{d}\boldsymbol{r}_0\,(\boldsymbol{n}\,\boldsymbol{r}_0)\,.\end{aligned}$$

Mit dem Stokesschen Satz kann das Wegintegral in ein Flächenintegral umgeformt werden, es ergibt sich

$$\begin{aligned}\boldsymbol{A} &= \frac{I}{c\,r^2}\iint \mathrm{d}\boldsymbol{f} \times \operatorname{grad}(\boldsymbol{n}\,\boldsymbol{r}_0) = \frac{\pi\varrho^2 I}{c\,r^2}\,\boldsymbol{\nu}\times\boldsymbol{n}\\ &= \frac{e}{2\,m\,c}\,\boldsymbol{L}\times\boldsymbol{n}\cdot\frac{1}{r^2}\,. \qquad (53.15)\end{aligned}$$

Damit ist der magnetomechanische Parallelismus auch an der Frage der Felderzeugung nachgewiesen.

Sind Dipole stetig in einem Raumgebiet verteilt, so spricht man von Polarisation, die Polarisationsdichte ist das Dipolmoment pro Volumen. Die elektrische Polarisation entspricht einer scheinbaren Ladungsdichte, die magnetische Polarisation einer scheinbaren Stromdichte. Die Potentiale eines polarisierten Volumens sind wegen der Überlagerung der Felder nach (53.11) und (53.14)

$$\Phi = -\operatorname{div}\int \frac{\boldsymbol{P}(\boldsymbol{r}_0)}{|\boldsymbol{r}-\boldsymbol{r}_0|}\,\mathrm{d}^3\boldsymbol{r}_0\,,$$

$$\boldsymbol{A} = \operatorname{rot}\int \frac{\boldsymbol{M}(\boldsymbol{r}_0)}{|\boldsymbol{r}-\boldsymbol{r}_0|}\,\mathrm{d}^3\boldsymbol{r}_0\,. \qquad (53.16)$$

Nun gilt im statischen Fall wegen der Feldgleichungen

$$\operatorname{div}\boldsymbol{E} = \operatorname{div}(-\operatorname{grad}\Phi) = \operatorname{div}\operatorname{grad}\operatorname{div}\int \frac{\boldsymbol{P}(\boldsymbol{r}_0)}{|\boldsymbol{r}-\boldsymbol{r}_0|}\,\mathrm{d}^3\boldsymbol{r}_0\,,$$

$$\operatorname{rot}\boldsymbol{H} = \operatorname{rot}\operatorname{rot}\boldsymbol{A} = \operatorname{rot}\operatorname{rot}\operatorname{rot}\int \frac{\boldsymbol{M}(\boldsymbol{r}_0)}{|\boldsymbol{r}-\boldsymbol{r}_0|}\,\mathrm{d}^3\boldsymbol{r}_0\,.$$

Mit den Formeln

$$\operatorname{div}\operatorname{grad}\operatorname{div} = \operatorname{div}(\operatorname{rot}\operatorname{rot} + \Delta) = \operatorname{div}\Delta\,,$$

$$\operatorname{rot}\operatorname{rot}\operatorname{rot} = \operatorname{rot}(\operatorname{grad}\operatorname{div} - \Delta) = -\operatorname{rot}\Delta$$

für die Differentialoperationen ergibt sich

$$\operatorname{div}(-4\pi\boldsymbol{P}) = \operatorname{div}\boldsymbol{E}\ (= 4\pi\varrho)\,,$$

$$\operatorname{rot}(4\pi\boldsymbol{M}) = \operatorname{rot}\boldsymbol{H}\left(=\frac{4\pi}{c}\boldsymbol{j}\right).$$

Ein elektrisch polarisiertes Volumen erzeugt also das gleiche Feld wie eine Ladungsverteilung

$$\varrho_P = -\operatorname{div}\boldsymbol{P}\,. \qquad (53.17)$$

Ein magnetisch polarisiertes Volumen erzeugt das gleiche Feld wie eine Stromdichteverteilung der Größe

$$\boldsymbol{j}_M = c\operatorname{rot}\boldsymbol{M}. \qquad (53.18)$$

Diese Feststellungen erhalten in der Elektrodynamik in Medien grundlegende Bedeutung (§ 56).

Anmerkung: In der Ableitung des magnetomechanischen Parallelismus (3.9) wurde über eine totale zeitliche Ableitung gemittelt, so daß diese Ableitung aus der Rechnung herausfiel. Das ist hier nicht nötig, weil die Quelle des Magnetfeldes, der Strom, von vornherein als stationär angesetzt wurde. In einer allgemeineren Ableitung erhält man auch hier einen solchen Zusatzterm, der zeitabhängigen höheren Polen der Stromverteilung entspricht. Die Annahme großer Entfernung vom Stromring, die hier gemacht wurde, entspricht dem Ansatz eines konstanten Magnetfeldes in (3.9).

§ 54. Der Charakter der Lösungen der Wellengleichung

Die Wellengleichung

$$\square\, \Phi(x) = f(x) \tag{54.1}$$

ist linear, deshalb ist die allgemeine Lösung der inhomogenen Gleichung immer zerlegbar in eine Summe aus einer partikulären Lösung der inhomogenen Gleichung und einer Lösung der homogenen Gleichung. Die Lösungen der homogenen Gleichung lassen sich aus ebenen monochromatischen Wellen superponieren (FOURIER-Analyse).

Partikuläre Lösungen der inhomogenen Gleichung können wegen der Linearität der Wellengleichung in gesuchter Funktion und Inhomogenität dargestellt werden als Ergebnis einer linearen Abbildung der Inhomogenität auf die Lösungen der inhomogenen Gleichung:

$$\Phi(x) = \int d^4x'\, G(x, x')\, f(x')\,. \tag{54.2}$$

Der Integralkern G heißt GREENsche Funktion und ist die Umkehroperation zum Differentialoperator $\square$, wenn die Lösung der Gleichung (54.1) durch geeignete Nebenbedingungen eindeutig wird. Die GREENsche Funktion kann als Lösung der Wellengleichung für die spezielle Inhomogenität $\delta\,(x - x')$ aufgefaßt werden, die in der Distributionstheorie genau untersucht wird (vgl. § 9).

Die GREENsche Funktion der Wellengleichung kann wegen der LORENTZ-Invarianz des Wellenoperators nur von der vierdimensionalen Norm der Differenz $x^i - x'^i$ abhängen.

Für

$$\Phi(x) = \int d^4x'\, G(x, x')\, f(x')$$

gilt nach der LORENTZ-Transformation $\boldsymbol{L}$

$$\Phi\,(\boldsymbol{L}\, x) = \int d^4x'\, G(x, x')\, f(\boldsymbol{L}\, x')\,.$$

Die Substitution der Integrationsvariablen durch $\boldsymbol{L}^{-1}\, x'$ und die Ersetzung von x durch $\boldsymbol{L}^{-1}\, x$ liefert mit $\det \boldsymbol{L}^{-1} = 1$

$$\Phi(x) = \int d^4\, x'\, G(\boldsymbol{L}^{-1}\, x,\ \boldsymbol{L}^{-1}\, x')\, f(x')\,.$$

Man erhält

$$G(x, x') = G(\boldsymbol{L}\, x,\ \boldsymbol{L}\, x')\,. \tag{54.3}$$

Damit muß die GREENsche Funktion zunächst translationsinvariant sein, d. h., sie kann nur von der Differenz $x - x'$ abhängen. $G(x - x')$ ist aber auch gleich $G(\boldsymbol{L}_{\text{hom}}\,(x - x'))$, also kann nur die vierdimensionale Norm von $x - x'$ in die GREENsche Funktion eingehen.

Die Eigenschaften der GREENschen Funktion diskutieren wir zunächst an der FOURIER-Transformierten. Die FOURIER-Transformation von

$$\Phi(x) = \int d^4x'\, G\,(x - x')\, f(x') \tag{54.4}$$

liefert mit

$$\tilde{f}(k) = \frac{1}{(2\pi)^4} \int d^4x' f(x) e^{-i k_l x^l} ,$$

$$f(x) = \int d^4k \, \tilde{f}(k) \, e^{i k_l x^l} , \tag{54.5}$$

$$G(x) = \int d^4k \, \Gamma(k) \, e^{i k_l x^l}$$

den Ausdruck

$$\Phi(x) = (2\pi)^4 \int d^4k \, \Gamma(k) \, f(k) \, e^{i k_l x^l} . \tag{54.6}$$

Wendet man darauf den Wellenoperator an und vergleicht das Resultat mit (54.1), so erhält man die FOURIER-Transformierte der GREENschen Funktion zu

$$\Gamma(k) = - \frac{1}{(2\pi)^4} \frac{1}{\eta_{lm} k_l k^m} . \tag{54.7}$$

Ein Punkt ist an der Integration von $\Gamma(k)$ entscheidend, das ist die Integration über die vierte Komponente von k_l. Mit (54.7) hat der Integrand in der komplexen k^4-Ebene zwei Pole erster Ordnung, diese liegen auf der reellen Achse. Durch das Auftreten der exp-Funktion in (54.5) könnte man zur Integration über k^4 den Residuensatz anwenden, allerdings ist das Ergebnis der Integration wegen der Lage der Pole auf der reellen Achse nicht eindeutig. Es muß zusätzlich festgelegt werden, wie sich die Residuen der einzelnen Pole auf die beiden Seiten des Integrationsweges verteilen sollen. Zwei Fälle sind von grundlegender Bedeutung:

1. Beide Pole zählen als unterhalb der reellen Achse liegend,
2. Beide Pole zählen als oberhalb der reellen Achse liegend.

Der über k^4 zu integrierende Anteil von (54.7) ist

$$\int dk^4 \, e^{-i k^4 x^4} \frac{1}{(k^4)^2 - \boldsymbol{k}^2} . \tag{54.8}$$

Für $x^4 > 0$ muß der Integrationsweg also über die untere Halbebene, für $x^4 < 0$ dagegen über die obere Halbebene geschlossen werden. Die GREENsche Funktion, die man erhält, wenn beide Pole als unter der reellen Achse liegend gezählt werden, ist also immer gleich Null, wenn $x^4 < 0$ ist. Auf (54.4) bezogen heißt das, daß die Zeitkoordinate des Aufpunkts x größer sein muß als die Zeitkoordinate des Quellpunkts x'. Die Wirkung der Quelle am Aufpunkt erscheint also verzögert, retardiert. Die GREENsche Funktion beschreibt in diesem Falle eine kausale Lösung.

Anders ist es im zweiten Fall, wenn beide Pole als oberhalb der reellen Achse der k^4-Ebene liegend gerechnet werden. Dann verschwindet die GREENsche Funktion gerade, wenn $x^4 < 0$ ist. Ein Quellpunkt x' kann nur Aufpunkte mit $x^4 < x'^4$ beeinflussen. Die Wirkung der Quelle erscheint verfrüht, avanciert. Die GREENsche Funktion beschreibt in diesem Falle eine antikausale Lösung.

Das Integral von (54.7) ergibt

$$G(x) = \mp\, \theta(\pm\, x)\, \delta(\eta_{ik}\, x^i\, x^k)\,. \tag{54.9}$$

Die GREENsche Funktion der Wellengleichung ist also nur auf dem Lichtkegel von Null verschieden. $\big(\theta(x) = 1$ für $x^4 < 0$ und $\theta(x) = 0$ sonst.$\big)$ Das obere Vorzeichen gilt für die retardierte, das untere für die avancierte Lösung. Setzen wir $r = \sqrt{(x^1)^2 + (x^2)^2 + (x^3)^2}$, so kann man (54.9) mit (9.26) umformen in

$$G(\boldsymbol{r}, c\, t) = -\frac{1}{4\,\pi\, r}\,\delta\,(c\, t \mp r)\,. \tag{54.10}$$

Das retardierte Potential Φ_{ret} einer Quellverteilung f lautet damit

$$\Phi_{\text{ret}}(\boldsymbol{r},\, t) = -\frac{1}{4\,\pi}\int \mathrm{d}^3\boldsymbol{r}_0\, \frac{f\left(\boldsymbol{r}_0, t - \dfrac{|\boldsymbol{r} - \boldsymbol{r}_0|}{c}\right)}{|\boldsymbol{r} - \boldsymbol{r}_0|}\,, \tag{54.11}$$

das avancierte Potential unterscheidet sich davon nur im Vorzeichen der Zeitkorrektur $\dfrac{|\boldsymbol{r} - \boldsymbol{r}_0|}{c}$:

$$\Phi_{\text{av}} = -\frac{1}{4\,\pi}\int \mathrm{d}^3\boldsymbol{r}_0\, \frac{f\left(\boldsymbol{r}_0, t + \dfrac{|\boldsymbol{r} - \boldsymbol{r}_0|}{c}\right)}{|\boldsymbol{r} - \boldsymbol{r}_0|}\,. \tag{54.12}$$

Betrachten wir den Aufpunkt $(\boldsymbol{r}, c\, t)$, so stellt sich das retardierte Potential dar als Integral über die Quellverteilung auf dem Vergangenheitslichtkegel von $(\boldsymbol{r}, c\, t)$, das avancierte Potential dagegen als Integral über die Quellverteilung auf dem Zukunftslichtkegel (Abb. 56).

Das Verschwinden der GREENschen Funktion außerhalb des Lichtkegels entspricht der Tatsache, daß sich die Signale mit Lichtgeschwindigkeit ausbreiten: Die Wirkung eines Quellpunktes macht sich nur auf dessen Lichtkegel unmittelbar bemerkbar.

Avanciertes und retardiertes Potential sind zwei verschiedene partikuläre Lösungen der inhomogenen Wellengleichung, sie unterscheiden sich also um eine Lösung der homogenen Gleichung. Damit erscheint die Willkür bei der Berechnung des Integrals (54.8) äquivalent der Unbestimmtheit der allgemeinen Lösung der inhomogenen Gleichung. Die sich ergebenden Unterschiede in der Behandlung dieses Integrals betreffen immer die Wahl einer zusätzlichen homogenen Lösung.

Ist die Quelldichte nur in einem endlichen vierdimensionalen Gebiet von Null verschieden, so ist das retardierte Potential nur im Nachkegel, das avancierte Potential nur im Vorkegel des Bereichs von Null verschieden (Abb. 57).

Subtrahiert man von einer gegebenen Lösung der inhomogenen Gleichung das retardierte Potential der Inhomogenität, so erhält man eine Lösung der homogenen Gleichung, ein freies Feld, das für $t \to -\infty$ mit der gegebenen Lösung der inhomogenen Gleichung übereinstimmt. Dieses freie Feld heißt daher einlaufendes Feld zur gegebenen Lösung. Subtrahiert man dagegen das avancierte

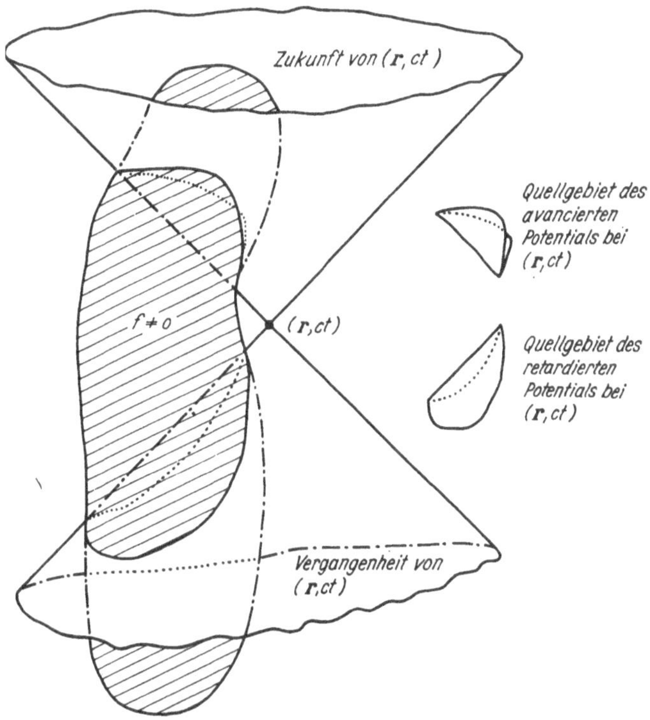

Abb. 56. Die Berechnung avancierter und retardierter Potentiale

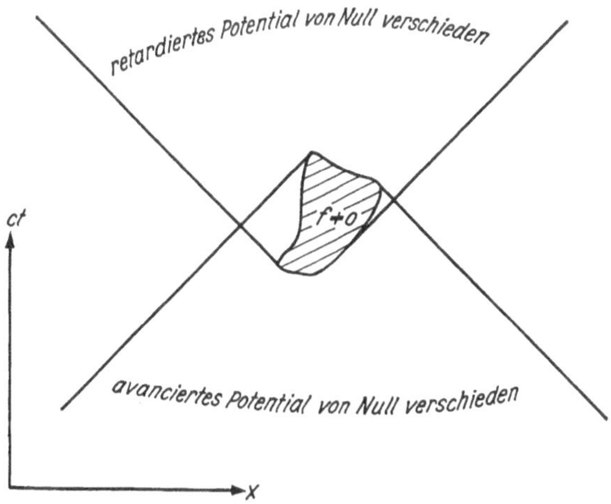

Abb. 57. Die Potentiale einer raum-zeitlich begrenzten Quelle

Potential der Quellverteilung, so erhält man ein freies Feld, das für t gegen $+\infty$ mit der gegebenen Lösung der inhomogenen Gleichung übereinstimmt. Dieses freie Feld heißt auslaufendes Feld.

Lösung der inhomogenen Gleichung	=	avanciertes Potential der Quelle	+	auslaufendes Feld	(54.13)
		retardiertes Potential der Quelle	+	einlaufendes Feld.	

Diese Konstruktion ist wichtig für die Fragestellung der Streutheorie, für die Bestimmung von (auslaufenden) Feldern nach der Wechselwirkung mit den Quellen in Abhängigkeit von den (einlaufenden) Feldern vor der Wechselwirkung.

Der Übergang von den einlaufenden zu den auslaufenden freien Feldern beschreibt den Streuvorgang der Felder an den Quellen. Die Fragestellung der Streutheorie erlangt ihre Bedeutung durch die zentrale Stellung der Streuexperimente in der experimentellen Technik der Physik der Elementarteilchen.

Die MAXWELLschen Gleichungen, die über das Viererpotential zur Wellengleichung führen, zeichnen keine speziellen Lösungen der inhomogenen Gleichungen aus. Insbesondere sind avancierte und retardierte Potentiale völlig gleichberechtigt. Die Frage, warum nun nur retardierte Potentiale beobachtet werden, kann die MAXWELLsche Theorie allein nicht beantworten. Auch die Beachtung der Existenz anderer Materie führt nicht auf eine Lösung.

Für die konkrete Wellengleichung

$$\Box A^i = -\frac{4\pi}{c} j^i$$

lautet das retardierte Potential

$$A^i_{\text{ret}}(\boldsymbol{r}, t) = \frac{1}{c} \int \frac{j^i\left(\boldsymbol{r}_0, t - \frac{|\boldsymbol{r} - \boldsymbol{r}_0|}{c}\right)}{|\boldsymbol{r} - \boldsymbol{r}_0|} \, d^3\boldsymbol{r}_0 \,. \tag{54.14}$$

§ 55. Zwei Beispiele zur Entstehung von Strahlung

LIENARD-WICHERT-Potential (Feld eines geladenen Teilchens):

Ein sich bewegendes geladenes Teilchen stellt eine singuläre Stromdichteverteilung dar. Die Stromdichte verschwindet außerhalb der Weltlinie des Teilchens. Das retardierte Potential des Elektrons an einem gegebenen Aufpunkt hängt von der Stromdichte auf dem Vorkegel dieses Punktes ab. Damit ist allein der Zustand des Elektrons Q beim Durchstoßen des Vorkegels dieses Aufpunkts und der Durchstoßpunkt von Bedeutung (Abb. 58).

Die Weltlinie des Elektrons sei durch $\boldsymbol{r} = \tilde{\boldsymbol{r}}(T)$ gegeben, das Bezugssystem ist zunächst fest gewählt. Dann wird der Durchstoßpunkt aus

$$|\boldsymbol{r} - \tilde{\boldsymbol{r}}(T)| = c\,(t - T)$$

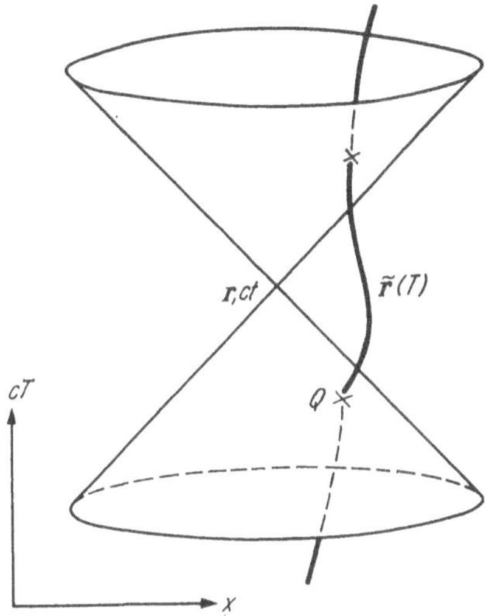

Abb. 58. Das Potential des bewegten geladenen Teilchens. Geschwindigkeit und Ladung am Ereignis Q bestimmen das Feld bei $(\boldsymbol{r}, c\,t)$

ermittelt. $T(\boldsymbol{r}, t)$ ist die Zeitkoordinate des Durchstoßpunktes im gegebenen Bezugssystem. Das Integral für das Viererpotential wird nun im lokalen Ruhsystem des Ladungsträgers am Durchstoßpunkt berechnet und dann durch kovariante Formulierung auf beliebige Inertialsysteme verallgemeinert. Es gilt

$$\int j^k \, \mathrm{d}^3\boldsymbol{r} = e\, u^k$$

für jedes Volumen aus dem dreidimensionalen Raum $t = T$, das den Durchstoßpunkt enthält. Aus (54.14)

$$A^k(\boldsymbol{r}, t) = \frac{1}{c} \int \frac{1}{|\boldsymbol{r} - \boldsymbol{r}_0|} j^k\,(\boldsymbol{r}_0\, t_0)\, \delta\,(c\,t - c\,t_0 - |\boldsymbol{r} - \boldsymbol{r}_0|)\, \mathrm{d}^3\boldsymbol{r}_0\, dct_0$$

folgt

$$A^k(\boldsymbol{r}, t) = \frac{1}{c}\, e\, u^k(T) \frac{1}{|\boldsymbol{r} - \tilde{\boldsymbol{r}}(T)|}\,. \tag{55.1}$$

Wegen der Beziehung

$$|\boldsymbol{r} - \tilde{\boldsymbol{r}}(T)| = c\,(t - T) = -\frac{u_4}{c}\left(x^4 - \tilde{x}^4(T)\right)$$

folgt schließlich

$$A^k(x) = -\,e\, \frac{u^k(T)}{u_l(T)\left(x^l - \tilde{x}^l(T)\right)}\,. \tag{55.2}$$

Dieser Ausdruck für das Lienard-Wichert-Potential gilt in jedem Koordinatensystem, da nur invariante Ausdrücke verwendet werden und die Gleichheit in einem Bezugssystem gilt.

Im Spezialfall des ruhenden Elektrons erhält man mit

$$x^k(T) = (0,\ 0,\ 0,\ c\,T)\,, \qquad T(\boldsymbol{r}, t) = t - \frac{|\boldsymbol{r}|}{c}\,, \qquad u^k(T) = (0,\ 0,\ 0,\ c)$$

$$A^k = \left(0,\ 0,\ 0,\ \frac{e}{|\boldsymbol{r}|}\right). \tag{55.3}$$

Das ist als das COULOMB-Potential. Da das Magnetfeld verschwindet, ist auch der Energiestrom Null, ein ruhendes Elektron strahlt keine Energie ins Unendliche ab. Ersichtlich kann wegen der Relativität der Geschwindigkeit auch ein geradlinig gleichförmig bewegtes (d. h. unbeschleunigtes) Elektron keine Energie abstrahlen.

Ein beschleunigt bewegtes Elektron dagegen strahlt, man errechnet für den Strahlungsverlust an Energie

$$\oint_{R\to\infty} \boldsymbol{S}\,\mathrm{d}\boldsymbol{f} = \frac{\mathrm{d}E}{\mathrm{d}t} = -\frac{2\,e^2}{3\,c^3}\,\dot{V}^2\,\frac{1}{\left(1-\frac{v^2}{c^2}\right)^3}\,. \tag{55.4}$$

Daraus resultiert für ein schwingendes System eine Dämpfung, die Strahlungsdämpfung. Ein gedämpfter harmonischer Oszillator mit der Bewegungsgleichung

$$m\,\ddot{x} + m\,\gamma\,\dot{x} + m\,\omega_0^2\,x = 0$$

verliert Energie nach

$$\frac{\mathrm{d}}{\mathrm{d}t}\left(m\,\frac{\dot{x}^2}{2} + m\,\omega_0^2\,\frac{x^2}{2}\right) = -\,m\,\gamma\,\dot{x}^2\,.$$

Wegen des Energieverlustes durch Strahlung ergibt sich also die Dämpfungskonstante mit

$$(\ddot{x})^2 \sim \omega_0^2\,\dot{x}^2 \quad \text{zu} \quad \gamma = \frac{2\,e^2}{3\,m\,c^2}\,\omega_0^2\,. \tag{55.5}$$

γ entspricht auch der Breite der Resonanzkurve des Oszillators, man erhält

$$\Delta\lambda = 2\,\pi\,c\,\Delta\,\frac{1}{\omega} = 2\,\pi\,c\,\frac{\gamma}{\omega_0^2} = \frac{4\,\pi\,e^2}{3\,m\,c^2}\,, \tag{55.6}$$

$$\Delta\lambda = 1{,}26\cdot 10^{-12}\ \mathrm{cm}\,,$$

die klassische natürliche Linienbreite. $\frac{1}{\gamma}$ ist weiterhin die klassische Lebensdauer des schwingenden Systems, dessen Schwingung durch die Strahlungsdämpfung abgebaut wird. Der Zusammenhang zwischen Linienbreite und Lebensdauer ist der gleiche wie in der Quantenmechanik (37.3). In der Quantenmechanik ändert sich lediglich der Mechanismus der Abstrahlung, d. h., der klassische Wert für die Lebensdauer ist in mikroskopischen Bereichen bei diskreten Energieniveaus nicht richtig.

Nach der klassischen Dämpfung dürfte ein Wasserstoffatom mit dem Elektron im Abstand von 10^{-8} cm vom Kern nur etwa 10^{-9} s leben, so schnell verliert das kreisende Elektron durch die klassische Strahlungsdämpfung an Energie und stürzt in den Kern. Die Stabilität des Wasserstoffatoms (und der anderen Atome natürlich auch) ist einer der Punkte, die die Präzisierung der Mechanik zur Quantenmechanik erforderlich machen.

HERTZscher Dipol (Feld des oszillierenden Dipols):

Betrachtet wird ein Dipol, der am Koordinatenursprung ruht und dort konzentriert ist. Das Dipolmoment ist für zwei Ladungen im Abstand $\boldsymbol{r}_0$ gleich $\boldsymbol{p} = e\,\boldsymbol{r}_0$, die Stromdichte entsteht durch die Bewegung der beiden Ladungen, mit $\dot{\boldsymbol{p}} = e\,\boldsymbol{v}$ ist

$$\boldsymbol{j}(\boldsymbol{r}, t) = \dot{\boldsymbol{p}}(t)\,\delta(\boldsymbol{r}) \,. \tag{55.7}$$

Für diese Quelldichte suchen wir das retardierte Potential. Der schwingende Dipol kann durch eine Antenne realisiert werden, die sich in genügender Entfernung vom Aufpunkt befindet. Das Vektorpotential des Magnetfeldes gewinnt man direkt als Potential der Stromverteilung (55.7), das elektrische Potential ergibt sich aus der LORENTZ-Konvention (52.5). Man findet

$$\boldsymbol{A}(\boldsymbol{r}, t) = \frac{1}{c\,r}\dot{\boldsymbol{p}}\left(t - \frac{r}{c}\right),$$

$$\frac{\partial \Phi}{\partial t} = -\,c \operatorname{div} \boldsymbol{A} = \boldsymbol{n}\left(\frac{\dot{\boldsymbol{p}}_{\text{ret}}}{r^2} + \frac{\ddot{\boldsymbol{p}}_{\text{ret}}}{c\,r}\right), \qquad \boldsymbol{n} = \frac{\boldsymbol{r}}{r}, \tag{55.8}$$

$$\Phi(\boldsymbol{r}, t) = \boldsymbol{n}\left(\frac{\boldsymbol{p}_{\text{ret}}}{r^2} + \frac{\dot{\boldsymbol{p}}_{\text{ret}}}{c\,r}\right). \tag{55.9}$$

(Die Ladungsdichte kann in der Form $\varrho = -\,\boldsymbol{p}(t) \operatorname{grad} \delta(\boldsymbol{r})$ geschrieben werden.) Zur Abkürzung wird der HERTZsche Vektor $\boldsymbol{\Pi}$ eingeführt.

$$\boldsymbol{A} = \frac{1}{c}\frac{\partial \boldsymbol{\Pi}}{\partial t}, \qquad \Phi = -\operatorname{div} \boldsymbol{\Pi} \,. \tag{55.10}$$

Diese Definition ist immer möglich, wenn die Dimensionen des Quellgebiets relativ zum Abstand des Aufpunktes klein sind, wenn sich der Aufpunkt in der sog. Wellenzone befindet. In unserem Falle ist wegen (55.7) überall Wellenzone, der HERTZsche Vektor ist gleich

$$\boldsymbol{\Pi} = \frac{1}{r}\boldsymbol{p}\left(t - \frac{r}{c}\right). \tag{55.11}$$

Elektrische und magnetische Feldstärke ergeben sich zu

$$\boldsymbol{E} = \Box\, \boldsymbol{\Pi}\,, \qquad \boldsymbol{H} = \frac{\partial}{c\,\partial t} \operatorname{rot} \boldsymbol{\Pi} \,. \tag{55.12}$$

An Hand von (55.9) unterscheidet man die Nahzone und die Fernzone am schwingenden Dipol: In der Nahzone überwiegt der erste Term, das Potential ist also gleich dem Potential des statischen Dipols, nur retardiert. Dabei ist auch die Retardierung vernachlässigbar, da sie nur einen Beitrag der Größenordnung des zweiten Terms liefert. In der Nahzone haben wir also quasistatische Verhältnisse. Die Nahzone ist gekennzeichnet durch

$$r \ll \lambda\,, \tag{55.13}$$

wobei λ die vom Dipol ausgestrahlte Wellenlänge bedeutet. In der Fernzone überwiegt der zweite Term: Differentiationen liefern Hauptbeiträge in der Ordnung $1/r$; dazu muß nach den räumlichen Koordinaten über die retardierte Zeit differenziert werden:

$$\frac{\partial}{\partial x} = -\frac{\partial r}{\partial x}\frac{1}{c}\frac{\partial}{\partial t} + \text{Terme höherer Ordnung.}$$

In der Fernzone nehmen also alle Größen wie $1/r$ ab. Die Energiestromdichte nimmt wie $1/r^2$ ab. Der führende Term ist wegen

$$\boldsymbol{H} = \frac{1}{c^2}\ddot{\boldsymbol{\Pi}} \times \boldsymbol{n}\,,$$

$$\boldsymbol{E} = \frac{1}{c^2}(\ddot{\boldsymbol{\Pi}} \times \boldsymbol{n}) \times \boldsymbol{n}\,, \qquad (\boldsymbol{E} \perp \boldsymbol{H})$$

gleich

$$\boldsymbol{S} = \frac{c}{4\pi}\cdot\frac{\boldsymbol{n}}{c^4}(\ddot{\boldsymbol{\Pi}} \times \boldsymbol{n})^2 = \frac{\boldsymbol{n}}{4\pi c^3}\sin^2\theta\,\frac{|\ddot{p}|^2}{r^2}\,. \tag{55.14}$$

Das Maximum der Intensität liegt also in der Ebene senkrecht zum Dipol, die gesamte abgestrahlte Energie ist

$$\oint \boldsymbol{S}\,\mathrm{d}\boldsymbol{f} = \frac{2}{3c^3}\ddot{p}^2\,, \tag{55.15}$$

was direkt mit (55.4) zu vergleichen ist.

Der harmonisch schwingende Dipol ergibt

$$\boldsymbol{p}(t) = \boldsymbol{p}\,\mathrm{e}^{i\omega t}\,, \qquad \boldsymbol{\Phi} = \boldsymbol{n}\,\boldsymbol{p}\left(\frac{1}{r^2} + i\frac{\omega}{c}\frac{1}{r}\right)e^{i\left(\omega t - \frac{\omega r}{c}\right)}\,, \qquad \lambda = \frac{2\pi c}{\omega}\,.$$

Daran kann man einmal (55.13) als Bedingung für die Nahzone ablesen, zum anderen erkennt man den Charakter der Lösung in der Fernzone als auslaufende Kugelwelle. Das analoge avancierte Potential würde eine einlaufende Kugelwelle darstellen. Der Poynting-Vektor ist proportional ω^4, die hohen Frequenzen werden also am stärksten abgestrahlt. Das ist ein Hinweis auf die klassische Streuung elektromagnetischer Wellen an geladenen Teilchen, die Intensität dieser Streuung nimmt mit ω^4 zu. Zu beachten ist wieder, daß die klassische Streuung im mikroskopischen Bereich (für hohe Frequenzen) versagt, erinnert sei an den Compton-Effekt (46.18).

§ 56. Elektrodynamik in Medien

Die atomistische Struktur der Materie, speziell die mikroskopisch inhomogene Ladungsverteilung im Großen neutraler Körper führt auf eine Wechselwirkung zwischen Medien und dem elektromagnetischen Feld. Abgesehen davon, daß jede einzelne Molekel bzw. jedes Atom ein elektrisches oder magnetisches Dipolmoment tragen kann, wird durch den Einfluß des elektromagnetischen Feldes jedes mikroskopische System zu einem Dipol (STARK-Effekt, ZEEMANN-Effekt, LARMOR-Rotation).

Aneinander gebundene elektrische Ladungen werden durch das elektrische Feld aus ihren Gleichgewichtslagen entfernt. Es entsteht ein Verschiebungsfeld ξ der Ladungen, die Polarisationsdichte dieses Feldes ist

$$\boldsymbol{P} = \varrho\, \xi\,.$$

Die gesamte in ein Volumen hineingeschobene Ladung ergibt sich zu

$$Q_P = -\oint\!\!\oint \varrho\, \xi\, \mathrm{d}\boldsymbol{f} = -\oint\!\!\oint \boldsymbol{P}\, \mathrm{d}\boldsymbol{f} = -\iiint \operatorname{div} \boldsymbol{P}\, \mathrm{d}V\,.$$

Damit erhalten wir durch die elektrische Polarisation eine zusätzliche Ladungsdichte (vgl. § 53).

$$\varrho_P = -\operatorname{div} \boldsymbol{P}\,. \tag{56.1}$$

Nun muß die Kontinuitätsgleichung sowohl für alle Ladungen als auch für die frei beweglichen Ladungen allein gelten, d. h.

$$\operatorname{div} \boldsymbol{j}_L + \frac{\partial \varrho_L}{\partial t} = 0$$

für die freien Ladungen,

$$\operatorname{div} \boldsymbol{j} + \frac{\partial}{\partial t}(\varrho_L + \varrho_P) = 0 \tag{56.2}$$

für die Gesamtladung.
Damit lautet der Gesamtviererstrom

$$\boldsymbol{j} = \boldsymbol{j}_L + \frac{\partial \boldsymbol{P}}{\partial t} + c \operatorname{rot} \boldsymbol{M}\,,$$

$$\varrho = \varrho_L - \operatorname{div} \boldsymbol{P}\,. \tag{56.3}$$

Nach (53.18) beschreibt der durch (56.2) offengelassene Term c rot $\boldsymbol{M}$ in der Gesamtstromdichte die magnetische Polarisation des Mediums. Der Stromanteil c rot $\boldsymbol{M}$ transportiert elektrische Ladung nur in atomaren Dimensionen, die aber bei der global phänomenologischen Beschreibung unberücksichtigt bleiben. Die Stromlinien sind immer geschlossen, man kann sie sich aus Kreisströmen atomarer Dimensionen zusammengesetzt denken.

Durch die Polarisierbarkeit des Mediums werden die MAXWELLschen Gleichungen korrigiert.

$$\operatorname{div}(\boldsymbol{E} + 4\pi \boldsymbol{P}) = 4\pi \varrho_L ,$$

$$\operatorname{rot}(\boldsymbol{H} - 4\pi \boldsymbol{M}) = \frac{\partial}{c\,\partial t}(\boldsymbol{E} + 4\pi \boldsymbol{P}) + \frac{4\pi}{c}\boldsymbol{j}_L . \tag{56.4}$$

Die Gruppe der homogenen Gleichungen bleibt unverändert:

$$\operatorname{rot}\boldsymbol{E} = -\frac{1}{c}\frac{\partial \boldsymbol{H}}{\partial t},$$

$$\operatorname{div}\boldsymbol{H} = 0 .$$

In Viererschreibweise haben diese Gleichungen die Form

$$F_{ik,l}\,\varepsilon^{iklm} = 0 ,$$

$$(F^{ik} + M^{ik})_{,k} = \frac{4\pi}{c} j^i . \tag{56.5}$$

Der Polarisationstensor ergibt sich zu

$$M^{ik} = 4\pi \begin{pmatrix} 0, & -M_3, & M_2, & -P_1 \\ M_3, & 0, & -M_1, & -P_2 \\ -M_2, & M_1, & 0, & -P_3 \\ P_1, & P_2, & P_3, & 0 \end{pmatrix} . \tag{56.6}$$

Die LORENTZ-Invarianz impliziert Transformationsgesetze für elektrische und magnetische Polarisation analog (49.4). Diese Transformationsgesetze können verifiziert werden, indem man das Magnetfeld von bewegten elektrisch polarisierten Medien prüft (RÖNTGEN-EICHENWALD-Versuch) bzw. das von einem bewegten magnetisch polarisierten Medium erzeugte elektrische Feld mißt (unipolare Induktion).

Die Bewegungsgleichung für die Ladungsträger muß im Medium auch korrigiert werden. Die Wechselwirkung der Ladungsträger mit den Atomen des Mediums bewirkt eine starke Stoßbremsung, die bei genügend langsam veränderlichen Feldern auf eine feldabhängige Geschwindigkeit führt.

$$\boldsymbol{v} = b\,\boldsymbol{K} = b\,q\left(\boldsymbol{E} + \frac{\boldsymbol{v}}{c} \times \boldsymbol{H}\right) \tag{56.7}$$

definiert die Beweglichkeit b der Ladungsträger. Die sich daraus ergebende Stromdichte ist

$$\boldsymbol{j} = q\,n\,\boldsymbol{v} = b\,n\,q^2\left(\boldsymbol{E} + \frac{\boldsymbol{v}}{c} \times \boldsymbol{H}\right) \tag{56.8}$$

(n = Ladungsträgerdichte).

$\sigma = b\,n\,q^2$ heißt Leitfähigkeit.

Das Vorzeichen der Ladungsträger ist für die Leitfähigkeit ohne Bedeutung, es wirkt sich aber auf den HALL-Effekt aus: Das magnetische Feld drängt Ladungsträger quer zur Bewegungsrichtung ab; im stationären Zustand ergibt sich durch die Ladungsdichteverteilung ein zusätzliches elektrisches Feld, das dieser Verdrängung das Gleichgewicht hält,

$$\boldsymbol{E}_{\text{Hall}} = -\frac{\boldsymbol{v}}{c} \times \boldsymbol{H} = -\frac{b\,q}{c}\boldsymbol{E} \times \boldsymbol{H}\,. \tag{56.9}$$

Hier entscheidet das Vorzeichen der Ladungsträger auch das des Effekts.

Die elektrische und magnetische Polarisationsdichte sind durch die MAXWELLschen Gleichungen nicht bestimmt. Da die Polarisation mikroskopisch von den Feldstärken $\boldsymbol{E}$ und $\boldsymbol{H}$ abhängt, kann man auch makroskopisch

$$\boldsymbol{P} = \boldsymbol{P}(\boldsymbol{E}, \boldsymbol{H})\,, \qquad \boldsymbol{M} = \boldsymbol{M}(\boldsymbol{E}, \boldsymbol{H})$$

ansetzen. Die spezielle Abhängigkeit wird experimentell gemessen („Materialkonstanten") und kann in einfachen Fällen mikroskopisch begründet werden. Zunächst einmal sind die praktischen Feldstärken im allgemeinen so schwach, daß

$$\boldsymbol{P} = \boldsymbol{P}(\boldsymbol{E})\,, \qquad \boldsymbol{M} = \boldsymbol{M}(\boldsymbol{H})$$

gilt. In erster Näherung ist dann in jedem Falle

$$\boldsymbol{P} = \chi_e \boldsymbol{E}\,, \qquad \boldsymbol{M} = \chi_m (\boldsymbol{H} - 4\,\pi \boldsymbol{M})\,. \tag{56.10}$$

χ_e und χ_m heißen elektrische und magnetische Suszeptibilität. In anisotropen Medien sind es Tensoren, bei höheren Feldstärken sind sie von der Feldstärke abhängig.

Enthält das Medium feste Dipole, so werden sie in Feldrichtung gedreht (die Wechselwirkungsenergie $H_W = -\boldsymbol{p}\,\boldsymbol{E}$ bzw. $-\boldsymbol{m}\,\boldsymbol{H}$ wird dadurch kleiner). Die Richtungsverteilung der Dipole wird nun durch die thermische Verteilung beeinflußt, die Ausrichtung der Dipole im Feld wird bei wachsender Temperatur geringer. Der Anteil der Suszeptibilität, der durch diesen Mechanismus entsteht, ist stark temperaturabhängig und trägt Sättigungscharakter für hohe Feldstärken. Die thermische Bewegung sucht die Dipolmomente über alle Richtungen gleich zu verteilen, so daß die mittlere Polarisation verschwindet.

Unabhängig davon werden Dipole durch das äußere Feld gebildet. Elektrisch symmetrische Gebilde dissoziieren unter dem Einfluß eines elektrischen Feldes in Dipole, weil positiver und negativer Ladungsanteil in verschiedene Richtungen gezogen werden. Im Falle der elektrischen Polarisation wirkt dieser Mechanismus in gleicher Weise wie die Ausrichtung fester Dipole. Im Magnetfeld wird durch die LARMOR-Rotation der Ladungsträger ein zum Magnetfeld antiparalleles magnetisches Moment induziert, die Induktion der Momente wirkt also in entgegengesetzter Richtung wie die Ausrichtung der Momente. Die (statische) Suszeptibilität ist daher im elektrischen Fall immer positiv, im magnetischen Fall kann sie beiderlei Vorzeichen haben. Der Polarisationsanteil durch Induktion ist allerdings im Vergleich zum Polarisationsanteil durch Ausrichtung temperaturunabhängig, so daß beide getrennt werden können.

Unter dem Einfluß eines wechselnden Feldes wird wegen der Trägheit der Ladungsträger die Suszeptibilität i. a. schwächer, der atomare Mechanismus erzeugt aber große Unterschiede zwischen den einzelnen Medien. Besonders bei Frequenzen, die in der Nähe von Termdifferenzen der Atome bzw. Molekeln liegen, treten Erscheinungen auf, die nicht durch so qualitative Betrachtungen erklärt werden.

Zu beachten ist auch, daß die elektrische Leitfähigkeit in der obigen Erklärung nur für genügend tiefe Frequenzen richtig sein kann, allerdings sind die Einstellzeiten der Geschwindigkeit (56.7) sehr klein. Eine Ausnahme bildet die Erscheinung der Supraleitung. Einen Supraleiter kann man phänomenologisch mit der Annahme beschreiben, daß die Ladungsträger in zwei Phasen existieren, wobei nur die Ladungsträger der einen Phase über die Stoßbremsung mit dem Kristallgitter wechselwirken. Die Ladungsträger der supraleitenden Phase dagegen werden von der LORENTZ-Kraft auch makroskopisch beschleunigt, wobei diese Beschleunigung durch die Gleichungen

$$\left.\begin{aligned} \frac{\partial}{\partial t} \lambda \boldsymbol{j}_s &= \boldsymbol{E}\,, \\ - c \operatorname{rot} \lambda \boldsymbol{j}_s &= \boldsymbol{H} \end{aligned}\right\} \tag{56.11}$$

ausgedrückt wird. Für die Normalphase $\boldsymbol{j}_N$ gilt weiterhin (56.8). Beide Ströme und Ladungen ergeben zusammen die Inhomogenität in den MAXWELLschen Gleichungen. λ ist ein Faktor, der die supraleitende Phase beschreibt. Er ist stark temperaturabhängig, das Verschwinden der supraleitenden Phase wird durch $1/\lambda = 0$ ausgedrückt. Supraleitung tritt bei bestimmten Stoffen bei genügend tiefen Temperaturen auf (Beispiel Nb unter 8,6 °K).

Im stationären Zustand muß $\boldsymbol{E} = 0$, $\boldsymbol{j}_L = 0$ angesetzt werden. Dann ist mit $\boldsymbol{H} = - c \operatorname{rot} \lambda \boldsymbol{j}$ und $\operatorname{rot} \frac{1}{\mu} \boldsymbol{H} = \frac{4\pi}{c} \boldsymbol{j}$

$$\operatorname{rot} \operatorname{rot} \frac{1}{\mu} \boldsymbol{H} = - \frac{4\pi}{c^2 \lambda} \boldsymbol{H}\,.$$

Bei bereichsweise konstanter magnetischer Suszeptibilität ist in diesen Bereichen

$$\left(\Delta - \frac{4\pi\mu}{c^2\lambda}\right) \boldsymbol{H} = 0\,.$$

Diese Gleichung beschreibt ein exponentielles Abfallen der Feldstärke in einem Supraleiter vom Rande her. Die Eindringtiefe des Magnetfeldes beträgt

$$l = c \sqrt{\frac{\lambda}{4\pi\mu}}$$

und ist bereits bei 0,5 °K unter der Sprungtemperatur nur noch von der Größenordnung 10^{-5} cm.

(56.10) läßt sich in der Form

$$(\boldsymbol{E} + 4\pi \boldsymbol{P}) = \varepsilon \boldsymbol{E},$$

$$\boldsymbol{H} = \mu (\boldsymbol{H} - 4\pi \boldsymbol{M}) \qquad (56.12)$$

schreiben. Durch den Ladungsträgerstrom $\boldsymbol{j}_l$ wird also der Anteil $\boldsymbol{H} - 4\pi \boldsymbol{M}$ des Magnetfeldes erzeugt, der Rest entspricht der Magnetisierungsdichte. Die elektrische freie Ladung muß $\boldsymbol{E} + 4\pi \boldsymbol{P}$ erzeugen. Im allgemeinen werden die Feldstärken umbenannt, es heißt

dielektrische Verschiebung	$\boldsymbol{D}$	für	$\boldsymbol{E} + 4\pi \boldsymbol{P}$,
elektrische Feldstärke	$\boldsymbol{E}$	für	$\boldsymbol{E}$,
magnetische Feldstärke	$\boldsymbol{H}$	für	$\boldsymbol{H} - 4\pi \boldsymbol{M}$,
magnetische Induktion	$\boldsymbol{B}$	für	$\boldsymbol{H}$.

ε heißt Dielektrizitätskonstante, μ magnetische Permeabilität.

Es besteht eine Analogie zwischen der stationären Stromverteilung in einem leitenden Medium, dem stationären elektrischen Feld in einem Dielektrikum und dem stationären Magnetfeld. Dabei sind die Leitfähigkeit σ, die Dielektrizitätskonstante ε und die magnetische Permeabilität μ einander entsprechende Größen. Die Quelle eines stationären Magnetfeldes ist eine Stromverteilung, die $\operatorname{rot} \boldsymbol{H}$ festlegt. Daneben gilt $\operatorname{div} \mu \boldsymbol{H} = 0$. Eine stationäre Stromverteilung wird durch Spannungsquellen in Leiterkreisen erzeugt, d. h., $\oint \boldsymbol{E}\, d\boldsymbol{r}$ oder $\operatorname{rot} \boldsymbol{E}$ ist gegeben. Die Kontinuitätsgleichung liefert dazu $\operatorname{div} \sigma \boldsymbol{E} = 0$. Im Dielektrikum ist sie durch $\operatorname{div} \varepsilon \boldsymbol{E} = 0$ zu ersetzen. Es entstehen analoge Verteilungen von $\boldsymbol{B}$, $\boldsymbol{j}$ und $\boldsymbol{D}$. Unter anderem können (ähnlich elektrischen Widerständen in Leiterkreisen) magnetische Widerstände in magnetisierbaren Substanzen berechnet werden (Abb. 59).

Im statischen Fall ist die Dielektrizitätskonstante größer oder gleich 1, die magnetische Permeabilität μ ist dagegen nur dann größer 1, wenn der Mechanismus der Ausrichtung fester magnetischer Dipole die LARMOR-Bewegung überwiegt (Paramagnetismus). Das ist erfüllt, wenn feste magnetische Dipole überhaupt vorhanden sind. Es gibt den Sonderfall, daß sich die magnetischen Momente der Teilchen, genauer die Elektronenspins, zu größeren geordneten Komplexen verbinden (Ferromagnetismus). Dann ist einerseits die Magnetisierbarkeit größer, zum anderen bleibt die Magnetisierung durch die Wechselwirkung der magnetischen Momente untereinander auch dann erhalten, wenn das äußere Feld abgeschaltet wird (Hysterese, Abb. 60). Diese Permanenz kann durch thermische Energie gestört werden, oberhalb einer bestimmten Temperatur (CURIE-Punkt) verhält sich ein ferromagnetisches Material paramagnetisch. Der CURIE-Punkt von Eisen liegt bei 768 °C.

Sind ε und μ reine Zahlen (isotropes Medium), so findet man unter der Voraussetzung genügend schwacher Frequenzabhängigkeit eine Wellengleichung für die Ausbreitung elektromagnetischer Wellen in Medien. Es ist der gleiche

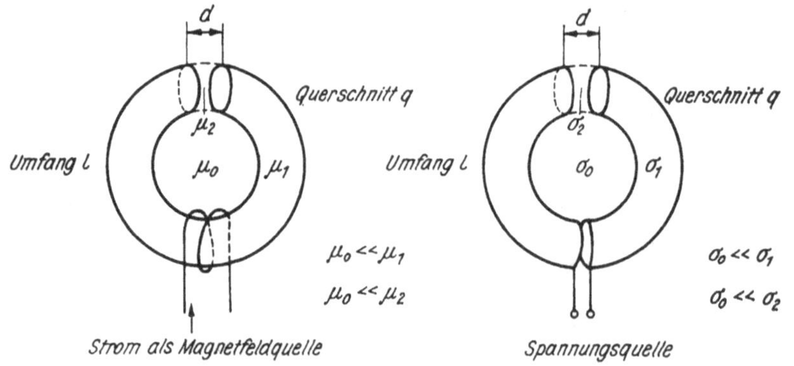

$\operatorname{div} \mu \boldsymbol{H} = 0$: $\Phi = \mu\, g\, H = \text{const}$

$U_{\text{mag}} = \int \boldsymbol{H}\, d\boldsymbol{r} = H_1 l_1 + H_2 d$

$$U_{\text{mag}} = \Phi \left(\frac{l_1}{\mu_1 q_1} + \frac{d}{\mu_2 q} \right)$$

$\operatorname{div} \sigma \boldsymbol{E} = 0$: $I = \sigma\, q\, E = \text{const}$

$U_{\text{el}} = \int \boldsymbol{E}\, dr = E_1 l_1 + E_2 d$

$$U_{\text{el}} = I \left(\frac{l_1}{\sigma_1 q} + \frac{d}{\sigma_2 q} \right)$$

Abb. 59. Zur Analogie zwischen Strom und magnetischem Fluß

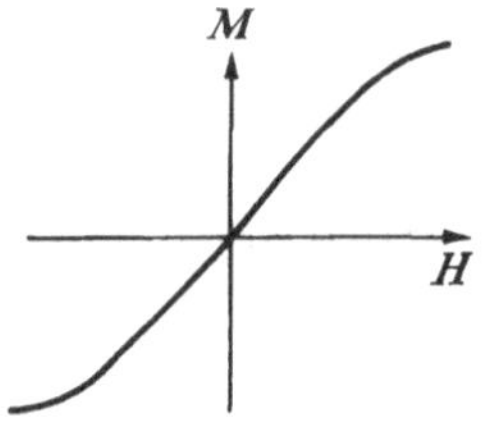

Extremfall freier magnetischer Momente

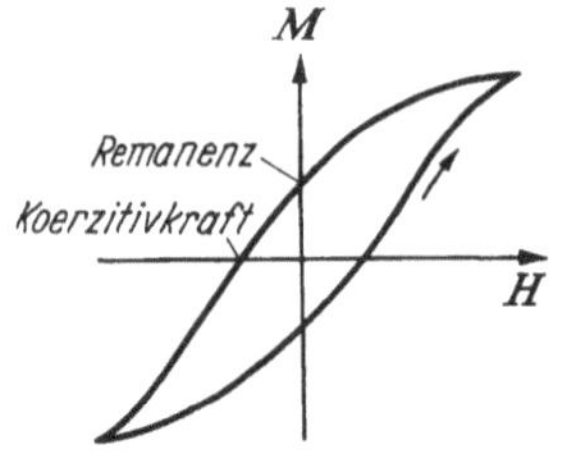

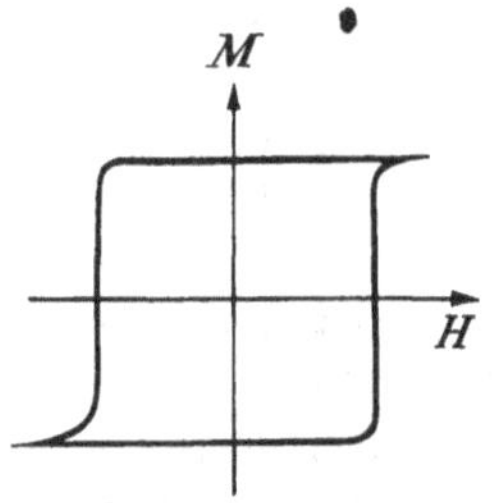

Extremfall vollständiger Remanenz. Nutzung in elektronischen Speichern: Die Magnetisierung bleibt erhalten, bis ein Ummagnetisierungsimpuls von einer bestimmten Mindeststärke aufgeprägt wird

Abb. 60. Die magnetische Hysterese

Ansatz wie in § 52, jedoch muß die LORENTZ-Konvention korrigiert werden:

$$\operatorname{div} \boldsymbol{H} = 0: \qquad \boldsymbol{H} = \operatorname{rot} \boldsymbol{A}\,,$$

$$\operatorname{rot} \frac{1}{\mu} \operatorname{rot} \boldsymbol{A} = \frac{\varepsilon}{c} \frac{\partial \boldsymbol{E}}{\partial t} + \frac{4\pi}{c} \boldsymbol{j}\,,$$

$$\operatorname{rot} \boldsymbol{E} = -\frac{\partial}{\partial t} \frac{1}{c} \operatorname{rot} \boldsymbol{A}: \qquad \boldsymbol{E} + \frac{1}{c} \dot{\boldsymbol{A}} = -\operatorname{grad} \Phi\,,$$

$$\operatorname{div} \left(-\frac{1}{c} \dot{\boldsymbol{A}} - \operatorname{grad} \Phi \right) = \frac{4\pi}{\varepsilon} \varrho\,.$$

Um die Wellengleichung zu erhalten, muß man die Eichung

$$\operatorname{div} \boldsymbol{A} + \frac{\varepsilon \mu}{c} \frac{\partial \Phi}{\partial t} = 0$$

wählen. Es ergibt sich

$$\left.\begin{aligned} \left(\Delta - \frac{\varepsilon \mu}{c^2} \frac{\partial^2}{\partial t^2} \right) \boldsymbol{A} &= -\frac{4\pi}{c} \boldsymbol{j}\,, \\ \left(\Delta - \frac{\varepsilon \mu}{c^2} \frac{\partial^2}{\partial t^2} \right) \Phi &= -4\pi \varrho\,. \end{aligned}\right\} \tag{56.13}$$

Wir haben eine Wellengleichung mit Brechungsindex vor uns. Diese Wellengleichung ist nicht mehr LORENTZ-invariant, sie ist auch unter Bedingungen abgeleitet, die nicht LORENTZ-invariant sind. Die LORENTZ-Invarianz wird durch das Vorhandensein des Mediums selbst gebrochen. Bezüglich der Wechselwirkung mit einem Medium spielt das Ruhsystem des Mediums in ganz natürlicher Weise eine ausgezeichnete Rolle.

Die Abhängigkeit des Brechungsindex von der Frequenz führt zur Dispersion (§ 9), die Abhängigkeit vom Ort zur Lichtbrechung und -ablenkung (§ 10). Wichtig ist die MAXWELLsche Beziehung

$$n^2 = \varepsilon \mu\,. \tag{56.14}$$

Das klassische Modell für den genauen Gang der Frequenzabhängigkeit des Brechungsindex ist der harmonisch gebundene Dipol (9.28), dieses Modell ist brauchbar für Frequenzen unterhalb der Resonanzfrequenz. In diesem Gebiet nimmt die Polarisierbarkeit mit der Frequenz zu, so daß auch der Brechungsindex mit der Frequenz zunimmt (normale Dispersion, Glasprisma). In Gebieten anomaler Dispersion ist auch die Absorption sehr stark.

Unter Berücksichtigung der Form (9.12) der ebenen Welle findet man

$$\omega^2 n^2(\omega) = c^2 \boldsymbol{k}^2$$

als Dispersionsformel (47.3). Die Phasengeschwindigkeit und die Gruppengeschwindigkeit lauten

$$\boldsymbol{u}_P = \frac{c}{n} \frac{\boldsymbol{k}}{|\boldsymbol{k}|}\,, \qquad \boldsymbol{u}_G = \frac{\boldsymbol{u}_P}{1 + \dfrac{\omega}{n} \dfrac{\mathrm{d}n}{\mathrm{d}\omega}}\,. \tag{56.15}$$

Im Fall normaler Dispersion ist die Gruppengeschwindigkeit kleiner als die Phasengeschwindigkeit, beide sind kleiner als die Lichtgeschwindigkeit im Vakuum $|n > 1|$. In allen anderen Fällen ist das Modell der Wellengruppe zu grob, um die Phänomene beim Energietransport zu beschreiben.

Ein Teilchen kann sich im Medium mit einer Geschwindigkeit größer als die Lichtgeschwindigkeit c/n bewegen, ohne $|\boldsymbol{v}| < c$ zu verletzen. Es bildet sich dann ein Stoßwellenkegel analog dem MACHschen Kegel aus, der Winkel der Normalen auf der Stoßwellenfront zur Flugrichtung des Teilchens ist gegeben durch

$$\sin \alpha = \frac{c}{n\,v}\,.$$

Die Stoßwelle transportiert Energie, man beobachtet unter diesem Winkel eine Strahlung (TSCHERENKOV-Effekt). Mit dem TSCHERENKOV-Effekt können geladene Teilchen gezählt werden, wobei der Winkel α Information über die Teilchengeschwindigkeit liefert (§ 64).

§ 57. Das skalare Feld

Die MAXWELLschen Gleichungen sind der Wellengleichung für ein Vektorfeld äquivalent. Dabei bewegen sich die Wellengruppen des freien Feldes mit Lichtgeschwindigkeit, im Vakuum verschwindet die Dispersion.

Dispersion im Vakuum und Bewegung der Wellengruppen mit Unterlichtgeschwindigkeit erhält man bei Lösung der KLEIN-GORDON-Gleichung:

$$(\Box - k_0^2)\,\Phi = 0\,. \tag{57.1}$$

Φ ist hier zunächst irgendeine Größe, in der Natur beschreibt diese Gleichung allerdings gerade die Eigenschaften eines skalaren Feldes: Φ wird also als Skalar gegen LORENTZ-Transformationen vorausgesetzt. Zunächst ist diese Voraussetzung aber ohne Belang.

k_0 hat die Dimension einer reziproken Länge; wie später zu sehen ist, hat diese Länge die Bedeutung der in (46.18) schon einmal aufgetretenen COMPTON-Wellenlänge eines Teilchens. Die Dispersionsformel (9.35) erhält man aus der ebenen Welle:

$$\Phi = \Phi_0 \exp k_l\, x^l \quad \text{und} \quad (\Box - k_0^2)\,\Phi = 0$$

$$\text{ergeben}\; \eta^{lm}\, k_l\, k_m = -\,k_0^2\,. \tag{57.2}$$

Der Wellenzahlvektor ist also zeitartig, in dreidimensionaler Schreibweise ist

$$\omega = c\sqrt{k_0^2 + \boldsymbol{k}^2} \tag{57.3}$$

und die Gruppengeschwindigkeit einer Wellengruppe

$$\boldsymbol{v} = \operatorname{grad} \omega = c\,\frac{\boldsymbol{k}}{\sqrt{k_0^2 + \boldsymbol{k}^2}}\,. \tag{57.4}$$

Die Wellengruppen bewegen sich mit Unterlichtgeschwindigkeit. Denkt man an den Zusammenhang zwischen Impuls und Wellenzahlvektor in der nichtrelativistischen Quantenmechanik, so wäre nun $p_l = \hbar k_l$ zu setzen, und dann ergäben sich mit

$$m_0^2 = \frac{\hbar^2 k_0^2}{c^2}, \qquad \boldsymbol{v} = \frac{\boldsymbol{p}}{E} c^2 \tag{57.5}$$

bekannte Relationen.

Die Beziehung $k_0^2 = \frac{m_0^2 c^2}{\hbar^2}$ zeigt den (zunächst nur formalen) Zusammenhang zwischen k_0 und der COMPTON-Wellenlänge eines Teilchen der Ruhmasse m_0.

Die statische kugelsymmetrische Lösung der KLEIN-GORDON-Gleichung lautet

$$\Phi = \Phi_0 \frac{\exp(-k_0 r)}{r}. \tag{57.6}$$

Die Korrektur der eigentlichen Wellengleichung durch den Term $k_0^2 \Phi$ bewirkt also außer der Unterlichtgeschwindigkeit der Wellengruppen auch die endliche Reichweite des zugehörigen statischen Potentials. Wegen (57.5) hängt die Reichweite des Potentials mit der Masse eines entsprechenden Teilchens zusammen:

$$\lambda = \frac{1}{k_0} = \frac{\hbar}{m_0 c}. \tag{57.7}$$

Über die Abschätzung der Reichweite der Kernkräfte zwischen den Nukleonen (gegeben durch die Atomkernradien) wurde von YUKAWA die Existenz eines Teilchens mit etwa 100 MeV Ruhmasse vorhergesagt, dieses Teilchen ist das π-Meson (§ 64).

Drei Felder unendlicher Reichweite sind bekannt, das Gravitationsfeld, das elektromagnetische Feld und das den Neutrinos entsprechende Feld. Korrespondierende Teilchen bewegen sich mit Lichtgeschwindigkeit. Zum Gravitationsfeld korrespondierende Gravitonen sind noch nicht gefunden und liegen auch noch weit unter den experimentellen Möglichkeiten. Das dem elektromagnetischen Feld entsprechende Teilchen ist das Photon. Das dem Neutrino entsprechende Feld ist nicht makroskopisch. Das ist der Grund, warum es makroskopisch nur zwei Felder gibt, Gravitationsfeld und elektromagnetisches Feld. Existenz und Bedeutung eines skalaren Feldes ohne Ruhmasse ist unsicher.

Die KLEIN-GORDON-Gleichung kann aus einem Variationsprinzip als notwendige Bedingung für ein Extremum des Integrals über die LAGRANGE-Funktion

$$L = \frac{1}{2} (\eta^{ik} \Phi_{,i} \Phi_{,k} + k_0^2 \Phi^2) \tag{57.8}$$

hergeleitet werden.

Der Energie-Impuls-Tensor des skalaren (reellen) Feldes lautet

$$T_{ik} = \Phi_{,i}\,\Phi_{,k} - \frac{1}{2}\,\eta_{ik}\,(\eta^{rs}\,\Phi_{,r}\,\Phi_{,s} + k_0^2\,\Phi^2)\,. \tag{57.9}$$

Die Divergenz dieses Tensors verschwindet,

$$T^{ik}{}_{,k} = \eta^{ik}\,\Phi_{,k}\,(\Box - k_0^2)\,\Phi = 0\,.$$

Ist das Feld komplex, dann kann man eine Stromdichte definieren, deren Divergenz verschwindet:

$$j^k = \frac{i\,e}{\hbar}\,\eta^{kl}\,(\Phi\,\partial_l\Phi^* - \Phi^*\,\partial_l\Phi)\,. \tag{57.10}$$

Die vierte Komponente dieser Stromdichte ist indefinit, kann also keine Ruhmassendichte sein. Der Stromdichtevektor j^k modelliert die Viererstromdichte der elektrischen Ladung. Die Ankopplung des skalaren Feldes an das elektromagnetische Feld, d. h. die Beschreibung des Einflusses des elektromagnetischen Feldes, geschieht durch die Ersetzung der gewöhnlichen partiellen Ableitungen durch die sog. eichinvarianten Ableitungen. Die Berücksichtigung der zunächst formalen Analogie mit (48.9)

$$p_k = {}_cp_k - \frac{e}{c}\,A_k\,, \qquad {}_cp_k \mathrel{\hat{=}} \frac{\hbar}{i}\,\frac{\partial}{\partial x^k}$$

liefert als eichinvariante Ableitung

$$D_k = \frac{\partial}{\partial x^k} - \frac{i\,e}{\hbar\,c}\,A_k\,. \tag{57.11}$$

Dabei muß die Eichtransformation des elektromagnetischen Viererpotentials mit einer Eichung des skalaren Feldes gekoppelt werden. Bei der gleichzeitigen Ausführung der Substitutionen

$$A_k := A_k + \Lambda_{,k}\,, \qquad \Phi := \Phi\,\exp\left(\frac{i\,e}{\hbar\,c}\,\Lambda\right)$$

bleibt die Größe

$$D_k\,\Phi = \Phi_{,k} - \frac{i\,e}{\hbar\,c}\,A_k\,\Phi \tag{57.12}$$

invariant.

Definiert man

$$\begin{aligned} T_{ik} = {} & D_i\,\Phi\,D_k^*\,\Phi^* + D_k\,\Phi\,D_i^*\,\Phi^* \\ & - \eta_{ik}\,(\eta^{rs}\,D_r\,\Phi\,D_s^*\,\Phi^* + k_0^2\,\Phi\,\Phi^*)\,, \end{aligned} \tag{57.13}$$

so errechnet man für die Divergenz dieses Tensors

$$T^k_{i,k} = \frac{1}{c}\,F_{ik}\,j^k \tag{57.14}$$

mit $j_k = \frac{i\,e}{\hbar}\,(\Phi\,D_k^*\,\Phi^* - \Phi^*\,D_k\,\Phi)$. An (51.1) ist zu sehen, daß T^{ik} in gleicher

Weise vom elektromagnetischen Feld beeinflußt wird wie der Energie-Impuls-Tensor $\eta_0\, u^i\, u^k$ der staubförmigen Materie. T_{ik} ist also der Energie-Impuls-Tensor des geladenen KLEIN-GORDON-Feldes. Zusammen mit dem Energie-Impuls-Tensor (51.5) des MAXWELL-Feldes ergibt sich der Erhaltungssatz

$$\Big(\underset{\mathrm{KG}}{T^{ik}} + \underset{\mathrm{Max}}{T^{ik}}\Big)_{,k} = 0\,. \tag{57.15}$$

Zur Ableitung der Feldgleichungen für das skalare geladene Feld benutzt man eine LAGRANGE-Funktion, in der Φ und das komplex Konjugierte Φ^* als zwei unabhängige Felder behandelt werden, sie repräsentieren die unabhängigen Bestandteile Re Φ und Im Φ. Die LAGRANGE-Funktion

$$L = \eta^{rs}\, D_r\, \Phi\, D_s^*\, \Phi^* + k_0^2\, \Phi\, \Phi^* \tag{57.16}$$

führt auf die Feldgleichungen

$$\eta^{rs}\, D_r\, D_s\, \Phi - k_0^2\, \Phi = 0\,,$$

$$\eta^{rs}\, D_r^*\, D_s^*\, \Phi^* - k_0^2\, \Phi^* = 0\,.$$[1]

§ 58. Invarianz und Erhaltungssätze in der Feldtheorie

Die in § 6 vorgeführte Methode wird auf Feldtheorien verallgemeinert. Die Darstellung der Feldgleichungen als notwendige Bedingungen für das Extremum eines Integrals hat zwei entscheidende Vorteile: Zum einen werden die Erhaltungssätze mit Invarianzgruppen verknüpft (die Nichterhaltung also mit der Störung einer Symmetrie), zum anderen liefern die Variationsprinzipien heuristische Ansätze für die Kopplung verschiedener Felder.

Die MAXWELLschen Gleichungen für das Viererpotential ergeben sich aus dem Variationsprinzip mit der LAGRANGE-Funktion

$$L = \frac{1}{16\,\pi}\, F^{rs}\, F_{rs} - \frac{1}{c}\, A_r\, j^r\,, \qquad F_{rs} = A_{s,r} - A_{r,s}\,, \tag{58.1}$$

deren EULER-LAGRANGE-Gleichungen mit

$$\frac{\partial}{\partial x^k}\, \frac{\partial L}{\partial A_{i,k}} - \frac{\partial L}{\partial A_i} = -\frac{1}{4\,\pi}\, F^{ik}{}_{,k} + \frac{1}{c}\, j_0^i = 0 \tag{58.2}$$

berechnet werden.

Für die Feldgleichungen der verkoppelten MAXWELL- und KLEIN-GORDON-Felder hat man das Wirkungsintegral $W = \int L\, \mathrm{d}x$ über die LAGRANGE-

[1]) Die eichinvarianten Ableitungen sind nicht vertauschbar, vielmehr ergibt sich als Kommutator $D_r\, D_s - D_s\, D_r = -\frac{i\,e}{\hbar\, c}\, F_{rs}$.

Funktion

$$L = \frac{1}{16\pi} F^{rs} F_{rs} + \eta^{rs} D_r \Phi D_s^* \Phi + k_0^2 \Phi \Phi^* \tag{58.3}$$

nach A_i, Φ und Φ^* zu variieren.

Die Forminvarianz des Wirkungsintegrals ist nun verbunden mit entsprechenden Erhaltungssätzen. Das Vorgehen ist analog § 6.

Die Substitution infinitesimal transformierter Größen in die LAGRANGE-Funktion liefert eine neue LAGRANGE-Funktion:

$$\begin{aligned}
&L(\Phi_A, \Phi_{A,k}, x^l) && \text{alte LAGRANGE-Funktion, } \Phi_A \text{ allgemeine Felder,}\\
&\left.\begin{aligned}\overline{\Phi}_A(\overline{x}) &= \Phi_A(x) + \delta\,\Phi_A(x)\,,\\ \overline{x^k} &= x^k + \delta x^k(x)\,,\end{aligned}\right\} && \text{infinitesimale Transformation,}\\
&\Rightarrow \overline{L}(\overline{\Phi}_A, \overline{\Phi}_{A,k}, \overline{x}^l) && \text{neue LAGRANGE-Funktion.}
\end{aligned} \tag{58.4}$$

Die Funktionen Φ ändern sich einmal durch das Transformationsgesetz, zum andern noch durch die Substitution von $\tilde{x}$. Das LIEsche Differential, die reine Formänderung, erhält man aus

$$\begin{aligned}
\overline{\Phi}_A(x) &= \overline{\Phi}_A(\overline{x}) - \Phi_{A,k}\,\delta x^k\\
&= \Phi_A(x) + \delta\Phi_A - \Phi_{A,k}\,\delta x^k\,,\\
\delta^*\Phi_A &= \delta\Phi_A - \Phi_{A,k}\,\delta x^k\ .
\end{aligned} \tag{58.5}$$

Der entscheidende Punkt ist wieder die Vertauschbarkeit des LIEschen Differentials mit den partiellen Ableitungen:

$$\begin{gathered}
\Phi_{A,k} + \delta^* \frac{\partial}{\partial x^k}\Phi_A = \overline{\Phi}_{A,k}(\overline{x})\Big|_{\overline{x}=x} = \frac{\partial}{\partial x^k}\overline{\Phi}_A(x) = \frac{\partial}{\partial x^k}\Phi_A(x) + \frac{\partial}{\partial x^k}\delta^*\Phi_A\,,\\
\delta^* \frac{\partial}{\partial x^k} = \frac{\partial}{\partial x^k}\delta^*\,.
\end{gathered} \tag{58.6}$$

Das LIEsche Differential vergleicht die Ergebnisse von Transformation und Bewegung, das LIEsche Differential verschwindet, wenn eine Bewegung vom Punkt P zum Punkt $\overline{P}$: $x = x + \delta x$ äquivalent einer Transformation $\overline{\Phi} = \Phi + \delta\,\Phi$, $\overline{x} = x + \delta x$ am Punkte P selbst ist (Abb. 61).

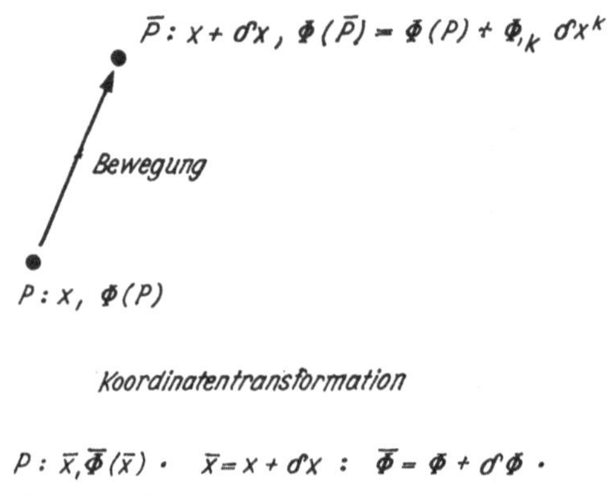

Abb. 61. Vergleich von Transformation und Bewegung

Bei der Änderung des Wirkungsintegrals ist noch zu beachten, daß die Addition einer Viererdivergenz zur Verfügung steht, eine Viererdivergenz trägt nichts zu den EULER-LAGRANGE-Gleichungen bei.

Allgemein liefert die Transformation des Wirkungsintegrals

$$W = \int \mathrm{d}^n\bar{x}\, \bar{L}\,(\bar{\Phi}_A(\bar{x}), \bar{\Phi}_{A,k}(\bar{x}), \bar{x}) \equiv \int \mathrm{d}^n x\, [L(\Phi_A, \Phi_{A,k}, x) - \delta F^l{}_{,l}]\,. \tag{58.7}$$

Nun wird die linke Seite der Gleichung wieder schrittweise zurücksubstituiert: Mit dem Symbol für die reine Formänderung der LAGRANGE-Funktion

$$\delta^* L = \bar{L}\,(\Phi_A(x), \Phi_{A,k}(x), x) - L(\Phi_A(x), \Phi_{A,k}(x), x) \tag{58.8}$$

und $\mathrm{d}^n\bar{x} = (1 + \delta x^k{}_{,k})\, d^n x$ ergibt sich zunächst

$$\int \left[\bar{L}\,(\bar{\Phi}_A(x), \bar{\Phi}_{A,k}(x), x) + \frac{\partial L}{\partial x^k}\delta x^k\right][1 + \delta x^l{}_{,l}]\, \mathrm{d}^n x$$
$$= \int [L(\Phi_A(x), \Phi_{A,k}(x), x) - \delta F^k{}_{,k}]\, \mathrm{d}^n x\,.$$

Wegen der Gültigkeit der Integralbeziehung für beliebige Gebiete können wir diese Gleichung umformen in

$$\delta^* L + \frac{\partial L}{\partial \Phi_A}\delta^*\Phi_A + \frac{\partial L}{\partial \Phi_{A,k}}\delta^*\Phi_{A,k} + \frac{\partial L}{\partial x^k}\delta x^k + L\frac{\partial \delta x^k}{\partial x^k} + \frac{\partial \delta F^k}{\partial x_k} = 0\,.$$

Mit der LEIBNIZschen Regel ergibt sich das Endresultat

$$\delta^* L + \left(\frac{\partial L}{\partial \Phi_A} - \frac{\partial}{\partial x^k}\frac{\partial L}{\partial \Phi_{A,k}}\right)\delta^*\Phi_A +$$
$$\left[\frac{\partial L}{\partial \Phi_{A,k}}\delta^*\Phi_A + L\,\delta x^k + \delta F^k\right]_{,k} = 0\,. \tag{58.9}$$

Damit ist festgestellt: Ist das Wirkungsintegral forminvariant gegen die infinitesimale Transformation (58.4) und gelten die EULER-LAGRANGE-Gleichungen, so erfüllen deren Lösungen die Gleichung

$$\frac{\partial}{\partial x^k}\left[\frac{\partial L}{\partial \Phi_{A,k}}\delta^*\Phi_A + L\,\delta x^k + \delta F^k\right] = 0\,. \tag{58.10}$$

Das ist ein Erhaltungssatz, denn

$$\int_\sigma \left(\frac{\partial L}{\partial \Phi_{A,k}}\delta^*\Phi_A + L\,\delta x^k + \delta F^k\right)\mathrm{d}\sigma_k$$

ist unabhängig von der speziellen Hyperfläche, über die integriert wird, wenn die Feldgrößen im Unendlichen genügend stark verschwinden. Am Beispiel der Mechanik (§ 6) war zu sehen, daß die Untergruppen der GALILEI-Gruppe mit den Erhaltungssätzen von Energie, Impuls, Drehimpuls und Schwerpunktbewegung verknüpft waren. Das gilt analog auch für die LORENTZ-Gruppe (§ 48).

Betrachten wir nun die Erhaltungssätze in den verkoppelten Feldern A_i und Φ. Eine infinitesimale LORENTZ-Transformation liefert als LIEsche Differentiale

$$\left.\begin{aligned} &\delta x^k = \omega^k{}_l\, x^l + \delta a^k\,, \\ &\delta\Phi = 0\,, \qquad \delta A^k = \omega^k{}_l\, A^l\,, \\ &\delta^*\Phi = -\,\Phi_{,k}\,(\omega^k{}_l\, x^l + \delta a^k)\,, \\ &\delta^* A^k = \omega^k{}_l\, A^l - A^k{}_{,m}\,(\omega^m{}_l\, x^l + \delta a^m)\,. \end{aligned}\right\} \tag{58.11}$$

Dabei ist ω_{kl} antisymmetrisch, infinitesimal und wie δa^k konstant. Die LAGRANGE-Funktion (58.3) ist ersichtlich invariant gegen die volle LORENTZ-Gruppe. Für jede einparametrige Untergruppe erhält man einen Erhaltungssatz.

Im Fall der Translationen

$$\delta x^k = \delta a^k\,,\ \delta^*\Phi = -\,\Phi_{,k}\,\delta a^k\,, \qquad \delta^* A^l = -\,A^l{}_{,k}\,\delta a^k$$

ergibt sich

$$\begin{aligned} &\frac{\partial L}{\partial A_{l,k}}\,\delta^* A_l + \frac{\partial L}{\partial \Phi_{,k}}\,\delta^*\Phi + \frac{\partial L}{\partial \Phi^*{}_{,k}}\,\delta^*\Phi^* + L\,\delta a^k = -\,T^k{}_i\,\delta a^i = \\ &= \Big[\frac{1}{4\pi}\,F^{lk}\,A_{l,i} - \eta^{kl}\,D_l^*\,\Phi^*\,D_i\,\Phi - \frac{i\,e}{\hbar\,c}\,A_i\,\eta^{kl}\,D_l^*\,\Phi^*\cdot\Phi \\ &\qquad - \eta^{kl}\,D_l\,\Phi\,D_i^*\,\Phi^* + \frac{i\,e}{\hbar\,c}\,A_i\,\eta^{kl}\,D_l\,\Phi\cdot\Phi^* \\ &\qquad + \delta^k{}_i L\Big]\cdot da^i \\ &= \Big[-\underset{\text{Max}}{T^k{}_i} - \underset{\text{KG}}{T^k{}_i} + \frac{1}{4\pi}\,F^{lk}\,A_{i,l} - \frac{1}{c}\,A_i\,j^k\Big]\,\delta a^i \\ &= \Big[-\underset{\text{Max}}{T^k{}_i} - \underset{\text{KG}}{T^k{}_i} + \frac{1}{4\pi}\,(F^{lk}\,A_i)_{,l}\Big]\,\delta a^i\,. \end{aligned} \tag{58.12}$$

Die Divergenz des dritten Terms verschwindet automatisch, weil der Feldstärketensor antisymmetrisch ist. Die Bedeutung des Auftretens dieses Terms wird bei der Betrachtung des Drehimpulserhaltungssatzes klar: Es entspricht dem Spin des nichtskalaren Feldes A_i. In der Ableitung des Energie-Impuls-Tensors aus (58.10) treten solche Terme bei jedem nichtskalaren Feld auf. Sie entsprechen zunächst einem nichtsymmetrischen Energie-Impuls-Tensor

$$T^{k\,i} = \underset{\text{Max}}{T^{k\,i}} - \frac{1}{4\pi}(F^{l\,k}\,A^i)_{,l} + \underset{\text{KG}}{T^{k\,i}}\,. \tag{58.13}$$

(58.12) liefert die theoretische Berechtigung, die Tensoren (51.5) und (57.13) als Energie-Impuls-Tensoren anzusehen.

Die Erhaltungssätze entsprechend den homogenen LORENTZ-Rotationen betreffen die Größen

$$\begin{aligned} &\delta x^k = \omega^k{}_l\, x^l\,, \\ &\delta^* A_l = \omega_{lm}\, A^m - A_{l,n}\,\omega^n{}_m\, x^m\,, \\ &\delta^*\Phi = -\,\Phi_{,n}\,\omega^n{}_m\, x^m\,. \end{aligned}$$

Es gilt

$$\frac{\partial L}{\partial A_{l,k}}\,\delta^* A_l + \frac{\partial L}{\partial \Phi_{,k}}\,\delta^*\Phi + \frac{\partial L}{\partial \Phi^*{}_{,k}}\,\delta^*\Phi^* + L\,\delta x^k$$

$$= -\,T^k{}_l\,\omega^l{}_m\,x^m + \frac{1}{4\pi}\,F^{mk}\,A_l\,\omega^l{}_m\,. \qquad (58.14)$$

T_{ik} ist dabei der kanonische Energie-Impuls-Tensor (58.13). Die Größe

$$M^{klm} = T^{km}\,x^l - T^{kl}\,x^m - \frac{1}{4\pi}\,(F^{lk}\,A^m - F^{mk}\,A^l) \qquad (58.15)$$

ist als Drehimpulsdichte-Tensor anzusehen, $\int \mathrm{d}^3\boldsymbol{r}\, M^{4ml}$ ist die Erhaltungsgröße, ist die Erhaltungsgröße.

Der erste Term entspricht seiner Bildung nach dem Bahndrehimpuls der Felder, der zweite Term entspricht einem Eigendrehimpuls. Mit dem symmetrischen Energie-Impuls-Tensor lautet (58.15)

$$\overset{\circ}{M}{}^{klm} = M^{klm} - \frac{1}{4\pi}\left(F^{rk}\,(A^m\,x^l - A^l\,x^m)\right)_{,r}\,,$$

$$\overset{\circ}{M}{}^{klm} = \left(\underset{\text{Max}}{T^{km}} + \underset{\text{KG}}{T^{km}}\right)x^l - \left(\underset{\text{Max}}{T^{kl}} + \underset{\text{KG}}{T^{kl}}\right)x^m\,. \qquad (58.16)$$

Es folgt $\overset{\circ}{M}{}^{klm}{}_{,k} = 0.$

Damit scheint der Eigendrehimpuls zwar aus dem Formalismus eliminiert, er erscheint aber wieder, sobald in der Quantentheorie Impulse usw. durch Operatoren ersetzt werden müssen. Die Ersetzung $p_k = \frac{\hbar}{i}\,\frac{\partial}{\partial x^k}$ gilt nur für den kanonischen Impuls.

Betrachten wir schließlich noch eine infinitesimale Eichtransformation:

$$\delta x^k = 0\,, \qquad \delta A_i = 0\,, \qquad \delta\Phi = \frac{i\,e}{\hbar\,c}\,\Phi\,\delta\Lambda, \qquad \delta\Lambda = \text{const}\,. \qquad (58.17)$$

Ersichtlich ist die Lagrange-Funktion invariant gegen die volle Eichgruppe, als Erhaltungsgröße erhält man für (58.17) den Viererstrom:

$$\left(\frac{\partial L}{\partial \Phi_{,k}}\,\delta^*\Phi + \frac{\partial L}{\partial \Phi^*{}_{,k}}\,\delta^*\Phi^*\right)_{,k}$$

$$= \frac{i\,e}{\hbar\,c}\,\delta\Lambda\,[(\Phi\,D_l^*\,\Phi^* - \Phi^*\,D_l\,\Phi)\,\eta^{kl}]_{,k} = 0\,. \qquad (58.18)$$

Das ist der Ladungserhaltungssatz.

Damit sind die Beziehungen zwischen den einzelnen Untergruppen der Lorentz-Gruppe und der Eichgruppe einerseits und den Erhaltungssätzen andererseits festgestellt:

Invarianz gegen	Erhaltung von
Translation in Raum und Zeit	Viererimpuls
Lorentz-Drehung	Viererdrehimpulstensor
Eichtransformation	elektrischer Ladung.

In der Theorie allgemeinerer Felder treten weitere Invarianzgruppen und damit weitere Erhaltungssätze auf. Es ergeben sich noch andere Ladungen als die elektrische, es ergeben sich auch Erhaltungssätze, die erst in Zusammenhang mit der Quantentheorie ihre Bedeutung erhalten (Spiegelung des Raums und Parität, § 31).

Der LAGRANGE-Formalismus liefert einfache Modelle für die Kopplung von Feldern. Im obigen Beispiel gilt für ungekoppelte Felder

$$L_0 = + \frac{1}{16\,\pi} F^{rs} F_{rs} + \partial_r \Phi \, \partial_s \Phi^* \eta^{rs} + k_0^2 \, \Phi \, \Phi^* ,$$

für gekoppelte Felder

$$L = L_0 - \frac{1}{c} A_k j^k \left(+ O_2(A) \text{ oder mit } j^k \text{ aus (57.14) statt aus (57.10)}\right)$$

Die Struktur der Kopplungsterme bestimmt die Eigenschaften der Wechselwirkung, die beschrieben wird. Sind die Kopplungsterme gegen eine Gruppe infinitesimaler Transformationen nicht invariant, dann zerstört die Wechselwirkung Erhaltungssätze, die für die freien Felder gelten können (Paritätsverletzung bei schwacher Wechselwirkung, Nichterhaltung der Hyperladung bei schwacher Wechselwirkung usw. (§ 65, 66)).

§ 59. Die kanonische Quantisierung freier Felder

Es ist die Frage zu untersuchen, wie die in der Quantenmechanik gewonnenen Erkenntnisse in der Theorie der Felder realisiert werden können. Anschließend an den LAGRANGE-Formalisms kann man zu den Feldgrößen konjugierte Impulse aufsuchen und (in der Form nichtrelativistische) Vertauschungsrelationen analog (28.2) postulieren.

Freie Felder haben aber als Lösungen einer mit der Wellengleichung verwandten Gleichung die Eigenschaft, daß sie nach harmonischen Oszillatoren zerlegt werden können, die dann direkt durch die Postulierung von (33.4) bzw. (33.7) quantisiert werden können. Beide Wege führen zum selben Ergebnis, nur erhält man beim zweiten Weg die Teilchenzahldarstellung sofort.

Aus den Vertauschungsrelationen für die FOURIER-Koeffizienten der Entwicklung einer Feldgröße findet man durch Umformung Vertauschungsrelationen für die Feldgrößen selbst. Es zeigt sich, daß die Feldgrößen gerade an raumartig zueinander gelegenen Punkten gleichzeitig meßbar (miteinander vertauschbar) sind. Die Quantisierung der Oszillatoren des Feldes nach dem Schema der Mechanik steht also in Einklang mit der speziell-relativistischen mikroskopischen Kausalität.

Die Teilchenzahldarstellung liefert den in § 57 angedeuteten Zusammenhang zwischen Viererimpuls und Wellenzahlvektor sowie im Fall der KLEIN-GORDON-Gleichung den Zusammenhang zwischen k_0^2 und m_0^2.

Durch die Quantisierung der Felder werden den Feldern korrespondierende Teilchen zugeordnet, die Quanten auf den Feldoszillatoren. Umgekehrt kann auch jedem Teilchen ein Feld zugeordnet werden (Kapitel VI).

Als Beispiel für das besprochene Vorgehen soll nun der einfachste Fall, die Quantisierung des reellen skalaren Feldes, angedeutet werden. Die allgemeine FOURIER-Zerlegung

$$\Phi(x) = \int d^4k\, \tilde{\Phi}(k) \exp i\, k_l\, x^l \tag{59.1}$$

wird durch die Forderung der Gleichung (57.1) reduziert auf

$$\Phi(x) = \frac{1}{\sqrt{2\,\pi^3}} \int \frac{d^3\boldsymbol{k}}{\sqrt{2\,q}} \left[a(\boldsymbol{k})\, e^{i(\boldsymbol{k}\boldsymbol{r} - q x^4)} + a^*(\boldsymbol{k})\, e^{-i(\boldsymbol{k}\boldsymbol{r} - q x^4)}\right]. \tag{59.2}$$

Die Komponente k^4 des Wellenzahlvektors wird jetzt mit q bezeichnet, um anzudeuten, daß sie als Funktion der anderen drei Komponenten fixiert ist:

$$q = \sqrt{k_0^2 + \boldsymbol{k}^2}\,. \tag{59.3}$$

Die Frequenz q muß in der Entwicklung (59.2) aus den Koeffizienten herausgezogen werden, um den Anschluß an den mechanischen Oszillator (33.3) zu erhalten. Die frequenzunabhängigen Vorfaktoren sind unerheblich, da sie nur das Maßsystem bestimmen.

Wesentlich ist nun, daß die Oszillatoren des freien Feldes alle ungekoppelt sind. Das sieht man direkt durch die Berechnung des Vererimpulses des Feldes über

$$P_k = \int T_k{}^4\, d^3\boldsymbol{r} = -\int T_{k4}\, d^3\boldsymbol{r}\,. \tag{59.4}$$

Der Energie-Impuls-Tensor ist durch (57.9) gegeben, nach Einsetzen von (59.2) erhält man zunächst

$$P_k = \int \frac{d^3\boldsymbol{r}\, d^3\boldsymbol{k}\, d^3\boldsymbol{k}'}{(2\,\pi)^3 \sqrt{2\,q}\cdot\sqrt{2\,q'}} \times$$

$$\Bigg[\left(-\,k_k\, k_4' + \frac{1}{2}\eta_{k4}\, k^r\, k_r' + \eta_{k4}\, \frac{1}{2}\, k_0^2\right)\Big(a(\boldsymbol{k})\, a^*(\boldsymbol{k}')\, e^{i\{\boldsymbol{r}(\boldsymbol{k}-\boldsymbol{k}') - x^4(q-q')\}}$$

$$+\, a^*(\boldsymbol{k})\, a(\boldsymbol{k}')\, e^{-i\{\boldsymbol{r}(\boldsymbol{k}-\boldsymbol{k}') - x^4(q-q')\}}\Big)$$

$$+\left(k_k\, k_4' - \frac{1}{2}\eta_{k4}\, k^r\, k_r' + \frac{1}{2}\eta_{k4}\, k_0^2\right)\Big(a(\boldsymbol{k})\, a(\boldsymbol{k}')\, e^{i\{\boldsymbol{r}(\boldsymbol{k}+\boldsymbol{k}') - x^4(q+q')\}}$$

$$+\, a^*(\boldsymbol{k})\, a^*(\boldsymbol{k}')\, e^{-i\{\boldsymbol{r}(\boldsymbol{k}+\boldsymbol{k}') - x^4(q+q')\}}\Big)\Bigg]$$

Beachtet man, daß das Integral

$$\int \frac{d^3\boldsymbol{r}}{(2\,\pi)^3}\, e^{i\boldsymbol{k}\boldsymbol{r}} = \delta(\boldsymbol{k})$$

die δ-Distribution darstellt, so findet man mit der Bezeichnung

$$\bar{k}_l = (-\,\boldsymbol{k}, q)$$

nach Integration über $\boldsymbol{r}$ und $\boldsymbol{k}'$

$$P_k = \int \frac{d^3\boldsymbol{k}}{2\,q} \Big[k_k\, q\, (a(\boldsymbol{k})\, a^*(\boldsymbol{k}) + a^*(\boldsymbol{k})\, a(\boldsymbol{k})) + \Big(- k_k\, q - \frac{1}{2} \eta_{k4}\, k^r\, \bar{k}_r + \frac{1}{2} \eta_{k4}\, k_0^2 \Big) \times \big(a(\boldsymbol{k})\, a(-\boldsymbol{k})\, e^{-2iqx^4} + a^*(\boldsymbol{k})\, a^*(-\boldsymbol{k})\, e^{+2iqx^4} \big) \Big].$$

Der zweite Term verschwindet für $k = 1, 2, 3$, weil die Kombination der $a(\boldsymbol{k})$ eine gerade, die Klammer davor aber eine ungerade Funktion der $\boldsymbol{k}$ ist. Für $k = 4$ verschwindet der zweite Term, weil die Klammer selbst wegen der Feldgleichung verschwindet. Man erhält daher als Viererimpuls des Feldes

$$P_k = \int d^3\boldsymbol{k}\, k_k \frac{a(\boldsymbol{k})\, a^*(\boldsymbol{k}) + a^*(\boldsymbol{k})\, a(\boldsymbol{k})}{2}. \tag{59.5}$$

Jeder Feldoszillator liefert additiv den Beitrag

$$\frac{1}{2} k_k\, (a(\boldsymbol{k})\, a^*(\boldsymbol{k}) + a^*(\boldsymbol{k})\, a(\boldsymbol{k}))$$

zum Gesamtviererimpuls, die Oszillatoren sind unabhängig. Dadurch kann man die Oszillatoren wie in der Quantenmechanik behandeln, das Feld wird quantisiert durch das Postulat

$$\left.\begin{aligned} a(\boldsymbol{k}) &:= a(\boldsymbol{k}),\ [a(\boldsymbol{k}), a(\boldsymbol{k}')] = [a^+(\boldsymbol{k}), a^+(\boldsymbol{k}')] = 0\,, \\ a^*(\boldsymbol{k}) &:= a^+(\boldsymbol{k}),\ [a(\boldsymbol{k}),\ \ a^+(\boldsymbol{k}')] = \delta\, (\boldsymbol{k} - \boldsymbol{k}')\,. \end{aligned}\right\} \tag{59.6}$$

Die δ-Distribution wird hier gebraucht, weil die $\boldsymbol{k}$ kontinuierlich liegen.

Als Vertauschungsrelation für die Feldstärken selbst erhält man durch Einsetzen von (59.2) und (59.6)

$$\begin{aligned} [\Phi(x), \Phi(x')] &= \frac{1}{(2\,\pi)^3} \int \frac{d^3\boldsymbol{k}\, d^3\boldsymbol{k}'}{\sqrt{2\,q}\,\sqrt{2\,q'}} \\ &\quad \times \big([a(\boldsymbol{k}), a^+(\boldsymbol{k}')] \exp\{ i\, (\boldsymbol{k}\,\boldsymbol{r} - q\, x^4) - i\, (\boldsymbol{k}'\, \boldsymbol{r}' - q'\, x^{4\prime}) \} \\ &\quad + [a^+(\boldsymbol{k}), a(\boldsymbol{k}')] \exp\{ - i\, (\boldsymbol{k}\,\boldsymbol{r} - q\, x^4) + i\, (\boldsymbol{k}'\, \boldsymbol{r}' - q'\, x'^4) \} \big) \\ &= \frac{1}{(2\pi)^3} \int \frac{d^3\boldsymbol{k}}{2\,q} \big(e^{i(\boldsymbol{k}\,\Delta\boldsymbol{r} - q\,\Delta x^4)} - e^{-i(\boldsymbol{k}\,\Delta\boldsymbol{r} - q\,\Delta x^4)} \big)\,. \end{aligned}$$

Mit der Bezeichnung

$$\Delta(x) = \frac{i}{(2\,\pi)^3} \int \frac{d^3\boldsymbol{k}}{2\,q} e^{i\boldsymbol{k}\boldsymbol{r}}\, (e^{-iqx^4} - e^{iqx^4}) \tag{59.7}$$

lautet die Vertauschungsrelation für die Feldstärken

$$[\Phi(x), \Phi(x')] = - i\, \Delta\, (x - x')\,. \tag{59.8}$$

Die Funktion Δ hängt eng mit den in § 54 betrachteten GREENschen Funktionen zusammen. (59.7) kann nämlich in der Form

$$\Delta(x) = \int \frac{d^3\boldsymbol{k}\, e^{i\boldsymbol{k}\boldsymbol{r}}}{(2\pi)^4} \oint dk^4 \frac{e^{-ik^4x^4}}{2q} \left(\frac{1}{k^4 - q} - \frac{1}{k^4 + q}\right) \tag{59.9}$$

geschrieben werden, wobei die Integration über k^4 eine Integration in der komplexen k^4-Ebene um beide Pole herum ist. Damit gilt

$$\begin{aligned} &\text{GREENsche Fkt. für retardiertes Potential} && G_{\text{ret}}(x) = -\,\theta(x)\,\Delta(x)\,, \\ &\text{GREENsche Fkt. für avanciertes Potential} && G_{\text{av}}(x) = \theta(-x)\,\Delta(x)\,, \\ &\Delta(x) = G_{\text{av}}(x) - G_{\text{ret}}(x)\,. \end{aligned} \tag{59.10}$$

Δ ist eine Lösung der homogenen Gleichung. Sie genügt den singulären Anfangsbedingungen

$$\Delta(x) = 0\,, \quad \frac{\partial}{\partial x^4}\Delta(x) = \delta(\boldsymbol{r}) \quad \text{auf} \quad x^4 = 0\,, \quad \Delta(x) = -\,\Delta(-x)\,.$$

Sie ist nur innerhalb und auf dem Lichtkegel von Null verschieden. Außerhalb des Lichtkegels verschwindet sie, für zwei raumartig zueinander gelegene Punkte x und x' gilt

$$[\Phi(x), \Phi(x')] = 0 \quad \text{für} \quad \eta_{ik}\,(x^i - x'^i)\,(x^k - x'^k) > 0.$$

Man kann die Δ-Funktion darstellen in der Form

$$\Delta(x) = \varepsilon(x)\left(\frac{\delta(x^2)}{2\pi} - \theta(-x^2)\frac{m^2}{4\pi}\frac{J_1\left(m\sqrt{-x^2}\right)}{m\sqrt{-x^2}}\right).$$ [1]

Es ist direkt nachprüfbar, daß diese Funktion Lösung der KLEIN-GORDON-Gleichung ist.

Die Quantisierung der freien Felder zeigt also einmal die LORENTZ-Invarianz und die mikroskopische Kausalität direkt an den Eigenschaften der Δ-Funktion, aber auch an dem Zusammenhang,

$$p_i = \hbar\, k_i \tag{59.11}$$

für die Quanten auf den einzelnen Feldoszillatoren. Diese Quanten besitzen wegen der Feldgleichung u. U. echte Ruhmasse, im Falle der KLEIN-GORDON-Gleichung gilt die in (57.5) noch formal dargestellte Beziehung zwischen Ruhmasse und k_0. Die Quanten selbst besitzen keine Individualität im Sinne klassischer Teilchen, erfüllen also von selbst die Forderung der prinzipiellen Ununterscheidbarkeit. Da die Vertauschungsrelation (59.6) analog (33.4) beliebig viele Quanten auf einem Feldoszillator gestattet, sind die Quanten des KLEIN-GORDON-Feldes Bosonen. Der Versuch der Quantisierung des KLEIN-GORDON-Feldes mit dem Antikommutator (33.7) führt auf Widersprüche, ten-

[1] $\varepsilon(x) = \begin{cases} 1 & x \text{ aus Nachkegel} \\ 0 & x \text{ raumartig zu } 0 \\ -1 & x \text{ aus Vorkegel} \end{cases} \qquad \theta(x) = \begin{cases} 1 & x \text{ aus Nachkegel} \\ 0 & \text{sonst} \end{cases}$

sorielle Felder jeder Stufe sind nur mit (59.6) quantisierbar. Die Anwendung der Vertauschungsrelation (33.7) ist an Spinorfelder gebunden (vgl. §§ 60—63).

Die Beobachtung der Quanten setzt Wechselwirkung voraus, das freie Feld an sich ist unbeobachtbar und auch nicht realisiert. Bei der Behandlung der Wechselwirkung zwischen den Quanten ist nun von wesentlicher Bedeutung, daß auch die Oszillatoren an der Wechselwirkung mitwirken, auf denen keine Quanten sitzen (Nullpunktsschwingungen). Im Grundzustand (keine Quanten im Feld) ist zwar der Erwartungswert der Feldstärke überall Null, nicht aber die Streuung: Mit (59.7) gilt auch für $(0 \mid \Phi(x) \mid 0) = 0$

$$(0|\Phi(x')\, \Phi(x) \mid 0) \neq 0\,. \tag{59.12}$$

Eine zweite Schwierigkeit ist das Mitwirken von Prozessen, die bei genügend kleinen Reaktionszeiten den Energie-Impuls-Satz nicht erfüllen müssen (vgl. § 37). Die weitere Diskussion dieser Fragen wird auf § 63 verschoben.

VI. Relativistische Quantentheorie

§ 60. Die Übertragung der Lorentz-Gruppe auf die Quantenmechanik

Die Schrödinger-Gleichung für ein freies Teilchen

$$i \hbar \frac{\partial \psi}{\partial t} = - \frac{\hbar^2}{2 m} \Delta \psi \tag{60.1}$$

ist nicht Lorentz-kovariant. Das liegt daran, daß für den Hamilton-Operator der nichtrelativistische Ausdruck $H = \frac{\boldsymbol{p}^2}{2 m}$ verwendet wurde. Die Benutzung des entsprechenden relativistischen Ausdrucks

$$H = c \sqrt{m_0^2 c^2 + \boldsymbol{p}^2} \tag{60.2}$$

verlangt aber eine Interpretation der Wurzel des Laplace-Operators:

$$i \hbar \frac{\partial \psi}{\partial t} = c \sqrt{m_0^2 c^2 - \hbar^2 \Delta}\ \psi .$$

Die Entwicklung der Wurzel nach Potenzen von Δ ist wegen der fehlenden allgemeinen Konvergenz zu verwerfen, außerdem entsteht eine Theorie ohne mikroskopische Kausalität. Das Quadrieren der Operatoren liefert die Klein-Gordon-Gleichung:

$$\left[\Delta - \frac{1}{c^2} \frac{\partial^2}{\partial t^2} - \frac{m_0^2 c^2}{\hbar^2}\right] \psi = 0 , \qquad p_k = \frac{\hbar}{i} \frac{\partial}{\partial x^k} . \tag{60.3}$$

Diese Gleichung ist als relativistische Schrödinger-Gleichung unbrauchbar, weil der Strom, der einer Kontinuitätsgleichung genügt, kein Wahrscheinlichkeitsstrom sein kann (j^4 ist indefinit). Zum anderen beschreibt ψ nicht vollständig den Zustand des Systems, da jetzt auch $\frac{\partial \psi}{\partial t}$ als Anfangsbedingung für die Integration der Gleichung (60.3) gegeben sein muß. Tatsächlich ist die Klein-Gordon-Gleichung die Gleichung eines skalaren Feldes, das nach dem kanonischen Formalismus quantisiert werden muß (zweite Quantisierung). Zunächst scheint es so, daß die Lorentz-Invarianz die Quantentheorie aus der Schrödinger-Gleichung hinausschiebt. Der dritte und zunächst erfolgreiche Weg ist die Linearisierung von (60.3) nach Dirac.

Dazu setzt man an

$$(i \gamma^k p_k + m_0 c)(i \gamma^l p_l - m_0 c) = - \eta^{k l} p_k p_l - m_0^2 c^2 . \tag{60.4}$$

und reduziert die Gleichung (60.3) auf die DIRAC-Gleichung

$$(i\,\gamma^k\,p_k - m_0\,c)\,\psi = 0\,, \quad \text{d. h.} \quad \left(\gamma^k \frac{\partial}{\partial x^k} - \frac{m_0\,c}{\hbar}\right)\psi = 0\,. \tag{60.5}$$

Dadurch wählt man spezielle Lösungen der KLEIN-GORDON-Gleichung so aus, daß die erste Ableitung des Zustandsvektors nach der Zeit, die als Anfangswert für die KLEIN-GORDON-Gleichung explizit notwendig war, implizit durch das Auswahlverfahren mitgeliefert wird. Als Anfangswerte für (60.5) benötigt man tatsächlich nur ψ. Alle Lösungen von (60.5) sind wegen (60.4) auch Lösungen von (60.3).

Der Koeffizientenvergleich in (60.4) liefert

$$\gamma^i\,\gamma^k + \gamma^k\,\gamma^i = 2\,\eta^{ik}\,. \tag{60.6}$$

Die γ^i können also keine Zahlen sein, sie sind Matrizen. Deshalb muß nun die Wellenfunktion ψ mehrkomponentig sein. Eine einfache Darstellung der γ^i im Anschluß an die PAULI-Matrizen (34.5) erhält man in der Form

$$\begin{aligned}
\gamma^1 &= i\begin{pmatrix} 0, & \sigma_1 \\ -\sigma_1 & 0 \end{pmatrix} = \begin{pmatrix} 0, & 0, & 0, & i \\ 0, & 0, & i, & 0 \\ 0, & -i, & 0, & 0 \\ -i, & 0, & 0, & 0 \end{pmatrix}, \\
\gamma^2 &= i\begin{pmatrix} 0, & \sigma_2 \\ -\sigma_2, & 0 \end{pmatrix} = \begin{pmatrix} 0, & 0, & 0, & 1 \\ 0, & 0, & -1, & 0 \\ 0, & -1, & 0, & 0 \\ 1, & 0, & 0, & 0 \end{pmatrix}, \\
\gamma^3 &= i\begin{pmatrix} 0, & \sigma_3 \\ -\sigma_3, & 0, \end{pmatrix} = \begin{pmatrix} 0, & 0, & i, & 0 \\ 0, & 0, & 0, & -i \\ -i, & 0, & 0, & 0 \\ 0, & i, & 0, & 0 \end{pmatrix}, \\
\gamma^4 &= i\begin{pmatrix} I, & 0 \\ 0, & -I \end{pmatrix} = \begin{pmatrix} i, & 0, & 0, & 0 \\ 0, & i, & 0, & 0 \\ 0, & 0, & -i, & 0 \\ 0, & 0, & 0, & -i \end{pmatrix}.
\end{aligned} \tag{60.7}$$

Damit die Gleichung (60.5) tatsächlich LORENTZ-kovariant ist, sollte γ^i ein Vierervektor sein, die spezielle Darstellung (60.7) kann also nur in einem Koordinatensystem gelten. Nun besitzt aber die Gruppe der unitären Transformationen von Matrizen der Dimension $\geqq 4$ mehr Parameter als die homogene LORENTZ-Gruppe, und (60.4) bestimmt die γ^i nur bis auf unitäre Transformationen. Damit kann jede LORENTZ-Transformation so mit einer unitären Transformation der γ^i gekoppelt werden, daß die γ^i in jedem Bezugssystem die gleichen numerischen Werte besitzen.

Die Zuordnung einer unitären Transformation S zu jeder LORENTZ-Transformation $a^k\,l$ nach der Vorschrift

$$\tilde{\gamma}^k = a^k{}_l\, S(a)\, p^l\, S^+(a) = \gamma^k\,; \qquad S\,S^+ = S^+\,S = 1 \tag{60.8}$$

liefert eine Darstellung der LORENTZ-Gruppe, die nicht eindeutig zu sein braucht. Werden die γ^k unitär transformiert, muß natürlich auch ψ mittransformiert werden. Die mehrkomvonentige Wellenfunktion transformiert sich also bei LORENTZ-Transformationen nach

$$\tilde{\psi} = S(a)\,\psi\,. \tag{60.9}$$

Die sich nach einem solchen Transformationsgesetz ändernden Größen heißen allgemein Spinoren. Bei infinitesimalen LORENTZ-Transformationen entstehen die infinitesimalen unitären Transformationen

$$\left.\begin{aligned} a^i{}_k &= \delta^i{}_k + \omega^i{}_k\,, \quad \omega_{ik} = -\,\omega_{ki}\,, \\ S &= 1 + \frac{1}{8}\,\omega_{rs}\,(\gamma^r\,\gamma^s - \gamma^s\,\gamma^r)\,. \end{aligned}\right\} \tag{60.10}$$

Die Darstellung (60.7) der Matritzen γ^i ist so gewählt, daß die Größen $\gamma^4\,\gamma^k$ und $i\,\gamma^4$ hermitesch sind. Das ist notwendig, wenn man bei Auflösung der Gleichung (60.5) nach der Zeitableitung einen hermiteschen Energieoperator erhalten will:

$$\left.\begin{aligned} i\,\hbar\,\frac{\partial\psi}{\partial t} &= [-\,c\,\gamma^4\,\gamma^k\,p_k - i\,\gamma^4\,m_0\,c^2]\,\psi\,, \\ H &= -\,c\,\gamma^4\,\gamma^k\,p_k - i\,\gamma^4\,m_0\,c^2\,.\ ^{1)} \end{aligned}\right\} \tag{60.11}$$

Die DIRAC-Gleichung löst zunächst auch das Problem der Stromdichte mit definiter vierter Komponente. Man kann direkt verifizieren, daß die Stromdichte

$$j^k = -\,c\,\psi^+\,\gamma^4\,\gamma^k\,\psi \tag{60.12}$$

der Kontinuitätsgleichung $j^k{}_{,k} = 0$ genügt. Die vierte Komponente ist gerade $j^4 = c\,\psi^+\,\psi$, die Wahrscheinlichkeitsdichte $\varrho = \frac{1}{c}\,j^4$ also definit.

Die Bildung $\overline{\psi} = \psi^+\,\gamma^4$ heißt DIRAC-konjugierter Spinor. Ist ψ eine Lösung der Gleichung $\left(\gamma^k\,\partial_k - \frac{m_0\,c}{\hbar}\right)\psi = 0$, so ist der DIRAC-konjugierte Spinor eine Lösung der Gleichung

$$\partial_k\overline{\psi}\,\gamma^k + \frac{m_0\,c}{\hbar}\,\overline{\psi} = 0\,. \tag{60.13}$$

Der Viererstrom ist mit dieser Bezeichnung $j^k = -\,c\,\overline{\psi}\,\gamma^k\,\psi$.

Die Lösungen der Gleichung (60.5) lassen sich als Lösungen der KLEIN-GORDON-Gleichung nach ebenen Wellen entwickeln. Die ebene Welle wird angesetzt als

$$\psi = u(\boldsymbol{p}, p^4)\,\exp\frac{i}{\hbar}\,p_k\,x^k\,. \tag{60.14}$$

1) An dieser Stelle läuft die Summation über k nur von 1 bis 3.

Aus der KLEIN-GORDON-Gleichung ergibt sich für die Phase

$$\eta^{ik} p_i p_k = -m_0^2 c^2 , \qquad p_4 = \mp \sqrt{m\, c^2 + \boldsymbol{p}^2} . \tag{60.15}$$

Das ist auch die Lösbarkeitsbedingung für das Gleichungssystem

$$(i \gamma^k p_k - m_0 c)\, u = 0 . \tag{60.16}$$

Wegen (60.4) und (60.15) sind die Spalten der Matrix

$$(i \gamma^k p_k + m_0 c)$$

Lösungen für (60.16). Die Determinantenbedingung (60.15) bedeutet aber auch, daß von diesen Lösungen zu festem p_k nur zwei linear unabhängig sind. Die beiden anderen findet man durch Berücksichtigung der beiden Vorzeichen von p_4. Analog (59.3) schreiben wir $p^4 = q = \sqrt{m_0^2 c^2 + \boldsymbol{p}^2}$. Der Wert $p^4 = -q$ wird nicht benutzt, statt dessen setzen wir in diesem Falle

$$\psi = v(\boldsymbol{p}) \exp - \frac{i\, p_k}{\hbar} x^k . \tag{60.17}$$

Damit ordnen wir jedem Dreierimpuls $\boldsymbol{p}$ die vier Lösungen

$$\psi = v_\alpha(\boldsymbol{p})\, \mathrm{e}^{-\frac{i}{\hbar} p_k x^k} \qquad \psi = u_\alpha(\boldsymbol{p})\, \mathrm{e}^{\frac{i}{\hbar} p_k x^k} ,$$

$$u_1(\boldsymbol{p}) = \chi(\boldsymbol{p}) \begin{pmatrix} q + m_0 c \\ 0 \\ p_3 \\ p_1 + i p_2 \end{pmatrix}, \quad u_2(\boldsymbol{p}) = \chi(\boldsymbol{p}) \begin{pmatrix} 0 \\ q + m_0 c \\ p_1 - i p_2 \\ -p_3 \end{pmatrix}, \tag{60.18}$$

$$v_1(\boldsymbol{p}) = \chi(\boldsymbol{p}) \begin{pmatrix} p_3 \\ p_1 + i p_2 \\ q + m_0 c \\ 0 \end{pmatrix}, \qquad v_2(\boldsymbol{p}) = \chi(\boldsymbol{p}) \begin{pmatrix} p_1 - i p_2 \\ -p_3 \\ 0 \\ q + m_0 c \end{pmatrix},$$

$$\chi(\boldsymbol{p}) = [(q + m_0 c)^2 - \boldsymbol{p}^2]^{-1/2}$$

der DIRAC-Gleichung für die spezielle Form (60.7) der γ^k zu. Die Spinoren u und v genügen den Orthogonalitäts- und Vollständigkeitsrelationen

$$u_\alpha^+ \gamma^4 u_\beta = i\, \delta_{\alpha\beta} , \quad v_\alpha^+ \gamma^4 v_\beta = -i\, \delta_{\alpha\beta} , \quad v_\alpha^+ \gamma^4 u_\beta = 0 , \quad u_\alpha^+ \gamma^4 v_\beta = 0 ,$$

$$\sum_\alpha (u_\alpha u_\alpha^+ - v_\alpha v_\alpha^+)\, \gamma_4 = \sum_\alpha (u_\alpha \bar{u}_\alpha - v_\alpha \bar{v}_\alpha) = i . \tag{60.19}$$

Damit lautet die allgemeine FOURIER-Entwicklung einer Lösung der DIRAC-Gleichung

$$\psi = \sum_\alpha \int \frac{\mathrm{d}^3 \boldsymbol{p}}{\sqrt{(2\pi)^3}}\, q^{-1/2} \left(b_\alpha(\boldsymbol{p})\, u_\alpha(\boldsymbol{p})\, \mathrm{e}^{\frac{i}{\hbar} p_k x^k} + d_\alpha(\boldsymbol{p})\, v_\alpha(\boldsymbol{p})\, \mathrm{e}^{-\frac{i}{\hbar} p_k x^k} \right),$$

$$p_4 = -q . \tag{60.20}$$

Die Lösungen $u_\alpha(\boldsymbol{p}) \exp \frac{i}{\hbar} p_k x^k$ sind Lösungen mit positiver Energie, die Lösungen $v_\alpha(\boldsymbol{p}) \exp\left(-\frac{i}{\hbar} p_k x^k\right)$ sind Lösungen negativer Energie. Es gilt immer die Ungleichung

$$i\hbar \frac{\partial \psi}{\partial t} = E\psi \; ; \quad |E| \geqq m_0 c^2 \, . \tag{60.21}$$

Die Bedeutung der Zustände negativer Energie und der Unterschied der Lösungen zu gegebenem Impuls wird in den beiden folgenden Paragraphen diskutiert.

§ 61. Spin[1])

Zur Diskussion in diesem Paragraphen schreiben wir die DIRAC-Gleichung in einer nach der zeitlichen Ableitung aufgelösten Form, um an die Vorstellungen der nichtrelativistischen SCHRÖDINGER-Gleichung anknüpfen zu können. Wir gehen aus von der Gleichungsform (60.11):

$$i\hbar \frac{\partial \psi}{\partial t} = H\psi \, , \qquad H = -c\gamma^4 \gamma^k p_k - i\gamma^4 m_0 c^2 \, . \tag{61.1}$$

Während in der nichtrelativistischen SCHRÖDINGER-Gleichung für ein freies Teilchen der Drehimpulsoperator mit dem HAMILTON-Operator vertauschbar ist, also eine Konstante der Bewegung darstellt, ist der Drehimpulsoperator (Bahndrehimpuls) nicht mehr mit dem HAMILTON-Operator (61.1) vertauschbar:

$$L_i = \varepsilon_{ikl}\, x^k p^k \qquad \text{und} \qquad [L_i, p_k] = i\hbar\, \varepsilon_{ikl}\, p^l$$

liefert

$$[H, L_i] = -c\gamma^4 \gamma^k [p_k L_i] = i\hbar c \gamma^4 \varepsilon_{ikl} \gamma^k p^l \, . \tag{61.2}$$

Entscheidend ist nun, daß es eine Korrektur zum Drehimpuls-Operator gibt, so daß der korrigierte Drehimpuls wieder mit dem HAMILTON-Operator vertauschbar ist.

Dazu betrachten wir eine Kombination der Matrizen γ^i $(i = 1, 2, 3)$:

$$S_i = -\frac{i\hbar}{4} \varepsilon_{ikl} \gamma^k \gamma^l \, . \tag{61.3}$$

Die Vertauschungsrelationen $\gamma^k \gamma^l + \gamma^l \gamma^k = 2\,\delta^{kl}$ liefern

$$[\gamma^4, S_k] = 0 \, , \qquad [\gamma^i, S_k] = i\hbar\, \varepsilon_{ikl} \gamma^l \, ,$$
$$[S_i, S_k] = i\hbar\, \varepsilon_{ikl} S_l \, . \tag{61.4}$$

Die Matrizen S_i sind also eine Darstellung der Drehimpulsalgebra (34.11).

[1]) Lateinische Indizes laufen in diesem Paragraphen nur von 1 bis 3.

Das entscheidende Ergebnis ist

$$[H, S_i] = -c\gamma^4 p_k [\gamma^k, S_i] = -i\hbar c \gamma^4 p_k \varepsilon_{kil} \gamma^l . \qquad (61.5)$$

Aus (61.2) und (61.5) erhält man einen korrigierten Drehimpulserhaltungssatz:

$$J_i = L_i + S_i , \qquad [H, J_i] = 0 . \qquad (61.6)$$

Aus den Vertauschungsrelationen (61.4) ersieht man, daß S_i ein Drehimpuls ist. S_i stellt den Eigendrehimpuls (Spin) des Teilchens dar, der experimentell im STERN-GERLACH-Versuch an Elektronen gefunden wurde. Bahndrehimpuls und Eigendrehimpuls geben als Summe eine Erhaltungsgröße. Der Eigendrehimpulsoperator hängt in seiner Struktur nur von der Wahl der γ^i ab, d. h. von der Wahl der speziellen Form der DIRAC-Gleichung. Schreibt man die DIRAC-Gleichung als Gleichung für einen vierkomponentigen Spinor, dann sind die γ^i den Größen (60.7) unitär äquivalent, als Spinoperatoren erhält man

$$S_i = \frac{\hbar}{2}\begin{pmatrix} \sigma_i & 0 \\ 0 & \sigma_i \end{pmatrix}, \qquad S_3 = \frac{\hbar}{2}\begin{pmatrix} 1 & & & \\ & -1 & & \\ & & 1 & \\ & & & -1 \end{pmatrix},$$

$$S^2 = \hbar^2 \frac{1}{2}\left(1 + \frac{1}{2}\right). \qquad (61.7)$$

Allgemein werden die Eigenwerte $\hbar^2 s(s+1)$ von S^2 durch die Darstellung der γ^i gegeben, die Eigenwerte von S_3 sind dann Eigenschaften des Zustands.

Die Darstellung der γ hat sich den zu beschreibenden Teilchen anzupassen. Der Betrag des Spins ist daher eine Teilcheneigenschaft, nur die Richtung des Spins eine Eigenschaft des Zustands. Die vierkomponentige DIRAC-Gleichung liefert $s = \frac{1}{2}$, ist also geeignet, Elektronen zu beschreiben.

Die Lösungen (60.18) unterscheiden sich durch den Eigenwert des Operators S_3 im Ruhsystem. u_1 und v_1 sind Eigenspinoren zum Eigenwert $s_z = +\frac{1}{2}$, u_2 und v_2 zum Eigenwert $s_z = -\frac{1}{2}$. Jeder äußere Zustand wird durch die Einstellungsmöglichkeiten des Spins vervielfacht, für $s = \frac{1}{2}$ also verdoppelt.

Es ist nun die Frage zu beantworten, wie die nichtrelativistische SCHRÖDINGER-Gleichung als Grenzfall in der DIRAC-Gleichung enthalten ist. Dazu betrachten wir die an das elektromagnetische Feld angekoppelte DIRAC-Gleichung. Die Kopplung geschieht wie im Falle der KLEIN-GORDON-Gleichung durch die eichinvariante Ableitung. Hier ist dieses Vorgehen durch (48.9) direkt begründet, für die KLEIN-GORDON-Gleichung wird es erst in der Interpretation (60.3) gerechtfertigt.

Ausgangspunkt zur Suche des nichtrelativistischen Grenzfalls ist die Gleichung

$$(\gamma^k \pi_k + \gamma^4 \pi_4 + i\, m_0\, c)\, \psi = 0\,, \qquad \left.\begin{aligned} \pi_k &= \frac{\hbar}{i}\frac{\partial}{\partial x^k} - \frac{e}{c} A_k\,, \\ \pi_4 &= \frac{\hbar}{c\, i}\frac{\partial}{\partial t} - \frac{e}{c} A_4\,. \end{aligned}\right\} \tag{61.8}$$

Im nichtrelativistischen Grenzfall ist $\boldsymbol{p}^2 \ll m_0^2 c^2$, dann gilt, daß für positive Energie die obere Hälfte des Spinors ψ (60.18) wesentlich größer als die untere Hälfte ist. Wir versuchen also, die DIRAC-Gleichung als Gleichung für die ersten zwei Spinorkomponenten zu schreiben, wobei die anderen beiden Komponenten als Korrektur berücksichtigt werden. Wir zerlegen ψ in zwei zweikomponentige Spinoren und erhalten mit den PAULI-Matrizen und der Darstellung (60.7) der γ^i das Gleichungssystem

$$\begin{aligned} i\, \sigma^k \pi_k \psi_2 + i\, (\pi_4 + m_0\, c)\, \psi_1 &= 0\,, \\ - i\, \sigma^k \pi_k \psi_1 - i\, (\pi_4 - m_0\, c)\, \psi_2 &= 0\,. \end{aligned} \tag{61.9}$$

Durch den Ansatz $\psi_1 = \varphi \exp\left(-\frac{i}{\hbar} m_0 c^2 t\right)$, $\psi_2 = \chi \exp\left(-\frac{i}{\hbar} m_0 c^2 t\right)$ und die Voraussetzung, daß φ und χ nur wesentlich weniger als dieser herausgezogene Phasenfaktor von der Zeit abhängen (d. h., die Lösungen besitzen positive Energie), erhält man weiter

$$\left.\begin{aligned} \pi_4\, \varphi &= -\, \sigma^k \pi_k\, \chi\,, \\ \pi_4\, \chi &= -\, \sigma^k \pi_k\, \varphi + 2\, m_0\, c\, \chi\,, \\ \chi &= \frac{1}{2\, m_0\, c} (\sigma^k \pi_k\, \varphi + \pi_4\, \chi)\,. \end{aligned}\right\} \tag{61.10}$$

Hieran ist zu sehen, daß der „kleine Spinor" χ als Reihe dargestellt und dann in die Gleichung für den „großen Spinor" φ eingesetzt werden kann. Wird die Reihe nach dem zweiten Term abgebrochen, ergibt sich

$$\chi = \frac{1}{2\, m_0\, c}\left(\sigma^k \pi_k + \pi_4 \frac{\sigma^k \pi_k}{2\, m_0\, c}\right) \varphi\,,$$

$$- \pi_4\, \varphi = \sigma^k \pi_k \frac{1}{2\, m_0\, c}\left(\sigma^l \pi_l + \pi_4 \frac{\sigma^l \pi_l}{2\, m_0\, c}\right) \varphi\,. \tag{61.11}$$

Die Näherung wird vergröbert, wenn der letzte Term weggelassen wird. Er ist sehr viel kleiner als der vorangehend.

In dem Ausdruck $-\pi_4\, \varphi$ ist wegen $\pi_4 = \frac{\hbar}{i\, c}\frac{\partial}{\partial t} + \frac{e}{c} V$, d. h. $-\pi_4\, \varphi = \frac{1}{c} \times \left(i\, \hbar \frac{\partial \varphi}{\partial t} - e\, V\right)$, die gewöhnliche potentielle Energie eines geladenen Teilchens im elektrischen Potential V schon enthalten. Um die rechte Seite von (61.11) als Summe von kinetischer Energie und Zusatztermen darzustellen, werden die aus den Vertauschungsrelationen für die PAULI-Matrizen und die eichinvarianten Ableitungen (57.12) folgenden Regeln

$$[\pi_i, \pi_k] = \frac{i e \hbar}{c} F_{ik} = \frac{i e \hbar}{c} \varepsilon_{ikl} H_l ,$$

$$[\pi_4, \pi_k] = \frac{i e \hbar}{c} F_{4k} = -\frac{i e \hbar}{c} E_k ,$$

$$\sigma^i A_i \sigma^k B_k = \delta^{ik} A_i B_k + i \varepsilon^{ikl} \sigma_i A_k B_l \tag{61.12}$$

und die Definition des Spinvektors $S_i = \frac{\hbar}{2} \sigma_i$ benutzt. Es ergibt sich über

$$-\pi_4 \varphi = \frac{1}{2 m_0 c} \sigma^k \pi_k \sigma^l \pi_l \left(1 + \frac{\pi_4}{2 m_0 c}\right) \varphi + \frac{1}{4 m_0^2 c^2} \sigma^k \pi_k \sigma^l [\pi_4, \pi_l]$$

die PAULI-Gleichung

$$i \hbar \frac{\partial \varphi}{\partial t} = \frac{1}{2 m_0} \left(\boldsymbol{\pi}^2 - 2 \frac{e}{c} \boldsymbol{S} \boldsymbol{H}\right) \left(1 + \frac{\pi_4}{2 m_0 c}\right) \varphi$$
$$+ \frac{e}{2 m_0^2 c^2} \left[\boldsymbol{S} (\boldsymbol{\pi} \times \boldsymbol{E}) + \frac{\hbar}{2 i} \boldsymbol{\pi} \boldsymbol{E}\right] \varphi . \tag{61.13}$$

$\frac{\pi^2}{2 m}$ ist ersichtlich die gewöhnliche kinetische Energie; durch die Klammer ist eine relativistische Massenkorrektur gegeben, die für sehr kleine Impulse (letzter Term in (61.11) vernachlässigt) verschwindet. Durch

$$-\frac{e}{m_0 c} \boldsymbol{S} \boldsymbol{H}$$

wird die Wechselwirkungsenergie des Spins mit dem Magnetfeld gegeben, der Spin entspricht also einem magnetischen Moment

$$\boldsymbol{m} = \frac{e}{m_0 c} \boldsymbol{S} . \tag{61.14}$$

Spin liefert somit doppelt so viel magnetisches Moment wie der Bahndrehimpuls (3.9). Diese Tatsache wurde bei der Nachprüfung des magnetomechanischen Parallelismus an Ferromagnetika entdeckt. In Ferromagnetika wird die Magnetisierung durch Wechselwirkung der Elektronenspins gegeben, und man erhält (61.14) bei der Messung des Verhältnisses von Drehimpuls und magnetischem Moment. Das Elektron ist keine rotierende Kugel homogener spezifischer Ladung, deren Spin als mechanischer innerer Drehimpuls gedeutet werden könnte.

Der Term

$$\frac{e}{2 m_0 c} \boldsymbol{S} \left(\frac{\boldsymbol{\pi}}{m_0 c} \times \boldsymbol{E}\right)$$

bedeutet Wechselwirkung des Spins mit dem elektrischen Feld in der Bewegung. $\frac{\pi}{m_0 c} \times \boldsymbol{E}$ ist im mitbewegten Bezugssystem gerade der Anteil des Magnetfeldes, der vom elektrischen Feld im Ausgangssystem herrührt (vgl. (49.4)). Die Wechselwirkung koppelt den Spin mit der Bahnbewegung (Spin-Bahn-Kopplung). Im kugelsymmetrischen elektrischen Feld $\boldsymbol{E} = \operatorname{grad} V(\boldsymbol{r})$ nimmt sie die Form einer Wechselwirkung des Bahndrehimpulses mit dem Spin an:

$$\frac{e}{2\, m_0\, c}\, \boldsymbol{S} \left(\frac{\boldsymbol{\pi}}{m_0\, c} \times \boldsymbol{E} \right) = - \frac{e}{2\, m_0^2\, c^2}\, \frac{1}{r}\, \frac{\partial V}{\partial r}\, (\boldsymbol{S}\, \boldsymbol{L})\,.$$

Der Nachweis der Spin-Bahn-Kopplung ist eine Bestätigung des Transformationsgesetzes (49.4) des Magnetfeldes.

Der Term

$$\frac{\hbar\, e}{4\, i\, m_0^2\, c^2}\, \boldsymbol{\pi}\, \boldsymbol{E}$$

bewirkt zusammen mit der Quantisierung des elektromagnetischen Feldes über die Nullpunktsschwingungen der Feldoszillatoren geringfügige Termverschiebungen (Lamb-shift), die vom Lamb und Rutherford nachgewiesen wurden.

An dieser Stelle muß nochmals das Wasserstoffatom diskutiert werden. Bei Nichtbeachtung des Elektronenspins erhält man die Energieniveaus

$$E_{n\, l\, j\, m} = - Ry\, \frac{1}{n^2}$$

mit Entartung über l und m. Bei „Ausschalten" der Wechselwirkung des Spins kommt die Entartung über j (Quantenzahl zum Betragsquadrat des Gesamtdrehimpulses) hinzu. Beim „Einschalten" der Spin-Bahn-Kopplung werden die Terme zu gleichem n und verschiedenem j aufgespalten (Feinstruktur). Der letzte Term in (61.13) verursacht eine Aufspaltung der Terme zu gleichem n und j aber verschiedenem l (Lamb-shift). Alle Terme werden noch einmal zerlegt bei Einschaltung der Wechselwirkung des magnetischen Moments des Elektrons mit dem magnetischen Moment des Kerns (Hyperfeinstruktur). Die Struktur der Wasserstoffterme für $n = 1$ und $n = 2$ ist in Abb. 62 angedeutet. Die beschriebene Aufspaltung geschieht durch die innere Wechselwirkung der Bestandteile des Wasserstoffatoms. Beim Einschalten eines äußeren Magnetfeldes spalten die einzelnen Terme durch den Zeeman-Effekt weiter auf. Die Zeeman-Aufspaltung kann wesentlich größere Werte annehmen als die Feinstruktur im ungestörten Atom.

Zusammenfassend kann zum nichtrelativistischen Grenzfall gesagt werden, daß die nichtrelativistische Wellenfunktion als Modulation auf einer Grundwelle sehr hoher Frequenz entsteht. Die Modulation beschreibt den nichtrelativistischen Zustand des Systems. Das ist entscheidend für die Interpretation des Dirac-Feldes in der Quantenfeldtheorie, wo der Spinor selbst im Hilbert-Raum als Operator angesehen werden muß.

Die beiden Teile des „großen Spinors" sind in erster Näherung bei Abwesenheit eines äußeren magnetischen Feldes völlig entkoppelt, so daß sie den gleichen Zustand bis auf die Spinorientierung darstellen. In zweiter Näherung (Pauli-Gleichung) erst beginnt die Spin-Bahn-Kopplung.

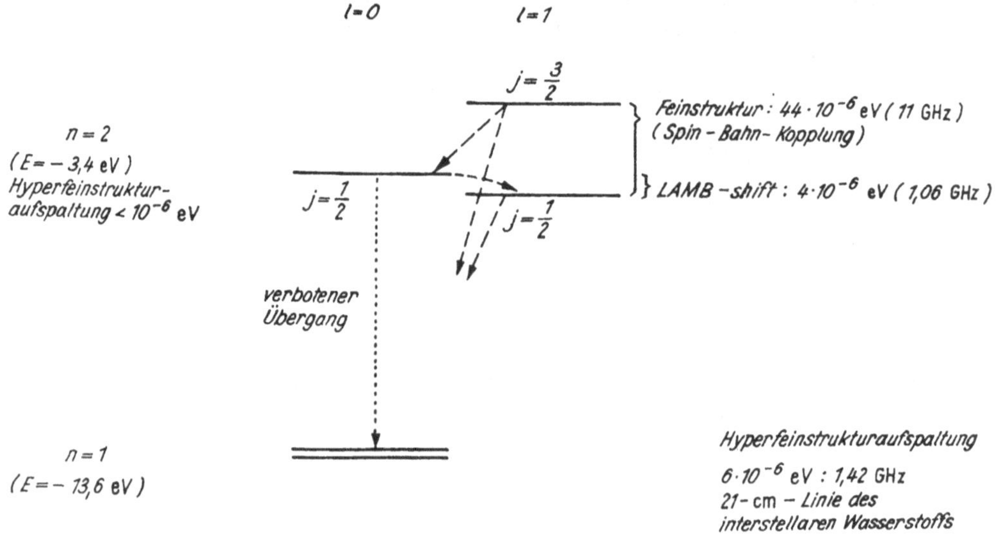

Abb. 62. Die Struktur der Energieniveaus des Wasserstoffatoms für $n = 1$ und $n = 2$

§ 62. Antiteilchen

Die DIRAC-Gleichung gestattet Lösungen mit negativer Energie. Beispiele dafür sind die Lösungen aus (vgl. (60.18))

$$v_1(\boldsymbol{p})\, e^{-i p_k x^k} \quad \text{und} \quad v_2(\boldsymbol{p})\, e^{-i p_k x^k}\,.$$

In beiden Fällen sieht man $H\,\psi = i\,\hbar\,\frac{\partial \psi}{\partial t} = -\sqrt{m_0^2\,c^2 + \boldsymbol{p}^2}\;\psi$. Diese Lösungen negativer Energie haben wir bei der Behandlung des nichtrelativistischen Grenzfalls in § 61 unterdrückt. Es zeigt sich aber, daß das inkonsistent ist. Die Existenz dieser Zustände macht sich an verschiedenen Stellen bemerkbar, zunächst einmal durch die prinzipielle Möglichkeit des Überganges aus einem Zustand positiver in einen Zustand negativer Energie. Das Ausschließen dieser Übergänge durch ein ad hoc postuliertes Auswahlprinzip ist nicht möglich. Weiterhin findet man bei der Berechnung der Reflexion einer DIRAC-Welle an einer genügend hohen Potentialschwelle (analog der Rechnung zum Tunneleffekt § 32), daß das Reflexionsvermögen mit zunehmender Höhe der Schwelle wieder abnimmt (KLEINsches Paradoxon), was dadurch entsteht, daß die Lösungen negativer kinetischer Energie im Gebiet hohen Potentials an die Lösungen positiver Energie außerhalb der Schwelle angeschlossen werden.

Die Zustände negativer Energie erhält man gerade bei Teilchen mit halbzahligem Spin; bei der KLEIN-GORDON-Gleichung ist ja schon vorher klar, daß es sich nicht um die relativistische SCHRÖDINGER-Gleichung handeln kann. Das

PAULI-Prinzip, das gerade für Teilchen mit halbzahligem Spin beobachtet wird, ermöglicht die Lösung des Problems der Zustände negativer Energien. Das Vakuum wird einfach neu definiert. Im Vakuum sollen alle Zustände negativer Energien besetzt sein. Dann sind Übergänge in Zustände negativer Energien durch das PAULI-Prinzip verboten.

Die Neudefinition des Vakuums bringt zwei Dinge mit sich. Erstens können die Teilchen in den Zuständen negativer Energie durch Absorption eines Lichtquants geeigneter Frequenz in einen Zustand positiver Energie übergehen. Das verbleibende Loch bewegt sich dann wie ein Teilchen mit entgegengesetzter Ladung und Viererimpuls p^k, wenn der unbesetzte Zustand dem Viererimpuls $-p^k$ entsprach. Die Energie des Loches ist also positiv. Wir haben das Modell eines Teilchen vor uns mit der gleichen Ruhmasse wie das Ausgangsteilchen, mit der entgegengesetzten Ladung, ein Teilchen, das mit dem Ausgangstyp paarweise entstehen und rekombinieren kann: ein Antiteilchen. Die Situation ist analog dem Festkörper, die Rolle der besetzten Zustände negativer Energie spielt dort das Valenzband ($E - \mu < 0$). Nach Vorhersage durch DIRAC wurden die Antiteilchen zu den Elektronen, die Positronen, tatsächlich gefunden, zunächst in der Höhenstrahlung, danach aber auch über den Prozeß X (Abb. 49). Die Paarvernichtung liefert eine charakteristische Wellenlänge, wenn das Elektron-Positron-Paar keine große Relativbewegung hatte:

$$\lambda = \frac{c}{\nu} = \frac{h\,c}{m_0\,c^2} \sim 2{,}43 \cdot 10^{-10}\ \text{cm}\ .$$

Auch diese Wellenlänge wurde experimentell bestätigt. Elektron und Positron können gebundene Zustände analog dem Wasserstoffatom eingehen. Die Lebensdauer dieser Zustände (Positronium) hängt von der relativen Spinorientierung ab. Sind die Spins parallel, so kann wegen der Erhaltung des Drehimpulses das Paar nur in drei Photonen zerfallen, was die Zerfallswahrscheinlichkeit herabsetzt.[1])

Orthopositronium (Spins parallel) zerfällt im Mittel nach etwa 10^{-7} sec,
Parapositronium (Spins antiparallel) dagegen im Mittel schon nach 10^{-10} sec.

Die Entdeckung und der Nachweis der Antiteilchen ist neben der Bestätigung des mit der DIRAC-Gleichung eingeschlagenen Weges eine fundamentale Bestätigung des LORENTZ-Gruppe, d. h. der speziellen Relativitätstheorie. Antiteilchen existieren zu allen Teilchen mit halbzahligen Spin, d. h. auch zu elektrisch neutralen. Das Antineutron wurde im Jahre 1955 nachgewiesen.

Antiteilchen im Sinne von ladungskonjugierten Teilchen gibt es auch im Falle ganzzahligen Spins. Nur gibt es für Teilchen ganzzahligen Spins keine Teilchenzahlerhaltungssätze, so daß keine konkrete Interpretation des Vakuums in obigem Sinne nötig ist.

[1]) Analogon im Festkörper: Exciton. Die Energiedifferenz zwischen Ortho- und Parapositronium beträgt etwa $8 \cdot 10^{-7}$ eV, das entspricht einer Mikrowellenstrahlung der Frequenz 203 GHz.

Die Darstellung des Vakuums nach DIRAC bedeutet, daß auch hier ein Vielteilchenproblem vorliegt, wenn wir nicht im Grenzfall der PAULI-Gleichung rechnen können. Das heißt, auch die DIRAC-Gleichung muß der Feldquantisierung unterworfen werden, so daß die Teilchen durch die entsprechenden Quanten auf den Feldoszillatoren dargestellt werden, so wie das schon bei der KLEIN-GORDON-Gleichung durchgeführt wurde. Nur im nichtrelativistischen Grenzfall ist das Spinorfeld einem HILBERT-Vektor äquivalent, der als Zustandsvektor im Sinne der Quantenmechanik anerkannt werden kann. Im relativistischen Fall müssen die Spinorfelder Felder von Operatoren sein, die der zweiten Quantisierung bedürfen. Erst dadurch wird das Problem der Zustände negativer Energie konsistent gelöst.

Die Quantisierung des freien Feldes über die Zerlegung nach ebenen Wellen ergibt zunächst mit der FOURIER-Zerlegung

$$\psi = \sum_\alpha \int \frac{d^3\boldsymbol{p}}{\sqrt{2\pi}^3} \sqrt{\frac{m_0}{q}} \left(b_\alpha(\boldsymbol{p})\, u_\alpha(\boldsymbol{p})\, e^{\frac{i}{\hbar} p_k x^k} + d_\alpha(\boldsymbol{p})\, v_\alpha(\boldsymbol{p})\, e^{-\frac{i}{\hbar} p_k x^k} \right) \tag{62.1}$$

und dem Energie-Impulstensor des DIRAC-Feldes

$$T_{ik} = -i\hbar\left(-(\partial_k\bar{\psi})\,\gamma_i\,\psi + \bar{\psi}\,\gamma_i\,\partial_k\psi - (\partial_i\bar{\psi})\,\gamma_k\psi + \bar{\psi}\,\gamma_k\partial_i\psi\right)$$

den Ausdruck für den Viererimpuls

$$P_k = \int T_{4k}\, d^3\boldsymbol{r} = \sum_\alpha \int d^3\boldsymbol{p}\, p_k \left(b_\alpha^+(\boldsymbol{p})\, b_\alpha(\boldsymbol{p}) - d_\alpha^+(\boldsymbol{p})\, d_\alpha(\boldsymbol{p})\right).$$

Die Quantisierung durch den Antikommutator

$$\left.\begin{aligned} \{b_\alpha(\boldsymbol{p}),\, b_{\alpha'}^+(\boldsymbol{p}')\} &= \delta_{\alpha\alpha'}\,\delta(\boldsymbol{p}-\boldsymbol{p}'), \quad \{b_\alpha(\boldsymbol{p}),\, b_{\alpha'}(\boldsymbol{p}')\} = 0,\\ \{d_\alpha(\boldsymbol{p}),\, d_{\alpha'}^+(\boldsymbol{p}')\} &= \delta_{\alpha\alpha'}\,\delta(\boldsymbol{p}-\boldsymbol{p}'), \quad \{d_\alpha(\boldsymbol{p}),\, d_{\alpha'}(\boldsymbol{p}')\} = 0 \end{aligned}\right\} \tag{62.2}$$

ermöglicht mit der Umbebennung $\tilde{d} = d^+$, $\tilde{d}^+ = d$ die Darstellung des Feldimpulses als Summe der Impulse einzelner Quanten, wobei die durch $\tilde{d}^+$ erzeugten Quanten die negative Ladung der von b^+ erzeugten Quanten haben:

$$P_k = \sum_\alpha \int d^3\boldsymbol{p}\, p_k \left(b_\alpha^+(\boldsymbol{p})\, b_\alpha(\boldsymbol{p}) + \tilde{d}_\alpha^+(\boldsymbol{p})\, \tilde{d}_\alpha(\boldsymbol{p}) + \text{Vakuum}\right),$$

$$Q = \int j^4\, d^3\boldsymbol{r} = \sum_\alpha \int d^3\boldsymbol{p} \left(b_\alpha^+(\boldsymbol{p})\, b_\alpha(\boldsymbol{p}) - \tilde{d}_\alpha^+(\boldsymbol{p})\, \tilde{d}_\alpha(\boldsymbol{p}) + \text{Vakuum}\right).$$

Aus den Vertauschungsrelationen folgen Vertauschungsrelationen für die Feldoperatoren selbst, analog (59.8) findet man

$$\{\psi(x),\, \bar{\psi}(x')\} = i\,S(x-x'). \tag{62.3}$$

Die Funktion $S(x)$ gewinnt man aus der Δ-Funktion durch

$$S(x) = \left(\gamma^k \frac{\partial}{\partial x^k} + m\right) \Delta(x). \tag{62.4}$$

Teilchen (Felder) mit halbzahligem Spin müssen mit dem Antikommutator quantisiert werden, Felder, die Teilchen mit ganzem Spin beschreiben, müssen mit dem Kommutator quantisiert werden. Das wird durch die Forderung der mikroskopischen Kausalität erzwungen. Damit sind Teilchen mit halbzahligem Spin Fermionen, d. h. genügen dem PAULI-Verbot, Teilchen mit ganzzahligem

Spin sind Bosonen. Der Zusammenhang zwischen Spin und Statistik wird durch die Quantenfeldtheorie fixiert; zugleich ist zu sehen, daß diese Eigenschaften innere Eigenschaften der Teilchen sein müssen, unabhängig von der Art des Systems, in dem sie miteinander wechselwirken (vgl. §§ 15, 33, 39, 60).

In der nichtrelativistischen Quantenmechanik waren die Ortskoordinaten Observable, d. h. Operatoren; die Zeit dagegen spielte nur die Rolle eines Bewegungsparameters. Dieser Unterschied kann in der Relativitätstheorie nicht aufrechterhalten werden. Die Quantenfeldtheorie löst das Problem in der Weise, daß nun auch die Ortskoordinaten zu reinen Parametern werden. Die zentrale Stellung des Viererimpulses in der Streutheorie ermöglicht sogar, über die FOURIER-Analyse auf den Ortsraum in der Theorie zu verzichten und nur den Impulsraum zu benutzen.

Schon in § 33 ist angedeutet, daß im Falle der Quantisierung mit dem Antikommutator „Löcher" und Teilchen in gewissem Maße äquivalent sind. Genauer, ein Antiteilchen mit dem Impuls p^k entspricht einem unbesetzten Teilchenzustand mit dem Impuls $-p^k$. Allgemein findet man, daß der Bewegungsablauf in einem System unverändert bleibt, wenn man gleichzeitig die Zeitrichtung umkehrt (Zeitumkehroperation T), den Raum spiegelt (Raumspiegelungsoperator P) und alle Teilchen durch ihre Antiteilchen ersetzt (C Operator der Ladungskonjugation). Bei der Ladungskonjugation ändert also nicht nur die elektrische Ladung ihr Vorzeichen, sondern allgemein alle Ladungen (Baryonenzahl, Leptonenzahl, vgl. den folgenden Paragraphen 63). Diese Invarianz, die CPT-Invarianz, folgt ebenfalls im Formalismus der Quantenfeldtheorie aus LORENTZ-Invarianz und mikroskopischer Kausalität. Gegen die einzelnen Teiltransformationen ist keine Invarianz vorhanden, obwohl die Verletzung der P-Invarianz nur in speziellen Wechselwirkungen und die Verletzung der T-Invarianz bisher nur bei einer Teilchensorte beobachtet wird (§ 66).

§ 63. Die Wechselwirkung der Teilchen in der relativistischen Quantentheorie

Im Formalismus der Quantenfeldtheorie werden die Teilchen durch Quanten in entsprechenden Feldern dargestellt. Dabei müssen nur elementare Teilchen so dargestellt werden, alle anderen erscheinen als gebundene Zustände. Die Frage, welche Teilchen elementar sind, ist nicht ohne Willkür zu beantworten. Der Beitrag der Relativitätstheorie ist die zweite Quantisierung, die Existenz der Antiteilchen und der Spin der Teilchen. Alle Quanten eines Feldes haben die gleiche Ruhmasse und stellen die gleiche Teilchensorte dar. Die Grundaufgabe der Theorie auf dieser Stufe ist die Berechnung der gebundenen Zustände zwischen den Quanten und die Berechnung der Streuung, d. h. Wechselwirkung freier Teilchen. Die Frage der gebundenen Zustände wird durch die vollständige Behandlung der Streutheorie mit beantwortet.

Die Quanten in der Theorie der Felder sind nicht nur Energiequanten, sondern sie tragen noch andere Charakteristika, die sie viel stärker zu Teilchen formen als das bei den Quanten des harmonischen Oszillators der Mechanik der Fall ist. Diese Charakteristika werden im nächsten Paragraphen noch ausführlich besprochen.

Die Hauptschwierigkeit einer expliziten Durchführung der Theorie der Felder liegt in der Brechung der Erhaltungssätze für Energie und Impuls bei genügend kurzzeitigen Prozessen. Aus der DIRACschen Störungsrechnung (§ 42) wird klar, daß im nichtrelativistischen Fall die Energieunschärfe in einem Prozeß umgekehrt proportional der Prozeßdauer ist. Durch die relativistische Formulierung, in der die Ortskoordinaten auf die gleiche Stufe mit der Zeitkoordinante gestellt werden, gilt diese Unschärfe für den gesamten Energie-Impuls-Erhaltungssatz. Das bedeutet, daß bei einer Wechselwirkung auch die Zustände als kurzzeitige Zwischenzustände angekoppelt sind, die momentan nicht mit dem Energie-Impuls-Satz vereinbar sind. Der Energie-Impuls-Satz muß eben erst wieder gelten, wenn nach einer gewissen genügend langen Zeit die Wechselwirkung als abgeschlossen betrachtet werden kann (vgl. Stoß). Für die gebundenen Zustände ist die dynamische Struktur des Vakuums von Bedeutung, das ja ebenfalls kurzzeitig „dissoziieren“ kann.

Der einfachste Vakuumeffekt wird durch die Nullpunktsschwingungen der Feldoszillatoren selbst geliefert (59.12). Das auf diese Weise entstehende elektrische Feld bewirkt die LAMB-shift (§ 61).

Die Möglichkeit der Dissoziation des einzelnen Teilchens (Abb. 63, Schema I und II) bedingt die Notwendigkeit der Renormierung von effektiver Ladung und Masse der Teilchen, die in direkter Rechnung durch diese Dissoziationsmöglichkeiten divergieren.

Die Dissoziation des Vakuums führt zur Möglichkeit der Polarisierung des Vakuums durch das elektromagnetische Feld; diese Polarisation korrigiert z. B. die LAMB-shift um 3%.

Die Dissoziation führt zu einer quantenmechanischen Zitterbewegung der geladenen Teilchen (Schema III). Die Bildung des Paares verletzt den Energiesatz um $2\, m_0 c^2$, das Paar lebt also etwa die Zeitspanne $\frac{h}{2\, m_0 c^2}$, somit hat die Zitterbewegung die Amplitude $\frac{h}{m_0 c}$. Das ist die COMPTON-Wellenlänge der Teilchen des Paares.

Die Ankopplung der im Vakuum gebildeten Teilchenpaare und die Dissoziation der Teilchen selbst führt u. a. auch auf Zusätze zum magnetischen Moment der Teilchen. So kann das Neutron dissoziieren in Proton und negatives Pion, dessen Bahn um das Proton mit dem Spin des Neutrons gekoppelt ist. Das magnetische Bahnmoment des Pions erscheint als Beitrag zum magnetischen Moment des Neutrons (Schema IV).

Die COMPTON-Streuung ist kein lokaler Vierteilchenprozeß, sondern das Integral über zwei Dreiteilchenprozesse, die makroskopisch verboten wären

(Schema V). Dabei liefern auch Prozesse des Typs VI einen Beitrag, ebenso die Dissoziierbarkeit des einlaufenden Photons (VII).

Die Dissoziierbarkeit der Teilchen bedingt eine Selbstwechselwirkung, die in den Gleichungen für die freien Felder wegen der Linearität nicht vorhanden ist. So existiert im Prinzip auch eine Möglichkeit der Streuung von Photonen an Photonen, die aber äußerst geringfügig ist (Schema VIII). Für die Streuung von Pionen ist ein solcher Prozeß von Bedeutung.

Die Wechselwirkung von Teilchen, die einem strikten Erhaltungssatz der Teilchenzahl genügen, wird dargestellt durch den Austausch virtueller Teilchen, die keinem solchen Erhaltungssatz genügen (Bosonen). Die Wechselwirkung von Nukleonen geschieht so durch den Austausch von Pionen (Schema IX). Dabei kann auch Ladungstausch (das intermediäre Teilchen ist dann ein geladenes Pion) oder Spintausch (durch ein Vektormeson) stattfinden.

Das COULOMB-Potential entsteht durch die Anregung longitudinaler Photonen, die wegen der Eichinvarianz nicht als freie Teilchen existieren.

Zwischen der Masse der ausgetauschten Teilchen und der Reichweite der Wechselwirkung besteht der bekannte Zusammenhang (57.7):

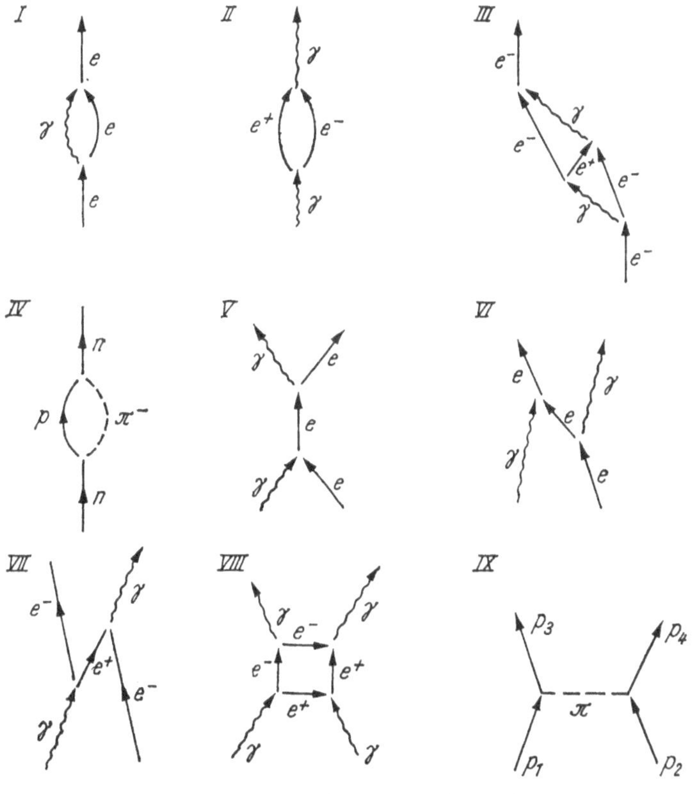

Abb. 63. Spezielle Prozesse (Erläuterungen im Text)

Die Masse des virtuellen Teilchens verletzt den Energiesatz um etwa $m_0 c^2$, damit kann es etwa für die Zeit $\tau \sim \frac{h}{m_0 c^2}$ existieren und den Weg $\lambda = c\tau = \frac{h}{m_0 c}$ zurücklegen, um mit einem zweiten Teilchen zu reagieren. $\frac{h}{m_0 c}$ liefert die Reichweite der Wechselwirkung.

§ 64. Elementarteilchen: Übersicht

Zunächst ist die Frage zu klären, welche Teilchen elementar sind. Die Zerlegung eines festen Körpers in frei bewegliche Molekeln erfordert Energien von größenordnungsmäßig 10^{-2} eV pro Molekel (Schmelzwärme des Wassers $6 \cdot 10^{-2}$ eV pro Molekel). Für die Thermodynamik, in der die mittleren Energien diese Größenordnung nicht überschreiten, sind die Molekeln elementare Teilchen. Nach einem Bausteinprinzip sind die Molekeln zusammengesetzt aus einer noch großen Zahl von verschiedenen Atomen, deren Bindungsenergie in der Molekel von der Größenordnung 1 eV pro Valenz ist. Bei entsprechender Erhöhung der Temperatur (der mittleren Energie pro Freiheitsgrad) ist an den chemischen Umsetzungen zu sehen, daß die Molekeln keine elementaren Teilchen sind. Die Atome wiederum bestehen aus Kern und Hüllenelektronen, letztere sind mit Energien von etwa 10 eV an den Kern gebunden (Wasserstoffelektron im Grundzustand: 13,6 eV Ionisierungsenergie), thermisch erreicht man ihre Trennung vom Kern nur bei sehr hohen Temperaturen. Auch der Kern besteht aus einzelnen Bausteinen (Protonen und Neutronen), die Bindungsenergie beträgt etwa $6 \cdot 10^6$ eV pro Nukleon (im Sauerstoffkern 6,6 MeV). Die Schwelle von der chemischen Energie zur Kernenergie beträgt also mehrere Größenordnungen. Für die klassische Chemie sind die Atome elementare Teilchen. Die Atome scheinen nach einem Baukastenprinzip aus drei Teilchen (p, n, e^-) zusammengestellt zu sein.

Es gibt aber zu diesen Teilchen zumindest noch die Antiteilchen (p, n und e^- sind Fermionen), das Photon ist ebenfalls ein Teilchen dieser Größenordnung, dazu kommen die verschiedenen Teilchen der kosmischen Höhenstrahlung, so daß schon ohne Hilfe einer künstlichen Teilchenerzeugung auch die elementaren Teilchen dieser Stufe in vielen verschiedenen Sorten existieren. Die künstlich erzeugten Teilchen bilden eine noch größere Vielfalt. Allen diesen Teilchen ist gemeinsam, daß sie sich nach bestimmten Regeln ineinander umwandeln können, so daß auf dieser Stufe kein Teilchen elementarer als das andere ist. Für bestimmte Klassen von den auf diese Weise definierten Elementarteilchen gibt es wieder ein Bausteinprinzip (§ 65). Die Bausteine selbst sind aber in den Elementarteilchen sehr fest miteinander verbunden, die Bindungsenergie muß Größenordnungen über der Ruhmasse der Elementarteilchen liegen. Wenn die Bausteine überhaupt frei existieren, was nicht sicher ist, sind sie erst bei Energien darstellbar, die bis jetzt noch nicht erreicht sind.

Die charakteristischen Teilcheneigenschaften werden durch die Erhaltungssätze gegeben, und zwar weniger durch den auf der LORENTZ-Invarianz beruhenden Energie-Impuls-Erhaltungssatz, als vielmehr durch die Erhaltung bestimmter Quantenzahlen. Diese Quantenzahlen sind durch die Analyse des experimentellen Befundes aufgestellt worden und erlauben, die Vielfalt der beobachteten Prozesse zu ordnen. Während die Erhaltung von Energie und Impuls für genügend kurze Zeiten verletzt werden kann, bleiben diese diskreten Quantenzahlen echt erhalten oder ändern sich in bestimmten Fällen um feste Beträge. Der Drehimpulserhaltungssatz beispielsweise bewirkt, daß Fermionen immer nur paarweise entstehen oder zerfallen können. Weiterhin gibt es Teilchenzahlen, die exakt erhalten bleiben. Nach diesen Teilchenzahlerhaltungssätzen unterscheidet man drei Gruppen von Elementarteilchen, nämlich Baryonen, Leptonen und Mesonen.

Die Baryonen haben halbzahligen Spin. Das leichteste Baryon ist das Proton mit einer Ruhmasse von umgerechnet 938 MeV. Allen Baryonen wird die Baryonenzahl B zugeordnet, die für die Teilchen gleich 1 und für die Antiteilchen gleich -1 ist. Die Baryonenzahl ist eine Ladung im Sinne der C-Transformation (Ladungskonjugation).

Die Leptonen haben ebenfalls halbzahligen Spin, das schwerste Lepton ist das Myon mit einer Ruhmasse von 106 MeV. Das Elektron ist ein Lepton ($m_0 c^2 = 0{,}51$ MeV), das Positron ein Antilepton. Man kann eine Leptonenzahl definieren (L), für die Elektronen ist $L = 1$, für Positronen $L = -1$. Wie die Summe der Baryonenzahlen bleibt die Summe der Leptonenzahlen in jedem Prozeß streng erhalten. Leptonen können sich aber ineinander umwandeln und Baryonen ebenfalls, so daß man sich Leptonen und Baryonen als jeweils ein Teilchen in verschiedenen Zuständen vorstellen kann.

Die Mesonen schließlich haben ganzzahligen Spin (die eigentlichen quasistabilen Mesonen haben den Spin 0) und genügen keinen Teilchenzahlerhaltungsätzen. Sie ähneln darin dem Photon und dem (hypothetischen) Graviton, die allerdings die Ruhmasse Null besitzen, während das leichteste Meson (das Pion) eine etwa 140 MeV entsprechende Ruhmasse besitzt.

Bis auf wenige Ausnahmen sind alle Elementarteilchen instabil. Nur wegen der Erhaltung von Baryonenzahl und Leptonenzahl sowie der elektrischen Ladung müssen die leichtesten Baryonen (Proton und Antiproton), die leichtesten Leptonen (Neutrinos) und die leichtesten geladenen Teilchen (Elektron, Positron) stabil sein. Die Instabilität der anderen echten Elementarteilchen ist aber gering, wenn man die Lebensdauer mit der Zeiteinheit vergleicht, die durch die COMPTON-Wellenlänge der Teilchen und die Lichtgeschwindigkeit gegeben wird. Während diese Zeiteinheit (die als Grundfrequenz in der Lösung der entsprechenden Feldgleichung in Erscheinung tritt, vgl. § 61) für die Masse eines Baryons kleiner ist als

$$\frac{h}{m_{p0}\, c^2} \sim 4 \cdot 10^{-24}\ \text{sec}\,, \tag{64.1}$$

ist die Lebensdauer der echten Teilchen (bis auf Σ^0 und π^0) von der Größenordnung 10^{-10} sec.

Historisch begann der Nachweis der Elementarteilchen mit Elektron (Kathodenstrahlen), Proton (Regelmäßigkeit der Atomgewichte), Photon (äußerer Photoeffekt) und Neutron (1932 als notwendiger neutraler Kernbaustein vorausgesagt und nachgewiesen). Die Erfüllung des Energiesatzes beim β-Zerfall machte die Existenz des Neutrinos notwendig, das 1930 als Hypothese formuliert, aber erst 1959 nachgewiesen werden konnte. Die erste theoretische Voraussage war die der Antiteilchen, speziell des Positrons, durch die Dirac-Gleichung (1931). Nach der Entdeckung des Positrons in der Höhenstrahlung wurde es auch bei künstlich erzeugter Radioaktivität gefunden. Das Pion als korrespondierendes Teilchen der Kernkräfte wurde erst 1947, 12 Jahre nach seiner Vorhersage, gefunden. Mit der Entwicklung der Teilchenbeschleuniger wurde der Nachweis der übrigen Teilchen möglich, 1955 konnten Antiproton und Antineutron nachgewiesen werden. Der vorläufig letzte Höhepunkt ist der Nachweis des Ω^--Baryons (1964).

Beobachtung und Messung

Am einfachsten sind geladene Teilchen zu beobachten. Ist ihre kinetische Energie genügend hoch, dann ionisieren sie die Atome der Umgebung der Bahn. Diese ionisierte Spur kann in einer Photoemulsion direkt fixiert werden, sie kann aber auch durch Kondensation von übersättigtem Dampf (Nebelkammer) oder im umgekehrten Verfahren durch das Sieden einer überhitzten Flüssigkeit sichtbar gemacht und photographiert werden (Blasenkammer). Die Ionisierung kann genutzt werden zum Überschlag eines elektrischen Funkens, wobei die Teilchen gezählt werden können (Geiger-Zähler).

Im Prinzip können alle Teilchen durch ausgelöste Elementarprozesse nachgewiesen werden. Als Beispiel sei der Nachweis des Neutrinos skizziert:

Beim β-Zerfall entsteht aus einem Neutron ein Proton, ein Elektron und ein Antineutrino $\bar{\nu}$ ($L = -1$):

$$n \to p + e^- + \bar{\nu} .$$

Dessen Antiteilchen, das Neutrino also, wird bei der stellaren Materiesynthese im Prozeß

$$p \to n + e^+ + \nu$$

frei und kann auf der Erde den Prozeß

$$\nu + n \to p + e^-$$

auslösen. Der Wirkungsquerschnitt des Neutrinos ist sehr klein, so daß solche Prozesse nur sehr selten stattfinden können. Durch die Umwandlung eines Neutrons in ein Proton entsteht z. B. aus einem Chlorkern ein Argonkern, so daß die Neutrinos am wachsenden Argongehalt oder an den frei werdenden Partnern von Chlorverbindungen nachgewiesen werden können.

Das Antineutrino aus dem β-Zerfall kann selbst wieder den umgekehrten Prozeß auslösen:

$$\bar{\nu} + p = n + e^+ .$$

Durch die gemeinsame Entstehung eines Neutrons und eines Positrons kann man das Neutrino durch Koinzidenzmessungen nachweisen: die Vernichtungsstrahlung des Positrons wird in zwei gegenüberliegenden Zählern zugleich gemessen, kurz danach die durch Absorption des Neutrons in einem Kern entstehende γ-Strahlung (Abb. 64).

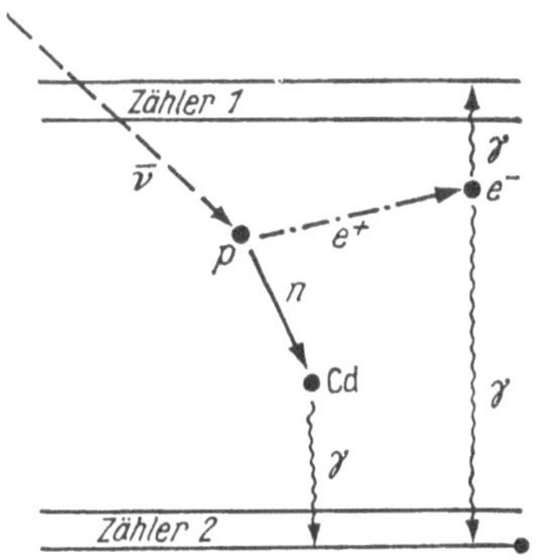

Abb. 64. Schema zum Nachweis des Antineutrinos

Für das Auffinden der einzelnen Reaktionstypen und die Grobvermessung der Teilchen sind die Aufnahmen der Teilchenspuren in Blasenkammern sehr wichtig. Die Stärke der Ionisierung in einer Spur läßt Rückschlüsse auf die Masse und die Energie der Teilchen zu, die Krümmung der Spur im Magnetfeld ermöglicht die Bestimmung des Vorzeichens der elektrischen Ladung und des Impulses. Wird das Teilchen bis auf geringe Geschwindigkeit abgebremst, so hängt die Länge der Spur direkt mit der Anfangsenergie zusammen. Zusammen mit den Erhaltungssätzen für Energie und Impuls kann man auch die ungeladenen Teilchen bestimmen, die keine Spur hinterlassen. Abb. 65 zeigt die Struktur solcher Aufnahmen. Wegen der geringen Masse von Elektron und Positron sind die Spuren beider Teilchen in der Regel sehr stark im Magnetfeld gekrümmt. Sie bilden charakteristische Paare, wenn sie von Photonen erzeugt werden. So kann in der skizzierten Aufnahme auf zwei Photonen und die Richtung, aus der sie kamen, geschlossen werden. Die neutralen Teilchen Λ^0 und Ξ^0 werden durch Analyse des Energie-Impuls-Satzes bestimmt. Wiederum mit dieser Methode kann die Charakteristik des Ω^--Teilchen gesichert werden. Die einfallenden Teilchen sind negative K-Mesonen. Das den Gesamtprozeß auslösende Kaon trifft auf ein ruhendes Proton. Schon an der Richtung der beiden dort beginnenden Teilchenspuren ist zu erkennen, daß zur Erfüllung des Impulssatzes noch ein neutrales Teilchen entstanden sein muß.

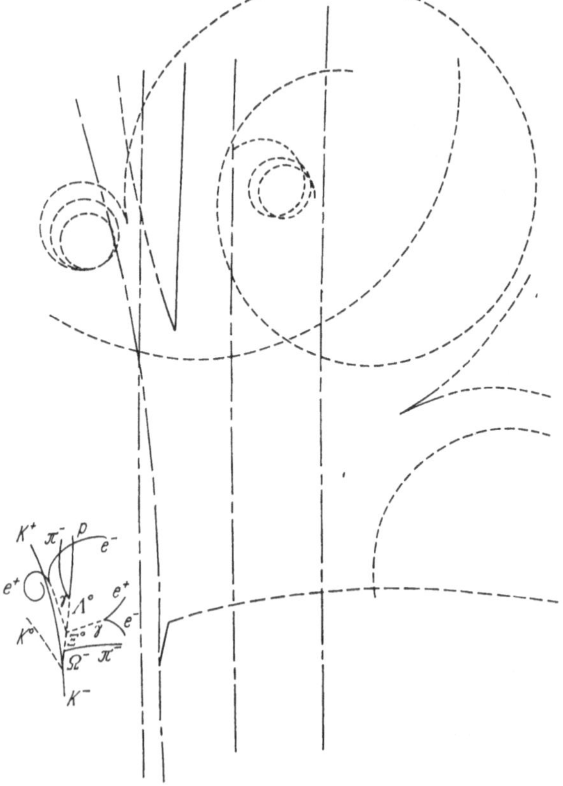

Abb. 65. Die Struktur einer Blasenkammeraufnahme. Der dargestellte Prozeß ist

$$K^- p \rightarrow \Omega^- + K^+ + K^0$$

$$\Omega^- \rightarrow \Xi^0 + \pi^-$$

$$\Xi^0 \rightarrow \Lambda^0 + 2\gamma$$

$$\Lambda^0 \rightarrow p + \pi^-$$

$$\gamma \rightarrow e^+ + e^-$$

Kennt man einen bestimmten Reaktionstyp, so findet man die Masse eines unbekannten Reaktionspartners durch kinematische Analyse der Reaktion. Die Spins der Teilchen werden mehr indirekt an Winkelverteilungen und Polarisationen der Zerfallsprodukte deutlich. Die übrigen in der Tabelle angeführten Quantenzahlen erschließt man aus den Auswahlregeln für die existierenden Reaktionen. Als Beispiel für die relative Massenbestimmung sei die Bestimmung der Masse des ungeladenen Pions angeführt (Abb. 66).

Ein Strom aus negativen Pi-Mesonen bekannter Energie trifft auf ruhende Protonen. Dabei können u. a. zwei Prozesse auftreten, in denen Neutronen ent-

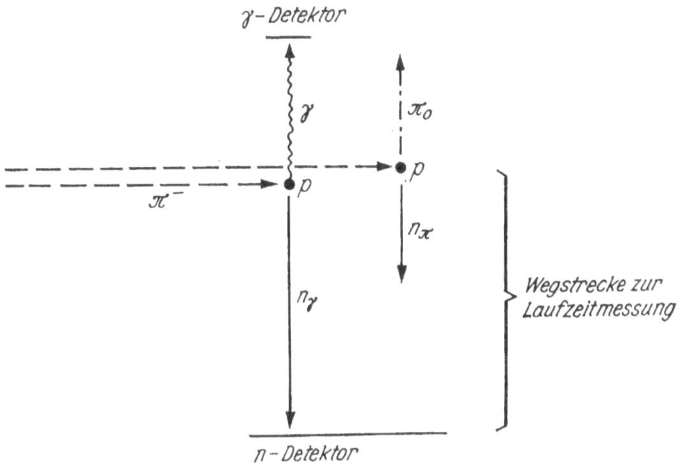

Abb. 66. Versuchsplan zur Bestimmung der Masse von π_0

stehen:

$$\pi^- + p \to n + \gamma$$

und

$$\pi^- + p \to n + \pi^0 .$$

Sind die einfallenden Pi-Mesonen nicht zu schnell, dann werden sie vor diesen Prozessen auf Bohrschen Bahnen um das Proton eingefangen, so daß bei bekannten Ruhmassen der Partner der Impuls der Neutronen berechnet werden kann. Das ist beim ersten Prozeß der Fall. Beim zweiten Prozeß wird der Impuls durch Vergleich der Laufzeit des entstehenden Neutrons gemessen; dadurch kann die Masse von π bestimmt werden (46.15).

Die Beschleuniger stellen das „Mikroskop" der Elementarteilchentheorie dar. Mit der Energie der ultrarelativistisch beschleunigten Teilchen ($E \gg m_0 c^2$) nimmt die entsprechende de Broglie-Wellenlänge, d. h. die Größe der nichtauflösbaren Entfernungen immer mehr ab:

$$\lambda = \frac{h}{p} \sim \frac{h\,c}{E} . \tag{64.2}$$

Für $E = 1$ GeV ist $\lambda \sim 10^{-13}$ cm. Allerdings nimmt die Anzahl der miteinander konkurrierenden Reaktionstypen bei der Erhöhung der Energie der beschleunigten Teilchen so stark zu, daß man die Hypothese einer kleinsten meßbaren Länge aufstellen kann (Heisenbergsche Elementarlänge).

Besonders wichtig ist die Messung der Streuquerschnitte in Abhängigkeit von der Energie der stoßenden Teilchen. Es zeigen sich dabei Phänomene, die dem im Franck-Hertz-Versuch beobachteten analog sind. Bei genügend kleiner relativer kinetischer Energie stoßen die Reaktionspartner elastisch. Bei Erhöhung der Energie entstehen einesteils sehr kurzlebige Resonanzen analog den angeregten Zuständen des Quecksilberatoms beim Franck-Hertz-Versuch, zum andern entstehen neue Teilchen; die Ruhmasse wird also neu zusammengestellt. Die Resonanzen machen sich durch eine starke Vergrößerung des Streuquerschnitts in einem bestimmten Energiebereich bemerkbar. Aus der energetischen Lage des Bereiches schließt man auf die Ruhmasse der Resonanzen, aus der Breite des Bereichs, d. h. aus der Unschärfe der Energiemessung, auf die Lebensdauer (37.3). Die Breite der Resonanzen reicht von 1 MeV für die leichteren bis zu 400 MeV für die schweren, das entspricht Lebensdauern von $4 \cdot 10^{-21}$ s bzw. 10^{-23} s.

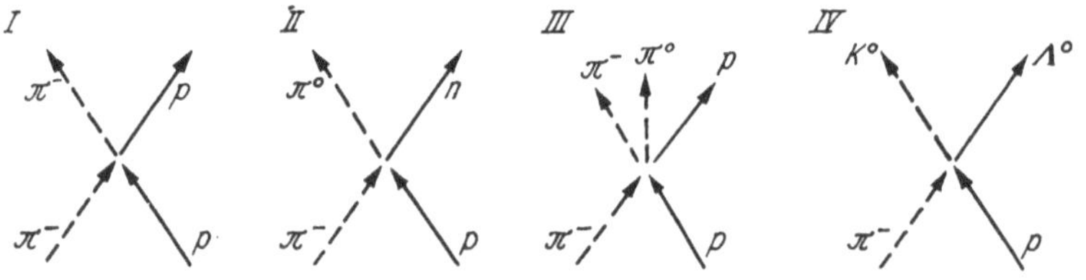

Abb. 67. π^-–p-Reaktionen. I stellt den elastischen Stoß dar. II und IV sind unelastische Stöße, bei denen Teilchen umgewandelt werden. Verallgemeinerungen der Teilchenauffassung (Isopin- bzw. SU_3-Formalismus) können II bzw. IV als elastisch interpretieren. III ist ein unelastischer Stoß mit Teilchenerzeugung

Wechselwirkungstypen

Man kann die bei den Reaktionen zwischen Elementarteilchen beobachteten Wechselwirkungen einteilen in starke Wechselwirkung, elektromagnetische Wechselwirkung und schwache Wechselwirkung. Die Wechselwirkungen können deshalb voneinander unterschieden werden, weil sie verschiedenen Auswahlregeln gehorchen. Die Bedingungen für das Vorhandensein der starken Wechselwirkungen sind am einschränkendsten. Die starke Wechselwirkung wird nur zwischen Baryonen und Mesonen beobachtet. Die Wechselwirkung ist so stark, daß eine störungstheoretische Behandlung i. a. nicht möglich ist. Die elektromagnetische Wechselwirkung ist vergleichsweise schwach, sie ist aber bei allen geladenen Teilchen vorhanden (Wechselwirkung mit dem elektromagnetischen Feld). An der elektromagnetischen Wechselwirkung sind immer Photonen beteiligt, zumindest virtuell. Das Photon ist das einzige Teilchen, das nur an der elektromagnetischen Wechselwirkung teilnimmt. Die schwache Wechselwirkung ist am wenigsten durch Erhaltungssätze eingeschränkt. Man beobachtet sie immer dann, wenn starke und elektromagnetische Wechselwirkung durch entsprechende Auswahlregeln (Erhaltungssätze) verboten sind. Die schwache Wechselwirkung ist typisch für Leptonen, allerdings wird sie in bestimmten Fällen auch ohne Leptonenbeteiligung beobachtet. Die charakteristischen

Reaktionszeiten für starke, elektromagnetische und schwache Wechselwirkung sind 10^{-23} s, 10^{-15} s und 10^{-10} s. Die Teilchen, die durch starke Wechselwirkung mit ihren Zerfallsprodukten zerfallen, sind die Resonanzen, sie sind im Vergleich mit der Zeit (64.1) nicht quasistabil. Teilchen, die durch Wechselwirkung mit dem elektromagnetischen Feld zerfallen, sind das neutrale Pion und das neutrale Σ^0-Hyperon.

Quantenzahlen der Elementarteilchen

Die starke Wechselwirkung ist bis auf kleine Korrekturen von der elektrischen Ladung der Teilchen unabhängig. Das wurde zuerst an der fast gleichen Bindungsenergie von Protonen und Neutronen im Kern beobachtet. Man kann Proton und Neutron als das gleiche Teilchen in zwei verschiedenen Ladungszuständen betrachten, ebenso die drei π-Mesonen. Die anderen Mesonen und Baryonen lassen sich analog gruppieren, so daß das Bild von Multipletts entsteht, die denen im Termschema von Elektronen der Atomhülle für verschiedene Quantenzahlen m (Orientierung des Drehimpulses) ähneln. Dadurch wird der Isospin eingeführt. Die starken Wechselwirkungen erscheinen invariant gegen eine abstrakte Drehgruppe. Über (34.4) hängt die Quantenzahl des Betragsquadrates des zugehörigen Drehimpulses mit der Anzahl der zu einem Multiplett gehörenden Teilchen zusammen. Ist dieser Isospin I gegeben, dann gehören $2I + 1$ Teilchen zum Multiplett, die Teilchen unterscheiden sich durch die Orientierung des Isospins: $I_3 = -I, -I+1, \ldots, I$. I kann sowohl ganzzahlig als auch halbzahlig sein. Die Orientierung des Isospins hängt mit der elektrischen Ladung zusammen: $Q = I_3 + \text{const}$.

Die Tatsache, daß man als strikte Erhaltungssätze für Teilchenzahlen nur Baryonenzahl und Leptonenzahl findet, läßt aber noch viel weitergehende Möglichkeiten der Zusammenfassung zu Teilchengruppen erwarten. Die elektrische Ladung Q bleibt ebenfalls in jedem Falle erhalten.

Zunächst sollte jedes Teilchen schon durch elektromagnetische Wechselwirkung zerfallen können, wenn es ein leichteres Teilchen mit gleichen Ladungen Q, B und L gibt. Trotzdem werden nur in den beiden Fällen $\pi^0 \to 2\gamma$ und $\Sigma^0 \to \Lambda^0 + \gamma$ elektromagnetische Zerfallsschemata beobachtet. Das Fehlen des Zerfalls $\mu^- \to e^- + \gamma$ und die Beobachtung des Dreiteilchenzerfalls $\mu^- \to e^- + \bar{\nu} + \bar{\nu}'$ zeigt, daß μ^- ein Antilepton ist ($L = -1$) und damit nicht elektromagnetisch in ein Lepton (e^-) zerfallen kann. Aus analogem Grunde wird der Prozeß $\pi^- \to \mu^- + \gamma$ nicht beobachtet (§ 66). Daß nun aber auch Prozesse der Art

$$K^+ \to \pi^+ + \gamma\,,$$
$$\Lambda^0 \to n + \gamma\,,$$
$$\Xi^- \to \Sigma^- + \gamma$$

vollständig fehlen, zeigt, daß es für die elektromagnetische Wechselwirkung noch eine weitere Auswahlregel geben muß. Diese Regel ist die Erhaltung der

Strangeness S (Fremdheitsquantenzahl). Gerade die Teilchen K, Σ, Λ, Ξ erschienen als „seltsam", weil sie immer paarweise entstehen und trotzdem einzeln zerfallen können. Man kann dieses Verhalten dadurch konsequent deuten, daß man den Teilchen die Quantenzahl S (Strangeness) zuordnet, wobei bei starker Wechselwirkung die gesamte Strangeness erhalten bleibt, bei der schwachen Wechselwirkung aber die Auswahlregel $\Delta S = \pm 1$ gilt. Bei elektromagnetischer Wechselwirkung bleibt S ebenfalls erhalten. Da es kein leichteres positiv geladenes Teilchen mit $S = 1$ als das positive Kaon gibt, kann dieses nicht elektromagnetisch zerfallen; da es kein leichteres Baryon mit $S = -1$ als das Λ^0-Hyperon gibt, kann auch dieses nicht elektromagnetisch zerfallen usf. Die Bildung dieser Teilchen beim Auftreten schneller Teilchen auf andere Teilchen kann natürlich nur mit der starken Wechselwirkung geschehen, da die anderen Wechselwirkungen viel zu langsam sind.

Es zeigt sich, daß sich die Kombination

$$Q - \frac{1}{2}(B + S)$$

gerade wie die dritte Komponente eines Drehimpulses verhält und gleich der dritten Komponente des Isospins ist. Die Summe $Y = B + S$ heißt Hyperladung.

Die Parität wird in § 66 diskutiert.[1])

§ 65. Die Symmetrie der starken Wechselwirkungen

Baryonen und Mesonen unterscheiden sich durch die Baryonenzahl. Innerhalb der beiden Gruppen unterscheiden sich die Teilchen neben der Differenzierung durch die Masse durch die Quantenzahlen I, I_3 und S. Die starke Wechselwirkung läßt alle diese Quantenzahlen unverändert.

Analog der Darstellung des Isospins als Quantenzahlen einer abstrakten Gruppe (gegen die die starke Wechselwirkung invariant ist) können alle drei Quantenzahlen I, I_3 und S als Quantenzahlen einer — natürlich höherdimensionierten — abstrakten Gruppe dargestellt werden. Ziel ist neben einer Klassifizierung der Elementarteilchen und der zwischen ihnen ablaufenden Prozesse eine Begründung des Massenspektrums analog dem Spektrum der Atomhüllen: Dort gibt es Ausgangszustände, die in erster Näherung hoch entartet sind (H-Atom: Zustände mit verschiedenen n haben verschiedene Energie, sind aber jeder wegen der Invarianz gegen die Drehgruppe entartet). Die Massenunterschiede zwischen den Teilchen einer Gruppe werden dann verstanden als Aufhebung der natürlichen Entartung durch die Brechung der Symmetrie der starken Wechselwirkungen.

[1]) Unter Berücksichtigung des Begriffes Isospin ist die Reaktion $\pi^- + p \rightarrow \pi^0 + n$ eine in der Näherung der starken Wechselwirkung elastische Reaktion. Es wird nur Isospin übertragen. Eine analoge Übertragung des gewöhnlichen Spins bei elastischer Streuung wird ebenfalls beobachtet.

Die Symmetriegruppe, die passende Entartungen (d. h. Termgruppen passenden Umfangs) und zwei unabhängige Quantenzahlen Y und I_3 liefert, ist die Gruppe SU_3, die Gruppe der unitären unimodularen Transformationen eines dreidimensionalen komplexen Raums. Sie enthält als Untergruppe die SU_2, die isomorph mit der dreidimensionalen Drehgruppe ist. Die Isospininvarianz wird durch eine solche Untergruppe dargestellt. Die die Gruppe erzeugende Algebra läßt sich aus genau acht Operatoren kombinieren:

$$I_3 = \begin{pmatrix} \frac{1}{2}, & 0, & 0 \\ 0, & -\frac{1}{2} & 0 \\ 0, & 0, & 0 \end{pmatrix} \quad E_{1+} = \begin{pmatrix} 0, & 0, & 0 \\ 0, & 0, & 1 \\ 0, & 0, & 0 \end{pmatrix} \quad E_{1-} = \begin{pmatrix} 0, & 0, & 0 \\ 0, & 0, & 0 \\ 0, & 1, & 0 \end{pmatrix}$$

$$Y = \begin{pmatrix} \frac{1}{3}, & 0, & 0 \\ 0, & \frac{1}{3}, & 0 \\ 0, & 0, & -\frac{2}{3} \end{pmatrix} \quad E_{2+} = \begin{pmatrix} 0, & 0, & 0 \\ 0, & 0, & 0 \\ 1, & 0, & 0 \end{pmatrix} \quad E_{2-} = \begin{pmatrix} 0, & 0, & 1 \\ 0, & 0, & 0 \\ 0, & 0, & 0 \end{pmatrix}$$

$$E_3{}^+ = \begin{pmatrix} 0, & 1, & 0 \\ 0, & 0, & 0 \\ 0, & 0, & 0 \end{pmatrix} \quad E_{3-} = \begin{pmatrix} 0, & 0, & 0 \\ 1, & 0, & 0 \\ 0, & 0, & 0 \end{pmatrix} \tag{65.1}$$

Das gegebene Beispiel ist die einfachste treue Darstellung der Gruppe. Unitäre Transformationen ändern nichts an den Vertauschungsrelationen und sind deshalb immer noch möglich. Die Darstellung entspricht in der Eigenschaft der niedrigdimensioniertesten treuen Darstellung der Darstellung (34.5) der dreidimensionalen Drehgruppe. Die Operatoren E_{i+} und E_{i-} entsprechen den dort eingeführten Operatoren L^+ und L^-, wie an den Vertauschungsrelationen zu sehen ist:

$$[E_{i+}, E_{k-}] = 0 \quad \text{für} \quad i \neq k\,, \quad [E_{i+}, E_{k+}] = E_{l-}$$

$$(i\,k\,l \text{ zyklische Permutation von } 1, 2, 3)$$

$$[E_{1+}, E_{1-}] = \frac{3}{2} Y - I_3\,, \quad [E_{i-}, E_{k-}] = -E_{l+}\,(i\,k\,l)\,,$$

$$[E_{2+}, E_{2-}] = -\frac{3}{2} Y - I_3\,, \quad [E_{3+}, E_{3-}] = 2\,I_3; \tag{65.2}$$

$$[I_3, E_{1\pm}] = \mp \frac{1}{2} E_{1\pm}, \quad [Y, E_{1\pm}] = \pm E_{1\pm}\,,$$

$$[I_3, E_{2\pm}] = \mp \frac{1}{2} E_{2\pm}, \quad [Y, E_{2\pm}] = \mp E_{2\pm}\,,$$

$$[I_3, E_{3\pm}] = \pm E_{3\pm}\,, \quad [Y. E_{3\pm}] = 0\,. \tag{65.3}$$

Die zweite Gruppe der Vertauschungsrelationen ist entscheidend für die Gestalt des Wurzeldiagramms. Analog der Drehgruppe, wo L^+ und L^- Erhöhungs- und Erniedrigungsoperatoren für L_3 waren, haben hier die Operatoren E_{i+} und E_{i-} die Eigenschaft, gemeinsame Eigenvektoren der (miteinander vertauschbaren) Operatoren Y und I_3 wieder in solche Eigenvektoren zu überführen. Dabei ändern sich die Eigenwerte nach dem in Abb. 68 gezeigten Schema. Den ver-

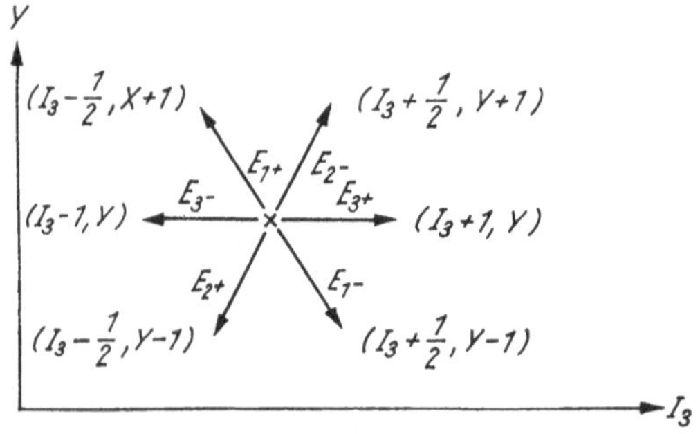

Abb. 68. Wirkung der Operatioren $E_{i\pm}$ auf die Eigenwerte der Eigenvektoren von I_3 und Y

schiedenen Quantenzahlen des Drehimpulsquadrats entspricht hier in etwas komplizierterer Form die Dimensionen der Darstellung, d. h. die spezielle Form des Multipletts der Eigenwerte. Die Multipletts der Drehgruppe sind in Abb. 69

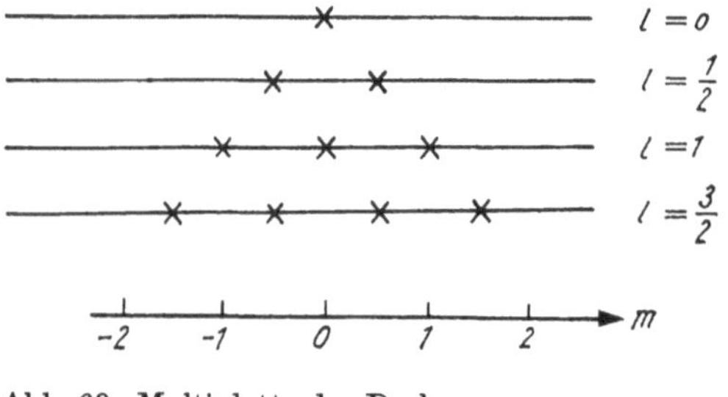

Abb. 69. Multipletts der Drehgruppe

skizziert. Die Multipletts der SU_3 bis zur Dimension 10 haben die in Abb. 70 gezeigte Form. Außer dem trivialen Singulett sind die 8- und 10-dimensionalen Darstellungen diejenigen niedrigster Dimension mit ganzer Hyperladung Y und damit ganzzahliger elektrischer Ladung (Einheit Elementarladung). Teilchen mit nichtganzzahliger elektrischer Ladung sind noch nicht nachgewiesen worden. Die Existenz von Teilchen, die zu den Tripletts und Sextetts gehören, ist eine noch nicht geklärte Frage. Die den Triplett entsprechenden Teilchen könnten als Bausteine der Baryonen und Mesonen angesehen werden (Quarks).

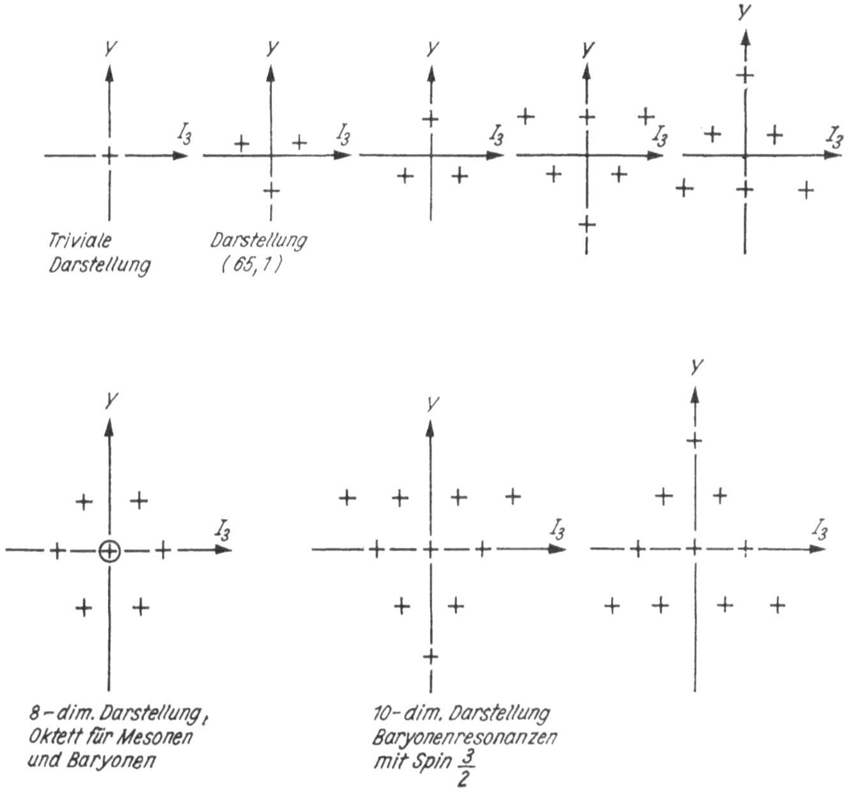

Abb. 70. Multipletts der SU_3 bis zur Dimension 10

Die Baryonen bilden ein Oktett der Form:

$$\begin{array}{ccc} & n \quad p & \\ \Sigma^- & \Sigma^0 & \Sigma^+ \\ & \Lambda^0 & \\ & \Xi^- \quad \Xi^0 . & \end{array}$$

Der Zustand mit $I_3 = Y = 0$ ist doppelt, weil $I_3 = 0$ einmal für die Quantenzahl des Isospinbetrags $I = 1$ (Σ^0) wie auch für $I = 0$ (Λ^0) vorhanden ist.

Die Mesonen mit Spin 0 bilden ein Oktett der Form:

$$\begin{array}{ccc} & K^0 \quad K^+ & \\ \pi^- & \pi^0 & \pi^+ \\ & \eta & \\ & \bar{K}^- \quad \bar{K}^0 & \end{array}$$

Das isoskalare Teilchen η ($I = I_3 = Y = 0$) ist eine Resonanz, also nicht quasistabil. Während es zum Baryonenoktett ($B = 1$) ein gleichgebautes Oktett von Antibaryonen ($B = -1$) gibt, sind die Antiteilchen der Mesonen mit den Mesonen selbst identisch, denn zu den Ladungen der Mesonen gehört keine Teilchenzahl. So ist $\overline{K^-}$ das Antiteilchen zu K^+ und $\overline{K^0}$ das Antiteilchen zu K^0. π^- ist das Antiteilchen zu π^+, π^0 und γ gehen wie das Photon γ bei Ladungskonjugation in sich selbst über. Die neutralen K-Mesonen werden zwar in den Zuständen K^0 und $\overline{K^0}$ erzeugt, hinsichtlich des Zerfalls verhalten sich diese Zustände aber wie Superpositionen der Zustände

$$|K_1^0\rangle = \frac{1}{\sqrt{2}}(|K^0\rangle - |\overline{K^0}\rangle)\,,$$

$$|K_2^0\rangle = \frac{1}{\sqrt{2}}(|K^0\rangle + |\overline{K^0}\rangle)\,.$$

K_1^0 zerfällt in zwei Teilchen nach einer Lebensdauer von etwa 10^{-10} s,
K_2^0 zerfällt in drei π-Mesonen nach einer Lebensdauer von etwa 10^{-7} s.

Mit der Anordnung der Baryonen und Mesonen zu Multipletts der SU_3 ist erst die formale Seite bewältigt. Die physikalische Vorstellung besteht darin, daß die Teilchen eines Multipletts im wesentlichen ein Teilchen mit im Prinzip gleicher Masse sind. Die Aufspaltung der Masse kommt in diesem Bild zustande durch Wechselwirkungen, die schwächer als die starke Wechselwirkung sind. Diese schwächeren Wechselwirkungen verletzen die SU_3-Symmetrie der starken Wechselwirkungen derart, daß die natürliche Entartung der Multipletts (alle Teilchen haben gleiche Masse) aufgehoben wird.

Obwohl noch keine Theorie für den Operator existiert, dessen Eigenwerte die ungestörten Massen sind, kann man die Störung, d. h. die Aufspaltung der Massen durch die SU_3-verletzenden Wechselwirkungen bereits ansetzen. Da die Massenaufspaltung innerhalb einer Gruppe mit gleichem I und Y im Vergleich zu den anderen Aufspaltungen hinsichtlich verschiedener I und Y klein ist, ergibt sich folgendes Bild:

Die elektromagnetische Wechselwirkung zeichnet über die elektrische Ladung eine Richtung (I_3) im Isoraum aus und zerstört die Invarianz gegen die Isodrehungen. Die elektromagnetische Wechselwirkung ist verantwortlich für die relativ kleine Aufspaltung der Massen für gleiche I und Y. Die Massenaufspaltung für verschiedene I und Y muß durch eine Wechselwirkung gegeben sein, die stärker ist als die elektromagnetische, die nicht gegen SU_3, wohl aber gegen die Untergruppe der Isodrehungen SU_2 (erzeugt von I_3, E_{3+} und E_{3-}) invariant ist. Diese Wechselwirkung heißt mittelstark. Die Eigenwerte des ungestörten SU_3-invarianten Massenoperators H_s spalten durch die Addition von H_{ms} auf, die Aufspaltung wird durch die statische Störungsrechnung (§ 36) gegeben. Eine weitere Aufspaltung entsteht durch die elektromagnetische Wechselwirkung H_{el}, die SU_2 verletzt und die in $H_s + H_{ms}$ noch vorhandene natürliche Entartung über I_3 aufhebt.

Der einfachste Ansatz für den Operator H_{ms}, der invariant gegen die Isodrehungen sein soll, ist

$$H_{ms} = a\,Y + b\left(I^2 - \frac{Y^2}{4}\right). \tag{65.4}$$

(Y und I^2 sind hier die Operatoren für Hyperladung und Isospinquadrat).

Die statische Störungsrechnung liefert dann die Massenaufspaltung

$$M = M_0\left(1 + a\,Y + b\left(I\,(I+1) - \frac{Y^2}{4}\right)\right). \tag{65.5}$$

(I und Y Quantenzahlen)

Auf das Baryonen-Oktett angewandt, ergibt sich

$$M_N = M_0\left(1 + a + \frac{b}{2}\right),$$
$$M_\Lambda = M_0\,,$$
$$M_\Sigma = M_0\,(1 \qquad + 2\,b)\,,$$
$$M_\Xi = M_0\left(1 - a + \frac{b}{2}\right),$$
$$M_N + M_\Xi = \frac{3\,M_\Lambda + M_\Xi}{2}\,,$$

was im Rahmen der durch die elektromagnetische Aufspaltung gegebenen Genauigkeit mit dem experimentellen Wert übereinstimmt. Für das Mesonen-Oktett muß $a = 0$ sein, weil K und $\bar{K}$ als Antiteilchen-Teilchen-Paar die gleiche Masse besitzen müssen. Damit erhält man

$$M_K = M_0\left(1 + \frac{b}{2}\right)$$
$$M_\pi = M_0\,(1 + 2\,b) \qquad M_\eta = \frac{4\,M_K - M_\pi}{3} \sim 613\,\text{MeV}\,.$$
$$M_\eta = M_0\,.$$

Das ist auch noch recht gut erfüllt, die Ruhmasse von η ist 549 MeV. Es ist aber eher verwunderlich, wenn diese Formeln sehr gut sind, weil die erste Näherung bei solch starker Störung, wie sie H_{ms} darstellt, nicht ausreichen sollte.

Die Baryonenresonanzen mit Spin $\frac{3}{2}$ ordnen sich zu einem Dekuplett:

N^{*-}	N^{*0}	N^{*+}	N^{*++}	$I = \frac{3}{2}$,	$Y = 1$,	$m_0 = 1230$ MeV
Σ^{*-}	Σ^{*0}	Σ^{*+}		$I = 1$,	$Y = 0$,	$m_0 = 1380$ MeV
Ξ^{*-}	Ξ^{*0}			$I = \frac{1}{2}$,	$Y = -1$,	$m_0 = 1530$ MeV
Ω^-				$I = 0$,	$Y = -2$,	$m_0 = 1680$ MeV

Nach der Massenformel (65.5) müssen die Massen äquidistant aufspalten. Zunächst war Ω^- unbekannt. Da die Äquidistanz der Massen für N^*, Σ^* und Ξ^* aber so gut war, wurde das Teilchen Ω^- mit der Masse $\sim$ 1680 MeV, Spin 3/2 und negativer Ladung vorhergesagt und tatsächlich gefunden. Während aber die Resonanzen N^*, Σ^* und Ξ^* über die starke Wechselwirkung zerfallen, ist Ω^- ein quasistabiles Teilchen, es kann also als Teilchenspur beobachtet werden (Abb. 65).

Die Erfolge der Theorie der SU_3-Invarianz der starken Wechselwirkung mit Störung durch die mittelstarke Wechselwirkung sind unbestreitbar. Die Schwierigkeiten der Theorie liegen abgesehen von einer eigentlichen Theorie des Massenoperators in der Verbindung der SU_3-Invarianz mit der Lorentz-Invarianz der Teilchen als Teilchen im konkreten Minkowski-Raum, speziell mit dem gewöhnlichen Spin. Ebenso fallen die Leptonen aus dem Schema heraus, da sie a nicht an der starken Wechselwirkung beteiligt sind.

§ 66. Schwache Wechselwirkung: Leptonen

Es sind acht Leptonen bekannt, Elektron, Myon, Neutrino, Myneutrino und die dazugehörenden Antiteilchen. Die Leptonen haben alle den Spin $\frac{1}{2}$, an den vier Neutrinos konnte keine Ruhmasse beobachtet werden.

Die Leptonen unterliegen nicht der starken Wechselwirkung. Ihre Eigenschaften werden wesentlich vom Verhalten der Neutrinos bestimmt. Das erste bekannte Lepton war das Elektron. Es ist das in der Atomhülle beobachtete Teilchen und wurde mit dem der Strahlung beim β-Zerfall identifiziert. Während aber beim Zerfall eines Systems in zwei definierte Bruchstücke die Energie der Bruchstücke durch den Energie-Impuls-Erhaltungssatz festliegt, was beim α-Zerfall radioaktiver Elemente tatsächlich beobachtet wird, haben die beim β-Zerfall im Kern gebildeten Elektronen keine feste Energie. Es muß also noch ein drittes Teilchen entstehen, das Neutrino (Pauli-Hypothese). Im Zerfall

$$n \to p + e^- + \bar{\nu} \tag{66.1}$$

liegt die Energie des Elektrons nicht mehr fest. Außerdem kann ohne das Neutrino auch der Drehimpulserhaltungssatz nicht erfüllt sein: Ein Neutron ist ein Teilchen mit Spin $\frac{1}{2}$, während ein System aus p und e^- ganzen Spin haben muß.

Das Neutrino $\bar{\nu}$ kann nicht mit seinem Antiteilchen ν identisch sein, andernfalls müßte man die Reaktion

$$\left.\begin{array}{l} n \to p + e^- + \bar{\nu} \\ \qquad \bar{\nu} + n \to p + e^- \end{array}\right\} 2\,n \to 2\,p + 2\,e^-$$

(doppelter β-Zerfall) beobachten können. Das Teilchen ν wird bei dem Prozeß

$$p \to n + e^+ + \nu \tag{66.2}$$

frei, der als inverser β-Zerfall künstlich erzeugt werden kann. Auf der Erde kann dieser Prozeß nur im Innern des Atomkerns stattfinden, weil er noch Energie benötigt, denn das Neutron ist schwerer als das Proton. Diese Energie wird im Atomkern verfügbar, weil das Neutron u. U. stärker gebunden wird als das zerfallende Proton, die Ruhmassenvergrößerung beim Prozeß geht also auf Kosten des Massendefekts.

Der Prozeß (66.2) liefert die Strahlungsenergie der Sterne, er findet in variierter Form bei der Helium-Synthese (Abb. 71) und beim BETHE-WEIZSÄCKER-Zyklus statt (C–N-Zyklus, Abb. 72). Der Nachweis der Neutrinos ν und $\bar{\nu}$ wurde in § 64 angedeutet.

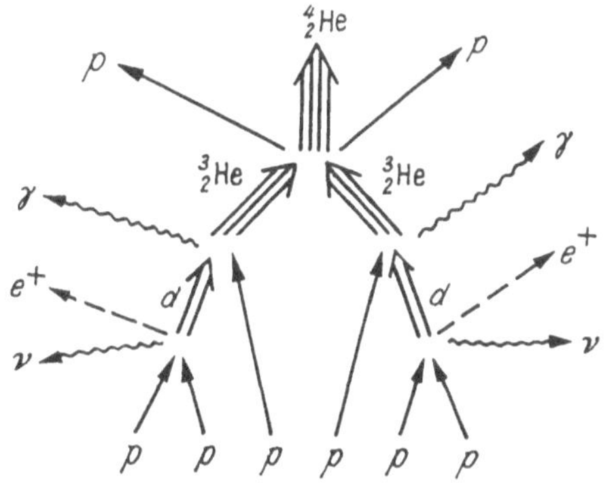

Abb. 71. Ablaufschema der stellaren Heliumsynthese.
Die in den γ freiwerdende Energie pro Heliumkern ist 25 MeV. Der Prozeß wird für Temperaturen größer als $3 \cdot 10^6$ °K wesentlich

Nach der Voraussage des Pions durch YUKAWA wurde zunächst das Lepton μ in der Höhenstrahlung gefunden. Obwohl seine Masse in der erwarteten Größenordnung lag, konnte es nicht das gesuchte Teilchen sein, weil es ein Fermion ist und eine Wechselwirkung des Typs IX nach Abb. 63 zwischen zwei Fermionen nur durch ein Boson vermittelt werden kann (Drehimpulserhaltungssatz an beiden Vertices). Das Myon entsteht beim Zerfall der Mesonen:

$$\begin{aligned} \pi^- &\to \mu^- + \nu' \\ \overline{K}^- &\to \mu^- + \nu' . \end{aligned} \tag{66.3}$$

Das Myon zerfällt selbst wieder in Elektron und Neutrinos.

Merkwürdig ist, daß das beim Zerfall (66.3) entstehende Neutrino nicht mit dem beim β-Zerfall entstehenden Neutrino oder dessen Antiteilchen identisch ist. Beobachtet man nämlich die Teilchen, die beim Einfang dieser Neutrinos durch Nukleonen entstehen, so sind das immer Myonen, nie Elektronen:

$$\nu' + p = n + \mu^+ \quad \text{beobachtet,}$$
$$\nu' + p = n + e^+ \quad \text{nicht beobachtet.}$$

Ebenso fehlt der Prozeß $\mu^- \to e^- + \gamma$.

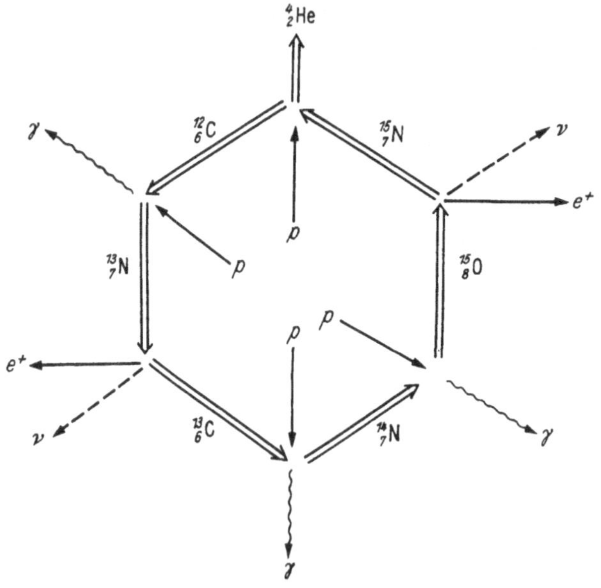

Abb. 72. Ablaufschema des CN-Zyklus (BETHE-WEIZSÄCKER-Zyklus). Der Prozeß wird für $T > 16 \cdot 10^6$ °K wesentlich

Alle Beobachtungen lassen sich ordnen, wenn man vier Neutrinos annimmt, wobei die Leptonenzahlen von e^- und μ^+ gleich 1 sind und streng erhalten bleiben.

Schwache Wechselwirkung muß nicht unbedingt Leptonenbeteiligung bedeuten, bei schwacher Wechselwirkung ohne Leptonenbeteiligung sind aber immer Teilchen mit $S \neq 0$ beteiligt, und der Betrag von S ändert sich um 1.

Verletzung der räumlichen Spiegelinvarianz

Zur vollen LORENTZ-Gruppe gehören wegen (43.4) auch die Spiegelungen von Raum und Zeit. Invarianz der Physik gegen die volle LORENTZ-Gruppe bedeutet also auch Invarianz gegen Spiegelungen, mit anderen Worten die Zeitrichtung eines Bewegungsablaufs und der Drehsinn einer Spirale sind keine inneren Eigenschaften der Systeme, denn durch Beobachtung der Bewegungsabläufe in einem geschlossenen Kasten kann man bei Invarianz gegen die volle LORENTZ-Gruppe keinen absoluten Drehsinn und keine absolute Zeitrichtung bestimmen.

Die Invarianz gegen die orthochrone LORENTZ-Gruppe ($a^4{}_4 > 0$ und $\det a^i{}_k = 1$) allein führt zusammen mit der mikroskopischen Kausalität in der Feldtheorie zur Invarianz gegen gleichzeitige Ausführung von Zeitspiegelung, Raumspiegelung und Ladungskonjugation (CPT-Theorem).

Während über die NOETHERschen Theoreme nur infinitesimalen, d. h. kontinuierlichen Invarianzgruppen Erhaltungssätze zugeordnet werden, entsprechen in der Quantenmechanik auch diskreten Invarianzen Erhaltungssätze. Bezüglich des Verhaltens bei Spiegelungen kann den Systemen eine Parität zugeordnet werden (§ 31). Ist die Parität +1, dann geht ein Zustandsvektor bei Raumspiegelung in sich selbst über, ist die Parität −1, dann ist $P\psi = -\psi$. Fermionen kann nur eine relative Parität zugeschrieben werden, das Photon hat negative Parität, ebenso die Gruppe der skalaren Mesonen, d. h., die Mesonen sind genauer pseudoskalare Teilchen. Die Parität eines Systems kombiniert sich nach einer einfachen Regel aus der Parität der Teile: Ein System, das eine ungerade Zahl von Teilchen mit negativer Parität und keinen Drehimpuls besitzt, hat wieder negative Parität. Ein System aus drei Pi-Mesonen ohne Drehimpuls hat negative, ein System aus zwei Pi-Mesonen dagegen positive Parität. Bei Wechselwirkungen, die invariant gegen die volle LORENTZ-Gruppe sind, muß die Parität erhalten bleiben.

Nun zerfällt aber eine Komponente des neutralen Kaons in zwei Pi-Mesonen, eine andere in drei Pi-Mesonen. Bei der schwachen Wechselwirkung bleibt die Parität also nicht erhalten. So kann an Hand des β-Zerfalls polarisierter Neutronen direkt ein Schraubensinn definiert werden (Abb. 73). Allerdings liegt die Verletzung der Spiegelinvarianz bei schwacher Wechselwirkung so, daß die Wechselwirkung invariant ist gegen die kombinierte Raum- und Ladungsinversion (CP):

$$P\,|K\rangle = -\,|K\rangle\,, \qquad P\,|\pi\rangle = -\,|\pi\rangle\,,$$
$$P\,|2\,\pi\rangle = |2\,\pi\rangle\,,$$
$$P\,|3\,\pi\rangle = -\,|3\,\pi\rangle\,.$$
$$K_1^0 \to \pi^+ + \pi^-\,, \qquad C\,|\pi^+ + \pi^-\rangle = |\pi^+ + \pi^-\rangle\,.$$
$$K_2^0 \to \pi^+ + \pi^- + \pi^0\,, \qquad C\,|\pi^+ + \pi^- + \pi^0\rangle = |\pi^+ + \pi^- + \pi^0\rangle\,.$$
$$C\,P\,|\pi^+ + \pi^-\rangle = |\pi^+ + \pi^-\rangle\,,$$
$$C\,P\,|\pi^+ + \pi^- + \pi^0\rangle = -\,|\pi^+ + \pi^- + \pi^0\rangle\,.$$

Nun ist aber

$$|K_1^0\rangle = \frac{1}{\sqrt{2}}\,(|K^0\rangle - |\bar{K}^0\rangle)\,, \qquad C\,P\,|K_1^0\rangle = |K_1^0\rangle\,,$$
$$|K_2^0\rangle = \frac{1}{\sqrt{2}}\,(|K_0\rangle + |\bar{K}^0\rangle)\,, \qquad C\,P\,|K_2^0\rangle = -\,|K_2^0\rangle\,.$$

Die kombinierte Parität, der Eigenwert von CP, bleibt also erhalten. Änderungen im Bewegungsablauf, die durch Raumspiegelung entstehen, werden durch den Übergang zu Antiteilchen aufgehoben.

Der Beobachter definiere einen speziellen Windungssinn als positiv und die Ladung der Teilchen der Atomhülle als negativ. Durch eine Spule positiven Windungssinns strömen Ladungsträger des definierten negativen Vorzeichens. Im erzeugten Magnetfeld richten sich die neutralen Kernbausteine wegen des magnetischen Moments auf. Die Richtung der entstehenden geladenen Leptonen ist korreliert mit der Richtung des Spins des zerfallenden

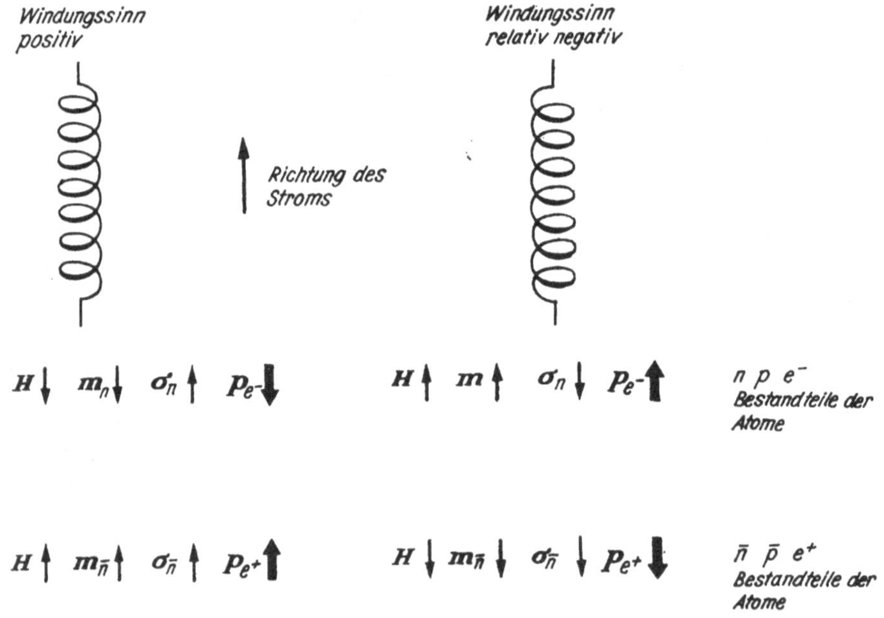

Abb. 73. Die Kombination von Raumspiegelung und Ladungskonjugation beim β-Zerfall. Zwei verschieden gewundene Spulen werden verglichen. Unabhängig von der Definition des Windungssinns wird die Stromrichtung der Ladungsträger und der Impuls $\boldsymbol{p}$ der emittierten Teilchen gemessen. Über ihre relative Orientierung kann ein Windungssinn definiert werden (Verletzung der Parität). Der Übergang zu Antiteilchen vertauscht diese Orientierungen wieder (CP-Invarianz). Weitere Erläuterungen im Text

Nukleons. Ein Neutron sendet das sich bildende Elektron vorwiegend in die Richtung entgegengesetzt zur Spinorientierung, das Antineutron aber sendet das Positron vorwiegend in die Richtung der Spinorientierung. Es ergibt sich Abb. 73.

Zwei Beobachter im gleichen Typ Materie können sich also über die Richtung positiven Windungssinns über dieses Experiment verständigen. Die Verständigungsmöglichkeit fällt weg, wenn der Materietyp offenbleibt. Das Magnetfeld wird immer als abwärts gerichtet errechnet, wenn Windungssinn und Ladung als positiv bzw. negativ angenommen werden.

Ersichtlich hängt die Nichtinvarianz gegen Raumspiegelung damit zusammen, daß Neutronen die beim Zerfall frei werdenden Elektronen in eine vom Neutronenspin abhängige Vorzugsrichtung emittierten. Das liegt darin begründet, daß der Spin des Neutrinos an seine Bewegungsrichtung gekoppelt ist. Der Spin des Neutrinos ν ist immer antiparallel zum Impuls $\boldsymbol{p}_\nu$, der Spin des Antineutrinos $\bar{\nu}$ dagegen immer parallel zum Impuls $\boldsymbol{p}_{\bar{\nu}}$. (Wegen der Lorentz-Invarianz ist eine solche Kopplung nur für Teilchen ohne Ruhmasse möglich.) Dadurch geht das Neutrino bei Raumspiegelung in ein nicht existentes Teilchen über. Entstehen nun bei einem Zerfall Teilchen mit Spin, so ist die Kopplung der Spins der entstehenden Teilchen mit dem Spin des Ausgangsteilchens ganz natürlich. Beim Entstehen eines Neutrinos bedeutet das aber, daß auch der Impuls des Neutrinos an den Spin des Ausgangsteilchens gekoppelt ist, da sich das Neutrino ja nur in entgegengesetzter Richtung zu seinem Spin bewegen kann. Damit ist auch der Impuls der anderen Reaktionspartner an den Spin des Ausgangsteilchens gekoppelt. Die Vorzugsrichtung der Elektronen wurde beim β-Zerfall von Co^{60}-Kernen nachgewiesen, deren Neutronenspins durch Anlegen eines Magnetfeldes eine Vorzugsrichtung erhalten.

Auch die CP-Invarianz und damit — wegen des CPT-Theorems — die Zeitinvarianz ist bei einem Prozeß verletzt, und zwar wieder beim neutralen Kaon. Der Bestandteil K_1^0, der in zwei Teilchen zerfällt, hat eine Lebensdauer von 10^{-10} s. In einem Strom aus neutralen K-Mesonen zerfällt diese Komponente vergleichsweise rasch, denn K_2^0 hat eine Lebensdauer von 10^{-7} s. Die Zerfälle

$$K^0 \rightarrow \pi^+ + \pi^-$$

müssen also sehr schnell abnehmen und nach genügend langer Zeit verschwinden. Trotzdem beobachtet man solche Zweiteilchenzerfälle auch noch nach so langer Zeit, daß der Schluß aufgedrängt wird, daß auch K_2^0 in $\pi^+ + \pi^-$ zerfallen kann. Allerdings muß diese Wechselwirkung schwächer sein als die schwache (sonst wäre die Lebensdauer von K_2^0 so kurz, daß man es von K_1^0 nicht unterscheiden könnte), und sie muß auch CP verletzen.

Die Wechselwirkungstypen erscheinen als Hierarchie, in der die Wechselwirkungen um so weniger Symmetrien besitzen, je schwächer sie sind (Abb. 74).

Wechselwirkung	invariant gegen					Auswahlregeln
	orthochrone eigentliche LORENTZ-Gruppe	Zeitspiegelung T	Raumspiegelung P	Isodrehung	SU_3	
stark	ja	ja	ja	ja	ja	$\Delta S = 0$ $\Delta I = 0$
mittelstark	ja	ja	ja	ja	nein	
elektromagnetisch	ja	ja	ja	nein		$\Delta S = 0$
schwach	ja	ja	nein			$\Delta S = 1$
superschwach ($K_2^0 \rightarrow \pi^+ + \pi^-$)	ja	nein				
gravitativ (Kap. VII)	nein					

Abb. 74. Die Hierarchie der Wechselwirkungen

Die Gravitation stört i. a. alle Symmetrien, verletzt alle Erhaltungssätze, weil das Gravitationsfeld die Definition eines abgeschlossenen Systems nicht zuläßt. Durch die Gravitation ist im Prinzip der gesamte Kosmos angekoppelt. Die Kopplung ist aber so klein, daß sie im Elementarteilchenbereich noch nicht beobachtet werden kann.

VII. Gravitationstheorie

§ 67. Das Äquivalenzprinzip

Das NEWTONsche Gravitationsgesetz

$$\boldsymbol{K}_{12} = -f\frac{m_1 m_2}{r_{12}^2}\frac{(\boldsymbol{r}_2 - \boldsymbol{r}_1)}{r_{12}} \tag{67.1}$$

beschreibt eine momentane Fernwirkung zwischen den Massen. Es kann dargestellt werden durch ein Feld, das den Gleichungen

$$\boldsymbol{K}_{12} = -m_2 \operatorname{grad} \Phi_1, \qquad \Delta\Phi = 4\pi f \cdot \varrho \tag{67.2}$$

genügt. Im Prinzip gibt es drei Sorten Masse, die aktive schwere Masse, die in der Potentialgleichung als Quelle des Potentials steht, die passive schwere Masse, die das Verhältnis des Gradienten des Potentials und der Kraft auf den sich im Potential bewegenden Körper liefert, und schließlich die träge Masse, die in den NEWTONschen Axiomen der Mechanik das Verhältnis von Impuls und Geschwindigkeit bzw. das Verhältnis von Kraft und Beschleunigung darstellt.

Das dritte NEWTONsche Axiom legt die Gleichheit von aktiver und passiver schwerer Masse fest. Die Proportionalität von passiver schwerer und träger Masse ist ein weiterer Erfahrungssatz (alle Körper fallen im Vakuum gleich schnell). Diese Proportionalität ermöglicht in einem geeigneten Maßsystem die Gleichsetzung dieser beiden Massen. Damit kürzt sich die Masse eines sich im Gravitationsfeld bewegenden Körpers aus den Bewegungsgleichungen heraus:

$$\ddot{\boldsymbol{r}} = -\operatorname{grad} \Phi\,. \tag{67.3}$$

Die Bahn eines Körpers im gegebenen Gravitationsfeld ist daher unabhängig von seiner Masse.

Die NEWTONsche Theorie des Gravitationsfeldes beschreibt die Bewegung der Himmelskörper mit so großer Genauigkeit, daß man aus den Störungen einer Bahn die störenden Körper berechnen kann. Auf diese Weise wurden die Planeten Neptun und Pluto nach Berechnung ihrer Bahn gefunden. Nur beim Merkur ist ein kleiner Rest der langzeitlichen Drehung der Bahnellipse (Periheldrehung) nicht durch die NEWTONsche Theorie erklärbar, und zwar sind dies 43 Bogensekunden pro Jahrhundert von etwa 5000 Bogensekunden pro Jahrhundert Gesamtperiheldrehung.

Die NEWTONsche Theorie ist nicht LORENTZ-invariant, der LAPLACE-Operator ändert sich bei LORENTZ-Transformationen. Die Wirkungen breiten sich entsprechend (67.1) instantan aus. Die Formulierung der Gravitationstheorie im

Rahmen der speziellen Relativitätstheorie bereitet jedoch Schwierigkeiten. So liefert z. B. die direkte LORENTZ-invariante Formulierung von (67.2)

$$\Box \Phi = -4\pi \frac{f}{c^2} \eta_{ik} T^{ik} . \tag{67.4}$$

(Für den LAPLACE-Operator ist der D'ALEMBERT-Operator, für die Massendichte die Spur des Energie-Impuls-Tensors eingesetzt.) Man sieht sofort, daß das elektromagnetische Feld kein Gravitationsfeld erzeugt. Die Gleichheit von aktiver und passiver schwerer Masse vorausgesetzt, muß das elektromagnetische Feld – im NEWTONschen Sinne interpretiert – die Gleichheit $m_{\text{passiv}} = m_{\text{aktiv}} = m_{\text{träge}}$ verletzen. Ein Lichtstrahl wird nach (67.4) durch das Gravitationsfeld nicht abgelenkt. Es wird aber eine Lichtablenkung beobachtet (§ 69).

Die Lösung der Schwierigkeiten der speziell-relativistischen Formulierung wird durch die zum Prinzip erhobene Gleichheit von träger und passiver schwerer Masse ermöglicht. Diese Gleichheit – im Experiment mit einem relativen Fehler von nur 10^{-12} bestätigt – ist in der NEWTONschen Theorie eine reine Feststellung, sie wird nun Grundlage der relativistischen Gravitationstheorie (Äquivalenzprinzip).

Ein kräftefreier Massenpunkt bewegt sich in der NEWTONschen Mechanik längs einer Geraden. Nach dem Äquivalenzprinzip ist im Schwerpunkt eines frei fallenden nichtrotierenden Kastens keine Schwerebeschleunigung relativ zum Kasten beobachtbar, da alle Körper gleich schnell fallen. (Im elektrischen Feld fallen die Teilchen mit unterschiedlichen Beschleunigungen, da die spezifischen Ladungen $\frac{e}{m_t}$ im Gegensatz zu $\frac{m_s}{m_t}$ verschiedene Werte annehmen können.) Das Stück der Bahnkurve eines frei fallenden Teilchens durch den Schwerpunkt eines frei fallenden Kastens ist relativ zum Kasten eine Gerade.

In einem allgemeinen Bezugssystem ist der Schwerpunkt eines frei fallenden Kastens in beschleunigter Bewegung. Ein beschleunigtes Bezugssystem, wie es der Kasten darstellt, erfordert eine allgemeine Metrik. Im MINKOWSKI-Raum lautet die Metrik

$$ds^2 = \eta_{ik}\, dx^i\, dx^k = dx^2 + dy^2 + dz^2 - c^2\, dt^2 , \tag{67.5}$$

wenn die $x, y, z, c\,t$ ein Inertialsystem beschreiben. In den Koordinaten eines beschleunigten Bezugssystems lautet das Linienelement allgemeiner

$$ds^2 = g_{ik}(x^1 \cdots x^4)\, dx^i\, dx^k . \tag{67.6}$$

Als Beispiel ein um die z-Achse rotierendes Bezugssystem: Aus dem Linienelement in den Koordinaten des Inertialsystems wird durch die Substitution

$$\begin{aligned} x &= \tilde{x} \cos \omega t - \tilde{y} \sin \omega t \\ y &= \tilde{x} \sin \omega t + \tilde{y} \cos \omega t , \\ z &= \tilde{z} , \\ c\,t &= c\,\tilde{t} , \end{aligned} \tag{67.7}$$

das Linienelement

$$ds^2 = g_{ik}\, d\tilde{x}^i\, d\tilde{x}^k$$

mit der Metrik

$$g_{ik} = \begin{pmatrix} 1, & 0, & 0, & \frac{\omega}{c}\tilde{y} \\ 0, & 1, & 0, & -\frac{\omega}{c}\tilde{x} \\ 0, & 0, & 1, & 0 \\ \frac{\omega}{c}\tilde{y}, & -\frac{\omega}{c}\tilde{x}, & 0, & -1+\frac{\omega^2}{c^2}(\tilde{x}^2+\tilde{y}^2) \end{pmatrix}. \tag{67.8}$$

Die Eigenschaft der Geraden, kürzeste Linie zu sein, kann nun unabhängig von den speziellen Koordinaten formuliert werden. Die Bahn eines kräftefreien Teilchens im MINKOWSKI-Raum ist unabhängig von der speziellen Wahl der Koordinaten gegeben als Extremale des Integrals

$$S_{21} = \int_{\lambda_1}^{\lambda_2} \sqrt{-\, g_{ik} \frac{dx^i}{d\lambda} \frac{dx^k}{d\lambda}}\, d\lambda; \quad P(\lambda_1) \text{ und } P(\lambda_2) \text{ fest.} \tag{67.9}$$

Da auf Grund des Äquivalenzprinzips ein beschleunigtes Bezugssystem die gleichen Bewegungsformen (im Infinitesimalen) erzeugt wie die reale Existenz eines Schwerefeldes, wird die Beschreibung des Schwerefeldes durch ein Linienelement der allgemeinen Form (67.6) ermöglicht.

Das Äquivalenzprinzip bedeutet also: Wir beschreiben das Schwerefeld durch eine vom MINKOWSKI-Tensor abweichende Metrik g_{ik}, und die Bewegung eines Körpers liefert eine Geodäte in dieser Metrik, wenn außer dem Schwerefeld kein anderes Feld auf den Körper einwirkt.

An den Beobachtungen im Schwerpunkt eines frei fallenden Kastens sieht man, daß durch geeignete Wahl der Koordinaten (hier also Koordinaten, die sich am Kasten orientieren) infinitesimal das Schwerefeld „verschwindet", im Schwerpunkt wird keine Beschleunigung relativ zum Kasten beobachtet, die Metrik in den Koordinaten des Kastens ist im Schwerpunkt η_{ik}. An jedem Punkt P_0 eines Raumes mit einem allgemeinen Linienelement (67.6) läßt sich durch Koordinatentransformation

$$g_{ik} = \eta_{ik} + \frac{1}{2} g_{ik,rs}\,(x^r - x_0^r)\,(x^s - x_0^s) + O_3$$

erreichen. Die so gewählten Koordinaten entsprechen einem frei fallenden Kasten. Das Äquivalenzprinzip wird dahingehend verallgemeinert, daß in diesen Koordinaten am Punkte P_0 alle nichtgravitativen Phänomene in ihrer speziell relativistischen Form gelten sollen.

Ein schwaches Gravitationsfeld kann durch die Bedingung

$$|g_{ik} - \eta_{ik}| \ll 1 \quad \text{für alle } i \text{ und } k \tag{67.10}$$

beschrieben werden. Das Koordinatensystem, in dem die Metrik nur wenig von η_{ik} verschieden ist, kann als quasi-inertiales Bezugssystem angesehen werden. Die Bewegungsgleichung für Probekörper finden wir aus dem Variationsprinzip (67.9):

$$\frac{d}{d\lambda}\left(g_{ik}\frac{dx^k}{d\tau}\right) - \frac{1}{2}\,g_{rs,i}\frac{dx^r}{d\tau}\,\frac{dx^s}{d\lambda} = 0\,.$$

Bei langsamer Bewegung ($v^2 \ll c^2$) erhält man die genäherte Gleichung

$$\ddot{\boldsymbol{r}} = \frac{1}{2}\,c^2\,\mathrm{grad}\,g_{44}\,.$$

Der Anschluß an die NEWTONsche Mechanik erfordert, daß in (67.10)

$$g_{44} = -\left(1 + \frac{2\,\Phi}{c^2}\right) \tag{67.11}$$

zu setzen ist. Die Potentialgleichung in der NEWTONschen Gravitationstheorie muß daher durch eine Gleichung für die Metrik ersetzt werden. Dabei muß eine Gleichung für g_{44} entstehen, die in der Näherung (67.10) für $v^2 \ll c^2$ die POISSON-Gleichung für das NEWTONsche Gravitationspotential Φ ergibt.

Die Beschreibung der Schwerkraft mit den gleichen Mitteln, mit denen auch Trägheitskräfte in beschleunigten Bezugssystemen beschrieben werden, bedeutet nur im Infinitesimalen Äquivalenz von Gravitations- und Trägheitskräften. Entsteht die allgemeine Metrik g_{ik} nur dadurch, daß im schwerefreien MINKOWSKI-Raum ein beschleunigtes Bezugssystem gewählt wurde, dann kann durch passende Koordinatenwahl die Metrik g_{ik} in die Metrik η_{ik} des MINKOWSKI-Raumes überführt werden (Wahl eines Inertialsystems). Im allgemeinen Fall der Anwesenheit eines Gravitationsfeldes kann die MINKOWSKI-Metrik nicht mehr global erreicht werden, der Raum ist nicht mehr pseudoeuklidisch. Global sind Trägheit und Schwere durchaus unterscheidbar.

Die Beschreibung des Schwerefeldes durch die Metrik hat unmittelbar zur Folge, daß die Dauer eines periodischen Vorganges vom Schwerefeld scheinbar beeinflußt wird, schließlich ist die Eigenzeit auf einer Weltlinie durch

$$d\tau^2 = -\frac{1}{c^2}\,g_{ik}\,dx^i\,dx^k \tag{67.12}$$

gegeben. Zwei Beobachter, die an verschiedenen Orten relativ zum gegebenen Koordinatensystem ruhen, messen ein Verhältnis für ihre Eigenzeitintervalle von

$$\frac{d\tau_1}{d\tau_2} = \sqrt{\frac{g_{44}|_{P_1}}{g_{44}|_{P_2}}}\,. \tag{67.13}$$

Vergleichen diese Beobachter die Frequenz einer Spektrallinie, die sowohl von P_1 als auch von P_2 ausgestrahlt wird, so finden sie eine Frequenzverschiebung. Diese Frequenzverschiebung ist im schwachen Gravitationsfeld zwar sehr klein, konnte aber auf der Erde selbst nachgewiesen werden.

Anmerkung zum Zwillingsparadoxon

Wie wichtig die Berücksichtigung des Einflusses des Gravitationsfeldes auf den Uhrengang (d. h. das Verhältnis des Eigenzeitelements zum Differential der Koordinate Zeit) ist, kann man an einer dem Zwillingsparadoxon analogen Problemstellung sehen.

Beim Zwillingsparadoxon bewegt sich ein Beobachter unbeschleunigt, der andere beschleunigt, vom Startereignis zum Zielereignis (§ 44). Der unbeschleunigt bewegte Beobachter verbraucht dabei mehr Eigenzeit als der beschleunigt bewegte.

Nun stellen wir uns vor, daß von der Erde aus in (von der Sonne aus gesehen) radialer Richtung eine ballistische Rakete abgeschossen wird, die nach einiger Zeit durch die Anziehungskraft der Sonne umkehrt. Bei geschickter Wahl der Anfangsgeschwindigkeit trifft die Rakete dann zu einem Zeitpunkt auf die Erdbahn, zu dem sich die Erde gerade an dieser Stelle befindet (Abb. 75), so daß die Uhren auf der Erde und der Rakete wieder verglichen werden können. Bei der Berechnung der verbrauchten Eigenzeit zeigt es sich nun, daß die Rakete mehr Eigenzeit verbraucht hat, weil die Uhren auf der Erde im Verhältnis zur Koordinate Zeit langsamer gehen, und das nicht nur, weil sich die Erde mit $\frac{v}{c} = 10^{-4}$ im Sonnensystem bewegt, sondern auch weil das Gravitationspotential $\frac{\Phi}{c^2}$ im Gebiet der Erdbahn 10^{-8} beträgt und damit von der gleichen Größenordnung wie $\left(\frac{v}{c}\right)^2$ ist. Die Rakete bewegt sich zwar zunächst mit sehr viel größerer Geschwindigkeit relativ zum Ruhsystem des Sonnensystems, allein die Umkehr der Geschwindigkeit nimmt sehr viel Zeit in Anspruch und findet zudem in einem Gebiet des Sonnensystems statt, wo das Gravitationspotential wesentlich kleiner als auf der Erdbahn ist und den Uhrengang nicht mehr so stark verlangsamt (im Verhältnis zur Zeitkoordinate des Ruhsystems) wie auf der Erde. Auf diese Weise kommt das Ergebnis zustande, daß die Rakete mehr Zeit braucht bis zum erneuten Treffpunkt mit der Erde wie die Erde selbst.

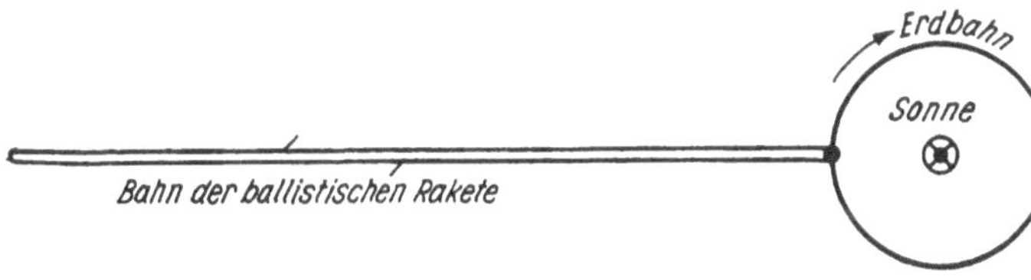

Abb. 75. Zur allgemein-relativistischen Korrektur des Zwillingsparadoxons

§ 68. RIEMANNsche Räume

Die Definition eines Linienelementes der Form (67.6) auf einer durch Koordinaten x^i parametrisierten Mannigfaltigkeit charakterisiert einen RIEMANNschen Raum, wenn keine anderen von der Metrik unabhängigen Strukturen eingeführt werden.

Leitbeispiel für RIEMANNsche Räume sind die gekrümmten Flächen im dreidimensionalen euklidischen Raum, die zweidimensionale RIEMANNsche Räume darstellen. Auf einer solchen Fläche wird der Abstand zweier infinitesimal benachbarter Punkte $P(u, v)$ und $P(u + \mathrm{d}u, v + \mathrm{d}v)$ gegeben durch den dreidimensionalen Abstand

$$\begin{aligned} ds^2 &= g_{uu}\, du^2 + 2\, g_{uv}\, du\, dv + g_{vv}\, dv^2 \\ &= \left\langle \frac{\partial P}{\partial u}\, du + \frac{\partial P}{\partial v}\, dv\,, \frac{\partial P}{\partial u}\, du + \frac{\partial P}{\partial v}\, dv \right\rangle, \end{aligned} \tag{68.1}$$

d. h. durch das Skalarprodukt der Vektoren in der dreidimensionalen euklidischen Einbettung. Im allgemeinen RIEMANNschen Raum muß g_{ik} definiert werden, weil man nicht von einer Einbettung in einen pseudoeuklidischen Raum ausgehen kann. Vektoren in einer gekrümmten Fläche sind als Vektoren in den Tangentialebenen an die Fläche definiert. An jedem Punkt existiert ein eigener Vektorraum (Tangentialraum). Die Basisvektoren sind am Koordinatennetz orientierbar:

$$\boldsymbol{e}_i = \frac{\partial P}{\partial x^i}\,. \tag{68.2}$$

Sie können aber auch anders gewählt werden. Das Skalarprodukt der an den Koordinatenlinien orientierten Basis mit sich selbst liefert die Metrik:

$$\langle \boldsymbol{e}_i, \boldsymbol{e}_k \rangle = g_{ik}\,, \quad ds^2 = dP^2 = g_{ik}\, dx^i\, dx^k\,. \tag{68.3}$$

Die lokale Wahl von Koordinaten, die an P_0 $g_{ik} = \eta_{ik}$ ergeben, bedeutet Hauptachsentransformation der Basis des Tangentialraums.

Das kovariante (auf der Fläche: innere) Differential eines Vektorfeldes ist definiert, wenn die Differentiale der Basisvektoren erklärt sind:

$$D\boldsymbol{a} = Da^k\, \boldsymbol{e}_k = da^k \cdot \boldsymbol{e}_k + a^k\, D\boldsymbol{e}_k\,.$$

Im Falle der in den dreidimensionalen euklidischen Raum eingebetteten Flächen ist das innere Differential eines Vektorfeldes in der Fläche die Tangentialkomponente des Differentials im dreidimensionalen Raum (Abb. 76).

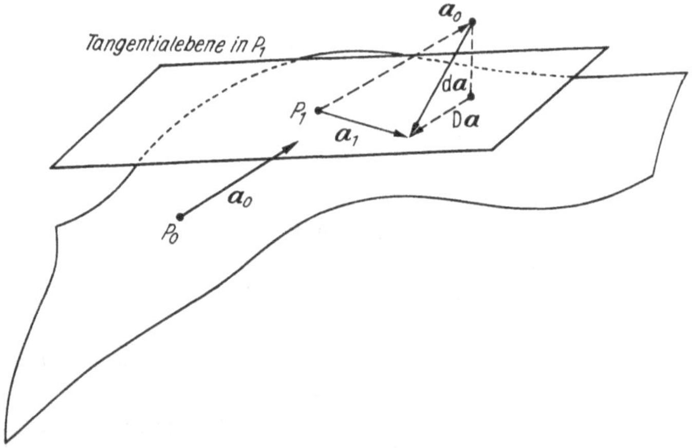

Abb. 76. Zur Definition des inneren Differentials

Ohne Rückgriff auf eine Einbettung muß der Zusammenhang

$$\mathrm{D}\boldsymbol{e}_k = \Gamma^i{}_{k\,l}\, \mathrm{d}x^l\, \boldsymbol{e}_i \tag{68.4}$$

einfach definiert werden (die $\Gamma^i{}_{k\,l}$ heißen Koeffizienten des affinen Zusammenhangs). Im RIEMANNschen Raum hängt der affine Zusammenhang eindeutig von der Metrik ab. Zunächst ergibt sich mit der LEIBNIZschen Regel der gesamte Apparat der kovarianten Differentiation.

Mit $\boldsymbol{a} = a^k\, \boldsymbol{e}_k$ liefert das kovariante Differential

$$\mathrm{D}\boldsymbol{a} = (\mathrm{d}a^k + \Gamma^k{}_{l\,m}\, a^l\, \mathrm{d}x^m)\, \boldsymbol{e}_k = a^k{}_{;m}\, \mathrm{d}x^m\, \boldsymbol{e}_k$$

die kovariante Ableitung

$$a^k{}_{;m} = a^k{}_{,m} + \Gamma^k{}_{l\,m}\, a^l \tag{68,.5}$$

eines Feldes von kontravarianten Vektoren, für Tensoren entsteht

$$T = T^{i\,k}\, \boldsymbol{e}_i \otimes \boldsymbol{e}_k\,,$$

$$\mathrm{D}T = (\mathrm{d}T^{i\,k})\, \boldsymbol{e}_i \otimes \boldsymbol{e}_k + T^{i\,k}\,(\mathrm{d}\boldsymbol{e}_i) \otimes \boldsymbol{e}_k + T^{i\,k}\, \boldsymbol{e}_i \otimes \mathrm{d}\boldsymbol{e}_k$$

$$= T^{i\,k}{}_{;l}\, \mathrm{d}x^l\, \boldsymbol{e}_i \otimes \boldsymbol{e}_k\,,$$

$$T^{i\,k}{}_{;l} = T^{i\,k}{}_{,l} + \Gamma^i{}_{m\,l}\, T^{m\,k} + \Gamma^k{}_{m\,l}\, T^{i\,m} \tag{68.6}$$

als kovariante Ableitung eines Tensorfeldes.

In der RIEMANNschen Definition des Raums wird verlangt (bei Einbettung in einen pseudoeuklidischen Raum ergibt sich das von selbst), daß das innere Differential eines Skalarproduktes gleich dem gewöhnlichen Differential ist (Lemma von RICCI). Das ist gleichbedeutend mit dem Verschwinden des inneren Differentials der Metrik, der metrische Tensor ist kovariant konstant:

$$\mathrm{d}(\boldsymbol{a}\,\boldsymbol{b}) = (\mathrm{D}\boldsymbol{a}) \cdot \boldsymbol{b} + \boldsymbol{a} \cdot \mathrm{D}\boldsymbol{b} = \mathrm{d}(g_{i\,k}\, a^i\, b^k):$$

$$g_{i\,k;\,l} = g_{i\,k,\,l} - \Gamma^m{}_{il}\, g_{m\,k} - \Gamma^m{}_{kl}\, g_{i\,m} \equiv 0\,. \tag{68.7}$$

Das Lemma von RICCI ist eine Bedingung für die Koeffizienten $\Gamma^i{}_{k\,l}$ das affinen Zusammenhangs.

Mit dem inneren Differential wird ein Paralleltransport definiert. Ein Vektor am Punkte $P + \mathrm{d}P$ entspricht einem Vektor am Punkte P, wenn

$$\mathrm{D}\boldsymbol{a} = 0\,, \quad \text{d. h.} \quad \mathrm{d}a^i + \Gamma^i{}_{k\,l}\, a^k\, \mathrm{d}x^l = 0 \tag{68.8}$$

ist. Durch Integration der Gleichung (68.8) kann ein Vektor längs einer Kurve parallel transportiert werden. Das Lemma von RICCI bedeutet hier, daß beim so definierten Paralleltransport Längen und Winkel zwischen zwei Vektoren nicht geändert werden.

Der affine Zusammenhang hat drei wichtige Eigenschaften. Zum ersten ist infinitesimal nicht nur $g_{i\,k}|_P = \eta_{i\,k}$ durch Koordinatentransformation erreichbar, sondern auch $\Gamma^i{}_{k\,l} = 0$. (Das sind die Bedingungen an die Koordinaten in einem frei fallenden Kasten.)

Zum zweiten ist der durch (68.8) definierte Paralleltransport nicht unabhängig von der gewählten Kurve integrabel: Beim Paralleltransport um eine geschlossene Kurve erhält man nicht wieder den Ausgangsvektor: aus

$$a^i{}_{,l} = - \Gamma^i{}_{kl}\, a^k$$

folgt

$$\begin{aligned} \Delta a^i &= \oint a^i{}_{,l}\, \mathrm{d}x^l = - \oint \Gamma^i{}_{kl}\, a^k\, \mathrm{d}x^l \\ &= \frac{1}{2} \iint \{(\Gamma^i{}_{km}\, a^k)_{,l} - (\Gamma^i{}_{kl}\, a^k)_{,m}\}\, \mathrm{d}f^{lm} \\ &= \frac{1}{2} \iint R^i{}_{klm}\, a^k\, \mathrm{d}f^{lm}\,. \end{aligned} \tag{68.9}$$

Der Tensor $R^i{}_{klm} = \Gamma^i{}_{km,l} - \Gamma^i{}_{kl,m} + \Gamma^i{}_{nl}\, \Gamma^n{}_{km} - \Gamma^i{}_{nm}\, \Gamma^n{}_{kl}$ heißt RIEMANNscher Krümmungstensor. Das Ergebnis der parallelen Verschiebung um infinitesimale geschlossene Kurven von P_0 zu P_0 ist eine starre Drehung des gesamten Vektorraums am Punkte P_0 (relative Winkel und Längen bleiben beim Paralleltransport erhalten). Die von den einzelnen infinitesimalen geschlossenen Kurven erzeugten Drehungen bilden eine Gruppe, die infinitesimale Holonomiegruppe (Untergruppe der vollen Drehgruppe). Die dritte Eigenschaft des Paralleltransports ist schließlich die, daß die durch

$$\frac{\mathrm{D}}{\mathrm{d}s} \frac{\mathrm{d}x^k}{\mathrm{d}s} = \frac{\mathrm{d}^2 x^k}{\mathrm{d}s} + \Gamma^k{}_{lm} \frac{\mathrm{d}x^l}{\mathrm{d}s} \frac{\mathrm{d}x^m}{\mathrm{d}s} = 0 \tag{68.10}$$

definierte autoparallele Kurve nicht ohne weiteres mit der Geodäten, d. h. der Extremalen des Integrals (67.9) identisch ist. Letztere genügen den EULER-LAGRANGE-Gleichungen

$$\frac{\mathrm{d}}{\mathrm{d}s} g_{ik} \frac{\mathrm{d}x^k}{\mathrm{d}s} - \frac{1}{2} g_{lm,i} \frac{\mathrm{d}x^l}{\mathrm{d}s} \frac{\mathrm{d}x^m}{\mathrm{d}s} = 0\,. \tag{68.11}$$

(68.10) und (68.11) sind genau dann identisch, wenn die Koeffizienten des affinen Zusammenhangs symmetrisch in den unteren Indizes sind. In diesem Fall sind sie reine Funktionen der Metrik:

$$\Gamma^i{}_{kl} = \frac{1}{2} g^{ij} (- g_{kl,j} + g_{jk,l} + g_{jl,k})\,. \tag{68.12}$$

Da sowohl die Autoparallelität als auch die Extremelität Eigenschaften der Geraden im euklidischen Raum sind, wird im RIEMANNschen Raum — der einfachsten Erweiterung in dieser Hinsicht — die Gleichheit von (68.10) und (68.11) vorausgesetzt.

Im Infinitesimalen bedeutet die Symmetrie des affinen Zusammenhangs, daß infinitesimale Parallelogramme möglich werden: Betrachten wir zwei infinitesimale Verschiebungen $\mathrm{d}x^k$ und δx^k von einem Punkt P_0 aus. Ein Parallelogramm wird konstruiert, indem $\mathrm{d}x^k$ längs δx^k und δx^k längs $\mathrm{d}x^k$ parallel verschoben wird (Abb. 77).

$$\begin{aligned} \delta^* x^k &= \delta x^k - \Gamma^k{}_{lm}\, \delta x^l\, \mathrm{d}x^m\,, \\ \mathrm{d}^* x^k &= \mathrm{d}x^k - \Gamma^k{}_{lm}\, \mathrm{d}x^l\, \delta x^m\,. \end{aligned}$$

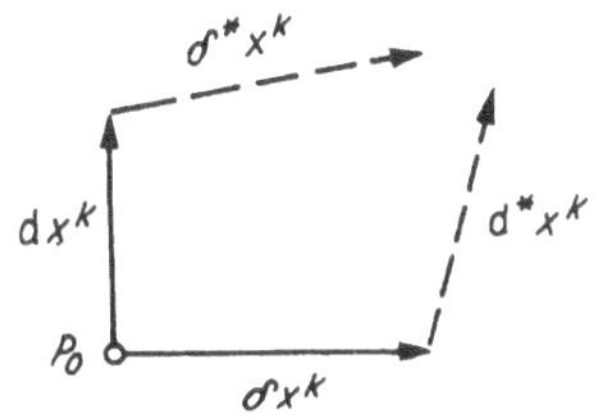

Abb. 77. Konstruktion eines infinitesimalen Parallelogramms

Ein geschlossenes Parallelogramm ergibt sich nur für

$$dx^k + \delta^* x^k = d^* x^k + \delta x^k ,$$

$$\Gamma^k{}_{lm} = \Gamma^k{}_{ml} .$$

Der antisymmetrische Anteil $\Gamma^k{}_{lm} - \Gamma^k{}_{ml}$ ist im allgemeineren Fall von Null verschieden. Er ist ein Tensor, die Torsion des Raums.

Die durch (68.9) definierte Raumkrümmung ist mit der äußeren Krümmung im Falle einer Fläche im dreidimensionalen euklidischen Raum identisch. Das Auftreten einer Drehung bei parallelem Transport längs einer geschlossenen Kurve auf einer gekrümmten Fläche kann man auf dem Globus direkt sehen. Der Drehwinkel entspricht dem sphärischen Exzess (Abb. 78):

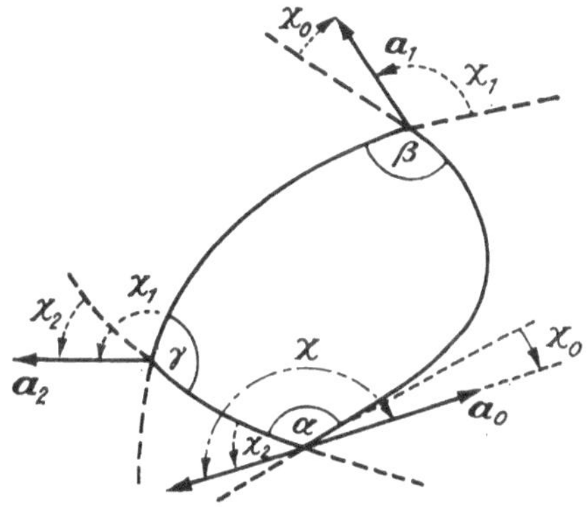

Abb. 78. Die Verdrehung eines Vektors bei Parallelverschiebung längs einer geschlossenen Kurve (Geodätendreieck)

$$\chi_1 = \beta + \chi_0 ,$$

$$\chi_2 = \chi_1 - (\pi - \gamma) ,$$

$$\chi_3 = \alpha - \chi_0 + \chi_2 = \alpha + \beta + \gamma - \pi .$$

Der sphärische Exzeß $\alpha + \beta + \gamma - \pi = \varepsilon$ ist das Überschreiten der Größe π durch die Winkelsumme im sphärischen Dreieck.

Zum Abschluß dieses Paragraphen soll die Krümmung des Raums durch das Schwerefeld der Erde abgeschätzt werden. Wir betrachten das in Abb. 79

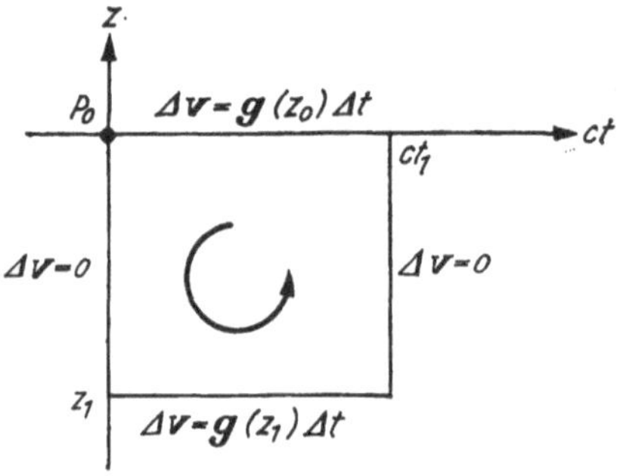

Abb. 79. Raumkrümmung und Beschleunigungsfeld

skizzierte Viereck und transportieren die Vierergeschwindigkeit eines Teilchens, das in P_0 ruhen soll, also $u^i_0 = (0, 0, 0, c)$. Beim räumlichen Paralleltransport müssen sich die Komponenten nicht ändern, aber beim zeitlichen Transport ändern sie sich durch die Erdbeschleunigung. Die bei diesem Transport um die geschlossene Kurve wirksame Komponente des Krümmungstensors ist

$$R = \frac{g(z_1)\,\Delta t - g(z_0)\,\Delta t}{c \cdot \Delta z \cdot \Delta c\,t} \sim \frac{1}{c^2}\,\frac{\partial g}{\partial z}$$

(g ist die Beschleunigung im Schwerefeld der Erde, die Ortsabhängigkeit liefert die Krümmung des Raums).

$$R \sim 1{,}8 \cdot 10^{-27}\ \mathrm{cm}^{-2} \qquad \text{auf der Erdoberfläche.}$$

Der RIEMANNsche Krümmungstensor ist die den RIEMANNschen Raum charakterisierende Größe. Da der affine Zusammenhang im RIEMANNschen Raum durch $g_{ik;l} = 0$ und $\Gamma^i_{kl} = \Gamma^i_{lk}$ als Funktion der Metrik festgelegt ist, ist auch der RIEMANN-Tensor eine Funktion der Metrik. Während aber die Koeffizienten des affinen Zusammenhangs keinen Tensor bilden, ist R^i_{klm} ein Tensor. Außer den aus R^i_{klm} und g_{ik} bildbaren Kombinationen existiert kein anderer Tensor im RIEMANNschen Raum, der mit der Metrik und ihren ersten und zweiten partiellen Ableitungen allein geformt werden kann.

Der RIEMANN-Tensor besitzt innere Symmetrien. Per definitionem gilt

$$R^i_{klm} = -\,R^i_{kml}\,.$$

Verschwindet die Torsion $\Gamma^i_{kl} - \Gamma^i_{lk}$, dann gilt einmal

$$R^i_{klm} + R^i_{lmk} + R^i_{mkl} = 0\,,$$

zum andern aber auch

$$R^i_{klm;r} + R^i_{kmr;l} + R^i_{krl;m} = 0\,. \tag{68.13}$$

Diese Gleichung heißt BIANCHI-Identität und spielt in der Gravitationstheorie eine besondere Rolle.

Gilt das Lemma von RICCI, dann wird

$$g_{ij}\, R^i{}_{klm} = -\, g_{ik}\, R^i{}_{jlm}\,, \qquad \text{d. h.} \qquad R_{jklm} = -\, R_{kjlm}\,.$$

Verschwindet zusätzlich noch die Torsion, dann findet man

$$R_{jklm} = R_{lmjk}\,.$$

Im RIEMANNschen Raum gelten sowohl das Lemma von RICCI als auch das Verschwinden der Torsion, der Krümmungstensor hat alle hier aufgeführten Symmetrien.

Die Bildung $R_{kl} = R^m{}_{klm}$ heißt RICCI-Tensor, $R = g^{kl}\, R_{k'}$ ist der Krümmungsskalar. Aus der BIANCHI-Identität (73.13) gewinnt man

$$\left(R^{kl} - \frac{1}{2}\, g^{kl}\, R\right)_{;l} = 0\,. \qquad (68.14)$$

Der Tensor $E^{ik} = R^{ik} - \frac{1}{2}\, g^{ik}\, R$ heißt EINSTEIN-Tensor.

§ 69. Die EINSTEINschen Gleichungen

Auf Grund des Äquivalenzprinzips wird das Gravitationsfeld durch eine RIEMANNsche Metrik beschrieben. Die Größen $\Gamma^i{}_{kl}$ beschreiben in der Bewegungsgleichung von Massenpunkten

$$\frac{\mathrm{d}^2 x^k}{\mathrm{d}\tau^2} = -\, \Gamma^k{}_{lm}\, \frac{\mathrm{d}x^l}{\mathrm{d}\tau}\, \frac{\mathrm{d}x^m}{\mathrm{d}\tau} \qquad (69.1)$$

Schwerkraft und Trägheitskräfte gemeinsam. In den Koordinaten, in denen am Punkte P_0 $g_{ik} = \eta_{ik}$ und $\Gamma^i{}_{kl} = 0$ gilt, werden nichtgravische Phänomene durch die aus der speziellen Relativitätstheorie bekannten Gleichungen beschrieben. In allgemeinen Koordinatensystemen hat man dann einfach die partiellen Ableitungen durch die inneren (kovarianten) Ableitungen zu ersetzen. So ergibt der speziell-relativistische Erhaltungssatz für Energie und Impuls $T^{ik}{}_{,k} = 0$

$$T^{ik}{}_{;k} = T^{ik}{}_{,k} + \Gamma^i{}_{lk}\, T^{lk} + \Gamma^k{}_{lk}\, T^{il} = 0\,. \qquad (69.2)$$

Das drückt im Falle staubförmiger Materie ($T^{ik} = \mu_0\, u^i\, u^k$) gerade das Geodätenpostulat aus:

$$(\mu_0\, u^i\, u^k) = 0\colon \quad (\mu_0\, u^k)_{;k} = 0 \quad \text{und} \quad \mu_0\, \frac{\mathrm{D}u^i}{\mathrm{d}\tau} = 0\,.$$

Das schwache Feld und damit die NEWTONsche Näherung der Theorie wird dargestellt durch einen metrischen Tensor, der sich nur sehr wenig vom MINKOWSKI-Tensor unterscheidet (67.10).

Die Feldgleichungen für das Gravitationsfeld müssen im NEWTONschen Grenzfall in die Potentialgleichung für die Komponente g_{44} des metrischen

Tensors übergehen. Solche Feldgleichungen sind die EINSTEINschen Gleichungen

$$E^{ik} = R^{ik} - \frac{1}{2} g^{ik} R = - \varkappa T^{ik} . \tag{69.3}$$

Unter bestimmten Voraussetzungen (Differentialgleichung zweiter Ordnung, in zweiter Ordnung linear, MINKOWSKI-Raum unter den Vakuum-Lösungen) sind diese Gleichungen die einzig möglichen, wenn man keine spezielle Form der Metrik vorgibt.

Wegen der BIANCHI-Identität (68.14) ist der differentielle kovariante Energie-Impuls-Erhaltungssatz (69.2) eine Lösbarkeitsbedingung für die EINSTEINschen Gleichungen. Wegen der Nichtlinearität der Gleichungen wird die Bewegung der Feldquellen T^{ik} durch die Feldgleichung mitgeliefert, im Gegensatz zur MAXWELLschen Theorie etwa, wo die Lösbarkeitsbedingung $j^k{}_{,k} = 0$ keine Einschränkung für die Bewegung der Ladungsträger darstellt.

Die Proportionalitätskonstante $\varkappa$ ergibt sich aus der Näherung dieser Gleichungen für ein schwaches Feld und dem Vergleich mit der NEWTONschen Theorie:

$$\varkappa = \frac{8 \pi f}{c^4} .$$

Als kugelsymmetrische Lösung der EINSTEINschen Gleichungen, die etwa das Gravitationsfeld eines Sterns darstellt, findet man die SCHWARZSCHILD-Metrik:

$$ds^2 = \left(1 + \frac{m}{2r}\right)^4 d\boldsymbol{r}^2 - \left(\frac{1 - \frac{m}{2r}}{1 + \frac{m}{2r}}\right)^2 c^2 \, dt^2 . \tag{69.4}$$

m ist die Masse des Zentralkörpers in geometrischen Einheiten,

$$m = f \frac{M}{c^2} , \quad \text{die Größe } 2m \text{ heißt SCHWARZSCHILD-Radius.}$$

Bei Berechnung der Geodäten in dieser Metrik, die den KEPLER-Ellipsen entsprechen, findet man unter der Voraussetzung eines verschwindenden Quadrupolmoments der Sonne tatsächlich den fehlenden Betrag der Merkur-Periheldrehung mit staunenswerter Genauigkeit. Die Abhängigkeit der Lichtgeschwindigkeit bezüglich der Koordinaten von der Metrik

$$ds^2 = 0 : \quad \left|\frac{d\boldsymbol{r}}{dt}\right| \sim c \left(1 - \frac{2m}{r}\right)$$

liefert den Effekt der Lichtablenkung in der Genauigkeit, in der er bei Sonnenfinsternissen durch die scheinbare Positionsveränderung der Sterne in der Nähe des Sonnenrandes nachgemessen werden kann. Die Frequenzverschiebung eines periodischen Vorgangs ist schon in § 67 diskutiert worden.

Das Gravitationsfeld allgemeiner Struktur bricht die integralen Erhaltungssätze von Energie, Impuls, Drehimpuls. Es gelten zwar auf Grund des Äquivalenzprinzips die differentiellen Erhaltungssätze

$$T^{ik}{}_{;k} = 0 ,$$

allein man braucht zu ihrer Formulierung die kovarianten Ableitungen. In integrale Erhaltungssätze lassen sich mit dem GAUSSschen Satz aber nur Ausdrücke der Form

$$A^{\dots k}{}_{,k} = 0$$

umformen, die mit den gewöhnlichen partiellen Ableitungen gebildet sind.

Man kann nun $T^{ik}{}_{;k} = 0$ umformen in

$$\{\sqrt{-\det g}\ (T^{ik} + t^{ik})\}_{,k} = 0\,,$$

jedoch ist t^{ik}, das als Energie-Impuls-Tensor des Gravitationsfeldes interpretiert werden müßte, nicht als Tensor konstruierbar, man kann für jede Konstruktion t^{ik} an jedem Punkt ein spezielles Koordinatensystem einführen, so daß t^{ik} verschwindet. Die Deutung von t^{ik} als Energie-Impuls-Tensor des Gravitationsfeldes scheitert an dieser Nichtlokalisierbarkeit der Energie des Gravitationsfeldes.

Die LORENTZ-Kovarianz der Theorie kann zwar noch als Kovarianz gegen LORENTZ-Rotationen orthonormierter Basen in den tangentialen Vektorräumen festgestellt werden, für die integralen Erhaltungssätze ist jedoch die Gruppe der Bewegungen des Raums entscheidend, die im MINKOWSKI-Raum mit der LORENTZ-Gruppe zusammenfällt, im allgemeinen RIEMANNschen Raum aber trivial ist.

Die Gleichung $T^{ik}{}_{;k} = 0$ erlaubt die Bestimmung der Bewegung einer begrenzten Materieverteilung als Ganzes in einer gegebenen Metrik. Für Körper ohne höhere Momente ergibt sich die Geodätengleichung, für Körper mit höheren Momenten (Eigendrehimpuls usw.) ergeben sich Korrekturen, die durch die Krümmung des Raums, d. h. durch die Inhomogenität des Gravitationsfeldes verursacht werden. Die EINSTEINschen Gleichungen bestimmen aber nicht nur die Bewegung von Komplexen phänomenologischer Materie T^{ik}, sondern ganz allgemein von Raumgebieten, in denen die homogenen Feldgleichungen $E^{ik} = 0$ nicht erfüllt sind. Speziell bewegen sich Singularitäten des metrischen Feldes ebenfalls auf den durch die Bewegungsgleichungen vorgeschriebenen Bahnen, diese Bewegungsgleichungen lassen sich aus den Vakuumfeldgleichungen für die Umgebung der Singularitäten herleiten. Diese Eigenschaft der Feldgleichungen des Gravitationsfeldes, schon für Vakuumlösungen Strukturen zu gestatten, die die Bewegung materieller Körper nachbilden, führt auf das Programm einer Theorie, in der alle Materie durch eine Feldgleichung — die sicher allgemeiner als die EINSTEINschen Gleichungen ist — dargestellt wird und in der die Stellen des starken Feldes die Teilchen modellieren.

Eine entscheidende Rolle spielen dabei die topologischen Eigenschaften der Raum-Zeit. Die EINSTEINschen Gleichungen können zunächst nur lokal gelöst werden. Erst nach der Lösung können die globalen topologischen Eigenschaften der Raum-Zeit, die die gefundene Lösung g_{ik} als Matrik zuläßt, untersucht werden. Der natürliche Weg, erst einen globalen Zusammenhang der Raum-Zeit festzulegen und dann für diese Topologie eine Metrik als Lösung der EINSTEINschen Gleichungen zu suchen, kann im allgemeinen nicht gegangen werden. So bedeutet jede Singularität des metrischen Feldes eine Änderung des einfachen Zusammenhangs, wie er etwa im MINKOWSKI-Raum vorliegt, und singularitätsfreie Lösungen der EINSTEINschen Gleichungen, die homöomorph dem MINKOWSKI-Raum sind, gibt es zu wenige, um alle physikalischen Situationen beschreiben zu können.

Wie eine spezielle Topologie Materie vortäuschen kann, zeigt eine einfaches Beispiel, der mehrfach zusammenhängende Raum. Während im gewöhnlichen Raum die Feldgleichungen des elektrostatischen Feldes

$$\operatorname{div} \boldsymbol{E} = 0\,, \qquad \operatorname{rot} \boldsymbol{E} = 0$$

unter der Grenzbedingung $\boldsymbol{E} \to 0$ im Unendlichen nur die triviale Lösung zulassen und Ladungen immer bedeuten, daß an bestimmten Stellen des Raums die homogenen Feldgleichungen nicht gelten ($\operatorname{div} \boldsymbol{E} \neq 0$ oder $\boldsymbol{E}$ singulär), kann man im mehrfach zusammenhängenden Raum Lösungen der homogenen Gleichungen konstruieren, die Ladungen modellieren (Abb. 80). Die eingezeichneten Linien sind die Integralkurven des durch $\boldsymbol{E}$

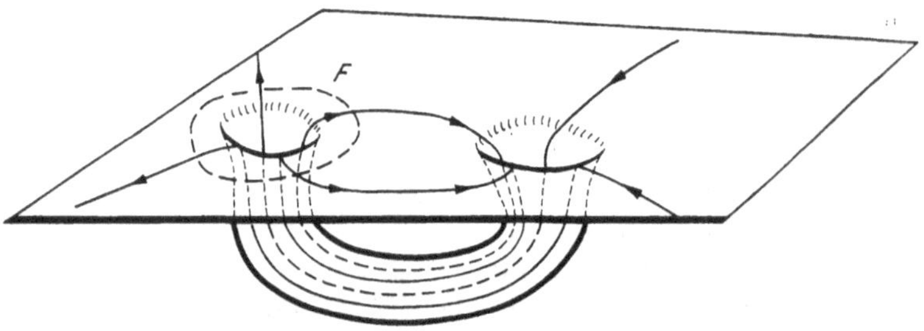

Abb. 80. Vortäuschung eines Dipols in einem quellenfreien Feld durch mehrfachen Zusammenhang des Raums

gegebenen Richtungsfeldes (Kraftlinien). Ersichtlich ist

$$4\pi Q = \oint \boldsymbol{E}\, \mathrm{d}\boldsymbol{f} \neq 0\,,$$

wenn die geschlossene Fläche ein Ende des Henkels umschließt, dieses Ende modelliert also eine Ladung. Die Ladung des anderen Endes hat das entgegengesetzte Vorzeichen, so daß hier immer nur Paare von Ladungsträgern mit der Gesamtladung 0 dargestellt werden.

§ 70. Die Expansion des Kosmos

Ein wesentlich gröberer Effekt der geometrischen Gravitationstheorie als die im Sonnensystem beobachtbaren EINSTEINschen Effekte ist die Expansion des Kosmos.

Die Expansion des Kosmos ist nur im RIEMANNschen Raum erklärbar. Obwohl sie quantitativ noch viele Modelle offenläßt, so müssen doch alle diese Modelle mit einer Raum-Zeit arbeiten, die nicht die Form der MINKOWSKI-Welt hat.

Man kann sich zwar auch in der MINKOWSKI-Welt einen quasihomogen mit Materie erfüllten Kosmos vorstellen, dessen Materie gleichförmig expandiert, dann kann die gravitative Wechselwirkung aber nicht berücksichtigt werden (MILNEscher Kosmos).

Die Expansion des Kosmos wird astronomisch in der Rotverschiebung der Spektrallinien aus fernen Galaxien beobachtet. Die dieser Rotverschiebung entsprechende Fluchtgeschwindigkeit ist in dem nachmeßbaren Gebiet proportional der Entfernung der beobachteten Gelaxis. Man kann die Entfernung einer Galaxis unabhängig von der Rotverschiebung aber nur so weit messen, wie sich in dieser Galaxis veränderliche Sterne eines bestimmten Typs (Delta-Cephei-Sterne) identifizieren lassen. Das ist zur Zeit nur bis zu einer Entfernung von etwa 16 Mpc möglich. Größere Entfernungen werden auf Grund der gefundenen Abhängigkeit der Rotverschiebung von der Entfernung durch die Rotverschiebung abgeschätzt.

Für die kosmologischen Modelle, die wir im weiteren betrachten werden, benutzen wir zwei durch die Beobachtung gestützte Voraussetzungen, nämlich die räumliche Homogenität und Isotropie des Kosmos. Die mittlere Häufigkeit der Galaxien bzw. Galaxienhaufen scheint keinen Ort und keine Richtung im Kosmos auszuzeichnen. Das wirkt sich dahingehend aus, daß die Linienelemente die Form

$$ds^2 = c^2\,dt^2 - R^2(t)\,\frac{d\boldsymbol{r}^2}{\left(1 + \varepsilon\,\frac{r^2}{4}\right)^2}, \qquad \varepsilon = \begin{array}{rl} & \text{Krümmung:} \\ +1 & \text{konst. pos.} \\ 0 & \text{null} \\ -1 & \text{konst. neg.,} \end{array} \tag{70.1}$$

in Polarkoordinaten

$$ds^2 = c^2\,dt^2 - R^2(t)\left(d\varrho^2 + \begin{array}{c} \sin^2\varrho \\ \varrho^2 \\ \sinh^2\varrho \end{array}\,(d\theta^2 + \sin^2\theta\,d\varphi^2)\right) \tag{70.2}$$

haben. Die Koordinaten sind hierbei schon so gewählt, daß die Kurven (ϱ = const, θ = const, φ = const) zeitartige Geodäten sind, sie stellen die Weltlinien der Galaxien dar. Das Koordinatensystem ist also ein System mitbewegter Koordinaten („galaxienfeste Koordinaten“), wie sie aus der Hydrodynamik bekannt sind.

Am speziell-relativistischen Modell von MILNE ist der Zusammenhang dieser Koordinaten mit den cartesischen Koordinaten eines Inertialsystems sichtbar (Abb. 81). Im Inertialsystem ($ds^2 = c^2\,d\bar{t}^2 - d\bar{\boldsymbol{r}}^2$) bewegen sich alle Galaxien auf zeitartigen Geraden durch den Ursprung. Das Koordinatensystem von (70.1,2) faßt auf diesen Geraden die Punkte zu einer Hyperfläche gleicher „kosmologischer Zeit“ t zusammen, die den gleichen Eigenzeitabstand vom Ursprung haben. Diese Flächen sind Hyperboloide (§ 45). Die räumlichen Koordinaten auf diesen Hyperboloiden werden nur so eingerichtet, daß die Schnittpunkte mit einer gegebenen Geraden durch den Ursprung immer die gleichen räumlichen Koordinaten haben. Der Übergang zu diesen kosmologischen Koordinaten wird im beschriebe-

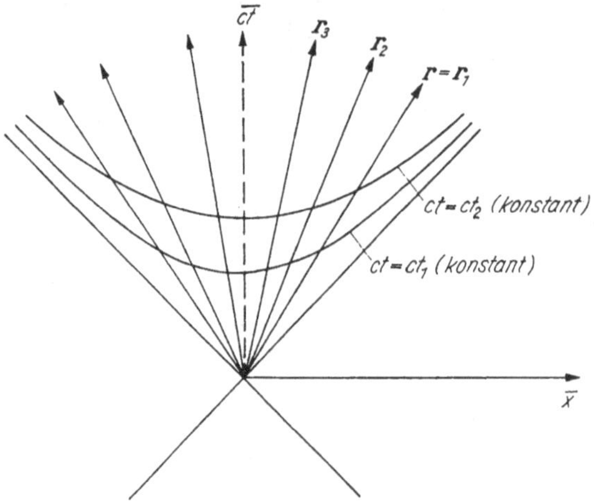

Abb. 81. Expansion in einem speziell-relativistischen Kosmos

nen Fall erreicht durch

$$\overline{ct} = ct \frac{1 + \dfrac{r^2}{4A^2}}{1 - \dfrac{r^2}{4A^2}}, \qquad \overline{r} = r \frac{\dfrac{ct}{A}}{1 - \dfrac{r^2}{4A^2}},$$

$$ds^2 = c^2\,dt^2 - \left(\frac{ct}{A}\right)^2 \frac{dr^2}{1 - \dfrac{r^2}{4A^2}}.$$

Die Koordinaten in (70.2) zeichnen den Punkt $\varrho = 0$ nur formal aus. Jeder andere Punkt des dreidimensionalen Raums ist als Ursprung des Polarkoordinatensystems verwendbar und liefert dann die gleiche Form der Metrik. Auf diese Weise ist die Homogenität des Raumes realisiert.

Der räumliche Abstand zwischen zwei Galaxien, gemessen über den Raumschnitt $t = \text{const}$, von denen eine bei $\varrho = 0$ liegend gedacht werden kann, ist

$$\Delta A = \int_{t=\text{const}} \sqrt{-\,ds^2} = R(t)\,\varrho\,. \tag{70.3}$$

(ϱ Koordinatenabstand der zweiten Galaxis)

Die Funktion $R(t)$ beschreibt also die Relativbewegung der Galaxien. Die Zeitabhängigkeit der invarianten Entfernung schlägt sich in der Frequenzveränderung von Photonen nieder. Diese Frequenzveränderung kann als DOPPLER-Effekt, verursacht durch die Fluchtbewegung, interpretiert werden.

Die Komponente p_4 des Viererimpulses eines Photons ist proportional der Frequenz. Die Geodätengleichung lautet, wenn der Parameter mit $p^k = \dfrac{dx^k}{d\lambda}$ festgelegt wird,

$$\frac{dp_k}{d\lambda} - \frac{1}{2} g_{rs,k} \frac{dx^r}{d\lambda} p^s = 0.$$

Für die vierte Komponente ergibt sich unter Berücksichtigung von $g_{ik}\, p^i\, p^k = 0$

$$\frac{\mathrm{d}p_4}{\mathrm{d}\lambda} + \frac{1}{R}\,\frac{\mathrm{d}R}{\mathrm{d}\lambda}\, p_4 = 0\,.$$

Man erhält die Beziehung $p_4\, R(t) = \text{const}$, die Frequenzveränderung vom Sendezeitpunkt t_s bis zum Empfangszeitpunkt t_e ist also

$$\frac{\nu_s}{\nu_e} = \frac{R(t_e)}{R(t_s)}\,. \tag{70.4}$$

In erster Näherung bedeutet dies unter Berücksichtigung von (70.4) eine dem Abstand proportionale Frequenzänderung:

$$\frac{\nu_e}{\nu_s} \sim 1 - \frac{\dot{R}}{R}\,(t_e - t_s) = 1 - \frac{\dot{R}}{R\,c}\,\Delta A\,. \tag{70.5}$$

Die Größe $H = \dfrac{\dot{R}}{c\,R}$ heißt HUBBLE-Konstante. Der beobachtbare Wert $H = 0{,}8\cdot 10^{-28}\ \text{cm}^{-1} = 2{,}5\cdot 10^{-4}\ \text{Mpc}^{-1}$ ergibt eine Fluchtgeschwindigkeit von $75\ \text{km s}^{-1}/\text{Mpc}$. H ist positiv, damit nimmt R zu. Extrapoliert ergibt sich — mit aller Vorsicht, mit der eine solche Extrapolation gewertet werden muß — ein Weltalter von ungefähr

$$T = \frac{R}{\dot{R}} = \frac{1}{c\,H} = 4\cdot 10^{17}\ \text{s} = 12\cdot 10^{9}\ \text{a}$$

und einen scheinbaren Radius des sichtbaren Teils des Kosmos von etwa

$$r = \frac{1}{H} = 1{,}3\cdot 10^{28}\ \text{cm} = 4000\ \text{Mpc}\,.$$

Beide Abschätzungen sind mit der Annahme eines zeitunabhängigen H gewonnen worden. Tatsächlich ist H aber durchaus zeitabhängig, obwohl die Zeitabhängigkeit noch nicht nachweisbar ist. Die invariante Bedeutung des Weltalters in einem kosmologischen Modell ist der zeitliche Abstand von einem Ereignis mit $R(t) = 0$. Ein solches Ereignis stellt im Modell einen „Urknall" dar, weil zu diesem Zeitpunkt alle räumlichen Abstände verschwinden. Physikalisch bezeichnet er nur einen überdichten Zustand der Materie, für dessen Beschreibung unsere heutigen Kenntnisse wahrscheinlich nicht ausreichen. Merkwürdig ist, daß man in kosmologischen Modellen, die dem tatsächlichen Zustand des Universums angepaßt sind, solche Ereignisse nicht vermeiden kann.

Die Bedeutung des scheinbaren Weltradius ergibt sich aus der Rotverschiebung der Frequenzen, die immer stärker wird, je weiter die beobachteten Objekte entfernt sind, und schließlich vollständig wird, so daß keine Signale mehr empfangen werden können. Die entsprechenden Sender bewegen sich scheinbar mit Überlichtgeschwindigkeit relativ zur Erde. Man muß hierbei aber beachten, daß die Fluchtgeschwindigkeit nicht durch eine reale Bewegung im MINKOWSKI-Raum der speziellen Relativitätstheorie gegeben ist, sondern daß die Galaxien lokal ruhen und sich der Raum zwischen ihnen ausdehnt, vergleichbar mit der

Relativgeschwindigkeit zweier fixierten Punkte, die auf einem Luftballon markiert sind, der aufgeblasen wird. Die verschiedenen Möglichkeiten der Bildung von Horizonten werden in der Anmerkung diskutiert.

Die Funktion $R(t)$, deren genaue Gestalt bei detaillierteren Untersuchungen wesentlich wird, muß aus den EINSTEINschen Gleichungen (69.3) bestimmt werden. Zur Lösung dieser Gleichungen ist aber die Kenntnis des Materietensors erforderlich. Der Ansatz der Materie als homogene Flüssigkeit

$$T_i^k = \begin{pmatrix} -p, & 0, & 0, & 0 \\ 0, & -p, & 0, & 0 \\ 0, & 0, & -p, & 0 \\ 0, & 0, & 0, & \varrho \end{pmatrix}$$

liefert für $R(t)$ die Gleichungen

$$\left.\begin{aligned} \frac{3\ddot{R}}{R} &= -\frac{\varkappa}{2}(\varrho + 3p)\,, \\ \dot{\varrho} &= -\frac{3\dot{R}}{R}(\varrho + p)\,. \end{aligned}\right\} \qquad (70.6)$$

(FRIEDMANNsche Gleichungen).

Die Kenntnis über den Materietensor im Universum reicht nicht aus, um die Frage zu entscheiden, ob der Kosmos positive, negative oder verschwindende räumliche Krümmung hat, die Größe ε in (70.1) ist durch die Beobachtung noch nicht entscheidbar. Für die Wahl eine speziellen kosmologischen Modells müssen noch genauere Beobachtungen abgewartet werden. Trotzdem lassen sich schon aus den allgemeinen theoretischen Erkenntnissen Schlüsse ziehen. Ein solcher Schluß führt auf den Zustand extremer Dichte, der im Modell durch $R(t) = 0$ repräsentiert wird. Die Annahme, daß sich zu dieser Zeit ein thermodynamisches Gleichgewicht zwischen allen Energiearten eingestellt haben muß, das durch die quasiadiabatische Expansion des Kosmos erheblich gestört worden ist, führt auf die Existenz einer isotropen Strahlung im Kosmos, die Rest der damals bestehenden Gleichgewichtsstrahlungsdichte ist. Diese Strahlung ist 1965 entdeckt worden. Die Temperatur dieser Strahlung (aus dem PLANCKschen Strahlungsgesetz und der Intensitätsverteilung) ist ungefähr 3° K. Es mußten äußerst empfindliche Empfänger gebaut werden, damit diese Signale nicht im Empfängerrauschen untergehen. Das Maximum der Intensität dieser Strahlung liegt bei der Wellenlänge 0,07 cm, im Mikrowellenbereich.

Horizonte

Die Funktion $R(t)$ kann sehr verschiedene Formen annehmen, sie kann sowohl monoton fallend, monoton wachsend oder periodisch in der Zeit sein. Abgesehen davon, daß der dreidimensionale Raum verschiedene Krümmungen aufweisen kann, bedingt die Form der Abhängigkeit $R(t)$ ein spezielles Verhalten der Lichtkegel, das im MINKOWSKI-Raum an unbeschleunigten Beobachtern nicht festgestellt werden kann.

Für einen unbeschleunigt bewegten Beobachter im Minkowski-Raum überdeckt die Vereinigung aller Vorkegel die gesamte Raum-Zeit, ebenso die Vereinigung aller Nachkegel (Abb. 82). Physikalisch bedeutet das, daß ein Beobachter im Laufe seiner Geschichte von

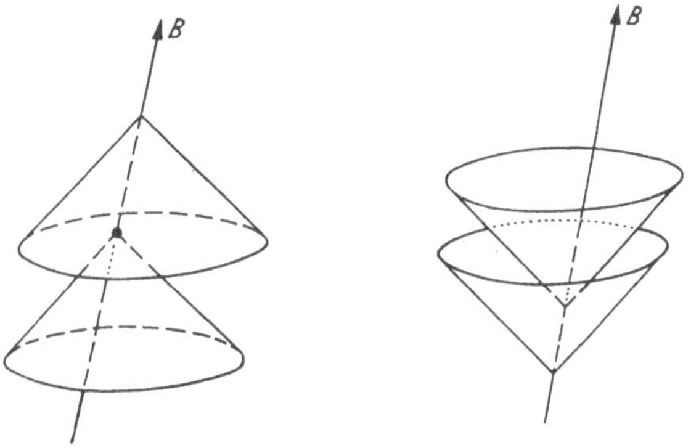

Abb. 82. Die Ordnung der Vorkegel und Nachkegel eines Beobachters. Die Vorkegel überdecken im Laufe der Zeit immer mehr, die Nachkegel immer weniger Ereignisse

jedem Ereignis der Raum-Zeit Kenntnis erhalten kann und daß er umgekehrt jedes Ereignis der Raum-Zeit durch seine Geschichte kausal beeinflussen kann.

Ist nun im kosmologischen Modell (70.2)

$$\lim_{t \to \infty} \frac{R(t)}{t^\alpha} > 0 \qquad \text{für ein} \qquad \alpha > 1 \,,$$

so überdeckt die Vereinigung aller Vorkegel des Beobachters bei $\varrho = 0$ nicht mehr die gesamte Raum-Zeit. Der Vorkegel der Ereignisse $(\varrho, \theta, \varphi, ct) = (0, 0, 0, c\,t_0)$ konvergiert für t_0 gegen Unendlich gegen eine echte Hyperfläche, den Ereignishorizont des Beobachters $\varrho = 0$. Ereignisse außerhalb dieses Horizonts können den Beobachter nicht beeinflussen, können vom Beobachter nie wahrgenommen werden (Abb. 83).

Der Vorkegel zu $\varrho = 0$, $ct = ct_0$ wird begrenzt von lichtartigen Geodäten, die man aus

$$\varrho = \int_t^{t_0} \frac{c\,\mathrm{d}t}{R(t)}\,, \qquad \theta = \mathrm{const}, \qquad \varphi = \mathrm{const}$$

gewinnen kann. Wenn dieses Integral für t_0 gegen Unendlich konvergiert, dann gibt es zu jedem ϱ einen Zeitpunkt t derart, daß alle späteren Ereignisse an diesem Ort kein Signal mehr bis $\varrho = 0$ senden können. Die Expansion des Raums findet dann so schnell statt, daß die Signale im Raum steckenbleiben.

In Abb. 83 ist eine Schar von Galaxien angedeutet ($\varrho = \mathrm{const}$). Die gegen $\varrho = 0$ konvergierende Nullgeodäte symbolisiert den Ereignishorizont. Jede Galaxis verschwindet im Laufe ihrer Geschichte irgendwann hinter diesem Ereignishorizont von $\varrho = 0$, allerdings wird dies von $\varrho = 0$ erst in unendlich ferner Zeit beobachtet. Dabei werden alle Spektrallinien total rotverschoben, da $R(t_0)$ gegen Unendlich geht (70.4).

Ein analoges Phänomen existiert auch für die Vereinigung aller Nachkegel eines Beobachters bei $\varrho = 0$, wenn eine Singularität $R(0) = 0$ existiert und das Integral

$$\varrho = \int_{t_0}^{t} \frac{c\,\mathrm{d}t}{R(t)}$$

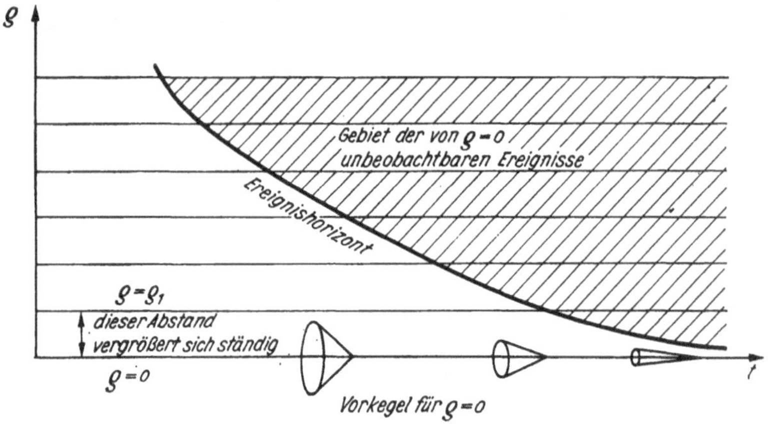

Abb. 83. Zum Ereignishorizont

für $t_0 \to 0$ konvergiert. Dann wird durch diesen Ausdruck der Koordinatenabstand des Beobachters gekennzeichnet, für den die Galaxis $\varrho = 0$ zum ersten Mal bei t sichtbar wird. Wegen der Homogenität des durch (70.2) gegebenen Raums kann diese Aussage auch umgekehrt werden. Die gegebene Funktion $t(\varrho)$ gibt den Zeitpunkt an, zu dem eine Galaxis im Abstand ϱ zum ersten Male für den Beobachter bei $\varrho = 0$ sichtbar wird. Die sich ergebende Fläche in der Raum-Zeit ist der Teilchenhorizont (Abb. 84). Die Galaxien werden zu dem Zeitpunkt für $\varrho = 0$ sichtbar, zu dem sie durch diese Fläche stoßen. Die Sichtbarkeitsdauer beginnt mit total rotverschobenen Spektrallinien $\left(R(t_s) = 0 \text{ für } t_s = 0\right)$. Der Teilchenhorizont ist die Grenzfläche der Vereinigung aller Nachkegel von $\varrho = 0$. Die Vereinigung aller Nachkegel stellt das Gebiet der Raum-Zeit dar, das von $\varrho = 0$ beeinflußt werden kann (das sind speziell die Ereignisse, zu denen ein idealer Raumfahrer anwesend sein könnte, der zu einem genügend frühen Zeitpunkt von $\varrho = 0$ startet).

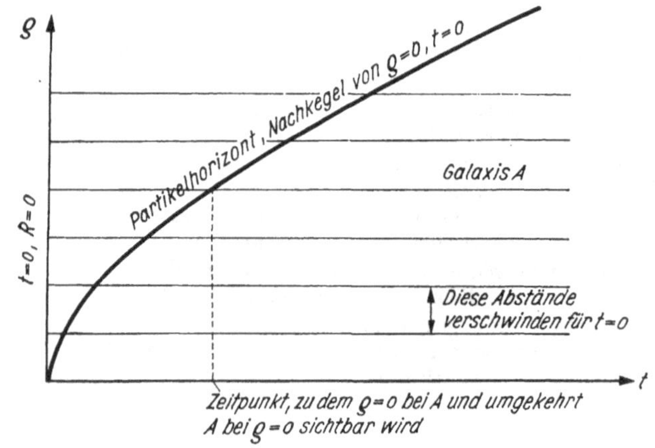

Abb. 84. Zum Partikelhorizont

Existieren beide Typen von Horizonten in einem Modell, dann gibt es in diesem Modell u. U. Gelaxien, die auch für einen von $\varrho = 0$ startenden Raumfahrer immer unsichtbar bleiben, auch wenn er sich mit Lichtgeschwindigkeit zu ihnen auf die Reise macht (absoluter Horizont).

Im geschlossenen Universum (der dreidimensionale Raum hat konstante positive Krümmung) kommen für die Gestalt der Horizonte noch Bedingungen hinzu, schließlich bezeichnen dann in den hier angeführten Rechnungen und Zeichnungen die Koordinaten ϱ und $2\pi \pm \varrho$ den gleichen Punkt im dreidimensionalen Raum.

Anhang I. Größenordnungen

Grundkonstanten

Boltzmann-Konstante (Maßstabsfaktor zwischen Temperatur T und dem Parameter θ der kanonischen Verteilung)	$k = 1.38054(6) \cdot 10^{-16}$ erg grad^{-1}
Loschmidt-Zahl (Anzahl der Teilchen pro Mol)	$L = 6.02252(9) \cdot 10^{+23}$ mol^{-1}
Plancksche Konstante (Wirkungsquantum, Drehimpulsquantum)	$\hbar = 1.054494(25) \cdot 10^{-27}$ erg s $h = 6.62559(16) \cdot 10^{-27}$ erg s
Lichtgeschwindigkeit	$c = 2.997925(1) \cdot 10^{+10}$ cm s^{-1}
Ladungsquantum	$e = 4.80298(7) \cdot 10^{-10}$ elstat.cgs $= 1.60210 \cdot 10^{-19}$ As
Ruhmasse des Elektrons	$m_0 = 9.10908(13) \cdot 10^{-28}$ g
Ruhmasse des Protons	$m_p = 1.67252(3) \cdot 10^{-24}$ g
Gravitationskonstante	$f = 6.668(5) \cdot 10^{-8}$ dyn cm^2 g^{-2}

Energiemaße

Die cgs-Einheit der Energie 1 erg entspricht genau 10^{-7} Ws.

Die Boltzmann-Konstante ordnet der Kelvin-Temperatur einen Energiewert zu: $\theta = kT$. Der Zimmertemperatur ($T \sim 300$ °K) entspricht $\theta \sim 4 \cdot 10^{-14}$ erg. $\theta/2$ ist die mittlere Energie pro Freiheitsgrad nach dem Gleichverteilungssatz.

Die Plancksche Konstante liefert zu jeder Frequenz eine Energie ($E = h\nu$). Zur Frequenz des sichtbaren Lichts ($\nu \sim 4 \cdots 8 \cdot 10^{14}$ Hz) gehören Quanten der Energie

$$h\nu \sim 2{,}5 \cdots 5\ 10^{-12} \text{ erg.}$$

Mit der Lichtgeschwindigkeit c können Längen und Zeiten miteinander verglichen werden. Ein Jahr entspricht 10^{18} cm (Lichtjahr). Zu jeder Wellenlänge gehört eine Frequenz. 1 cm entspricht $3{,}3 \cdot 10^{-11}$ sec bzw. $3 \cdot 10^{10}$ Hz. Massen wird eine Energie zugeschrieben ($E = mc^2$). $9 \cdot 10^{20}$ erg haben die Masse von 1 g.

Die Elementarladung verbindet die elektrische Spannung mit einem Energiewert (Elektronenvolt). 1 eV = $1{,}6 \cdot 10^{-12}$ erg oder $1{,}8 \cdot 10^{-33}$ g.

Die Massenzahl wird relativ zu einem atomaren Standard (^{16}O hat die Massenzahl 16) angegeben. 1 Mol (Massenzahl in g) hat danach L Molekeln. Eine Reaktion, die 1 eV pro Teilchen freisetzt, erzeugt pro Mol etwa 10^5 Ws, 1 kWh pro Mol entspricht 36 eV pro Teilchen.

Längen und Zeiten

	cm	s	a	Mpc
SCHWARZSCHILD-Radius des Protons	$1{,}2 \cdot 10^{-52}$			
PLANCKsche Elementarlänge	$1{,}6 \cdot 10^{-33}$			
HEISENBERGsche Elementarlänge	10^{-14}			
COMPTON-Wellenlänge des Protons				
Kerndurchmesser				
ultrarel. Teilchen (1 GeV)	$1{,}2 \cdot 10^{-13}$			
10 kV-Ionen: DE BROGLIE-Wellenlänge bei 10^{-23} g	$1{,}2 \cdot 10^{-11}$			
COMPTON-Wellenlänge Elektron	$2{,}3 \cdot 10^{-10}$			
Atomdurchmesser				
Atomabstand im Festkörper	10^{-8}			
Wellenlänge des grünen Lichts	$5 \cdot 10^{-5}$			
Photon von 1 eV	$1{,}2 \cdot 10^{-4}$			
Teilchenspur in Blasenkammer	3	10^{-10}		
Hyperfeinstrukturlinie im H	21			
Band 3	10^2			
Berlin—Dresden	$1{,}5 \cdot 10^7$			
Erde—Mond	$3{,}8 \cdot 10^{10}$	1,3		
Sonnendurchmesser	$1{,}4 \cdot 10^{11}$			
Erde—Sonne	$1{,}5 \cdot 10^{13}$	$5 \cdot 10^2$		
Durchmesser eines roten Riesensterns (α Ori)	$5 \cdot 10^{13}$			
Sonne—Pluto	$6 \cdot 10^{14}$	$2 \cdot 10^4$		
Sonne—Proxima Centauri	$4{,}3 \cdot 10^{18}$	$1{,}4 \cdot 10^8$	4,3	
Entfernung der Plejaden	$4 \cdot 10^{20}$		$4 \cdot 10^2$	
Entfernung des Kerns der Galaxis	$2{,}5 \cdot 10^{22}$		$2{,}7 \cdot 10^4$	
Durchmesser der Scheibe der Galaxis	$7{,}7 \cdot 10^{22}$		$8 \cdot 10^4$	
Entfernung des Andromedanebels	$2{,}5 \cdot 10^{24}$		$2{,}5 \cdot 10^6$	0,82
Entfernung des Zentrums des Virgo-Haufens	$5 \cdot 10^{25}$		$5 \cdot 10^7$	16
Entfernung des Coma-Haufens	$2{,}7 \cdot 10^{26}$		$2{,}8 \cdot 10^8$	88
Radius des sichtbaren Kosmos	$1{,}3 \cdot 10^{28}$		$1{,}5 \cdot 10^{10}$	4000

Energien und Massen

	eV	erg	g
Energiebedarf eines O_2-Moleküls für das Heben um 1 m im Schwerefeld	$1{,}6 \cdot 10^{-6}$	$2{,}6 \cdot 10^{-18}$	
21 cm-Quant	$6 \cdot 10^{-6}$	10^{-17}	
kT bei 300 °K	$2{,}4 \cdot 10^{-2}$	$4 \cdot 10^{-14}$	
Schmelzwärme H_2O pro Molekel	$6 \cdot 10^{-2}$	10^{-13}	
Nebenvalenz	0,2	$3 \cdot 10^{-13}$	
Verbrennungswärme H_2O pro Valenz	1,2	$2 \cdot 10^{-12}$	
sichtbares Licht	1,5 bis 3	$4 \cdot 10^{-12}$	
Ionisierungsenergie H	13,4	$2{,}5 \cdot 10^{-11}$	
γ-Quant des von MÖSSBAUER benutzten Eisens	$14{,}4 \cdot 10^{3}$		
Ruhenergie des Elektrons	$0{,}5 \cdot 10^{6}$	$0{,}8 \cdot 10^{-6}$	$0{,}9 \cdot 10^{-27}$
Bindungsenergie des Sauerstoffkerns pro Nukleon	$6{,}6 \cdot 10^{6}$	10^{-5}	
kin. Energie des He-Kerns aus 238 U	$7 \cdot 10^{6}$	$1{,}1 \cdot 10^{-5}$	
Heliumbrennen erzeugt pro C-Kern	$11 \cdot 10^{6}$	$1{,}7 \cdot 10^{-5}$	
Kohlenstoffzyklus erzeugt pro He-Kern	$25 \cdot 10^{6}$	$4 \cdot 10^{-5}$	
Wasserstoffreaktion erzeugt pro He-Kern	$26 \cdot 10^{6}$	$4{,}2 \cdot 10^{-5}$	
Ruhenergie des Nukleons	10^{9}	$1{,}6 \cdot 10^{-3}$	$1{,}7 \cdot 10^{-24}$
Beschleuniger Serpuchovo	$7 \cdot 10^{10}$	$1{,}1 \cdot 10^{-2}$	
O_2-Molekel		$4{,}5 \cdot 10^{-2}$	$5 \cdot 10^{-23}$
Codon			$1{,}8 \cdot 10^{-21}$
Kunststoffmakromolekel			$2 \cdot 10^{-19}$
Gewicht des Polio-Virus			10^{-17}
kosmische Strahlung bis	10^{20}	$1{,}6 \cdot 10^{8}$	$1{,}8 \cdot 10^{-13}$
100Ws		10^{9}	
100 MW-Turbine erzeugt pro s		10^{15}	
Wasserkraftreserve der Erde entspricht pro s		$3 \cdot 10^{18}$	
Wasserstoffreaktion pro Mol He		$2{,}5 \cdot 10^{19}$	
Sonneneinstrahlung auf Erde pro s		$2 \cdot 10^{24}$	
Sonnenausstrahlung pro s		$3{,}8 \cdot 10^{33}$	
BO-Stern pro s (Spica)		$3{,}2 \cdot 10^{37}$	
Galaxis pro s		10^{44}	

	erg	g	$M_\odot$
Quasar pro s	10^{47}	$3{,}3 \cdot 10^{26}$	
Masse der Erde	$5{,}4 \cdot 10^{48}$	$6 \cdot 10^{27}$	
Masse der Sonne	$1{,}8 \cdot 10^{54}$	$2 \cdot 10^{33}$	1
Masse unserer Galaxis		10^{44}	$5 \cdot 10^{10}$
Masse des sichtbaren Weltall		10^{55}	$5 \cdot 10^{21}$

Anhang II. Tabelle der quasistabilen Elementarteilchen

	Name	Symbol	(Ruh-) Masse MeV	Spin (Betragsqu.) s	Leptonenzahl L	Baryonenzahl B	Igospia (Betragsquantenz.) I	Isospin (Ladungskompon.) I_3	Strangeness S	Hyperladung $B+S = Y$	Parität P
	Photon	γ	0	1	0	0					
LEP-TONEN	Neutrino	ν	0	1/2	1	0					
	My-Neutrino	ν'	0	1/2	1	0					
	Elektron	e^-	0,51	1/2	1	0					
	Myon	μ^+	105,7	1/2	1	0					
MESONEN	Pion	π^+	139,6	0	0	0	1	+1	0	0	–
		π^0	135				1	0			
		π^-	139,6				1	−1			
	Kaon	K^0	497,8	0	0	0	1/2	−1/2	1	1	–
		K^+	493,8	0	0	0	1/2	+1/2	1	1	
		$\bar{K}^0$	497,8	0	0	0	1/2	+1/2	−1	−1	–
		K^-	493,8				1/2	−1/2	−1	−1	
		η	548,8	0	0	0	0	0	0	0	–
BARYONEN	Proton	p	938,3	1/2	0	1	1/2	+1/2	0	1	
	Neutron	n	939,5	1/2	0	1	1/2	−1/2	0	1	
	Hyperonen	Λ	1115,6	1/2	0	1	1	0	−1	0	
		Σ^+	1189,4	1/2	0	1	1	+1	−1	0	
		Σ^0	1192,5	1/2	0	1	1	0	−1	0	
		Σ^-	1197,3	1/2	0	1	1	−1	−1	0	
		Ξ	1314,7	1/2	0	1	1/2	+1/2	−2	−1	
		Ξ^-	1321,3	1/2	0	1	1/2	−1/2	−2	−1	
		Ω^-	1672	1/2	0	1	0	0	−3	−2	

Das η-Teilchen nimmt eine Zwischenstellung zwischen Resonanz und Teilchen ein, die Breite der Resonanz ist mit 2,6 keV allerdings sehr gering. Die Lebensdauer beträgt ansonsten immer etwa 10^{-10} s, e^-,p, ν und γ sind stabil. π^0 und Σ^0

haben wegen des Zerfalls über die elektromagnetische Wechselwirkung eine sehr viel kürzere Lebensdauer ($\sim 10^{-16}$ s), μ und eine Kombination aus K^0 und $\bar{K}^0$ leben wegen eines erzwungenen Dreiteilchenzerfalls länger ($\sim 10^{-6}$ s). Das Neutron zerfällt ebenfalls in drei Teilchen; wegen des geringen Massenüberschusses lebt es im freien Zustand im Mittel etwa 1000 s. Bei Leptonen und Baryonen sind Antiteilchen nicht aufgeführt. L, B, S, I_3 und Y ändern bei Ladungskonjugation das Vorzeichen.

Anhang III. Bestimmung der Grundkonstanten

Wir betrachten in diesem Abschnitt außer den in der Theorie fundamentalen Konstanten h und c (Wirkungsquantum und Lichtgeschwindigkeit) die Kopplungskonstanten zwischen den verschiedenen Feldern, speziell das Ladungsquantum e und die Gravitationskonstante f (die anderen Kopplungskonstanten sind bei weitem nicht so genau bestimmbar). Dazu kommen noch die Massen der quasistabilen Elementarteilchen, besonders die Massen der stabilen Teilchen Elektron und Proton, weil eine Theorie der Bestimmung der Massen aus den Kopplungskonstanten der Felder noch nicht existiert.

Die Massen sind am Massenspektrographen (für Proton und Atome) relativ zu einem atomaren Standard (^{12}C) mit einer Genauigkeit von 10^{-6} bestimmbar. Die Umrechnung auf Gramm erfordert allerdings die Kenntnis der LOSCHMIDT-Zahl, die nur mit der relativen Genauigkeit von 10^{-5} bekannt ist.

Zunächst sind drei der Grundkonstanten als Maßstabsfaktoren anzusehen. So kann man zum Beispiel auf h, c und f ein Maßsystem aufbauen, das dem cgs-System äquivalent ist. Durch Bezug auf h, c und f erhält man Größen, die unabhängig von irgendeinem Maßsystem sind. So ist die Feinstrukturkonstante $\alpha = \frac{e^2}{\hbar c}$ das Quadrat der elektrischen Ladung bezogen auf h und c. Die Längeneinheit in diesem System ist die PLANCKsche Länge. Das Einheitensystem h, c und f ist jedoch makroskopisch unbrauchbar, weil man keine makroskopischen Standards unmittelbar konstruieren kann. Die BOLTZMANN-Konstante ist ein Umrechnungsfaktor zwischen der thermodynamischen Temperaturskale in °K und der cgs-Einheit der Energie erg.

Die BOLTZMANN-Konstante erhält man aus der Gaskonstanten, d. h. aus der Zustandsgleichung des idealen Gases. In

$$p\,V = n\,R\,T$$

(n Anzahl der Mole) kann R mit einer relativen Genauigkeit von $4 \cdot 10^{-5}$ bestimmt werden, man erhält k nach Division durch die LOSCHMIDT-Zahl L

$$k\,L = R\,.$$

Die BOLTZMANN-Konstante kann auch über den Gleichverteilungssatz bestimmt werden. Dazu nutzt man ein Torsionspendel. Ist das rückstellende Drehmoment genügend klein, dann kann man die aus

$$\frac{1}{2} kT = \frac{1}{2} D \overline{\varphi^2}$$

resultierenden statistischen Schwankungen der Einstellung messen und auswerten. Den stochastischen Prozeß $\varphi(t)$ kann man mit einem Lichtstrahl auf einen Film aufzeichnen (Abb. 85).

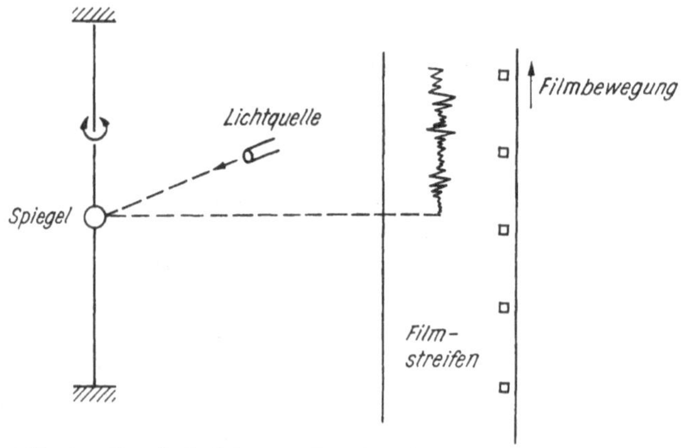

Abb. 85. Zur Aufzeichnung der thermischen Bewegung eines Torsionspendels

Von den Konstanten der Elementarteilchenphysik h, c, e, m_e und m_p kann nur c mit einer direkten Methode genau gemessen werden. Das Prinzip ist dabei das gleiche, das schon FIZEAU benutzte: Ein Lichtstrahl wird von einem entfernten Spiegel reflektiert und sowohl auf dem Hinweg als auch auf dem Rückweg von zwei synchronen Mechanismen zerhackt. Hinter dem zweiten Zerhacker wird der Lichtstrahl nur dann beobachtet, wenn die vom Lichtimpuls zum Spiegel und zurück benötigte Zeit ein ganzes Vielfaches der Periode des Zerhackers ist. FIZEAU benutzte zum Zerhacken des Lichtstrahls ein Zahnrad, heute benutzt man eine KERR-Zelle (BERGSTRAND). Mit einer relativen Genauigkeit von weniger als 10^{-6} ist die Lichtgeschwindigkeit eine der genauesten bekannten Konstanten.

Die entscheidende Verbesserung aller Bestimmungsmethoden wurde durch die Beherrschung der Mikrowellentechnik erreicht. Die Mikrowellentechnik erschließt Frequenzbereiche ($\nu < 10^8\ \mathrm{s}^{-1}$), in denen die Wellenlängen durch Interferenzversuche im Labor sehr genau bestimmbar sind ($\lambda < 300$ cm). Die Frequenzen in diesem Bereich werden durch Verzerrung eines Signals der Grundfrequenz und Aussieben der Oberwellen mit der gleichen relativen Genauigkeit wie die Grundfrequenz erzeugte. Die einfachste Anwendung der Methode ist die Bestimmung der Lichtgeschwindigkeit durch gleichzeitige Bestimmung von Frequenz und Wellenlänge einer Mikrowelle (benutzt wurden 24 GHz, d. h. 1,25 cm). Die relative Genauigkeit ist die gleiche wie im Versuch von BERGSTRAND, es ergibt sich innerhalb der Fehlergrenzen der gleiche Wert für c.

Im Mikrowellenbereich ist auch die Messung der Lage von Absorptionslinien mit großer Genauigkeit möglich. In Emission erhält man Linien im Mikrowellenbereich mit der Atomstrahlmethode (Maser). Wegen der kleinen Energiedifferenzen, die zu Quanten im Mikrowellenbereich führen (10^{-5} eV), sind die angeregten Zustände relativ stabil. Durch z. B. verschiedene elektrische Quadrupolmomente können aus einem Atomstrahl durch eine passende Feldoptik die angeregten Zustände herausgesiebt werden und in einem Hohlraumresonator zu induzierter Emission angeregt werden, die dann eine Schwingung auf der entsprechenden Frequenz verstärkt bzw. erzeugt. Die mit der Hyperfeinstrukturaufspaltung des Cäsiums erzeugbare Mikrowelle stellt einen Zeitstandard dar, der mit der relativen Genauigkeit von 10^{-9} an die astronomische Zeit anschließbar ist (Atomuhr). Mit dem MÖSSBAUER-Effekt ist zwar eine noch höhere Frequenzkonstanz (10^{-15}) erreichbar, aber die betreffenden Frequenzen sind nicht mehr so genau an die Sekunde anschließbar (10^{-5}).

Die elementaren Massen, das Ladungsquantum e, die PLANCKsche Konstante h werden nicht direkt, sondern in Kombinationen gemessen. Die genaueste Kombination aus diesen Konstanten ist die RYDBERG-Konstante der BALMER-Formel.

$$Ry = \frac{2\pi^2 m e^4}{h^3 c}, \quad \frac{1}{\lambda} = Ry\left(\frac{1}{n_1^2} - \frac{1}{n_2^2}\right), \quad \text{relative Genauigkeit } 10^{-7}.$$

Die Mitbewegung des Atomkerns muß dabei natürlich korrigiert werden. Die Feinstrukturkonstante

$$\alpha = \frac{e^2}{\hbar c}$$

wird an der Aufspaltung der Wasserstoffterme $(n, j, l) = \left(2, \frac{3}{2}, 1\right)$ und $\left(2, \frac{1}{2}, 1\right)$ gemessen, die theoretisch auf Grund der DIRAC-Gleichung und der Quantenelektrodynamik als

$$\Delta\nu = \frac{\alpha^2 Ry\, c}{16} \qquad (1 + \text{Korrektur})$$

berechnet werden kann. Zur Messung nutzt man Deuterium, den schweren Wasserstoff, weil hier die Hyperfeinstruktur der Terme weniger stört: Das magnetische Moment des Deuteriumkernes beträgt nur weniger als ein Drittel des Moments des Protons. Im Experiment bestimmt man nicht direkt die Differenz der angegebenen Terme, sondern bestimmt die Differenz dieser Terme zu einem dritten, nämlich $(n, j, l) = \left(2, \frac{1}{2}, 0\right)$ (Abb. 63). Dieser Zustand ist metastabil, da der Übergang nach $n = 1$ wegen der Auswahlregel $|\Delta l| = 1$ verboten und die Energiedifferenz zu $(n, j, l) = \left(2, \frac{1}{2}, 1\right)$ sehr klein ist (LAMB-shift). In einem Atomstrahl, dessen Atome (Deuterium) durch Elektronenstoß in den Zustand $n = 2$ angeregt wurden, zerfallen die Anteile mit $l \neq 0$ sehr rasch und es bleibt nur der metastabile Anteil mit $l = 0$ (Abb. 86). Stoßen die so angeregten Atome auf eine geeignete Oberfläche (Wolfram), so werden durch Stöße zweiter Art Elektronen freigesetzt, die auf einem Elektrometer die Dichte der Deuteriumatome im Zustand $(n, j, l) = \left(2, \frac{1}{2}, 0\right)$ anzeigen. Der angeregte Zustand kann auf dem Wege zum „Meßinstrument Oberfläche" zerstört werden, wenn die langsamen Übergänge in die Nachbarzustände mit $n = 2$ und $l = 1$ erzwungen werden. Die Messung der Frequenz, mit der diese Übergänge erzwungen werden, bedeutet damit Messung sowohl der Feinstruktur als auch der LAMB-shift. Der relative Fehler des so gewonnenen Wertes von α beträgt 10^{-5}. Eine

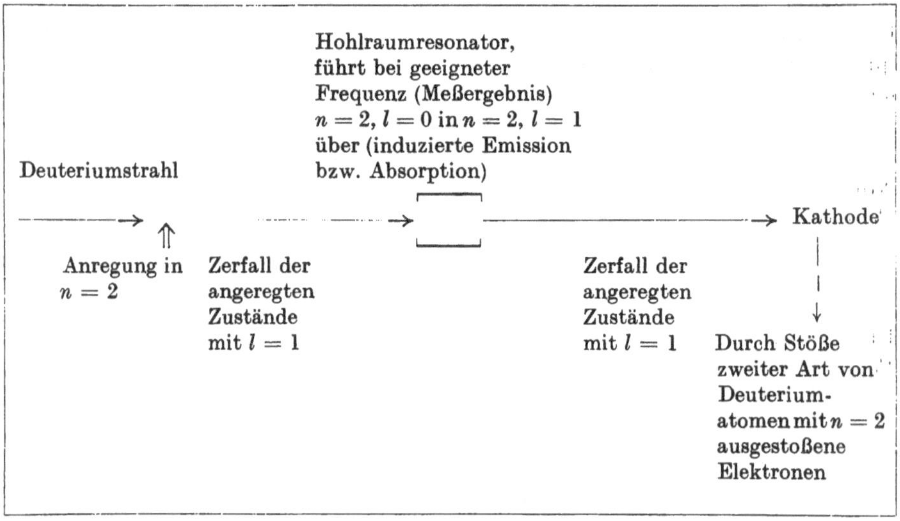

Abb. 86. Schema der Messung der Feinstruktur des Wasserstoffterms $n = 2$

weitere Kombination, den aus dem magnetomechanischen Parallelismus bekannten Faktor

$$\frac{e}{m\,c}$$

für das Elektron, bestimmt man durch Messung der magnetischen Momente von Elektron und Proton. Dazu sind mehrere Messungen notwendig. Zunächst muß man aus der Quantentheorie des Elektrons die Korrektur zum BOHRschen Magneton berechnen:

$$\mu_0 = \frac{e}{2\,m\,c}\,\hbar \quad \text{BOHRsches Magneton,}$$

$\mu_e = \mu_0\,(1 + \text{Korr.})$ magnetisches Moment des Elektrons.

Nun liefert jedes magnetische Moment im Magnetfeld durch die verschiedenen Einstellungen des zugehörigen Drehimpulses Energiestufen, die zu einer Linienaufspaltung Anlaß geben (ZEEMAN-Effekt). An der Aufspaltung der Hyperfeinstrukturterme des Wasserstoffs kann man mit dem relativen Fehler von nur $6 \cdot 10^{-7}$ das Verhältnis

$$\frac{\mu_e}{\mu_P}$$

der magnetischen Momente von Proton und Elektron bestimmen. Die Hyperfeinstrukturlinie (21 cm) ist zwar mit noch viel kleinerem relativen Fehler (10^{-9}) meßbar, allein die vollständige theoretische Berechnung steht in dieser Genauigkeit noch aus. — Das magnetische Moment des Protons bestimmt man durch die Absorptionslinien eines freien Protons im Magnetfeld:

$$\Delta E = 2\,\mu\,B\,, \qquad \omega = \frac{\mu}{\frac{\hbar}{2}} B\,.$$

Der relative Fehler dieser Kernresonanzabsorptionsmessung beträgt $3 \cdot 10^{-6}$ in der Wellenlänge bzw. Frequenz. Das Produkt aus $\frac{\mu_e}{\mu_P}$ und $\frac{2\mu_P}{\hbar}$ liefert $\frac{2\,\mu_e}{\hbar}$ mit einem relativen Fehler kleiner als 10^{-5}.

Zusammen mit der Messung von c sind damit alle Konstanten c, h, e und m_e berechenbar.

Im Abschluß an diese Konstanten erhält man die Masse des Protons durch Messung der Zyklotronfrequenz von Proton und Elektron:

$$\omega_Z = \frac{e}{m\,c} B \qquad \text{folgt aus (49.1).}$$

Die Kombination der Messung von Elektron und Proton liefert das Massenverhältnis von Elektron und Proton mit einem relativen Fehler von 10^{-5}. Die Masse des Protons ist zwar an den ^{12}C-Standard mit größerer Genauigkeit anschließbar, aber nicht an das Gramm, weil in die Umrechnung die LOSCHMIDT-Zahl eingeht.

Die LOSCHMIDT-Zahl erhält man im Prinzip durch Abzählen der Atome in einem Mol. Die Struktur eines Kristalls ist durch das Studium der Röntgeninterferenzen genau festlegbar. Zusammen mit den äußeren Abmessungen ergibt sich die Anzahl der Atome. Der entscheidende Punkt ist die Bestimmung der Wellenlänge der Röntgenstrahlen. Mit einem Kristallstandard (Calzit) ist die Wellenlänge zwar bis auf 10^{-6} bestimmbar, die Umrechnung auf cm — das heißt die Ausmessung des Standardkristalls durch Vergleich mit einem mechanisch hergestellten Beugungsgitter — ist jedoch mit einem relativen Fehler von 10^{-5} behaftet. Immerhin erhält man den Wert von N so genau, daß man die elektrische Elementarladung auch über die Bestimmung der FARADAY-Konstanten berechnen kann. Die FARADAY-Konstante F ist der Proportionalitätsfaktor zwischen den in einer elektrolytischen Lösung abgeschiedenen Molen und der transportierten elektrischen Ladung.

$$F = e\,L\,.$$

Ältere Bestimmungsmethoden

Eine wichtige Methode ist die Bestimmung der Kombination $\frac{h\,c}{e}$ aus der kurzwelligen Grenze des Röntgenbremsspektrums. Elektronen, die mit der Spannung V beschleunigt werden, erhalten eine Energie von $e\,V$, so daß die bei der Bremsung in der Antikathode erzeugten Photonen eine Wellenlänge von minimal $\frac{h\,c}{e\,V}$ aufweisen. Der Vergleich von Grenzwellenlänge und Beschleunigungsspannung liefert die Kombination $\frac{h\,c}{e}$ mit einem relativen Fehler von 10^{-4}.

Die spezifische Ladung der Elektronen $\frac{e}{m}$ kann bestimmt werden, wenn man die Geschwindigkeit von Elektronen ermitteln kann, die mit einer bestimmten Spannung V beschleunigt wurden:

$$\frac{e}{m} = \frac{v^2}{2\,V}\,.$$

Zur Messung der Geschwindigkeit der Elektronen eines Strahls kann man das schon bei der Lichtgeschwindigkeitsmessung diskutierte Zerhackerprinzip verwenden, dabei werden die Zerhacker hintereinander aufgestellt. Als Zerhacker können wechselnde Magnetfelder, die den Strahl nur beim Durchgang durch die Phase Null unabgelenkt lassen, aber auch elektrische Wechselfelder (Zweikondensatormethode) dienen. Diese beiden Möglichkeiten bedürfen nicht einer genauen Messung von elektrischem und magnetischem Feld. In einem kombinierten elektromagnetischen Feld mit $\boldsymbol{E}$ senkrecht $\boldsymbol{B}$ ($\boldsymbol{E}$ und $\boldsymbol{B}$ homogen) werden Teilchen einer ganz bestimmten Geschwindigkeit nicht abgelenkt, was zur Geschwindigkeitsbestimmung dienen kann.

Die Eigenschaften einer Elektronenoptik sind ebenfalls von der spezifischen Ladung abhängig, so daß die genaue Justierung in $\boldsymbol{E}$ und $\boldsymbol{B}$ eine Messung von $\frac{e}{m}$ bedeutet. Der einfachste Fall ist die $\frac{e}{m}$-Bestimmung nach Busch.

Der normale Zeeman-Effekt liefert eine Termaufspaltung mit Distanzen $\Delta E = \frac{e}{2\,m\,c}\,\hbar\,B$, die Bestimmung der Wellenlängenaufspaltung liefert die spezifische Ladung mit einem relativen Fehler von 10^{-4}.

Die Konstantenkombination $\frac{e^2}{m\,h}$ kann mit einem relativen Fehler von $5 \cdot 10^{-4}$ bestimmt werden, wenn man die Geschwindigkeit der Elektronen beim äußeren Photoeffekt an freien Atomen mißt. Das geschieht durch die Beobachtung der

Bahnkrümmung im Magnetfeld (Abb. 87). Es gilt

$$\frac{e}{m}\frac{B\,r}{c} = v\,,$$

$$\frac{m}{2}v^2 = h\,c\left(\frac{1}{\lambda} - \frac{1}{\lambda_0}\right),$$

$$\frac{e^2}{m\,h} = \frac{2\,c^3}{B^2\,r^2}\left(\frac{1}{\lambda} - \frac{1}{\lambda_0}\right).$$

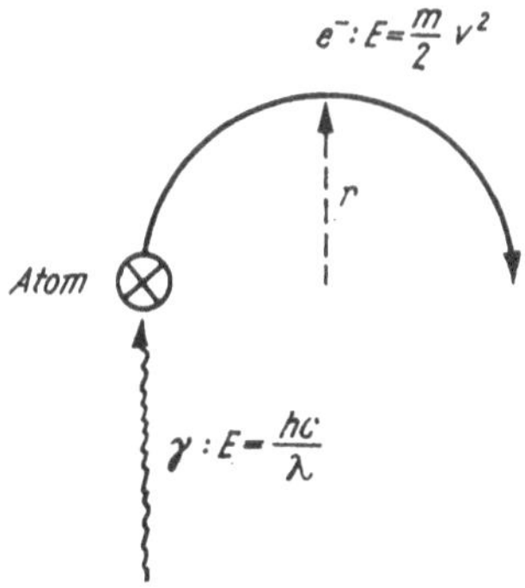

Abb. 87. Bestimmung von $\frac{e^2}{m\,h}$ im Magnetfeld (Erläuterung im Text)

Die Kombination $\frac{h}{\sqrt{e\,m}}$ kann mit einem relativen Fehler von $7 \cdot 10^{-5}$ aus der Elektronenbeugung mit Elektronen gegebener Beschleunigungsspannung V erhalten werden:

$$\text{DE BROGLIE-Wellenlänge } \lambda = \frac{h}{\sqrt{2\,m\,e\,V}}\,.$$

Schließlich erhält man die Kombination $\frac{h}{m\,c}$ durch Messung der Wellenlänge der Vernichtungsstrahlung eines Elektron-Positron-Paares mit dem relativen Fehler 10^{-4}.

Die Konstantenkombination $\frac{h\,c}{k}$ aus dem PLANCKschen Strahlungsgesetz

$$u_\lambda = C\,\lambda^{-5}\left(\exp\frac{h\,c}{kT\,\lambda} - 1\right)^{-1}$$

ist mit einem relativen Fehler von $2 \cdot 10^{-4}$ bestimmbar.

Zur Gravitationstheorie ist die Gravitationskonstante und die spezifische Gravitationsladung, das Verhältnis von schwerer zu träger Masse, zu bestimmen. Die Gravitationskonstante erhält man aus der Wirkung von Massen auf ein Torsionspendel (Abb. 88). Das Torsionspendel besteht aus zwei Massen m, die

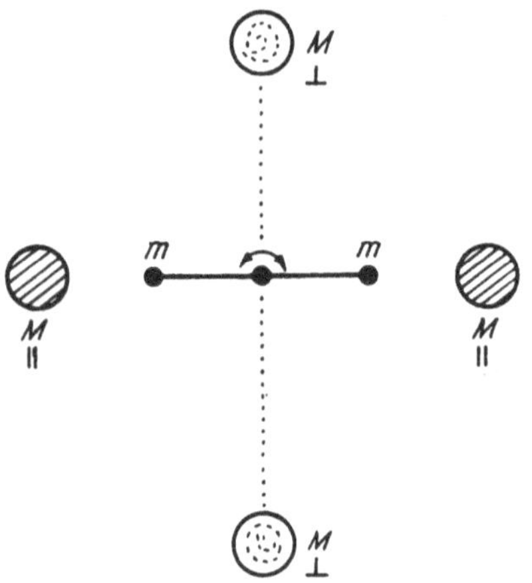

Abb. 88. Zur Bestimmung der Gravitationskonstanten

an einen leichten Stab befestigt sind, der sich um eine Querachse drehen kann (in der Abb. ist das die Achse senkrecht zur Zeichenebene). Werden die beiden Massen M im Abstand R von der Drehachse in Richtung der Ruhelage angebracht, so bewirken sie eine Korrektur zum rückstellenden Drehmoment von

$$D_{\|} = 2 f M m r \left[\frac{1}{(R-r)^2} - \frac{1}{(R+r)^2}\right].$$

Werden die Massen M auf der Senkrechten zur Ruherichtung des Stabes angebracht, so lautet die Korrektur

$$D_{\perp} = -2 f M m r \frac{4 R r}{(R^2 + r^2)^2}.$$

Aus der Veränderung der Schwindungsdauer des Torsionspendels ergibt sich die Gravitationskonstante f mit einem relativen Fehler von 10^{-3}.

Die spezifische Gravitationsladung wird in der NEWTONschen Mechanik ohne theoretische Erklärung auf Grund des experimentellen Befundes gleich 1 gesetzt. Die entscheidende Bedeutung der exakten Proportionalität von träger und (passiver) schwerer Masse für die geometrische Theorie des Gravitationsfeldes macht prüfende Versuche unerläßlich. — Ein Torsionspendel mit zwei an einer leichten Stange befestigten Massen (Abb. 89) erfährt durch die Anziehungskraft der Sonne einerseits und die Zentrifugalkraft durch die Erdbewegung um die Sonne andererseits das Drehmoment

$$N = r_1 \sin\alpha \,(m_{1T} R \omega^2 - m_{1S} f M R^{-2})$$
$$- r_2 \sin\alpha \,(m_{2T} R \omega^2 - m_{2S} f M R^{-2}).$$

Die Balance des Pendels im Erdfeld bedingt $m_{1S} r_1 = m_{2S} r_2$. Damit wird das

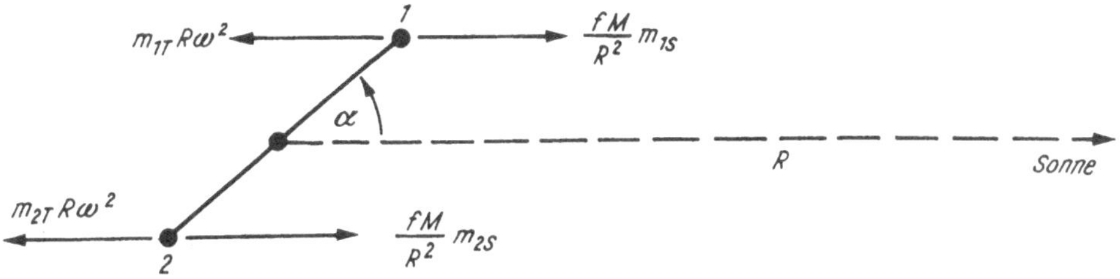

Abb. 89. Vergleich der spezifischen Gravitationsladung zweier Körper

Drehmoment gleich

$$N = m_S \, r_1 \, R \, \omega^2 \left(\frac{m_{1\,T}}{m_{1\,S}} - \frac{m_{2\,T}}{m_{2\,S}} \right) \sin \alpha \, .$$

Die tägliche Rotation der Sonne relativ zum Torsionspendel müßte bei verschiedenen spezifischen Gravitationsladungen eine Periode in der Auslenkung von Tageslänge erzeugen. Die vergebliche Suche einer solchen Periode für Massen verschiedener chemischer Zusammensetzung ergab bisher die Gleichheit von träger und schwerer Masse mit einem relativen Fehler von weniger als 10^{-12}.

Anhang IV. Vektoranalysis, Integralsätze, Potentialtheorie

In der Vektoranalysis wird mit Vorteil die Summationskonvention benutzt: Über Indizes, die in einem Term doppelt auftreten wird summiert, ohne daß das Summenzeichen geschrieben wird. Indizes treten auf, sobald die Objekte des Vektorraums nach einer Basis zerlegt werden. Solange der Raum nicht euklidisch ist, müssen zwei Sorten Indizes unterschieden werden, was durch ihre Stellung geschieht.

Die Basis eines Vektorraums wird durch untere Indizes nummeriert: e_i, $i = 1, \ldots, n$. Ein Vektor wird nach dieser Basis zerlegt:

$$\boldsymbol{a} = a^i \, \boldsymbol{e}_i \, .$$

Bei Basistransformationen

$$\bar{\boldsymbol{e}}_i = \Omega_i{}^k \, \boldsymbol{e}_k \tag{IV. 1}$$

transformieren sich auch die Komponenten:

$$\bar{a}^i \, \bar{\boldsymbol{e}}_i = a^k \, \boldsymbol{e}_k : \qquad \bar{a}^i \, \Omega_i{}^k = a^k \, .$$

Die Komponenten müssen also mit dem Inversen der Transformationsmatrix der Basis multipliziert werden: Sie sind kontragredient zur Basis. Die Stellung der Indizes spiegelt das allgemeine Transformationsverhalten wider:

$$\bar{A}^{i_1 \cdots}{}_{k_1 \ldots} \, \Omega_{i_1}{}^{m_1} \, \Omega \ldots = A^{m_1 \cdots}{}_{n_1 \ldots} \, \Omega_{k_1}{}^{n_1} \, \Omega \ldots \tag{IV. 2}$$

Lineare Abbildungen des Vektorraums auf die reellen Zahlen (Linearformen werden durch Größen $L(\boldsymbol{e}_i) = f_i$ dargestellt:

$$L(\boldsymbol{a}) = L(a^i \, \boldsymbol{e}_i) = a^i \, L(\boldsymbol{e}_i) = a^i f_i \, . \tag{IV. 3}$$

Die Koeffizienten einer Linearform müssen sich kogredient zur Basis des Vektorraums transformieren, damit die Linearform eine von der Basisdarstellung unabhängige Abbildung ist. Durch Einführung einer formalen Basis im Raum der Linearformen wird dieser ein Vektorraum (dualer Vektorraum).

Tensoren sind lineare Abbildungen des Vektorraums auf sich selbst. Durch Zerlegung nach einer Basis erhält man für $\boldsymbol{b} = T(\boldsymbol{a})$:

$$\boldsymbol{b} = b^i \, \boldsymbol{e}_i = T(\boldsymbol{e}_k) \, a^k = T^i(\boldsymbol{e}_k) \, \boldsymbol{e}_i \, a^k = T^i{}_k \, a^k \, \boldsymbol{e}_i \, ,$$

$$b^i = T^i{}_k \, a^k \, . \tag{IV. 4}$$

Skalare sind Größen, die sich bei Basistransformationen nicht ändern, Dichten sind Größen, die mit einer bestimmten Potenz der Determinante $|\Omega^i{}_k|$ multipliziert werden. Das Volumenelement ist eine Dichte der Stufe -1. Die identische Abbildung wird durch den KRONECKER-Tensor $\delta^i{}_k$ dargestellt. Das Signum der Permutation der Zahlen 1 bis n ist eine total antisymmetrische Tensordichte der Stufe 1, wenn die Indizes unten stehen (LEVI-CIVITA-Tensor):

$$\varepsilon_{i_1 \ldots i_n} = \begin{cases} 1, & i_1 \ldots i_n \text{ gerade Permutation,} \\ -1, & i_1 \ldots i_n \text{ ungerade Permutation,} \\ 0, & \text{wenn zwei Indizes gleich sind.} \end{cases} \tag{IV. 5}$$

Unter anderem gelten die Relationen

$$\varepsilon_{i j m_3 \ldots m_n} \varepsilon^{k l m_3 \ldots m_n} = (n-2)!\,(\delta_i^k \delta_i^l - \delta_j^k \delta_i^l)\,,$$

$$\varepsilon_{i m_2 \ldots m_n} \varepsilon^{k m_2 \ldots m_n} = (n-1)!\,\delta_i^k\,. \tag{IV. 6}$$

Ist ein Skalarprodukt definiert, dann ist auch eine lineare Abbildung des Vektorraums in den Raum der Linearformen gegeben. Das Skalarprodukt ist definiert durch den metrischen Tensor $g_{ik} = (\boldsymbol{e}_i, \boldsymbol{e}_k)$:

$$(\boldsymbol{a}, \boldsymbol{b}) = a^i b^k (\boldsymbol{e}_i, \boldsymbol{e}_k) = a^i b^k g_{ik}\,. \tag{IV. 7}$$

Aus einem Vektor entsteht durch $g_{ik} b^k$ eine Linearform. Mit dem Skalarprodukt können der Basis spezielle Orthogonalitätsbedingungen auferlegt werden. Dadurch werden die möglichen Basistransformationen eingeschränkt. Bei euklidischer Orthonormierung sind nur noch Drehungen erlaubt, bei pseudoeuklidischer Orthonormierung (MINKOWSKI-Raum) die homogenen LORENTZ-Transformationen. Im euklidischen Raum fallen dann die Transformationsmatrizen für kogrediente und kontragrediente Größen zusammen, und die Unterscheidung erübrigt sich. Für euklidische Drehungen und LORENTZ-Drehungen ist die Determinante der Transformatrix immer vom Betrage Eins, die Dichten ungerader Stufe ändern dann höchstens ihr Vorzeichen. Werden Spiegelungen ausgeschlossen, wird die Eigenschaft der Dichte unwirksam. Im euklidischen Raum und im MINKOWSKI-Raum sind die metrischen Tensoren konstant (δ_{ik} bzw. η_{ik}). Auf diesen Fall beschränken wir uns im folgenden.

Im dreidimensionalen euklidischen Raum kann ein antisymmetrisches Vektorprodukt mit dem LEVI-CIVITA-Tensor definiert werden. Die Komponenten von $\boldsymbol{a} \times \boldsymbol{b}$ sind durch

$$(\boldsymbol{a} \times \boldsymbol{b})_i = \varepsilon_{ikl}\, a^k b^l \tag{IV.8}$$

gegeben. Die partielle Differentiation kann als formaler Vektor aufgefaßt werden.

$$\nabla_i = \frac{\partial}{\partial x_i}\,.$$

Es werden definiert
der Gradient eines Skalars:

$$\operatorname{grad} f = \nabla f \triangleq \frac{\partial f}{\partial x^i}\,, \tag{IV.9}$$

die Divergenz eines Vektors:

$$\operatorname{div} \boldsymbol{a} = \nabla \boldsymbol{a} \triangleq \frac{\partial a^i}{\partial x^i}$$

und die Rotation eines Vektors:

$$\operatorname{rot} \boldsymbol{a} = \nabla \times \boldsymbol{a} \triangleq \varepsilon^{ikl} \frac{\partial}{\partial x^k} a_l\,.$$

Die Rotation eines Gradienten verschwindet,

$$\operatorname{rot} \operatorname{grad} f \triangleq \varepsilon^{ikl} \frac{\partial}{\partial x_k} \frac{\partial \varrho}{\partial x^l} = 0\,,$$

die Divergenz einer Rotation verschwindet,

$$\operatorname{div} \operatorname{rot} \boldsymbol{a} \triangleq \frac{\partial}{\partial x^i} \varepsilon^{ikl} \frac{\partial}{\partial x^k} a_l = 0\,.$$

Ist die Rotation eines Vektorfeldes in einem einfach zusammenhängenden Bereich des Raumes Null, dann kann das Vektorfeld dort als Gradient eines Potentials dargestellt werden. Ist die Divergenz eines Vektorfeldes Null, dann kann es als Rotation eines anderen Vektorfeldes dargestellt werden. Das gilt auch noch, wenn als zusammenhängender Bereich der gesamte euklidische Raum genommen wird.

$$\operatorname{rot} \boldsymbol{a} = 0: \quad \boldsymbol{a} = -\operatorname{grad} \Phi\,, \quad \operatorname{div} \boldsymbol{a} = 0: \quad \boldsymbol{a} = \operatorname{rot} \boldsymbol{b}\,.$$

Weitere Produkte der Differentialoperationen ergeben

$$\operatorname{div} \operatorname{grad} \Phi = \frac{\partial^2}{\partial x^i\, \partial x^k} \delta^{ik}\, \Phi = \Delta \Phi\,, \tag{IV.10}$$

$$\operatorname{rot} \operatorname{rot} \boldsymbol{a} = \operatorname{grad} (\operatorname{div} \boldsymbol{a}) - \Delta \boldsymbol{a}\,.$$

Die Integration über die partiellen Differentiationen von Gradient, Divergenz und Rotation können zu Integralsätzen zusammengefaßt werden, die einer mathematisch sehr allgemeinen Konstruktion entsprechen. Für die Interpretation im dreidimensionalen Raum wird zunächst das vektorielle Flächenelement definiert. Dazu wird dem Oberflächenstück die Richtung der äußeren Normale zugeschrieben. Die Komponenten des vektoriellen Elements $\mathrm{d}f_i$ stellen die Projektionen des Flächenstücks auf die entsprechenden Ebenen dar. Ein zylindrisches Volumenstück (Abb. 90) in Richtung der i-ten Koordinatenachse hat den Querschnitt $\mathrm{d}f_i$. Als Volumenintegral über den partiellen Differential-

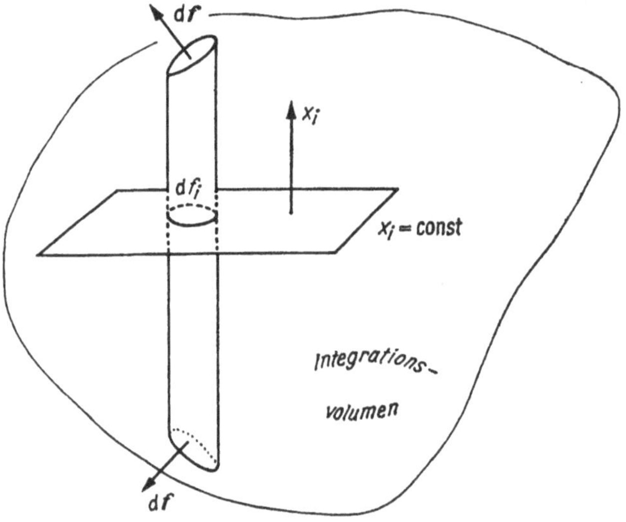

Abb. 90. Zur Ableitung des GAUSSschen Satzes

quotienten ergibt sich

$$\int \frac{\partial h}{\partial x^i} \mathrm{d}V = \oint h \,\mathrm{d}f_i \tag{IV.11}$$

(GAUSSscher Satz).
Analog dem Volumenintegral läßt sich auch ein Flächenintegral reduzieren. Dazu betrachtet man zunächst ein infinitesimales Flächenstück spezieller Orientierung (Abb. 91).

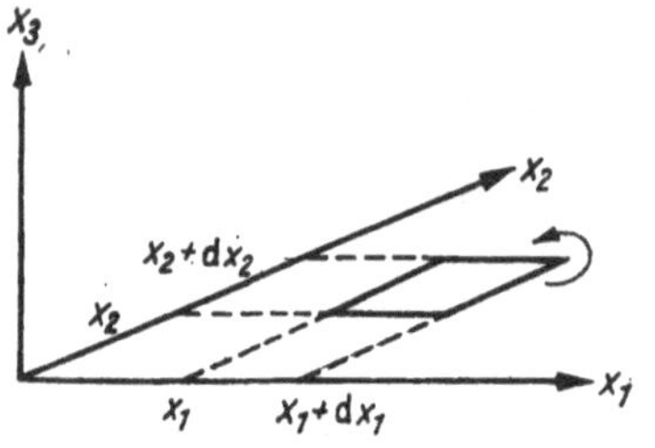

Abb. 91. Zur Ableitung des STOKESschen Satzes

Das Umlaufintegral hat hier eine Komponente in x_1-Richtung und eine in x_2-Richtung. Die erste ist proportional der partiellen Ableitung nach x_2, die zweite proportional der nach x_1. Unter Beachtung des Umlaufsinns ergibt sich für das infinitesimale Flächenstück

$$\oint h \,\mathrm{d}x^i = \varepsilon^{3ki} \frac{\partial h}{\partial x^k} \mathrm{d}f_3 \,.$$

Bei allgemeiner Orientierung und nach dem Zusammensetzen infinitesimaler Flächenstücke ergibt sich

$$\oint h \, \mathrm{d}x^i = \iint \varepsilon^{ijk} \frac{\partial h}{\partial x^k} \mathrm{d}f_j \tag{IV.12}$$

(STOKESscher Satz). Beide Integralsätze sind Spezialfälle eines sehr allgemeinen Schemas.

Werden die Integralsätze auf die Vektoroperationen angewandt, so findet man

$$\begin{aligned} &\iiint \operatorname{grad} \Phi \, \mathrm{d}V = \oiint \Phi \, \mathrm{d}\boldsymbol{f} , \\ &\iiint \operatorname{rot} \boldsymbol{a} \, \mathrm{d}V = \oiint \mathrm{d}\boldsymbol{f} \times \boldsymbol{a} , \\ &\iiint \operatorname{div} \boldsymbol{a} \, \mathrm{d}V = \oiint \boldsymbol{a} \, \mathrm{d}\boldsymbol{f} . \end{aligned} \tag{IV.13}$$

$$\begin{aligned} &\iint \mathrm{d}\boldsymbol{f} \times \operatorname{grad} \Phi = \oint \Phi \, \mathrm{d}\boldsymbol{r} , \\ &\iint \mathrm{d}\boldsymbol{f} \operatorname{rot} \boldsymbol{a} = \oint \boldsymbol{a} \, \mathrm{d}\boldsymbol{r} , \\ &\iint (\mathrm{d}\boldsymbol{f} \operatorname{grad}) \boldsymbol{a} - \mathrm{d}\boldsymbol{f} (\operatorname{div} \boldsymbol{a}) = \oint \mathrm{d}\boldsymbol{r} \times \boldsymbol{a} . \end{aligned} \tag{IV.14}$$

Mit der Definition des Stroms durch eine Fläche $\iint \boldsymbol{j} \, \mathrm{d}\boldsymbol{f} = I$ gibt der GAUSSsche Satz in der Form $\oiint \boldsymbol{j} \, \mathrm{d}\boldsymbol{f} = \iiint \operatorname{div} \boldsymbol{j} \, \mathrm{d}V$ die Interpretation von $\operatorname{div} \boldsymbol{j}$ als Quelldichte (Divergenz) des Vektorfeldes. Entsprechend definiert $\oint \boldsymbol{v} \, \mathrm{d}\boldsymbol{r} = \Gamma$ die Zirkulation des Vektorfeldes $\boldsymbol{v}$, und der STOKESsche Satz liefert in der Form $\oint \boldsymbol{v} \, \mathrm{d}\boldsymbol{r} = \iint \operatorname{rot} \boldsymbol{v} \, \mathrm{d}\boldsymbol{f}$ die Interpretation von $\operatorname{rot} \boldsymbol{v}$ als Wirbeldichte (Rotation) des Vektorfeldes.

Gegeben sei ein Geschwindigkeitsfeld $\boldsymbol{v}$, in dem sich alle Randpunkte von Volumen und Flächenstücken bewegen. Die Zeitabhängigkeit der Integrale über die entstehenden flüssigen Volumina, Flächen und Linien ist nunmehr nicht allein durch die Zeitabhängigkeit der Integranden gegeben. Generell findet man die zeitliche Ableitung eines flüssigen Integrals durch Einführung zeitunabhängiger Parameter auf den Berandungen. So ergibt sich für das Integral über eine flüssige Linie

$$F = \int_A^B \boldsymbol{a}(\boldsymbol{r}, t) \, \mathrm{d}\boldsymbol{r} = \int_{s_0}^{s_1} \frac{\partial \boldsymbol{r}(s, t)}{\partial s} \cdot \boldsymbol{a}\big(\boldsymbol{r}(s, t), t\big) \, \mathrm{d}s$$

die zeitliche Ableitung

$$\frac{\mathrm{d}F}{\mathrm{d}t} = \int_{s_0}^{s_1} \mathrm{d}s \left[\left\{ \frac{\partial \boldsymbol{a}}{\partial t} + \left(\frac{\partial \boldsymbol{r}}{\partial t} \nabla \right) \boldsymbol{a} \right\} \frac{\partial \boldsymbol{r}}{\partial s} + \boldsymbol{a} \frac{\partial^2 \boldsymbol{r}}{\partial s \, \partial t} \right].$$

$$\frac{\partial^2 \boldsymbol{r}}{\partial s \, \partial t} = \left(\frac{\partial \boldsymbol{r}}{\partial s} \nabla \right) \boldsymbol{v} .$$

$$\frac{\mathrm{d}}{\mathrm{d}t} \int_A^B \boldsymbol{a} \, \mathrm{d}\boldsymbol{r} = \int_A^B \mathrm{d}\boldsymbol{r} \left[\frac{\partial \boldsymbol{a}}{\partial t} + \operatorname{grad} (\boldsymbol{v} \, \boldsymbol{a}) - \boldsymbol{v} \times \operatorname{rot} \boldsymbol{a} \right]. \tag{IV.15}$$

Analog ergeben sich die Formeln

$$\frac{\mathrm{d}}{\mathrm{d}t} \iint \boldsymbol{a}\,\mathrm{d}\boldsymbol{f} = \iint \mathrm{d}\boldsymbol{f}\left[\frac{\partial \boldsymbol{a}}{\partial t} + \boldsymbol{v}\,\operatorname{div}\boldsymbol{a} + \operatorname{rot}(\boldsymbol{a} \times \boldsymbol{v})\right] \tag{IV.16}$$

und

$$\frac{\mathrm{d}}{\mathrm{d}t} \iiint \varrho\,\mathrm{d}V = \iiint \mathrm{d}V\left[\frac{\partial \varrho}{\partial t} + \operatorname{div}(\varrho\,\boldsymbol{v})\right]. \tag{IV.17}$$

Für geschlossene Kurven und Flächen gilt

$$\frac{\mathrm{d}}{\mathrm{d}t} \oint \boldsymbol{a}\,\mathrm{d}\boldsymbol{r} = \oint \mathrm{d}\boldsymbol{r}\left[\frac{\partial \boldsymbol{a}}{\partial t} - \boldsymbol{v} \times \operatorname{rot}\boldsymbol{a}\right], \tag{IV.18}$$

$$\frac{\mathrm{d}}{\mathrm{d}t} \oiint \boldsymbol{a}\,\mathrm{d}\boldsymbol{f} = \oint \mathrm{d}\boldsymbol{f}\left[\frac{\partial \boldsymbol{a}}{\partial t} + \boldsymbol{v}\,\operatorname{div}\boldsymbol{a}\right]. \tag{IV.19}$$

Im vierdimensionalen Raum ($x^4 = c\,t$) ist ein flüssiges Volumen ein zylindrisches Gebilde, dessen Mantellinien Integralkurven des Strömungsfeldes sind. Die vierte Komponente des Geschwindigkeitsvektors ist $v^4 = c$, dabei ist c zunächst nur eine dimensionskorrigierende Konstante, deren Bedeutung in der speziellen Relativitätstheorie vom mathematischen Inhalt der Integralsätze unabhängig ist. (IV.17) ist dann identisch mit dem vierdimensionalen GAUSSschen Satz für das vierdimensionale Vektorfeld V^i. Aus dem Verschwinden einer vierdimensionalen Divergenz der Form

$$\frac{\partial}{\partial x^i}(\varrho\,v^i) = 0$$

folgt ein Erhaltungssatz im dreidimensional flüssigen Volumen:

$$\frac{\mathrm{d}}{c\,\mathrm{d}t}\left(\int \varrho\,v^4\,\mathrm{d}V\right) = \int \mathrm{d}V \frac{\partial}{\partial x^i}(\varrho\,v^i) = 0\,. \tag{IV.20}$$

Verschwindet der Integrand genügend schnell im räumlich Unendlichen, dann ist für

$$\frac{\partial}{\partial x^k} A^{\cdots k} = 0$$

das Integral

$$\int A^{\cdots k}\,\mathrm{d}f \tag{IV.21}$$

von der speziellen Integrationsfläche unabhängig, wenn nur ihre Projektion auf den dreidimensionalen Raum den gesamten dreidimensionalen Raum ausfüllt.

Ein Vektorfeld, dessen Divergenz und Rotation im Unendlichen wie $o(R^{-2})$ verschwinden, kann bis auf ein konstantes Feld eindeutig in einen Gradienten und eine Rotation zerlegt werden. Aus dem Ansatz

$$\boldsymbol{a} = \boldsymbol{a}_1 + \boldsymbol{a}_2\,, \quad \operatorname{rot}\boldsymbol{a}_1 = 0\,, \quad \operatorname{div}\boldsymbol{a}_2 = 0$$

ergibt sich zunächst

$$\boldsymbol{a}_1 = -\operatorname{grad}\varphi\,, \qquad \operatorname{div}\boldsymbol{a} = \operatorname{div}\boldsymbol{a}_1\,,$$

$$\boldsymbol{a}_2 = \operatorname{rot}\boldsymbol{b}\,, \qquad \operatorname{rot}\boldsymbol{a} = \operatorname{rot}\boldsymbol{a}_2\,.$$

Für Φ und $\boldsymbol{b}$ findet man Potentialgleichungen:

$$\Delta\Phi = -\operatorname{div}\boldsymbol{a}\,,$$

$$\Delta\boldsymbol{b} = -\operatorname{rot}\boldsymbol{a} + \operatorname{grad}\operatorname{div}\boldsymbol{b}\,.$$

$\boldsymbol{b}$ kann durch Addition eines Gradienten auf div $\boldsymbol{b} = 0$ geeicht werden. Der LAPLACE-Operator wird durch eine GREENsche Funktion umgekehrt:

$$\Delta\Phi = \varrho : \quad \Phi(\boldsymbol{r}) = -\frac{1}{4\pi}\int\frac{d^3\boldsymbol{r}'\,\varrho(\boldsymbol{r}')}{|\boldsymbol{r}-\boldsymbol{r}'|}\,. \tag{IV.22}$$

Für den verbleibenden Term $\boldsymbol{a}_0$ der Zerlegung

$$\boldsymbol{a} = -\operatorname{grad}\frac{1}{4\pi}\int\frac{d^3\boldsymbol{r}'\operatorname{div}\boldsymbol{a}(\boldsymbol{r}')}{|\boldsymbol{r}-\boldsymbol{r}'|} + \operatorname{rot}\frac{1}{4\pi}\int\frac{d^3\boldsymbol{r}'\operatorname{rot}\boldsymbol{a}(\boldsymbol{r}')}{|\boldsymbol{r}-\boldsymbol{r}'|} + \boldsymbol{a}_0 \tag{IV.23}$$

gilt div $\boldsymbol{a}_0 = 0$ und rot $\boldsymbol{a}_0 = 0$, damit ist $\boldsymbol{a}_0$ ein konstanter Vektor.

Anhang V. Wahrscheinlichkeitsrechnung

Vom Standpunkt der Physik erscheint eine Größe, die durch einen Punkt im n-dimensionalen Raum repräsentiert werde, als zufällig, wenn bei unabhängigen Messungen unter gleichbleibenden Bedingungen das Meßergebnis nicht festliegt, sondern mit gewissen relativen Häufigkeiten in den einzelnen Gebieten des n-dimensionalen Raumes liegt. Die Teilgebiete des Raums, denen eine theoretische Häufigkeit zugesprochen werden kann, bilden eine volladditive Borel-Algebra (Beispiel: offene Teilmengen des R_n), d. h., dem Durchschnitt von endlich vielen und der Vereinigung von beliebig vielen solcher Gebiete können wieder theoretische Häufigkeiten zugesprochen werden. Dabei gilt

$$P(A \cup B)\, P + (A \cap B) = P(A) + P(B)\,. \tag{V.1}$$

$$0 \leqq P(A) \leqq 1\,, \quad P(0) = 0\,, \quad P(R_n) = 1\,.$$

$P(A)$ heißt Wahrscheinlichkeit von A.

Grundlage der weiteren Überlegungen sind nun die Teilmengen

$$K(x_1, \ldots, x_n) = \{\xi \in R_n |\, \xi_i < x_i \quad \text{für} \quad i = 1, \ldots, n\}\,.$$

Die Wahrscheinlichkeit dieser Teilmengen heißt Verteilungsfunktion.

$$F(x_1, \ldots, x_n) = P\big(K(x_1, \ldots, x_n)\big)\,. \tag{V.2}$$

Entsprechend dem Charakter der Häufigkeit liegt F immer zwischen 0 und 1, F ist in jedem Argument linksseitig stetig, F ist in jedem Argument monoton wachsend, und der Grenzwert ist 1.

$$\lim_{\text{alle } x_i \to +\infty} F = 1\,.$$

Die Grenzwerte, die sich ergeben, wenn einzelne Koordinaten gegen $+\infty$ gehen, heißen Randverteilungen. Sie repräsentieren die Häufigkeitsverteilungen, die entstehen, wenn die entsprechenden Koordinaten nicht gemessen werden.

Damit die in der Verteilungsfunktion definierte theoretische Häufigkeit einen Sinn hat, muß sie einen Grenzwert relativer Häufigkeiten darstellen. Das kann mathematisch aus den bereits konstruierten Eigenschaften der Verteilungsfunktion bewiesen werden. Es existiert dazu ein Grenzwertsatz.

Ziel dieses Grenzwertsatzes ist eine Aussage über die Verteilung der Meßpunkte in einer Menge von N Messungen. Die Verteilung dieser Meßwerte kann durch eine empirische Verteilungsfunktion F_N beschrieben werden. F_N wird durch die Anzahl der Punkte gegeben, die im Gebiet $K(x_1, \ldots, x_n)$ des Raumes liegen.

$$F_N(x_1, \ldots, x_n) = \frac{k}{N}. \tag{V.3}$$

Die empirische Verteilungsfunktion ist eine Treppenfunktion. Sie konvergiert in Wahrscheinlichkeit gegen die Verteilungsfunktion F:

$$\lim_{N\to\infty} P\left(\sup_{\boldsymbol{x}} |F_N(\boldsymbol{x}) - F(\boldsymbol{x})| > \frac{C}{\sqrt{N}}\right) \leqq q < 1. \tag{V.4}$$

Das kann noch präzisiert werden. Im eindimensionalen Fall gilt

$$\lim_{N\to\infty} P\left(\sup_{x} |F_N(x) - F(x)| > \frac{C}{\sqrt{N}}\right)$$
$$< 1 - 2 \sum_{\varkappa=1}^{\infty} (-1)^{\varkappa-1} \exp(-2\varkappa^2 C^2).$$

Für beliebig vorgegebenes $\varepsilon > 0$ geht die Wahrscheinlichkeit, daß der Betrag der Differenz von F und F_N ε übersteigt, mit wachsendem N gegen Null. Die Verteilungsfunktion beschreibt das Grenzverhalten der relativen Häufigkeiten für sehr große Gruppen von Meßergebnissen.

Der Erwartungswert einer Funktion ist der Grenzwert des Mittels über die einzelnen Meßpunkte und damit gleich dem STIELTJES-Integral über die Verteilungsfunktion.

$$\overline{h} = E(h) = \int h(x_1, \ldots, x_n)\, \mathrm{d}F(x_1, \ldots, x_n). \tag{V.5}$$

Die Streuung ist definiert als

$$D^2 h = E\left((h - E(h))^2\right) = E(h^2) - \left(E(h)\right)^2.$$

$\sqrt{D^2 h}$ ist ein Maß für die Breite der Verteilung der Meßwerte von h.

Zwei Typen von Verteilungsfunktionen sind wichtig: die Treppenfunktionen und die stetigen Verteilungen. Ist F eine Treppenfunktion, so kommen überhaupt nur bestimmte Punkte des Raumes als Meßwerte in Frage. Diese Punkte haben dann eine endliche Wahrscheinlichkeit p_α.

$$\int h\, \mathrm{d}F = \sum_\alpha p_\alpha h(\boldsymbol{x}_\alpha). \tag{V.6}$$

Die Verteilung heißt stetig, wenn das STIELTJES-Integral als RIEMANNsches Integral dargestellt werden kann:

$$\int h\, \mathrm{d}F = \int h(x_1, \ldots, x_n)\, \varrho(x_1, \ldots, x_n)\, \mathrm{d}x_1 \cdots \mathrm{d}x_n. \tag{V.7}$$

$\varrho(\boldsymbol{x})$ heißt Dichte der Verteilung, und es gilt

$$\varrho(x_1, \ldots, x_n) = \frac{\partial^n}{\partial x_1 \cdots \partial x_n} F(x_1, \ldots, x_n).$$

Beispiel für eine diskrete Verteilung ist die geometrische Verteilung,

$$p_k = (1 - p)\,p^k\,, \qquad k = 0, 1, \ldots\,, \tag{V.8}$$

$$E(k) = \frac{p}{1 - p}\,.$$

Beispiel für eine stetige Verteilung ist die mehrdimensionale Normalverteilung

$$\varrho(\boldsymbol{x}) = \sqrt{\frac{\det \Lambda}{(2\,\pi)^n}}\;\exp - \frac{1}{2}\,(\boldsymbol{x} - \boldsymbol{x}_0)^T\,\Lambda\,(\boldsymbol{x} - \boldsymbol{x}_0)\,, \tag{V.9}$$

$$E(\boldsymbol{x}) = \boldsymbol{x}_0\,, \quad E\big((x_i - x_{0i})\,(x_k - x_{0k})\big) = (\Lambda^{-1})_{ik}\,.$$

Λ^{-1} ist die Streuungsmatrix. Die Flächen gleicher Wahrscheinlichkeitsdichte sind Ellipsoide, die alle den gleichen Mittelpunkt haben. Die Normalverteilung erlangt besondere Bedeutung als Grenzverteilung von Summen unabhängiger Zufallsgrößen. Eine andere wichtige Verteilung ist die Exponentialverteilung,

$$\varrho(t) = \theta(t)\,\lambda\,e^{-\lambda t}\,, \qquad E(t) = \frac{1}{\lambda}\,. \tag{V.10}$$

Sie tritt als Verteilung der Lebensdauer von Systemen auf, deren Zerfallswahrscheinlichkeit unabhängig von der Vorgeschichte ist.

In der statistischen Thermodynamik sind die Verteilungen vom Exponentialtyp von besonderer Bedeutung. Sie haben die Gestalt

$$\varrho(\boldsymbol{x}) = \big[Z(\theta_1, \ldots, \theta_k)\big]^{-1}\,\varrho_0(\boldsymbol{x})\,\exp - \sum_{i=1}^{k} \theta_i f_i(\boldsymbol{x})\,. \tag{V.11}$$

Der Erwartungswert der einzelnen Funktionen kann als Funktion der Normierungskonstanten $Z(\theta_1, \ldots, \theta_k)$ dargestellt werden:

$$E\,f_i(\boldsymbol{x}) = \frac{\partial}{\partial\theta_i}\ln Z\,. \tag{V.12}$$

Die Verteilungen vom Exponentialtyp entstehen als Lösung der Extremalaufgabe für

$$I = \int \mathrm{d}^n\boldsymbol{x}\;\varrho(\boldsymbol{x})\,\ln\frac{\varrho_0(\boldsymbol{x})}{\varrho(\boldsymbol{x})} \tag{V.13}$$

unter den Nebenbedingungen

$$E\,f_i(\boldsymbol{x}) = \lambda_i \text{ (konstant)}, \qquad i = 1, \ldots, k\,.$$

Ein stochastischer Prozeß stellt eine zeitabhängige Wahrscheinlichkeitsverteilung dar. Dabei unterliegt die Zeitabhängigkeit bestimmten Bedingungen, die durch den physikalischen Ablauf des Prozesses gegeben sind. Im folgenden wird der vereinfachte Fall betrachtet, in dem zeitunabhängige Übergangswahrscheinlichkeiten definiert werden können:

$$p_i\,(t + \mathrm{d}t) = \sum_k P_{ik}(\mathrm{d}t)\,p_k(t) = \sum_k (\delta_{ik} + R_{ik}\,\mathrm{d}t)\,p_k(t)\,. \tag{V.14}$$

$R_{ik}\,dt$ ist für $i \neq k$ die Wahrscheinlichkeit dafür, daß die zufällige Größe nach Ablauf von dt den Wert i hat, wenn sie vorher den Wert k hatte. Die Zustände i können in transiente und wesentliche Zustände eingeteilt werden, wobei die wesentlichen Zustände in verschiedene Rekurrenzklassen zerfallen. Ein Zustand heißt transient, wenn es einen anderen Zustand gibt, in den Wahrscheinlichkeit abfließen kann, aus dem aber keine Wahrscheinlichkeit zurückfließt. Ein Zustand heißt wesentlich, wenn aus jedem Zustand, in den Wahrscheinlichkeit abfließt, auch wieder ein Zufluß beobachtet wird. Im Verlauf eines stochastischen Prozesses nimmt die Wahrscheinlichkeit in den transienten Zuständen ab und nähert sich dem Wert Null. Die miteinander über den Wahrscheinlichkeistsfluß zusammenhängenden wesentlichen Zustände bilden eine Rekurrenzklasse. Die Gesamtwahrscheinlichkeit innerhalb einer Rekurrenzklasse kann sich im Laufe des stochastischen Prozesses nur erhöhen (durch Zufluß aus transienten Zuständen).

Die Gleichung

$$q_i = \sum_k P_{ik}\, q_k\,, \quad \text{d. h.} \quad \sum_k R_{ik}\, q_k = 0 \tag{V.15}$$

definiert einen stationären Zustand des Prozesses. Diese Gleichung hat so viele linear unabhängige Lösungen mit positiven p_i, wie es Rekurrenzklassen gibt.

Die Ergodenhypothese der statistischen Thermodynamik verlangt, daß alle Zustände eine einzige Rekurrenzklasse sind. Die a-priori-Hypothese verlangt, daß der dann existierende einzige stationäre Zustand $q_i = \frac{1}{n}$ ist (n = Anzahl der Zustände).

Bilden alle Zustände eine einzige Rekurrenzklasse, dann ist der stationäre Zustand q_i eindeutig, und

$$-I = \sum_i p_i(t) \ln \frac{q_i}{p_i(t)} \tag{V.16}$$

ist ein monoton wachsende Größe. Aus der Prozeßgleichung

$$\frac{1}{q_i}\, p_{1i} = \sum_k \left[\left(P_{ik}\frac{q_k}{q_i}\right)\frac{1}{q_k}\, p_{0k}\right]$$

ergibt sich

$$\sum_k \frac{P_{ik} q_k}{q_i} = 1\,.$$

Somit gilt

$$\frac{p_{1i}}{q_i} \ln \frac{q_i}{p_{i1}} = \left(\sum_k \frac{P_{ik} q_k}{q_i} \frac{p_{0k}}{q_k}\right) \ln \frac{1}{\sum\limits_k \frac{P_{ik} q_k}{q_i} \frac{p_{0k}}{q_k}} \geqq \sum_k \frac{P_{ik} q_k}{q_i} \frac{p_{0k}}{q_k} \ln \frac{q_k}{p_{0k}}\,.$$

Summiert über q_i entsteht

$$\sum_i p_{1i} \ln \frac{q_i}{p_{1i}} \geqq \sum_k p_{0k} \ln \frac{q_k}{p_{0k}}\,.$$

I ist die Information in der Verteilung $p_i(t)$ zur Unterscheidung gegen die Verteilung q_i und ein informationstheoretisches Maß für die Abweichung der Verteilung p von der Verteilung q. Im stetigen Fall ergibt sich

$$I = \int d^n\boldsymbol{x}\, \varrho(\boldsymbol{x}) \ln \frac{\varrho(\boldsymbol{x})}{\varrho_0(\boldsymbol{x})} . \tag{V.17}$$

Bezogen auf die Gleichverteilung zerfällt die Information in

$$I = \ln n - \sum_k p_i \ln \frac{1}{p_i} ,$$

die Größe $S = \sum_i p_i \ln \frac{1}{p_i}$ wird in der statistischen Thermodynamik als Entropie benutzt. Ihr stetiges Analogon ist

$$S = \int d^n\boldsymbol{x}\, \varrho(\boldsymbol{x}) \ln \frac{1}{\varrho(\boldsymbol{x})} . \tag{V.18}$$

Es ist zu beachten, daß der Begriff Gleichverteilung im stetigen Fall genauerer Definition bedarf. Die Wahrscheinlichkeitsdichte wird bei Koordinatentransformationen mit der Determinante der partiellen Ableitungen multipliziert:

$$P(A) = \int_A \varrho(\boldsymbol{x})\, d^n\boldsymbol{x} = \int_A \varrho\big(\boldsymbol{x}(\tilde{\boldsymbol{x}})\big) \left|\frac{\partial \boldsymbol{x}}{\partial \tilde{\boldsymbol{x}}}\right| d^n\tilde{\boldsymbol{x}} = \int_A \tilde{\varrho}(\tilde{\boldsymbol{x}})\, d^n\tilde{\boldsymbol{x}} ,$$

$$\tilde{\varrho}(\tilde{\boldsymbol{x}}) = \varrho\big(\boldsymbol{x}(\tilde{\boldsymbol{x}})\big) \left|\frac{\partial \boldsymbol{x}}{\partial \tilde{\boldsymbol{x}}}\right| . \tag{V.19}$$

Die Wahrscheinlichkeitsdichte der „Gleichverteilung" kann nicht gegen alle Transformationen numerisch invariant sein. Durch eine Invarianzforderung hinsichtlich bestimmter Transformationen können Koordinatensysteme ausgezeichnet werden, in denen Gleichverteilung durch $\varrho = \text{const}$ definierbar ist. So sind im Phasenraum die kanonischen Koordinaten ausgezeichnet durch die kanonischen Transformationen, und die Gleichverteilung ist gegeben durch $\varrho = \text{const}$ in kanonischen Koordinaten. Analog ist ein bewegungsinvariantes Maß in euklidische Räumen durch eine konstante Dichte in cartesischen Koordinaten definierbar. Das invariante Maß für die Geraden in der Ebene zeichnet auch eine Lösung des Bertrandschen Paradoxons aus ([12]).

Anhang VI. Der HILBERT-Raum

In der Hierarchie der topologischen Räume ist der HILBERT-Raum ein spezieller BANACH-Raum und ein verallgemeinerter Vektorraum über den komplexen Zahlen. Der BANACH-Raum ist ein linearer topologischer Raum, in dem die topologische Struktur durch eine Norm gegeben wird, die folgende Eigenschaften besitzt:

$$||\psi|| \text{ ist reell und positiv, } ||\psi|| = 0 \text{ nur für } \psi = 0 \,.$$
$$||\lambda \psi|| = |\lambda| \, ||\psi|| \,,$$
$$||\psi_1 + \psi_2|| \leqq ||\psi_1|| + ||\psi_2|| \,.$$

Weiter ist der BANACH-Raum vollständig, d. h. jede CAUCHY-Folge besitzt ein Grenzelement.

In einem HILBERT-Raum ist ein mit der Norm vereinbares Skalarprodukt definiert:

$$(\psi_1, \psi_2) \text{ ist eine komplexe Zahl, } (\psi, \psi) = ||\psi||^2 \,,$$
$$(\psi_2, \psi_1) = (\psi_1, \psi_2)^* \,,$$
$$(\psi, \lambda_1 \psi_1 + \lambda_2 \psi_2) = \lambda_1(\psi, \psi_1) + \lambda_2(\psi, \psi_2) \,.$$

Die Norm eines BANACH-Raums ist auf ein Skalarprodukt reduzierbar, wenn

$$||\psi_1 + \psi_2||^2 + ||\psi_1 - \psi_2||^2 = 2\,||\psi_1||^2 + 2\,||\psi_2||^2 \,.$$

Das Skalarprodukt kann in diesem Falle durch

$$4\,(\psi_1, \psi_2) = ||\psi_1 + \psi_2||^2 - ||\psi_1 - \psi_2||^2 + i\,||\psi_1 + i\,\psi_2||^2 - i\,||\psi_1 - i\,\psi_2||^2$$

definiert werden. Das Skalarprodukt liefert eine Identifizierung des Raums der Linearformen mit dem Vektorraum selbst. Das Dimensionsaxiom eines Vektorraums wird im HILBERT-Raum unter Umständen ersetzt durch das Separabilitätsaxiom: Es soll eine abzählbare Basis des Raums existieren. In diesem Fall heißt der HILBERT-Raum separabel.

Alle Linearformen in einem HILBERT-Raum sind als Skalarprodukt mit einem Vektor darstellbar, der die Linearform repräsentiert.

Lineare Operatoren sind lineare Abbildungen des HILBERT-Raums in sich, zu jedem linearen Operator A läßt sich über das Skalarprodukt ein adjungierter Operator A^+ definieren:

$$(\psi_1, A\,\psi_2) = (A^+\,\psi_1, \psi_2) \quad \text{für alle} \quad \psi_1, \psi_2 \,.$$

Ein Operator heißt hermitesch oder hermitesch selbstadjungiert, wenn

$$A = A^+ .$$

Die entscheidenden Eigenschaften eines hermiteschen Operators sind gegeben durch die reellen Eigenwerte und die Orthonormierbarkeit des Eigenvektorsystems. Ist der Hilbert-Raum nicht separabel, muß die Orthonormalität verallgemeinert definiert werden. Die Eigenwerte und Eigenvektoren eines hermiteschen Operators können zu einer Spektraldarstellung des Operators genutzt werden:

$$A\,\psi = \sum_{\psi_a} \psi_a \cdot a(\psi_a, \psi) .$$

Im Falle eines kontinuierlichen Spektrums von Eigenwerten, in nichtseparablen Hilbert-Räumen, muß dazu das Lebergue-Stieltjes-Integral benutzt werden:

$$A = \int a \, \mathrm{d}E_a .$$

E_a ist hierbei definiert durch die Wirkung auf das Eigenvektorsystem von A:

$$E_a \psi_{a'} = \begin{cases} \psi_{a'} & \text{für } a' < a \\ 0 & \text{für } a' > a . \end{cases}$$

Der Kommutator zweier Operatoren ist definiert als

$$[A, B] = A\,B - B\,A .$$

Eine Menge von linearen Operatoren bildet eine Operatorenalgebra, wenn mit zwei Operatoren auch alle Linearkombinationen und der Kommutator zu dieser Menge gehören. Wichtige Beispiele sind die Drehimpulsalgebra (§ 34) und die Algebra der Erhöhungs- und Erniedrigungsoperatoren (§ 33). Zu jeder kontinuierlichen topologischen Gruppe (Lie-Gruppe) gibt es strukturäquivalente Operatorenalgebren. Die Operatorenalgebren der physikalischen Invarianz-Gruppen spielen eine besondere Rolle.

Der Kommutator zweier hermitescher Operatoren ist antihermitesch. Die Eigenschaften des Kommutators, die zu seiner Definition herangezogen werden, wenn er nicht durch die Abbildungseigenschaft der Operatoren definiert ist, sind die Antisymmetrie, die Linearität in beiden Argumenten und die Jacobi-Identität

$$[[A, B], C] + [[B, C], A] + [[C, A], B] = 0 .$$

Die Poisson-Klammern der klassischen Mechanik definieren eine Kommutatorrelation zwischen den Funktionen im Phasenraum.

Literatur

Allgemeine Lehrbücher

Als großes Lehrbuch mit allen Details ist zu empfehlen

[1] LANDAU, L. D. und LIFSCHITZ, E. M.,
Lehrbuch der theoretischen Physik, 9 Bände,
Band I Mechanik,
Band II Klassische Feldtheorie (zu den Kapiteln IV, V und VII),
Band III Quantenmechanik,
Band IV Relativistische Quantenmechanik,
Band V Statistische Physik,
Band VI Hydrodynamik
Band VII Elastizitätstheorie
Band VIII Elektrodynamik der Kontinua
Akademie-Verlag, Berlin ab 1961.

Im Umfang den Möglichkeiten von Nebenfachstudenten angepaßt ist

[2] KOMPANEJEZ, A. S., Theoretische Physik,
Akademische Verlagsgesellschaft Geest & Portig, Leipzig 1969.

Induktiven Aufbau mit vielen Rechenbeispielen und Übungsaufgaben findet man in

[3] MACKE, W., Lehrbücher der theoretischen Physik, 6 Bände,
Teilchen (Mechanik),
Wellen,
Quanten,
Felder,
Thermodynamik und Statistik,
Quanten und Relativität,
Akademische Verlagsgesellschaft Geest & Portig, Leipzig ab 1960.

Einen Überblick vom experimentellen Standpunkt aus gibt

[4] GRIMSEHL, C. E. H., Lehrbuch der Physik, 4 Bände,
1. Mechanik, Wärmelehre, Akustik,
2. Elektromagnetisches Feld,
3. Optik,
4. Struktur der Materie,
B. G. Teubner Verlagsgesellschaft, Leipzig ab 1958.

Experimentelle Grundlagen werden veranschaulicht in
[5] POHL, R. W., Einführung in die Physik, 3 Bände,
1. Mechanik, Akustik und Wärmelehre,
2. Elektrizitätslehre,
3. Optik,
letzte Auflagen im Springer-Verlag, Berlin 1964.

Kurzgefaßte Zusammenstellungen aus experimenteller Sicht mit nur elementaren theoretischen Grundlagen findet man in
[6] HEBER, G. und KOZIK, B., Physik,
B. G. Teubner Verlagsgesellschaft, Leipzig 1970.
[7] GERTHSEN, CH., Physik,
Volk und Wissen VE Verlag, Berlin 1951, Springer-Verlag, Berlin 1966.

Äußerst kurzgefaßt ist die Darstellung der grundlegenden Prinzipien der mikroskopischen Physik in
[8] IWANOW, B. N., Die neue Physik,
Volk und Wissen VE Verlag, Berlin 1966.

Mechanik

Gesamtdarstellungen findet man in
[9] BUDÓ, A., Theoretische Mechanik,
VEB Deutscher Verlag der Wissenschaften, Berlin 1966,
[10] GOLDSTEIN, H., Klassische Mechanik
Akademische Verlagsgesellschaft, Frankfurt/M. 1963.

Ein zusammenfassendes Kapitel findet man in
[11] SCHPOLSKI, E. W., Atomphysik, 2 Bände,
VEB Deutscher Verlag der Wissenschaften, Berlin 1957.

Statistik und Thermodynamik

Mathematische Grundlagen liefern
[12] RENYI, A., Wahrscheinlichkeitsrechnung,
VEB Deutscher Verlag der Wissenschaften, Berlin 1966,
[13] ROSANOW, J. A., Wahrscheinlichkeitstheorie,
Akademie-Verlag, Berlin 1970 (WTB-Reihe).

Spezielle Lehrbücher sind
[14] FLÜGGE, S., Lehrbuch der Physik Bd. 2, Mechanik und Wärmelehre,
Springer-Verlag, Berlin 1967,
[15] DE GROOT, S. R. und MAZUR, P., Grundlagen der Thermodynamik der irreversiblen Prozesse,
Bibliographisches Institut, Mannheim 1969.

Kurz und prinzipiell wird die Statistik behandelt in

[16] Schrödinger, E., Statistische Thermodynamik,
J. A. Barth, Leipzig 1952.

Für die phänomenologische Theorie ist zu empfehlen

[17] Callen, H. B., Thermodynamics,
J. Wiley, New York 1960.

Den Zusammenhang zwischen Gibbsschem Paradoxon und der Quantentheorie behandelt

[18] Landé, A., Foundations of quantum theory, Yale University Press,
New Haven 1955.

Quantenmechanik

[19] Blochinzew, D. I., Grundlagen der Quantenmechanik,
VEB Deutscher Verlag der Wissenschaften, Berlin 1967,

[20] Franz, W., Quantentheorie,
Springer-Verlag, Berlin 1970.

Eine anwendungsbezogene Darstellung, die die Elementarteilchenphysik einschließt, geben

[21] Sokolow, A. A., Loskutow, J. M. u. Ternow, I. M., Quantenmechanik,
Akademie-Verlag, Berlin 1964.

Zur Diskussion der Axiomatik ist hinzuweisen auf

[22] Ludwig, G., Deutung des Begriffs „Physikalische Theorie“ und experimentelle Grundlegung der Hilbertraumstruktur der Quantenmechanik durch Hauptsätze des Messens,
Springer-Verlag, Berlin 1970.

Weitergeführt wird die Quantenmechanik in

[23] Roman, P., Advanced Quantum Theory — an outline of the fundamental ideas,
Addison Wesley, Reading (Mass) 1965.

Kürzer gefaßt sind

[24] Kahan, Th., Quantentheorie,
Akademie-Verlag, Berlin 1963,

[25] Fermi, E., Notes on quantum mechanics,
Izdatelstvo Mir, Moskva 1968.

Außer der Zusammenstellung der Theorie findet man eine besondere Berücksichtigung der experimentellen Seite in [11].

Originaltexte sind herausgegeben worden von

[26] Ludwig, G., Wellenmechanik, und

[27] TER HAAR, D., Quantenmechanik, beide im
Akademie-Verlag, Berlin 1969 (Wissenschaftliche Taschenbücher).

Populärwissenschaftlich, aber auf hohem Niveau, ist
[28] KOMPANEJEZ, A. S., Was ist die Quantenmechanik,
Akademische Verlagsgesellschaft Geest & Portig, Leipzig 1960 (Kleine naturwissenschaftliche Bibliothek).

Speziell zu § 40, mit detaillierter Darstellung der experimentellen Dinge, ist
[29] JOFFE, A., Physik der Halbleiter,
Akademie-Verlag 1960.

Andere durch die Quantenmechanik fundierte Problemkreise behandeln
[30] ROSE-INNES, A. C. u. RHODERICK, E. H., Introduction to Superconductivity,
Pergamon Press, Oxford 1969,
[31] TATEWSKI, W. M., Quantenmechanik und Theorie des Molekülbaus,
B. G. Teubner, Leipzig 1968,
[32] TJABLIKOW, W. S., Quantentheoretische Methoden des Magnetismus,
B. G. Teubner Verlagsgesellschaft, Leipzig 1968.

Spezielle Relativitätstheorie

[33] PAPAPETROU, A., Spezielle Relativitätstheorie,
VEB Deutscher Verlag der Wissenschaften, Berlin 1955.

Ausführlich diskutiert wird in
[34] BORN, M., Die Relativitätstheorie Einsteins,
Springer-Verlag, Berlin 1964.

Speziell für die Anwendungen in der Elementarteilchenphysik:
[35] HAGEDORN, R., Relativistic kinematics,
Benjamin, New York 1964.

Populär und exakt in der Darstellung ist
[36] LANDAU, L. D. u. RUMER, J. B., Was ist die Relativitätstheorie,
Akademische Verlagsgesellschaft Geest & Portig, Leipzig 1862 (Kleine naturwissenschaftliche Bibliothek).

Besonders zu empfehlen hinsichtlich der Ausgestaltung mit Beispielen ist
[37] TAYLOR, E. F. und WHEELER, J. A., Spacetime Physics,
Freeman, San Franzisco 1966.

Texte wurden zusammengestellt in

[38] KILMISTER, C. W., Special Theory of Relativity,
Pergamon Press, Oxford 1970.

In der Reihe Wissenschaftliche Taschenbücher des Akademie-Verlages erschienen 1969 zwei Originalarbeiten:

[39] EINSTEIN, A., Grundzüge der Relativitätstheorie,
Über spezielle und allgemeine Relativitätstheorie.

Beide behandeln auch die Grundprobleme der Gravitationstheorie.

Feldtheorie

[40] IVANENKO, D. D. u. SOKOLOW, A. A., Klassische Feldtheorie,
Akademie-Verlag, Berlin 1952.
Relativistische Quantentheorie
[41] THIRRING, W. E., Einführung in die Quantenelektrodynamik,
Verlag Deuticke, Wien 1955.
[42] BJORKEN, J. D. u. DRELL, S. D., Relativistic quantum mechanics, Relativistic quantum fields,
McGraw-Hill Book Company, Amsterdam 1964.
[43] ACHIESER, A. I. u. BERESTEZKI, W. B., Quantenelektrodynamik,
B. G. Teubner Verlagsgesellschaft, Leipzig 1962.
[44] ROMAN, P., Theory of elementary particles,
North-Holland Publishers, Amsterdam 1961.
[45] LURIÉ, D., Particles and Fields,
J. Wiley, New York 1968.
[46] BURKHARDT, H., Dispersion Relation Dynamics,
North-Holland, Amsterdam 1969.
[47] STREATER, R. F. u. WIGHTMAN, A. S., CPT, Spin-Statistics and all that,
Benjamin, New York 1964.
[48] KABIR, P. K., The CP-Puzzle,
New York 1968.

Ausführlicher über experimentelle Fragen berichten

[49] KÄLLÉN, G., Elementary particle physics,
Addison-Wesley, Reading (Mass.) 1964.
[50] SEGRÉ, E., Nuclei and Particles,
New York 1964.

Populäre Darstellungen findet man in

[51] SOKOLOW, A. A., Elementarteilchen,
Akademie-Verlag, Berlin 1965 (WTB-Reihe).
[52] FORD, K. W., Die Welt der Elementarteilchen,
Springer-Verlag, Berlin 1966.

Gravitationstheorie

Ein kommentiertes Literaturverzeichnis und eine unkomplizierte Darstellung findet man in

[53] Treder, H.-J., Relativität und Kosmos,
Akademie-Verlag, Berlin 1968 (Wissenschaftliche Taschenbücher).

Einen Überblick über anstehende Probleme geben

[54] Witten, L., ed., Gravitation, an introduction to current research,
J. Wiley, London und New York 1962,
[55] Hoffmann, B. ed., Perspectives in geometry and relativity,
Indiana University Press, Bloomington und London 1966.

Programmatisch ist

[56] Wheeler, J. A., Einsteins Vision, Springer-Verlag 1968.

Eine physikalisch anschauliche und populäre Einführung in die Riemannsche Geometrie und die Gravitationstheorie findet man in

[57] Bergmann, P. G., The riddle of gravitation,
Scribner, New York 1968.

Lehrbücher sind

[58] Fock, V. A., Theorie von Raum-Zeit und Gravitation,
Akademie-Verlag, Berlin 1960.
[59] Petrov, A. S., Einstein-Räume,
Akademie-Verlag, Berlin 1964.

Naturkonstanten

[60] Cohen, E. R., Crowe, K. M. u. DuMond, J. W. M., Fundamental constants of physics,
Interscience Publishers, New York 1957.
[61] Sanders, J. H., The fundamental atomics constants,
Clarendon Press, Oxford 1965

Nachschlagewerke

[62] Jaworski, A. M. u. Detlaf, A. A., Physik griffbereit,
Akademie-Verlag, Berlin 1972.
[63] Brockhaus ABC Physik,
VEB F. A. Brockhaus Verlag, Leipzig 1972.

Sachverzeichnis

FSC
www.fsc.org
MIX
Papier | Fördert
gute Waldnutzung
FSC® C083411

Kolibri 360 GmbH
Ferdinand-Jühlke-Straße 7
99095 Erfurt, Deutschland
produktsicherheit@kolibri360.de